CG设计案例课堂

3ds Max 2016动画制作案例课堂

（第2版）

孙　杰　编著

清华大学出版社

北　京

内 容 简 介

Autodesk 3ds Max 2016是Autodesk公司开发的基于PC系统的三维动画渲染和制作软件，广泛应用于工业设计、广告、影视、游戏、建筑设计等领域。本书通过180个具体实例，全面、系统地介绍了3ds Max 2016的基本操作方法和动画制作技巧。全书共分为17章。所有例子都是精心挑选和制作的，将3ds Max 2016枯燥的知识点融入实例之中，并进行了简要而深刻的说明。可以说，读者通过对这些实例的学习，将起到举一反三的作用，一定能够由此掌握动画设计的精髓。

本书按照软件功能以及实际应用进行划分，每一章的实例在编排上循序渐进，其中既有打基础、筑根基的部分，又不乏综合创新的例子。其特点是把3ds Max 2016的知识点融入到实例中，读者将从中学到3ds Max 2016基本操作、常用三维文字的制作、常用三维模型的制作、工业模型的制作、设置材质与贴图、对象动画的制作、使用编辑修改器制作动画、摄影机及灯光动画、使用约束和控制器制作建筑动画、空间扭曲动画、粒子与特效动画、大气特效与后期制作、常用三维文字标版动画、节目片头动画、海底美人鱼动画、小桥流水动画片段制作和中草药牙膏动画等。

本书可以帮助读者更好地掌握3ds Max 2016的使用操作和动画制作思路，提高读者的软件应用以及动画制作水平。本书内容丰富，语言通俗易懂，结构清晰。适合于初、中级读者学习使用，也可以供从事游戏制作、影视制作和三维设计等从业人员阅读；同时还可以作为大中专院校相关专业、相关计算机培训班的上机指导教材。

图书在版编目(CIP)数据

3ds Max 2016动画制作案例课堂 / 孙杰编著. —2版. —北京：清华大学出版社，2018（2023.6 重印）
(CG设计案例课堂)
ISBN 978-7-302-48896-5

Ⅰ. ①3… Ⅱ. ①孙… Ⅲ. ①三维动画软件 Ⅳ. ①TP391.414

中国版本图书馆CIP数据核字(2017)第287710号

责任编辑：张彦青
装帧设计：李　坤
责任校对：王明明
责任印制：曹婉颖

出版发行：清华大学出版社
网　　址：http://www.tup.com.cn，http://www.wqbook.com
地　　址：北京清华大学学研大厦A座　　邮　　编：100084
社 总 机：010-83470000　　邮　　购：010-62786544
投稿与读者服务：010-62776969，c-service@tup.tsinghua.edu.cn
质量反馈：010-62772015，zhiliang@tup.tsinghua.edu.cn
印 装 者：北京博海升彩色印刷有限公司
经　　销：全国新华书店
开　　本：203mm×260mm　　印　　张：26　　字　　数：630千字
（附DVD 1张）
版　　次：2015年1月第1版　　2018年1月第2版　　印　　次：2023 年 6 月第 5 次印刷
定　　价：99.00元

产品编号：074450-01

前　言

Preface

1. 3ds Max 简介

Autodesk 3ds Max 2016 是 Autodesk 公司开发的基于 PC 系统的三维动画渲染和制作软件，广泛应用于工业设计、广告、影视、游戏、建筑设计等领域。从用于自动生成群组的具有创新意义的新填充功能集到显著增强的粒子流工具集，再到现在支持 Microsoft DirectX 11 明暗器且性能得到了提升的视口，3ds Max 2016 融合了当今现代化工作流程所需的概念和技术。由此可见，3ds Max 2016 提供了可以帮助艺术家拓展其创新能力的新工作方式。

本书以 180 个动画方面的实例向读者详细介绍了 Autodesk 3ds Max 2016 强大的三维动画制作和渲染等功能。

2. 本书的特色以及编写特点

（1）信息量大。180 个实例为每一位读者架起一座快速掌握 3ds Max 2016 使用与操作的“桥梁”。

（2）实用性强。180 个实例经过精心设计、选择，不仅效果精美，而且非常实用。

（3）注重方法的讲解与技巧的总结。本书特别注重对各实例制作方法的讲解与技巧总结，在介绍具体实例制作的详细操作步骤的同时，对于一些重要而常用的实例制作方法和操作技巧做了较为精辟的总结。

（4）操作步骤详细。本书中各实例的操作步骤介绍非常详细，即使是初级入门的读者，只需一步一步按照本书中介绍的步骤进行操作，一定能做出相同的效果。

（5）适用广泛。本书实用性和可操作性强，适用于从事三维设计、影视动画制作等行业的从业人员和广大的三维动画制作爱好者阅读参考，也可供各类电脑培训班作为教材使用。

（6）同步视频讲解。让学习更轻松、更高效。180 节大型高清同步视频讲解，涵盖全书几乎所有实例，让学习更轻松、更高效！

（7）零起点，入门快。本书以入门者为主要读者对象，通过对基础知识细致入微的介绍，辅助对比图示效果，结合中小实例，对常用工具、命令、参数等做了一些介绍，同时给出了知识链接，确保读者零起点也可轻松快速入门。

（8）实例精美、实用。本书实例经过精心挑选，确保例子实用的基础上精美、漂亮，一方面熏陶读者朋友们的美感，另一方面让读者在学习中享受美的世界。

3. 本书检索说明

附录 1—MAX2016 常用快捷键

附录 1：包含 3ds Max 的快捷键索引以及本书案例精讲的速查表

附录 2—MAX2016 常用物体折射率表

附录 2：包含常见物体的折射率、常见家具和常见室内物体的尺寸速查表

4. 海量的学习资源和素材

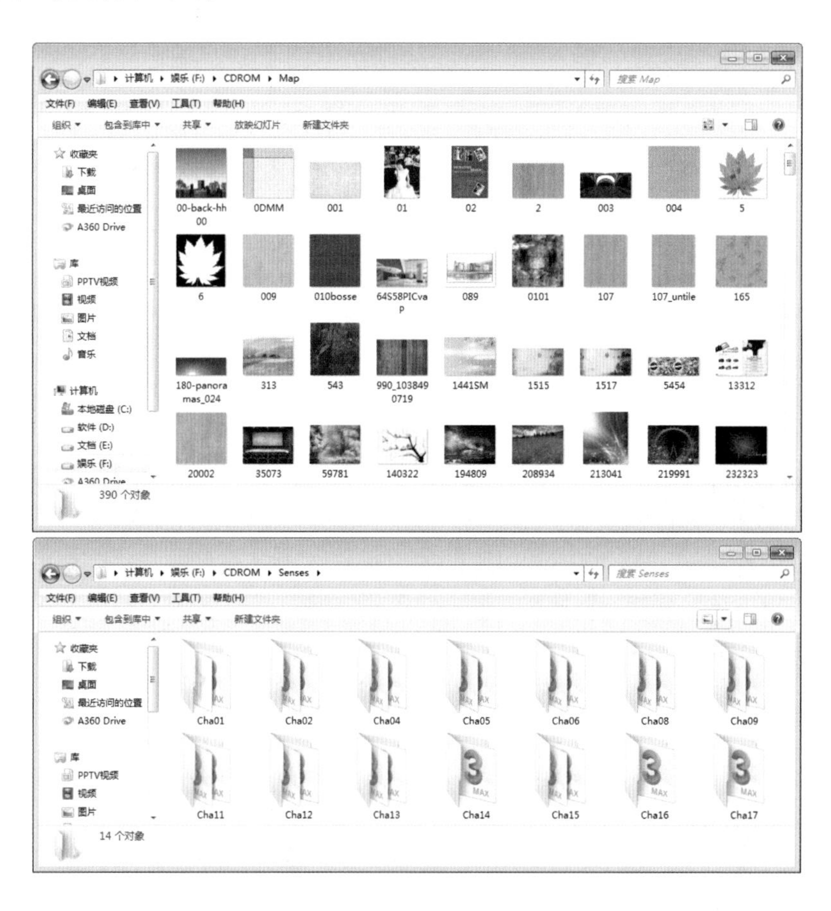

5. 本书 DVD 光盘说明

本书附带一张 DVD 教学光盘，内容包括本书所有实例文件、场景文件、贴图文件、多媒体有声视频教学录像，读者在读完本书内容以后，可以调用这些资源进行深入练习。

6. 本书案例视频教学录像观看方法

7. 书中案例视频教学录像

8. 其他说明

一本书的出版可以说凝结了许多人的心血、凝聚了许多人的汗水和思想。这里衷心感谢在本书出版过程中给予我帮助的张彦青老师，以及为本书付出辛勤劳动的编辑老师、光盘测试老师，感谢你们！

本书主要由孙杰老师、刘蒙蒙、李向瑞、李少勇、王海峰、王玉、李娜、刘晶、王海峰、和弭蓬编写，刘峥、罗冰录制多媒体教学视频，其他参与编写的还有陈月娟、陈月霞、刘希林、黄健、刘希望、黄永生、田冰、刘德生、宋明、刘景君老师，谢谢你们在书稿前期材料的组织、版式设计、校对、编排以及大量图片的处理中所做的工作。

本书总结了作者从事多年影视编辑的实践经验，目的是帮助想从事影视制作行业的广大读者迅速入门并提高学习和工作效率，同时对有一定视频编辑经验的朋友也有很好的参考作用。由于水平所限，疏漏之处在所难免，恳请读者和专家指教。如果您对书中的某些技术问题持有不同的意见，欢迎与作者联系，工作QQ：190194081。

作　者

书目名称：3ds Max 2016 动画制作案例课堂（第2版）
软件版本：3ds Max 2016
隶属系列：案例课堂
作者署名：孙杰
案例数量：180

目 录

Contents

总目录

第 1 章 3ds Max 2016 的基本操作

第 2 章 常用三维文字的制作

第3章 常用三维模型的制作

第4章 工业模型的制作

第5章 材质与贴图

第6章 简单的对象动画

第 7 章 常用编辑修改器动画

第 8 章 摄影机及灯光动画

第 9 章 使用约束和控制器制作动画

第 10 章 空间扭曲动画

第11章 粒子与特效动画

第12章 大气特效与后期制作

第13章 常用三维文字动画的制作

第14章 制作节目片头

第15章 海底美人鱼动画

第16章 动画片段制作技巧——小桥流水

第17章 产品广告的制作——中草药牙膏

第1章 3ds Max 2016 的基本操作

本章重点

- 打开文件
- 保存/另存为文件
- 自定义快捷键
- 自定义快速访问工具栏
- 自定义菜单栏
- 加载 UI 用户界面
- 自定义 UI 方案
- 保存用户界面
- 自定义菜单图标
- 禁用小盒控件
- 创建新的视口布局
- 搜索 3ds Max 命令

本章主要介绍有关 3ds Max 2016 中文版的基础知识，包括安装 3ds Max 2016 系统。3ds Max 属于单屏幕操作软件，它所有的命令和操作都在一个屏幕上完成，不用进行切换，这样可以节省大量的工作时间，同时创作也更加直观明了。作为一个 3ds Max 的初级用户，在没有正式使用和掌握这个软件之前首先学习和适应软件的工作环境及基本的文件操作是非常重要的。

案例精讲 001　3ds Max 2016 的安装

案例文件：无
视频教学：视频教学 \ Cha01 \ 3ds Max 2016 的安装 .avi

案例精讲 002　V-Ray 高级渲染器的安装

案例文件：无
视频教学：视频教学 \ Cha01 \ V-Ray 的安装 .avi

案例精讲 003　自定义快捷键

本例介绍自定义快捷键，使用自定义快捷键可以使用户快速、便捷地找到功能的使用方法，节省时间，提高效率。下面通过实例具体讲解如何自定义快捷键。

案例文件：无
视频教学：视频教学 \ Cha01 \ 自定义快捷键 .avi

(1) 启动 3ds Max 2016，在菜单栏中选择【自定义】|【自定义用户界面】命令，如图 1-1 所示。

(2) 在弹出的对话框中选择【键盘】选项卡，在左侧列表框中选择【CV 曲线】选项，在【热键】文本框中输入要设置的快捷键，如输入 Alt+Ctrl+A，如图 1-2 所示，再单击【指定】按钮，指定完成后，单击【保存】按钮即可。

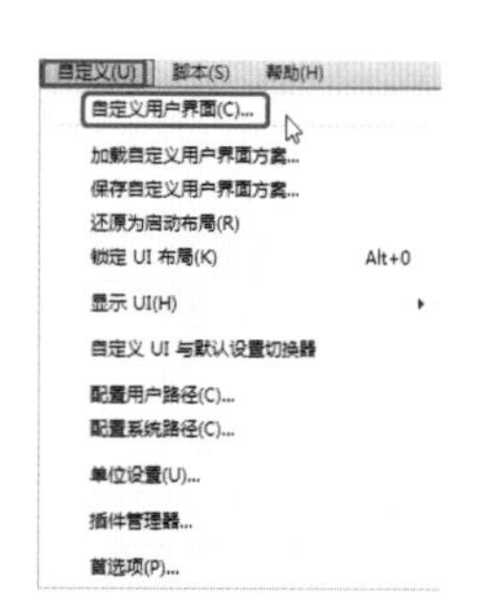

图 1-1　选择【自定义用户界面】命令

图 1-2　【自定义用户界面】对话框

提　示

在 3ds Max 中，除了可以为选项设置快捷键外，还可以将设置的快捷键进行删除，在【键盘】选项卡中左侧的列表框中选择要删除快捷键的选项，然后单击【移除】按钮即可。

案例精讲 004 自定义快速访问工具栏

本例介绍自定义快速访问工具栏，通过在软件中使用【自定义用户界面】对话框，设置工具栏中的快速访问工具栏选项，用户可以第一时间在访问工具栏中找到需要的任意命令按钮来执行命令操作，更加直观、便捷、快速，从而提高了工作效率。

案例文件：无

视频教学：视频教学 \ Cha01 \ 自定义快速访问工具栏 .avi

(1) 在菜单栏中选择【自定义】|【自定义用户界面】命令，在弹出的对话框中选择【工具栏】选项卡，在左侧列表框中选择【3ds Max 帮助】选项并按住鼠标左键将其拖曳到【快速访问工具栏】列表框中，如图 1-3 所示。

(2) 添加完成后，将该对话框关闭，即可在快速访问工具栏中找到添加的按钮，如图 1-4 所示。

提 示

同样，用户也可以将快速访问工具栏中的按钮删除，在要删除的按钮上右击鼠标，在弹出的快捷菜单中选择【从快速访问工具栏】移除命令，即可将该按钮删除。

图 1-3 【自定义用户界面】对话框

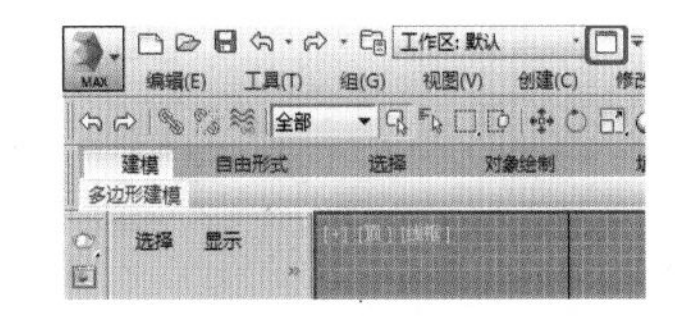

图 1-4 快速访问工具栏中添加的快速访问按钮

案例精讲 005 自定义菜单

本例介绍自定义菜单，通过灵活定义菜单，主要为用户自己工作带来便利。通过在软件中使用【自定义用户界面】对话框，在菜单栏中添加菜单命令，可以在工作界面中方便、快速地寻找到需要的功能命令。

案例文件：无

视频教学：视频教学 \ Cha01 \ 自定义菜单 .avi

(1) 在菜单栏中选择【自定义】|【自定义用户界面】命令，打开【自定义用户界面】对话框，在该对话框中选择【菜单】选项卡。

(2) 然后再单击【新建】按钮，在弹出的对话框中将【名称】设置为【几何体】，如图 1-5 所示。

(3) 输入完成后，单击【确定】按钮，在左侧的【菜单】列表框中选择新添加的菜单，按住鼠标左键将其拖曳到右侧的列表框中，如图 1-6 所示。

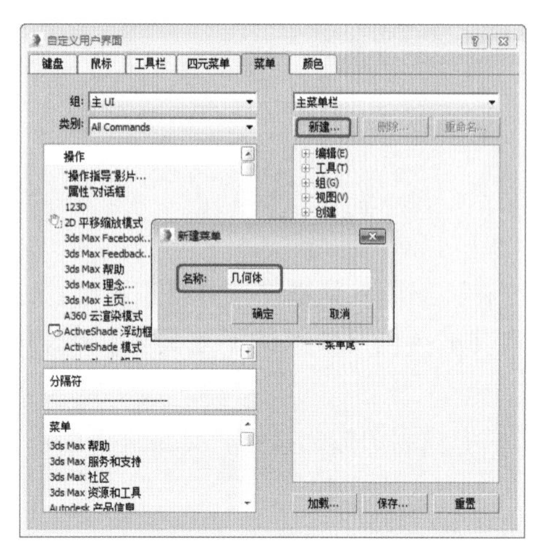

图 1-5　新建菜单

图 1-6　添加菜单命令

(4) 在右侧列表框中单击【几何体】菜单左侧的加号，选择其下方的【菜单尾】，在左侧的【操作】列表框中选择【茶壶】，将其添加到【几何体】菜单中，如图 1-7 所示。

(5) 可以使用同样的方法添加其他菜单命令。添加完成后，将该对话框关闭，即可在菜单栏中查看添加的命令，如图 1-8 所示。

图 1-7　选择命令并拖至创建的菜单中

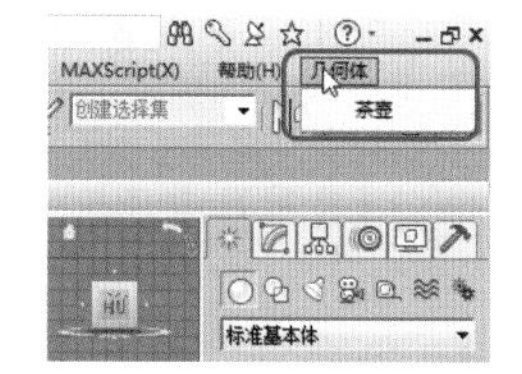

图 1-8　查看自定义的菜单效果

案例精讲 006　加载 UI 用户界面

本例介绍加载 UI 用户界面，通过在软件中使用【加载自定义用户界面方案】对话框，选择已经存在的 UI 方案进行使用。

案例文件：无

视频教学：视频教学 \ Cha01 \ 加载 UI 用户界面 .avi

(1) 启动 3ds Max 2016，在菜单栏中选择【自定义】|【加载自定义用户界面方案】命令，如图 1-9 所示。

(2) 打开【加载自定义用户界面方案】对话框，找到所要安装的路径，在该对话框中选择所需的用户界面方案即可，如图 1-10 所示。

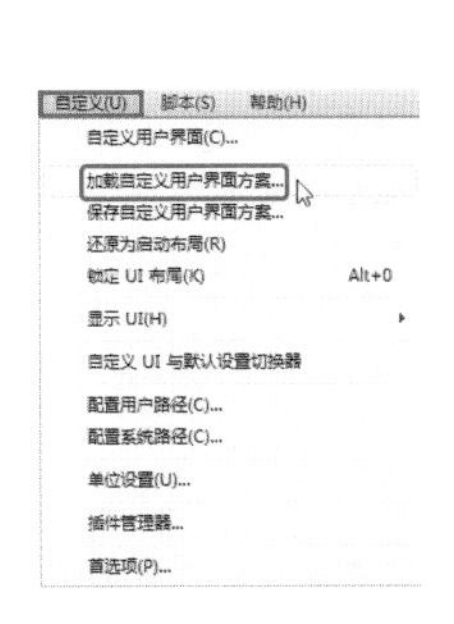

图 1-9 选择【加载自定义用户界面方案】命令

图 1-10 打开【加载自定义用户界面方案】对话框

(3) DefaultUI.ui 用户界面方案为系统默认的用户界面，如图 1-11 所示。用户可以根据喜好更改其他的用户界面方案，其中 ame-light.ui 用户界面方案如图 1-12 所示。

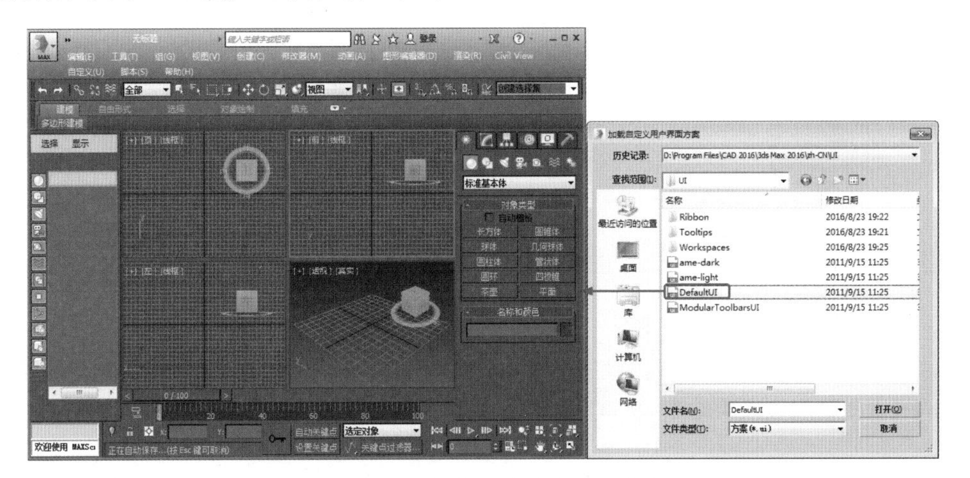

图 1-11 DefaultUI.ui 用户界面方案

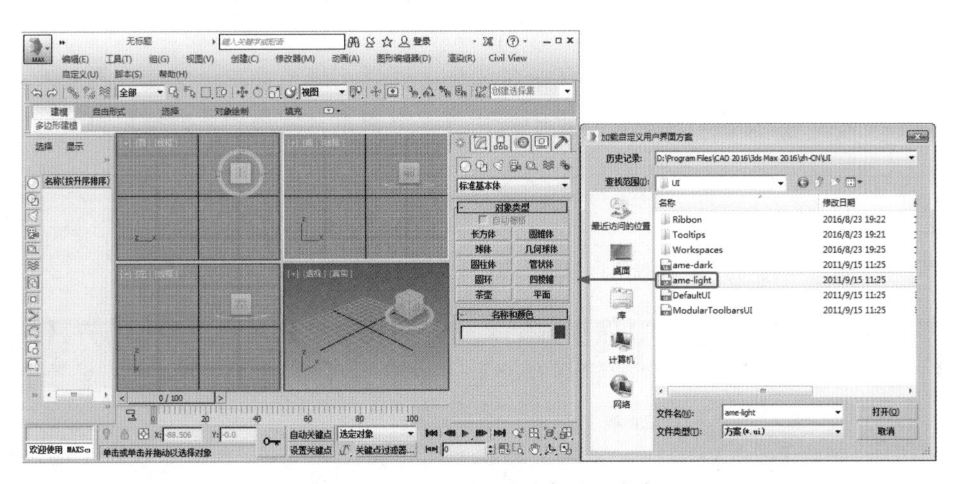

图 1-12 ame-light.ui 用户界面方案

案例精讲 007　自定义 UI 方案

本例介绍自定义 UI 方案，通过在软件中使用选择【自定义】|【自定义 UI 与默认设置切换器】命令弹出的对话框，自行设计 UI 方案进行使用。

案例文件：无

视频教学：视频教学 \ Cha01 \ 自定义 UI 方案 .avi

(1) 启动 3ds Max 2016，在菜单栏中选择【自定义】|【自定义 UI 与默认设置切换器】命令，如图 1-13 所示。

(2) 执行该操作后，即可弹出【为工具选项和用户界面布局选择初始设置】对话框，如图 1-14 所示。选择需要的 UI 方案，单击【设置】按钮即可。

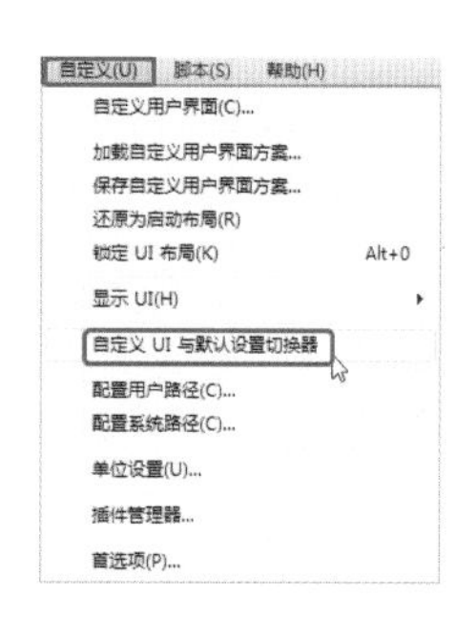

图 1-13　选择【自定义 UI 与默认设置切换器】命令

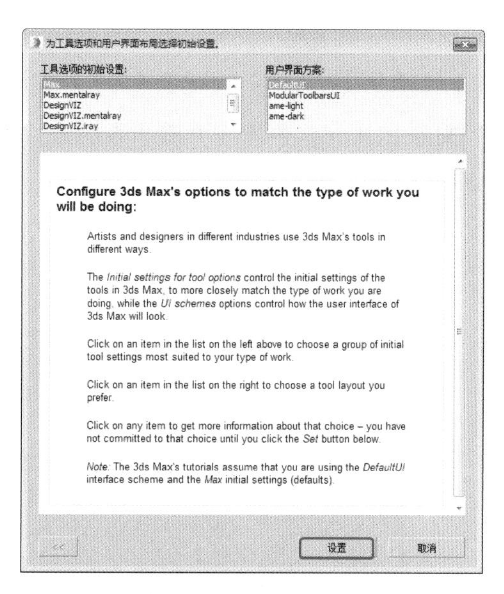

图 1-14　选择要设置的 UI 方案进行设置

案例精讲 008　保存用户界面

本例介绍保存用户界面。在长时间习惯于一种工作界面后不想更换其他的工作界面时，用户可以将其工作界面保存下来，一直使用。通过在软件中使用【保存自定义用户界面方案】对话框，保存自行设计的 UI 方案。

案例文件：无

视频教学：视频教学 \ Cha01 \ 保存用户界面 .avi

(1) 在菜单栏中选择【自定义】|【保存自定义用户界面方案】命令，即可打开【保存自定义用户界面方案】对话框，在该对话框中指定保存路径，并设置【文件名】及【保存类型】，如图 1-15 所示。

(2) 设置完成后，单击【保存】按钮，即可弹出如图 1-16 所示的对话框，在该对话框中使用其默认设置，单击【确定】按钮，即可保存用户界面方案。

图 1-15 【保存自定义用户界面方案】对话框

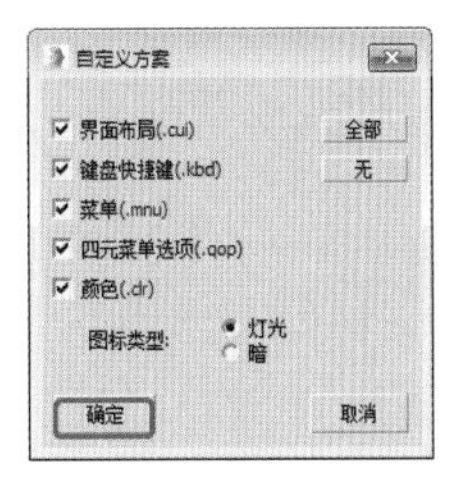

图 1-16 【自定义方案】对话框

案例精讲 009 自定义菜单图标

本例介绍自定义菜单图标。根据个人的喜好和习惯，有些用户想用不同的特定图标来辨别功能命令，在工作过程中更加直观和快捷地操作命令，而【自定义用户界面】对话框可以满足用户的这一需求。在软件中通过使用【自定义用户界面】对话框，用户可以自行设计菜单的图标，具体操作步骤如下。

案例文件：无

视频教学：视频教学 \ Cha01 \ 自定义菜单图标 .avi

(1) 启动 3ds Max 2016，在菜单栏中选择【自定义】|【自定义用户界面】命令，如图 1-17 所示。

(2) 在弹出的对话框中选择【菜单】选项卡，然后选择【创建】|【创建 - 图形】|【星形图形】选项并右击，在弹出的快捷菜单中选择【编辑菜单项图标】命令，如图 1-18 所示。

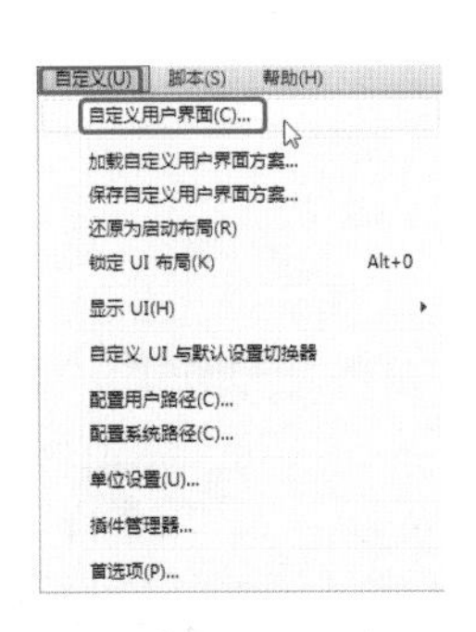

图 1-17 选择【自定义用户界面】命令

图 1-18 选择【编辑菜单项图标】命令

(3) 在弹出的对话框中，选择随书附带光盘中的"CDROM\Scenes\Cha01\1-5.png"素材文件，如图 1-19 所示。

(4) 选择完成后，单击【打开】按钮，打开完成后，将【自定义用户界面】对话框关闭，将工作区

设置为【默认＋增强型菜单】命令。在菜单栏中选择【对象】|【图形】|【星形图形】命令，即可发现该选项的图标发生了变化，如图 1-20 所示。

图 1-19　选择要替换的图标

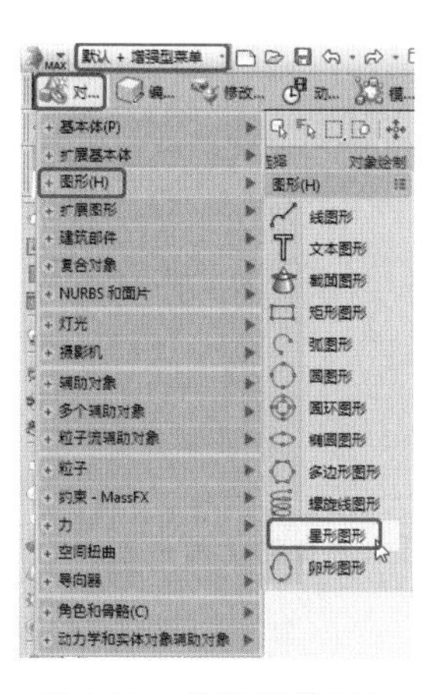

图 1-20　替换菜单图标

案例精讲 010　禁用小盒控件

本例介绍如何禁用小盒控件。在 3ds Max 2016 的使用中，根据用户自己使用的习惯，有些用户不习惯使用小盒控件，而是习惯使用对话框更加直观，这是可以通过在软件中使用【自定义用户界面】对话框，自行设计菜单的图标，具体操作步骤如下。

案例文件：无

视频教学：视频教学 \ Cha01 \ 禁用小盒控件 .avi

(1) 打开一个素材文件，在视图中选择【楼梯】对象，切换至【修改】面板中，单击【修改器列表】选择【编辑多边形】|【多边形】，将当前选择集设置为【编辑多边形】，在【编辑几何体】卷展栏中单击【细化】右侧的【设置】按钮，即可弹出一个小盒控件，如图 1-21 所示。

(2) 关闭小盒控件，即可取消小盒控件的显示。在菜单栏中选择【自定义】|【首选项】命令，如图 1-22 所示。

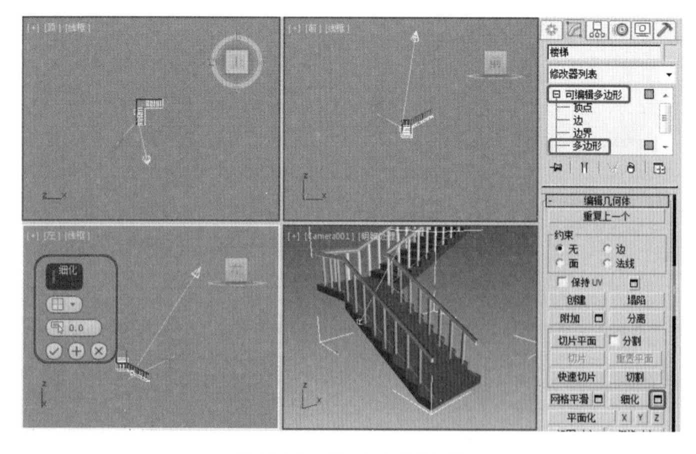

图 1-21　显示小盒控件

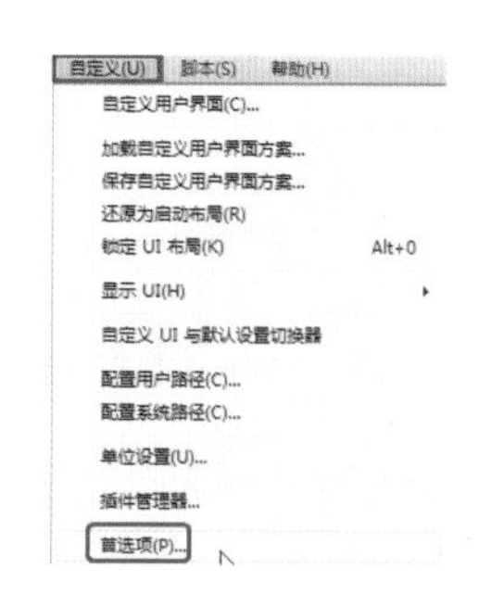

图 1-22　选择【首选项】命令

(3) 在弹出的对话框中选择【常规】选项卡，在【用户界面显示】选项组中取消选中【启用小盒控件】复选框，如图 1-23 所示。

(4) 设置完成后，单击【确定】按钮。再次在【编辑几何体】卷展栏中单击【细化】右侧的【设置】按钮，即可弹出【细化选择】对话框，如图 1-24 所示。

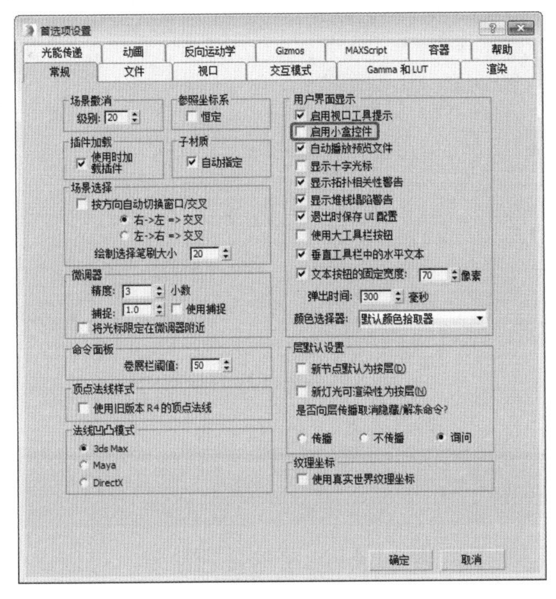

图 1-23　取消选中【启用小盒控件】复选框

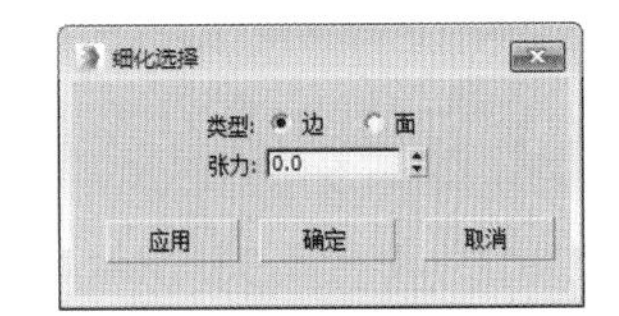

图 1-24　【细化选择】对话框

案例精讲 011　创建新的视口布局

本例介绍如何创建新的视口布局。在做不同的建模或简单的创建图形时，需要不同的视口布局用来观察、调整角度等。用户可以通过【创建新的视口布局选项卡】按钮更改适合自己的视口布局，具体操作步骤如下。

案例文件：无

视频教学：视频教学 \ Cha01 \ 创建新的视口布局 .avi

(1) 继续上面的操作，在菜单栏中执行【视图】|【视口配置】命令，如图 1-25 所示。

(2) 在弹出的【视口配置】对话框中，单击【布局】选项卡，在【布局】选项卡中会出现 14 种布局的方案，从中选择所需要的布局。选择后单击【确定】按钮，如图 1-26 所示。

(3) 选择完成后，即可更改视口布局。更改后的效果如图 1-27 所示。

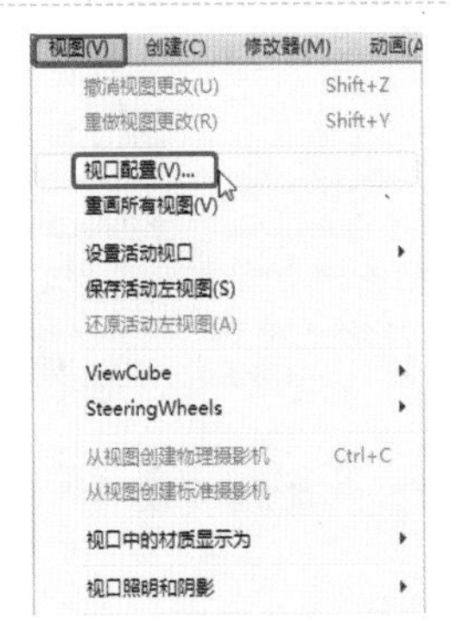

图 1-25　执行【视口配置】命令

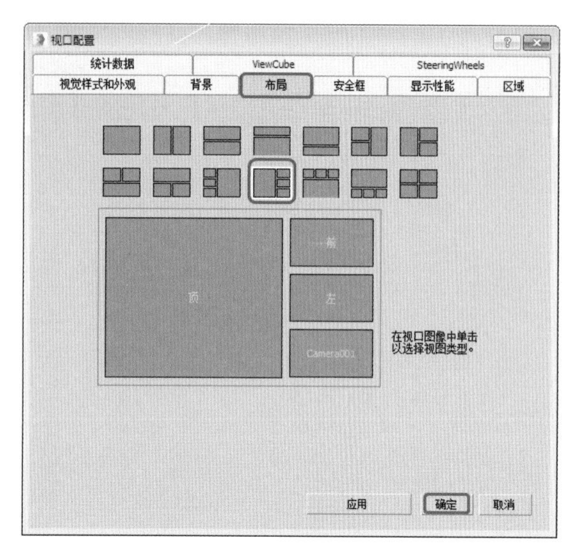

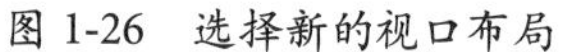
图 1-26　选择新的视口布局

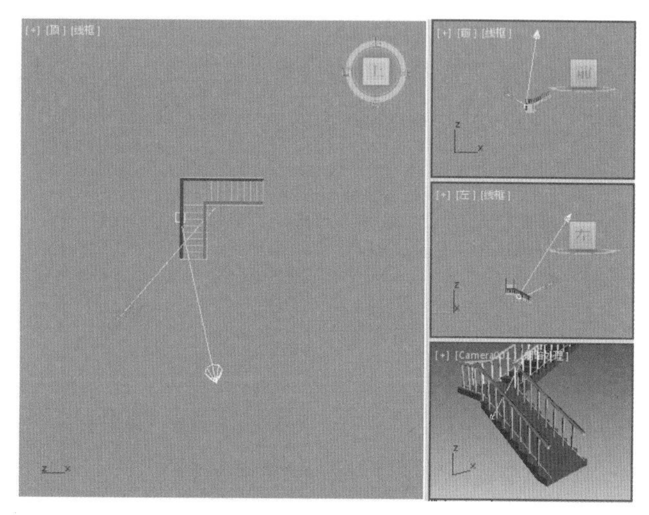

图 1-27　更改后的效果

案例精讲 012　搜索 3ds Max 命令

本例介绍如何使用搜索 3ds Max 命令，用户可以根据需要搜索 3ds Max 中的各项命令，可以以最快的速度寻找自己需要的功能命令，更好地提高工作效率。

案例文件：无

视频教学：视频教学 \ Cha01 \ 搜索 3ds Max 命令 . avi

(1) 继续上一实例的操作，在菜单栏中选中【帮助】|【搜索 3ds Max 命令】命令，如图 1-28 所示。

(2) 在弹出的文本框中输入要搜索的命令，将会弹出相应的命令列表，从中选择即可，如图 1-29 所示。

图 1-28　选择【搜索 3ds Max 命令】命令

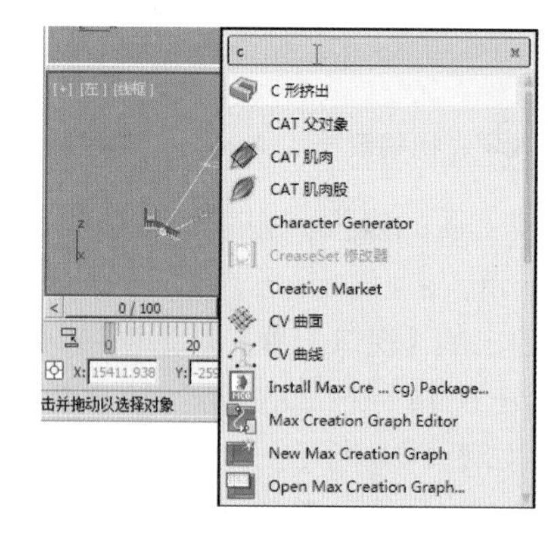

图 1-29　在搜索框中输入命令后弹出的列表

第2章 常用三维文字的制作

本章重点

- 制作金属文字
- 制作沙砾金文字
- 制作玻璃文字
- 制作浮雕文字
- 制作倒角文字

三维字体的实现是利用文本工具创建出基本的文字造型，然后使用不同的修改器完成字体造型的制作。本章将介绍在三维领域中最为常用而又实用的文字制作方法。

案例精讲 013 制作金属文字

本例将介绍如何制作金属文字。首先使用【文字】工具输入文字，然后为文字添加【倒角】修改器，最后为文字添加摄影机及灯光，完成后的效果如图 2-1 所示。

案例文件：CDROM \ Scenes \ Cha02 \ 制作金属文字 OK.max

视频教学：视频教学 \ Cha02 \ 制作金属文字 .avi

(1) 启动软件后，按 G 键取消网格显示，选择【创建】|【图形】|【文本】选项，将【字体】设置为【方正综艺体简体】，将【大小】设置为 75，在【文本】下的文本框中输入文字"城市花园"，然后在【顶】视图中单击鼠标创建文字，如图 2-2 所示。

(2) 确定文字处于选中状态，单击【修改】按钮，为文字添加【倒角】修改器，在【倒角】卷展栏中将【级别 1】下的【高度】设置为 13，选中【级别 2】复选框，将【高度】设置为 1、【轮廓】设置为 –1，如图 2-3 所示。

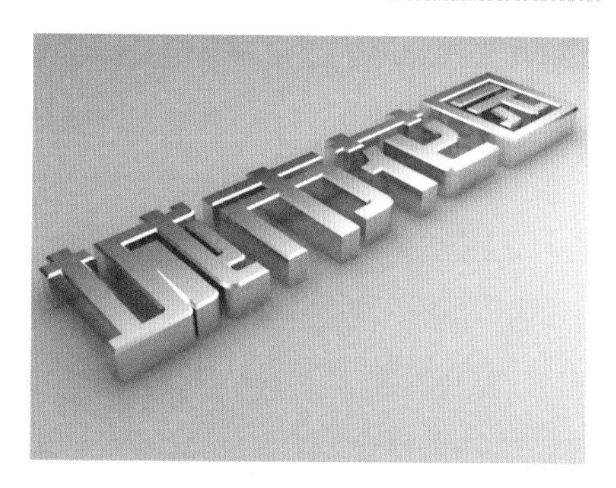

图 2-1 制作金属文字效果

知识链接

【倒角】修改器是通过对二维图形进行挤出成形，并且在挤出的同时，在边界上加入直线形或圆形的倒角。一般用来制作立体文字和标志。

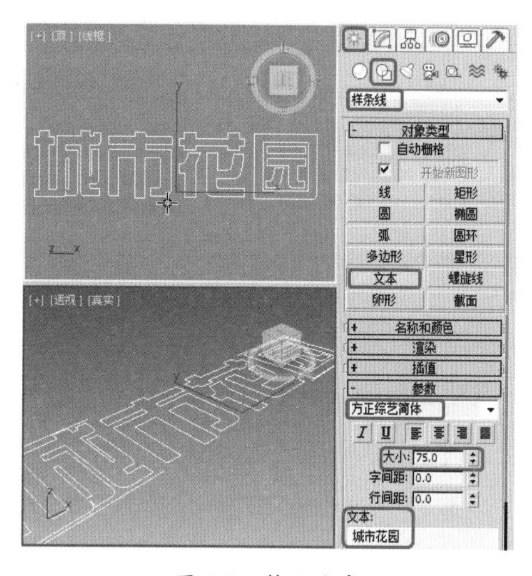

图 2-2 输入文字

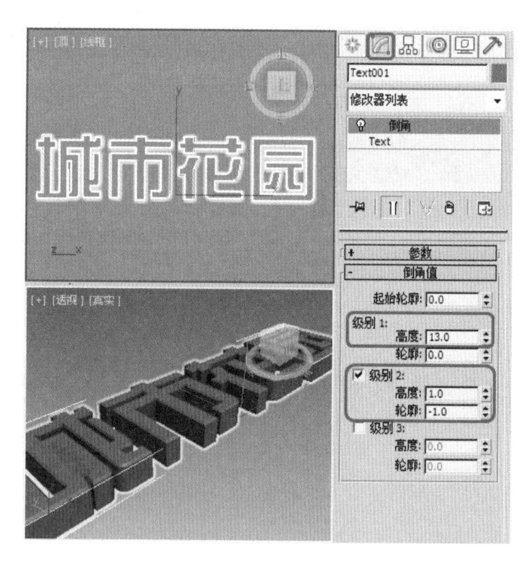

图 2-3 为文字添加【倒角】修改器并进行设置

(3) 按 M 键打开【材质编辑器】窗口，选择一个空白的材质球，将其命名为【金属】，然后将【明暗器基本参数】设置为【(M) 金属】，将【环境光】RGB 设置为 209、205、187，在【反射高光】选项组中将【高光级别】、【光泽度】分别设置为 102、74，如图 2-4 所示。

提 示

材质主要用于描述对象如何反射和传播光线，材质中的贴图主要用于模拟对象质地、提供纹理图案、反射、折射等其他效果（贴图还可以用于环境和灯光投影）。依靠各种类型的贴图，可以创作出千变万化的材质，如在瓷瓶上贴花纹就成了名贵的瓷器。高超的贴图技术是制作仿真材质的关键，也是决定最后渲染效果的关键。关于材质的调节和指定，系统提供了【材质编辑器】和【材质 / 贴图浏览器】。【材质编辑器】用于创建、调节材质，并最终将其指定到场景中；【材质 / 贴图浏览器】用于检查材质和贴图。

(4) 展开【贴图】卷展栏，单击【反射】通道后的【无】按钮，在弹出的【材质 / 贴图浏览器】对话框中双击【光线跟踪】选项保持默认设置，单击【转到父对象】按钮，如图 2-5 所示。

(5) 确定文字处于选中状态，单击【将材质指定给选定对象】按钮和【在视口中显示标准贴图】按钮，将对话框关闭，在【透视】视图中的效果如图 2-6 所示。

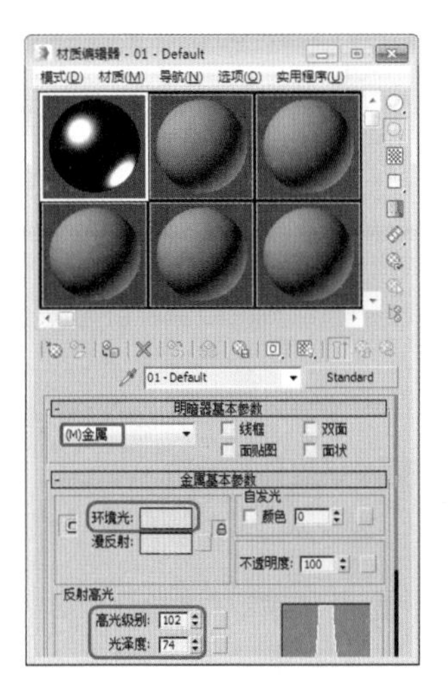

图 2-4　设置【环境光】和【反射高光】

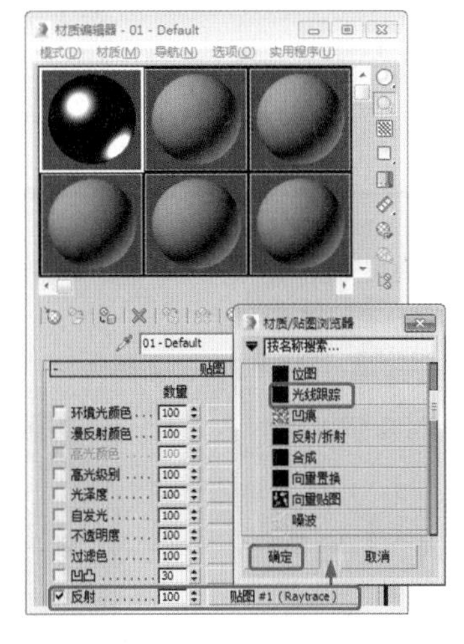

图 2-5　设置【反射】通道

图 2-6　赋予材质后的效果

(6) 选择【创建】|【摄影机】|【目标】工具，然后在顶视图中创建一个目标摄影机，激活透视视图，按 C 键将该视图转换为【摄影机视图】，然后使用【移动工具】在其他视图中调整摄影机的位置，效果如图 2-7 所示。

(7) 选择【创建】|【几何体】|【平面】工具，在【顶】视图中创建一个【长度】和【宽度】都为 500 的平面，并调整其至合适的位置，如图 2-8 所示。

(8) 按 M 键打开【材质编辑器】，选择空白材质球，将【Blinn 基本参数】卷展栏中【环境光】RGB 设置为 208、208、200，单击【将材质指定给选定对象】按钮和【在视口中显示标准贴图】按钮，如图 2-9 所示。

提 示

选择 Blinn 明暗器选项后，可以使材质高光点周围的光晕是旋转混合的，背光处的反光点形状为圆形，清晰可见，如增大柔化参数值，Blinn 的反光点将保持尖锐的形态，从色调上来看，Blinn 趋于冷色。

【环境光】：控制对象表面阴影区的颜色。

【环境光】和【漫反射】的左侧有一个（锁定）按钮，用于锁定【环境光】、【漫反射】两种材质，锁定的目的是使被锁定的两个区域颜色保持一致，调节一个时另一个也会随之变化。

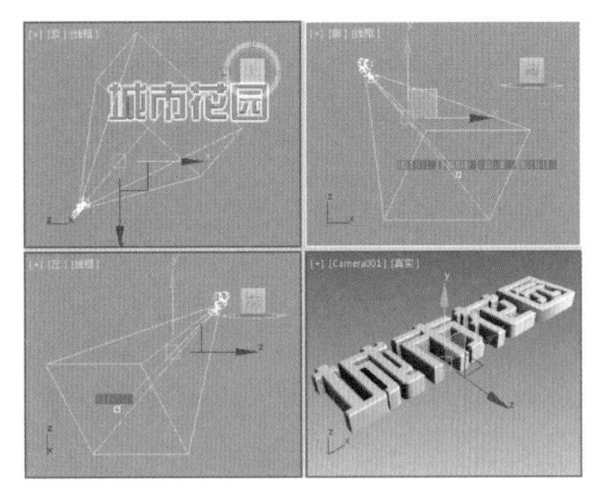
图 2-7　调整摄影机

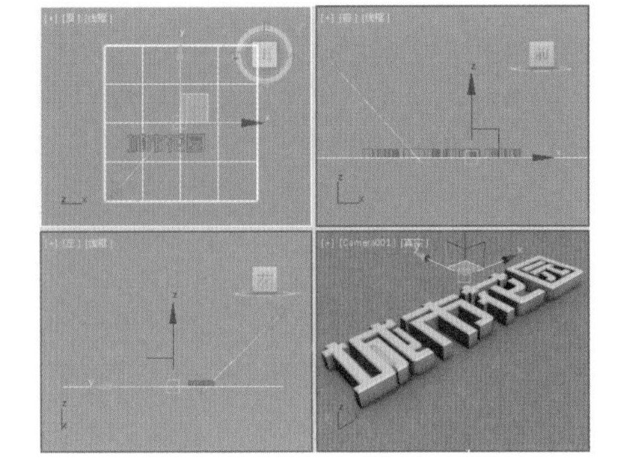
图 2-8　绘制平面

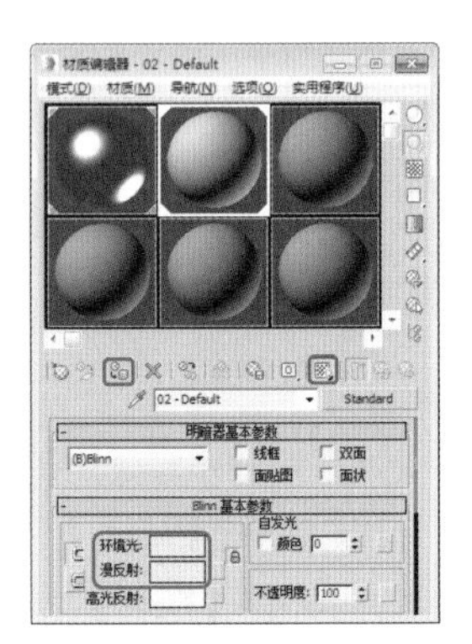
图 2-9　设置材质

(9) 将对话框关闭，选择【创建】|【灯光】|【标准】|【泛光】工具，在【前】视图中创建一个泛光灯，如图 2-10 所示。

(10) 切换至【修改】命令面板，在【阴影参数】卷展栏中将【密度】设置为 0.5，按 Enter 键确认，如图 2-11 所示。

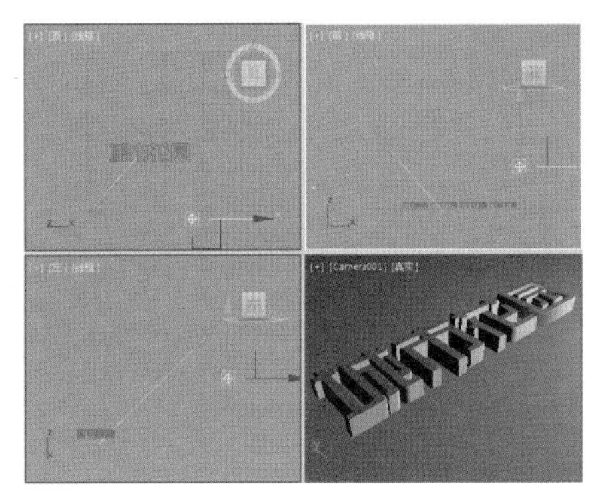
图 2-10　添加泛光灯

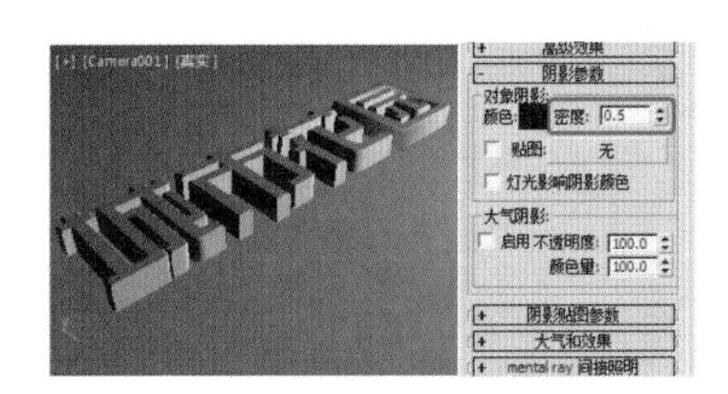
图 2-11　设置密度

知识链接

【泛光灯】向四周发散光线，标准的泛光灯用来照亮场景，它的优点是易于建立和调节，不用考虑是否有对象在范围外而不被照射；缺点就是不能创建太多，否则显得无层次感。泛光灯用于将“辅助照明”添加到场景中，或模拟点光源。

泛光灯可以投射阴影和投影，单个投射阴影的泛光灯等同于 6盏聚光灯的效果，从中心指向外侧。另外，泛光灯常用来模拟灯泡、台灯等光源对象。

(11) 在【顶】视图中再创建一个泛光灯，切换至【修改】命令面板，在【常规参数】卷展栏中选中【阴影】下的【启用】复选框，在【强度/颜色/衰减】卷展栏中将【倍增】设置为 0.03，按 Enter 键确认，如图 2-12 所示。

提　示

【启用】选项用来启用和禁用灯光。当【启用】选项处于启用状态时，使用灯光着色和渲染来照亮场景。当【启用】选项处于禁用状态时，进行着色或渲染时不使用该灯光。默认设置为启用。

【倍增】设置则可以指定正数或负数量来增减灯光的能量。例如，输入 2，表示灯光亮度增强两倍。使用这个参数提高场景亮度时，有可能会引起颜色过亮，还可能产生视频输出中不可用的颜色，所以除非是制作特定案例或特殊效果，否则均需选择 1。

(12) 再在【阴影参数】卷展栏中将【密度】设置为 2，按 Enter 键确认，使用同样的方法创建其他灯光，并在视图中调整其位置。调整后的效果如图 2-13 所示。

提 示

【密度】参数设置较大将产生一个粗糙、有明显的锯齿状边缘的阴影；相反，阴影的边缘会变得比较平滑。

(13) 调整完成后按 F9 键对摄影机视图进行渲染。渲染完成后的效果如图 2-14 所示。

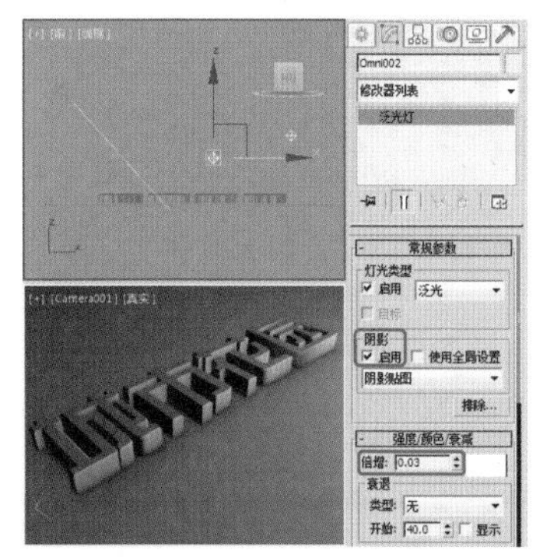

图 2-12 设置参数

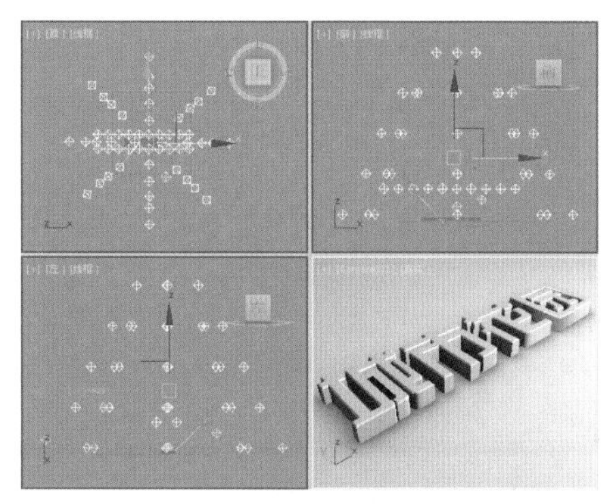

图 2-13 设置密度后的效果

图 2-14 渲染完成后的效果

案例精讲 014 制作沙砾金文字

本例将介绍如何制作沙砾金文字。首先创建文字，然后为文字添加【倒角】修改器，利用【长方体】和【矩形】工具，制作文字的背板，最后为文字及背板设置材质。完成后的效果如图 2-15 所示。

图 2-15 制作沙砾金文字

案例文件：CDROM \ Scenes \ Cha02 \ 制作沙砾金文字 OK.max

视频教学：视频教学 \ Cha02 \ 制作沙砾金文字 .avi

(1) 选择【创建】|【图形】|【文本】工具，在【参数】卷展栏中将【字体】设置为隶书，将【字间距】设置为 0.5，在【文本】文本框中输入文字【驰名商标】，然后在【前】视图上单击鼠标左键创建文字，如图 2-16 所示。

(2) 单击【修改】按钮，进入修改命令面板，在【修改器列表】下拉列表框中选择【倒角】修改器，选中【避免线相交】复选框，将【起始轮廓】设置为 5，将【级别 1】下的【高度】设置为 10，选中【级别 2】复选框，将【高度】设置为 2，将【轮廓】设置为 –2，如图 2-17 所示。

(3) 选择【创建】|【几何体】|【长方体】工具，在【前】视图中创建一个【长度】、【宽度】和【高度】分别为 120、420、–1 的长方体，将其命名为【背板】，如图 2-18 所示。

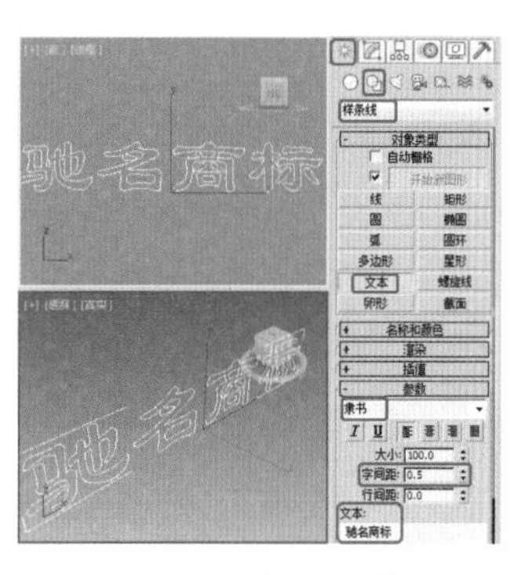
图 2-16　输入文字

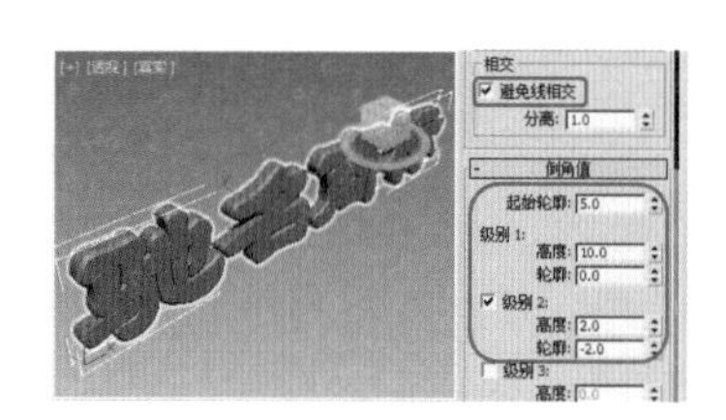
图 2-17　设置【倒角】参数

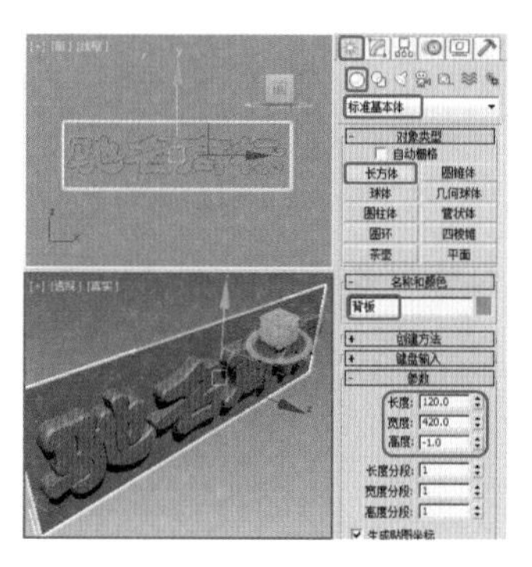
图 2-18　绘制长方体

提　示

勾选【避免线相交】复选框，可以防止尖锐折角产生的突出变形。但勾选【避免线相交】复选框会增加系统的运算时间，可能会等待很久，而且将来在改动其他倒角参数时也会变得迟钝，所以尽量避免使用这个功能。如果遇到线相交的情况，最好是返回到曲线图形中手动进行修改，将转折过于尖锐的地方调节圆滑。

(4) 选择【创建】|【图形】|【矩形】工具，在【前】视图中沿背板的边缘创建【长度】和【宽度】分别为 120、420 的矩形，将其【命名】为【边框】，如图 2-19 所示。

(5) 进入【修改】面板，在【修改器列表】下拉列表框中选择【编辑样条线】|【样条线】修改器，将当前选择集定义为【样条线】，在视图中选择样条曲线，在【几何体】卷展栏中将【轮廓】设置为 –12，如图 2-20 所示。

(6) 关闭当前选择集，在【修改器列表】下拉列表框中选择【倒角】修改器，在【倒角值】卷展栏中将【起始轮廓】设置为 1.6，将【级别 1】下的【高度】和【轮廓】设置为 10、–0.8，选中【级别 2】复选框，将【高度】和【轮廓】分别设置为 0.5、–3.8，如图 2-21 所示。

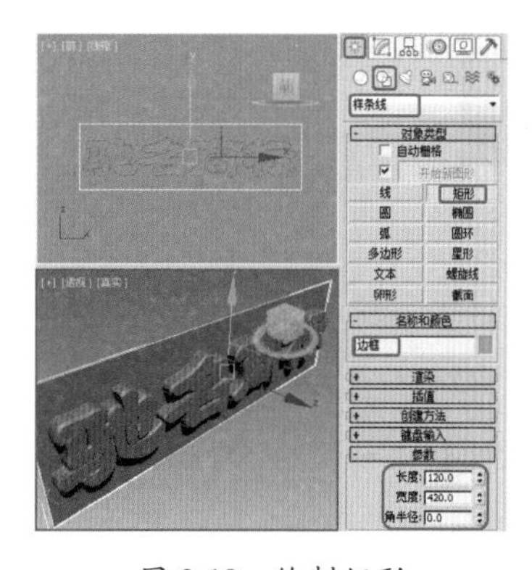
图 2-19　绘制矩形

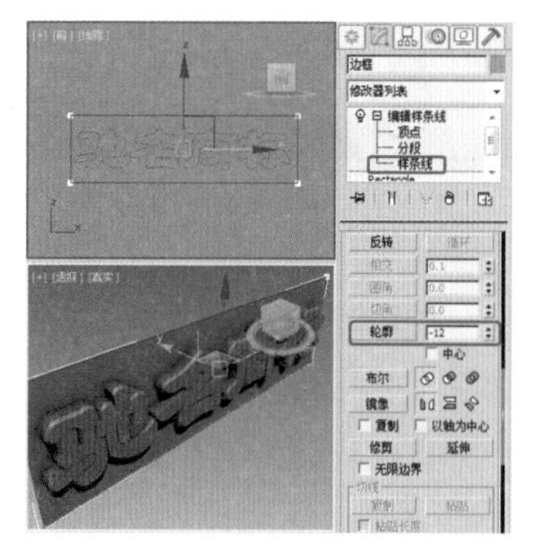
图 2-20　设置【轮廓】

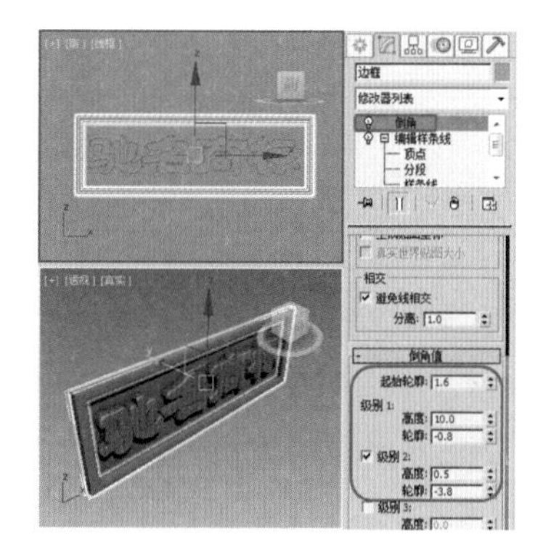
图 2-21　设置【倒角】

(7) 按 M 键打开【材质编辑器】窗口，选择一个空白的材质球，在【明暗器基本参数】卷展栏中将明暗器类型设置为【(M) 金属】，将【环境光】的 RGB 设置为 0、0、0，取消【环境光】与【漫反射】之间的锁定，将【漫反射】设置为 255、240、5，将【高光级别】和【光泽度】分别设置为 100、80，

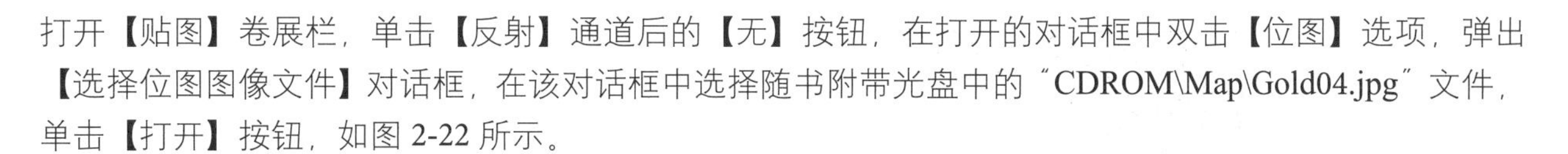

打开【贴图】卷展栏，单击【反射】通道后的【无】按钮，在打开的对话框中双击【位图】选项，弹出【选择位图图像文件】对话框，在该对话框中选择随书附带光盘中的"CDROM\Map\Gold04.jpg"文件，单击【打开】按钮，如图 2-22 所示。

注 意

【金属明暗器】选项是一种比较特殊的渲染方式，专用于金属材质的制作，可以提供金属所需的强烈反光。它取消了【高光反射】色彩的调节，反光点的色彩仅依据于【漫反射】色彩和灯光的色彩。

由于取消了【高光反射】色彩的调节，所以高光部分的高光度和光泽度设置也与Blinn有所不同。【高光级别】仍控制高光区域的亮度，而【光泽度】部分变化的同时将影响高光区域的亮度和大小。

(8) 单击【转到父对象】按钮，返回到上一层级，然后将材质指定给文字和使用矩形制作的边框，效果如图 2-23 所示。

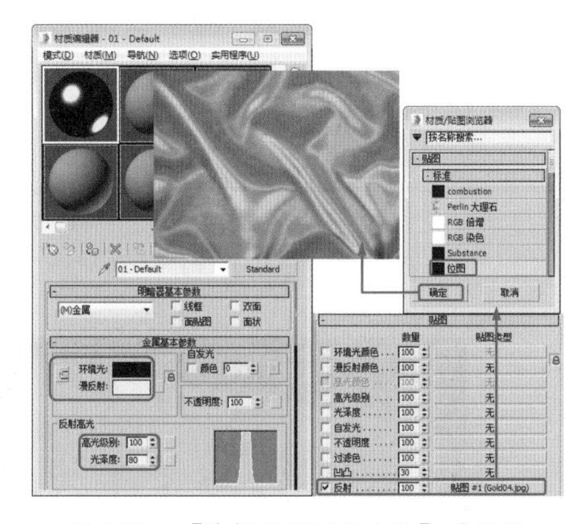

图 2-22 【选择位图图像文件】对话框

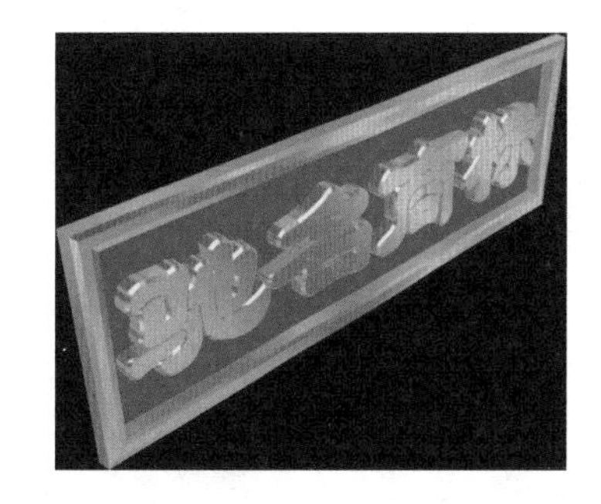

图 2-23 指定材质后的效果

(9) 再选择一个空白的材质球，在【明暗器基本参数】卷展栏中将明暗器类型设置为【(M)金属】，在【金属基本参数】卷展栏中将【环境光】设置为黑色，取消【环境光】和【漫反射】之间的锁定，将【漫反射】RGB 设置为 255、240、5，将【高光级别】和【光泽度】设置为 100、0。打开【贴图】卷展栏，单击【反射】通道后的【无】按钮，在弹出的对话框中双击【位图】贴图，再在打开的对话框中选择附带光盘中的"CDROM\Map\Gold04.jpg"文件，单击【打开】按钮，单击【转到父对象】按钮，返回到上一层级，单击【凹凸】通道后的【数量】并设置为 120，单击【无】按钮，在弹出的对话框中双击【位图】贴图，再在打开的对话框中选择附带光盘中的"CDROM\Map\SAND.jpg"文件，单击【打开】按钮，将【瓷砖】下的 U、V 选项设置为 3、3，确定【背板】处于选择状态，单击【将材质指定给选定对象】按钮，如图 2-24 所示。

(10) 选择【创建】|【灯光】|【标准】|【泛光】工具，在【顶】视图中创建泛光灯，在【强度 / 颜色 / 衰减】卷展栏中将【倍增】设置为 0.3，将其后面的颜色的 RGB 的值设置为 252、252、238，然后使用【选择并移动】工具，在视图中调整其位置，效果如图 2-25 所示。

(11) 选择【创建】|【灯光】|【标准】|【泛光】工具，在【顶】视图中创建泛光灯，将【强度 / 颜色 / 衰减】区域下的【倍增】设置为 0.3，将其后面的颜色 RGB 设置为 223、223、223，然后使用【选择并移动】工具，调整其灯光的位置，如图 2-26 所示。

(12) 使用同样的方法设置其他泛光灯。选择【创建】|【摄影机】|【目标】选项在顶视图上创建摄影机，然后在视图中调整其位置，将【透视】视图转换为摄影机视图，如图 2-27 所示。

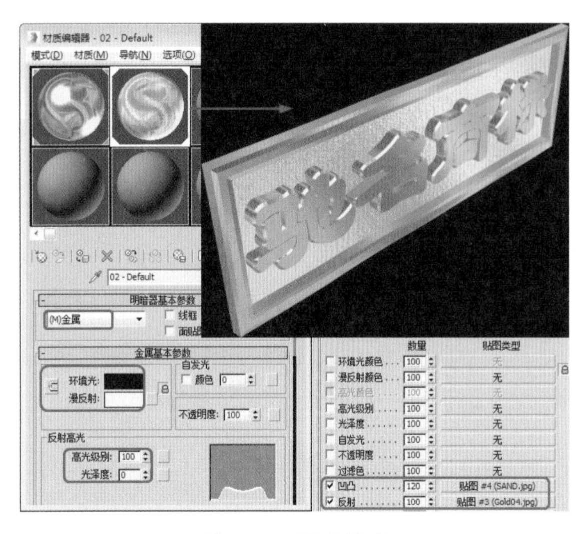

图 2-24　设置材质

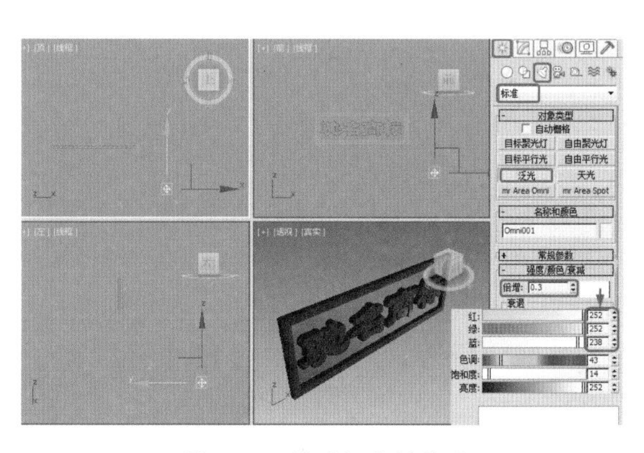

图 2-25　设置灯光的位置

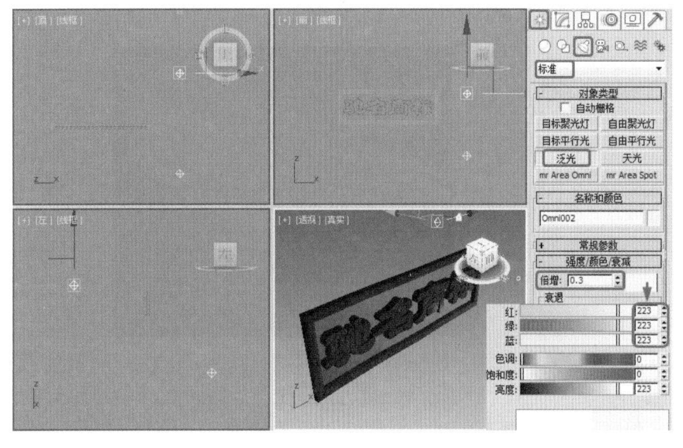

图 2-26　设置灯光

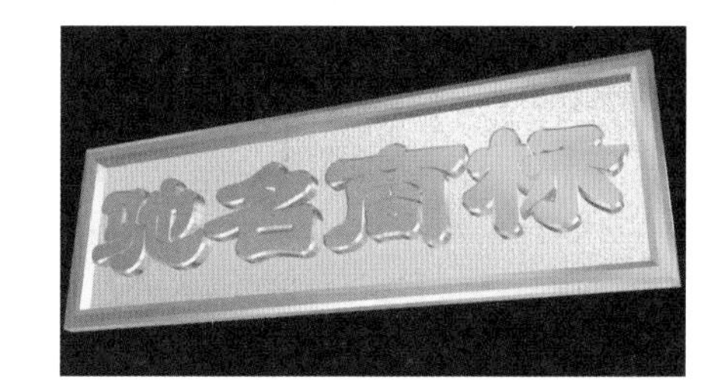

图 2-27　添加摄影机

(13) 激活【摄影机】视图，按 F9 键对其进行渲染输入即可，最后将场景进行保存。

案例精讲 015　制作玻璃文字【视频案例】

本例介绍玻璃文字的制作，首先使用文字工具设置参数绘制文字，再使用【倒角】修改器为文字增加【高度】和【轮廓】，使文字出现立体效果，再为文字添加明暗效果，最后为文字添加背景，并使用【摄影机】渲染效果。完成后效果如图 2-28 所示。

图 2-28　玻璃文字效果

案例文件：CDROM \ Scenes \ Cha02 \ 玻璃文字 OK.max

视频教学：视频教学 \ Cha02 \ 玻璃文字 .avi

案例精讲 016 制作浮雕文字

本例将制作浮雕文字，制作重点是对长方体添加【置换】修改器，并添加已经制作好的文字位图，通过在【材质编辑器】中设材质，完成浮雕文字的创建。具体操作方法如下，完成后的效果如图 2-29 所示。

图 2-29 浮雕文字效果

案例文件：CDROM \ Scenes \ Cha02 \ 浮雕文字 OK.max
视频教学：视频教学 \ Cha02 \ 浮雕文字 .avi

(1) 选择【创建】 | 【几何体】 | 【长方体】工具，在【前视图】中创建一个【长度】、【宽度】和【高度】分别为 125、380、5，【长度分段】和【宽度分段】分别为 90、185 的长方体，如图 2-30 所示。

(2) 进入【修改】命令面板，在【修改器列表】下拉列表框中选择【置换】修改器，在【参数】卷展栏中【置换】选项组中的【强度】文本框中输入 8，选中【亮度中心】复选框，如图 2-31 所示。

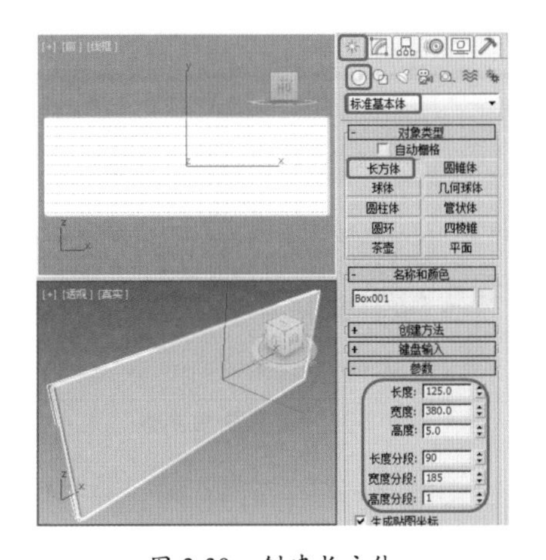

图 2-30 创建长方体

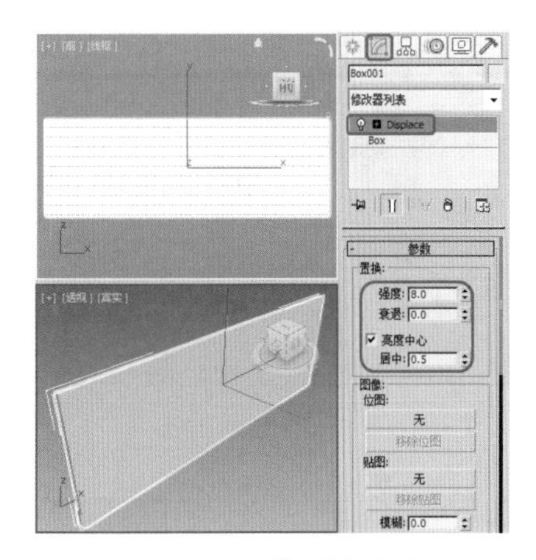

图 2-31 添加【置换】修改器

(3) 在【图像】选项组中单击【位图】下方的【无】按钮，在弹出的【选择置换图像】对话框中选择随书附带光盘中的"CDROM\Map\ 天恒集团 .jpg"文件，单击【打开】按钮，即可创建文字，效果如图 2-32 所示。

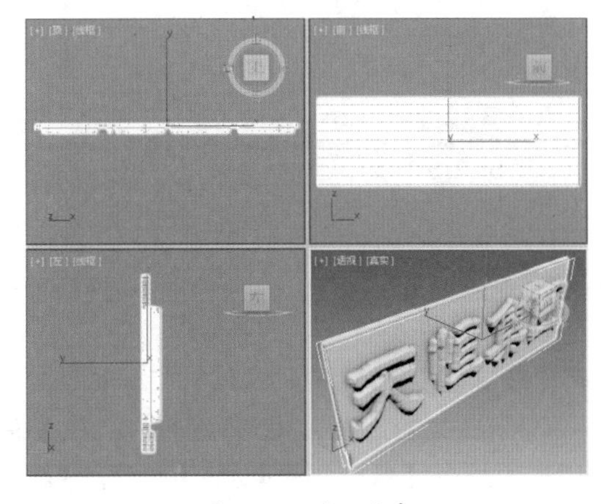

图 2-32 置入文字

知识链接

【置换】修改器以力场的形式推动和重塑对象的几何外形。可以直接从修改器 Gizmo 应用它的变量力，或者从位图图像应用。

(4) 选择【创建】 | 【图形】 | 【矩形】工具，在【前视图】中沿长方体的边缘创建一个【长度】和【宽度】分别为 128、384 的矩形，如图 2-33 所示，并将其命名为【边框】。

(5) 进入【修改】命令面板，在【修改器列表】下拉列表框中选择【编辑样条线】|【样条线】修改器，将当前选择集定义为【样条线】，在【几何体】卷展栏中的【轮廓】文本框中输入 8，按 Enter 键确认，效果如图 2-34 所示。

(6) 在【修改器列表】下拉列表框中选择【倒角】修改器，在【倒角值】卷展栏中将【级别 1】下方的【高度】和【轮廓】均设置为 2，选中【级别 2】复选框，在【高度】文本框中输入 5，选中【级别 3】复选框，在【高度】和【轮廓】文本框中分别输入 2、-2，按 Enter 键确认，如图 2-35 所示。

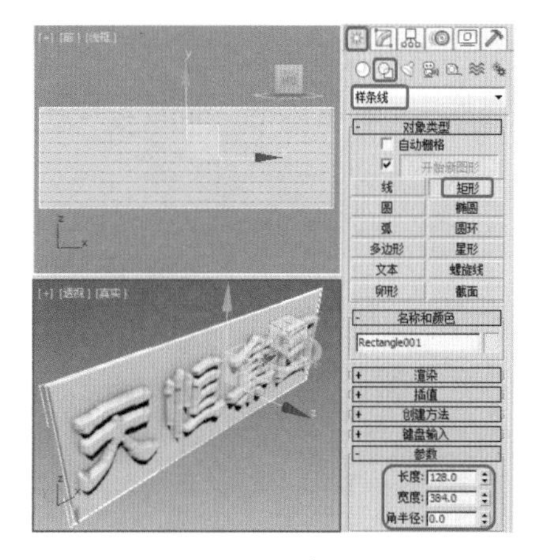

图 2-33　绘制矩形

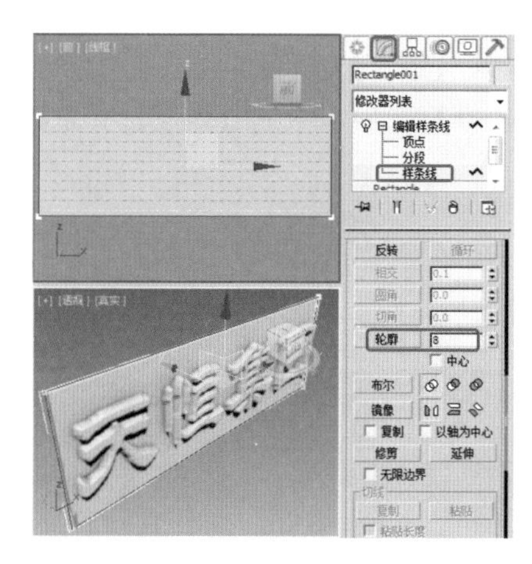

图 2-34　设置轮廓参数

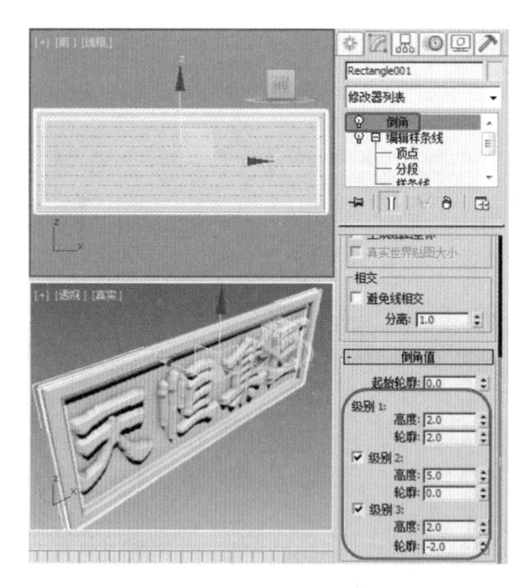

图 2-35　设置倒角参数

(7) 在视图中选择所有的对象，按键盘上的 M 键打开【材质编辑器】窗口，选择第一个材质样本球，在【明暗器基本参数】卷展栏中将明暗器类型定义为【(M) 金属】，在【金属基本参数】卷展栏中将【环境光】的 RGB 值设置为 255、174、0，在【高光级别】和【光泽度】文本框中分别输入 100、80，按 Enter 键确认，如图 2-36 所示。

(8) 在【贴图】卷展栏中单击【反射】右侧的【无】按键，在弹出的【材质/贴图浏览器】对话框中双击【位图】，在弹出的【选择位图图像文件】对话框中选择随书附带光盘中的“CDROM\Map\Gold04.jpg”，文件如图 2-37 所示。

(9) 单击【打开】按钮，在【坐标】卷展栏中的【模糊】文本框中输入 0.09，按 Enter 键确认，单击【将材质指定给选定对象】按钮，将【材质编辑器】窗口关闭即可，指定材质后的文字如图 2-38 所示。

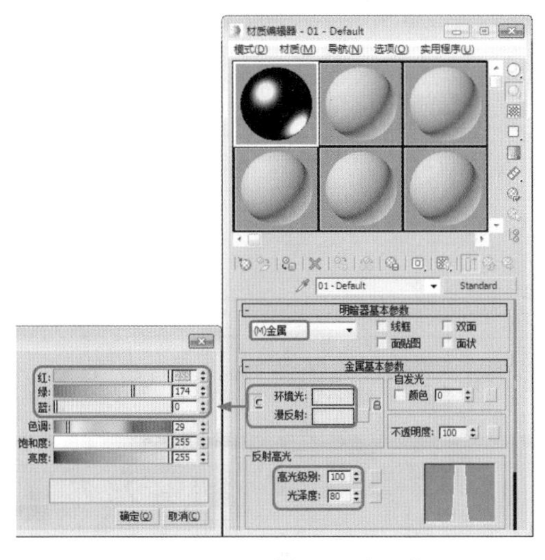

图 2-36 设置【材质编辑器】

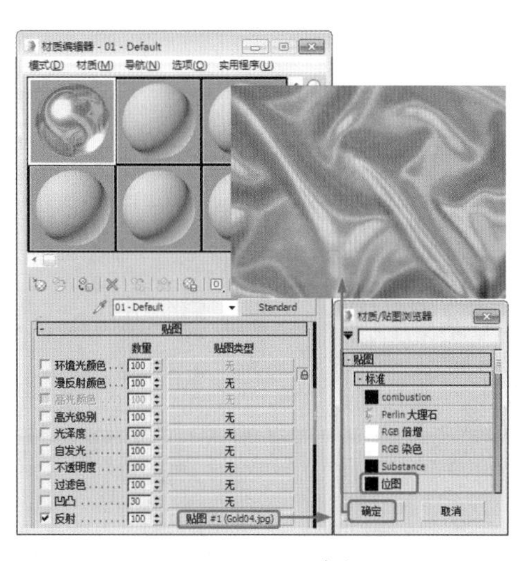

图 2-37 添加素材

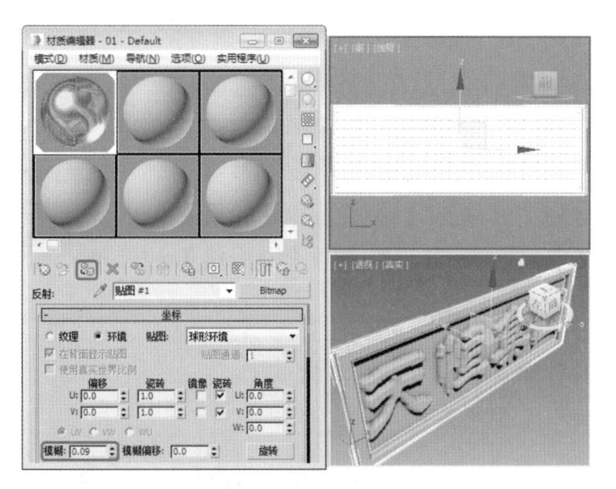

图 2-38 增加模糊效果

注 意

【镜头】选项可以设置摄影机的焦距长度，48mm 为标准的焦距，短焦可以造成鱼眼镜头的夸张效果，长焦用来观测较远的景色，保证物体不变形。

【视野】选项将决定摄影机查看区域的宽度（视野）。该选项可以设置摄影机显示的区域宽度，该值以度为单位指定，使用它左边的弹出按钮可将其设置成代表“水平”“垂直”或“对角”距离。

专业摄影家和电影拍摄人员在他们的工作过程中使用标准的备用镜头，单击“备用镜头”按钮可以在 3ds Max 中使用这些备用镜头，预设的备用镜头包括 15mm、20mm、24mm、28mm、35mm、85mm、135mm 和 200mm 长度。

(10) 选择【创建】|【摄影机】|【目标】工具，在【顶视图】中创建一个摄影机对象，在【参数】卷展栏中单击【备用镜头】选项组中的 28mm 按钮，激活【透视】视图，然后按 C 键将当前激活的视图转为【摄影机】视图，并在除【摄影机】视图外的其他视图中调整摄影机的位置。调整后的效果如图 2-39 所示。

(11) 按 8 键打开【环境和效果】对话框，在【公用参数】卷展栏中设置【颜色】值为 255、255、255，设置完成后关闭即可，如图 2-40 所示。按 F9 键对摄影机视图进行渲染，然后将完成后的场景进行保存。

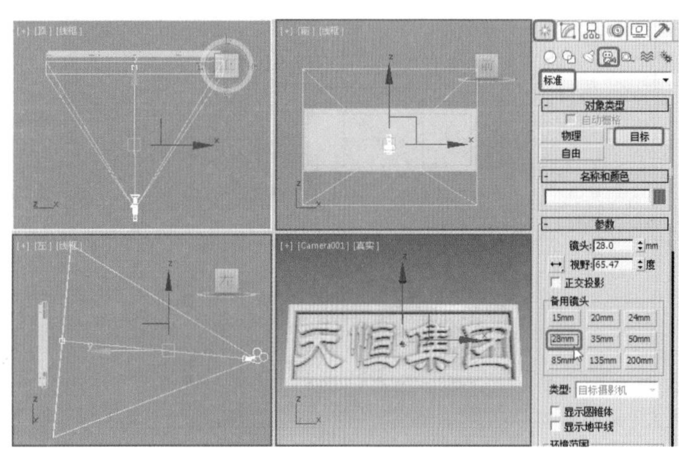

图 2-39　设置【摄影机】

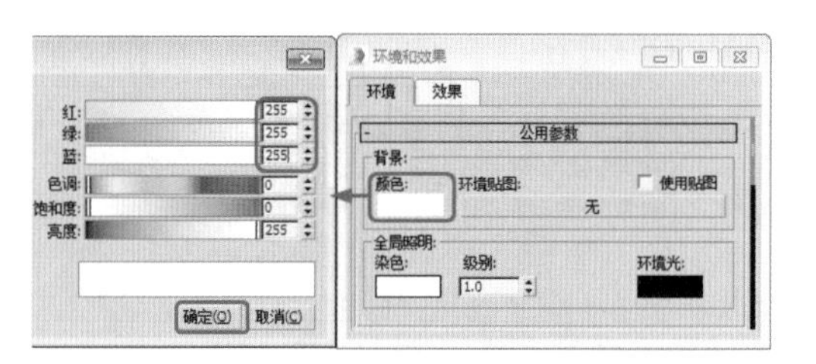

图 2-40　设置【环境和效果】对话框

案例精讲 017　制作倒角文字

本例介绍倒角文字的制作。首先使用文字工具设置参数绘制文字，再使用【倒角】修改器为文字增加【高度】和【轮廓】，使文字出现立体效果，再为文字添加背景，并使用【摄影机】渲染效果，完成后效果如图 2-41 所示

图 2-41　倒角文字效果

案例文件：CDROM \ Scenes \ Cha02　\ 倒角文字 OK.max

视频教学：视频教学 \ Cha02 \ 倒角文字 .avi

(1) 选择【创建】|【图形】|【文本】工具，在【参数】卷展栏中单击【字体】右侧的下三角按钮，在弹出的菜单中选择【黑体】，将【大小】设置为 100，在【文本】文本框中输入“天天关注”，在【前】视图中单击鼠标左键即可创建文字，如 2-42 所示。

(2) 进入【修改】命令面板，在【修改器列表】下拉列表框中选择【倒角】修改器，在【倒角值】卷展栏中将【起始轮廓】设置为 1，在【高度】与【轮廓】文本框中均输入 2，选中【级别 2】复选框，并在下方的【高度】文本框中输入 5，再选中【级别 3】复选框，在下方的【高度】与【轮廓】文本框中分别输入 2、–2.8，按 Enter 键确认即可，如图 2-43 所示。

(3) 选择【创建】|【摄影机】|【目标】工具，在【顶视图】中创建一个摄影机对象，在【参数】卷展栏中单击【备用镜头】选项组中的 28mm 按钮，激活【透视】视图，然后按 C 键将当前激活的视图转为【摄影机】视图，并在除【摄影机】视图外的其他视图中调整摄影机的位置，调整后的效果如

图 2-44 所示。

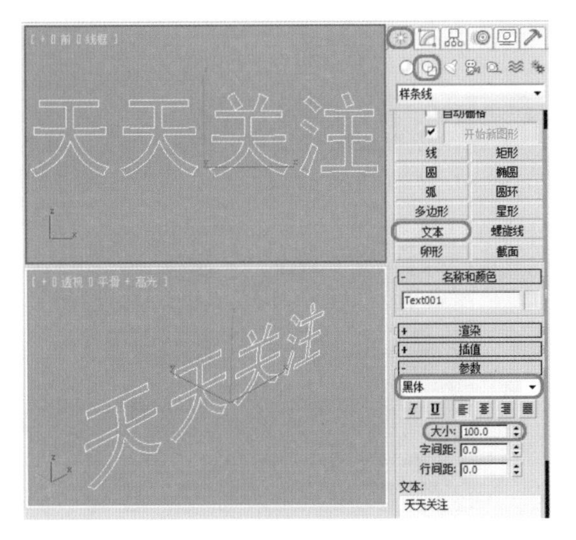

图 2-42 设置文本

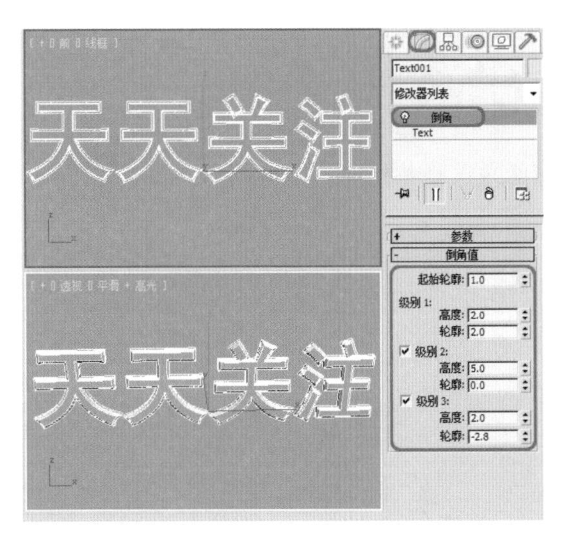

图 2-43 设置倒角

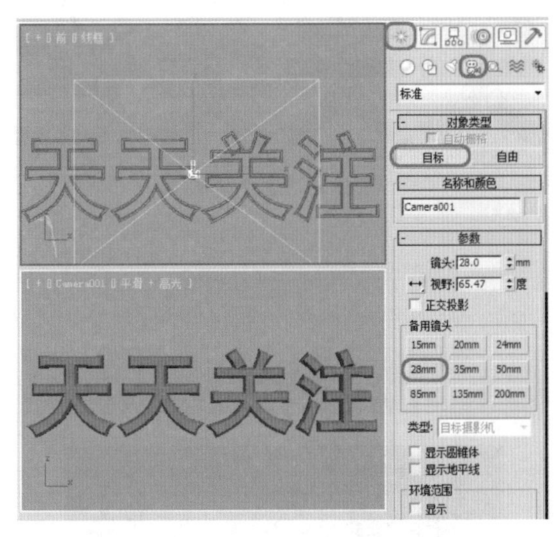

图 2-44 添加摄影机

(4) 按 8 键打开【环境和效果】对话框，在【公用参数】卷展栏中设置【颜色】值为 255、255、255，如图 2-45 所示，设置完成后关闭即可。

注意

【颜色】：设置场景背景颜色。单击色样，在【颜色选择器】对话框中选择所需的颜色。通过在启用【自动关键点】按钮的情况下更改非零帧的背景颜色，设置颜色效果动画。

(5) 选择创建的文字对象，切换至【修改】面板，单击“Text001”右侧的色块，弹出【对象颜色】对话框，选择如图 2-46 所示的色块。

(6) 设置完成后单击【确定】按钮，按 F9 键对摄影机视图进行渲染，效果如图 2-47 所示，然后将完成后的场景进行保存。

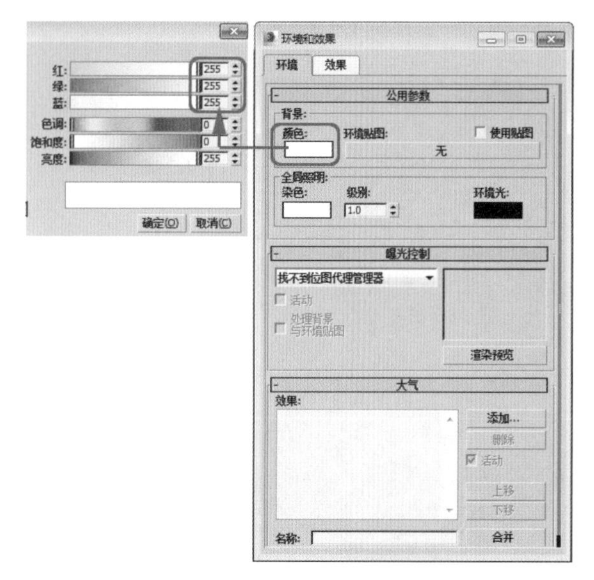

图 2-45　设置【环境和效果】

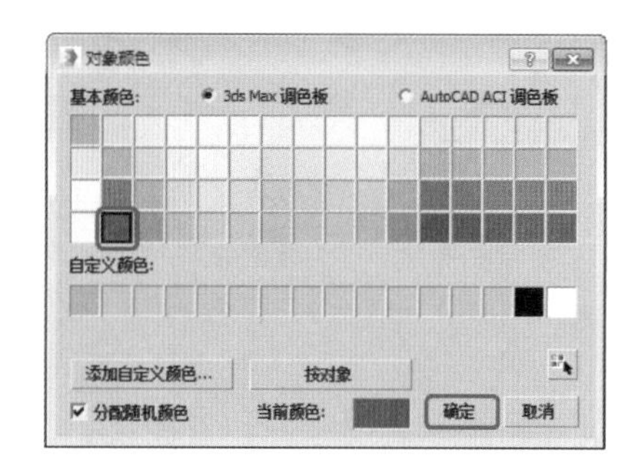

图 2-46　设置文字的颜色

天天关注

图 2-47　渲染效果

案例精讲 018　制作变形文字【视频案例】

本例将介绍如何制作变形文字。变形文字在日常生活中随处可见，本例中的变形文字是将制作好的矢量图形导入软件中，通过对其添加【倒角】修改器，使其呈现出立体感，完成后的效果如图 2-48 所示。

图 2-48　变形文字效果

案例文件：CDROM \ Scenes \ Cha02 \ 变形文字 OK.max

视频教学：视频教学 \ Cha02 \ 变形文字 .avi

第3章 常用三维模型的制作

本章重点

- 制作排球
- 制作折扇
- 制作篮球
- 制作瓶盖
- 制作五角星
- 制作茶杯
- 制作工艺台灯
- 制作足球
- 使用FFD 4×4×4修改器制作毛巾
- 使用车削修改器制作一次性水杯
- 使用弯曲修改器制作灯笼
- 使用Bezier角点制作酒杯
- 使用倒角修改器制作电视台标
- 使用缩放工具制作杀虫剂
- 制作牙膏
- 制作台历

本章将重点讲解三维模型的制作，其中重点讲解了日常生活常用的一些用具的制作，通过本章的学习可以对三维模型的制作及修改器的应用有更深的了解。

案例精讲 019 制作排球

本例将介绍如何制作排球，首先使用【长方体】工具绘制长方体，为其添加【编辑网格】修改器，设置 ID，将长方体炸开，然后再通过【网格平滑】、【球形化】修改器对长方体进行平滑及球形化处理，通过【面挤出】和【网格平滑】修改器对长方体进行挤压、平滑处理等得到排球的模型，最后为排球添加【多维 / 子材质】即可，效果如图 3-1 所示。

图 3-1 排球效果

案例文件：CDROM \ Scenes \ Cha03 \ 制作排球 OK.max

视频教学：视频教学 \ Cha03 \ 制作排球 .avi

(1) 打开素材【制作排球 .max】，选择【创建】|【几何体】|【长方体】工具，在【前】视图中创建一个【长度】、【宽度】、【高度】、【长度分段】、【宽度分段】、【高度分段】分别为 150、150、150、3、3、3 的长方体，并将它命名为【排球】，如图 3-2 所示。

(2) 进入【修改】命令面板，在【修改器列表】下拉列表框中选择【编辑网格】修改器，将当前选择集定义为【多边形】，然后选择多边形，在【曲面属性】卷展栏中将【材质】下的【设置 ID】设置为 1，如图 3-3 所示。

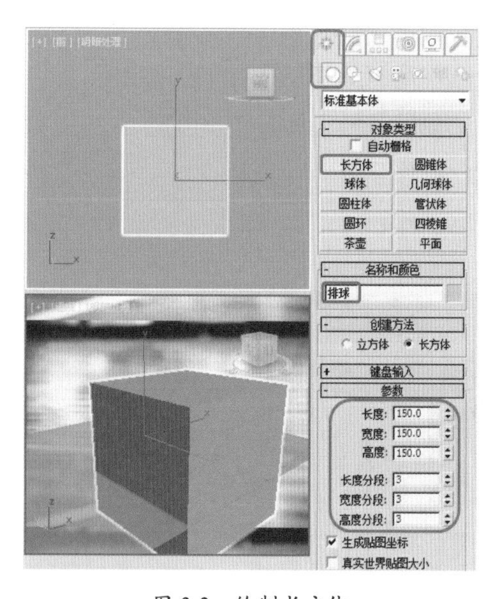

图 3-2 绘制长方体

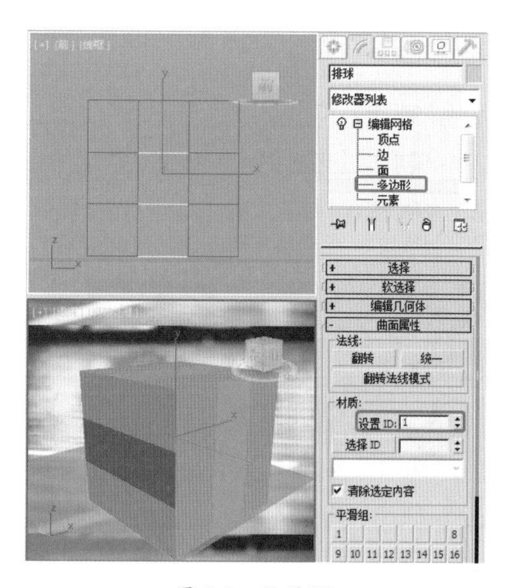

图 3-3 设置 ID

(3) 在菜单栏中选择【编辑】|【反选】命令，在【曲面属性】卷展栏中将【材质】下的【设置 ID】设置为 2，然后再选择【反选】命令，在【编辑几何体】卷展栏中单击【炸开】按钮，在弹出的对话框中将【对象名】设置为【排球】，单击【确定】按钮，如图 3-4 所示。

提 示

对对象设置 ID 可以将一个整体对象分开进行编辑，方便以后对其设置材质，一般设置【多维 / 子对象】材质首先要给对象设置相应的 ID。

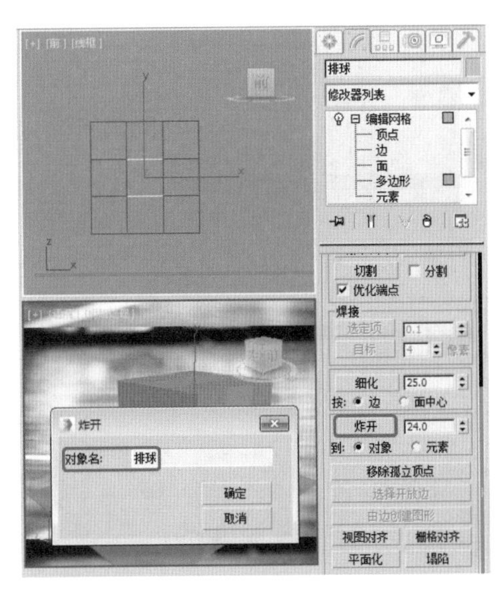

图 3-4 【炸开】对话框

(4) 退出当前选择集，然后选择【排球】对象，在【修改器列表】下拉列表框中选择【网格平滑】修改器，然后再选择【球形化】修改器，效果如图 3-5 所示。

(5) 为其添加【编辑网格】修改器，将当前选择集定义为【多边形】，按 Ctrl+A 组合键选择所有的多边形，效果如图 3-6 所示。

知识链接

【面挤出】对其下的选择面集合进行挤压成形，从原物体表面长出或陷入。

【数量】：设置挤出的数量，当它为负值时，表现为凹陷效果。

【比例】：对挤出的选择面进行尺寸放缩。

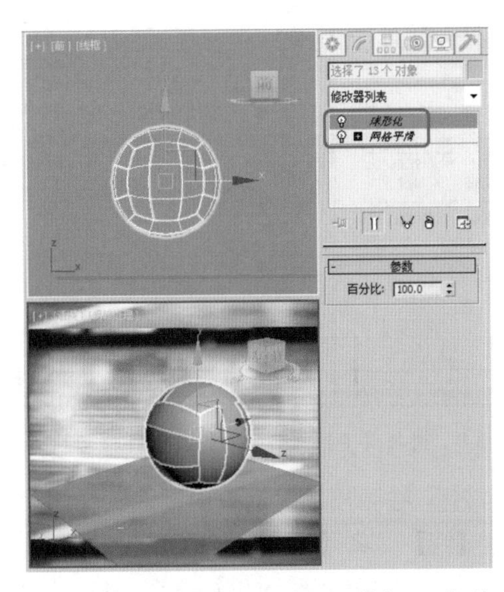

图 3-5 为对象添加【网格平滑】和【球形化】修改器

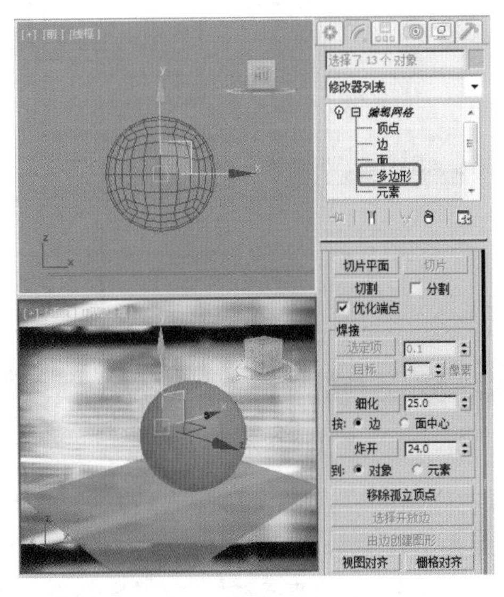

图 3-6 选择所有多边形

(6) 选择多边形后，在【修改器列表】列表框中选择【面挤出】修改器，在【参数】卷展栏中将【数量】和【比例】分别设置为 1、99，如图 3-7 所示。

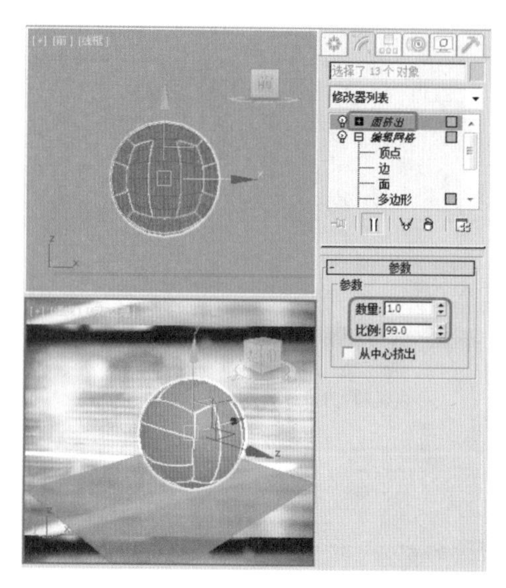

图 3-7　设置【面挤出】参数

(7) 在【修改器列表】下拉列表框中选择【网格平滑】修改器，在【细分方法】卷展栏中将【细分方法】设置为【四边形输出】，在【细分量】卷展栏中将【迭代次数】设置为 2，如图 3-8 所示。

(8) 按 M 键打开【材质编辑器】窗口，选择空白的材质球，将其命名为【排球】，单击 Standard 按钮，在弹出的对话框中选择【标准】下的【多维 / 子对象】选项，单击【确定】按钮，如图 3-9 所示。

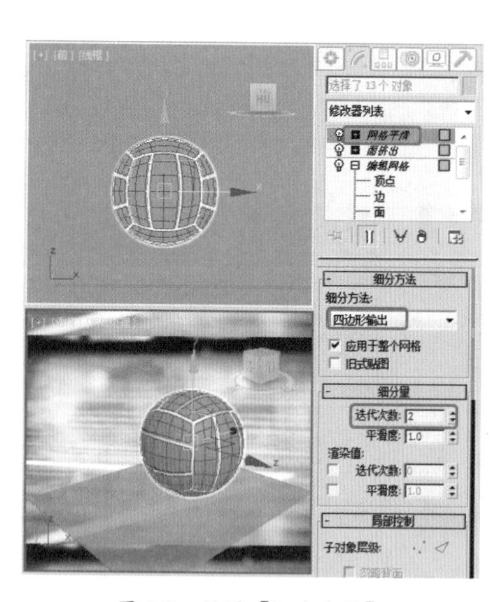

图 3-8　设置【细分方法】

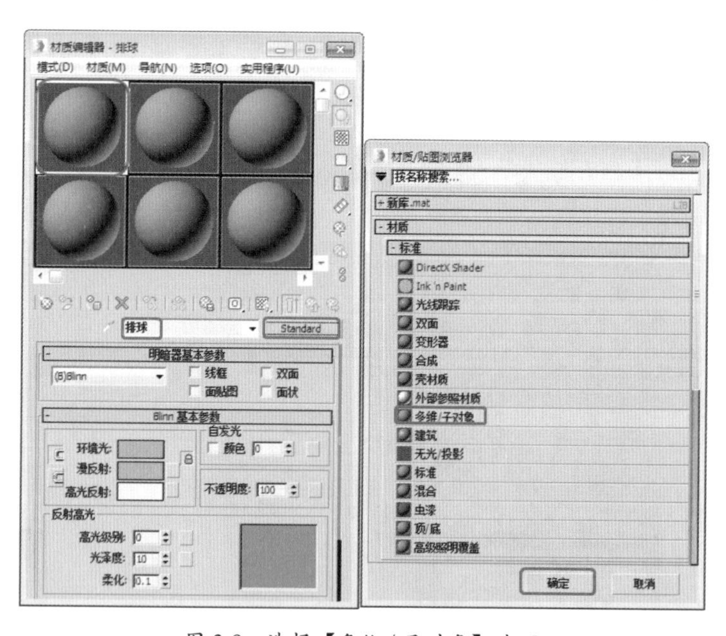

图 3-9　选择【多维 / 子对象】选项

(9) 在弹出的对话框中保持默认设置，单击【设置数量】按钮，在弹出的对话框中输入 2，单击【确定】按钮，单击 ID1 右侧的按钮，进入下一层级中，将其命名为【红】，将【环境光】RGB 设置为 222、0、2，将【高光级别】设置为 75，将【光泽度】设置为 15，然后单击【转到父对象】按钮，单击 ID2 右侧的无按钮，在弹出的对话框中选择【标准】选项，单击【确定】按钮。将其命名为【黄】，将【环境光】RGB 设置为 251、253、0，将【高光级别】设置为 75，将【光泽度】设置为 15，然后单击【转到父对象】

按钮，确定【排球】对象处于选择状态，然后单击【将材质指定给选定对象】按钮，如图 3-10 所示。

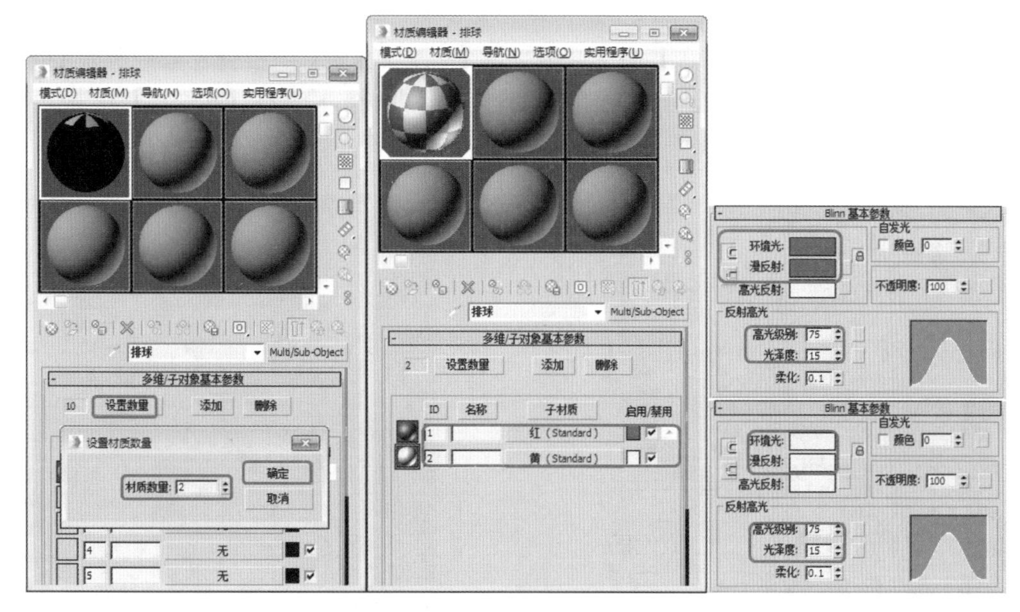

图 3-10　设置材质球

(10) 将对话框关闭，按 F10 键在弹出的对话框中选择【公用】选项卡，单击【渲染输出】选项组中的【文件】按钮，在弹出的对话框中设置存储路径并为其命名，单击【保存】按钮。确定【摄影机】视图处于选择状态，单击【渲染】按钮，即可将渲染的效果输出，效果如图 3-11 所示。

图 3-11　渲染完成后的效果

案例精讲 020　制作折扇

本例将介绍如何制作折扇，首先利用【矩形】、【编辑样条线】、【挤出】和【UVW 贴图】修改器，制作扇面，然后使用【长方体】将其转换为可编辑多边形，对其进行修改，然后将其旋转复制，最后给扇面和扇骨赋予材质，效果如图 3-12 所示。

图 3-12　折扇效果

案例文件：CDROM \ Scenes \ Cha03 \ 制作折扇 OK.max

视频教学：视频教学 \ Cha03 \ 制作折扇 .avi

(1) 选择【创建】|【图形】|【矩形】工具，在顶视图中创建【长度】为 1、【宽度】为 360 的矩形，如图 3-13 所示。

(2) 单击【修改】按钮，进入【修改】命令面板，在【修改器列表】下拉列表框中选择【编辑样条线】修改器，将当前选择集定义为【分段】，在场景中选择上、下两段分段，在【几何体】卷展栏中设置【拆分】为 32，单击【拆分】按钮，如图 3-14 所示。

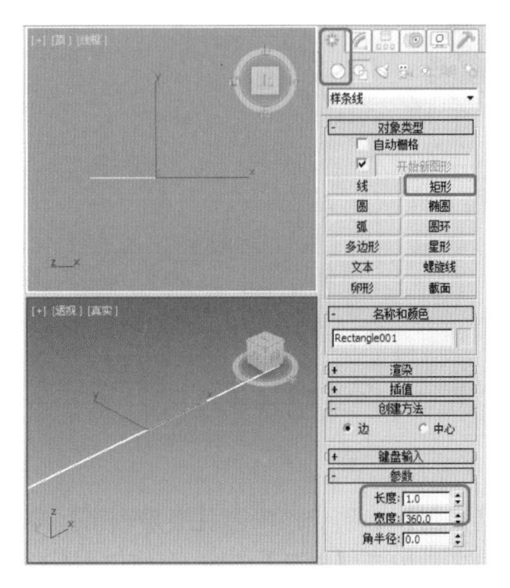

图 3-13　绘制矩形

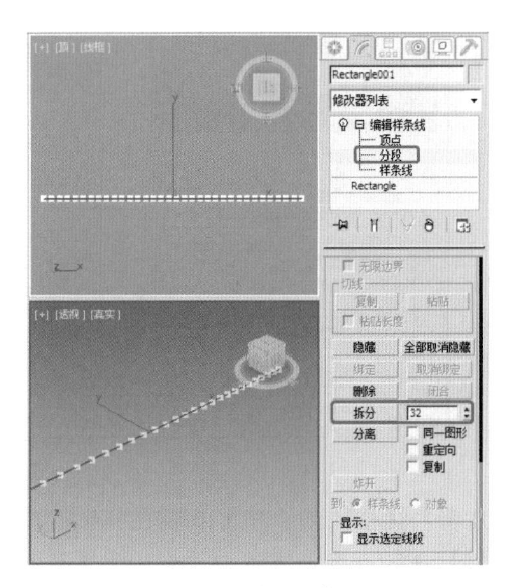

图 3-14　将线段拆分

(3) 将当前选择集定义为【顶点】，在【场景】中调整顶点的位置如图 3-15 所示。

(4) 将当前选择集关闭，在【修改器列表】下拉列表框中选择选择【挤出】修改器，在【参数】卷展栏中设置【数量】为 150，在【输出】选项组中选中【面片】单选按钮，如图 3-16 所示。

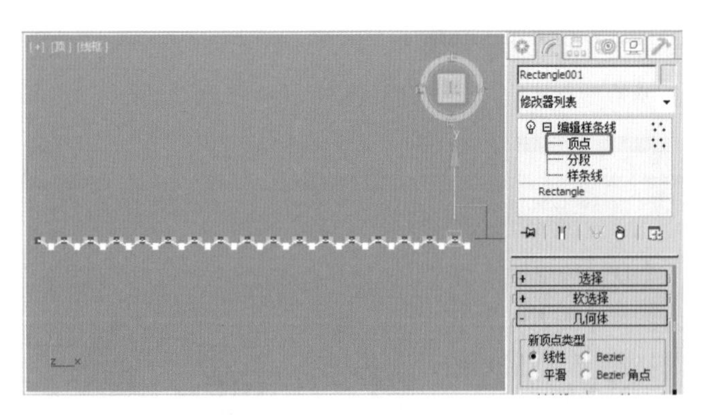

图 3-15　调整顶点的位置

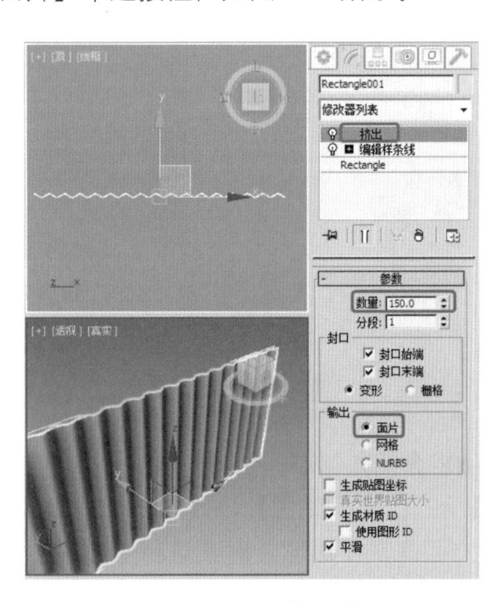

图 3-16　为矩形添加【挤出】修改器

(5) 在【修改器列表】下拉列表框中选择【UVW 贴图】修改器，在【参数】卷展栏中选中【长方体】单选按钮，在【对齐】选项组中单击【适配】按钮，如图 3-17 所示。

(6) 确定模型处于选择状态，将其命名为【扇面 01】，在【修改器列表】下拉列表框中选择【弯曲】修改器，在【参数】卷展栏中设置【角度】为 160，选中【弯曲轴】选项组中的 X 单选按钮，如图 3-18 所示。

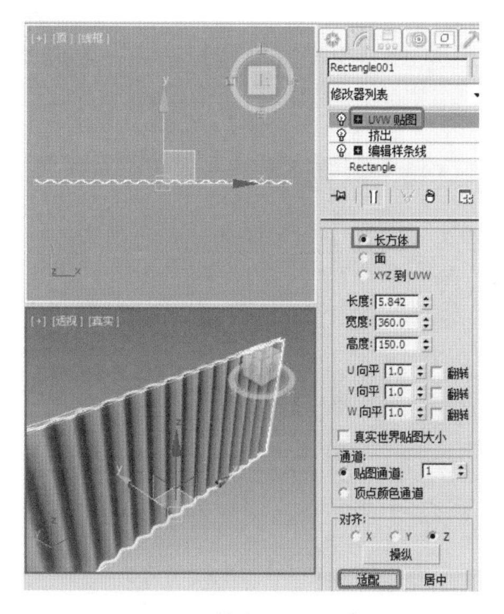

图 3-17　添加【UVW 贴图】修改器

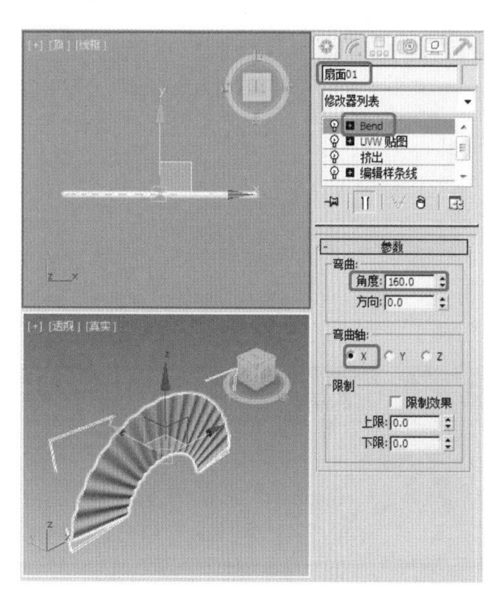

图 3-18　添加【弯曲】修改器

(7) 选择【创建】|【几何体】|【长方体】工具，在【前】视图中设置【参数】卷展栏中的【长度】、【宽度】、【高度】分别为 300、12、1，并将其命名为【扇骨 01】，如图 3-19 所示。

(8) 右击场景中的【扇骨 01】，在弹出的快捷菜单中选择【转换为】|【转换为可编辑多边形】命令，进入【修改】命令面板，将当前选择集定义为【顶点】，在场景中选择下面的两个顶点，然后对齐进行缩放，关闭当前选择集，使用【选择并移动】和【选择并旋转】工具调整【扇骨 01】的位置，如图 3-20 所示。

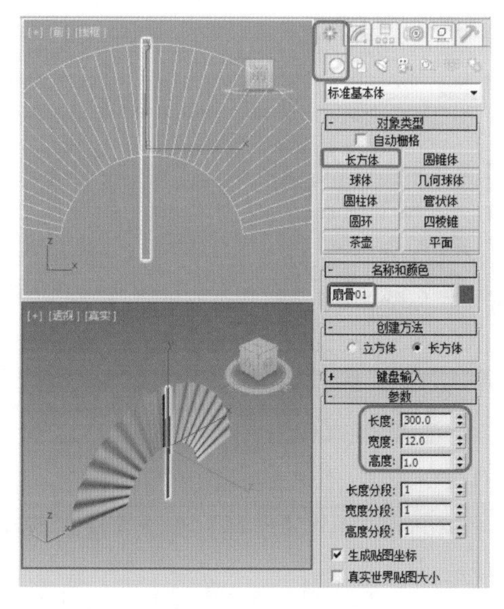

图 3-19　绘制扇骨

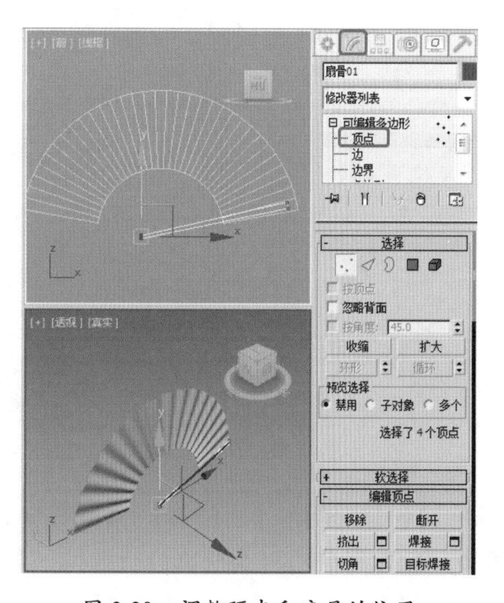

图 3-20　调整顶点和扇骨的位置

(9) 在场景中绘制两条与扇面边平行的线，选择【扇骨 01】，单击【层次】按钮，进入【层次】面板，再单击【轴】轴按钮，在【调整轴】卷展栏中单击【仅影响轴】按钮，然后在场景中将轴移动到两条线段的交点处，如图 3-21 所示。

(10) 关闭【仅影响轴】按钮，在场景中使用【选择并旋转】工具，按住 Shift 键将其沿 Z 轴进行旋转，在弹出的对话框中选中【复制】单选按钮，将【副本数】设置为 16，单击【确定】按钮，效果如图 3-22 所示。

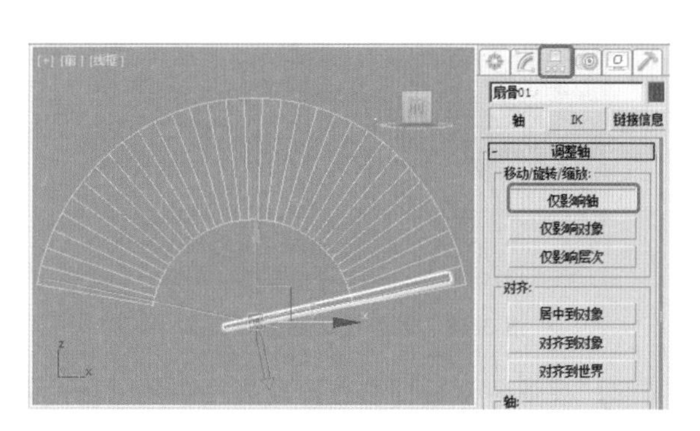

图 3-21　创建平行线并调整轴

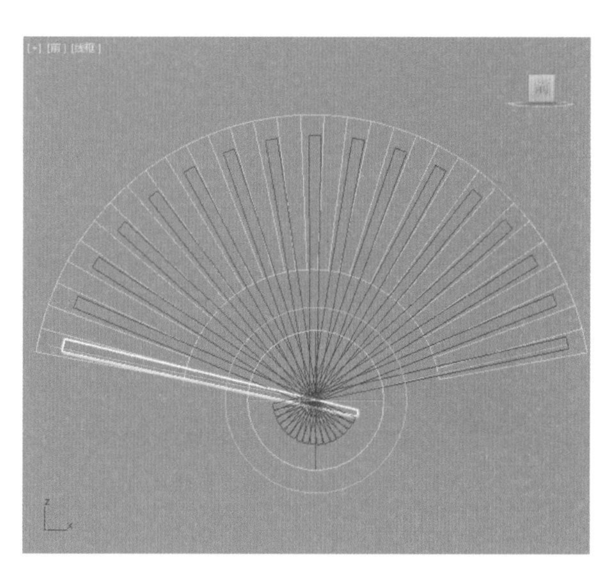

图 3-22　旋转并复制扇骨

(11) 在场景中调整扇骨，将其调整至扇面的两端，效果如图 3-23 所示。

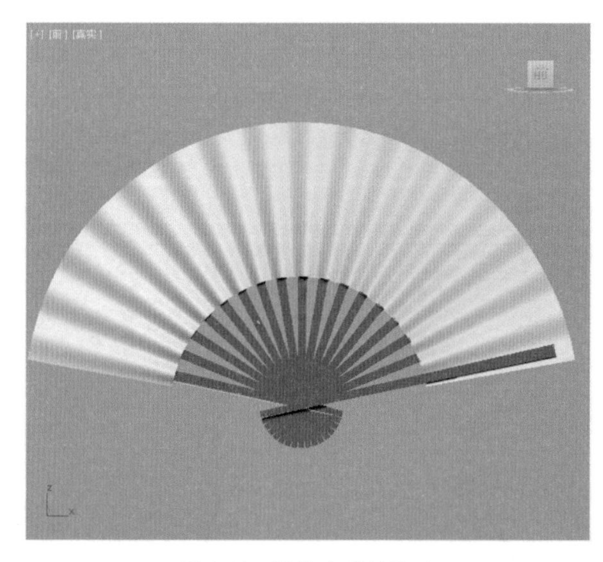

图 3-23　调整扇骨的位置

(12) 选择【创建】|【几何体】|【圆柱体】工具，在场景中创建一个【半径】为 3、【高度】为 12 的圆柱体，创建完成后对圆柱体进行调整，效果如图 3-24 所示。

(13) 按 M 键，打开【材质编辑器】对话框，选择一个空白的材质样本球，将其命名为【木纹】，在【Blinn 基本参数】卷展栏中将【高光级别】和【光泽度】分别设置为 76、47，在【贴图】卷展栏中选中【漫反射颜色】复选框，并单击该通道后的【无】按钮，在弹出的对话框中选择【位图】，单击【确定】按钮，在弹出的对话框中选择 010bosse.jpg，然后按照图 3-25 所示的参数对位图进行设置，单击【转到父对象】按钮，将材质指定为场景中所有的【扇骨】对象。

图 3-24 绘制圆柱体

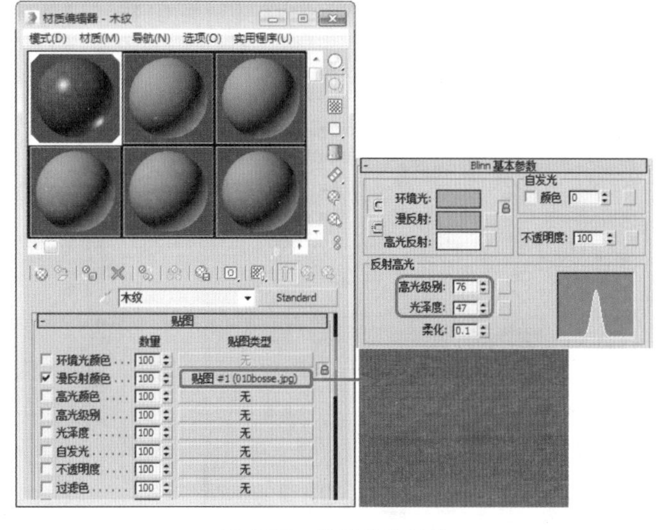

图 3-25 设置扇骨材质

(14) 选择一个新的材质样本球，将其命名为【扇面】，在【明暗器基本参数】卷展栏中勾选【双面】复选框，选中【漫反射颜色】复选框，并单击该通道后的【无】按钮，在弹出的对话框中选择【位图】选项，单击【确定】按钮，再在弹出的对话框中选择 1517.jpg，单击【打开】按钮，进入下一层级，然后对其进行图 3-26 所示的设置。单击【转到父对象】按钮，将材质指定为场景中【扇面】对象。

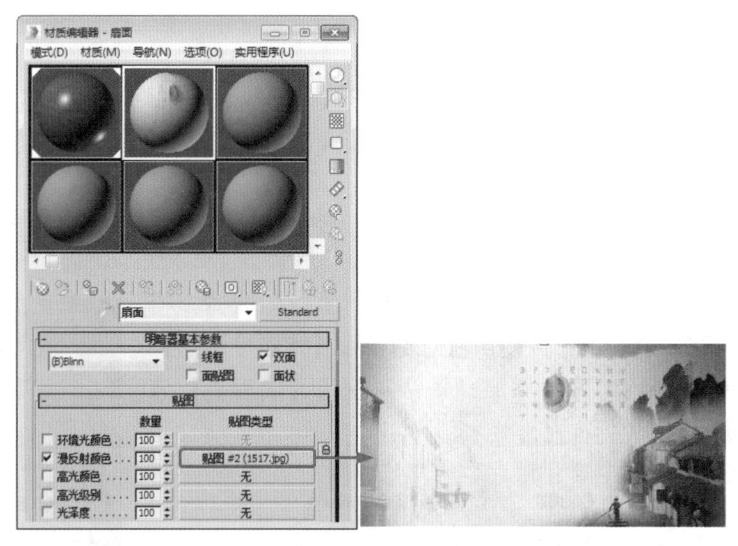

图 3-26 设置扇面材质

(15) 确定扇面处于选择状态，进行【修改】命令面板，在【修改器列表】下拉列表框中选择【UVW 贴图】修改器，在【参数】卷展栏中选中【长方体】单选按钮，如图 3-27 所示。

(16) 在场景中绘制一个长方体，将该长方体调整至合适的位置，将其【颜色】RGB 设置为 184、228、153，在【顶】视图中创建摄影机，在【参数】卷展栏中将九头参数设置为 42mm，然后将透视视图调整为摄影机视图，在其他视图中调整摄影机的位置。

(17) 选择【创建】|【灯光】|【泛光】工具，在【顶】视图中创建泛光灯工具，在【顶】视图中创建【泛光灯】，并在其他视图中调整灯光的位置，进入【修改】命令面板，在【强度 / 颜色 / 衰减】卷展栏中将【倍增】设置为 0.3，单击【常规】参数卷展栏中的【排除】按钮，在弹出的【排除 / 包含】对话框中选中【排除】和【二者兼有】单选按钮，选择【扇面 01】和【背景】，将其排除，如图 3-28 所示。

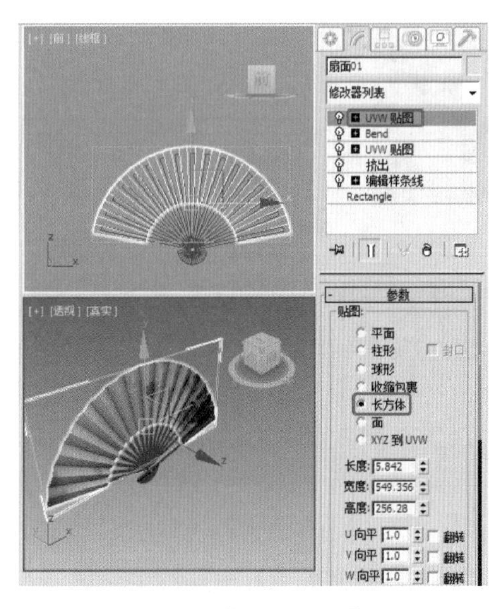

图 3-27　添加【UVW 贴图】修改器

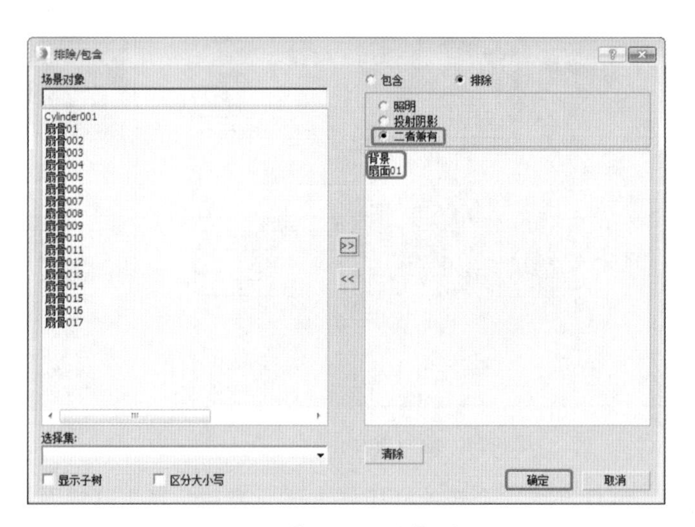

图 3-28　【排除 / 包含】对话框

提 示

在【常规】参数卷展栏中单击【排除】按钮，在弹出【排除 / 包含】对话框中可以设置包含或排除最喜爱那个，当选择【排除】后，可以排除灯光对该对象的效果。

(18) 在场景中创建一盏天光，在【天光参数】卷展栏中设置其【倍增】为 0.9，调整其位置，然后将其渲染输出即可。

案例精讲 021　制作篮球【视频案例】

本例介绍篮球的制作。首先使用【球体】工具创建一个球体，再使用【编辑网格】删除球体的一半，并使用【对称】和【编辑多边形】等命令对球体进行编辑，最后为球体添加背景，并使用【摄影机】渲染效果，完成后效果如图 3-29 所示。

案例文件：CDROM \ Scenes \ Cha03 \ 篮球制作 OK.max

视频教学：视频教学 \ Cha03 \ 篮球制作 .avi

图 3-29　篮球制作效果

案例精讲 022 制作瓶盖

本例介绍瓶盖的制作。首先使用图形工具绘制圆形，再使用【轮廓】为绘制的圆形添加轮廓，再使用【星形】同样绘制【轮廓】，使用【路径】将绘制的图形合成立体，使用【变形】将得到的立体变形，再为其添加材质，并使用【摄影机】查看渲染效果。完成后效果如图 3-30 所示。

图 3-30　瓶盖效果

案例文件： CDROM \ Scenes \ Cha03 \ 瓶盖制作 OK.max
视频教学： 视频教学 \ Cha03 \ 瓶盖制作 .avi

(1) 选择【创建】|【图形】|【圆】工具，激活【顶】视图，在【参数】卷展栏中将【半径】设置为 60，并将其命名为【图形 01】，如图 3-31 所示。

(2) 切换到【修改】命令面板，在【修改器列表】下拉列表框中选择【编辑样条线】修改器，将当前选择集定义为【样条线】，在场景中选择圆形，在【几何体】卷展栏中设置【轮廓】参数为 2，按 Enter 键确定设置轮廓，如图 3-32 所示。

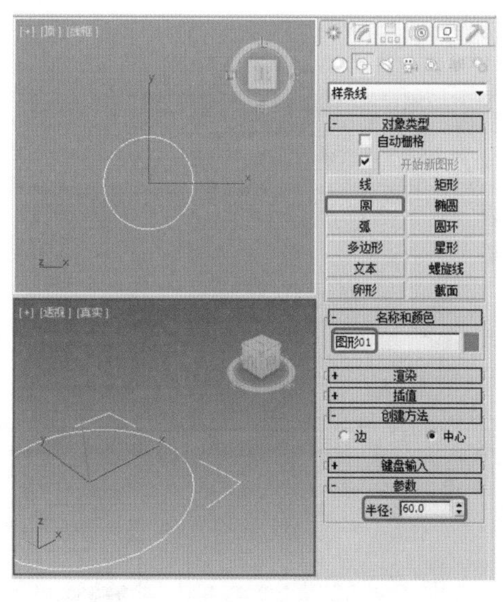

图 3-31　创建圆形

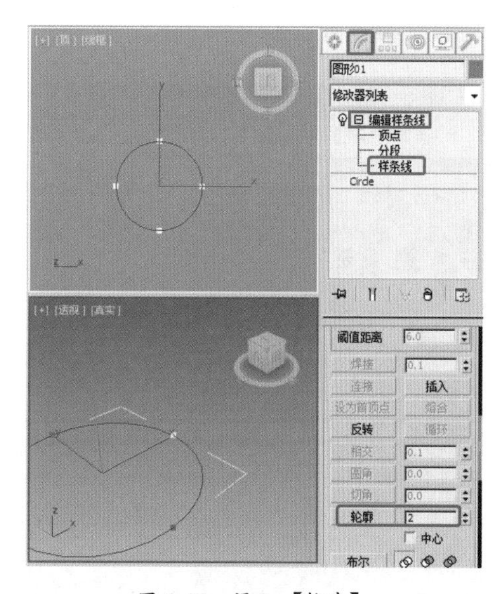

图 3-32　添加【轮廓】

(3) 选择【创建】|【图形】|【星形】工具，在【顶】视图中创建一个星形，在【参数】卷展栏中设置【半径 1】为 60.0、【半径 2】为 64.0、【点】为 20、【圆角半径 1】为 4.0、【圆角半径 2】为 4.0，命名星形为【图形 02】，如图 3-33 所示。

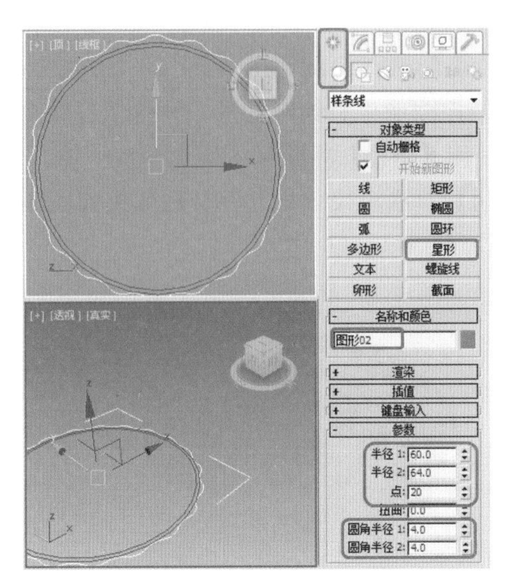

图 3-33　创建星形

(4) 切换到【修改】命令面板，在【修改器列表】下拉列表框中选择【编辑样条线】修改器，将当前选择集定义为【样条线】，在场景中选择样条线，在【几何体】卷展栏中设置【轮廓】为 1，按 Enter 键确定设置轮廓，如图 3-34 所示。

(5) 选择【创建】|【图形】|【星形】工具，在【顶】视图中创建一个星形，在【参数】卷展栏中设置【半径 1】为 62.0、【半径 2】为 68.0、【点】为 20、【圆角半径 1】为 2.0、【圆角半径 2】为 2.0，命名星形为【图形 03】，如图 3-35 所示。

(6) 切换到【修改】命令面板，在【修改器列表】下拉列表框中选择【编辑样条线】修改器，将当前选择集定义为【样条线】，在场景中选择样条线，在【几何体】卷展栏中设置【轮廓】为 2，按 Enter 键确定设置轮廓，如图 3-36 所示。

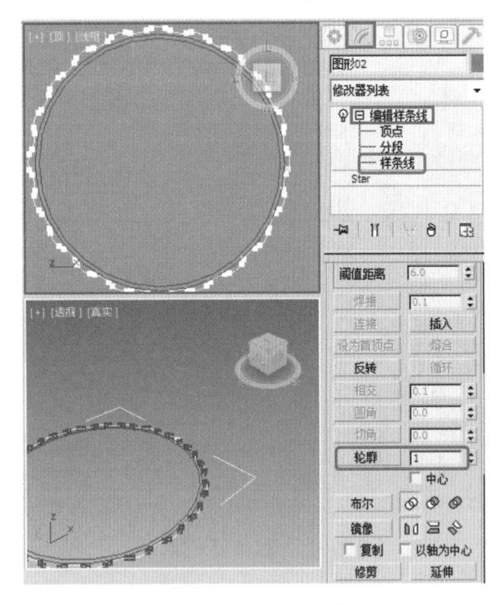

图 3-34　添加【轮廓】

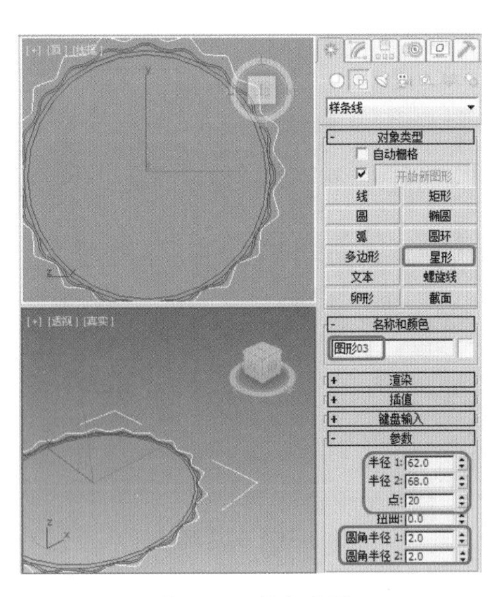

图 3-35　创建星形

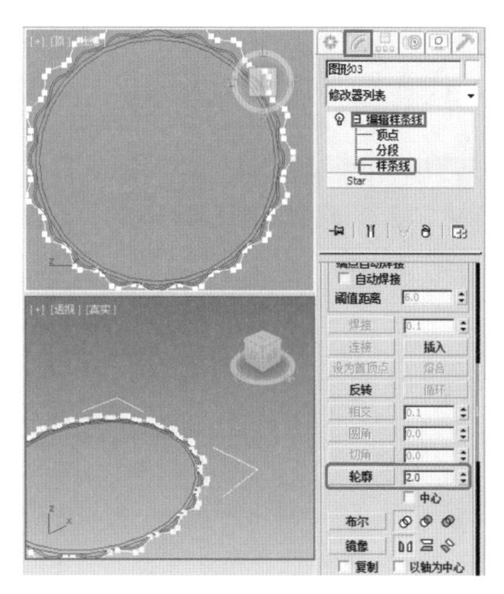

图 3-36　添加【轮廓】

(7) 选择【创建】|【图形】|【线】工具，在【左】视图中从上向下创建垂直的样条线，命名样条线为【路径】，如图 3-37 所示。

(8) 确定新创建的路径处于选择状态，选择【创建】|【几何体】|【复合对象】工具，单击【放样】按钮，在【路径参数】卷展栏中设置【路径】为 48.0，在【创建方法】卷展栏中单击【获取图形】按钮，在场景中拾取【图形 01】对象，如图 3-38 所示。

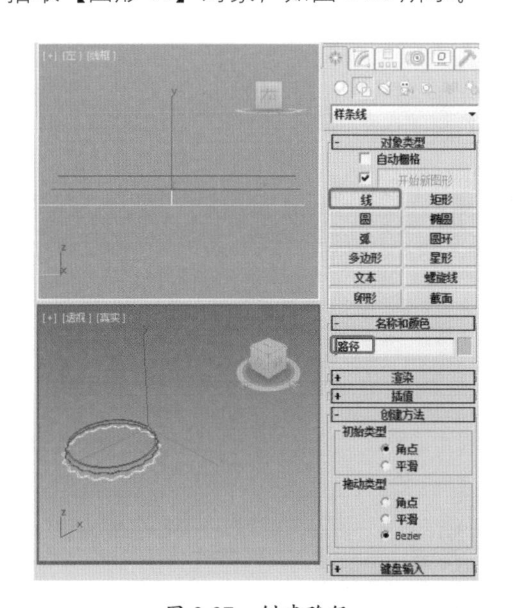

图 3-37　创建路径

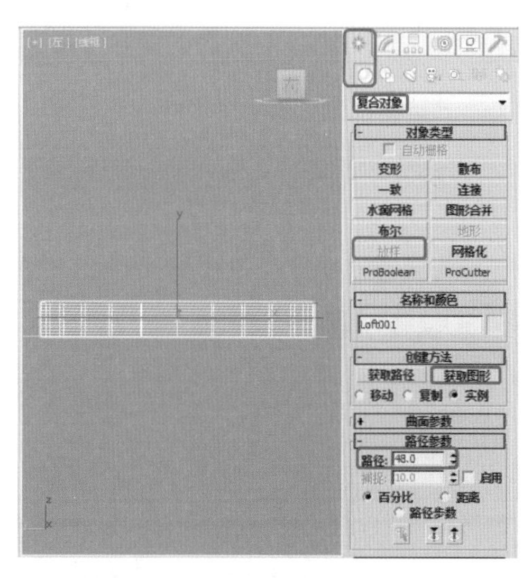

图 3-38　拾取图形 01

(9) 设置【路径】为 66.0，单击【获取图形】按钮，在场景中拾取【图形 02】对象，如图 3-39 所示。

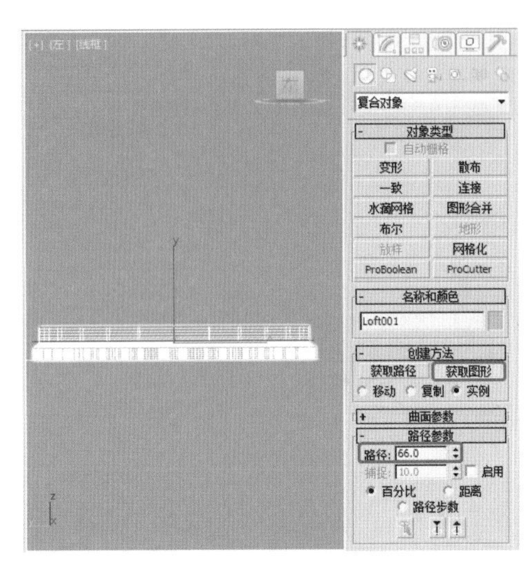

图 3-39　拾取图形 02

(10) 设置【路径】为 100，单击【获取图形】按钮，在场景中拾取【图形 03】对象，如图 3-40 所示。

(11) 确定 Loft01 对象处于选择状态，切换到【修改】命令面板，在【变形】卷展栏中单击【缩放】按钮，在弹出的对话框中单击【插入角点】按钮，在曲线上 16 的位置处添加控制点，选择【移动控制点】工具，在场景中调整左侧顶点的位置，在信息栏中查看信息为 (0、0)，选择顶点并右击，在弹出的快捷菜单中选择【Bezier- 角点】命令，调整各个顶点，如图 3-41 所示。

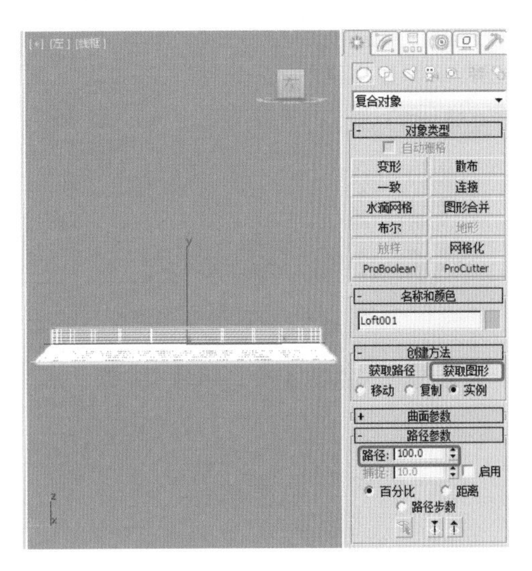

图 3-40　拾取图形 03

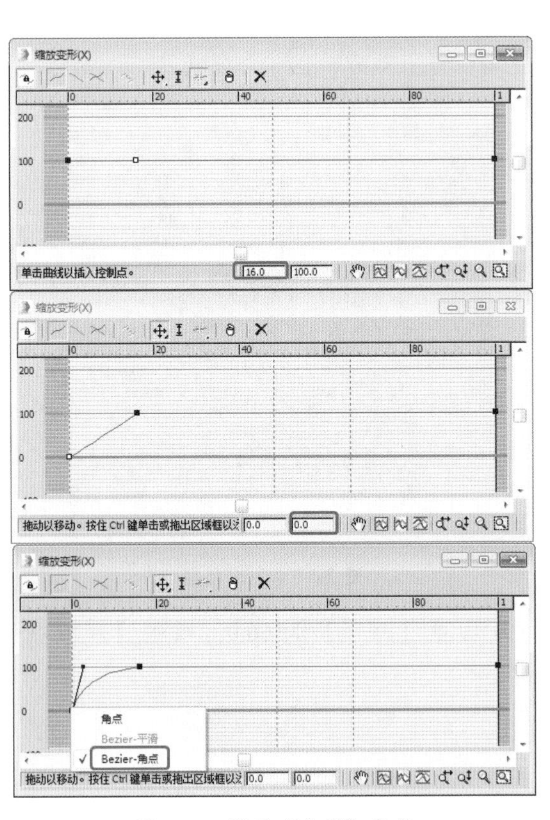

图 3-41　设置【变形】参数

(12) 关闭选择集，在【修改器列表】下拉列表框中选择【UVW 贴图】修改器，在【参数】卷展栏中选中【平面】单选按钮，在【对齐】选项组中选中 Y 单选按钮，单击【适配】按钮，如图 3-42 所示。

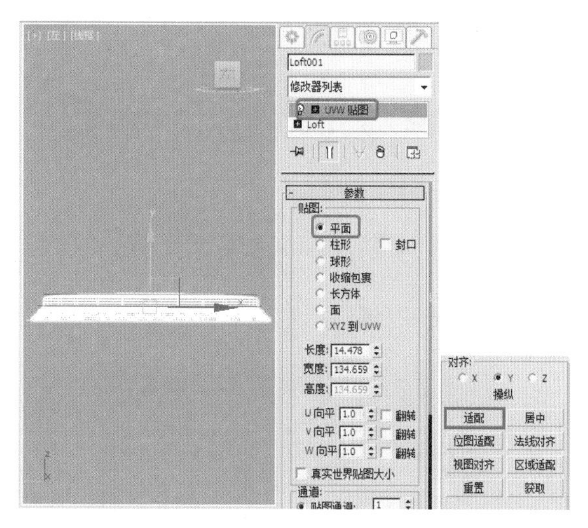

图 3-42 设置【UVW 贴图】

(13) 选择工具栏中的【材质编辑器】工具，打开【材质编辑器】窗口，单击【获取材质】按钮，在弹出的【材质 / 贴图浏览器】对话框中单击【材质 / 贴图浏览器选项】按钮选中【打开材质库】单选按钮，单击【打开】按钮，在弹出的对话框中选择随书附带光盘中的"Scenes \ Cha03 \ 瓶盖贴图 .mat"文件，单击【打开】按钮，如图 3-43 所示。

提 示

指定材质后发现贴图的方向不对，下面对贴图进行修改，在【参数】卷展栏下选中 U 向平铺后面的【翻转】复选框。

(14) 确定图形处于选择状态，使用工具箱中的【选择并移动】工具并配合 Shift 键对图形进行复制，在弹出的对话框中选中【复制】单选按钮，将【副本数】设置为 2，单击【确定】按钮，并调整复制图形的位置，完成后的效果如图 3-44 所示。

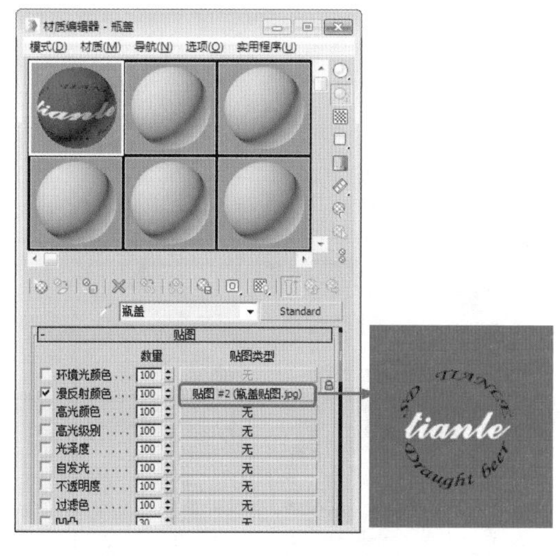

图 3-43 添加贴图

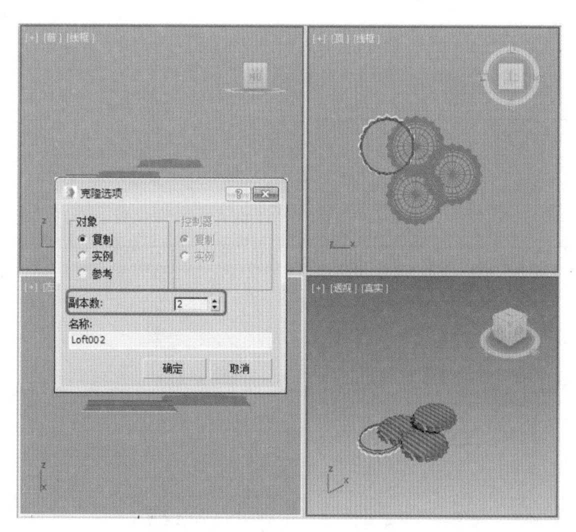

图 3-44 复制并移动图形

(15) 激活【顶】视图，选择【创建】 | 【几何体】 | 【长方体】工具，在【顶】视图中创建一个长方体，在【名称和颜色】卷展栏中将其命名为【地面】，将颜色定义为【白色】，在【参数】卷展栏中将【长度】、【宽度】和【高度】分别设置为 700、600 和 0。在【前】视图中调整图形的位置，如图 3-45 所示。

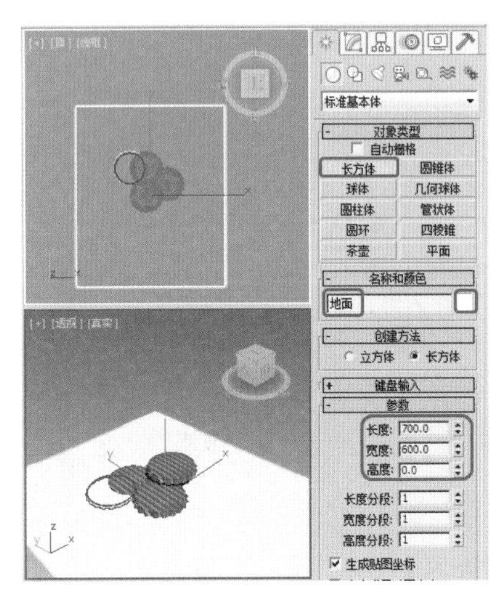

图 3-45　创建长方体

(16) 选择工具栏中的【材质编辑器】工具，打开【材质编辑器】窗口，在【贴图】卷展栏中单击【漫反射颜色】后的【无】按钮，打开【材质 / 贴图浏览器】对话框，选择【位图】，在弹出的对话框中选择随书附带光盘中的“CDROM\Map \ 009.jpg”文件，单击【打开】按钮，在【坐标】卷展栏中将 U、V 的【偏移】都设置为 1，将 U 的【瓷砖】设置为 2，V 的【瓷砖】设置为 1，将材质球命名为【木纹】，并提供给【地面】对象，如图 3-46 所示。

(17) 选择【创建】 | 【摄影机】 | 【目标】摄影机，在【顶】视图中创建一架摄影机对象，在【参数】卷展栏中将【镜头】设置为 24，然后在场景中调整其位置，激活【透视】视图按 C 键，将【透视】图转换为【摄影机】视图，如图 3-47 所示。

(18) 渲染完成后将场景文件进行存储。渲染效果如图 3-48 所示。

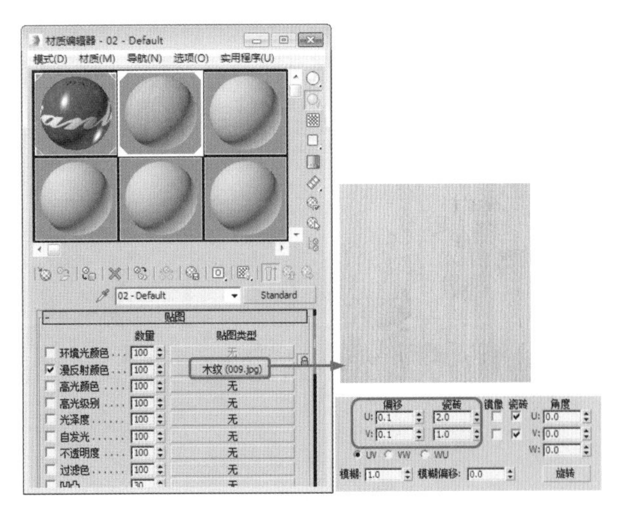

图 3-46　设置材质球

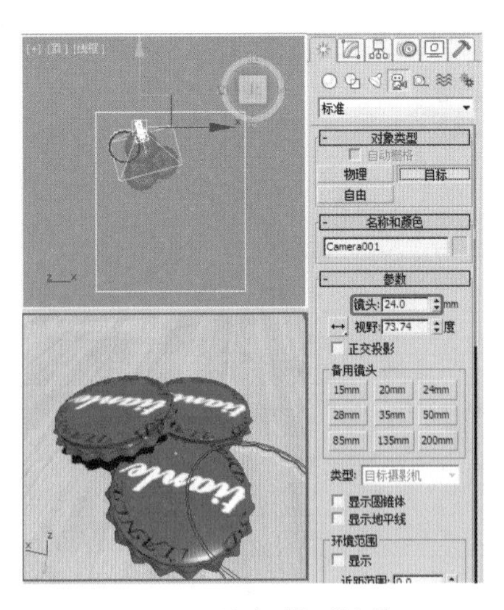

图 3-47　创建【摄影机】

图 3-48　渲染效果

案例精讲 023　制作五角星【视频案例】

图 3-49　五角星

五角星在日常生活中随处可见，本例将讲解如何利用 3D Max 软件制作五角星，如图 3-49 所示，首先利用【星形】命令绘制出星形形状，利用【挤出】和【编辑网格】修改器进行修改，具体操作步骤如下。

案例文件：CDROM \ Scenes \ Cha03 \ 五角星 OK.max

视频教学：视频教学 \ Cha03 \ 五角星 .avi

案例精讲 024　制作茶杯

本例将介绍如何制作茶杯。制作茶杯主要应用【线】命令绘制其基本的轮廓，对其添加修改器，利用贴图达到想要的效果，如图 3-50 所示，具体操作步骤如下。

案例文件：CDROM \ 场景 \ Cha03　\ 茶杯 OK.max

视频教学：视频教学 \ Cha03　\ 茶杯 .avi

图 3-50　茶杯

(1) 启动软件后，按 Ctrl+O 组合键，打开随书附带光盘中的“CDROM\Scenes\Cha03\ 茶杯 .max”文件，执行【创建】|【图形】|【线】命令，在【前】视图中绘制样条线，并将其命名为【茶杯】，进入【修改命令】面板，调整顶点，在【插值】卷展栏中将【步数】设置为 12，将当前选择集定义为【顶点】，并进行调整，如图 3-51 所示。

(2) 在【修改器列表】下拉列表框中选择【车削】修改器，在【参数】卷展栏中，选中【焊接内核】复选框，将【分段】设置为 80，在【方向】选项组中单击 Y 按钮，在【对齐】选项组中单击【最小】按钮，如图 3-52 所示。

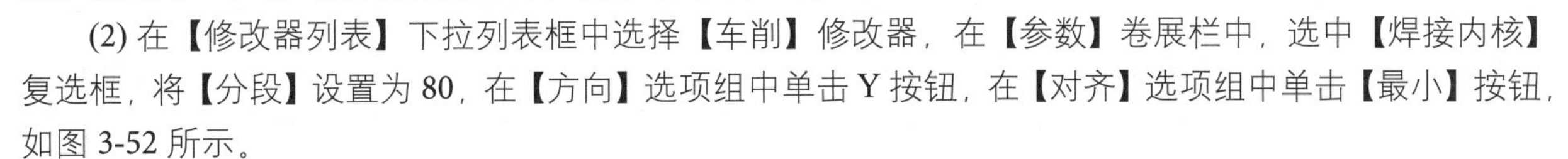

(3) 选择【茶杯】对象，按 Ctrl+V 组合键打开【克隆选项】对话框，选择【复制】选项，将【名称】命名为【茶杯贴图】。然后在【修改器列表】下拉列表框中选择 Line，将选择集定义为【顶点】，并调整其顶点的位置，如图 3-53 所示。

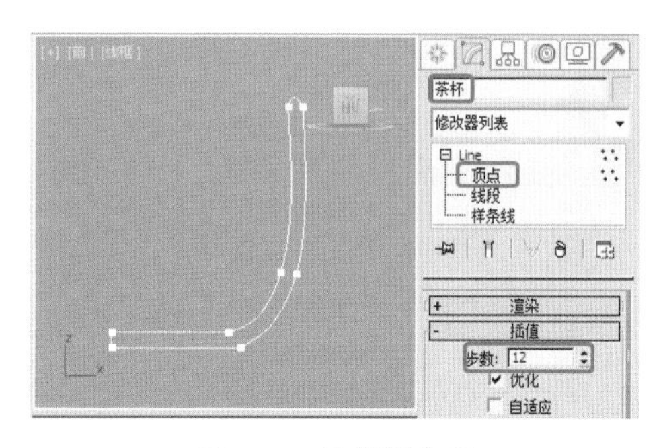

图 3-51 绘制样条线

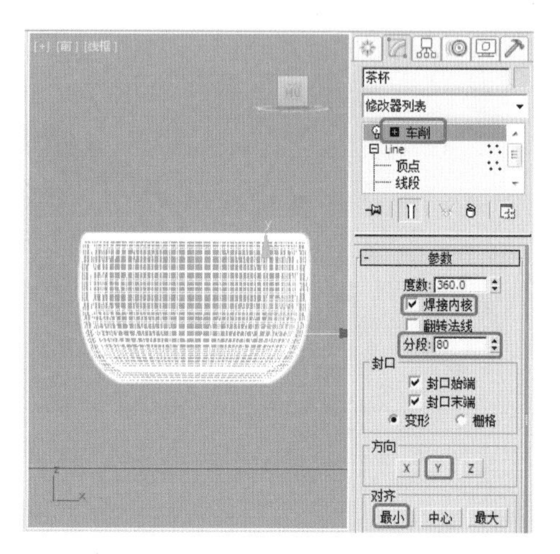

图 3-52 添加【车削】修改器

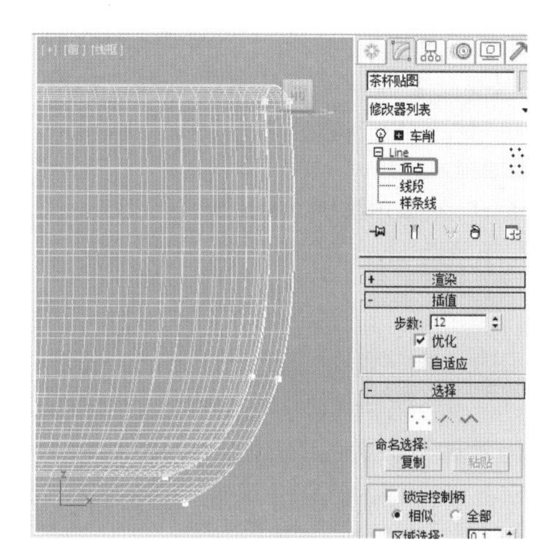

图 3-53 调整顶点

(4) 为【茶杯贴图】对象添加【UVW 贴图】修改器，在【参数】卷展栏中选中【贴图】选项组中的【柱形】单选按钮，将【U 向平】设置为 2。选中【对齐】选项组中的 X 单选按钮，并单击【适配】按钮，如图 3-54 所示。

(5) 按 M 键，打开【材质编辑器】窗口，选择一个新的材质样本球，将其命名为【茶杯贴图】，在【Blinn 基本参数】卷展栏中，将【明暗器类型】设为 (B)Blinn，将【环境光】和【漫反射】设置为白色，【自发光】设置为 30，将【反射高光】选项组中的【高光级别】和【光泽度】分别设置为 100、83，在【贴图】卷展栏中，勾选【漫反射颜色】复选框并单击后面的【无】按钮，在打开的【材质 / 贴图浏览器】对话框中选择【位图】，单击【确定】按钮，在打开的对话框中选择随书附带光盘中的“CDROM \ Map \ 杯子 .jpg\ 文件，返回到父级对象，单击【反射】后的【无】按钮，在打开的【材质 / 贴图浏览器】对话框中选择【光线跟踪】，单击【确定】按钮，单击【转到父对象】按钮，返回父级材质面板，将【反射】的【数量】设置为 8，单击【将材质指定给选定对象】按钮，将材质指定给场景中的【茶杯贴图】对象，如图 3-55 所示。

(6) 选择【创建】|【图形】|【线】命令，在【前】视图中绘制样条线，将其命名为【杯把】。进入【修改命令】面板，在【渲染】卷展栏中选中【在渲染中启用】和【在视口中启用】复选框，将【厚度】设置为 150，将选择集定义为【顶点】，然后对顶点进行调整，如图 3-56 所示。

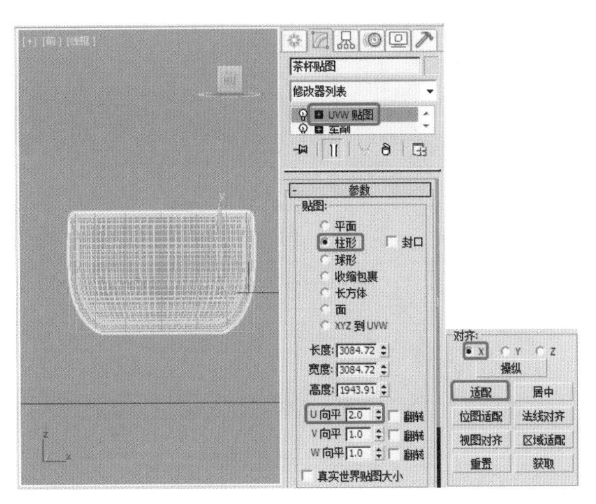

图 3-54　设置 UVW 贴图

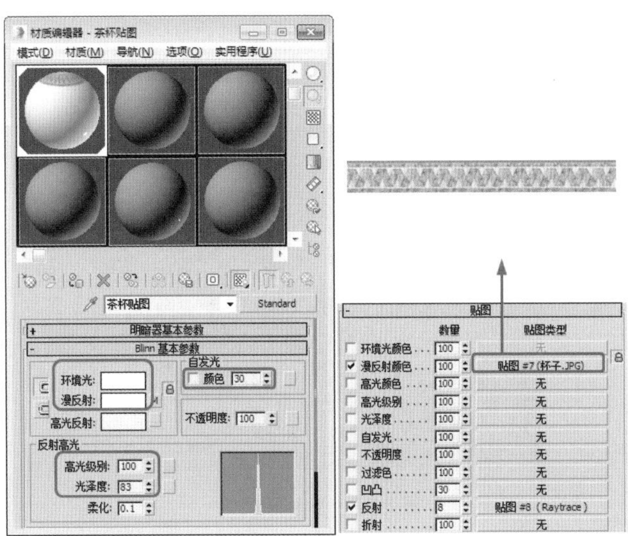

图 3-55　设置【明暗器基本参数】

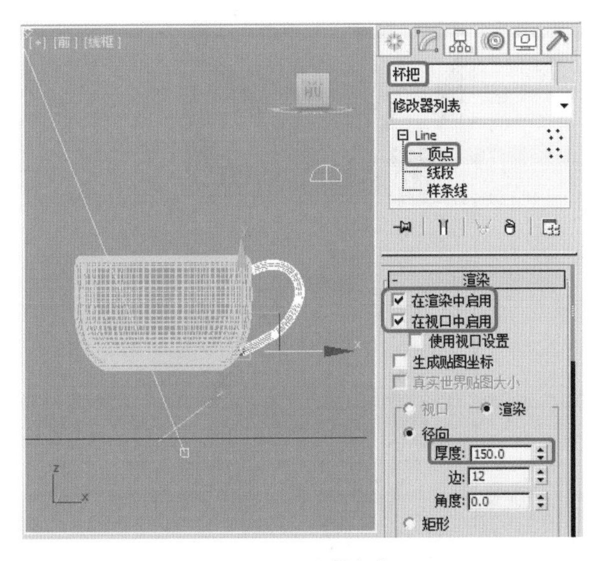

图 3-56　绘制杯把

(7) 在【修改器列表】下拉列表框中选择【编辑网格】和【锥化】修改器，选择【锥化】修改器，在【参数】卷展栏中将【锥化】选项组中的【数量】和【曲线】分别设置为 0.7、–1.61，在【锥化轴】选项组中将【主轴】设置为 X，【效果】设置为 ZY，如图 3-57 所示。

(8) 将选择集定义为 Gizmo，使用【选择并移动】工具进行调整，完成后的效果如图 3-58 所示。

(9) 按 M 键，打开【材质编辑器】窗口，选择一个新的材质样本球，将其命名为【白色瓷器】，在【Blinn 基本参数】卷展栏中，将【环境光】、【漫反射】和【高光反射】的颜色都设置为白色，将【自发光】设置为 35，将【反射高光】选项组中的【高光级别】和【光泽度】分别设置为 100、83；在【贴图】卷展栏中，单击【反射】后面的【无】按钮，在打开的【材质 / 贴图浏览器】对话框中选择【光线跟踪】，单击【确定】按钮，进入反射层级面板。单击【转到父对象】按钮，返回父级材质面板，将【反射】的【数量】设置为 8，选择场景中的【茶杯】和【杯把】对象，单击【将材质指定给选定对象】按钮，为其指定材质，如图 3-59 所示。

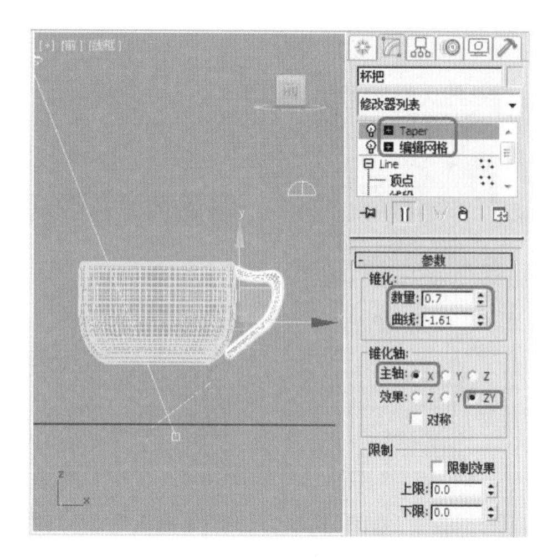

图 3-57　添加修改器

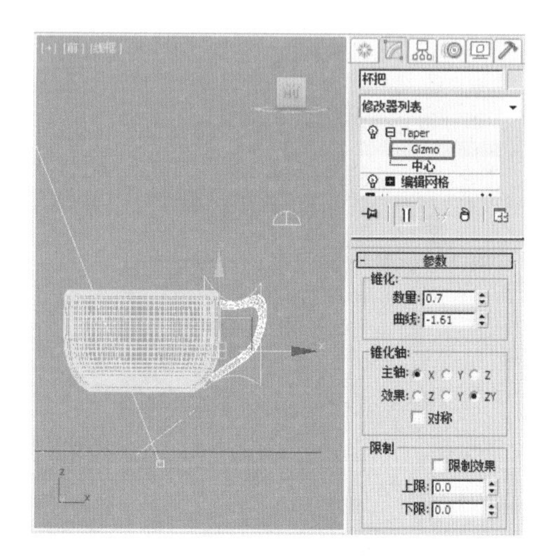

图 3-58　进行调整

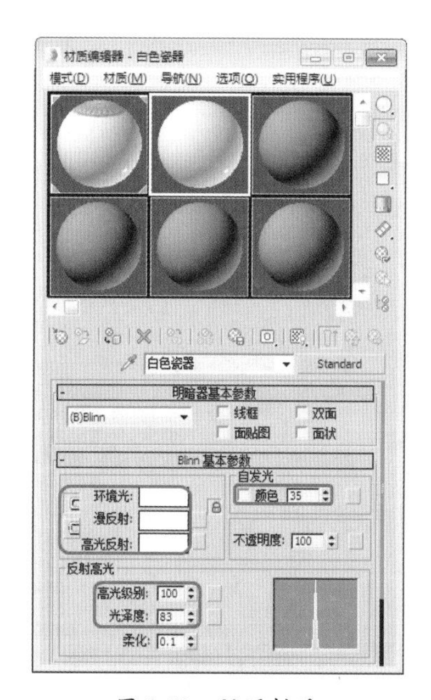

图 3-59　设置材质

知识链接

【编辑网格修改器】：该修改器是一个针对三维对象操作的修改命令，同时也是一个修改功能非常强大的命令，其最大优势可以创建个性化模型，并辅以其他修改工具，适合创建表面复杂而无须精确建模的对象。

(10) 选择【创建】|【图形】|【线】命令，在场景中绘制托盘的截面，并将其命名为【托盘】，如图 3-60 所示。

(11) 在【修改器列表】下拉列表框中选择【车削】修改器，在【参数】卷展栏中将【分段】设置为 80，单击【方向】选项组中的 Y 按钮和【对齐】选项组中的【最小】按钮，如图 3-61 所示。

(12) 按 M 键，打开【材质编辑器】窗口，选择一个新的材质样本球，将其命名为【托盘】，在【Blinn 基本参数】卷展栏中，将【自发光】中的【颜色】设置为 30，将【反射高光】选项组中的【高光级别】和【光泽度】分别设置为 100、83。在【贴图】卷展栏中，选中【漫反射颜色】复选框，并单击右侧的【无】

按钮，在打开的【材质 / 贴图浏览器】对话框中选择【位图】，单击【确定】按钮，在打开的对话框中选择随书附带光盘中的“CDROM \ Map \ 盘子 .jpg”文件，将其打开。返回父级材质面板，选中【反射】复选框，并单击后面的【无】按钮，在打开的【材质 / 贴图浏览器】对话框中选择【光线跟踪】，单击【确定】按钮，进入反射层级面板。返回父级材质面板，将【反射】的【数量】设置为 8，单击【将材质指定给对象】按钮，将材质指定给场景中的【托盘】对象，如图 3-62 所示。

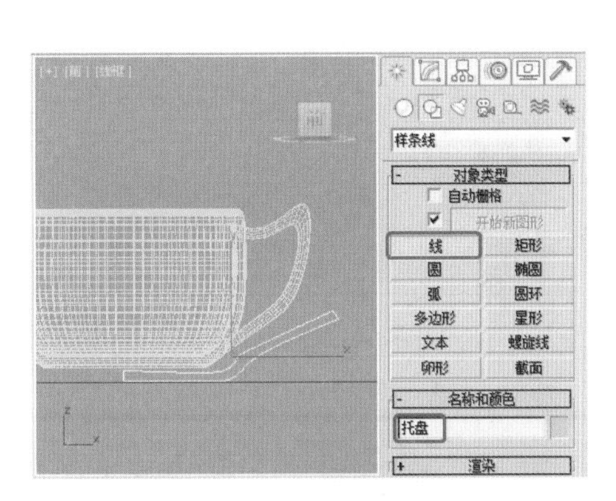

图 3-60　设置参数

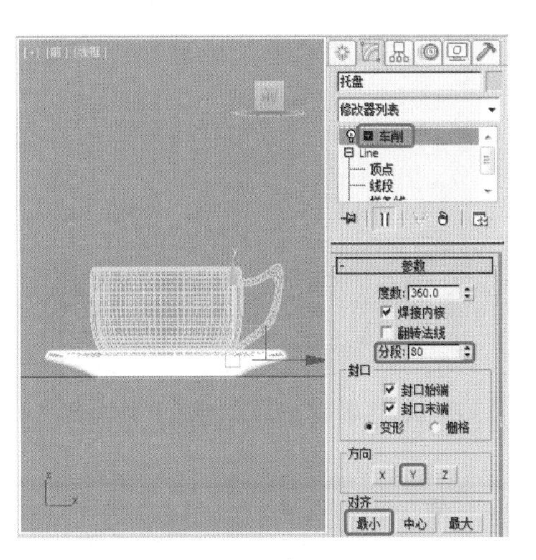

图 3-61　添加【车削】修改器

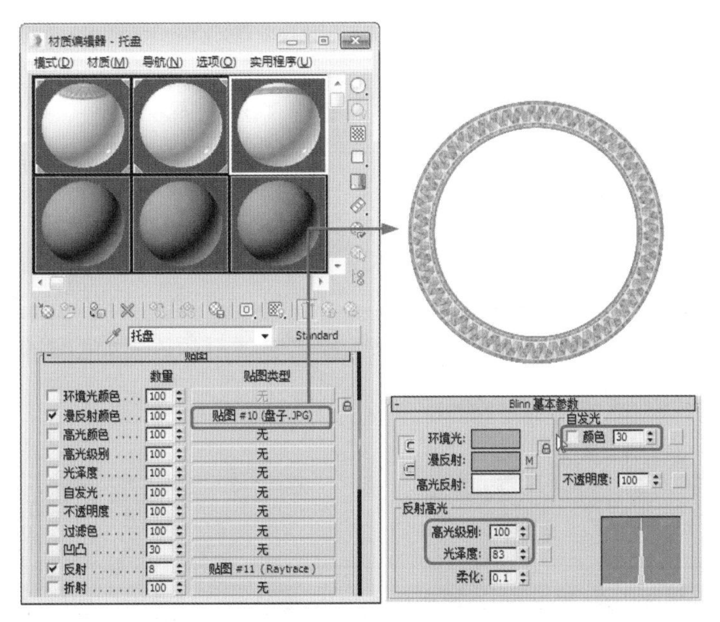

图 3-62　设置贴图参数

(13) 为【托盘】对象施加【UVW 贴图】修改器，在【参数】卷展栏中选中【贴图】选项组中的【平面】单选按钮，在【对齐】选项组中选中 Y 单选按钮，单击【适配】按钮，如图 3-63 所示。

(14) 使用【线】工具在【前】视图中绘制茶杯盖的截面图形，命名为【杯盖】，将其调整为如图 3-64 所示形状。

(15) 为【杯盖】对象施加【车削】修改器，在【参数】卷展栏中将【分段】设置为 80，将【方向】设置为 Y，将【对齐】设置为【最小】，如图 3-65 所示。

(16) 打开【材质编辑器】窗口，将【托盘】材质指定给【杯盖】对象，然后为【杯盖】对象施加【UVW 贴图】修改器。在【参数】卷展栏中，选中【贴图】选项组下的【平面】单选按钮，选中【对齐】选项组中的 Y 单选按钮，单击【适配】按钮，如图 3-66 所示。

图 3-63　添加【UVW 贴图】修改器

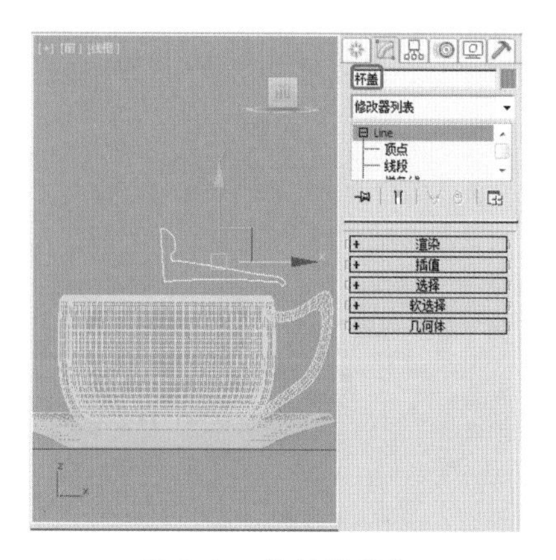

图 3-64　绘制线形状

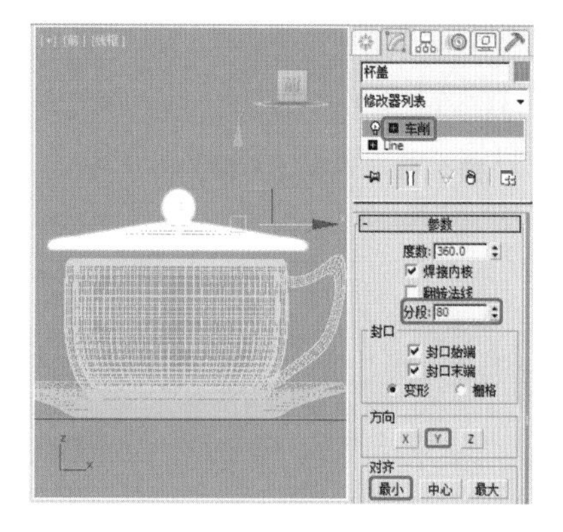

图 3-65　添加【车削】修改器

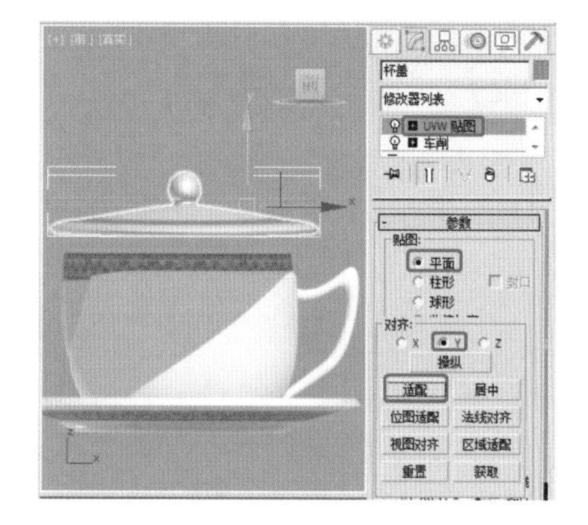

图 3-66　设置【UVW 贴图】

(17) 使用【选择并移动】和【选择并旋转】工具，对【杯盖】进行调整，如图 3-67 所示。

(18) 对所有的图像进行适当调整，按 F9 键进行渲染，完成后的效果如图 3-68 所示。

图 3-67　调整形状

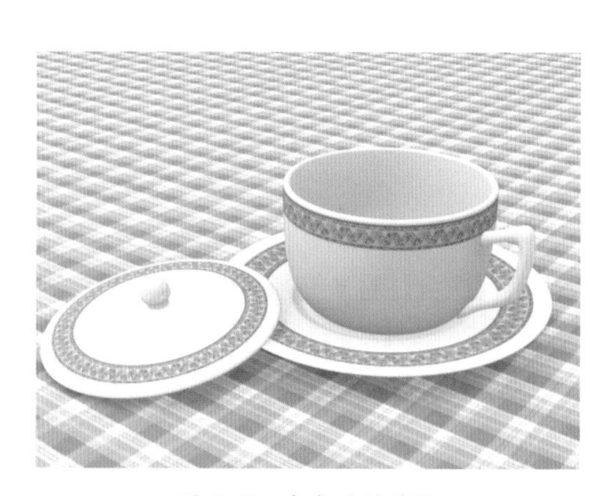

图 3-68　完成后的效果

案例精讲 025 制作工艺台灯

本例将讲解如何制作工艺台灯，利用【圆柱体】和【布尔】命令创建出灯罩和灯罩顶边，利用【切角长方体】创作出支架，利用【圆柱体】创建出灯罩和灯，效果如图 3-69 所示。具体操作方法如下。

图 3-69 工艺台灯

案例文件：CDROM \ 场景 \ Cha03 \ 工艺台灯 OK.max

视频教学：视频教学 \ Cha03 \ 工艺台灯 .avi

(1) 打开随书附带光盘中的"CDROM\Scenes\Cha03\ 工艺灯 .max"文件，选择【创建】|【几何体】|【扩展基本体】|【切角圆柱体】工具，在【顶】视图中创建一个【半径】为 200、【高度】为 10、【圆角】为 1、【边数】为 50 的切角圆柱体，将其命名为【台灯底座】，如图 3-70 所示。

(2) 选择【创建】|【几何体】|【标准基本体】|【圆柱体】工具，在【顶】视图中创建【半径】为 190°，【高度】为 600、【高度分段】为 1 和【边数】为 50 的圆柱体，将其命名为【灯罩】，再创建一个半径为 180 的圆柱体作为布尔运算的对象，如图 3-71 所示。

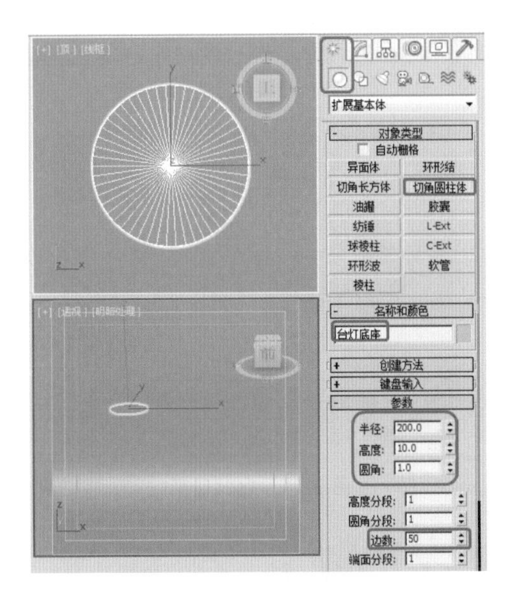

图 3-70 创建切角圆柱体

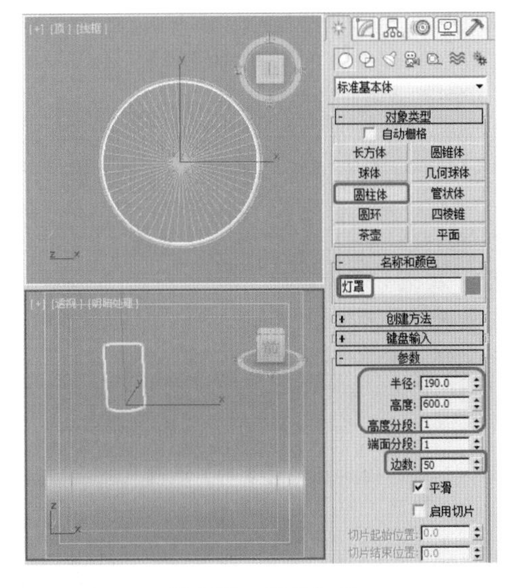

图 3-71 设置灯罩

(3) 在场景中选择【灯罩】对象，选择【创建】|【几何体】|【复合对象】|【布尔】工具，在【拾取布尔】卷展栏中单击【拾取操作对象 B】按钮，在【前】视图中选择新创建的圆柱体，在【操作】选项组中选中【差集 (A-B)】单选按钮，为了便于观察，对【台灯底座】更换一种颜色，如图 3-72 所示。

(4) 选择上一步创建的布尔对象，按 Ctrl+V 组合键，在弹出的对话框中选中【复制】单选按钮，将【名称】定义为【灯罩顶边】，单击【确定】按钮，如图 3-73 所示。

(5) 选择【灯罩顶边】，激活【前】视图，在工具箱中右击【选择并均匀缩放】工具，在弹出的对话框中将【绝对：局部】选项组中的 Z 设置为 2，如图 3-74 所示。

(6) 使用【选择并移动】工具，对文档中绘制的所有对象进行适当调整，完成后的效果如图 3-75 所示。

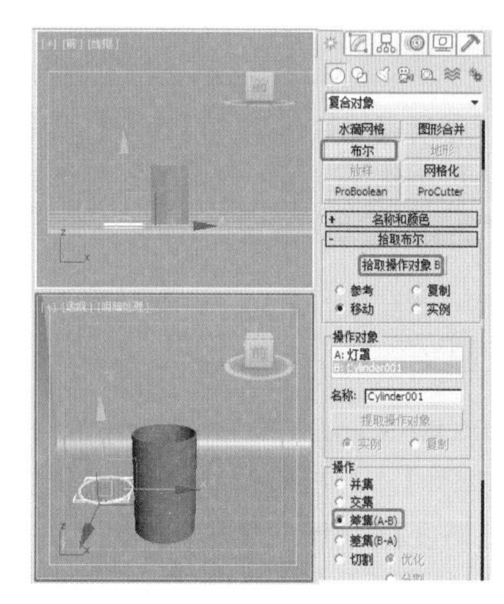

图 3-72　创建【布尔】对象

知识链接

【布尔运算】：布尔运算类似于传统的雕刻建模技术，因此布尔运算建模也是常用的一种方法，布尔运算通过对两个对象进行相加、相减、相交来产生新的物体。

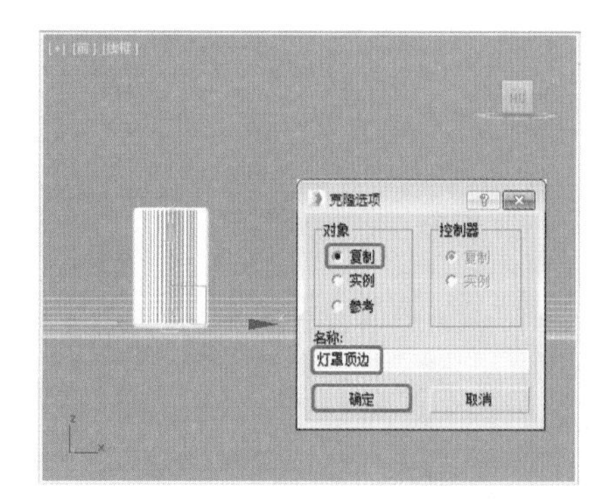

图 3-73　【复制】选项

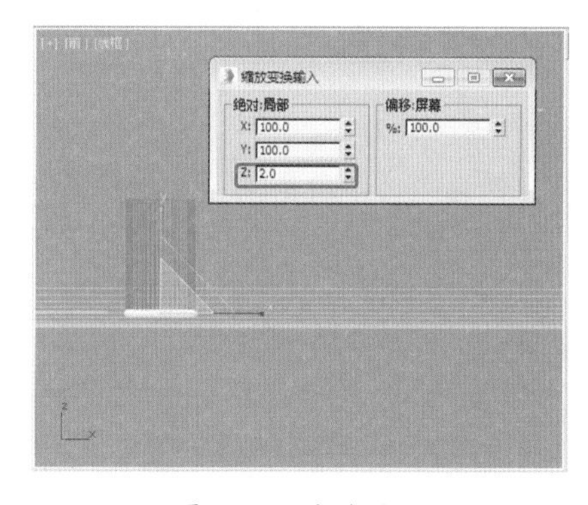

图 3-74　缩放图形

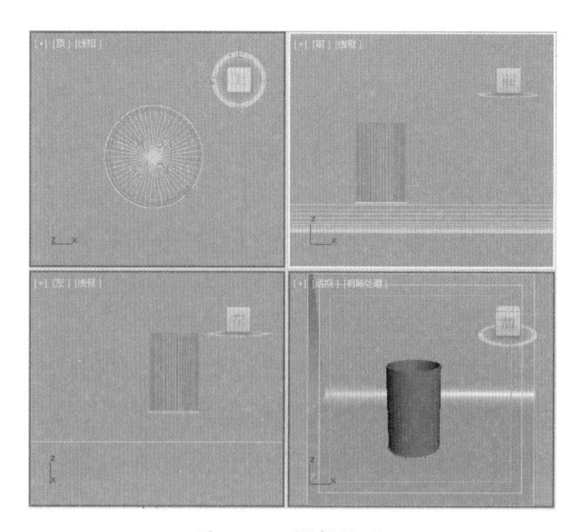

图 3-75　调整位置

(7) 选择【创建】|【几何体】|【扩展基本体】|【切角长方体】工具，在【前】视图中创建图形，在【参数】卷展栏中将【长度】、【宽度】、【高度】、【圆角】、【长度分段】和【圆角分段】分别设置为700、30、30、2、4和3，然后将其命名为【支架1】，使用【选择并移动】工具在场景中调整图形的位置，如图3-76所示。

(8) 确定【支架1】对象处于选择状态，单击【修改】按钮，进入【修改】命令面板，对其添加【编辑网格】修改器，将当前选择集定义为【顶点】，在场景中调整顶点的位置，完成后的效果如图3-77所示，关闭选择集。

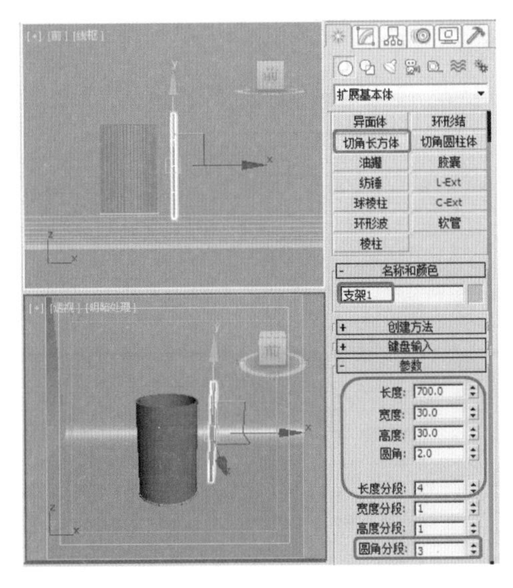

图3-76 创建【切角长方体】

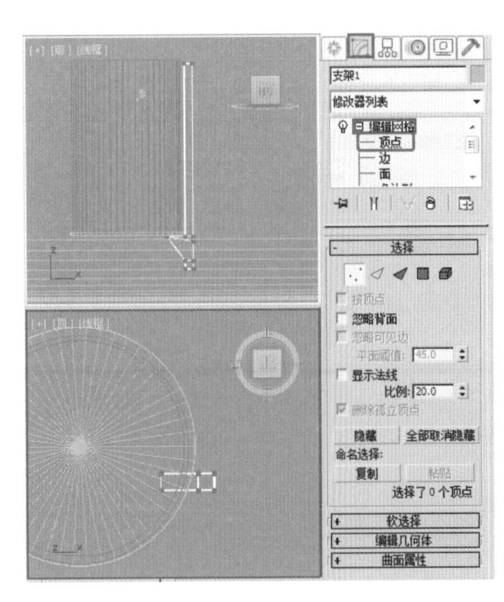

图3-77 调整顶点

(9) 确定【支架1】对象处于选择状态，激活【顶】视图，单击【层次】按钮，进入【层次】面板，单击【轴】按钮，在【调整轴】卷展栏中单击【仅影响轴】按钮，选择工具箱中的【对齐】工具，在场景中单击【台灯底座】对象，在弹出的对话框中选中【X位置】、【Y位置】和【Z位置】3个复选框，并选中【当前对象】和【目标对象】选项组中的【轴点】单选按钮，设置完成后单击【确定】按钮，如图3-78所示。

(10) 选择【支架1】对象，激活【顶】视图，执行【工具】|【阵列】命令，在弹出的对话框中将【旋转】下的Z轴设置为120.0，将【对象类型】设为【复制】，将【阵列维度】选项组中1D后面的【数量】设置为3，设置完成后单击【确定】按钮，如图3-79所示。

提 示

有时对象创建完成后，需要按照一定方向对对象进行多次复制，这时就可以利用【阵列】命令，通过设置不同的阵列方向，使源对象沿着设定好的方向进行阵列，提高工作效率。

(11) 激活【顶】视图，选择【创建】|【几何体】|【圆柱体】工具，在【顶】视图中创建一个圆柱体，在【参数】卷展栏中将【半径】、【高度】、【高度分段】和【边数】分别设置为42、106、1和50，然后将其命名为【灯口】，将其放置到【台灯底座】的中央，如图3-80所示。

(12) 继续使用【圆柱体】工具在【顶】视图中创建一个圆柱体，在【参数】卷展栏中将【半径】、【高度】、【高度分段】和【边数】分别设置为34、106、1和50，如图3-81所示。

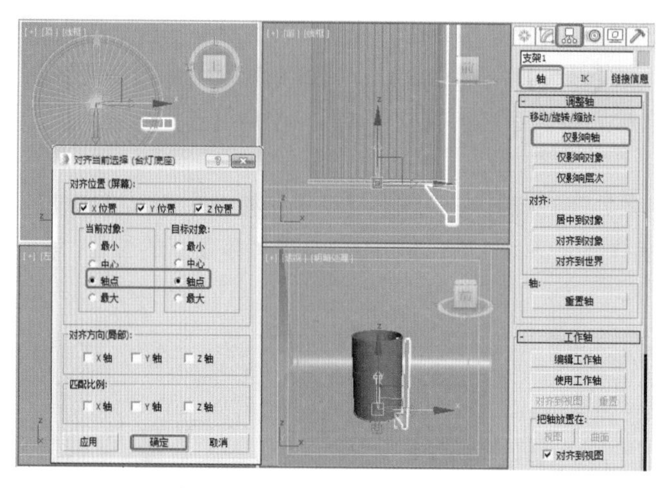

图 3-78 调整层次并对齐

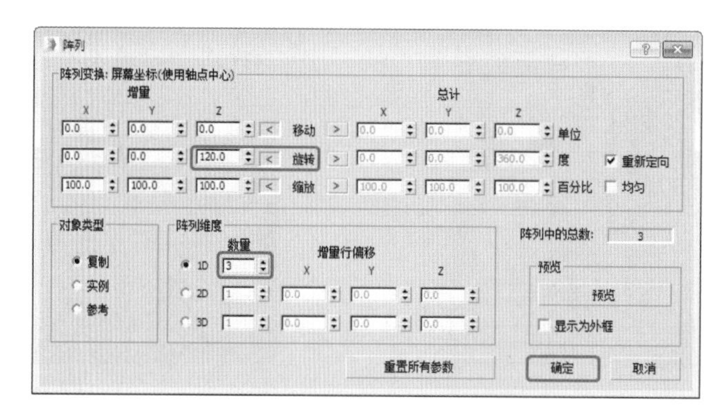

图 3-79 设置【阵列】对话框

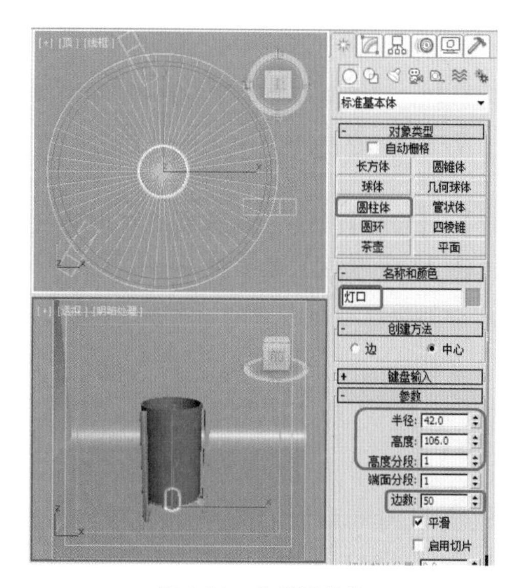

图 3-80 绘制圆柱体

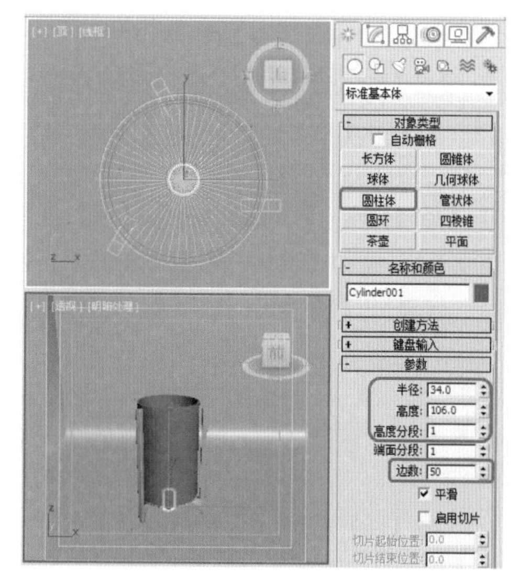

图 3-81 创建圆柱体

(13) 选择场景中的【灯口】对象，选择【创建】|【几何体】|【复合对象】|【布尔】工具，在【拾取布尔】卷展栏中单击【拾取操作对象 B】按钮，在【顶】视图中选择圆柱体，在【操作】选项组中选中【差集(A-B)】单选按钮，如图 3-82 所示。

(14) 选择【创建】|【几何体】|【扩展基本体】|【切角圆柱体】工具，在【顶】视图中创建图形，在【参数】卷展栏中将【半径】、【高度】、【圆角】、【圆角分段】和【边数】分别设置为38、400、20、6和50，然后在【左】视图中调整图形的位置，如图3-83所示。

提 示

在执行布尔运算后当选择两个舞台后，在【操作】卷展栏中可以选择不同的操作【并集】表示原物体和目标舞台进行组合；【交集】表示原物体与目标物体的重合部分；【差集(A-B)】表示原物体减去目标物体，【差集(B-A)】表示目标舞台减去原物体。

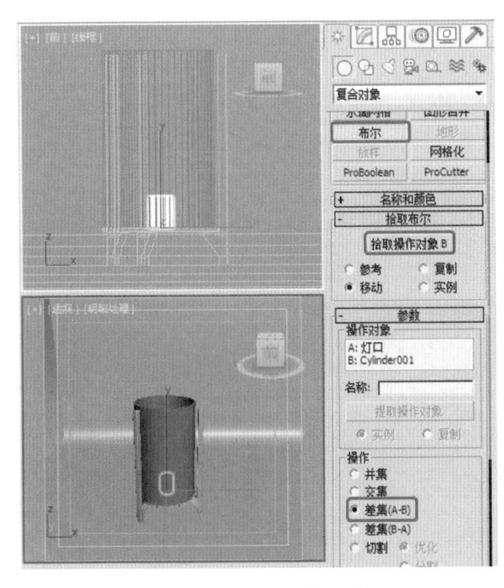

图3-82 设置【布尔】

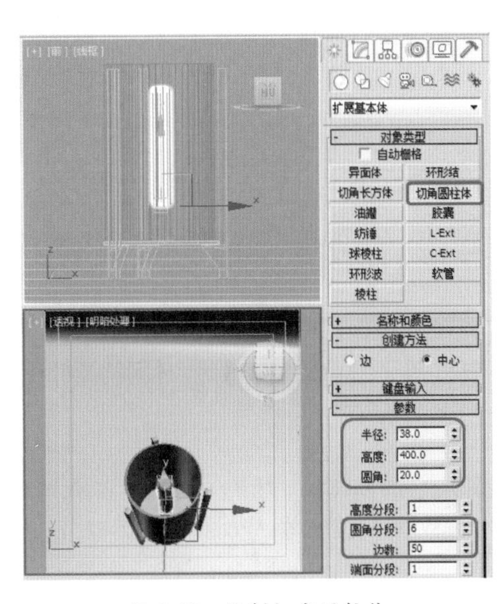

图3-83 绘制切角圆柱体

(15) 按M键打开【材质编辑器】窗口，单击【获取材质】按钮，弹出【材质/贴图浏览器】对话框，单击【材质/贴图浏览器】按钮，在其下拉列表框中选择【打开材质库】命令，打开随书附带光盘中的"CDROM\Map\工艺台灯材质.mat"文件，单击【打开】按钮，选择空样本球，双击添加的材质，将其添加到【材质编辑器】中，如图3-84所示。

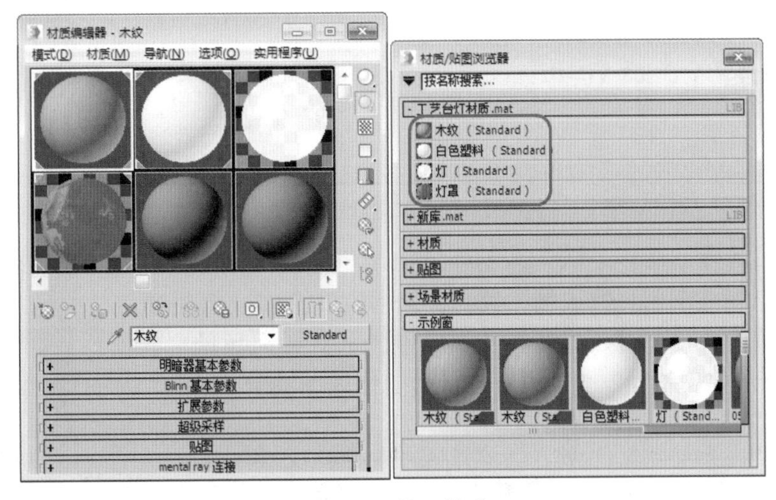

图3-84 添加材质

(16) 选择相应的材质添加到场景对象中，切换到【透视】视图，选择【灯罩】，使用【选择并旋转】工具适当调整位置，选择所有的工艺灯对象将其成组，添加【目标】摄影机，进行调整，查看效果，如图 3-85 所示。

图 3-85　完成后的效果

案例精讲 026　制作足球【视频案例】

本例将讲解如何制作足球，制作足球的重点是各种修改器之间的应用。其中主要应用了【编辑网格】、【网格平滑】和【面挤出】修改器的应用，效果如图 3-86 所示

图 3-86　足球

案例文件：CDROM \ 场景 \ Cha03 \ 足球 OK.max

视频教学：视频教学 \ Cha03 \ 足球 .avi

案例精讲 027　使用 FFD 4×4×4 修改器制作毛巾【视频案例】

毛巾的制作非常简单，主要由【矩形】工具来制作毛巾的支架，再使用【平面】工具来制作毛巾对象，然后再通过【弯曲】和【FFD 4×4×4】修改器来调整毛巾的形状，最后再为其指定材质。完成后的效果如图 3-87 所示。

图 3-87　毛巾

案例文件：CDROM \ Scenes \ Cha03 \ 毛巾 OK.max

视频教学：视频教学 \ Cha03 \ 毛巾 .avi

案例精讲 028　使用车削修改器制作一次性水杯

下面介绍一次性水杯的制作方法。其制作方法是创建一次性水杯的截面图形后，再为其施加【车削】修改器，完成水杯模型的制作，然后复制水杯并调整模型的位置，使用【长方体】工具绘制地面，并为场景中的模型添加材质，最后添加摄影机和灯光。渲染后的效果如图 3-88 所示。

图 3-88　一次性水杯

案例文件：CDROM \ Scenes \ Cha03 \ 一次性水杯 OK.max

视频教学：视频教学 \ Cha03 \ 一次性水杯 .avi

(1) 选择【创建】 |【图形】 |【线】工具，在场景中创建水杯的截面图形(闭合的图形)，切换到【修改】命令面板，将选择集定义为【顶点】，并在场景中调整截面的形状，命名截面图形为【一次性水杯01】，在【插值】卷展栏中将【步数】设置为40，如图3-89所示。

(2) 关闭选择集，在【修改器列表】下拉列表框中选择【车削】修改器，在【参数】卷展栏中设置【度数】为360，选中【焊接内核】复选框，设置【分段】为55，在【方向】选项组中单击Y按钮，在【对齐】选项组中单击【最小】按钮，如图3-90所示。

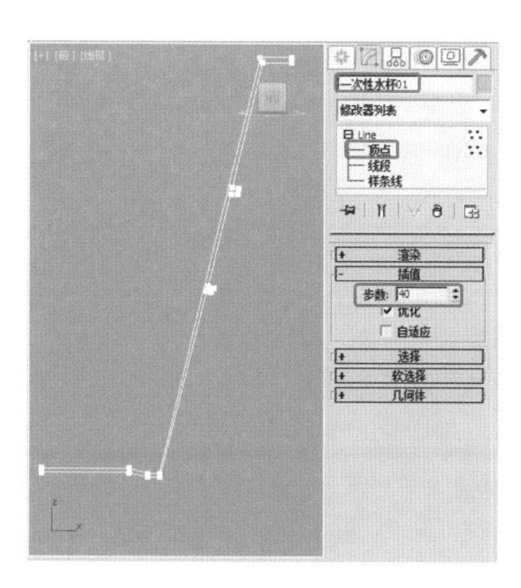

图3-89　绘制线框

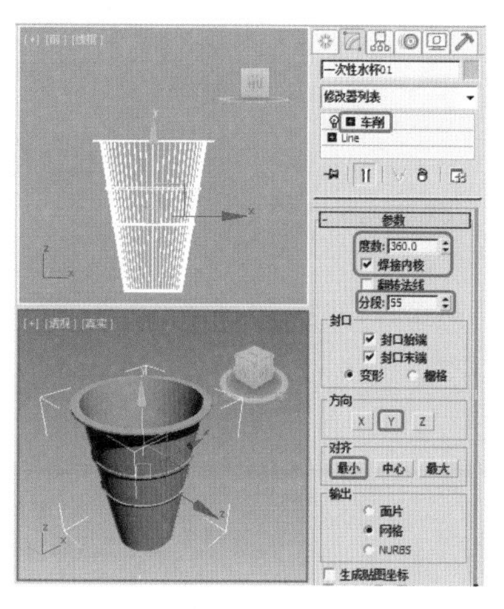

图3-90　添加【车削】修改器

提 示

在车削建模中，【分段】参数越高车削出的模型就越平滑。

(3) 确定新创建的图形处于选择状态，将图形进行复制并对图形进行旋转，完成后的效果如图3-91所示。

(4) 激活【顶】视图，选择【创建】 |【几何体】 |【长方体】工具，在【顶】视图中创建一个长方体，在【名称和颜色】卷展栏中将其命名为【地面】，在【参数】卷展栏中将【长度】、【宽度】和【高度】分别设置为1500、1500和0。在其他视图中调整图形的位置，如图3-92所示。

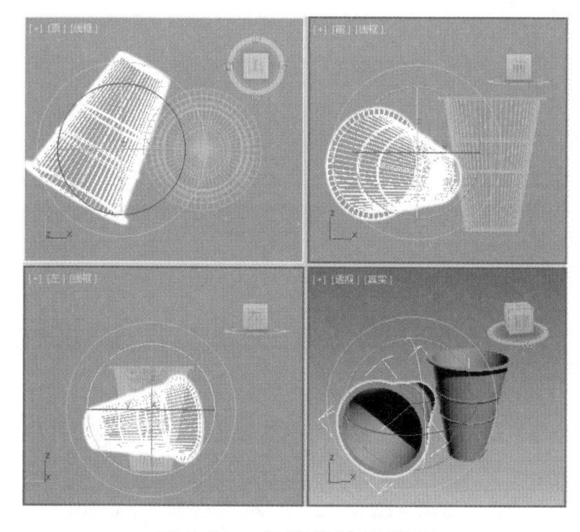

图3-91　复制并旋转图形

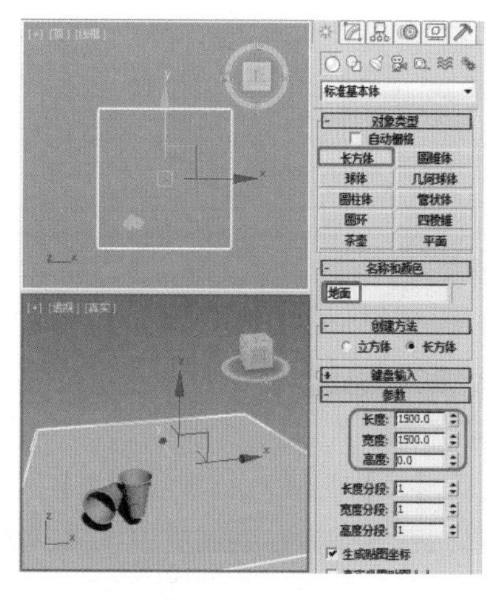

图3-92　绘制长方体

(5) 打开【材质编辑器】窗口，单击【获取材质】按钮，打开【材质 / 贴图浏览器】对话框，单击按钮，在弹出的下拉菜单中选择【打开材质库】命令，在打开的【导入材质库】对话框中选择随书附带光盘中的“Scenes \ Cha03 \ 一次性水杯材质 .mat”文件，单击【打开】按钮，将打开的材质分别指定给【材质编辑器】中的两个样本球，如图 3-93 所示。

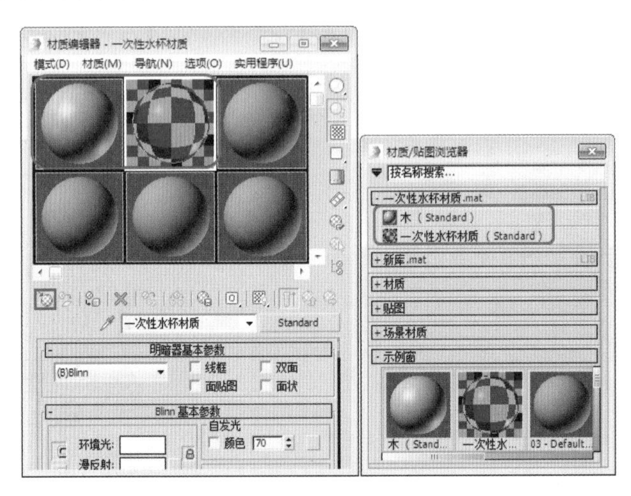

图 3-93　指定材质到样本球上

(6) 按 H 键，在弹出的对话框中选择【一次性水杯 01】和【一次性水杯 002】对象，单击【确定】按钮，在【材质编辑器】窗口中选择【一次性水杯材质】，单击【将材质指定给选定的对象】按钮，将材质指定给场景中选择的对象；按 H 键，在弹出的对话框中选择【地面】对象，单击【确定】按钮，在【材质编辑器】窗口中选择【木】材质，单击【将材质指定给选定的对象】按钮，将材质指定给场景中选择的对象，如图 3-94 所示。

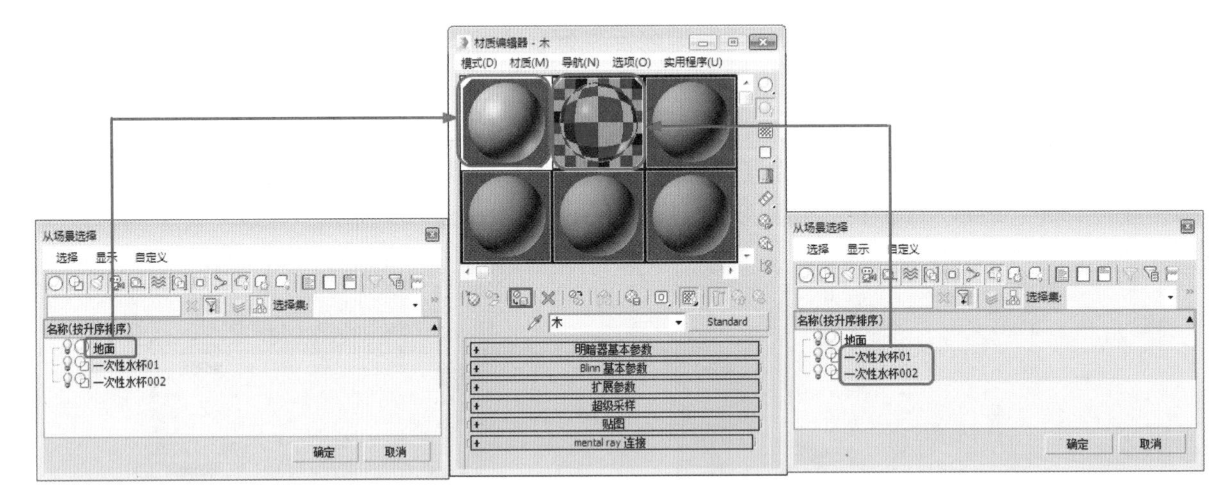

图 3-94　选择对象并指定材质

在【材质编辑器】窗口中单击【在视口中显示标准材质】按钮，能够在视口中预览添加材质后的场景效果。

(7) 激活【顶】视图，选择【创建】｜【摄像机】｜【目标】工具，然后在【顶】视图中创建一架摄影机，在【参数】卷展栏中设置【镜头】为 316.99mm，【视野】为 6.5 度。激活【透视】视图，然后按下键盘上的 C 键，将当前视图转换为【摄影机】视图，最后在场景中调整摄影机的位置，如图 3-95 所示。

(8) 激活【摄影机】视图，按 Shift+F 组合键为该视图添加安全框，按 F10 键，弹出【渲染设置】对话框，在【输出大小】选项组中将【宽度】和【高度】分别设置为 1280 和 728，如图 3-96 所示。

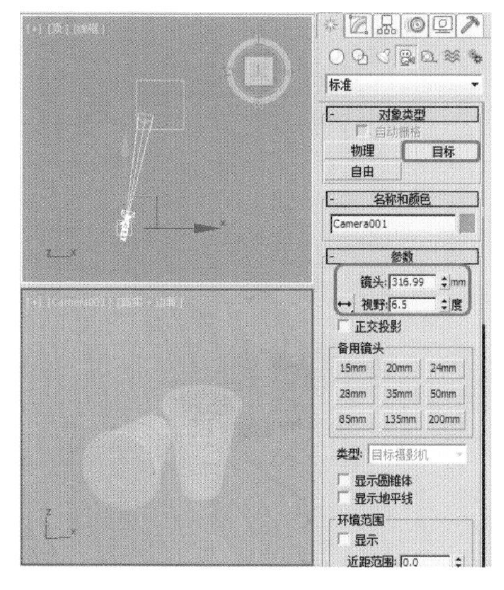

图 3-95 添加并调整摄影机

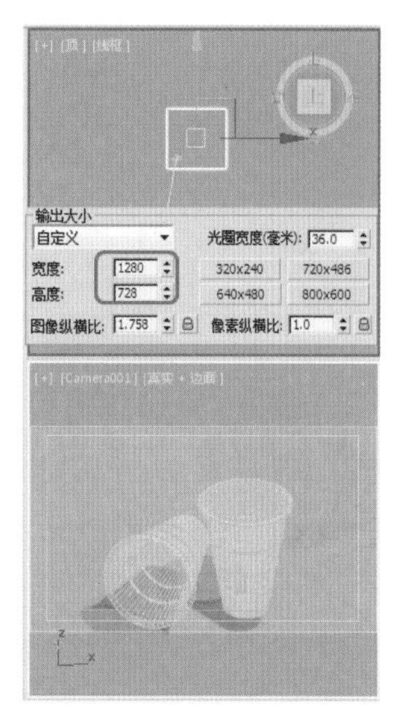

图 3-96 添加安全框并设置输出参数

(9) 选择【创建】 |【灯光】 |【标准】|【目标聚光灯】工具，在【顶】视图中创建灯光，在【常规参数】卷展栏中选中【启用】复选框，在【聚光灯参数】卷展栏中将【聚光区 / 光束】和【衰减区 / 区域】分别设置为 40 和 75，在【阴影参数】卷展栏中将颜色的 RGB 设置为 168、168、168，如图 3-97 所示。

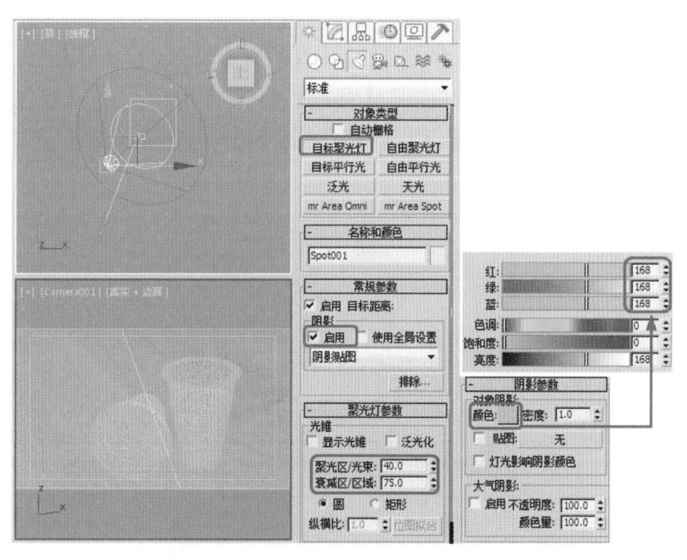

图 3-97 创建并调整目标聚光灯

(10) 单击【泛光】按钮，在【顶】视图中创建一盏泛光灯，在【强度 / 颜色 / 衰减】卷展栏中将【倍增】设置为 0.8，然后将【地面】排除该灯光的照射，并在场景中调整灯光的位置，如图 3-98 所示。

(11) 将创建的泛光灯光进行复制，并调整灯光的位置，如图 3-99 所示。设置完成后按 F9 键进行渲染，并将场景文件进行保存。

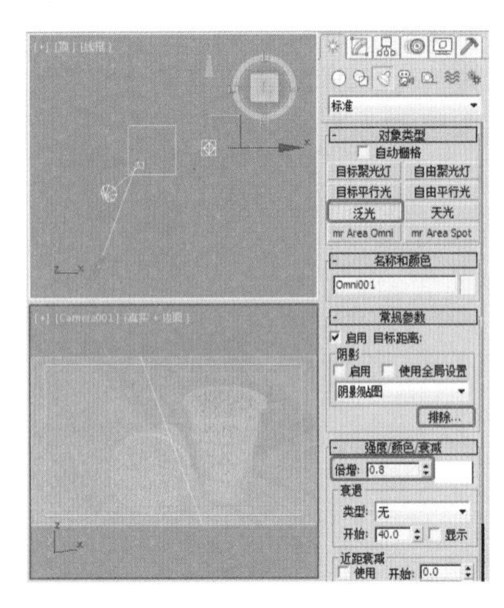

图 3-98　创建并调整泛光灯

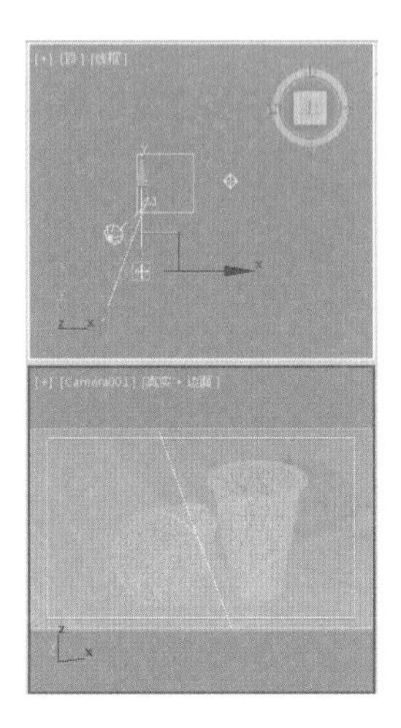

图 3-99　复制灯光

案例精讲 029　使用弯曲修改器制作灯笼

本例将介绍一个圆形灯笼的制作方法。通过【长方体】工具创建一个薄片物体，再为薄片两个方向上添加【弯曲】修改器，即产生灯笼的造型，最后再对灯笼进行一些装饰就可以了，其效果如图 3-100 所示。

案例文件：CDROM \ Scenes \ Cha03 \ 灯笼 OK.max

视频教学：视频教学 \ Cha03 \ 灯笼 .avi

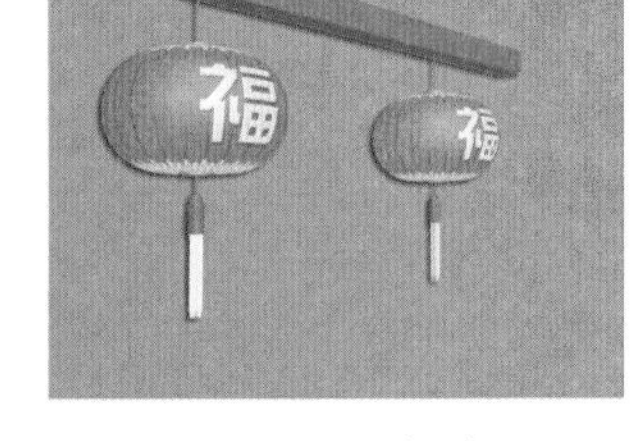

图 3-100　灯笼

(1) 新建一个场景，选择【创建】|【几何体】|【长方体】工具，在【前】视图中创建一个薄片，将它命名为【灯笼】，在【参数】卷展栏中将它的【长度】、【宽度】和【高度】分别设置为 160、500 和 1，将【长度分段】和【宽度分段】分别设置为 20、30，如图 3-101 所示。

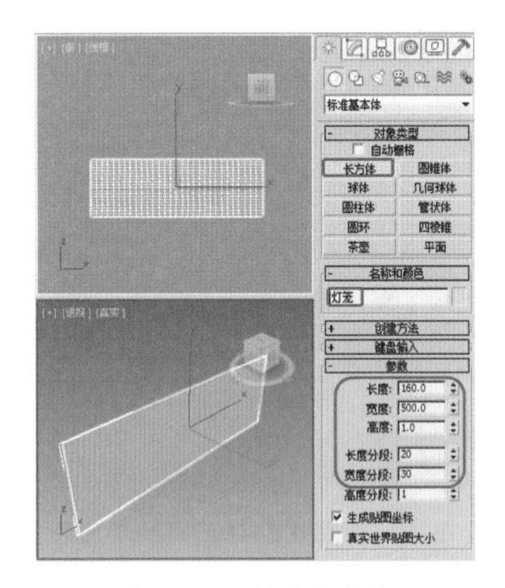

图 3-101　创建长方体

(2) 切换至【修改】命令面板，在【修改器列表】下拉列表框中选择【UVW 贴图】修改器，为灯笼指定贴图坐标，使用默认的参数即可。再在【修改器列表】下拉列表框中选择【弯曲】修改器，在【参数】卷展栏中将【弯曲】选项组中的【角度】和【方向】分别设置为 180 和 90，在【弯曲轴】选项组中选中 Y 单选按钮，得到如图 3-102 所示的弯曲效果。

(3) 再次在【修改器列表】下拉列表框中选择【弯曲】修改器，在【参数】卷展栏中将【弯曲】选项组中的【角度】设置为 –360，在【弯曲轴】选项组中选中 X 单选按钮，得到的造型如图 3-103 所示。

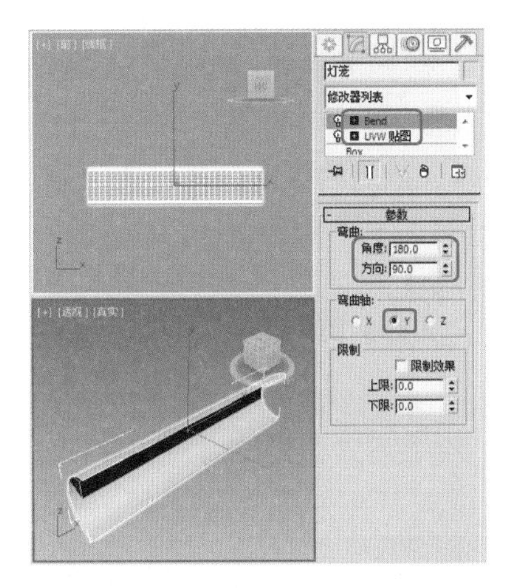

图 3-102 设置【UVW 贴图】和【弯曲】修改器

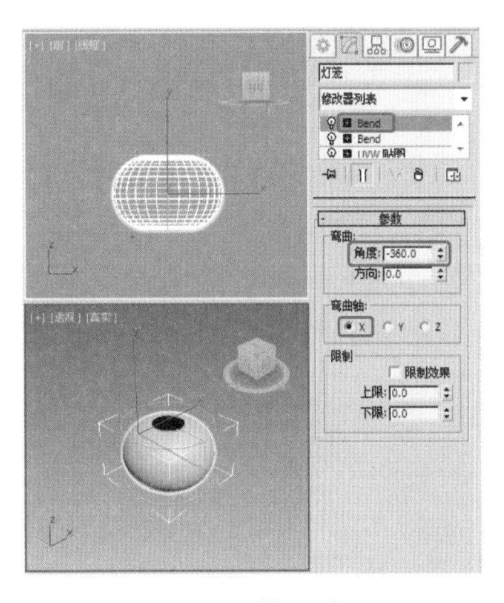

图 3-103 设置【弯曲】修改器

(4)打开【材质编辑器】窗口，为灯笼设置材质。将第一个材质样本球命名为【灯笼】，然后设置它的参数，如图 3-104 所示。在【明暗器基本参数】卷展栏中将阴影模式定义为 Phong。在【Phong 基本参数】卷展栏中将【自发光】选项组中的【颜色】设置为 85；将【不透明度】设置为 95；将【高光级别】和【光泽度】分别设置为 30、20。打开【贴图】卷展栏，选中【漫反射颜色】复选框并单击通道后的【无】按钮，在打开的【材质 / 贴图浏览器】窗口中双击【位图】贴图。在打开的对话框中选择随书附带光盘中的〝CDROM \ Map \ dll 福 .jpg〞文件，单击【打开】按钮。进入位图层，在【坐标】卷展栏中将【瓷砖】下的 U 值设置为 2，【角度】下的 V 值设置为 180。单击【将材质指定给选定的对象】按钮，将材质指定给场景中选择的对象。

(5) 选择【创建】|【几何体】|【管状体】工具，在【顶】视图中灯笼的中心创建一个【半径 1】、【半径 2】和【高度】分别为 30、22 和 2 的管状体，将它的【高度分段】和【边数】值分别设置为 1、12，如图 3-105 所示。

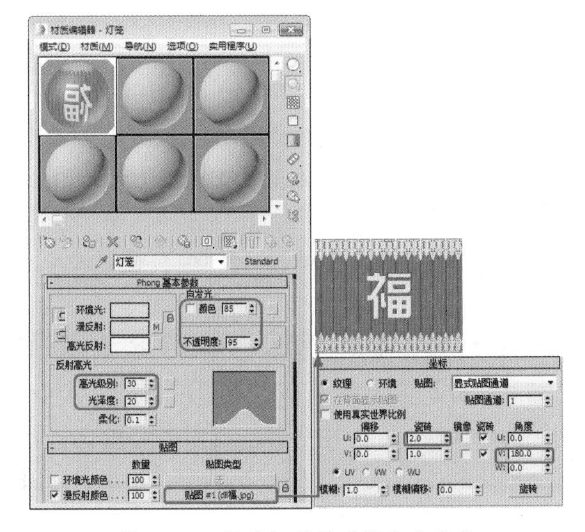

图 3-104 设置灯笼材质的基本参数

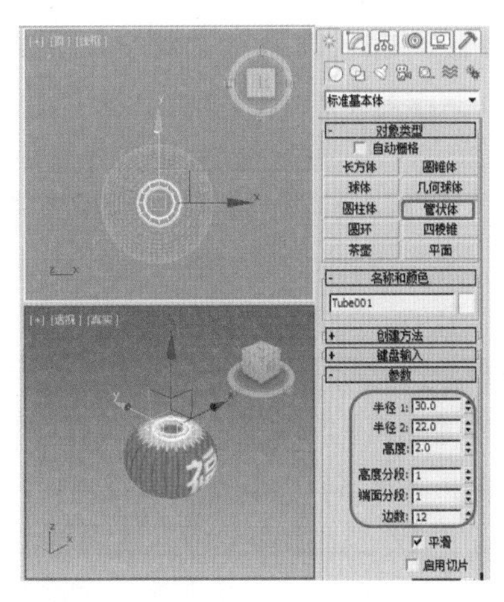

图 3-105 创建管状体

(6) 打开【材质编辑器】窗口。选择两个新的材质样本球示窗，将它命令为【木框】，并参照图 3-106 所示参数进行设置。在【明暗器基本参数】卷展栏中将明暗模式定义为 Phong。在【Phong 基本参数】卷展栏中将【反射高光】区域下的【高光级别】和【光泽度】分别设置为 30、50。打开【贴图】卷展栏，选中【漫反射颜色】复选框并单击后面的【无】按钮，并在打开的【材质 / 贴图浏览器】中将贴图方式定义为位图，单击【确定】按钮。在打开的对话框中选择随书附带光盘中的 "CDROM \ Map \ Anegre.jpg" 文件，然后单击【打开】按钮，返回父材质层级。在场景中选择 Tube001 对象，然后在【材质编辑器】窗口中单击【将材质指定给选定的对象】按钮，将设置好的材质指定给当前选择物体。

(7) 在工具栏中单击【对齐】按钮，然后在【前】视图中选择灯笼对象，在打开的【对齐当前选择】对话框中只选中【Y 位置】复选框，在【当前对象】和【目标对象】两个选项组中都选中【最大】单选按钮，单击【确定】按钮，将管状体的顶端与灯笼的顶端对齐，如图 3-107 所示。

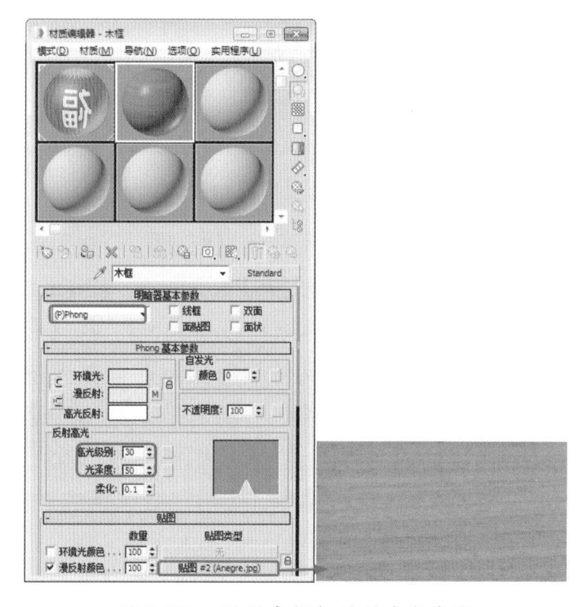

图 3-106　设置木框材质的基本参数

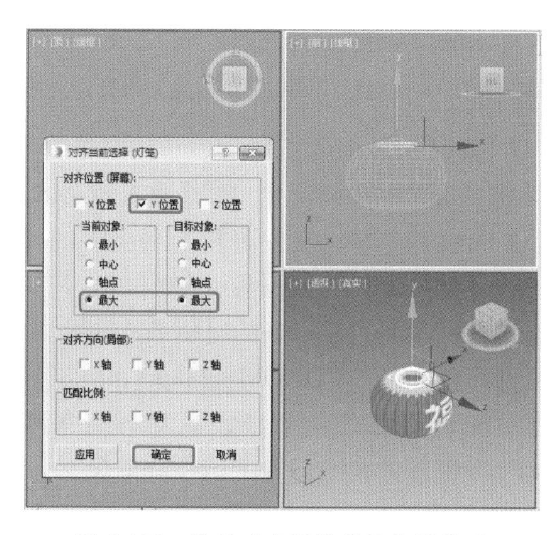

图 3-107　使用对齐调整管状体的位置

(8) 按 Ctrl+V 组合键对当前的管状体进行复制，在打开的对话框中选中【复制】单选按钮，单击【确定】按钮，如图 3-108 所示。

(9) 确定新复制的管状体对象处于选择状态，在【修改】命令面板中，将【半径 1】、【半径 2】和【高度】分别更改为 15、10 和 5 的管状体，如图 3-109 所示，

(10) 按下键盘上的 Alt+Q 组合键进入孤立模式，将其他对象隐藏，在【修改器列表】下拉列表框中选择【编辑网格】修改器，然后使用【选择对象】工具依照图 3-110 所示定义当前选择集为【多边形】，配合 Ctrl 键与【环绕子对象】工具在【透视】视图中管状体的外侧隔一个多边形选择一个多边形。单击【孤立当前选择切换】按钮退出隔离模式，在【编辑几何体】卷展栏中将【挤出】值调整到 7，如图 3-110 所示。

(11) 选择【创建】|【几何体】|【管状体】工具，在【顶】视图中灯笼的中心创建一个【半径 1】、【半径 2】和【高度】分别为 15、10 和 5 的管状体，将它的【边数】值设置为 12，参照前面的操作步骤，工具栏中单击【对齐】按钮，然后在【顶】视图中选择 Tube002 对象，在打开的【对齐当前选择】对话框中只选中【Z 位置】复选框，在【当前对象】和【目标对象】两个选项组中分别选中【中心】、【最大】单选按钮，单击【确定】按钮，如图 3-111 所示。

图 3-108　复制管状体对话框

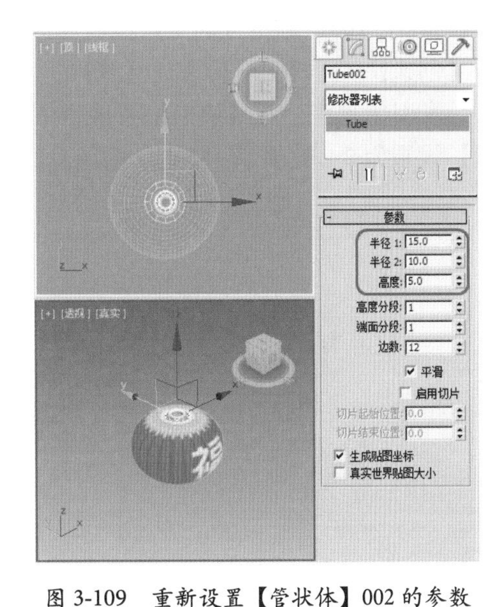

图 3-109　重新设置【管状体】002 的参数

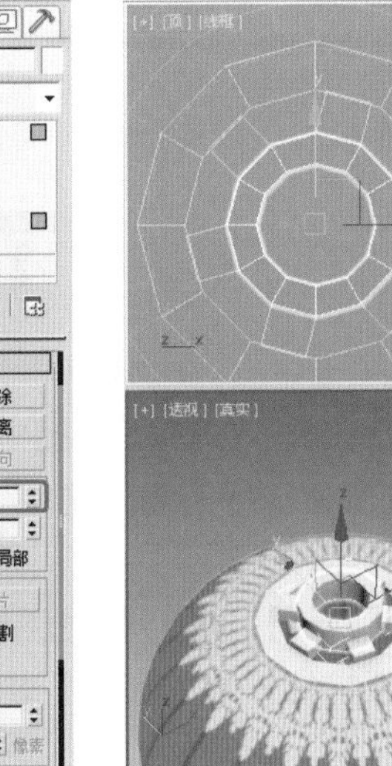

图 3-110　挤压多边形面

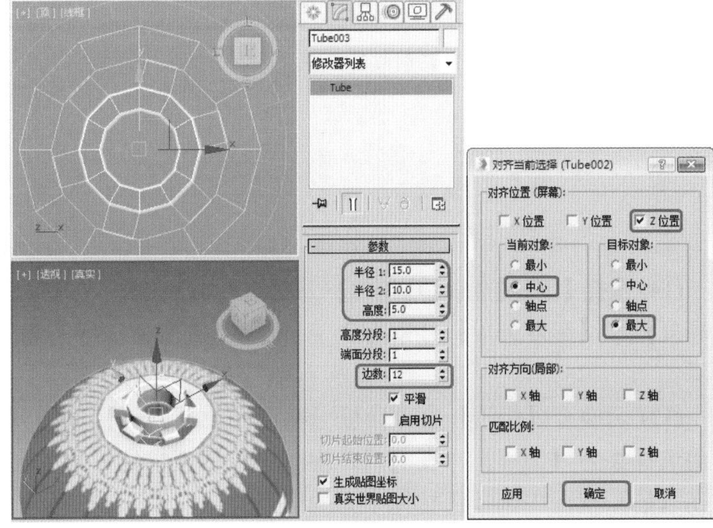

图 3-111　设置管状体的参数

提 示

孤立当前选择命令用于将当前选择的物体最大化显示在视图中，同时隐藏全部其他未选择的物体，主要用于对单个物体的细节编辑，该功能在大场景的制作中非常有用，可以使屏幕刷新速度大大加快。隔离选择也可以隔离显示多个选择物体。其快捷键为 Alt+Q。

知识链接

孤立选择命令只能对选择的物体应用。不能孤立选择的次物体，如果当前处在物体的次物体级别，这个命令无法使用。但在孤立物体的次物体级别可以单击【孤立当前选择切换】按钮，退出孤立模式。

(12) 然后将【木框】材质赋予当前新创建的管状体，选择 3 个管状体，激活【前】视图，在工具栏单击【镜像】按钮，对管状体进行镜像复制，在打开的对话框中选择 Y 轴单选按钮，选中【实例】复制方式，将【偏移】值设置为 –105，单击【确定】按钮完成镜像复制，如图 3-112 所示。

(13) 选择【创建】 | 【图形】 | 【线】工具，在【前】视图中灯笼上方和下方各创建一条线段作为灯笼提杆绳和灯笼穗绳，在【渲染】卷展栏中选中【在渲染中启用】和【在视口中启用】复选框，最后将【厚度】设置为 2，效果如图 3-113 所示。然后各个视图中调整其位置。

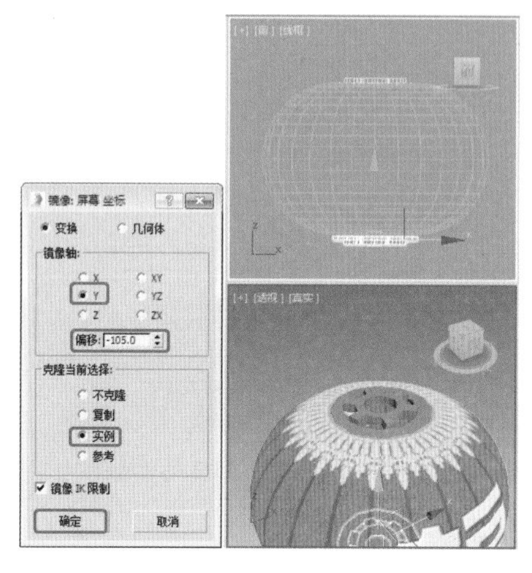

图 3-112　复制灯笼托

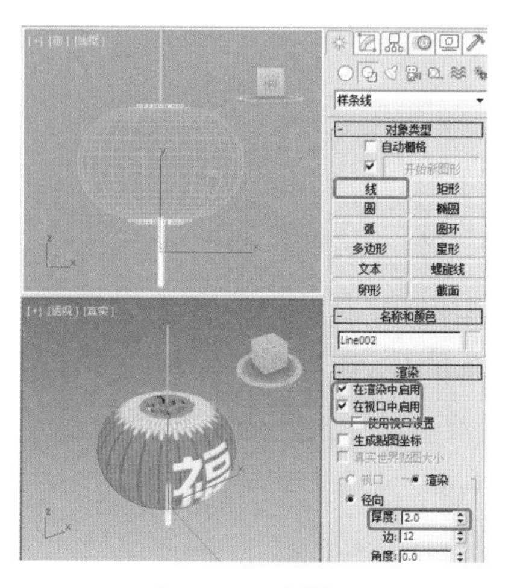

图 3-113　绘制线

提 示

灯笼的穗轴可以使用圆柱体并指定【编辑网格】修改器来创建，灯笼穗可以使用很细的圆柱体或者是可渲染的线来制作，并使用阵列工具来复制。

(14) 选择【创建】 | 【几何体】 | 【圆柱体】工具，在【顶】视图中灯笼穗头的下方创建一个【半径】、【高度】和【高度分段】分别为 7、– 40 和 2 的圆柱体作为灯笼穗头，并调整其到适当位置，如图 3-114 所示。

(15) 切换至【修改】命令面板，在【修改器列表】下拉列表框中选择【编辑网格】修改器，并定义当前选择集为【顶点】，在【前】视图中选择圆柱体顶端的节点，并在【顶】视图中将其进行缩放。最后在【前】视图中选择圆柱体中间的节点并依照图 3-115 所示进行调整。

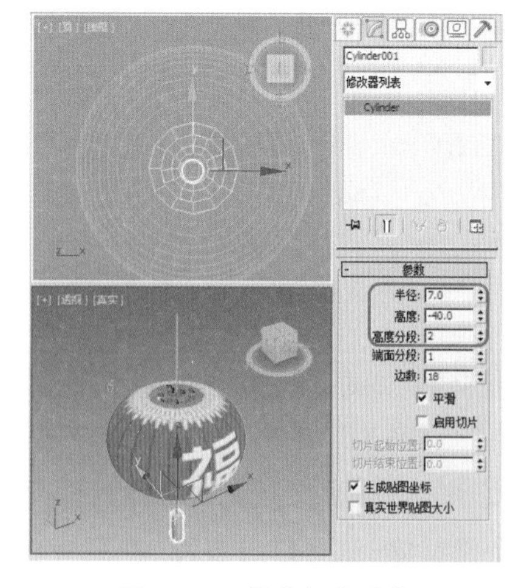

图 3-114　制作灯笼穗头

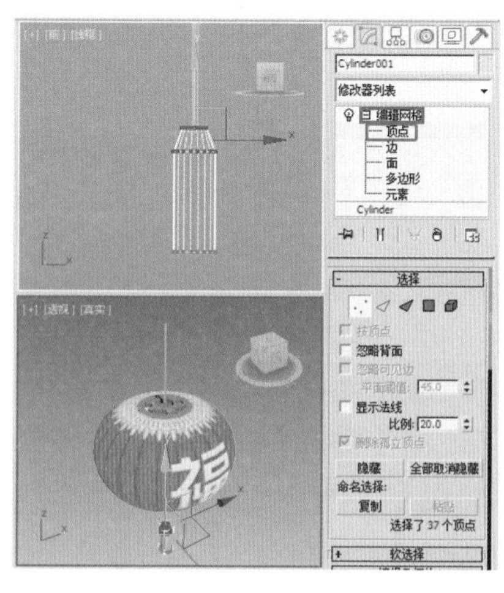

图 3-115　对圆柱体灯笼穗头进行编辑

(16) 选择【创建】 |【图形】 |【螺旋线】按钮，在【顶】视图中灯笼穗头的下方创建一条螺旋线，在【渲染】卷展栏中选中【在渲染中启用】和【在视口中启用】复选框，并将【厚度】设置为 0.6，然后将【参数】卷展栏下的【半径 1】、【半径 2】、【高度】、【圈数】分别设置为 7.4、7.4、25.41、30，在【前】视图中将其对象进行调整。效果如图 3-116 所示。

(17) 打开【材质编辑器】窗口。选择 3 个新的材质样本球。在【明暗器基本参数】卷展栏中将锁定的【环境光】和【漫反射】均设置为 255、0、0，将【高光级别】和【光泽度】分别设置为 30、50。将【自发光】选项组中的【颜色】设置为 43。然后将设置好的材质指定给所有灯笼的穗头对象，如图 3-117 所示。

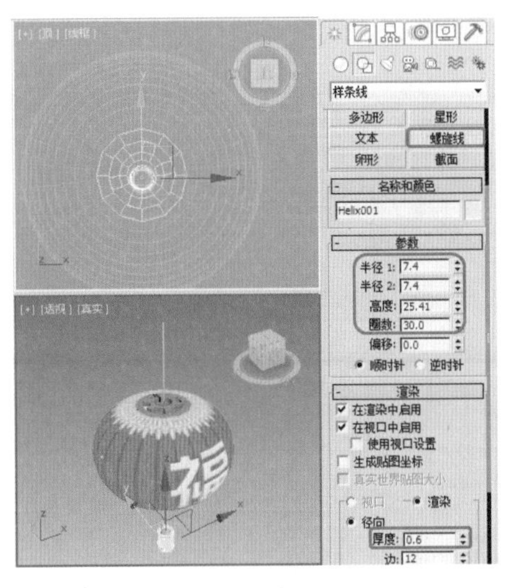

图 3-116　创建螺旋线

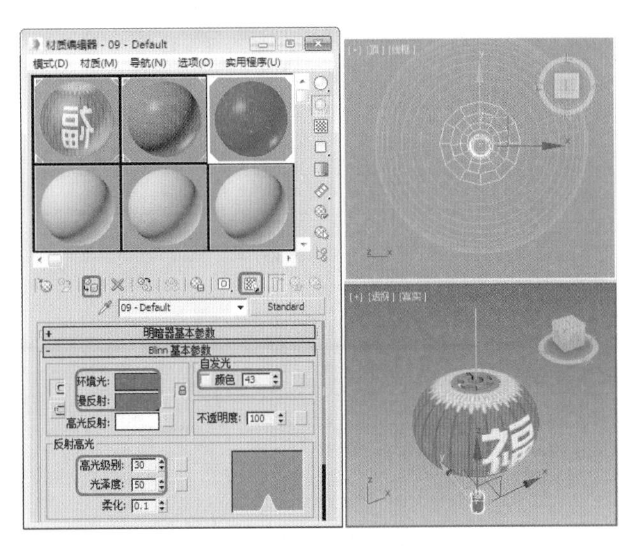

图 3-117　创建灯笼穗头的材质

(18) 选择【创建】 |【图形】 |【线】工具，在【前】视图中灯笼穗头下方创建一条线段，将【厚度】更改为 0.2。然后在【顶】视图中将线段调整至灯笼穗头轮廓下方，效果如图 3-118 所示。

(19) 切换至【层次】命令面板，进入【轴】选项卡面板，在【调整轴】卷展栏中单击【仅影响轴】按钮，调整轴心点至灯笼穗头的中心位置处，如图 3-119 所示。完成调整后，关闭【仅影响轴】按钮。

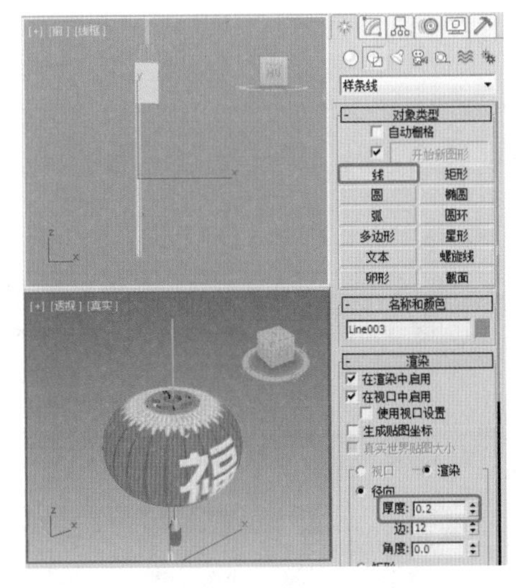

图 3-118　创建并调整线段

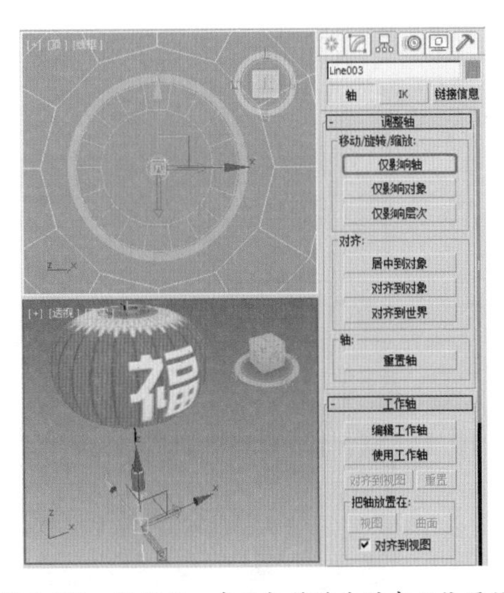

图 3-119　调整轴心点至灯笼穗头的中心位置处

(20) 选择【工具】|【阵列】菜单命令，在打开的【阵列】对话框中将【增量】下的 Z 轴参数设置为 10，然后将【阵列维度】选项组中的【数量】的 1D 设置为 72，最后单击【确定】按钮，进行阵列，如图 3-120 所示。

(21) 选择阵列后的所有灯笼穗。打开【材质编辑器】窗口。选择 4 个新的材质样本球示窗，并参照图 3-117 所示参数进行设置。在【明暗器基本参数】卷展栏中将锁定的【环境光】和【漫反射】均设置为 255、234、0，将【高光级别】和【光泽度】分别设置为 35、10。将【自发光】选项组中的【颜色】设置为 65，如图 3-121 所示。然后将材质指定给灯笼穗对象。

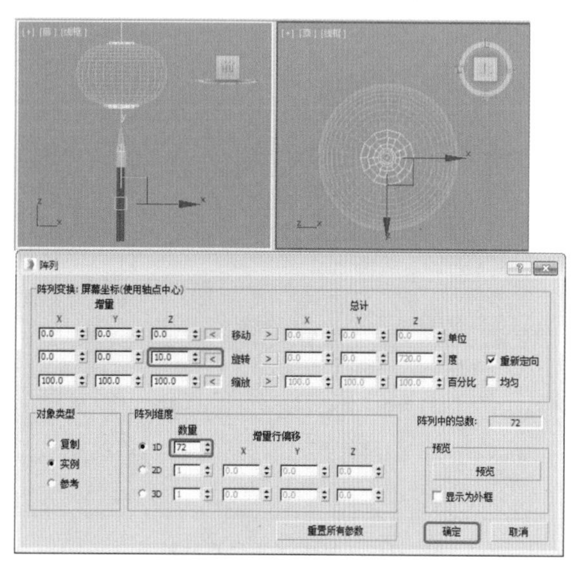

图 3-120　对灯笼穗进行阵列

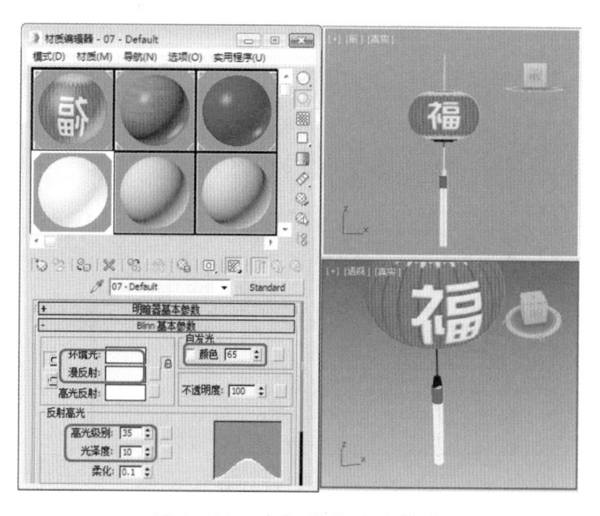

图 3-121　为灯笼穗赋予材质

(22) 选择【创建】 |【几何体】 |【长方体】工具，在【顶】视图中创建一个长方体作为悬挂灯笼的横梁，并将第三个材质样本球的材质指定给横梁，然后调整其到适当位置，最后复制一个灯笼到适当位置，如图 3-122 所示。

(23) 在【顶】视图中创建摄影机，并将【透视】视图转换为摄影机视图，然后调整摄影机的位置，如图 3-123 所示。并按下键盘上的 F9 键对摄像机视图进行渲染，

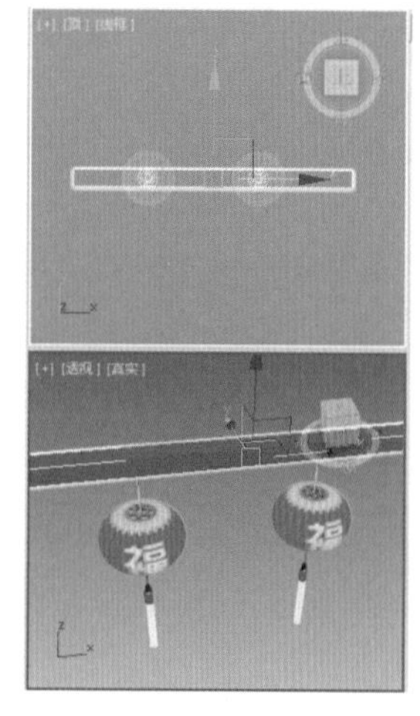

图 3-122　绘制横梁并复制灯笼

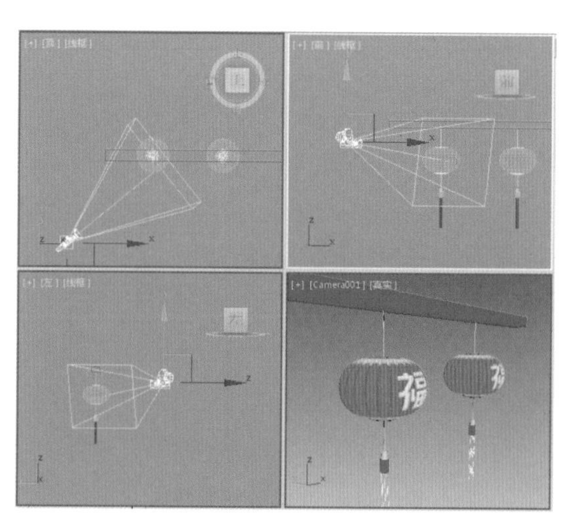

图 3-123　添加摄影机

案例精讲 030 使用 Bezier 角点制作酒杯【视频案例】

本例将介绍酒杯的制作方法。使用线创建酒杯半截轮廓并调整 Bezier 角点，然后添加【车削】修改器，制作出酒杯模型。最后制作玻璃琉体并为酒杯设置材质。完成后的效果如图 3-124 所示。

图 3-124　酒杯

案例文件：CDROM \ Scenes \ Cha03 \ 酒杯 OK.max
视频教学：视频教学 \ Cha03 \ 灯笼 .avi

案例精讲 031 使用倒角修改器制作电视台标【视频案例】

本例将介绍电视台标的制作方法。使用【线】绘制电视台标的轮廓并调整 Bezier 角点，然后添加【倒角】修改器，制作出电视台标的厚度。最后为其设置材质。完成后的效果如图 3-125 所示。

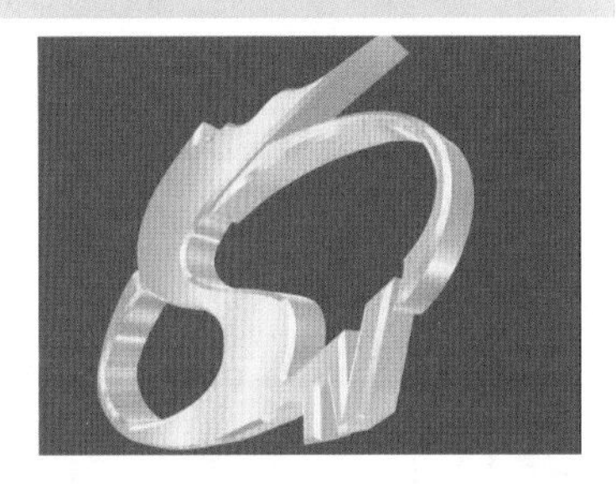

图 3-125　电视台标

案例文件：CDROM \ Scenes \ Cha03 \ 电视台标 OK.max
视频教学：视频教学 \ Cha03 \ 电视台标 .avi

案例精讲 032 使用缩放工具制作杀虫剂

本例将介绍使用缩放工具制作杀虫剂。使用【圆柱体】工具创建杀虫剂外形，并使用【缩放工具】调整顶点，然后为杀虫剂设置【多维 / 子对象】材质，最后添加摄影机和灯光。完成后的效果如图 3-126 所示。

图 3-126　杀虫剂

案例文件：CDROM \ Scenes \ Cha03 \ 杀虫剂 OK.max
视频教学：视频教学 \ Cha03 \ 杀虫剂 .avi

(1) 选择【创建】|【几何体】|【标准基本体】|【圆柱体】工具，在【顶】视图中绘制一个【半径】为 40.0、【高度】为 340.0 的圆柱体，如图 3-127 所示。

(2) 然后切换至【修改】面板中，将 Cylinder001 圆柱体转换为【可编辑多边形】，将当前选择集定义为【顶点】，然后在【前】视图中选择如图 3-128 所示的顶点，使用【选择并均匀缩放】工具，对顶点沿着 Y 轴进行缩放调整，如图 3-128 所示。

(3) 在【前】视图中选择图 3-129 所示的顶点，在【顶】视图中。使用【选择并均匀缩放】工具，对顶点沿着 XY 轴进行缩放调整，如图 3-129 所示。

(4) 退出当前选择集，选择【创建】|【几何体】|【标准基本体】|【圆柱体】工具，在【顶】视图中继续绘制一个【半径】为 35.0、【高度】为 70.0 的圆柱体，如图 3-130 所示。

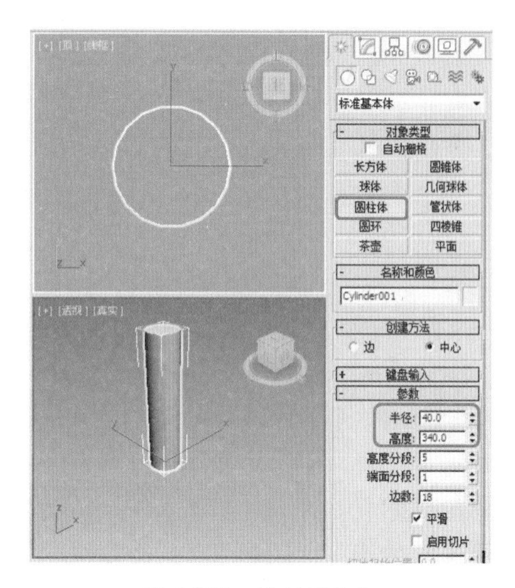

图 3-127　绘制圆柱体

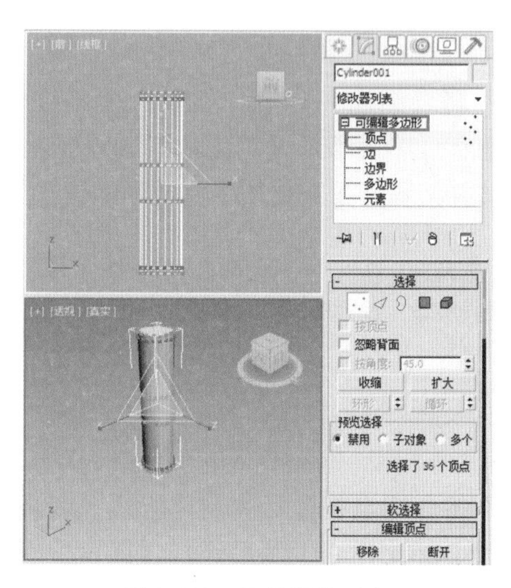

图 3-128　缩放调整顶点

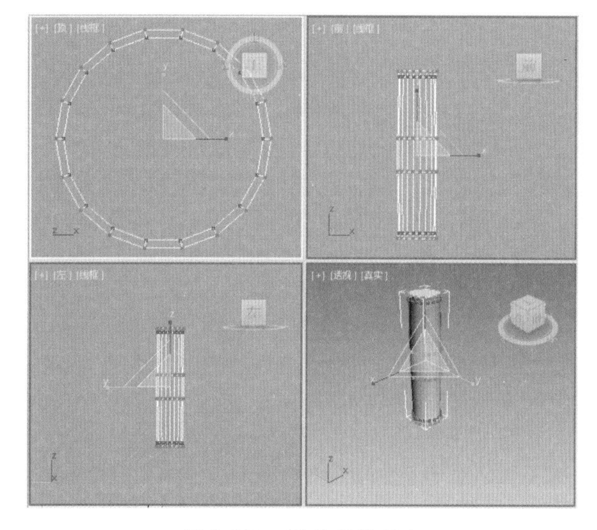

图 3-129　缩放调整顶点

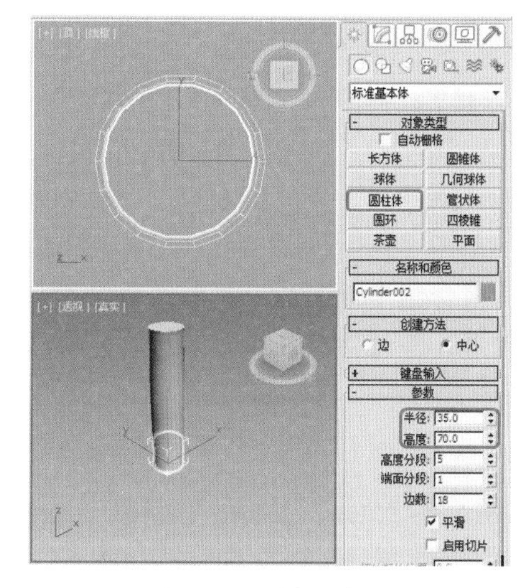

图 3-130　绘制圆柱体

(5) 选中创建的 Cylinder002 圆柱体对象，单击【对齐】按钮，然后单击先前创建的 Cylinder001 圆柱体，在弹出的对话框中，选中【X 位置】、【Y 位置】和【Z 位置】复选框，将【当前对象】和【目标对象】选项组中均选中【中心】单选按钮，然后单击【确定】按钮，如图 3-131 所示。

(6) 在【前】视图中，使用【选择并移动】工具，将 Cylinder002 圆柱体对象向上移动，移动后的位置如图 3-132 所示。

(7) 切换至【修改】面板中，将 Cylinder002 圆柱体转换为【可编辑多边形】，将当前选择集定义为【顶点】，然后在【前】视图中选择如图 3-133 所示顶点，使用【选择并均匀缩放】工具和【选择并移动】工具，对顶点进行适当调整，如图 3-133 所示。

(8) 退出当前选择集，单击【编辑几何体】卷展栏中的【附加】按钮，然后单击 Cylinder001 圆柱体，将其与 Cylinder002 圆柱体附加在一起，如图 3-134 所示。

(9) 将当前选择集定义为【多边形】，然后在【前】视图中选择如图 3-135 所示多边形，在【多边形：材质 ID】卷展栏中将【设置 ID】设置为 1，如图 3-135 所示。

(10) 然后在【前】视图中选择如图 3-136 所示的多边形，在【多边形：材质 ID】卷展栏中将【设置 ID】设置为 2，如图 3-136 所示。

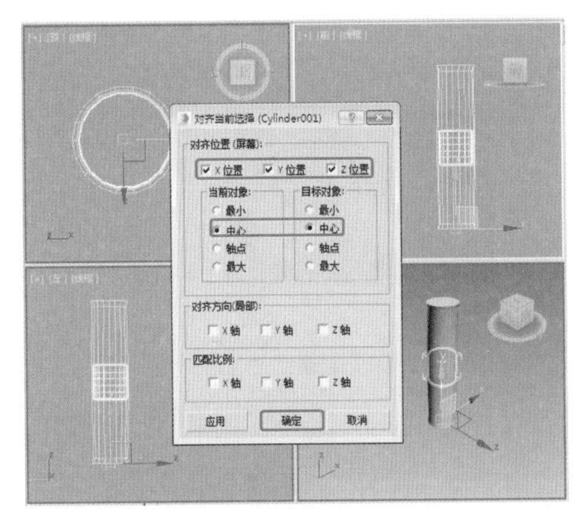

图 3-131　设置对齐

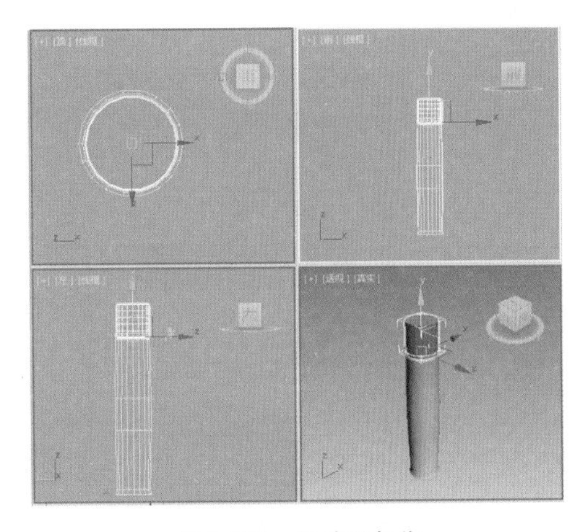

图 3-132　移动圆柱体

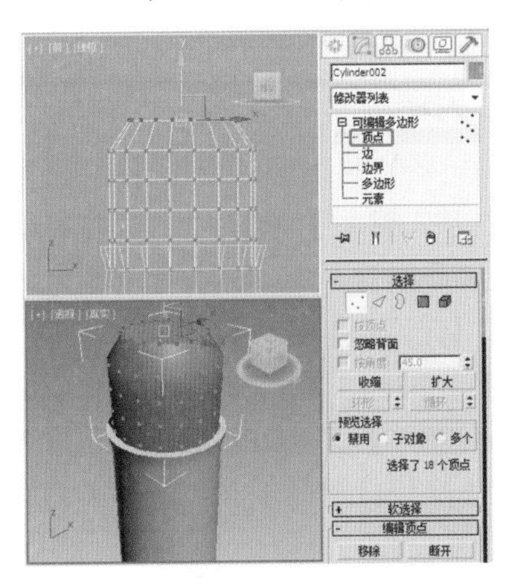

图 3-133　调整顶点

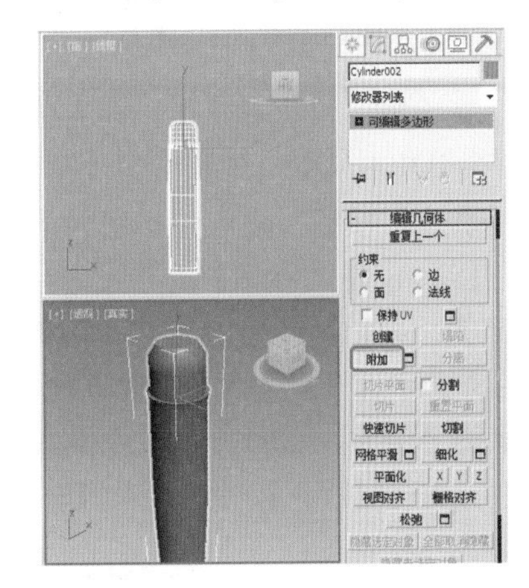

图 3-134　附加圆柱体

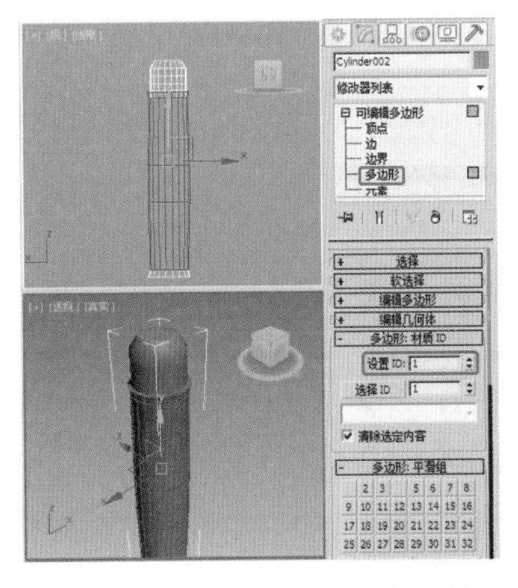

图 3-135　将【设置 ID】设置为 1

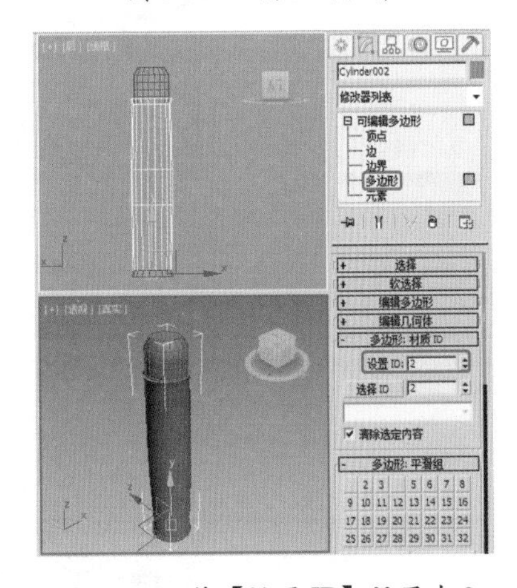

图 3-136　将【设置 ID】设置为 2

(11) 按 M 键打开【材质编辑器】窗口，选择第一个材质样本球，将其命名为【杀虫剂 01】，然后单击材质名称栏右侧的 Standard 按钮，在弹出的【材质 / 贴图浏览器】对话框中选择【标准】|【多维 /

子对象】，然后单击【确定】按钮。在弹出的【替换材质】对话框中，选中【丢弃旧材质】单选按钮，然后单击【确定】按钮。在【多维 / 子对象基本参数】卷展栏中单击【设置数量】按钮，在弹出的【设置材质数量】对话框中将【材质数量】设置为 2，单击【确定】按钮，如图 3-137 所示。

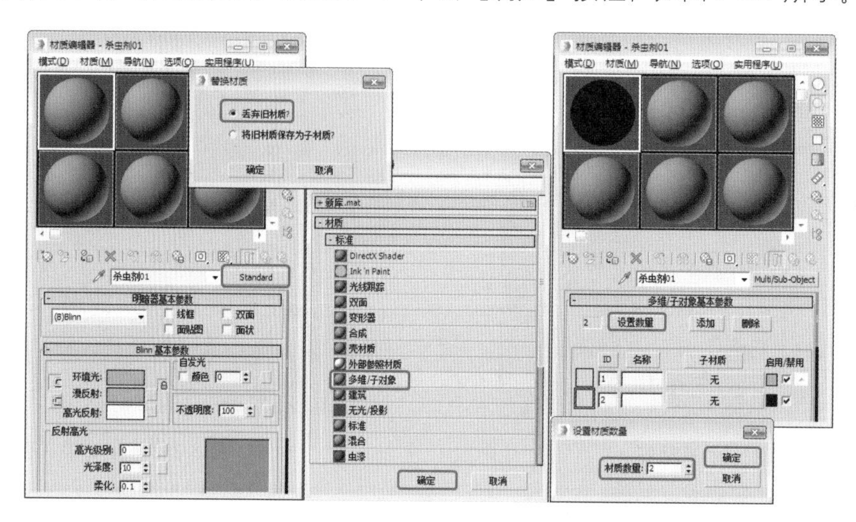

图 3-137　设置【多维 / 子对象】材质

(12) 单击 ID1 右侧的【无】按钮，在弹出的【材质 / 贴图浏览器】对话框中选择【标准】|【标准】，然后单击【确定】按钮，进入该子级材质面板中。在【明暗器基本参数】卷展栏中，将明暗器设置为 Phong，在【Phong 基本参数】卷展栏中，将【环境光】和【漫反射】的 RGB 值均设置为 223、223、223，将【高光反射】设置为 223、223、255，将【高光级别】和【光泽度】分别设置为 88、72。打开【贴图】卷展栏，选中【漫反射颜色】复选框，并单击通道后的【无】按钮，在打开的【材质 / 贴图浏览器】对话框中双击【位图】贴图。在打开的对话框中选择随书附带光盘中的“CDROM \ Map \ CY-BLUE01.TGA”文件，单击【打开】按钮。在【坐标】卷展栏中，将【模糊】设置为 1.07，如图 3-138 所示。

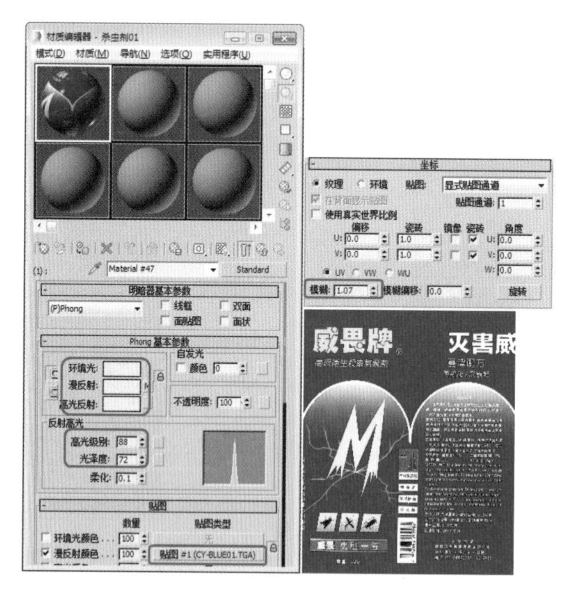

图 3-138　设置 ID1 材质

(13) 双击【转到父对象】按钮，返回至顶层面板，单击 ID2 右侧的【无】按钮，在弹出的【材质 /

贴图浏览器】对话框中选择【标准】|【标准】，然后单击【确定】按钮，进入该子级材质面板中。在【明暗器基本参数】卷展栏中，将明暗器设置为 Phong，在【Phong 基本参数】卷展栏中，将【环境光】和【漫反射】的 RGB 值均设置为 214、214、214，将【高光反射】的 RGB 值设置为 255、255、255，将【高光级别】和【光泽度】分别设置为 88、75。打开【贴图】卷展栏，设置【反射】的【数量】为 12，单击【反射】通道后的【无】按钮，在打开的【材质 / 贴图浏览器】对话框中双击【位图】贴图。在打开的对话框中选择随书附带光盘中的"CDROM \ Map \ newref3.gif"文件，单击【打开】按钮。在【坐标】卷展栏中，将【模糊偏移】设置为 0.026，如图 3-139 所示。

(14) 双击【转到父对象】按钮，返回至顶层面板，单击【将材质指定给选定对象】按钮，将材质指定给场景中的杀虫剂对象。激活【前】视图，按 F9 键进行渲染，查看效果如图 3-140 所示。

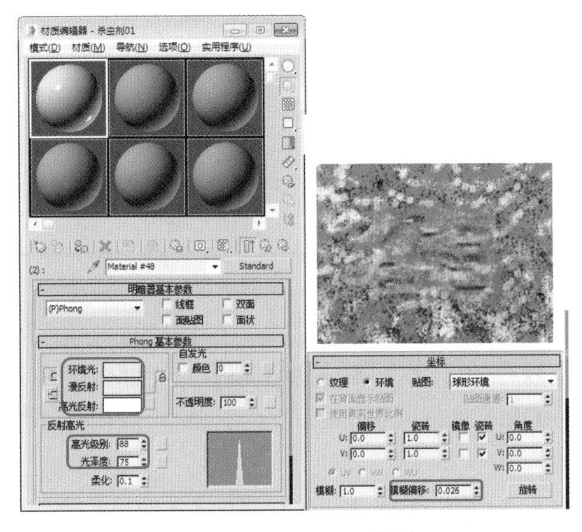

图 3-139 设置 ID2 材质

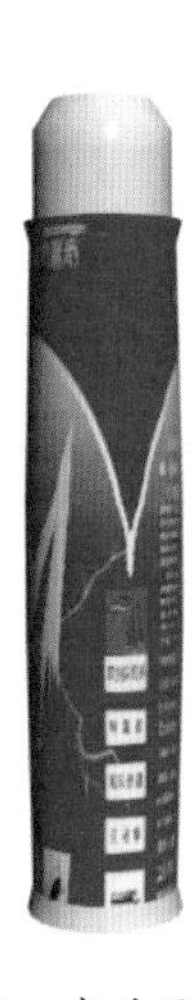

图 3-140 查看渲染效果

(15) 选中杀虫剂对象，将当前选择集定义为【多边形】，在【前】视图中选择如图 3-141 所示的多边形，然后在【修改器列表】下拉列表框中添加【UVW 贴图】修改器，在【参数】卷展栏中，将【贴图】选择为【柱形】，单击【对齐】选项组中的【适配】按钮，如图 3-141 所示。

(16) 在【材质编辑器】中，将第一个材质球拖动到第二个材质球中，并将其命名为杀虫剂 02，将 ID1 的位图贴图更改为随书附带光盘中的"CDROM \ Map \ cy-red01.tga"文件，如图 3-142 所示。

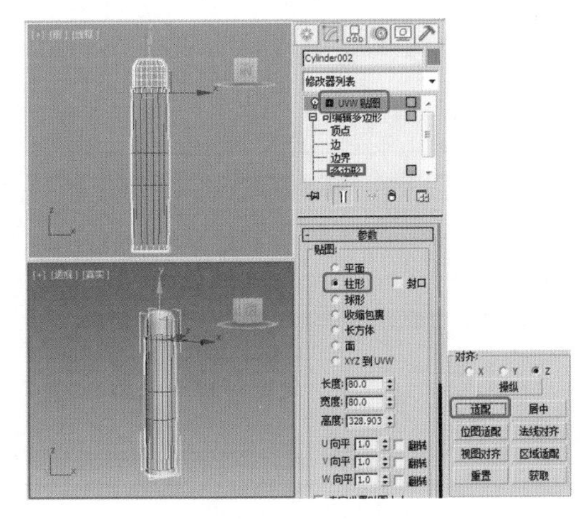

图 3-141 设置【UVW 贴图】修改器

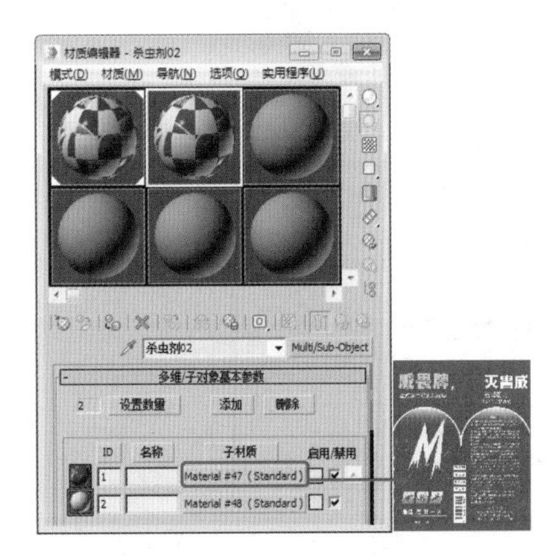

图 3-142 更改位图贴图

(17) 在场景中复制杀虫剂对象，将【杀虫剂 02】材质指定给复制的对象，如图 3-143 所示。

(18) 选择【创建】|【几何体】|【标准基本体】|【平面】工具，在【顶】视图中绘制一个【长度】为 3500.0、【宽度】为 3500.0 的平面，如图 3-144 所示。

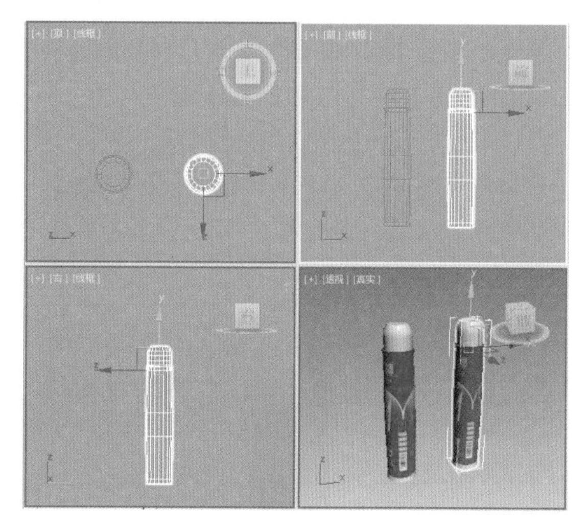

图 3-143　复制对象并指定材质

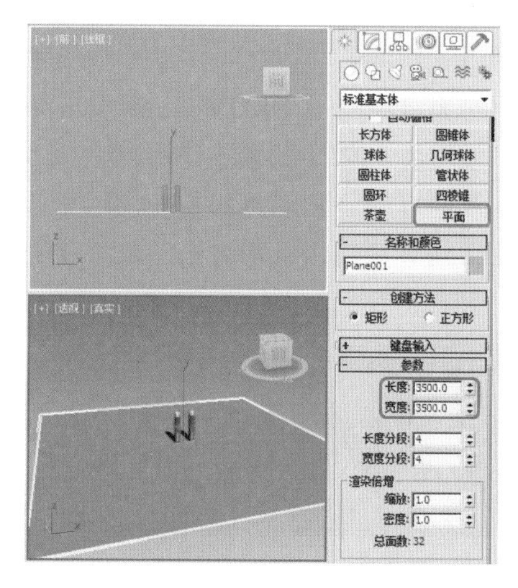

图 3-144　绘制平面

(19) 在【材质编辑器】中，选择一个新的材质样本球，将其命名为【地面】，在【贴图】卷展栏中，选中【漫反射颜色】复选框并单击右侧的【无】按钮，在打开的【材质 / 贴图浏览器】对话框中双击【位图】贴图。在打开的对话框中选择随书附带光盘中"CDROM \ Map \ 009.jpg"文件，单击【打开】按钮，如图 3-145 所示。

(20) 将【地面】材质指定给平面对象。然后激活【顶】视图，选择【创建】|【摄像机】|【目标】工具，在【顶】视图中创建摄像机对象；将【透视】视图激活，然后按下键盘上的 C 键将当前激活视图转换为【摄像机】视图显示。然后在【左】视图和【前】视图中调整摄像机以及杀虫剂对象的位置，并通过【摄像机】视图观察调整效果，调整后的效果如图 3-146 所示。

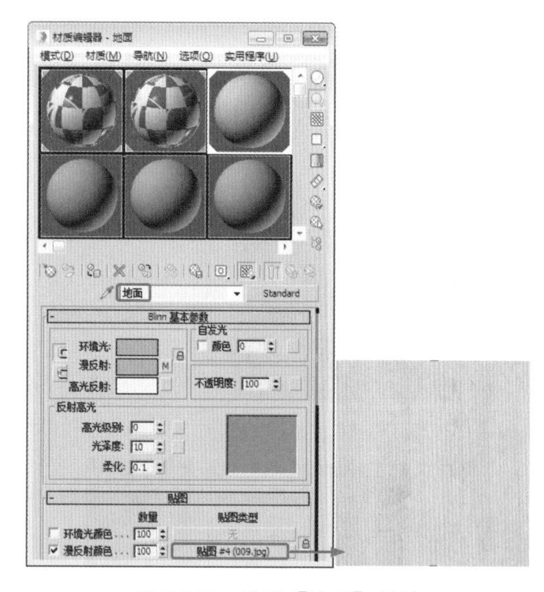

图 3-145　设置【地面】材质

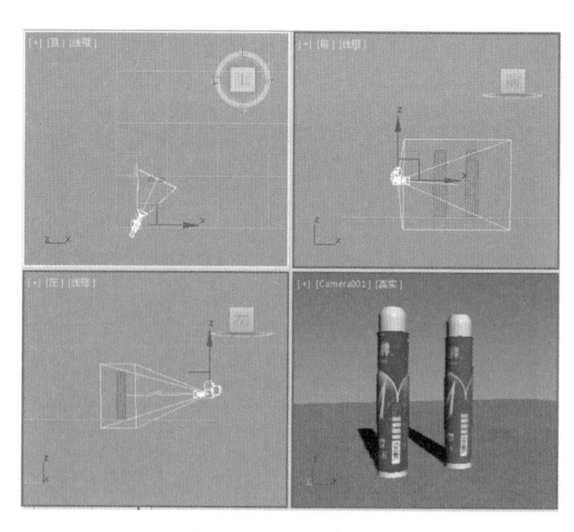

图 3-146　添加摄影机

(21) 选择【创建】 |【灯光】 |【标准】|【天光】工具，在【顶】视图中创建灯光，在【天光参数】卷展栏中将【倍增】设置为 0.8，选中【渲染】选项组中的【投射阴影】复选框，如图 3-147 所示。

(22) 选择【创建】 |【灯光】 |【标准】|【目标聚光灯】工具，在【顶】视图中创建灯光，在【强度/颜色/衰减】卷展栏中，将【倍增】设置为 0.3，在【聚光灯参数】卷展栏中将【聚光区/光束】和【衰减区/区域】分别设置为 1.0 和 100.0，如图 3-148 所示。然后对场景进行渲染，最后将场景文件进行保存。

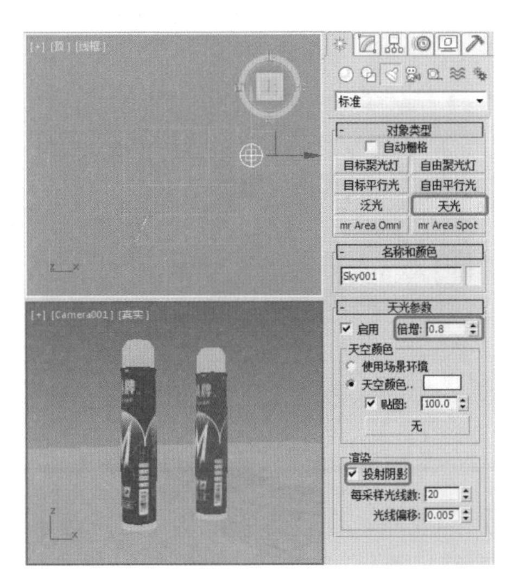

图 3-147　添加天光

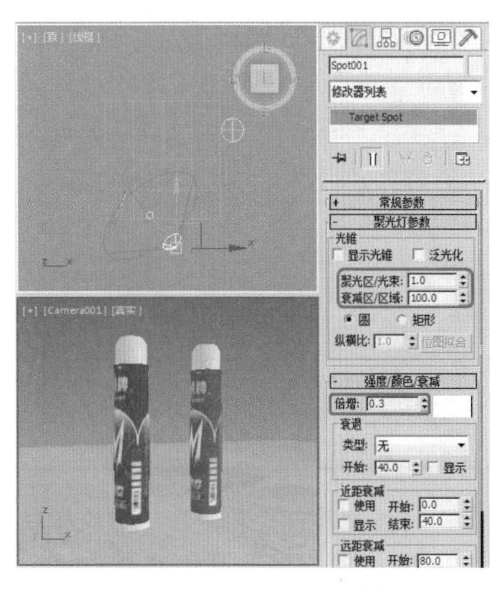

图 3-148　添加目标聚光灯

案例精讲 033　制作牙膏【视频案例】

本例将详细介绍如何制作牙膏和牙膏盒，制作牙膏盒其中主要应用了长方体和【多维/子对象】材质对象，在制作牙膏主体中主要应用了【圆】、【线】和【放样】工具制作出牙膏桶的主体部分，利用圆锥体制作出牙膏盖，具体操作方法如下，完成后的效果如图 3-149 所示。

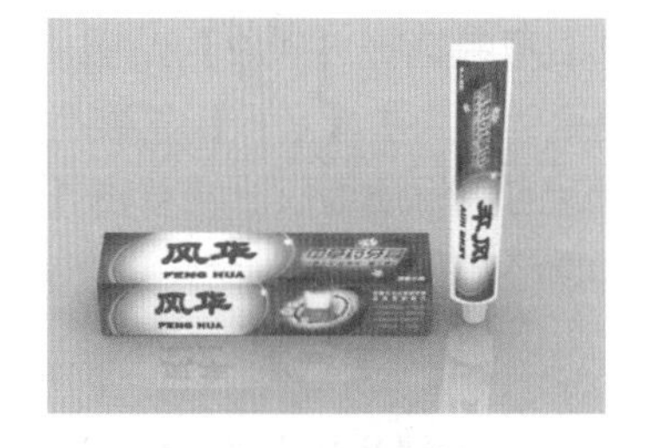

图 3-149　牙膏效果

案例文件：CDROM \ Scenes \ Cha03 \ 牙膏 OK.max

视频教学：视频教学 \ Cha03 \ 牙膏.avi

案例精讲 034　制作台历

台历的制作非常简单，主要由【线】工具来绘制底板的形状，然后通过【矩形】挤出台历的厚度，再通过圆形工具来表现关联环，如图 3-150 所示，最后再为其指定材质。

图 3-150　台历效果

案例文件：CDROM \ Scenes \ Cha03 \ 台历 OK.max

视频教学：视频教学 \ Cha03 \ 台历.avi

(1) 激活【左】视图，选择【线】工具，在视图中绘制一个图形，将其命名为【底板 01】，在【渲染】卷展栏中选中【在渲染中启用】和【在视口中启用】复选框，并将其【厚度】设置为 0.2，如图 3-151 所示。

(2) 单击【修改】按钮，切换到【修改】命令面板，在【修改器列表】下拉列表框中选择【挤出】修改器，在【参数】卷展栏中将【数量】设置为 130.0，如图 3-152 所示。

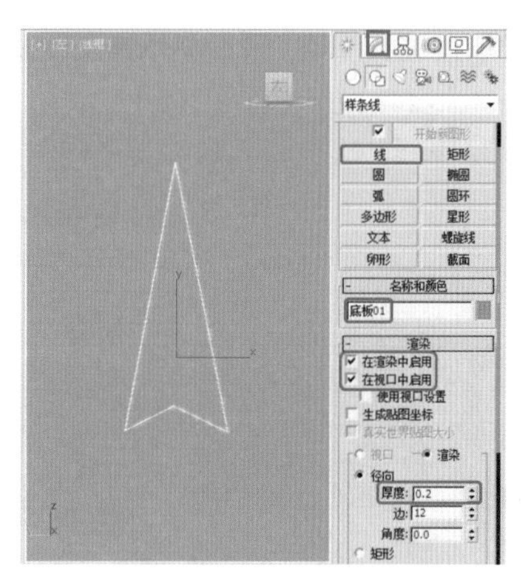

图 3-151　绘制【底板 01】

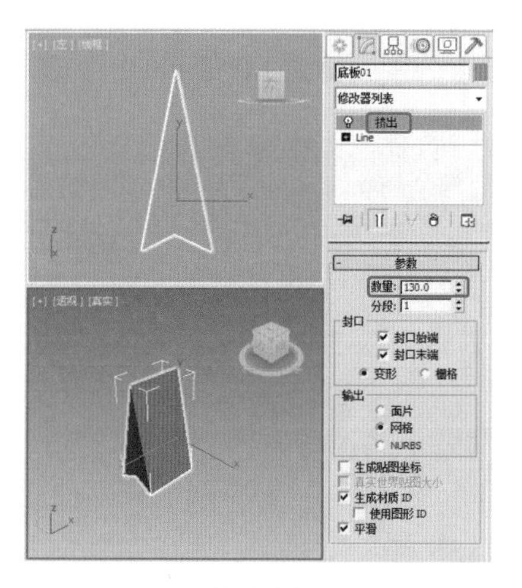

图 3-152　设置【底板 01】的厚度

(3) 再在【修改器列表】下拉列表框中选择【UVW 贴图】修改器，在【参数】卷展栏中选中【贴图】选项组中的【平面】单选按钮，并参照图 3-153 所示的参数进行设置。

(4) 在工具栏中单击【材质编辑器】按钮，打开【材质编辑器】窗口，选择第一个材质样本球并命名为“底板”，在【Blinn 基本参数】卷展栏中，将【环境光】、【漫反射】和【高光反射】的 RGB 都设置为 255、255、255，将【自发光】选项组中的【颜色】设置为 30，打开【贴图】卷展栏，选中【凹凸】复选框，并将【数量】设置为 50，然后单击其后面的【无】按钮，在打开的【材质 / 贴图浏览器】对话框中选择【噪波】贴图，单击【确定】按钮，进入凹凸通道，在【噪波参数】卷展栏中将【大小】设置为 1，在【坐标】卷展栏中将【瓷砖】下的 X、Y、Z 值都设置为 5.0，单击【转到父对象】按钮，返回主材质面板，并单击【将材质指定给选定对象】按钮，将设置好的材质指定给场景中的“底板”对象，如图 3-154 所示。

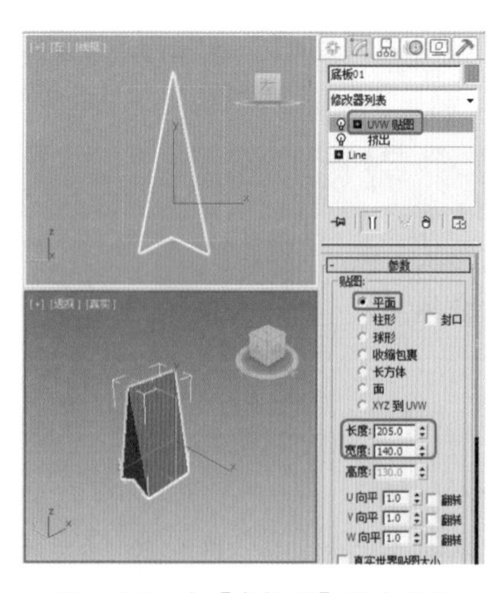

图 3-153　为【底板 01】指定贴图

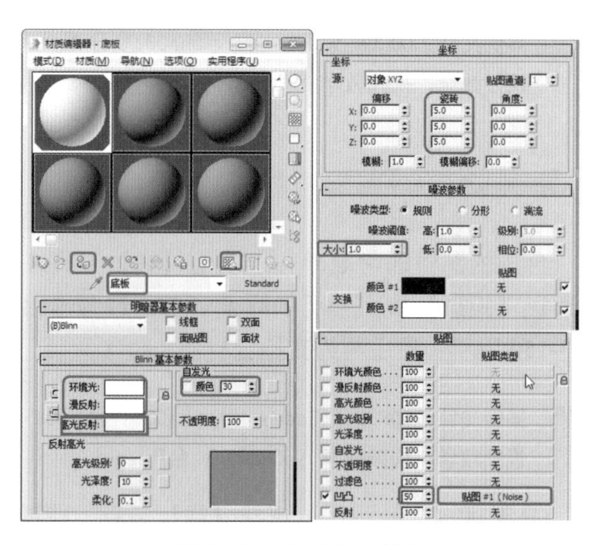

图 3-154　设置底板材质

(5) 激活【前】视图，选择【矩形】工具，在【前】视图中创建一个【长度】和【宽度】分别为185.0和130.0的矩形，并将其命名为“台历01”，如图3-155所示。

(6) 在【前】视图中创建22个大小相同的矩形，然后选择场景中的【台历01】对象和新创建的矩形，单击【修改】按钮，切换到【修改】命令面板，在【修改器列表】下拉列表框中选择【编辑样条线】修改器，在【几何体】卷展栏中单击【附加】按钮，选择视图中的小矩形，将它们附加在一起，如图3-156所示。

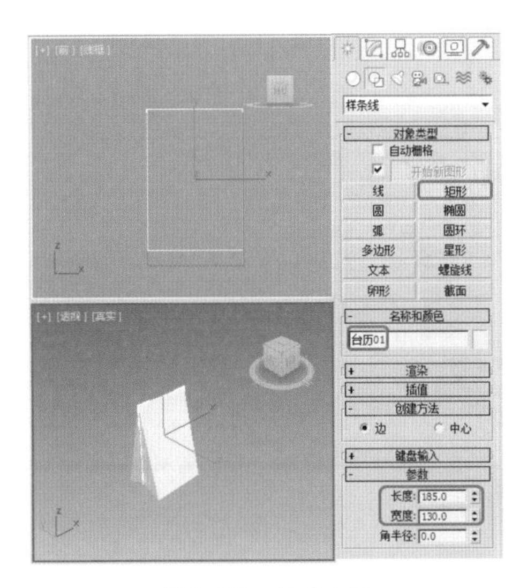

图3-155 创建台历

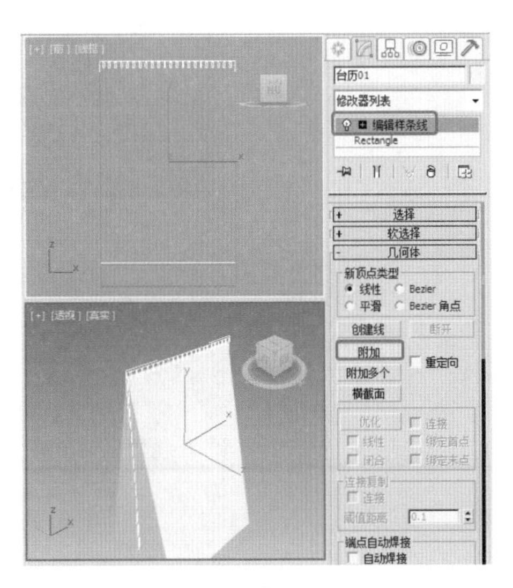

图3-156 创建并附加矩形

(7) 在【修改器列表】下拉列表框中选择【挤出】修改器，在【参数】卷展栏中将【数量】设置为3，如图3-157所示。

(8) 确定【台历01】处于选择状态，在【修改器列表】下拉列表框中选择【UVW贴图】修改器，在【参数】卷展栏中选择【贴图】选项组中的【平面】单选按钮，并参照图3-158所示参数进行设置。

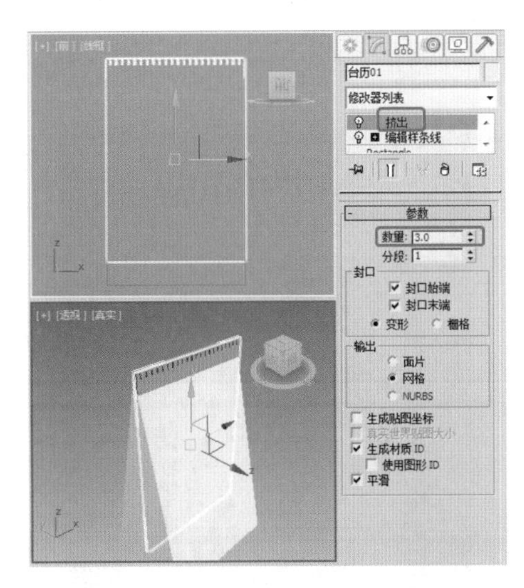

图3-157 设置【台历01】的厚度

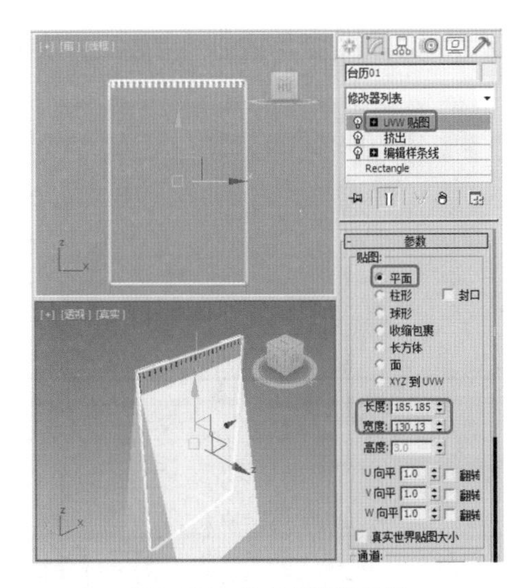

图3-158 选择UVW贴图

(9) 在工具栏中单击【材质编辑器】按钮，打开【材质编辑器】窗口，选择第二个材质样本球并将其命名为【台历01】，在【Blinn基本参数】卷展栏中，将【自发光】选项组中的【颜色】设置为

30，打开【贴图】卷展栏，选中【漫反射】复选框并单击后面的【无】按钮，在打开的【材质/贴图浏览器】对话框中选择【位图】贴图，单击【确定】按钮。再在打开的对话框中选择随书附带光盘中的“Map\arch20 070-calendar-cover.jpg”文件，最后单击【打开】按钮，在【坐标】卷展栏中取消选中【使用真实世界比例】复选框，将【瓷砖】下的 U、V 均设置为 1.0，如图 3-159 所示。

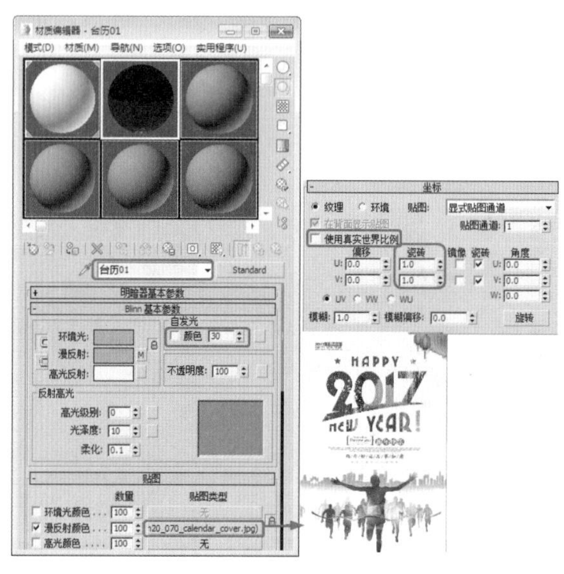

图 3-159　设置【台历 1】的材质

(10) 激活【左】视图，选择【创建】|【图形】|【圆】工具，在【左】视图创建一个【半径】为 4 的圆形，在【名称和颜色】卷展栏中将颜色块定义为【黑色】，在【渲染】卷展栏中选中【在渲染中启用】和【在视口中启用】复选框，并将其【厚度】值设置为 0.8，如图 3-160 所示。

(11) 确认新创建的圆形处于选择状态，选择工具栏上的【选择并移动】工具，配合键盘上的 Shift 键，将其向左移动复制，在弹出的对话框中选中【对象】选项组中的【实例】单选按钮，将【副本数】设置为 21，然后单击【确定】按钮，完成后的效果如图 3-161 所示。

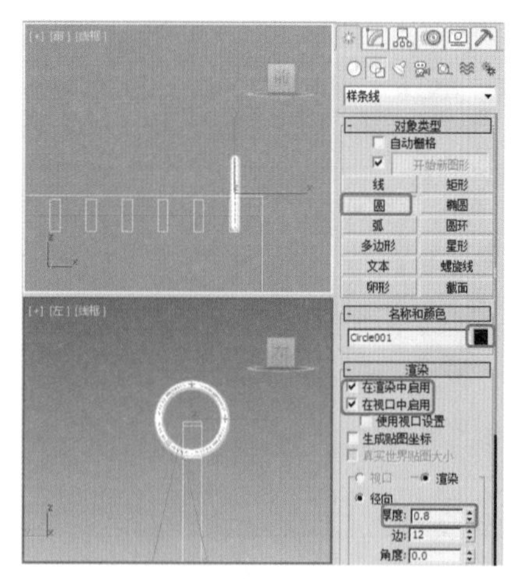

图 3-160　创建圆形

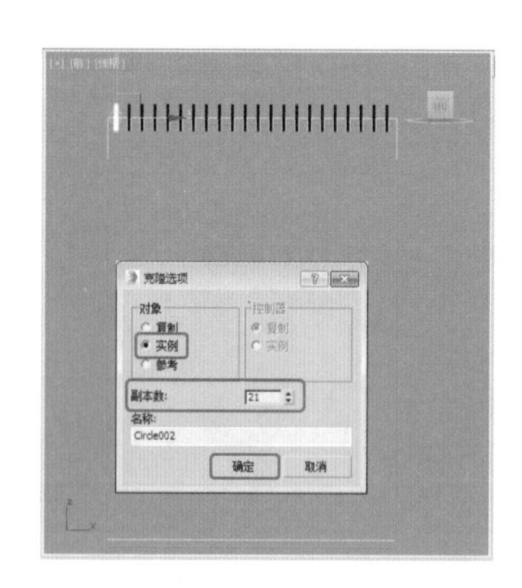

图 3-161　复制圆形

(12) 在场景中选择所有的圆形对象，在菜单栏中选择【组】|【成组】命令，在弹出的对话框中将【组名】命名为【关联环 01】，然后单击【确定】按钮，如图 3-162 所示。

(13) 先来为【台历01】指定【UVW贴图】修改器，在【参数】卷展栏中取消选中【真实世界贴图大小】复选框，然后选择【平面】，将【长度】和【宽度】分别设置为205、140，再在场景中选择【底板01】、【台历01】、【关联环01】对象，激活【前】视图，选择工具栏中的【选择并移动】工具，配合键盘上的Shift键，将其向左移动并复制，复制出【台历02】，如图3-163所示。

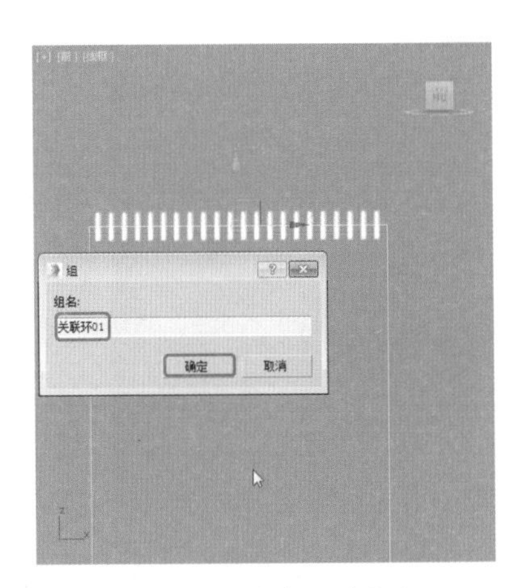

图3-162 将选中的对象成组

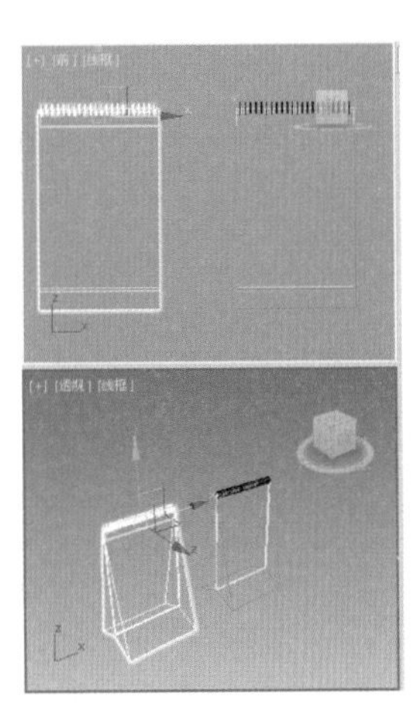

图3-163 指定【UVW贴图】并复制选择对象

(14) 在工具栏中单击【材质编辑器】按钮，打开【材质编辑器】窗口，选择第三个材质样本球并将其命名为【台历2】，在【明暗器基本参数】卷展栏中选中【双面】复选框，在【Blinn基本参数】卷展栏中，将【自发光】选项组中的【颜色】设置为30，打开【贴图】卷展栏，选中【漫反射】复选框并单击其后的【无】按钮，在打开的【材质/贴图浏览器中】对话框中选择【位图】贴图，单击【确定】按钮。再在打开的对话框中选择随书附带光盘中的"Map \ arch20 070-calendar-page.jpg"文件，最后单击【打开】按钮将其指定给【台历02】，如图3-164所示。

(15) 在场景中选择【台历2】对象，激活【左】视图，在工具栏中选择【旋转并移动】工具，配合键盘上的Shift键，将其旋转并使用工具栏中的【选择并移动】工具调整它的位置。完成后的效果如图3-165所示。

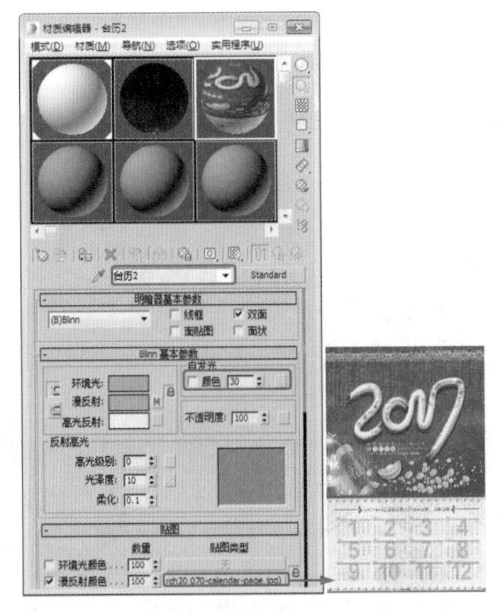

图3-164 设置【台历2】材质

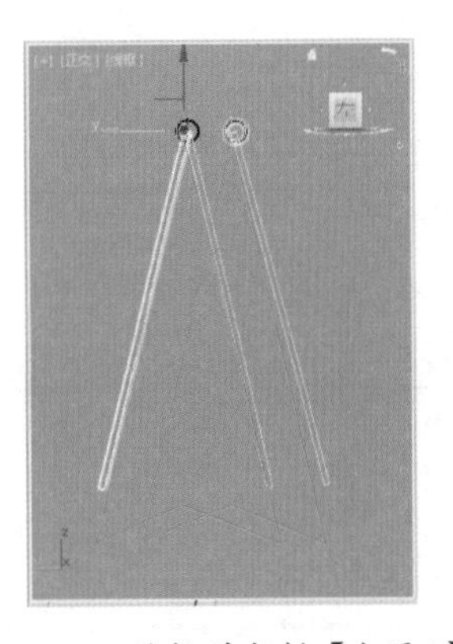

图3-165 旋转并复制【台历2】

(16) 在场景中选择【底板 01】、【台历 01】，【关联环 01】对象，单击工具栏中的【旋转并移动】工具，在【顶】视图中进行旋转，如图 3-166 所示。

(17) 旋转完成后，按下 H 键，在弹出的【从场景中选择】下拉菜单中单击【选择】|【反选】命令，然后单击【确定】按钮，选择工具栏中的【旋转并移动】工具，在【顶】视图中进行旋转，如图 3-167 所示。

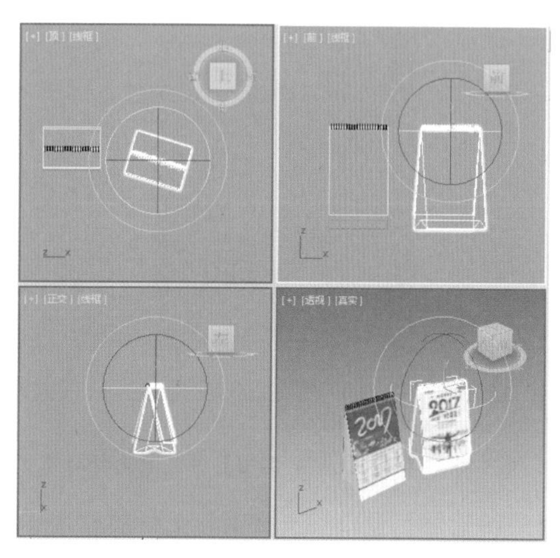

图 3-166　选择需要旋转的对象

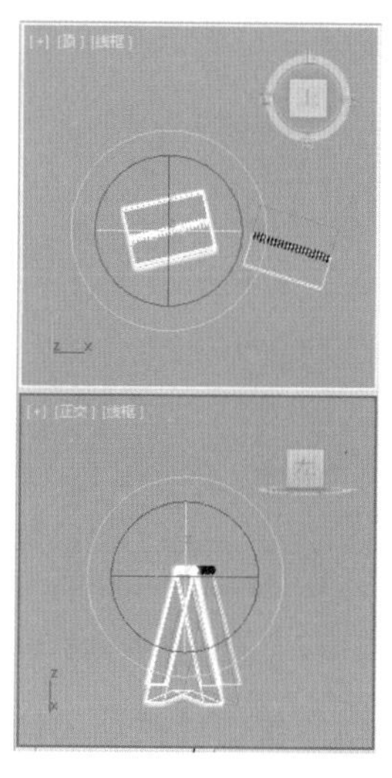

图 3-167　旋转所选择的对象

(18) 激活【顶】视图，选择【创建】|【几何体】|【长方体】工具，在【左】视图中创建一个【长度】和【宽度】都为 600.0、【高度】为 1.0 的长方体，在【名称和颜色】卷展栏中将其命名为【地面】，并将其后面的颜色块定义为【白色】，然后使用工具栏中的【旋转并移动】工具旋转它的位置、完成后的效果如图 3-168 所示。

(19) 激活【顶】视图，选择【创建】|【摄影机】|【目标】工具，在【顶】视图的上方创建一架摄影机，在【参数】卷展栏中将【镜头】的大小设置为 23.333，然后激活【透视】视图，按下 C 键，将其转换为【摄影机】视图。最后在其他视图中调整摄影机的位置，如图 3-169 所示。

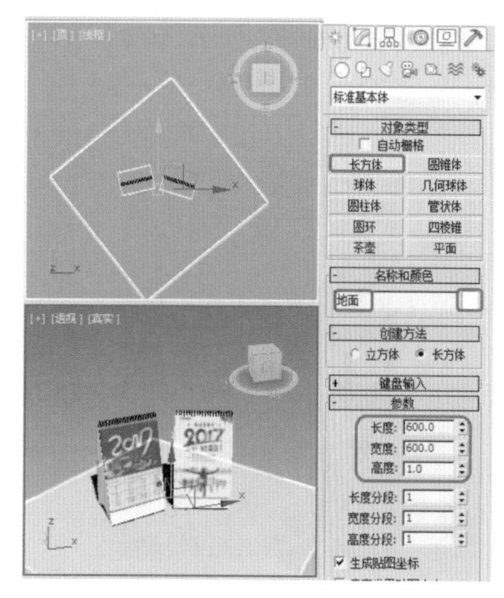

图 3-168　创建地面

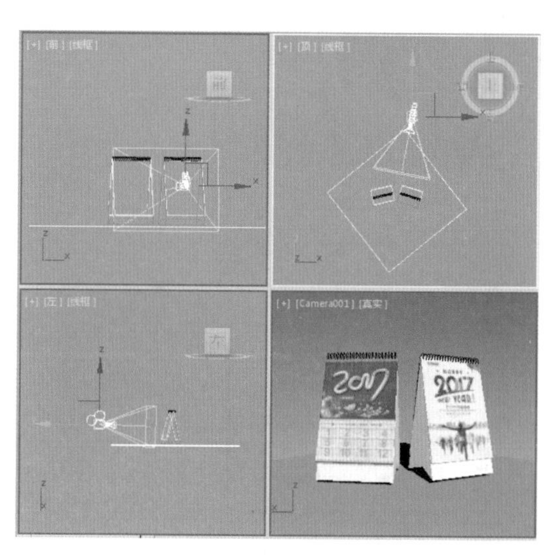

图 3-169　创建摄影机

(20) 选择【创建】|【灯光】|【目标聚光灯】工具，在【顶】视图的上方创建一盏目标聚光灯作为主光源，在其他视图中调整灯光的位置，打开【常规参数】卷展栏，选中【阴影】选项组中的【启用】复选框，并将阴影模型定义为【光线跟踪阴影】，在【强度 / 颜色 / 衰减】卷展栏中将【倍增】值设置为 1.0，灯光颜色的 RGB 值使用默认的颜色，在【聚光灯参数】卷展栏中将【聚光区 / 光束】设置为 80.0，将【衰减区 / 区域】设置为 82.0，如图 3-170 所示。

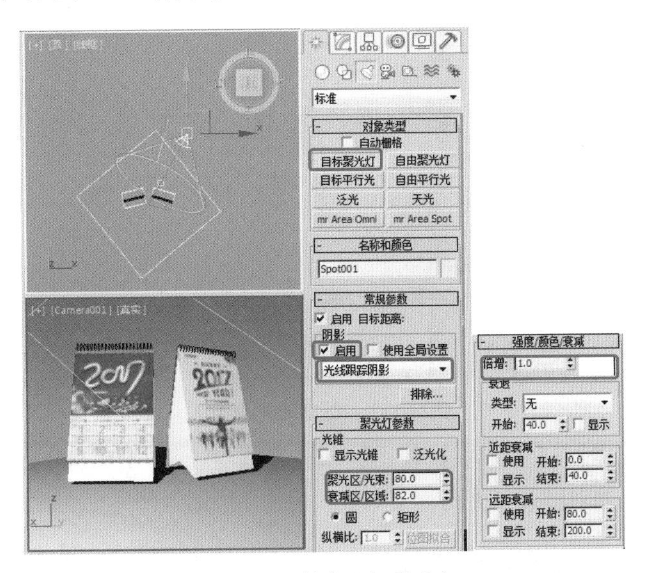

图 3-170　创建目标聚光灯

(21) 创建完灯光后，激活【摄影机】视图，单击工具栏上的【渲染产品】按钮，对【摄影机】视图进行渲染，渲染后的效果如图 3-171 所示。

图 3-171　创建完目标聚光灯后的效果

(22) 选择【创建】|【灯光】|【泛光灯】工具，在【前】视图中创建一盏泛光灯用来照亮地面对象，在【前】视图中将该灯光调整至物体的上方，在【常规参数】卷展栏中将【阴影】选项组中的阴影模型定义为【光线跟踪阴影】，单击【排除】按钮，在左侧的列表框中选择除【地面】以外的所有对象，单击按钮，将它们放置到右侧的列表框中，然后单击【确定】按钮，排除该灯光对它们的照射，在【强度 / 颜色 / 衰减】卷展栏中将【倍增】值设置为 0.7，灯光颜色的 RGB 值使用默认的颜色，如图 3-172

所示。

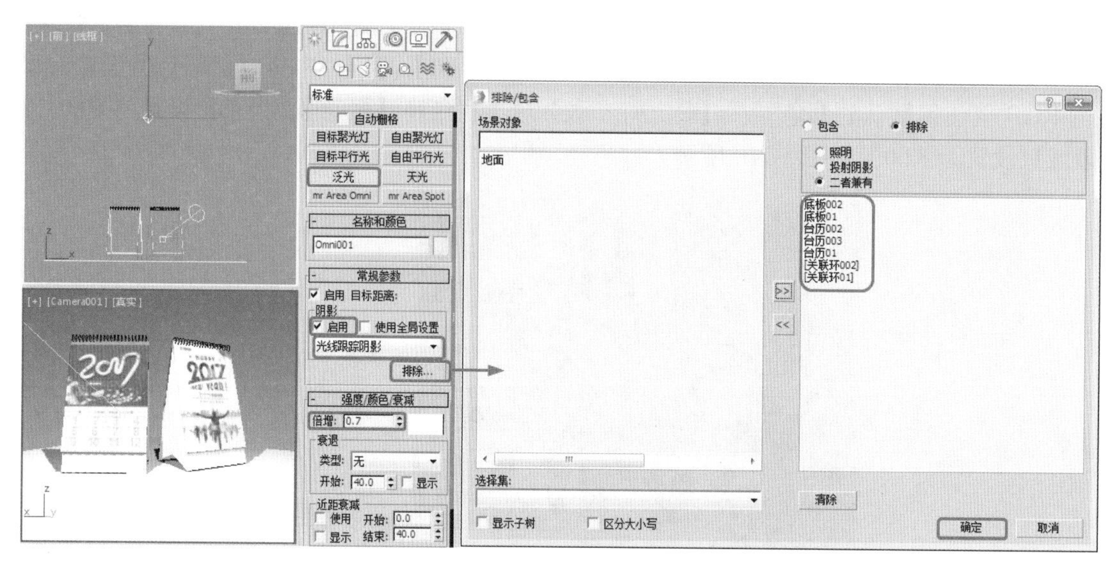

图 3-172　创建泛光灯 01

(23) 创建完泛光灯后，激活【摄影机】视图，单击工具栏上的【渲染产品】按钮，对【摄影机】视图进行渲染。渲染后的效果如图 3-173 所示。

图 3-173　转换为【摄影机】视图

第4章 工业模型的制作

本章重点

- 工艺表
- 洗手池
- 健身器械
- 引导提示板
- 公共空间果皮箱
- 跳绳
- 草坪灯
- 文件夹
- 显示器
- 骰子
- 工作台灯
- 办公椅
- 圆锥形路障

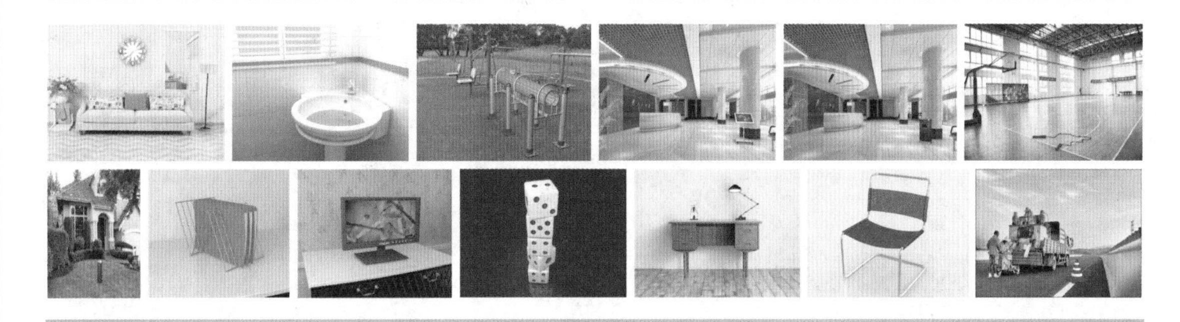

本章将重点讲解工业模型的制作，通过本章的学习可以对三维模型的制作有更深入的了解。

案例精讲 035 制作工艺表

本例将利用【阵列】工具制作一个用于家居装饰的工艺表，效果如图 4-1 所示。模型的构建很简单，用到了【长方体】和【切角圆柱体】工具，使用【阵列】工具制作出表盘，表针则使用【切角长方体】工具制作。

图 4-1 工艺表效果图

案例文件：CDROM \ Scenes \ Cha04 \ 工艺表 OK.max

视频教学：视频教学 \ Cha04 \ 工艺表 .avi

(1) 运行 3ds Max 2016 软件，选择【创建】|【几何体】|【长方体】工具，在【前】视图中创建一个长方体，将其命名为【表柱 01】，并将颜色设置为【白色】。将长方体的【长度】、【宽度】和【高度】分别设置为 50、6、2，如图 4-2 所示。

(2) 选择【创建】|【几何体】|【扩展基本体】|【切角圆柱体】，在【前】视图中创建一个切角圆柱体。将【半径】、【高度】和【圆角】分别设置为 5.5、6、0.608，将【高度分段】和【边数】分别设置为 2 和 22，然后将其调整至图 4-3 所示的位置。

(3) 选择创建的切角圆柱体，按住 Shift 键，在【前】视图中将其向下拖动，复制出一个切角圆柱体，调整其位置，并改变颜色，如图 4-4 所示。

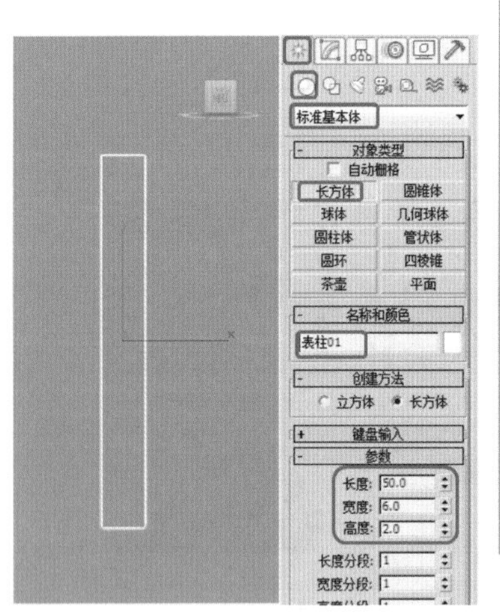

图 4-2 创建长方体

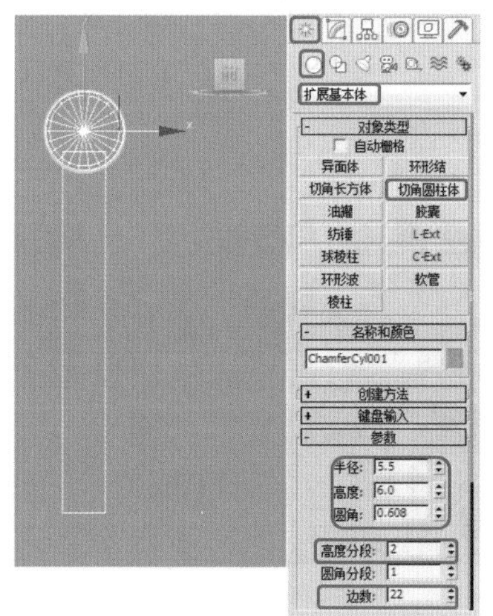

图 4-3 创建切角圆柱体

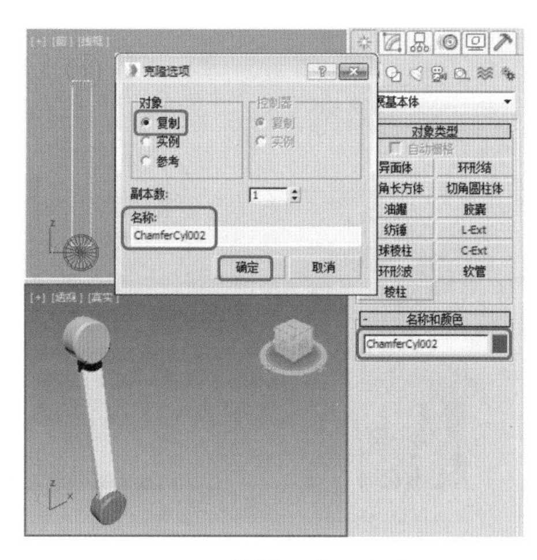

图 4-4 复制切角圆柱体

(4) 同时选择当前场景中的 3 个对象，在菜单栏中选择【工具】|【阵列】命令，打开【阵列】对话框，将 Z 轴的旋转增量设置为 30，在【阵列维度】选项组中将 1D 的【数量】设置为 6，如图 4-5 所示。

(5) 单击【确定】按钮，完成对象的阵列，效果如图 4-6 所示。

(6) 为阵列出的切角圆柱体对象设置不同的颜色，如图 4-7 所示。

(7) 选择【创建】|【图形】|【矩形】，在【前】视图中绘制一个矩形，将其命名为【分针】，将【长度】、【宽度】和【角半径】分别设置为 23、3、1.4，如图 4-8 所示。

(8) 进入【修改】命令面板，在【修改器列表】中选择【挤出】修改器，在【参数】卷展栏中将【数量】设置为 0.3、【分段】设置为 1，如图 4-9 所示。

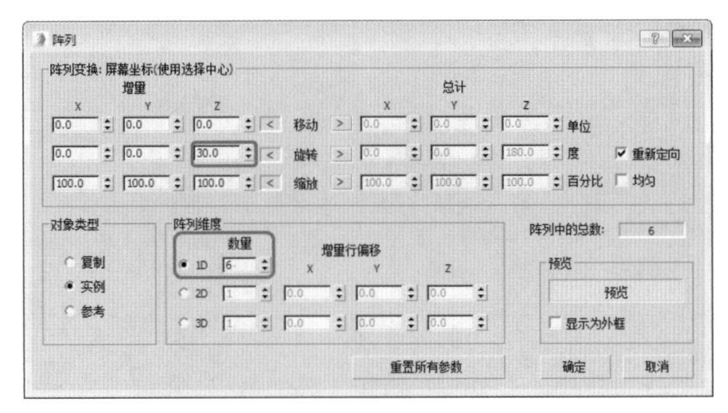

图 4-5 【阵列】对话框

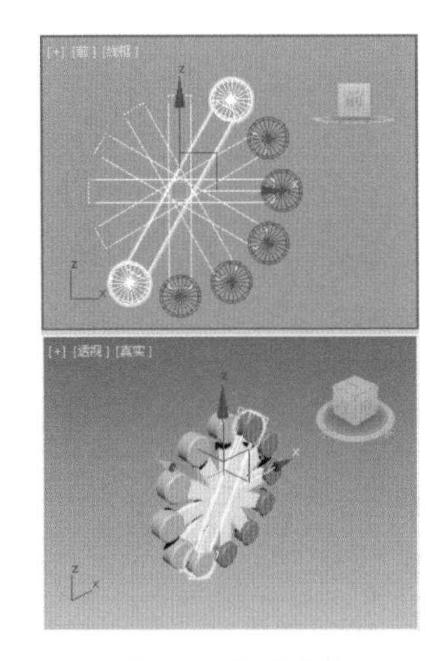

图 4-6 阵列对象

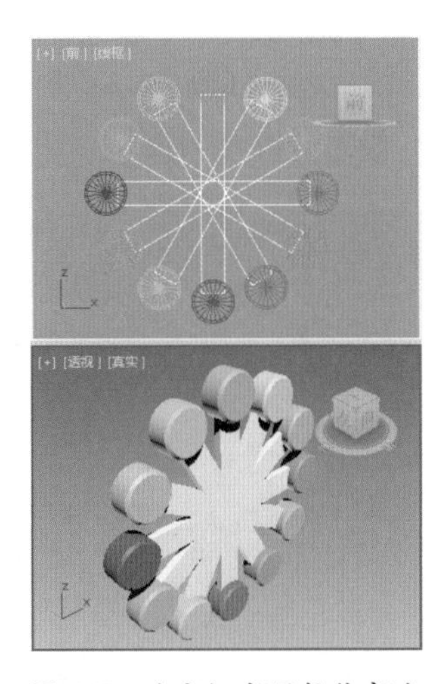

图 4-7 改变切角圆柱体颜色

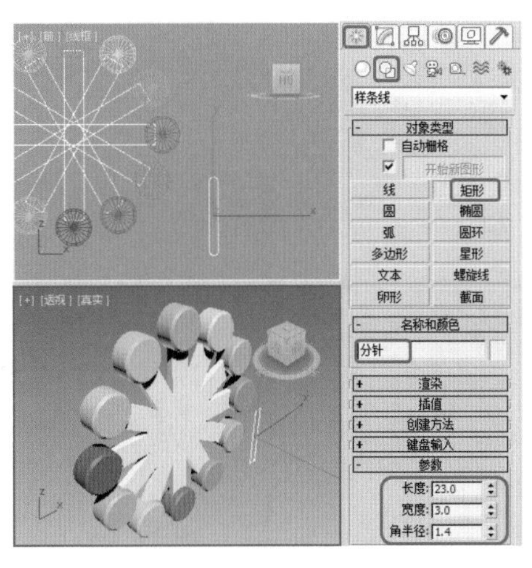

图 4-8 创建矩形

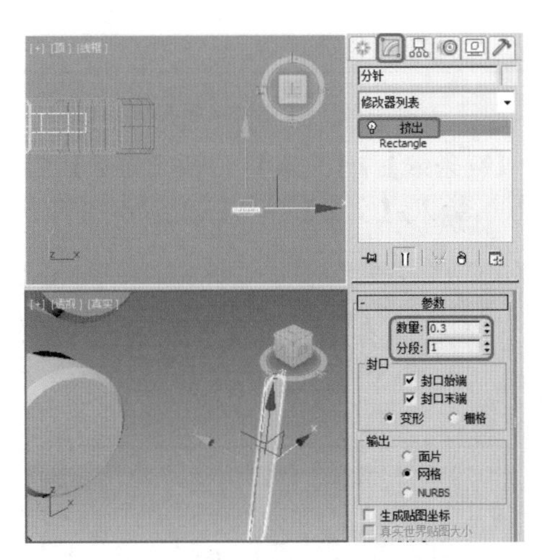

图 4-9 施加【挤出】修改器

(9) 复制【分针】对象，将复制出的对象命名为【时针】，然后进入【修改】命令面板，在【修改器列表】中选择 Rectangle，在【参数】卷展栏中将【长度】设置为 17，如图 4-10 所示。

(10) 旋转并调整【时针】与【分针】对象的角度和位置，更改时针的颜色，将其放置在表盘的适当位置。然后在【前】视图中创建一个【半径】为 0.8 的圆柱体，【高度】设置为 5、【高度分段】【端面分段】和【边数】分别设置为 1、1、18，将其命名为【表轴】，并放置在表盘的中央位置，如图 4-11 所示。

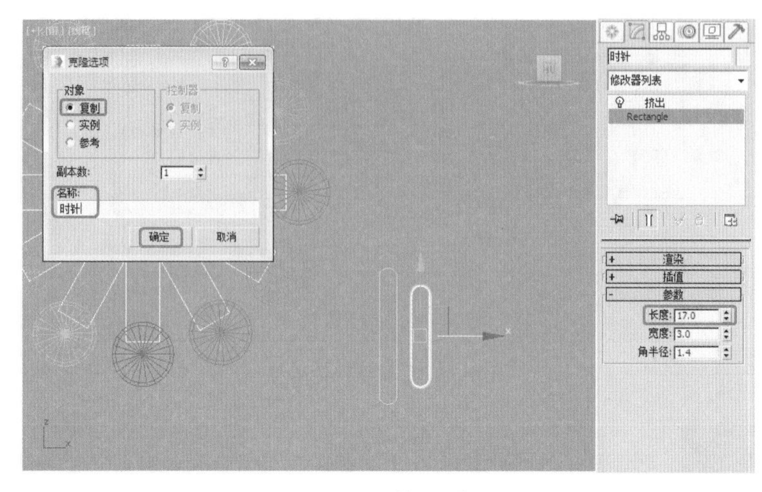

图 4-10　调整【时针】对象

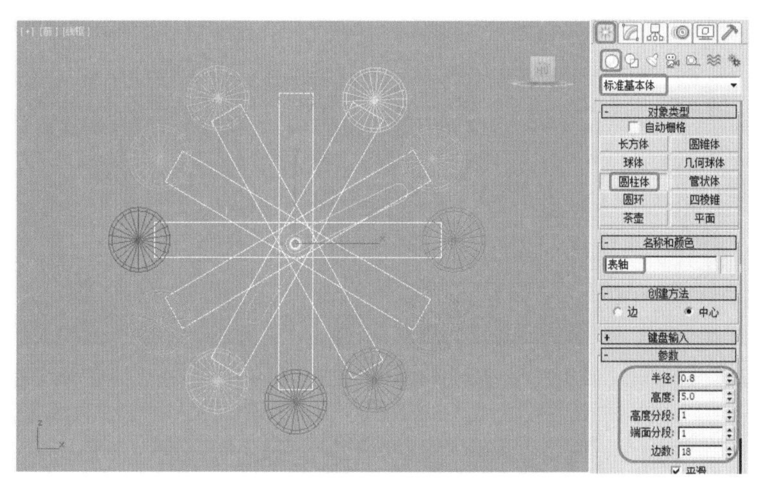

图 4-11　调整表针与表轴

(11) 选择【创建】|【图形】|【样条线】|【文本】，在【参数】卷展栏中将【字体】设置为【汉仪菱心体简】，将【大小】设置为 10，输入【文本】为 1，如图 4-12 所示。

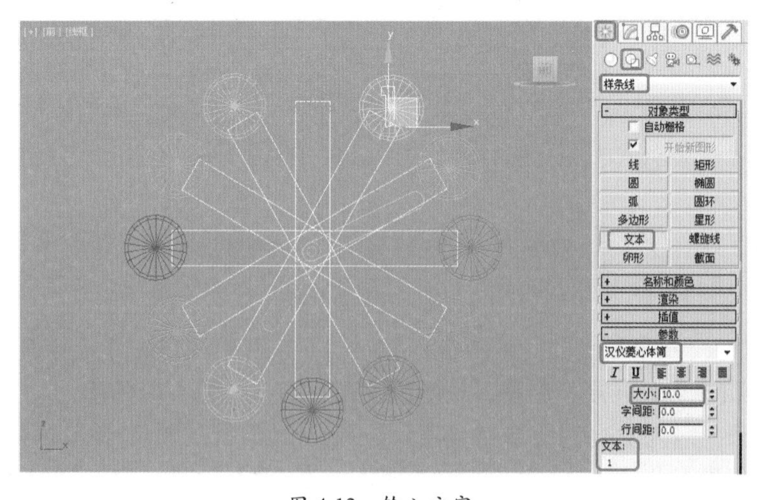

图 4-12　输入文字

(12) 切换至【修改】面板，添加【挤出】修改器，在【参数】卷展栏中将【数量】设置为 2，如图 4-13 所示。

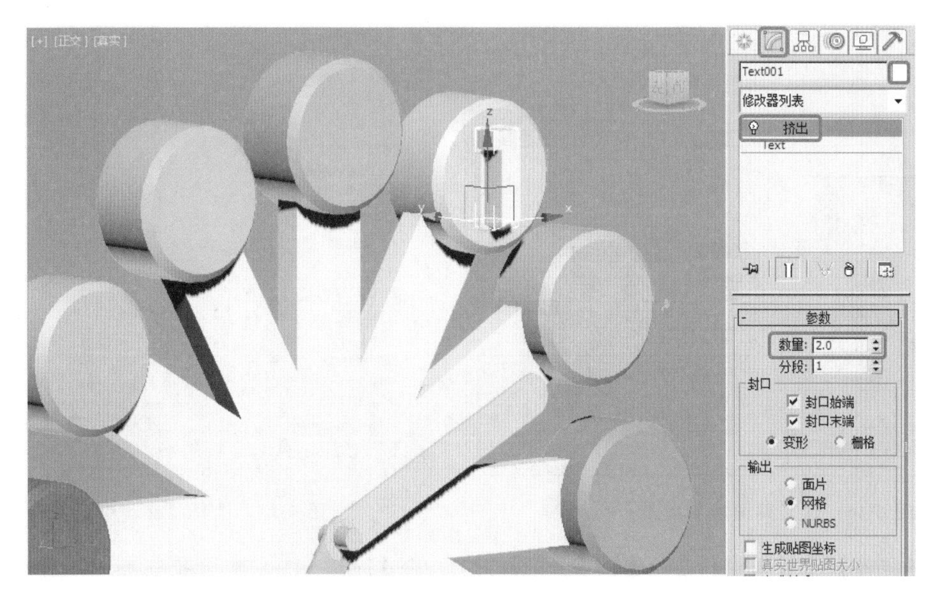

图 4-13　添加【挤出】修改器

(13) 使用同样的方法，输入其他的文本，如图 4-14 所示。

(14) 按 8 键，弹出【环境和效果】对话框，单击【环境贴图】下方的【无】按钮，弹出【材质 / 贴图浏览器】对话框，选择【位图】选项，单击【确定】按钮，在弹出的对话框中选择客厅 .jpg 贴图，单击【打开】按钮，如图 4-15 所示。

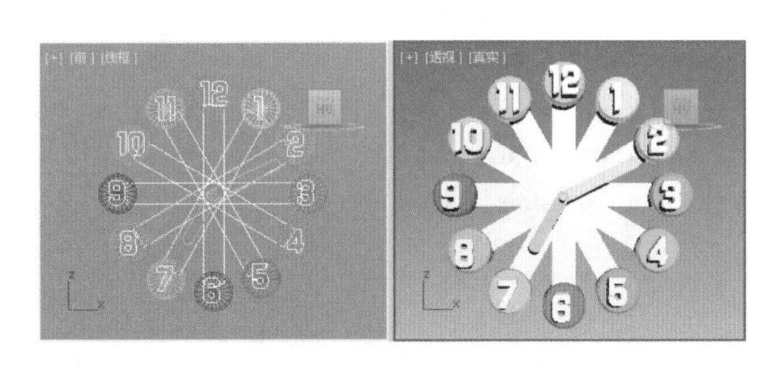

图 4-14　输入其他文字

图 4-15　设置环境贴图

(15) 按 M 键，弹出【材质编辑器】窗口，将环境贴图拖曳至新的空白样本球上，弹出【实例 (副本) 贴图】对话框，选中【实例】单选按钮，单击【确定】按钮，将【贴图】设置为【屏幕】，如图 4-16 所示。

(16) 选择【透视】图，在菜单栏中选择【视图】|【视口背景】|【环境背景】命令，如图 4-17 所示。

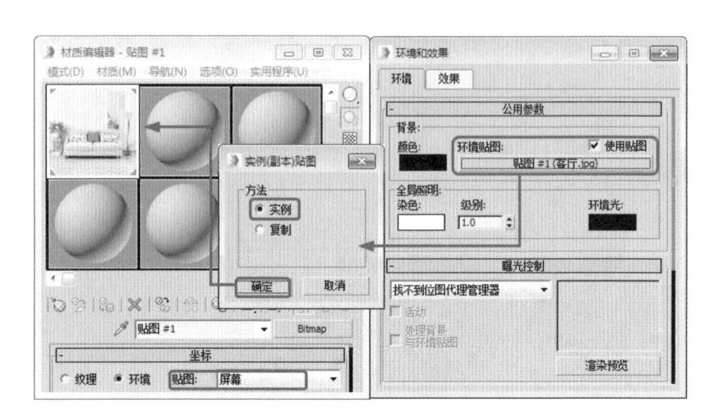

图 4-16　设置贴图后的效果

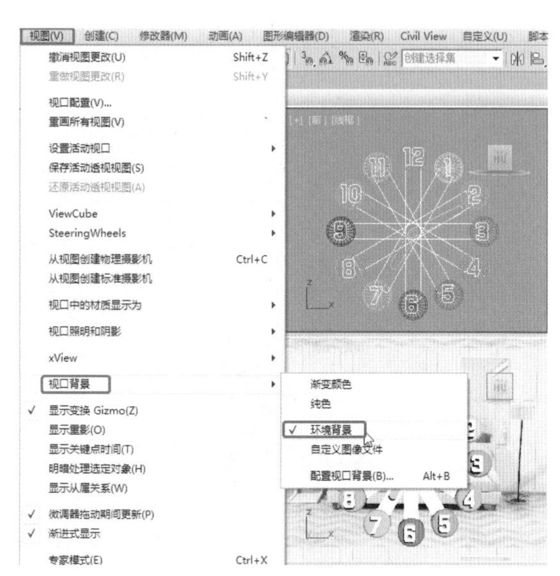

图 4-17　选择【环境背景】命令

(17) 选择【创建】|【摄影机】|【标准】|【目标】工具，在【顶】视图中创建摄影机，在透视图中按 C 键，将其转换为摄影机视图，调整摄影机的位置，如图 4-18 所示。

(18) 在【前】视图中创建一个【长方体】，将其命名为【背板】，将【长度】、【宽度】和【高度】分别设置为 100、100、1，并在【顶】视图中调整它的位置，如图 4-19 所示。

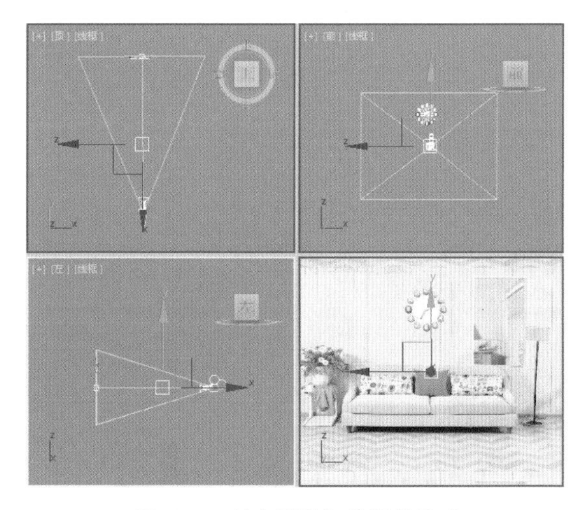

图 4-18　创建摄影机并调整位置

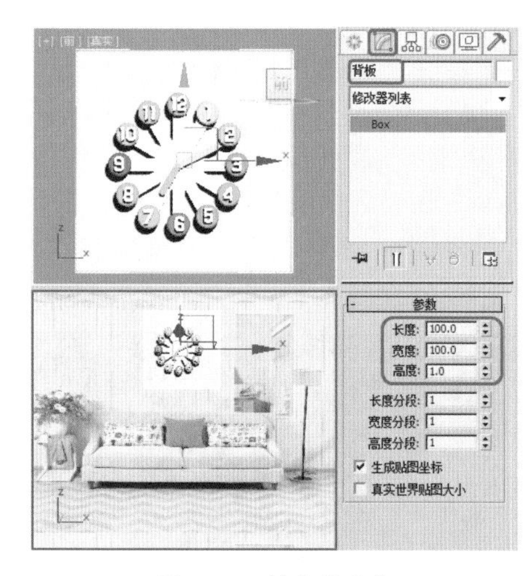

图 4-19　创建长方体

(19) 按 M 键，打开【材质编辑器】窗口，单击右侧的 Standard 按钮，弹出【材质 / 贴图浏览器】对话框，选择【无光 / 投影】选项，单击【确定】按钮，选择创建的长方体对象，单击【将材质指定给选定对象】按钮，如图 4-20 所示。

(20) 选择【创建】|【灯光】|【标准】|【天光】，在【顶】视图中创建一盏天光，切换至【修改】面板，在【天光参数】卷展栏中勾选【启用】复选框，将【倍增】设置为 1.2，在【渲染】选项组中勾选【投射阴影】复选框，如图 4-21 所示。

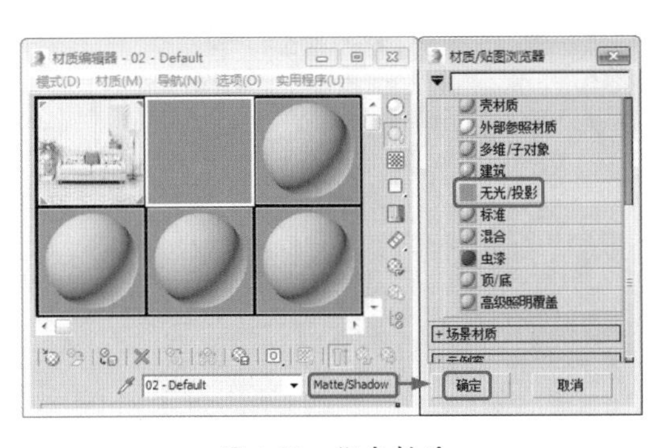

图 4-20 指定材质

图 4-21 创建天光并设置参数

(21) 按 F9 键渲染视图，并保存场景文件。

案例精讲 036 制作洗手池【视频案例】

本例在制作中将用到【编辑多边形】修改器制作洗手池，并使用 ProBoolean、【布尔】等修改器完成洗手盆的效果。

案例文件：CDROM \ Scenes \ Cha04 \ 洗手池 OK. max

视频教学：视频教学 \ Cha04 \ 洗手池 . avi

图 4-22 洗手池

案例精讲 037 制作健身器械

本例将介绍健身器械的制作，其效果如图 4-23 所示。健身器械随着人们生活质量的提高，出现在众多的居民住宅区中，而当前在我们工作中如大型住宅小区中也较为常见。通过本例的学习，让读者了解健身器械的制作方法，同时通过学习掌握一些基本工具的应用技巧以及物体组合的思路。

图 4-23 户外健身器材

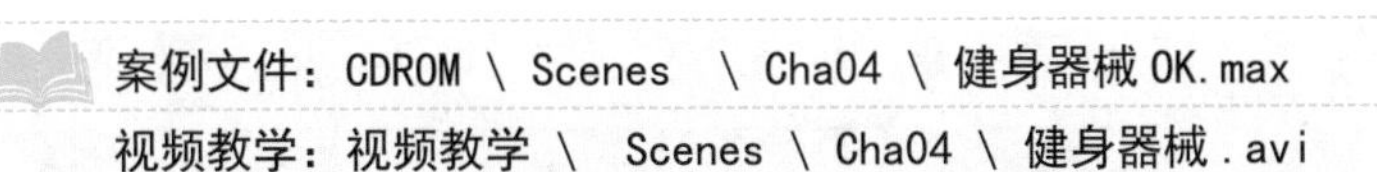

案例文件：CDROM \ Scenes \ Cha04 \ 健身器械 OK. max

视频教学：视频教学 \ Scenes \ Cha04 \ 健身器械 . avi

(1) 运行 3ds Max 2016 软件，选择菜单栏中的【自定义】|【单位设置】命令，在弹出的【单位设置】对话框中，选中【显示单位比例】区域下的【公制】单选按钮，并将其设为【厘米】，设置完成后，单击【确定】按钮，如图 4-24 所示。

(2) 选择【创建】|【图形】|【矩形】工具，在左视图中创建一个【长度】、【宽度】、【角半径】分别为 1.8cm、4.5cm、0.834cm 的矩形，并将该矩形重新命名为【滚筒横板 001】，如图 4-25 所示。

(3) 切换至【修改】命令面板，在【修改器列表】中选择【挤出】修改器，在【参数】卷展栏中将【数量】设置为 180cm，如图 4-26 所示。

(4) 切换至【层次】面板，在【调整轴】卷展栏中，单击移动 / 旋转 / 缩放区域下的【仅影响轴】按钮，然后单击【选择并移动】按钮，并在左视图沿 Y 轴向下方调整轴心点，如图 4-27 所示。

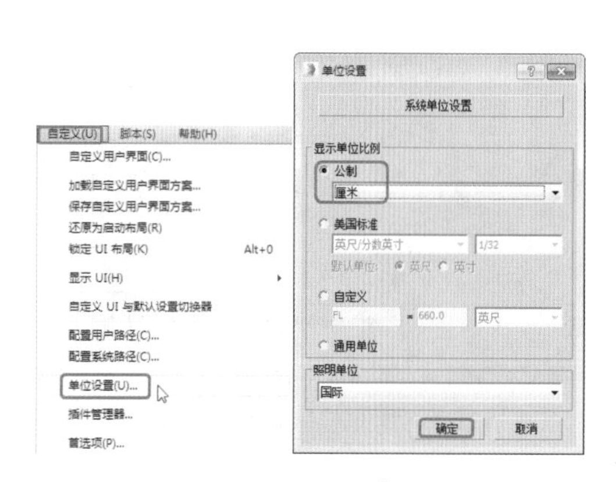

图 4-24　设置单位

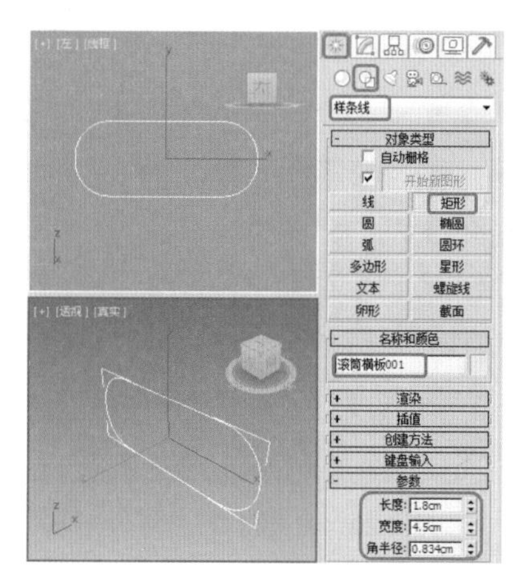

图 4-25　创建圆角矩形

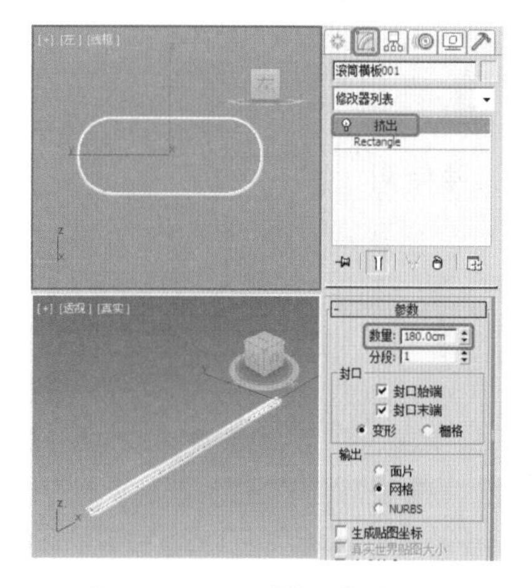

图 4-26　添加【挤出】修改器

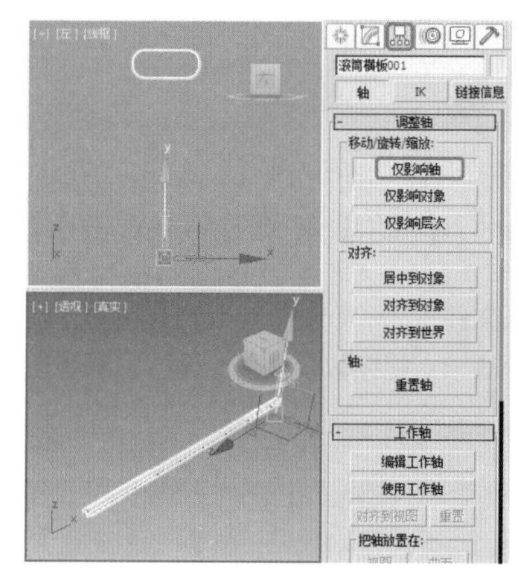

图 4-27　调整轴的位置

(5) 调整完成后，再在【调整轴】卷展栏中单击【仅影响轴】按钮，将其关闭，选择菜单栏中的【工具】|【阵列】命令，如图 4-28 所示。

(6) 在弹出的【阵列】对话框中将【增量】选项组中的 Z 旋转设置为 20，将【阵列维度】选项组中的【数量】的 1D 设置为 18，如图 4-29 所示。

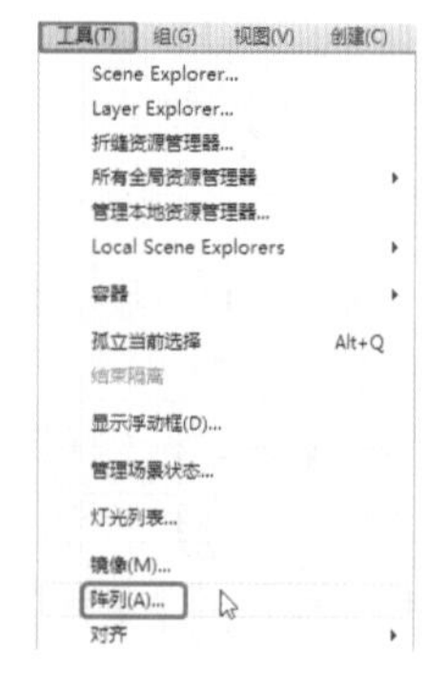

图 4-28　选择【阵列】命令

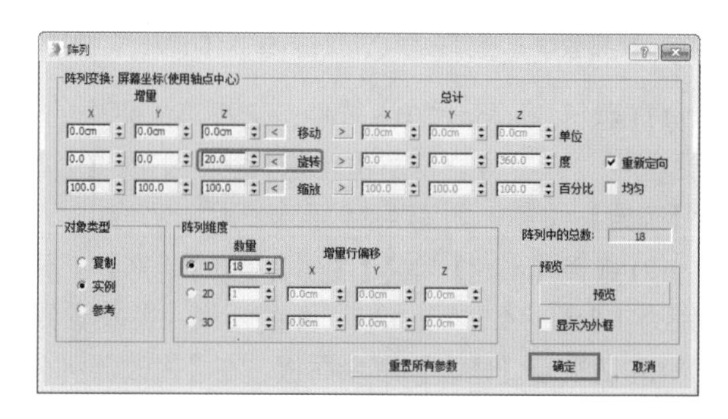

图 4-29　进行阵列复制

(7) 设置完成后，单击【确定】按钮，即可完成进行阵列复制，完成后的效果如图 4-30 所示。

(8) 在左视图中选择位于底端的 3 个矩形对象，并按下键盘上的 Delete 键将其删除，如图 4-31 所示。

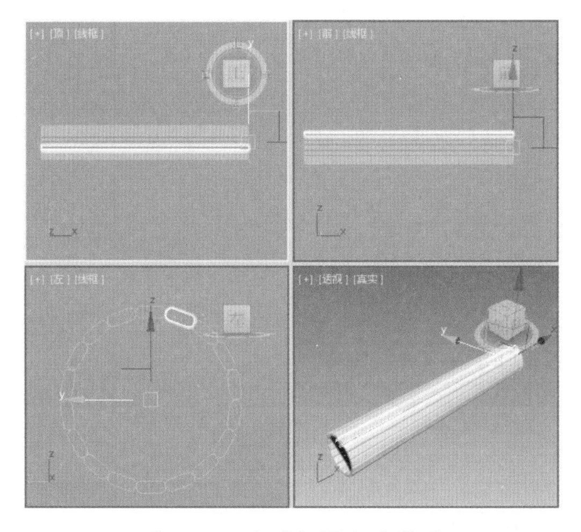

图 4-30　阵列复制后的效果

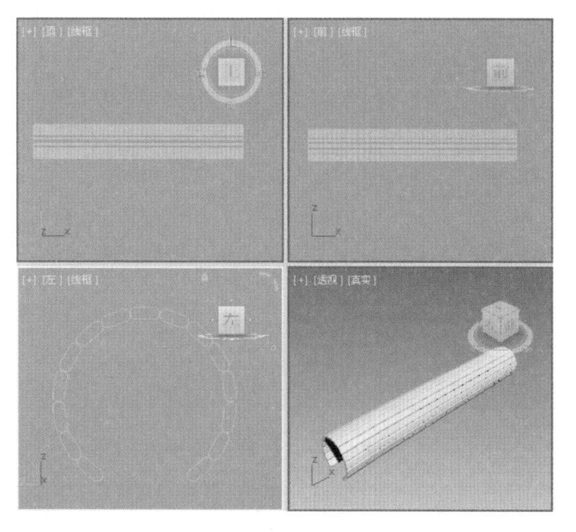

图 4-31　删除对象

(9) 选择【创建】 |【图形】 |【圆】工具，在左视图中沿【滚筒横板】的内边缘创建一个【半径】为 15.8cm 的圆形，并将其重新命名为【滚筒支架圆 001】，如图 4-32 所示。

(10) 切换至【修改】命令面板，在【修改器列表】中选择【编辑样条线】修改器，将当前选择集定义为【样条线】，然后在【几何体】卷展栏中单击【轮廓】按钮，并将内轮廓设置为 1cm，如图 4-33 所示。

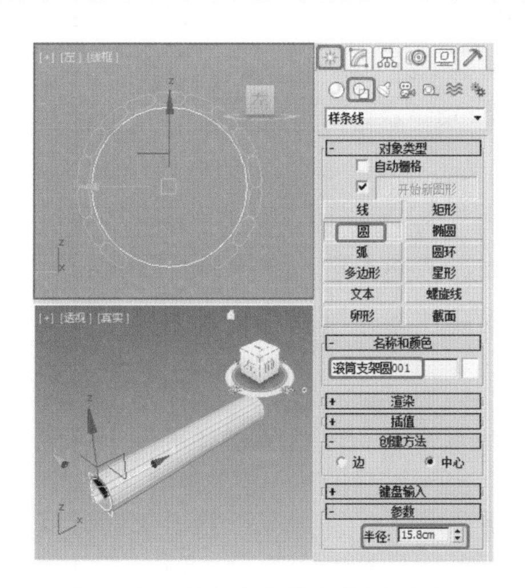

图 4-32　创建【滚筒支架圆 001】

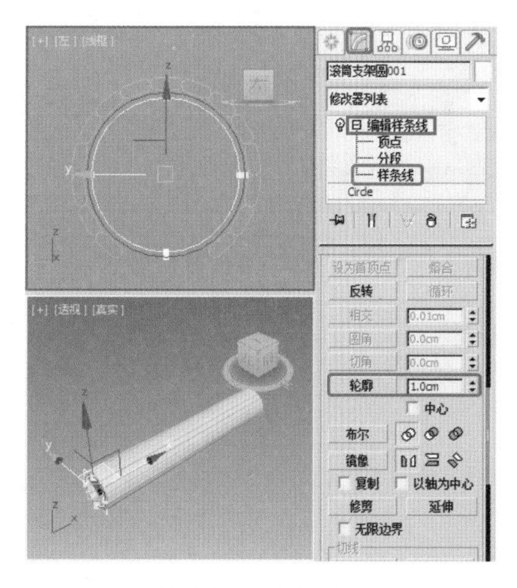

图 4-33　设置轮廓

(11) 设置完成后，关闭当前选择集，在【修改器列表】中选择【挤出】修改器，在【参数】卷展栏中将【数量】设置为 6cm，并在【前】视图中将其移动至滚筒横板的左侧，如图 4-34 所示。

(12) 在工具栏中单击【选择并移动】工具，按住 Shift 键在【前】视图中沿 X 轴向右进行移动，在弹出对话框中将【副本数】设置为 2，如图 4-35 所示。

(13) 设置完成后，单击【确定】按钮，即可完成复制，效果如图 4-36 所示。

(14) 选择【滚筒支架圆 001】对象，按下键盘上的 Ctrl+V 组合键，在弹出的对话框中选中【复制】单选按钮，将其命名为【滚筒支架左】，如图 4-37 所示。

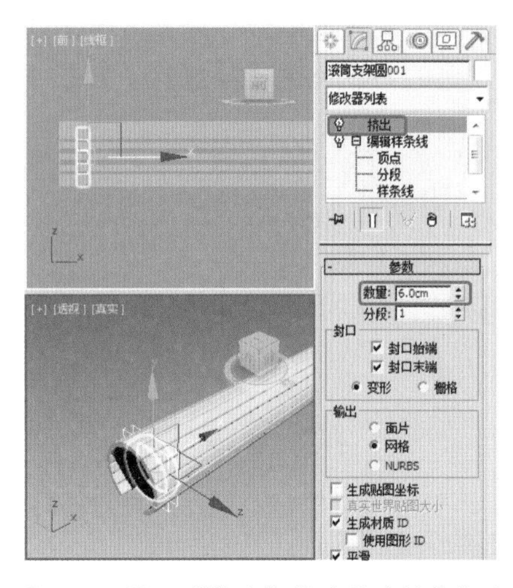

图 4-34　添加【挤出】修改器并调整位置

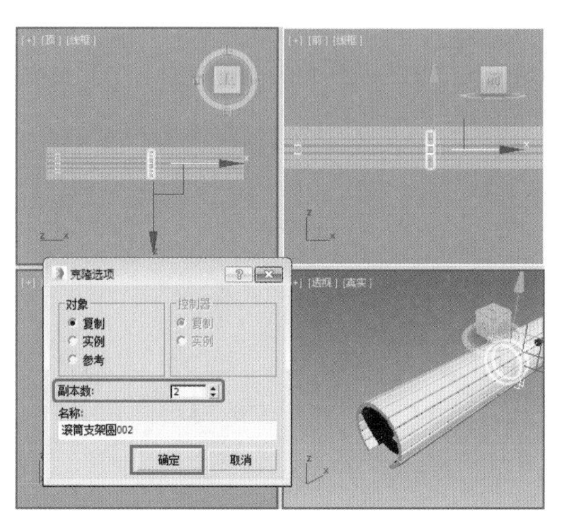

图 4-35　设置副本数

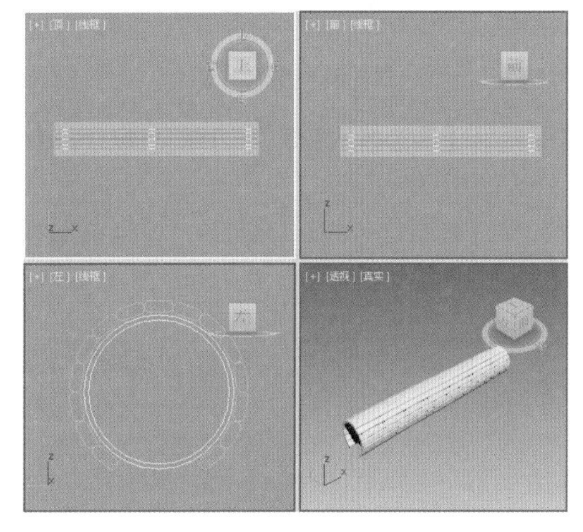

图 4-36　复制对象后的效果

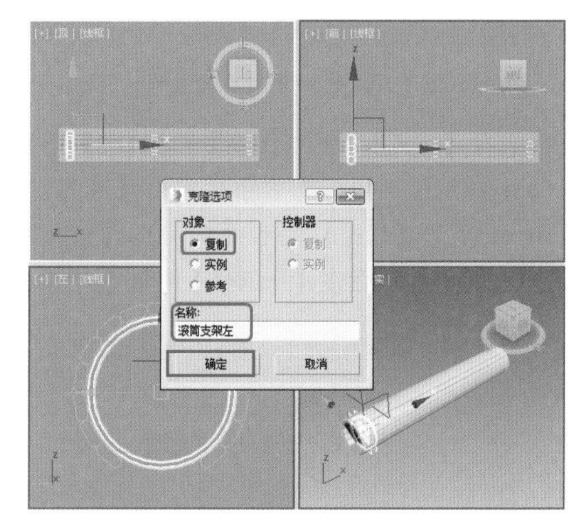

图 4-37　复制对象并命名

(15) 设置完成后，单击【确定】按钮，在【修改】命令面板中选择【挤出】修改器，右击鼠标，在弹出的快捷菜单中选择【删除】命令，如图 4-38 所示。

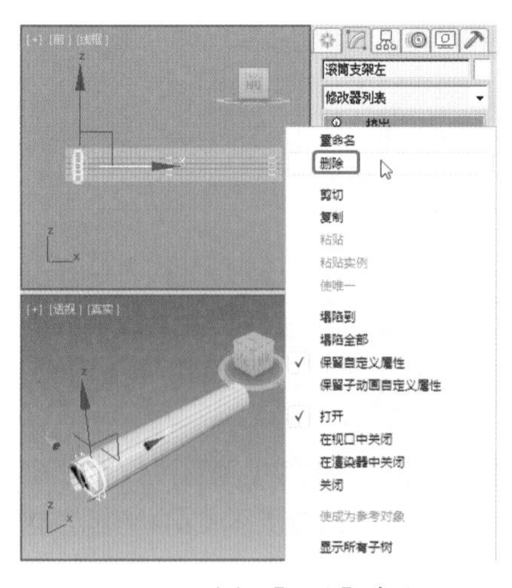

图 4-38　选择【删除】命令

(16) 将当前选择集定义为【样条线】，在【左】视图中选择内侧的圆形，按 Delete 键将其删除，如图 4-39 所示。

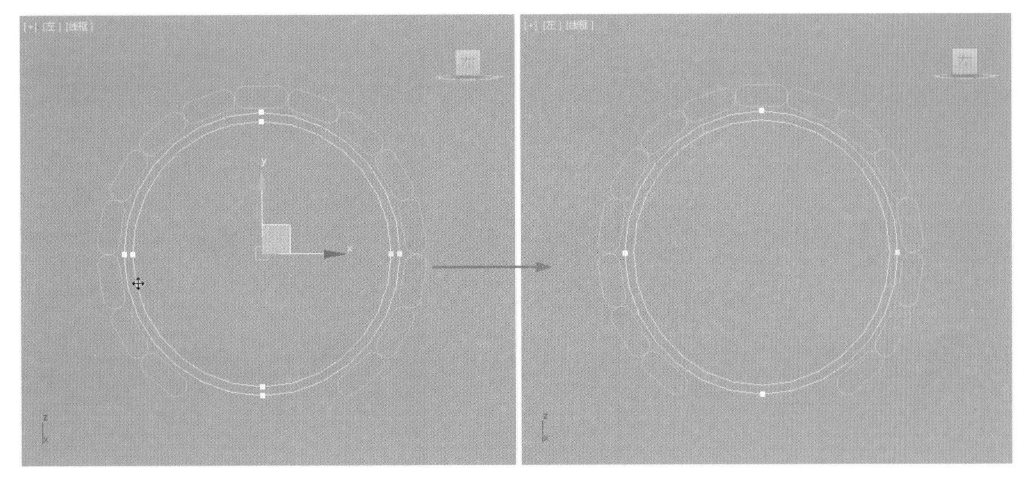

图 4-39　删除样条线

(17) 将当前选择集定义为【顶点】，单击【几何体】卷展栏中的【优化】按钮，在左视图中位于滚筒横板底端开口处添加两个节点，如图 4-40 所示。

(18) 单击【优化】按钮，将其关闭，将当前选择集定义为【分段】，并将添加两个节点的线段删除，如图 4-41 所示。

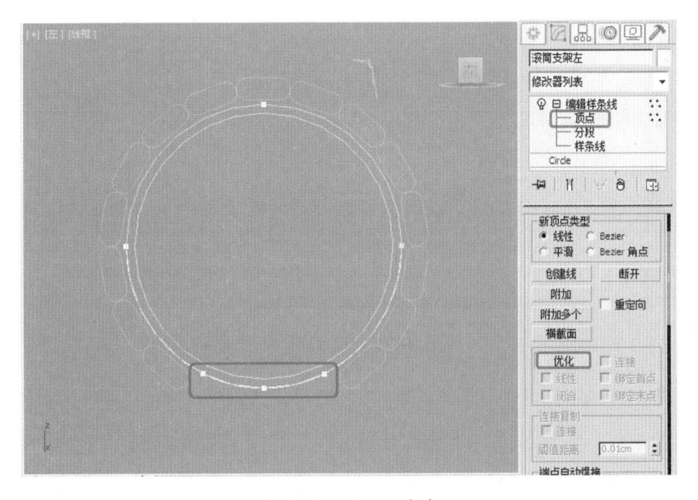

图 4-40　添加节点

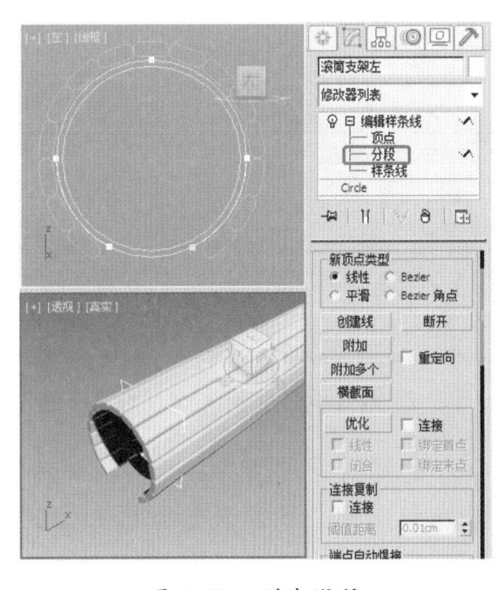

图 4-41　删除线段

(19) 继续将当前选择集定义为【样条线】修改器，在视图中选择样条曲线，在【几何体】卷展栏中将【轮廓】值设置为 –3.3cm，如图 4-42 所示。

(20) 关闭当前选择集，在【修改器列表】中选择【挤出】修改器，在【参数】卷展栏中将【数量】值设置为 1cm，在【前】视图中调整该对象的位置，如图 4-43 所示。

(21) 单击工具栏中的【选择并移动】按钮，在【前】视图中选择【滚筒支架左】并进行复制，将新复制的对象重新命名为【滚筒支架右】，并将其移动至滚筒横板的右侧，如图 4-44 所示。

(22) 选择【创建】 |【几何体】 |【圆柱体】，在顶视图中创建一个【半径】、【高度】和【高度分段】分别为 2cm、27cm 和 1 的圆柱体，将它命名为【滚筒结构架竖 001】，单击工具栏中的【选择

并移动】按钮，并在左视图中将该对象沿 Y 轴进行移动，移动后的效果如图 4-45 所示。

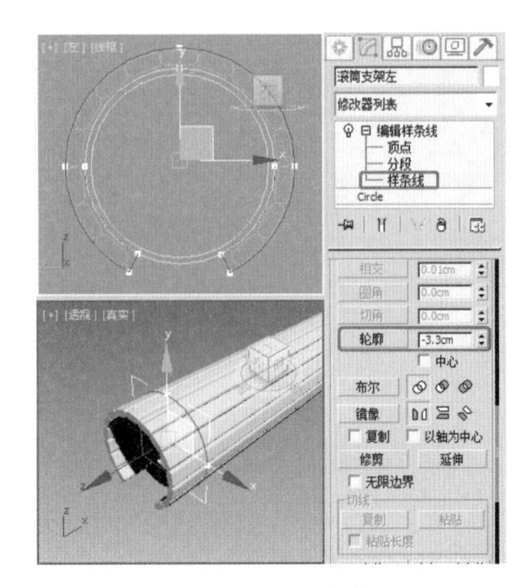

图 4-42　设置轮廓

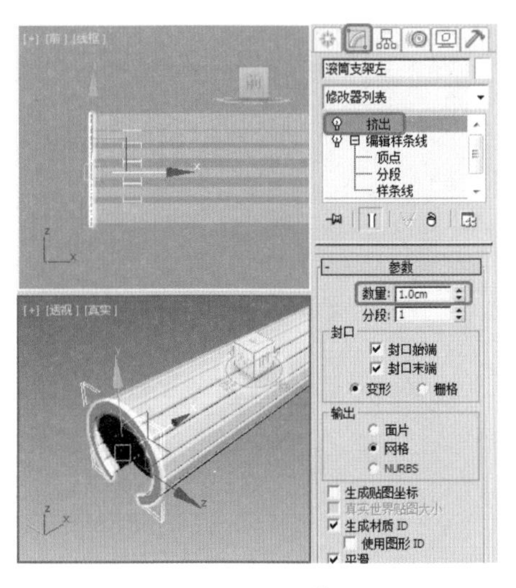

图 4-43　设置挤出

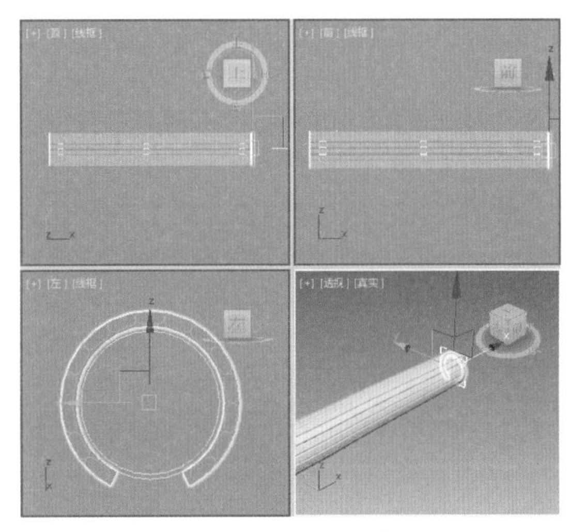

图 4-44　复制并调整对象的位置

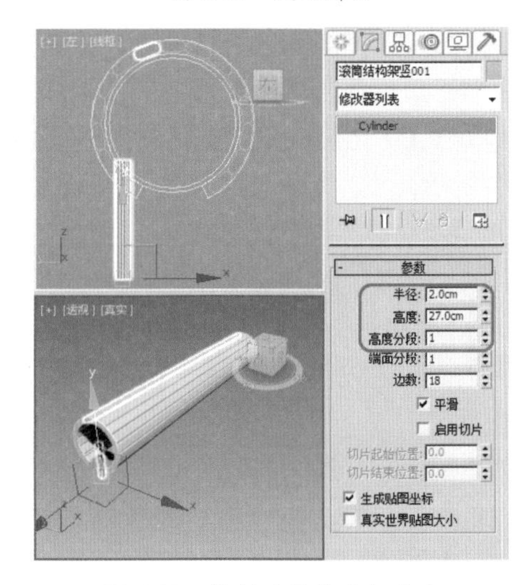

图 4-45　绘制对象并进行移动

(23) 选择【滚筒支架圆 001】对象，按下键盘上的 Ctrl+V 组合键，对其进行复制，为了便于后面要进行的布尔运算，可将新复制的对象重新命名为一个容易识别的名称 1111，然后在编辑堆栈中打开【编辑样条线】修改器，将当前选择集定义为【样条线】，选择位于内侧的样条线，并将其删除，其效果如图 4-46 所示。

(24) 关闭当前选择集，选择【滚筒结构架竖 001】对象，选择【创建】 |【几何体】 |【复合对象】|【布尔】工具，然后在【拾取布尔】卷展栏中单击【拾取操作对象 B】按钮，按下键盘上的 H 键，在打开的【拾取对象】对话框中选择前面新复制的 1111 对象，如图 4-47 所示。

(25) 单击【拾取】按钮，即可完成对选中对象的布尔运算。完成后的效果如图 4-48 所示。

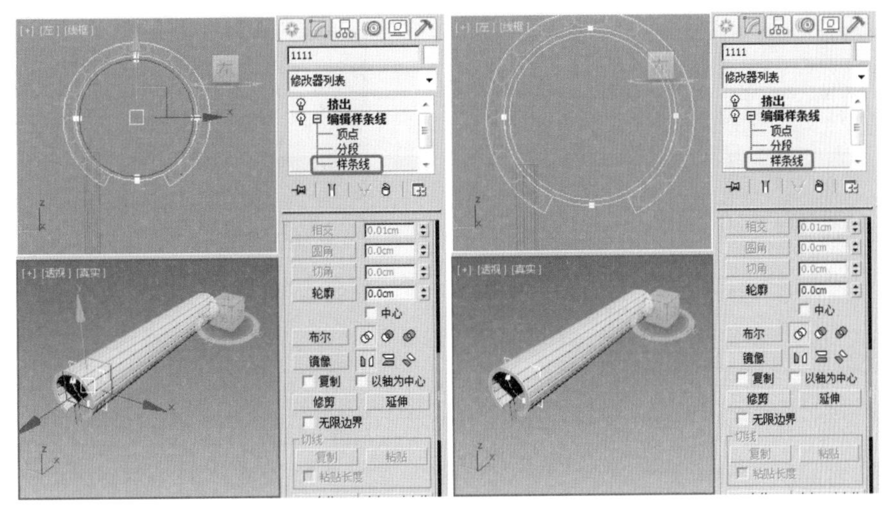

图 4-46　删除内侧样条线

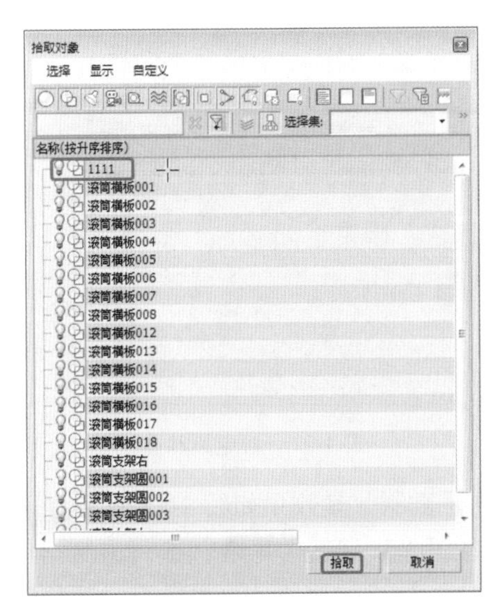

图 4-47　选择对象

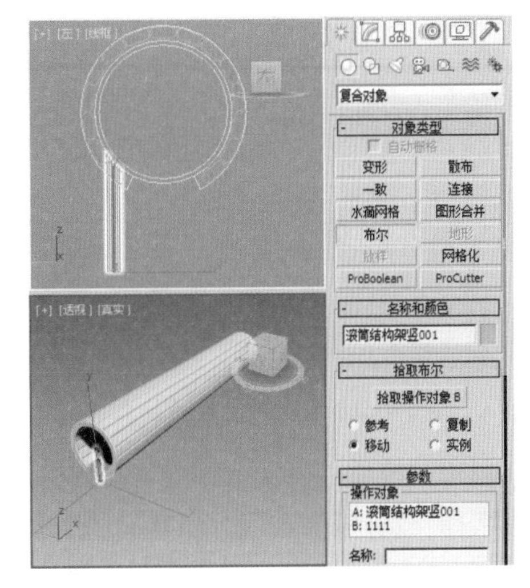

图 4-48　进行布尔运算

(26) 在左视图中选择【滚筒结构架竖 001】对象，在工具栏中单击【镜像】按钮，在弹出的对话框中选中【复制】单选按钮，并调整【偏移】文本框中的参数为 23，如图 4-49 所示。

(27) 设置完成后单击【确定】按钮，镜像后的效果如图 4-50 所示。

提 示

由于调整滚筒横板轴的位置不同，所以阵列后的大小也会有所不同，所以此处需要读者自行设置【偏移】参数。

(28) 选择两个滚筒结构架竖对象，在【前】视图中沿 X 轴向右进行复制，复制后的效果如图 4-51 所示。

(29) 选择【创建】|【几何体】|【圆柱体】，在【前】视图中创建一个【半径】为 2.2cm，【高度】为 90cm 的圆柱体，【高度分段】设置为 1，在场景中调整其位置，并将其命名为【滚筒结构架 001】，如图 4-52 所示。

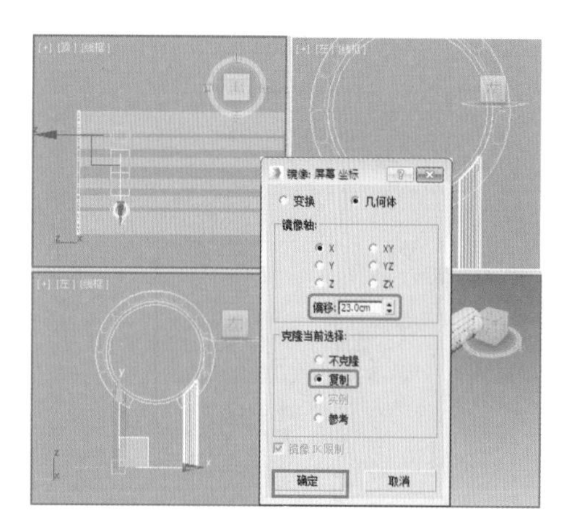

图 4-49　镜像对象

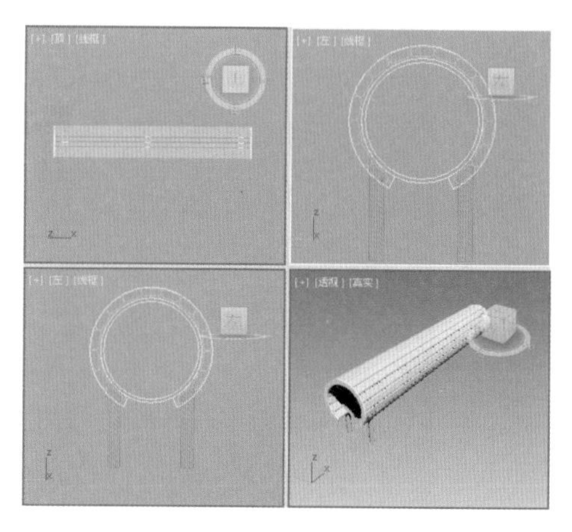

图 4-50　镜像后的效果

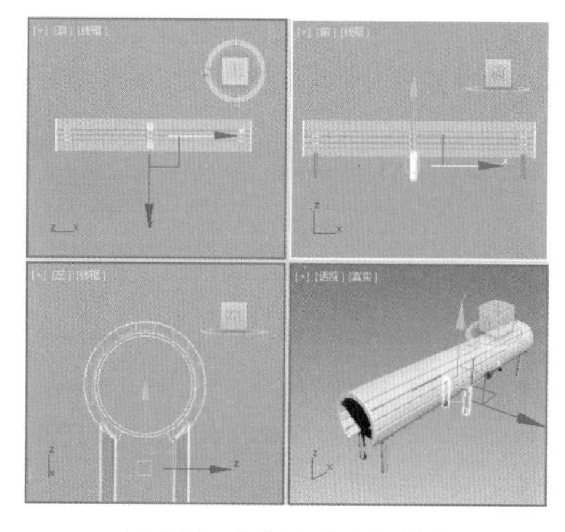

图 4-51　复制对象后的效果

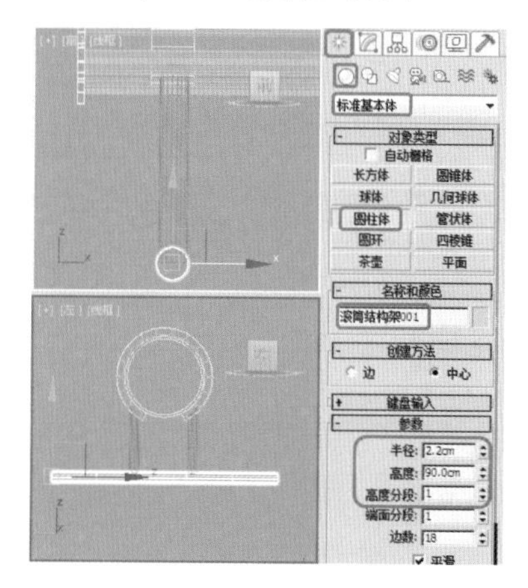

图 4-52　创建圆柱体

(30) 创建完成后，再次选择【滚筒结构架 001】，将其进行复制，其效果如图 4-53 所示。

(31) 选择【创建】|【几何体】|【圆柱体】工具，在【左】视图中再次创建【滚筒结构架】，将其【半径】设置为 3cm，【高度】设置为 167cm，【高度分段】设置为 1，并在视图中调整其位置，如图 4-54 所示。

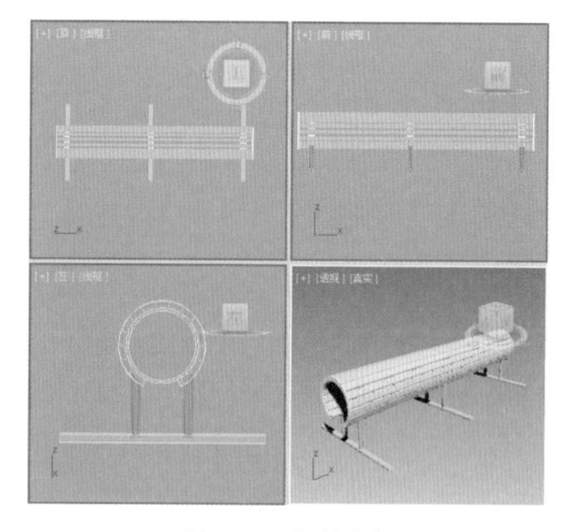

图 4-53　复制对象

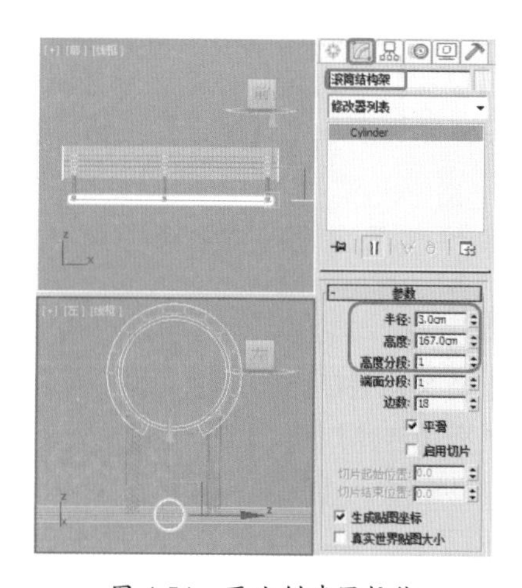

图 4-54　再次创建圆柱体

(32) 在视图中选中所有对象，按M键，在弹出的对话框中选择一个材质样本球，将其命名为【滚筒材质】，在【Blinn基本参数】卷展栏中单击【环境光】左侧的按钮将其解锁，并将【环境光】的RGB值设置为24、16、78，在【Blinn基本参数】卷展栏中将【漫反射】的RGB值设置为92、144、248，将【自发光】设置为28，将【反射高光】选项组中的【高光级别】和【光泽度】分别设置为66、25，设置完成后，单击【将材质指定给选定对象】按钮，将材质指定给选定的对象，如图4-55所示。

(33) 选择【创建】|【图形】|【线】工具，在左视图中绘制一条线段，并将其重新命名为【滚筒扶手001】，然后在【渲染】卷展栏中勾选【在渲染中启用】和【在视口中启用】复选框，并将【厚度】设置为3cm，如图4-56所示。

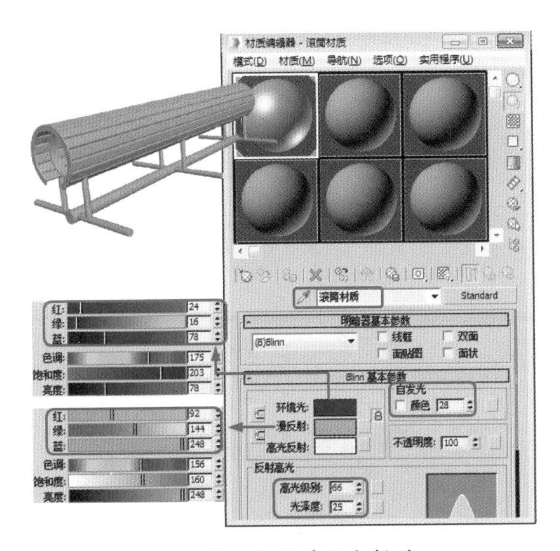

图4-55　设置并指定材质

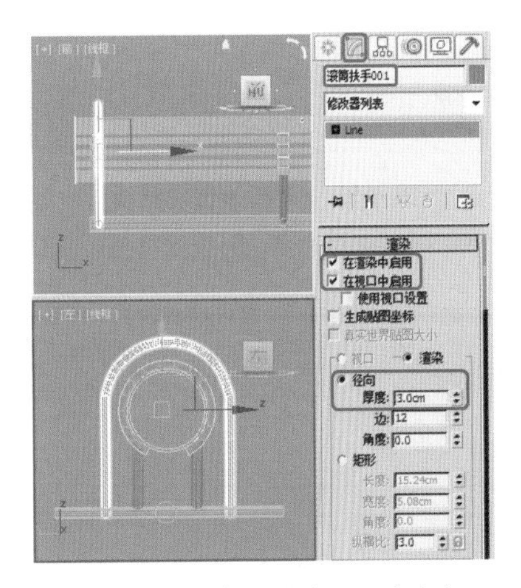

图4-56　创建线段并设置其参数

(34) 在视图中选择【滚筒扶手001】，打开【材质编辑器】窗口，选择一个新的材质球，并将当前材质重新命名为【滚筒扶手】，在【Blinn基本参数】卷展栏中单击【环境光】左侧的按钮将其解锁，并将【环境光】的RGB值设置为56、55、18，在【Blinn基本参数】卷展栏中将【漫反射】的RGB值设置为219、218、103，将【反射高光】选项组中的【高光级别】和【光泽度】分别设置为50、46，完成设置后单击【将材质指定给选定对象】按钮，将材质指定给选定的对象，如图4-57所示。

(35) 在视图中选择【滚筒扶手001】，单击工具栏中的【选择并移动】按钮，在【前】视图中对该对象进行复制，并调整其位置，效果如图4-58所示。

(36) 选择【创建】|【几何体】工具，在顶视图中创建一个【半径】、【高度】和【高度分段】分别为5cm、90cm和5的圆柱体，将其命名为【器械支架001】，如图4-59所示。

(37) 创建完成后，在场景中调整其位置，然后按下键盘上的M键，打开【材质编辑器】窗口，并将材质样本球中的【滚筒材质】赋予当前对象。如图4-60所示。

(38) 选择【创建】|【几何体】|【球体】工具，在顶视图中创建一个【半径】为5cm的圆球，并在【参数】卷展栏中将【半球】设置为0.435，将其命名为【器械支架饰球001】，最后在左视图中调整该对象至【器械支架001】对象的上方，如图4-61所示。

(39) 在视图中选择【器械支架饰球001】，打开【材质编辑器】窗口，选择一个新的材质球，在【明暗器基本参数】卷展栏中将阴影模式定义为【(M)金属】，在【金属基本参数】卷展栏中将锁定的【环境光】和【漫反射】的RGB值均设置为228、83、83，将【自发光】设置为24，将【反射高光】选项组中的【高光级别】和【光泽度】分别设置为65、63，设置完成后，将材质指定给选定对象，如图4-62所示。

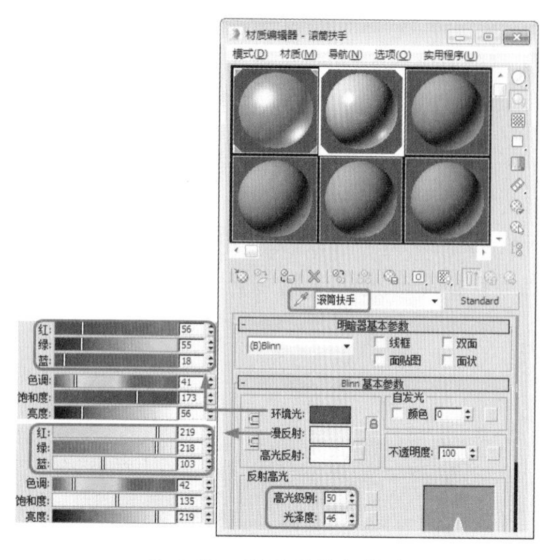

图 4-57　设置并指定材质

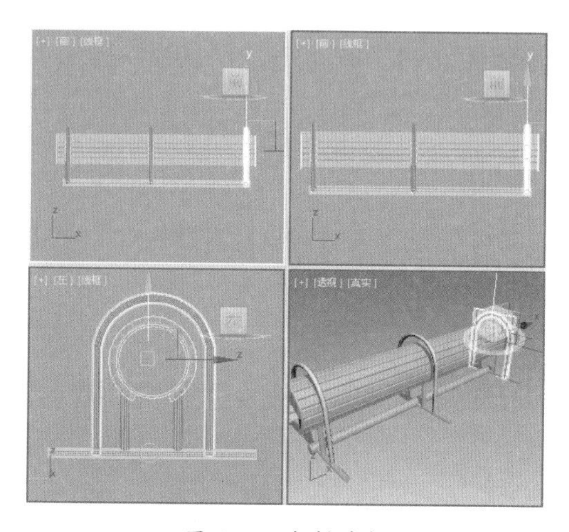

图 4-58　复制对象

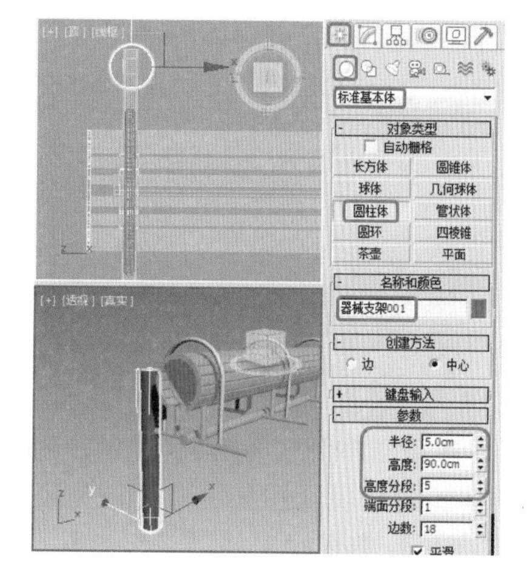

图 4-59　创建圆柱体

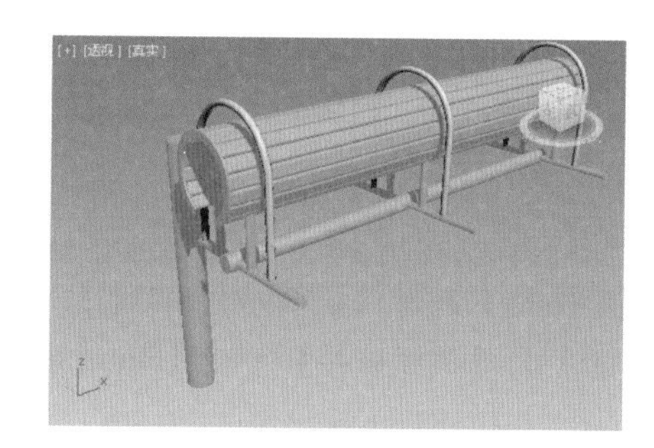

图 4-60　赋予材质后的效果

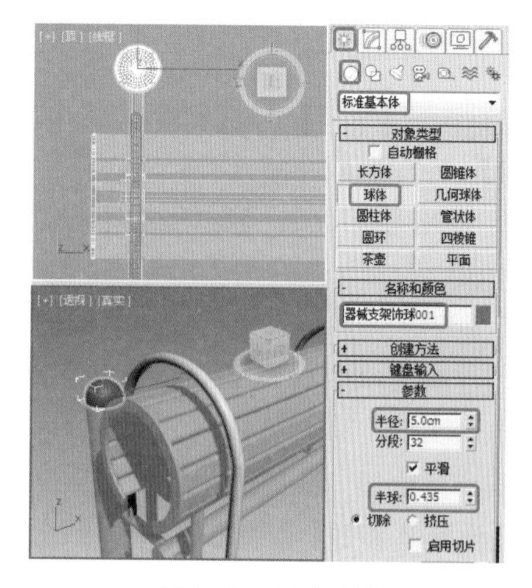

图 4-61　创建半圆

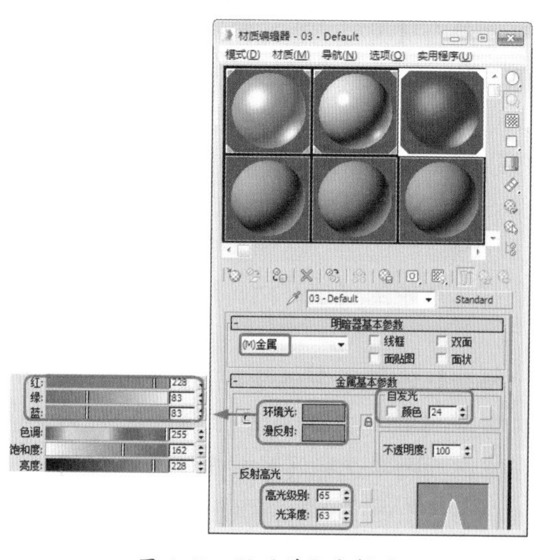

图 4-62　设置并指定材质

(40) 选择【创建】 | 【几何体】 | 【圆柱体】，在【顶】视图中创建一个【半径】、【高度】和【高度分段】分别为 6cm、10cm 和 1 的圆柱体，将其命名为【器械脚 - 套管 001】，如图 4-63 所示。

(41) 创建完成后，在场景中调整该对象的位置，调整后的效果如图 4-64 所示。

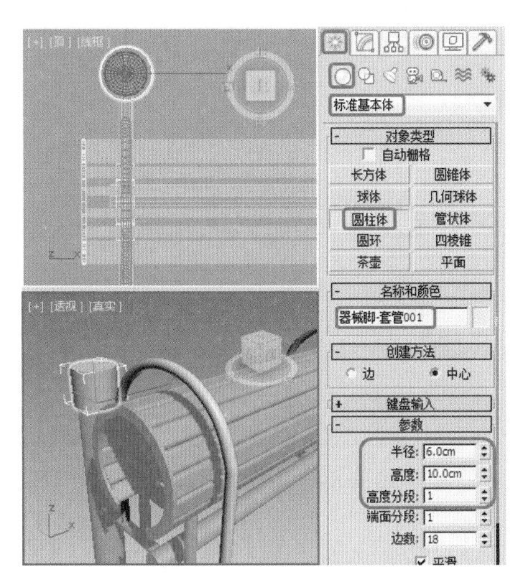

图 4-63 创建圆柱体

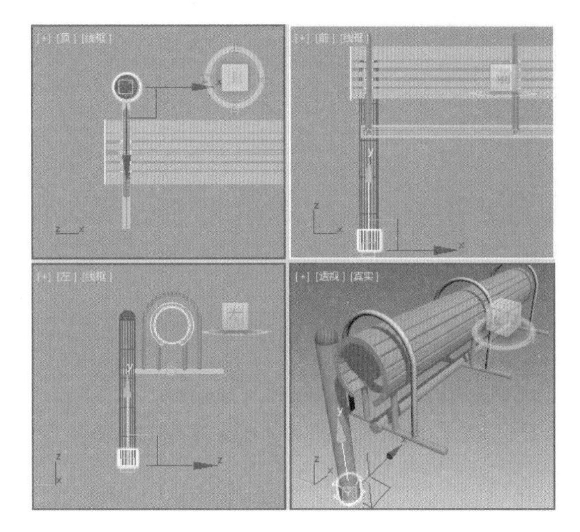

图 4-64 调整圆柱体位置

(42) 为其指定材质，选择【创建】 | 【图形】 | 【矩形】，在【顶】视图中绘制一个【长度】、【宽度】分别为 20.0cm、22.0cm 的矩形，并将其重新命名为【器械脚 - 底垫 001】，在【渲染】卷展栏中取消选中【在渲染中启用】和【在视口中启用】复选框，如图 4-65 所示。

(43) 在视图中调整该对象的位置，然后在矩形的 4 个边角处创建 4 个半径为 1.5 的圆形，在视图中调整其位置，效果如图 4-66 所示。

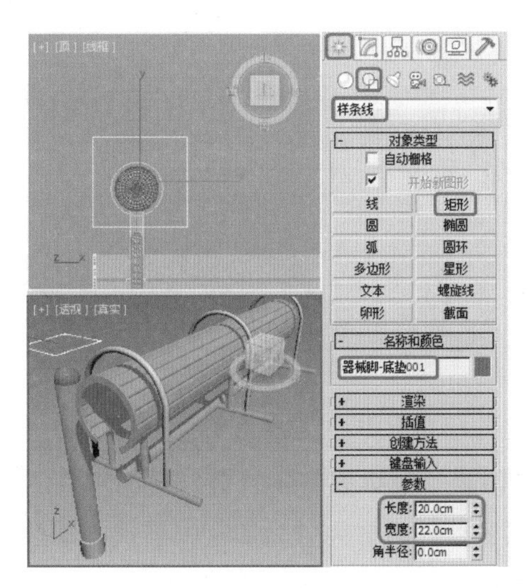

图 4-65 绘制矩形

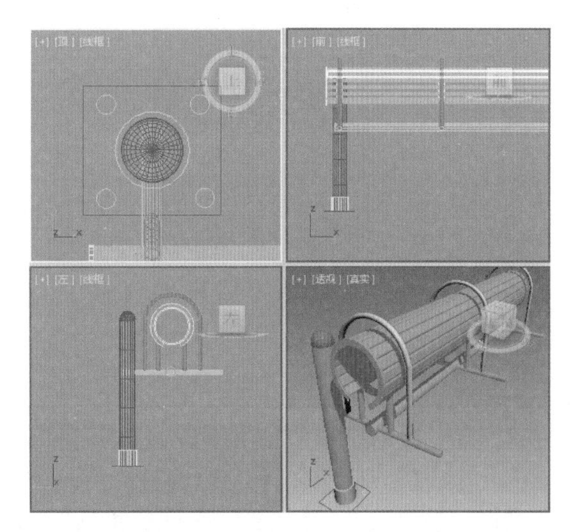

图 4-66 创建圆形并调整其位置

(44) 在视图中选择上面所绘制的矩形并右击鼠标，在弹出的快捷菜单选择【转换为】|【转换为可编辑样条线】命令，如图 4-67 所示。

(45) 切换至【修改】面板中，在【几何体】卷展栏中单击【附加多个】按钮，在弹出的【附加多个】对话框中，按住 Ctrl 键同时选择图 4-68 所示的对象，然后单击【附加】按钮即可。

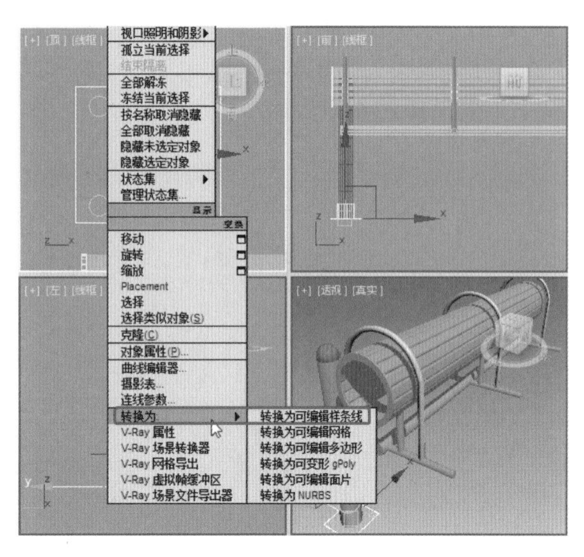

图 4-67　选择【转换为可编辑样条线】命令

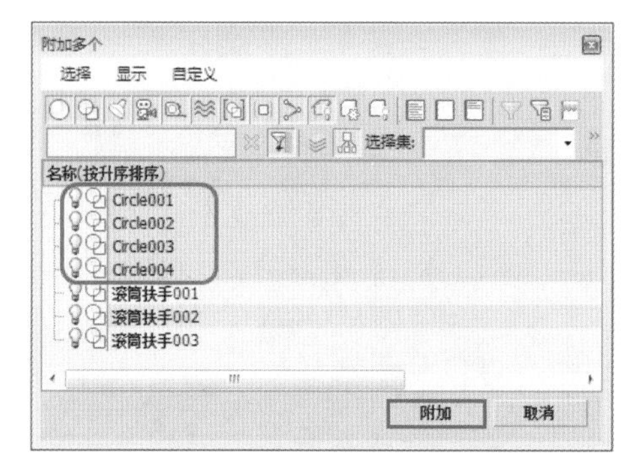

图 4-68　选择附加对象

(46) 附加完成后，切换至【修改】面板，在【修改器列表】中选择【挤出】修改器，在【参数】卷展栏中将【数量】设置为 2cm，为其指定材质并调整其位置，效果如图 4-69 所示。

(47) 在视图中选择图 4-70 所示的对象，将选中的对象进行成组，并将【组名】设置为【器械支架】。

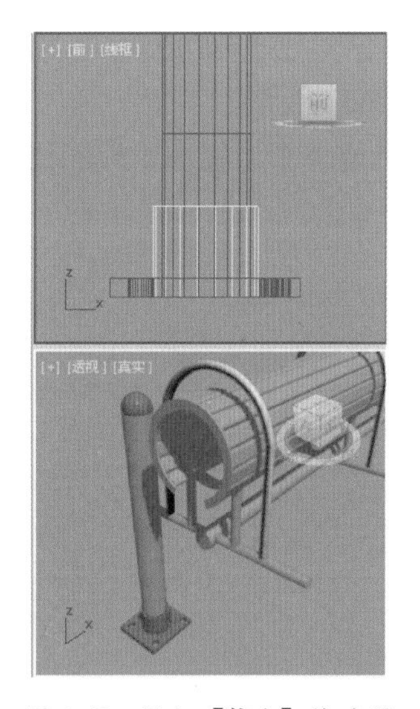

图 4-69　添加【挤出】修改器

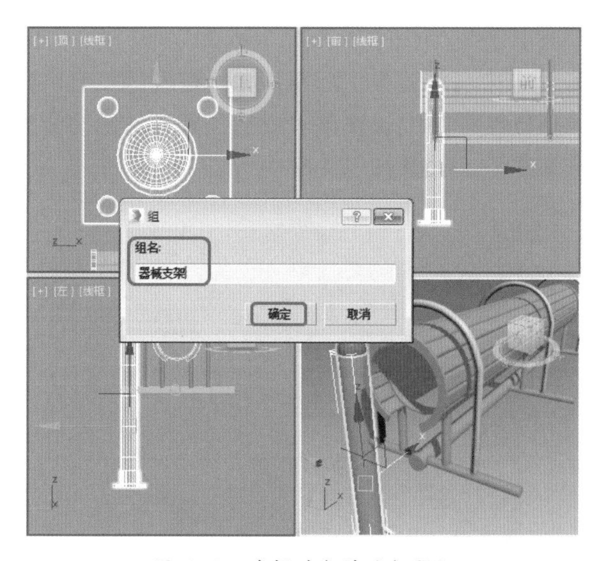

图 4-70　选择对象并进行成组

(48) 成组完成后，对成组后的对象进行复制，并调整其位置，效果如图 4-71 所示。

(49) 选择【创建】 |【几何体】 |【长方体】，将【名称】设置为【地面】，在顶视图创建一个【长度】、【宽度】和【高度】分别为 206cm、319cm 和 1cm 的长方体，如图 4-72 所示。

(50) 继续选中该对象并右击鼠标，在弹出的快捷菜单中选择【对象属性】命令，在弹出的对话框选中【透明】复选框，如图 4-73 所示。

(51) 单击【确定】按钮，继续选中该对象，按 M 键打开【材质编辑器】窗口，在该窗口中选择一个材质样本球，将其命名为【地面】，单击 Standard 按钮，在弹出的对话框中选择【无光 / 投影】选项，如图 4-74 所示。

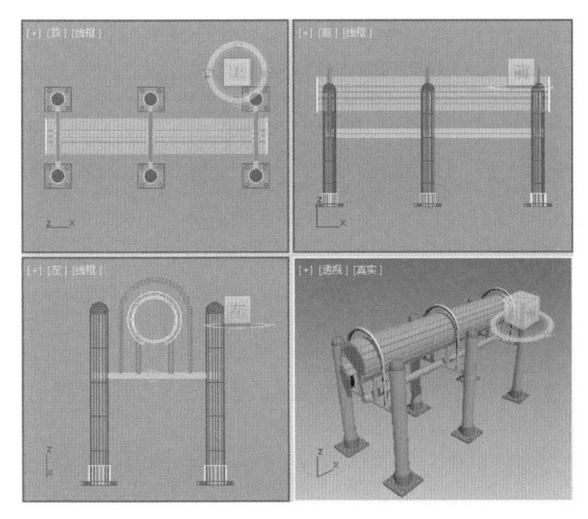

图 4-71 复制对象并调整对象的位置

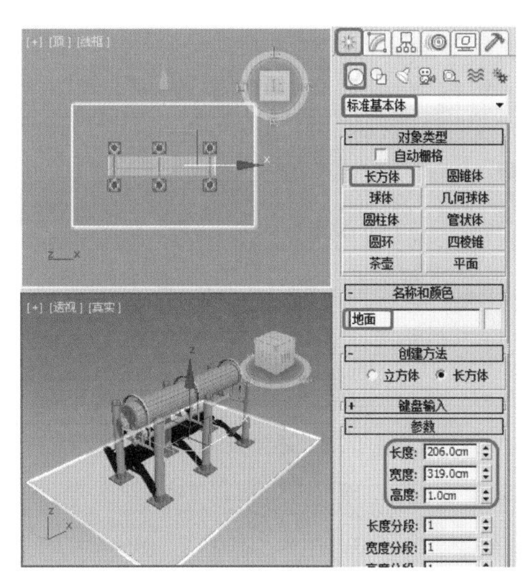

图 4-72 创建长方体

图 4-73 选中【透明】复选框

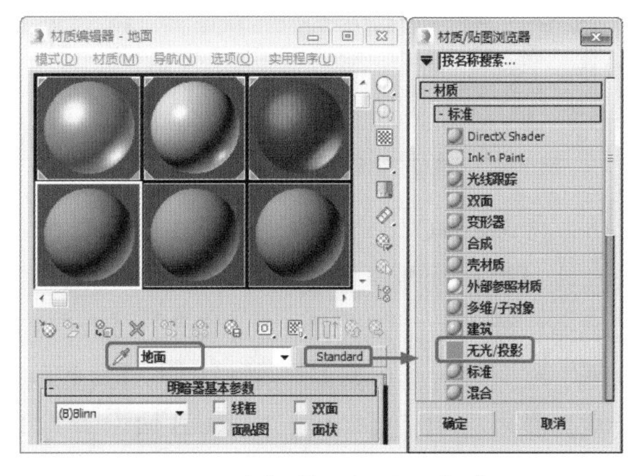

图 4-74 选择【无光/投影】选项

(52) 单击【确定】按钮，将该材质指定给选定对象即可，按 8 键弹出【环境和效果】对话框，在【公用参数】卷展栏中单击【无】按钮，在弹出的【材质/贴图浏览器】对话框中双击【位图】贴图，再在弹出的对话框中打开随书附带光盘中的户外背景 .jpg 素材文件，如图 4-75 所示。

(53) 然后在【环境和效果】对话框中将环境贴图拖曳至新的材质样本球上，在弹出的【实例 (副本) 贴图】对话框中选中【实例】单选按钮，并单击【确定】按钮，然后在【坐标】卷展栏中，将【贴图】设置为【屏幕】，如图 4-76 所示。

(54) 激活【透视】视图，按 Alt+B 组合键，在弹出的对话框中选中【使用环境背景】单选按钮，如图 4-77 所示。单击【确定】按钮，选择【创建】 |【摄影机】 |【目标】工具，在视图中创建摄影机，激活【透视】视图，按 C 键将其转换为摄影机视图，在其他视图中调整摄影机位置，效果如图 4-78 所示。

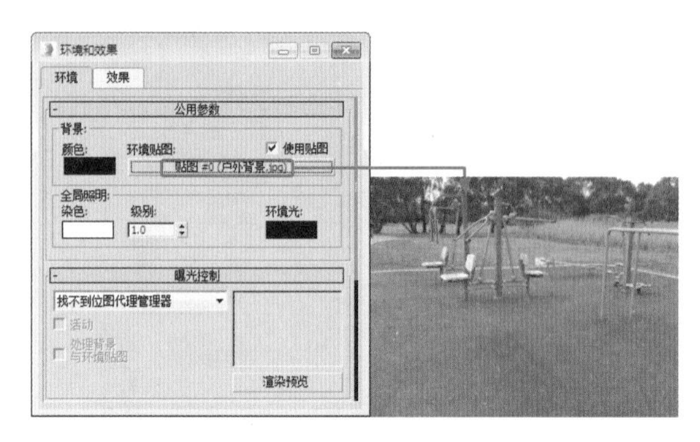

图 4-75　添加环境贴图

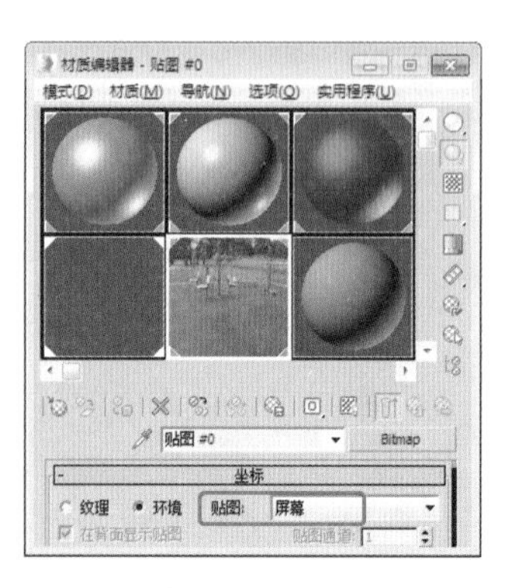

图 4-76　设置贴图

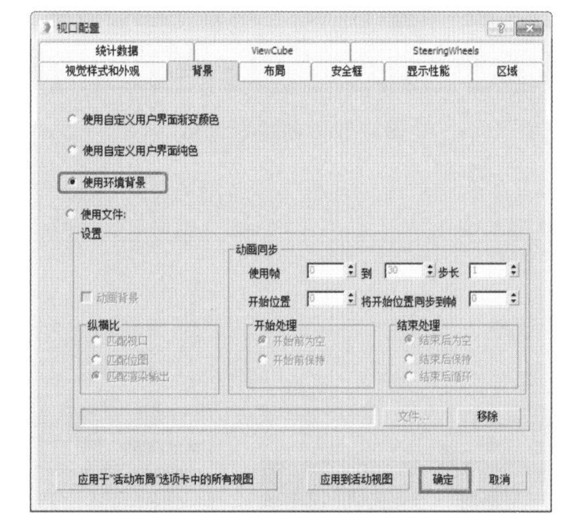

图 4-77　选中【使用环境背景】单选按钮

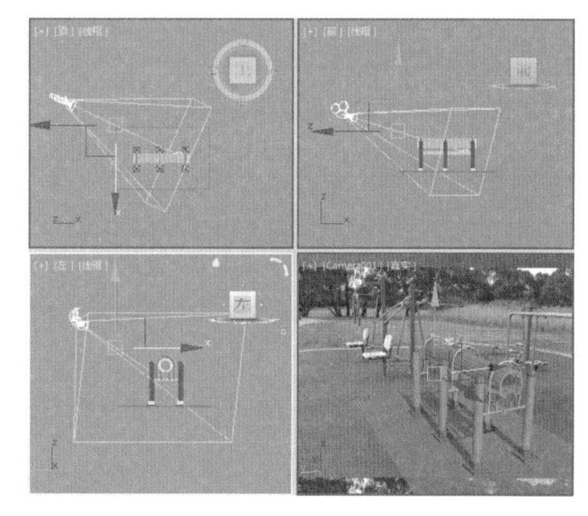

图 4-78　创建摄影机并调整其位置

(55) 按 Shift+C 组合键隐藏场景中的摄影机，选择【创建】 |【灯光】 |【标准】|【目标聚光灯】工具，在【顶】视图中按住鼠标左键进行拖动，创建一盏目标聚光灯，然后调整灯光在场景中的位置，继续选择创建的目标聚光灯，在【修改】面板中的【常规参数】卷展栏中，选中【阴影】选项组中的【启用】复选框；在【聚光灯参数】卷展栏中将【聚光区 / 光束】、【衰减区 / 区域】分别设置为 7、80，在【阴影参数】卷展栏中将【颜色】的 RGB 值设置为 141、141、141，将【密度】设置为 0.2，如图 4-79 所示。

图 4-79　创建目标聚光灯

(56) 选择【创建】 | 【灯光】 | 【标准】 | 【泛光】工具，在【顶】视图中单击，创建一盏泛光灯并调整其在场景中的位置，在【修改器】面板中选中【阴影】选项组中的【启用】复选框，将【倍增】设置为 0.5，如图 4-80 所示。

(57) 选择【创建】 | 【灯光】 | 【标准】 | 【泛光】工具，在【顶】视图中单击，创建一盏泛光灯并调整其在场景中的位置，在【修改器】面板中选中【阴影】选项组中的【启用】复选框，将【倍增】设置为 0.4，如图 4-81 所示。

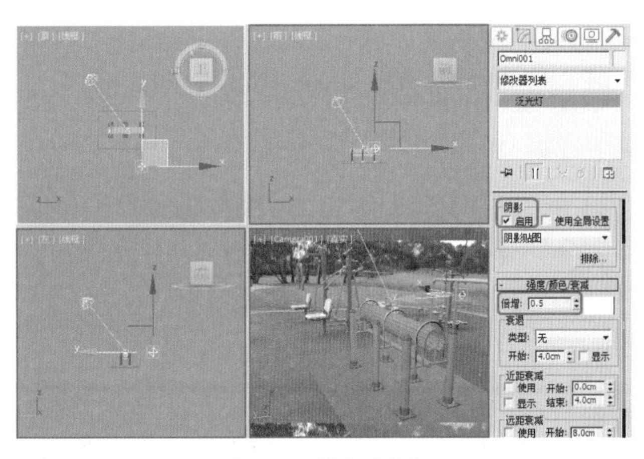

图 4-80　创建泛光灯

图 4-81　创建泛光灯

(58) 至此，户外健身器材就制作完成了，对完成后的场景进行渲染并保存即可。

案例精讲 038　制作引导提示板

本例将介绍引导提示板的制作。首先使用【长方体】工具和【编辑多边形】修改器来制作提示板，然后使用【圆柱体】、【星形】、【线】和【长方体】等工具来制作提示板支架，最后添加背景贴图即可，完成后的效果如图 4-82 所示。

案例文件：CDROM \ Scenes \ Cha04 \ 引导提示板 OK.max

视频教学：视频教学 \ Cha04 \ 引导提示板 .avi

图 4-82　引导提示板效果

(1) 选择【创建】 |【几何体】 |【长方体】工具，在【前】视图中创建长方体，将其命名为【提示板】，切换到【修改】命令面板，在【参数】卷展栏中，设置【长度】为 100、【宽度】为 150、【高度】为 8，设置【长度分段】为 3、【宽度分段】为 3、【高度分段】为 1，如图 4-83 所示。

(2) 在【修改器列表】中选择【编辑多边形】修改器，将当前选择集定义为【顶点】，在【前】视图中调整顶点的位置，如图 4-84 所示。

知识链接

顶点是位于相应位置的点，它们定义构成多边形对象的其他子对象的结构。当移动或编辑顶点时，它们形成的几何体也会受影响。顶点也可以独立存在；这些孤立顶点可以用来构建其他几何体，但在渲染时，它们是不可见的。

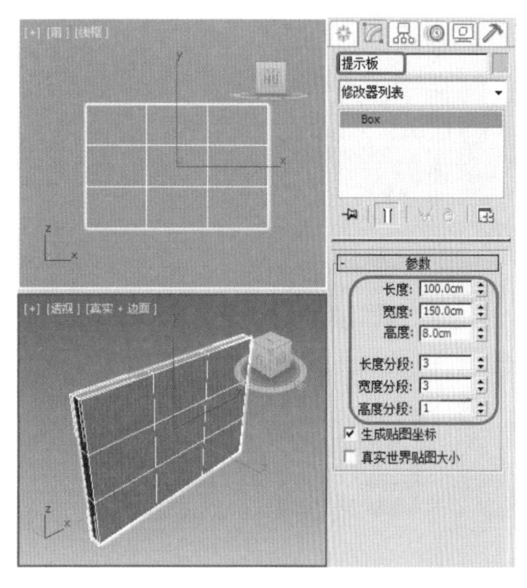

图 4-83　创建提示板

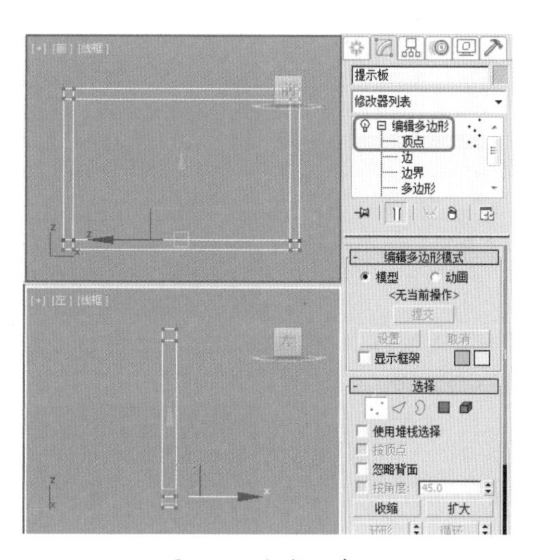

图 4-84　调整顶点

(3) 将当前选择集定义为【多边形】，在【前】视图中选择多边形，在【编辑多边形】卷展栏中单击【挤出】后面的【设置】按钮，在弹出的【挤出多边形】对话框中，将【挤出高度】设置为 –5.25，单击【确定】按钮，如图 4-85 所示。

知识链接

【挤出】：直接在视口中操作时，可以执行手动挤出操作。单击此按钮，然后垂直拖动任何多边形，以便将其挤出。挤出多边形时，这些多边形将会沿着法线方向移动，然后创建形成挤出边的新多边形，从而将选择与对象相连。

下面是多边形挤出的重要方面。

如果鼠标光标位于选定多边形上，将会更改为【挤出】光标。

垂直拖动时，可以指定挤出的范围；水平拖动时，可以设置基本多边形的大小。

选定多个多边形时，如果拖动任何一个多边形，将会均匀地挤出所有的选定多边形。

激活【挤出】按钮时，可以依次拖动其他多边形，使其挤出。再次单击【挤出】或在活动视口中右键单击，以便结束操作。

(4) 确定多边形处于选择状态，在【多边形：材质 ID】卷展栏中将【设置 ID】设置为 1，如图 4-86 所示。

(5) 在菜单栏中选择【编辑】|【反选】命令，反选多边形，在【多边形：材质 ID】卷展栏中将【设置 ID】设置为 2，如图 4-87 所示。

(6) 关闭当前选择集，按 M 键打开【材质编辑器】窗口，选择一个新的材质样本球，将其命名为【提示板】，然后单击 Standard 按钮，在弹出的【材质 / 贴图浏览器】对话框中选择【多维 / 子对象】材质，单击【确定】按钮，如图 4-88 所示。

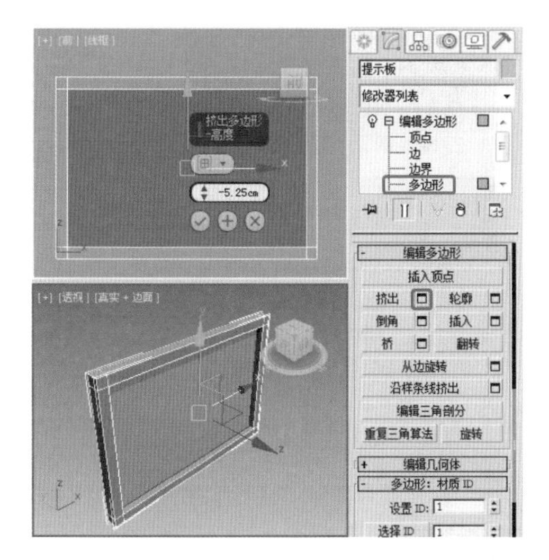

图 4-85　设置挤出高度

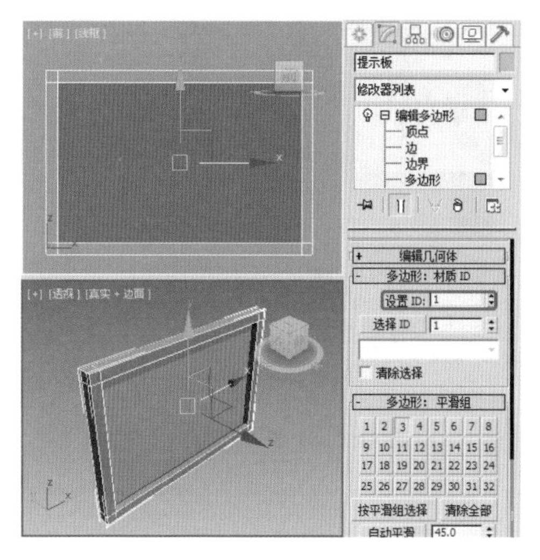

图 4-86　设置多边形的材质 ID

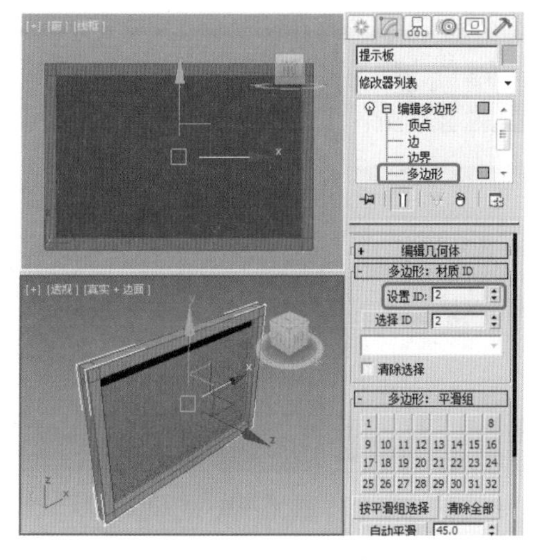

图 4-87　设置多边形的材质 ID

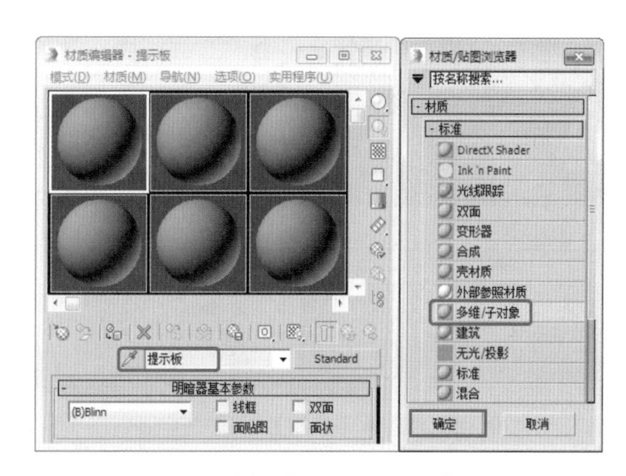

图 4-88　选择【多维 / 子对象】材质

(7) 弹出【替换材质】对话框，在该对话框中选中【将旧材质保存为子材质】单选按钮，单击【确定】按钮，如图 4-89 所示。

(8) 在【多维 / 子对象基本参数】卷展栏中单击【设置数量】按钮，在弹出的对话框中设置【材质数量】为 2，单击【确定】按钮，如图 4-90 所示。

(9) 在【多维 / 子对象基本参数】卷展栏中单击 ID1 右侧的子材质按钮，进入 ID1 材质的设置面板，在【贴图】卷展栏中，单击【漫反射颜色】右侧的【无】按钮，在弹出的【材质 / 贴图浏览器】对话框中选择【位图】贴图，单击【确定】按钮，如图 4-91 所示。

(10) 在弹出的对话框中打开随书附带光盘中的引导图 .jpg 素材文件，在【坐标】卷展栏中，将【瓷砖】下的 U、V 均设置为 3，如图 4-92 所示。

图 4-89　替换材质

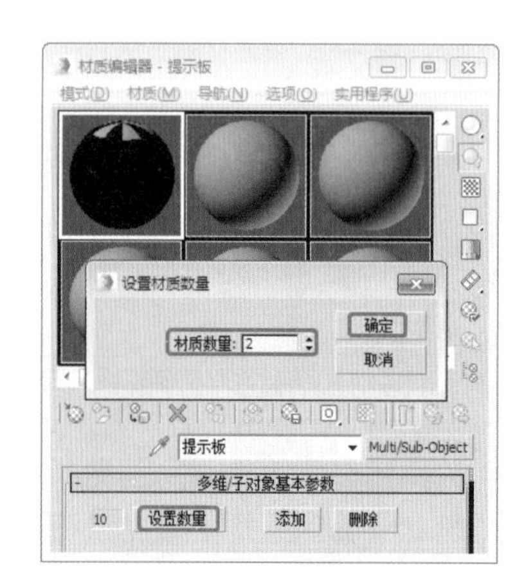

图 4-90　设置材质数量

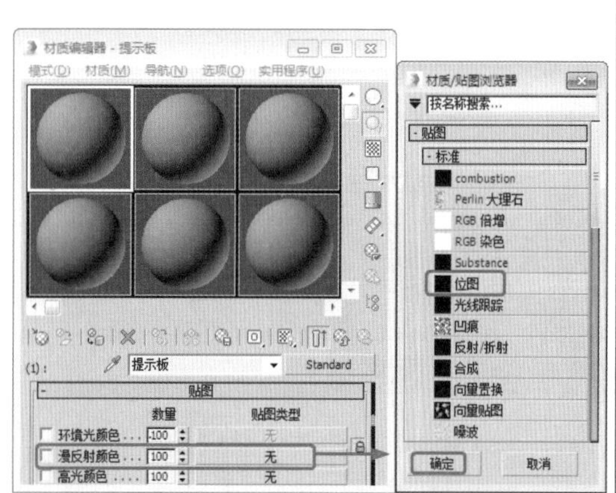

图 4-91　选择【位图】贴图

图 4-92　设置参数

(11) 单击两次【转到父对象】按钮，在【多维 / 子对象基本参数】卷展栏中单击 ID2 右侧的子材质按钮，在弹出的【材质 / 贴图浏览器】对话框中选择【标准】材质，单击【确定】按钮，如图 4-93 所示。

(12) 进入 ID2 材质的设置面板，在【Blinn 基本参数】卷展栏中，将【环境光】和【漫反射】的 RGB 值均设置为 240、255、255，将【自发光】设置为 20，在【反射高光】选项组中，将【高光级别】和【光泽度】均设置为 0，如图 4-94 所示。单击【转到父对象】按钮返回到主材质面板，并单击【将材质指定给选定对象】按钮，将材质指定给场景中的【提示板】对象。

(13) 在工具栏中选择【选择并旋转】按钮，在【左】视图中调整模型的角度，如图 4-95 所示。

(14) 选择【创建】|【几何体】|【圆柱体】工具，在【顶】视图中创建圆柱体，将其命名为【支架 001】，切换到【修改】命令面板，在【参数】卷展栏中，将【半径】设置为 3、【高度】设置为 200、【高度分段】设置为 1、【端面分段】设置为 1、【边数】设置为 18，如图 4-96 所示。

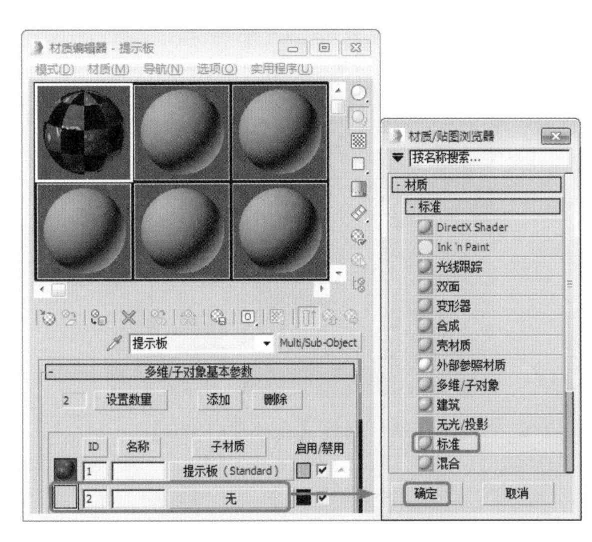
图 4-93　选择【标准】材质

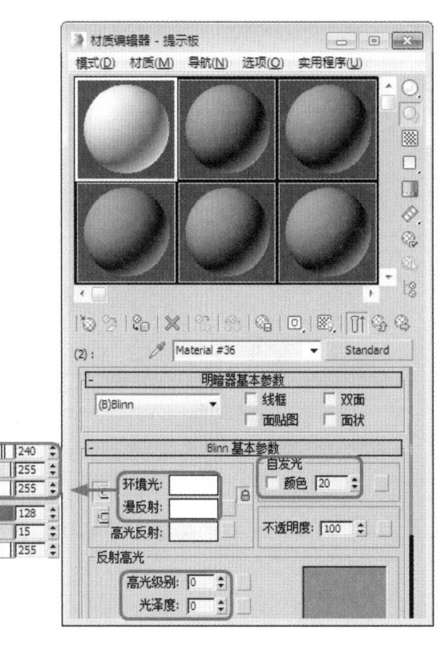
图 4-94　设置 ID2 材质

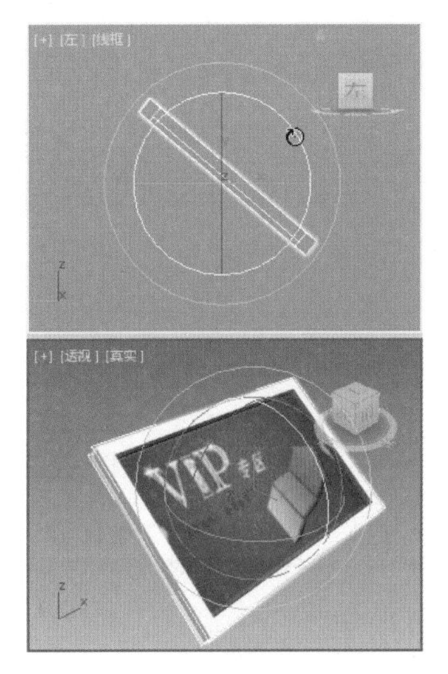
图 4-95　调整旋转角度

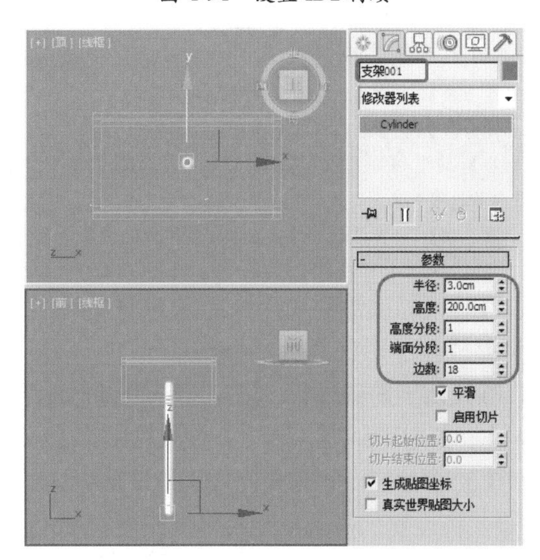
图 4-96　创建【支架 001】

(15) 按 M 键打开【材质编辑器】窗口，选择一个新的材质样本球，将其命名为【塑料】，在【Blinn 基本参数】卷展栏中，将【环境光】和【漫反射】的 RGB 值均设置为 240、255、255，将【自发光】设置为 20，在【反射高光】选项组中，将【高光级别】和【光泽度】均设置为 0，并单击【将材质指定给选定对象】按钮，将材质指定给【支架 001】对象，如图 4-97 所示。

(16) 选择【创建】|【几何体】|【扩展基本体】|【切角圆柱体】工具，在【顶】视图中创建切角圆柱体，将其命名为【支架塑料 001】，切换到【修改】命令面板，在【参数】卷展栏中设置【半径】为 3.5cm、【高度】为 10cm、【圆角】为 0.5cm，设置【高度分段】为 1、【圆角分段】为 2、【边数】为 18、【端面分段】为 1，如图 4-98 所示。

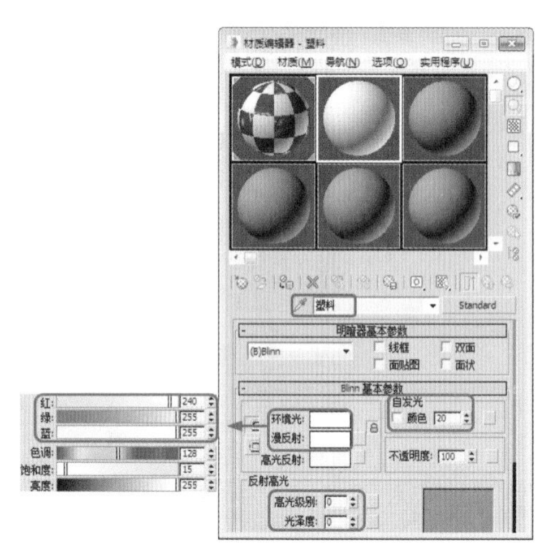

图 4-97　设置【塑料】材质

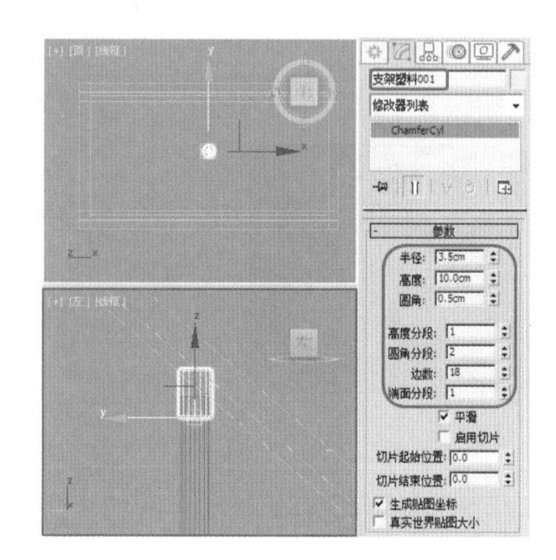

图 4-98　创建【支架塑料 001】

知识链接

【半径】：设置切角圆柱体的半径。

【高度】：设置沿着中心轴的维度。负数值将在构造平面下面创建切角圆柱体。

【圆角】：斜切切角圆柱体的顶部和底部封口边。数量越多将使沿着封口边的圆角越精细。

【高度分段】：设置沿着相应轴的分段数量。

【圆角分段】：设置圆柱体圆角边时的分段数。添加圆角分段曲线边缘，从而生成圆角圆柱体。

【边数】：设置切角圆柱体周围的边数。启用【平滑】时，较大的数值将着色和渲染为真正的圆。禁用【平滑】时，较小的数值将创建规则的多边形对象。

【端面分段】：设置沿着切角圆柱体顶部和底部的中心，同心分段的数量。

(17) 在【修改器列表】中选择 FFD 2×2×2 修改器，将当前选择集定义为【控制点】，在【左】视图中调整模型的形状，如图 4-99 所示。

(18) 关闭当前选择集，按 M 键打开【材质编辑器】窗口，选择一个新的材质样本球，将其命名为【黑色塑料】，在【Blinn 基本参数】卷展栏中将【环境光】和【漫反射】的 RGB 值均设置为 37、37、37，在【反射高光】选项组中，将【高光级别】设置为 57、将【光泽度】设置为 23。单击【将材质指定给选定对象】按钮，将设置的材质指定给【支架塑料 001】对象，如图 4-100 所示。

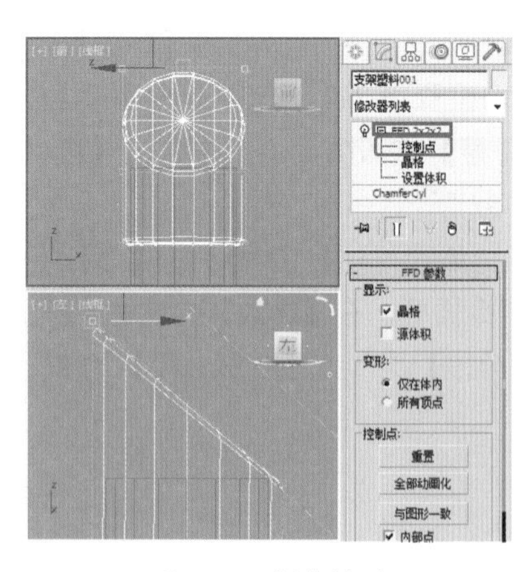

图 4-99　调整模型

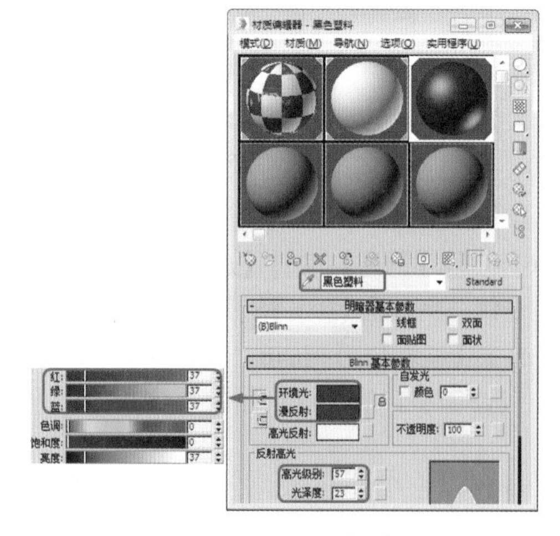

图 4-100　设置材质

(19) 确定【支架塑料001】对象处于选中状态，在【前】视图中按住Shift键沿Y轴向下移动对象，在弹出的对话框中选中【复制】单选按钮，并单击【确定】按钮，如图4-101所示。

(20) 确定【支架塑料002】对象处于选中状态，然后在【修改】命令面板中删除FFD 2×2×2修改器，如图4-102所示。

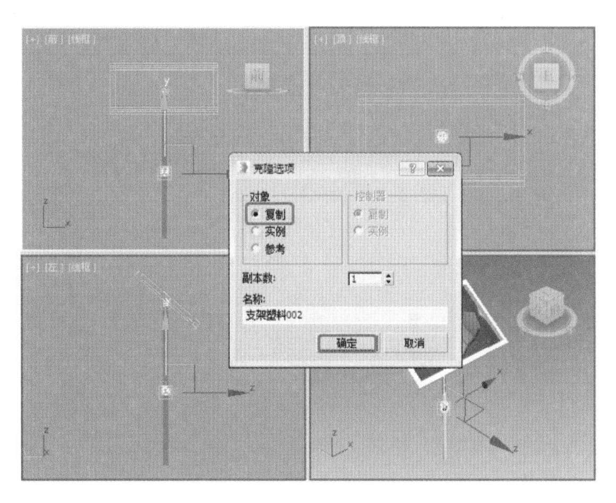

图4-101 复制对象

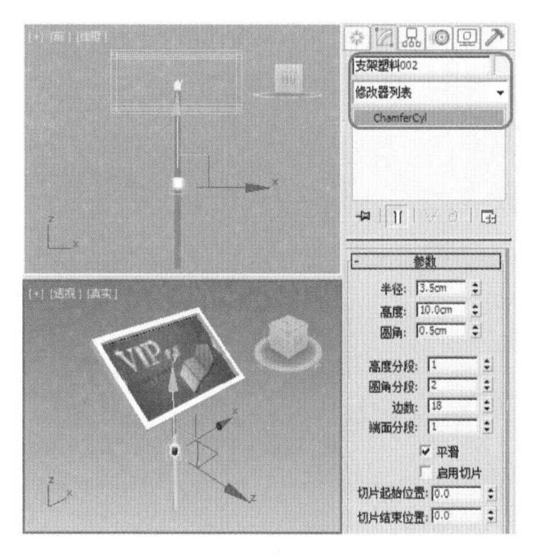

图4-102 删除修改器

(21) 选择【创建】 |【几何体】 |【标准基本体】|【圆柱体】工具，在【前】视图中创建圆柱体，将其命名为【支架塑料003】，切换到【修改】命令面板，在【参数】卷展栏中设置【半径】为2.8cm、【高度】为5cm、【高度分段】为1、【端面分段】为1、【边数】为18，如图4-103所示。

(22) 选择【创建】 |【图形】 |【星形】工具，在【前】视图中创建星形，切换到【修改】命令面板，在【参数】卷展栏中设置【半径1】为4.2cm、【半径2】为3.8cm、【点】为15、【圆角半径1】为0.3cm，如图4-104所示。

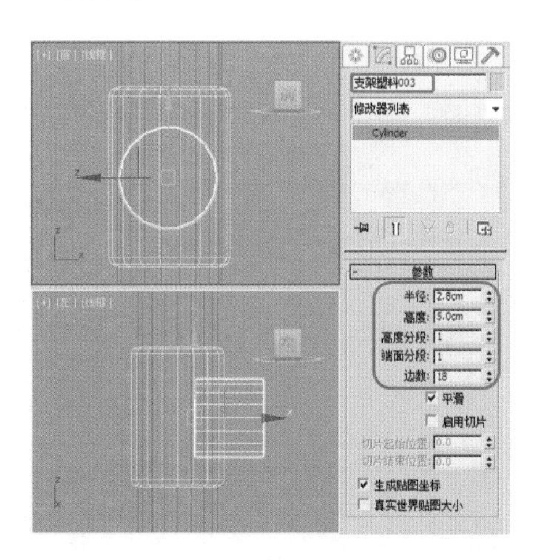

图4-103 创建【支架塑料003】

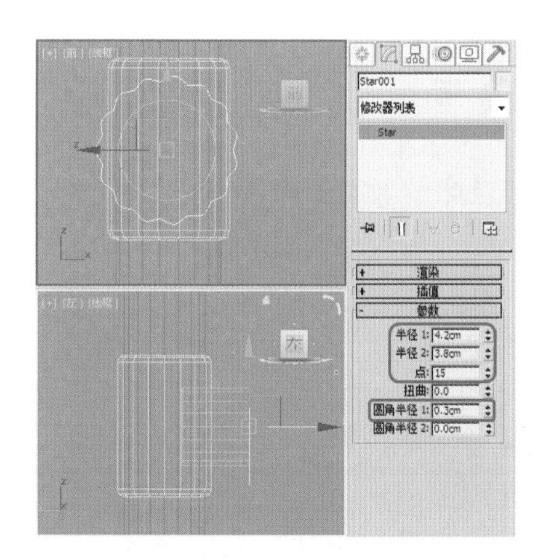

图4-104 创建星形

提 示

在创建星形样条线时，可以使用鼠标在步长之间平移和环绕视口。要平移视口，可按住鼠标中键或鼠标滚轮进行拖动。要环绕视口，可同时按住Alt键和鼠标中键(或鼠标滚轮)进行拖动。

(23) 在【修改器列表】中选择【挤出】修改器，在【参数】卷展栏中设置【数量】参数为 2cm，如图 4-105 所示。然后为【支架塑料 003】对象和星形对象指定【黑色塑料】材质。

(24) 选择【创建】 |【几何体】 |【长方体】工具，在【顶】视图中创建长方体，将其命名为【底座 001】，切换到【修改】命令面板，在【参数】卷展栏中设置【长度】为 20cm、【宽度】为 120cm、【高度】为 6cm、【长度分段】为 1、【宽度分段】为 1、【高度分段】为 1，如图 4-106 所示。

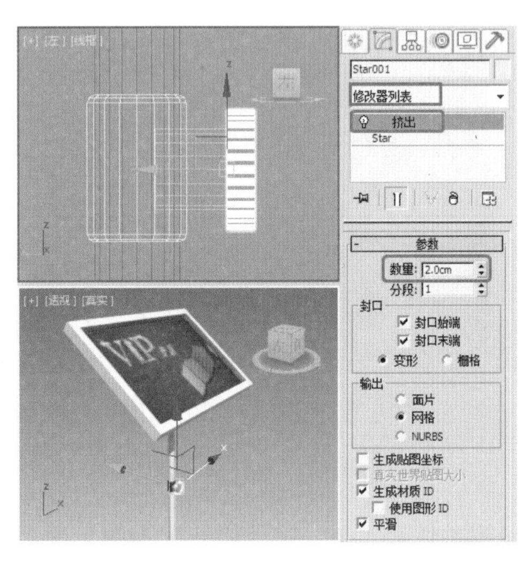

图 4-105　为星形施加【挤出】修改器

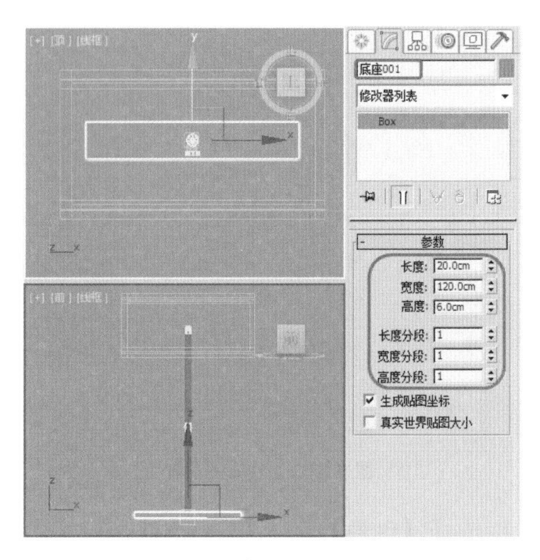

图 4-106　创建【底座 001】对象

(25) 在【顶】视图中复制【底座 001】对象并命名为【底座 002】，然后在【参数】卷展栏中，设置【长度】为 65cm、【宽度】为 6cm、【高度】为 6cm，并在场景中调整对象的位置，如图 4-107 所示。然后为【底座 001】和【底座 002】对象指定【塑料】材质。

(26) 在场景中复制【底座 002】对象，并将其命名为【底座塑料 001】，在【参数】卷展栏中修改【长度】为 8cm、【宽度】为 7cm、【高度】为 7cm，并在场景中调整模型的位置，如图 4-108 所示。

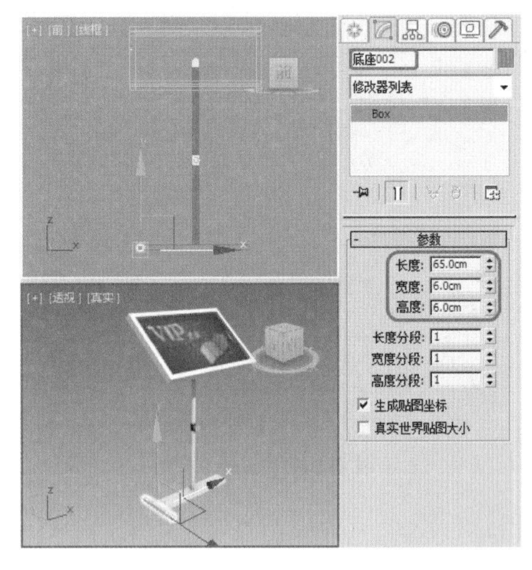

图 4-107　复制并调整对象位置

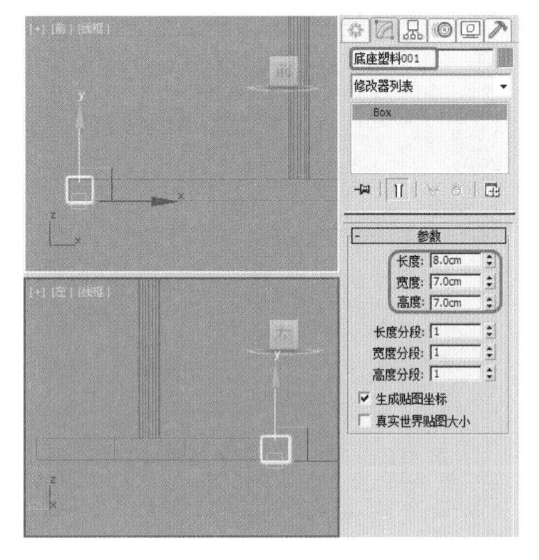

图 4-108　复制并调整模型的参数

(27) 在场景中复制【底座 002】和【底座塑料 001】，并在【顶】视图中将其调整至【底座 001】的另一端，如图 4-109 所示。然后为【底座塑料 001】和【底座塑料 002】对象指定【黑色塑料】材质。

(28) 同时选择【底座塑料 001】和【底座塑料 002】对象，并对其进行复制，然后在场景中调整其位置，效果如图 4-110 所示。

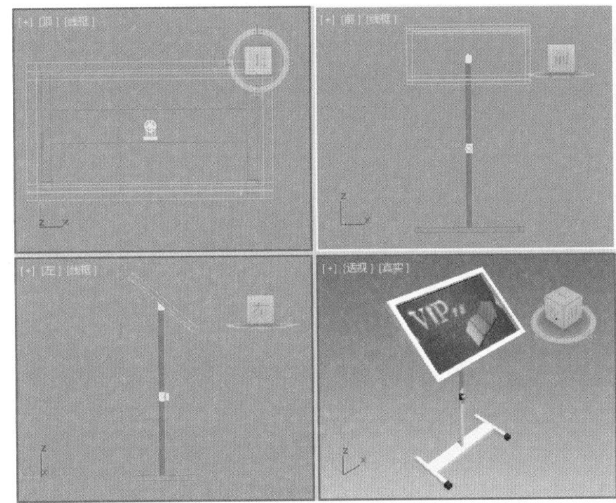

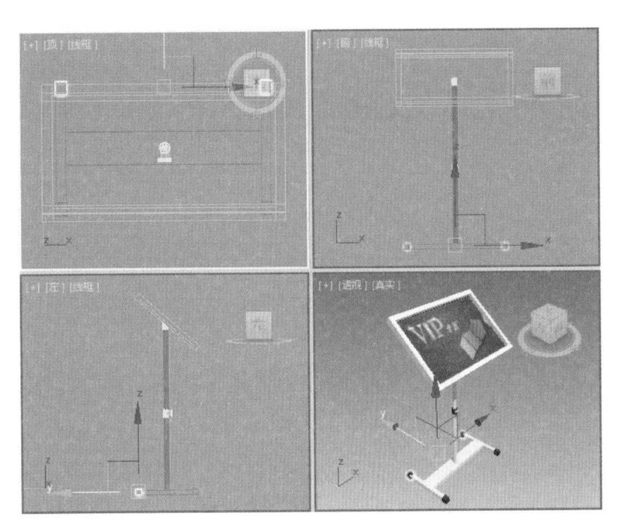

图 4-109　复制并调整模型

图 4-110　复制并调整位置

(29) 选择【创建】|【图形】|【线】工具，在【左】视图中创建截面图形，将其命名为【轮子 001】，切换到【修改】命令面板，将当前选择集定义为【顶点】，在场景中调整截面的形状，如图 4-111 所示。

(30) 关闭当前选择集，在【修改器列表】中选择【车削】修改器，在【参数】卷展栏中单击【方向】选项组中的 X 按钮，并将当前选择集定义为【轴】，在场景中调整轴，如图 4-112 所示。

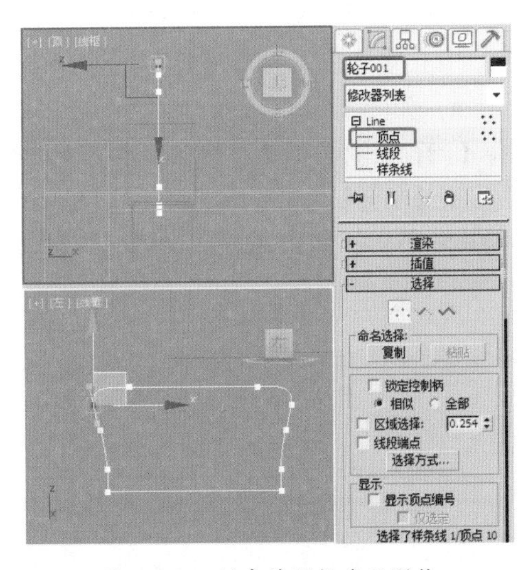

图 4-111　创建并调整截面形状

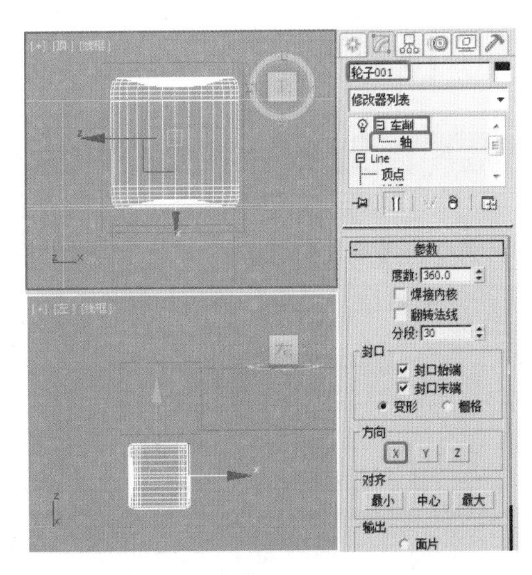

图 4-112　为截面图形施加【车削】修改器

(31) 关闭当前选择集，选择【创建】|【图形】|【弧】工具，在【前】视图中创建弧，如图 4-113 所示。

(32) 切换到【修改】命令面板，在【修改器列表】中选择【编辑样条线】修改器，将当前选择集定义为【样条线】，在场景中选择弧，在【几何体】卷展栏中设置【轮廓】为 –0.5，按 Enter 键设置出轮廓，如图 4-114 所示。

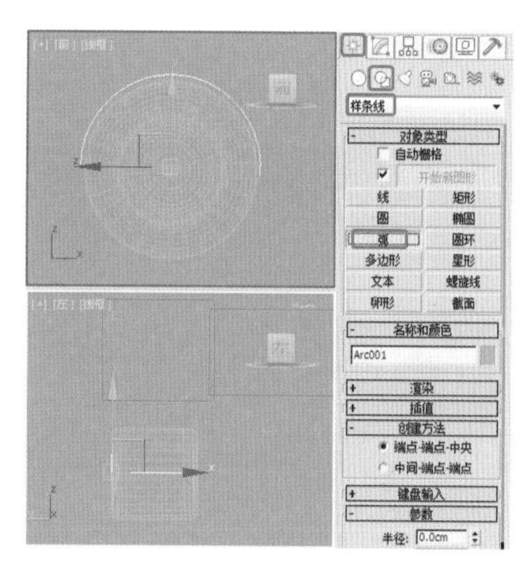

图 4-113　创建弧

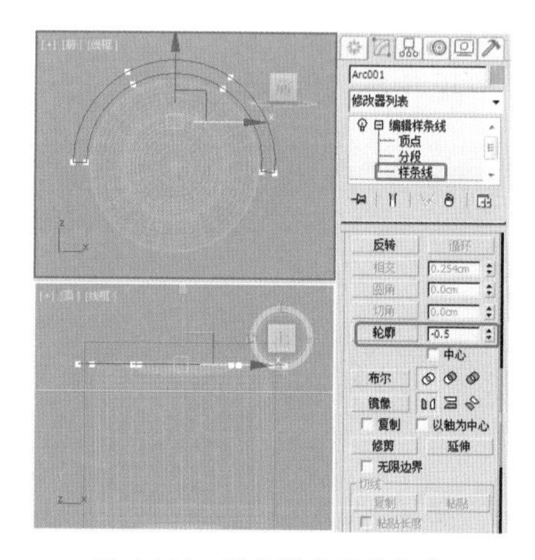

图 4-114　设置样条线的轮廓

知识链接

【轮廓】：制作样条线的副本，所有侧边上的距离偏移量由【轮廓宽度】微调器（在【轮廓】按钮的右侧）指定。选择一个或多个样条线，然后使用微调器动态地调整轮廓位置，或单击【轮廓】然后拖动样条线。如果样条线是开口的，生成的样条线及其轮廓将生成一个闭合的样条线。

提 示

通常，如果是使用微调器，则必须在使用【轮廓】之前选择样条线。但是，如果样条线对象仅包含一个样条线，则描绘轮廓的过程会自动选择它。

(33) 关闭当前选择集，在【修改器列表】中选择【倒角】修改器，在【倒角值】卷展栏中设置【级别 1】选项组中的【高度】为 0.1cm、【轮廓】为 0.1cm，勾选【级别 2】复选框，设置【高度】为 5cm；勾选【级别 3】复选框，设置【高度】为 0.1cm、【轮廓】为 –0.1cm，如图 4-115 所示。

(34) 选择【创建】 |【几何体】 |【圆柱体】工具，在【顶】视图中创建圆柱体，将其命名为【轴辘支架 001】，切换到【修改】命令面板，在【参数】卷展栏中设置【半径】为 1.4cm、【高度】为 3cm、【高度分段】为 5、【端面分段】为 1、【边数】为 12，如图 4-116 所示。然后为【轮子 001】、【轴辘支架 001】和圆弧对象指定【黑色塑料】材质。

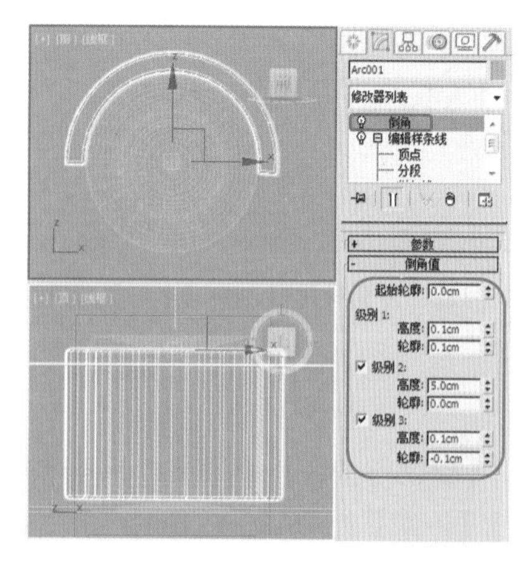

图 4-115　施加【倒角】修改器

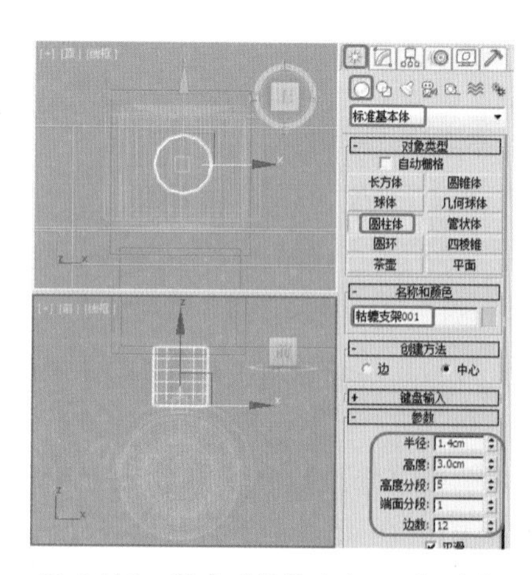

图 4-116　创建【轴辘支架 001】对象

(35) 在场景中同时选择【轮子001】、【轱辘支架001】和圆弧对象，并对其进行复制，然后调整其位置，效果如图 4-117 所示。

(36) 选择【创建】 | 【几何体】 | 【平面】工具，在【顶】视图中创建平面，切换到【修改】命令面板，在【参数】卷展栏中，将【长度】设置为 122cm、【宽度】设置为 179cm，如图 4-118 所示。

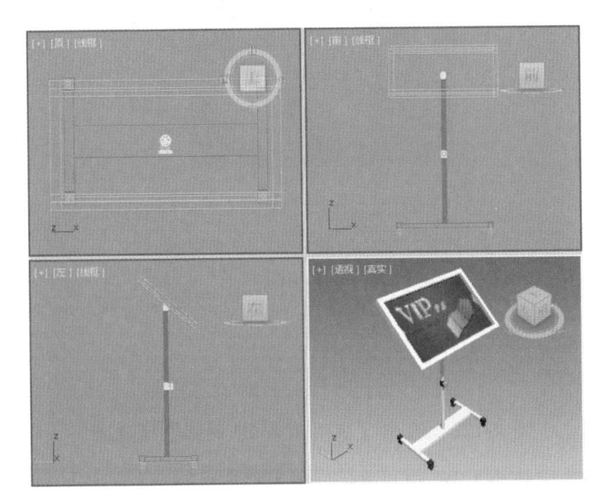

图 4-117 复制并调整对象位置

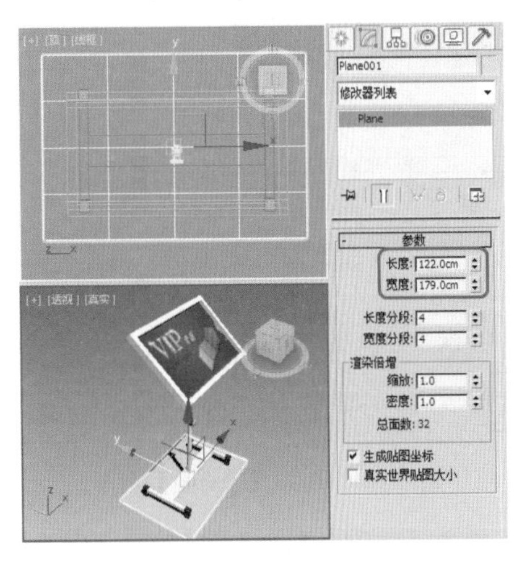

图 4-118 创建平面对象

(37) 右击平面对象，在弹出的快捷菜单中选择【对象属性】命令，弹出【对象属性】对话框，在【显示属性】选项组中选中【透明】复选框，单击【确定】按钮，如图 4-119 所示。

(38) 按 M 键打开【材质编辑器】窗口，选择一个新的材质样本球，并单击 Standard 按钮，在弹出的【材质 / 贴图浏览器】对话框中选择【无光 / 投影】材质，单击【确定】按钮，如图 4-120 所示。

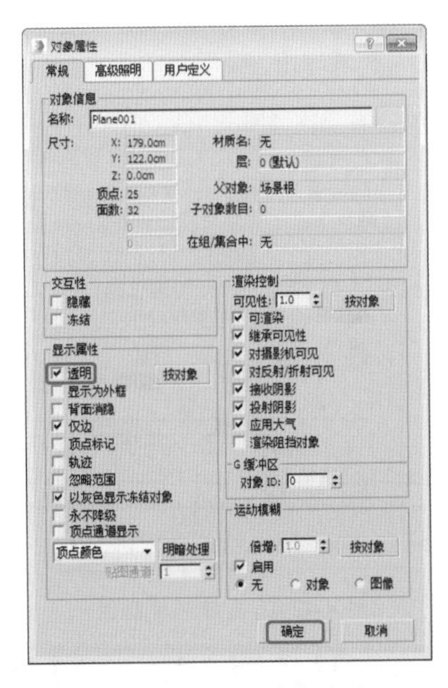

图 4-119 设置对象属性

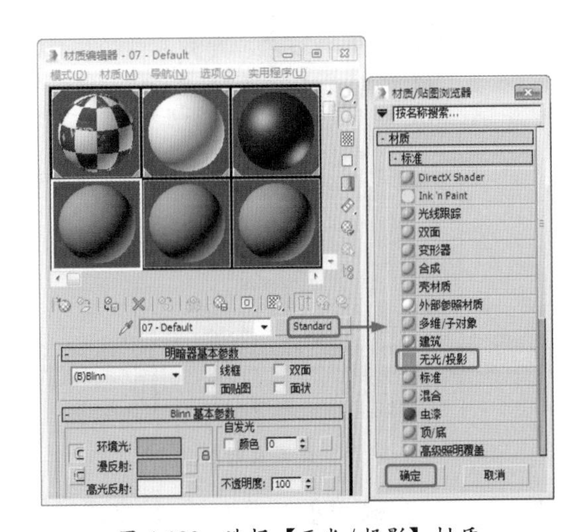

图 4-120 选择【无光 / 投影】材质

(39) 然后在【无光 / 投影基本参数】卷展栏中，单击【反射】选项组中【贴图】右侧的【无】按钮，在弹出的【材质 / 贴图浏览器】对话框中选择【平面镜】材质，单击【确定】按钮，如图 4-121 所示。

(40) 在【平面镜参数】卷展栏中选中【应用于带 ID 的面】复选框，如图 4-122 所示。

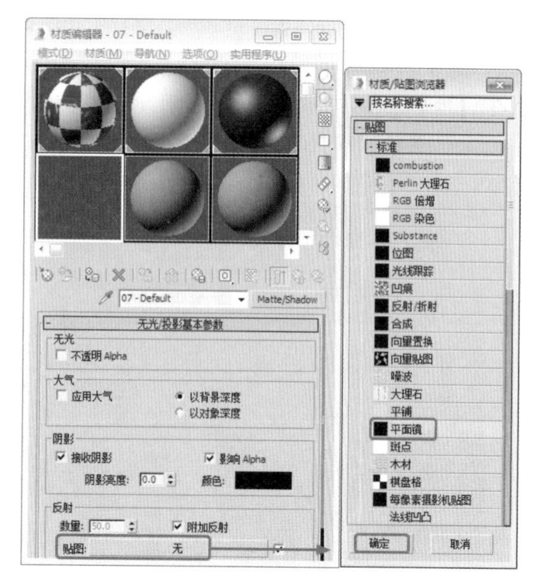

图 4-121　选择【平面镜】材质

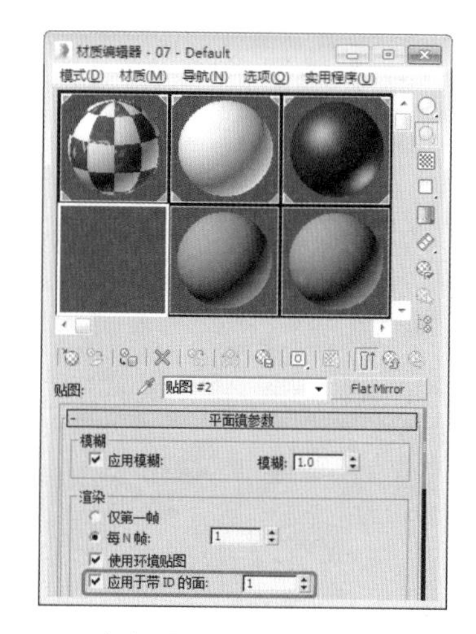

图 4-122　选中【应用于带 ID 的面】复选框

(41) 单击【转到父对象】按钮，在【无光 / 投影基本参数】卷展栏中，将【反射】选项组中的【数量】设置为 10，然后单击【将材质指定给选定对象】按钮，将材质指定给平面对象，如图 4-123 所示。

(42) 按 8 键弹出【环境和效果】对话框，在【公用参数】卷展栏中单击【无】按钮，在弹出的【材质 / 贴图浏览器】对话框中双击【位图】贴图，再在弹出的对话框中打开随书附带光盘中的引导提示板背景 .jpg 素材文件，如图 4-124 所示。

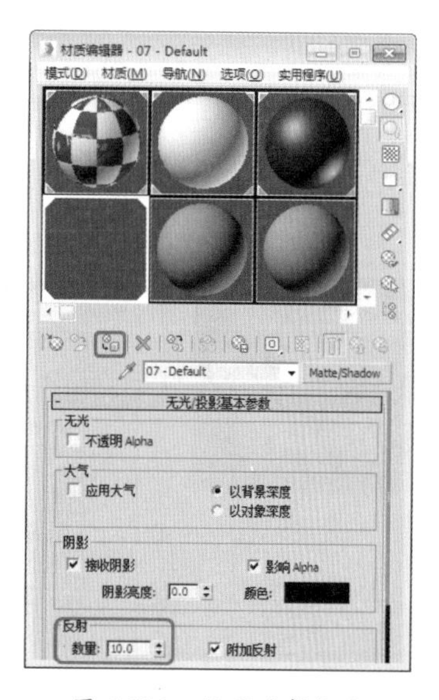

图 4-123　设置反射数量

图 4-124　选择环境贴图

(43) 在【环境和效果】对话框中，将环境贴图按钮拖曳至新的材质样本球上，在弹出的【实例 (副本) 贴图】对话框中选中【实例】单选按钮，并单击【确定】按钮，然后在【坐标】卷展栏中，将【贴图】设置为【屏幕】，如图 4-125 所示。

(44) 激活【透视】视图，在菜单栏中选择【视图】|【视口背景】|【环境背景】命令，即可在【透视】视图中显示环境背景，如图 4-126 所示。

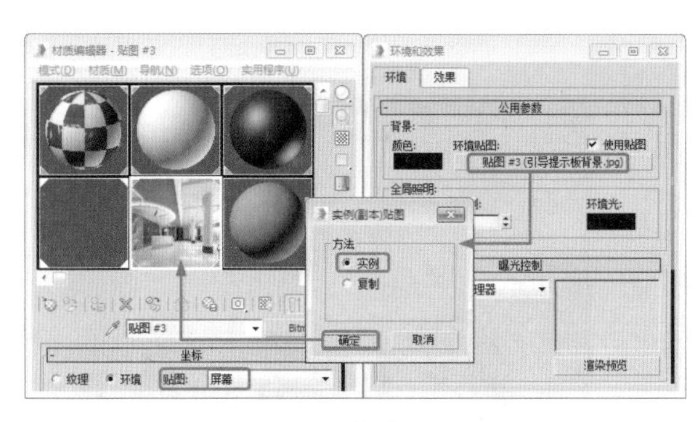
图 4-125 拖曳并设置贴图

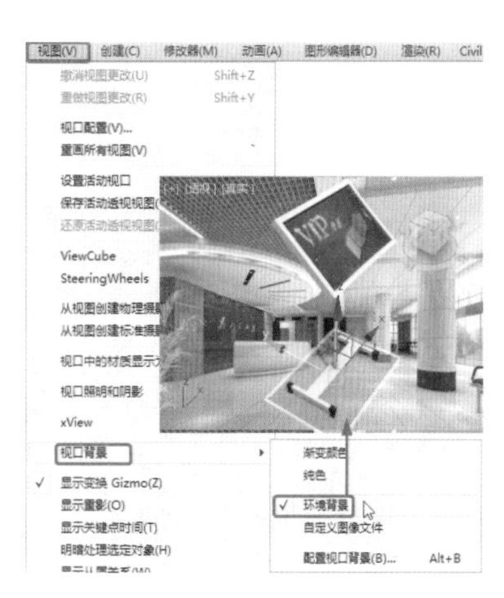
图 4-126 显示环境背景

(45) 选择【创建】 |【摄影机】 |【目标】工具，在视图中创建摄影机，激活【透视】视图，按C键将其转换为摄影机视图，切换到【修改】命令面板，在【参数】卷展栏中，将【镜头】设置为25，并在其他视图中调整摄影机位置，效果如图 4-127 所示。

(46) 选择【创建】 |【灯光】 |【标准】|【泛光】工具，在【顶】视图中创建泛光灯，并在其他视图中调整灯光的位置，切换至【修改】命令面板，在【常规参数】卷展栏中，勾选【阴影】选项组中的【启用】复选框，将阴影模式定义为【阴影贴图】，在【强度 / 颜色 / 衰减】卷展栏中将【倍增】设置为 0.2，如图 4-128 所示。

知识链接

阴影贴图是一种渲染器在预渲染场景通道时生成的位图。阴影贴图不会显示透明或半透明对象投射的颜色。另一方面，阴影贴图可以拥有边缘模糊的阴影，但光线跟踪阴影无法做到这一点。阴影贴图从灯光的方向进行投影。采用这种方法时，可以生成边缘较为模糊的阴影。但是，与光线跟踪阴影相比，其所需的计算时间较少，但精确性较低。

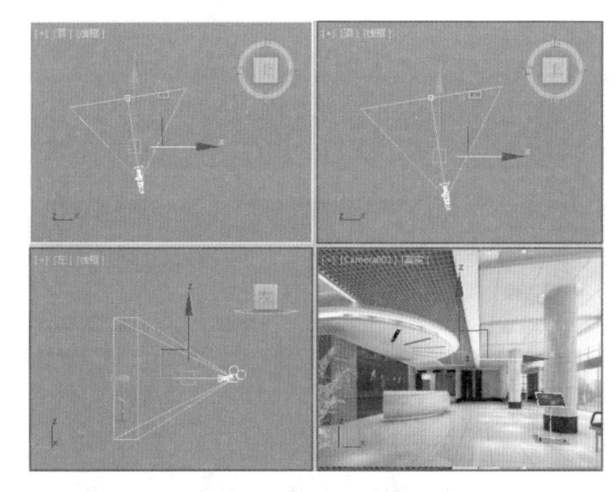
图 4-127 创建并调整摄影机

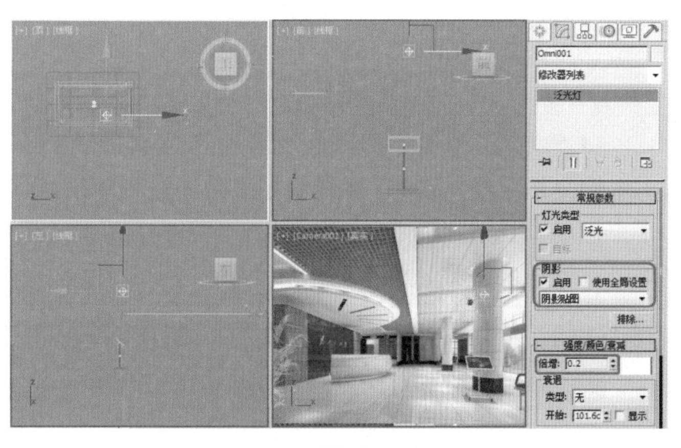
图 4-128 创建并调整泛光灯

(47) 选择【创建】 |【灯光】 |【标准】|【天光】工具，在【顶】视图中创建天光，切换到【修改】命令面板，在【天光参数】卷展栏中选中【投射阴影】复选框，如图 4-129 所示。

(48) 至此，引导提示板就制作完成了，在【渲染设置】对话框中设置渲染参数，渲染后的效果如图 4-130 所示。

提 示

当使用光能传递或光线跟踪时，该选项无效果

图 4-129　创建天光

图 4-130　渲染后的效果

案例精讲 039　制作公共空间果皮箱【视频案例】

本例介绍公共空间果皮箱的制作，该例主要是通过切角圆柱体来创建的，并将圆柱体转换为可编辑多边形，并对其进行调整，完成的效果如图 4-131 所示。

案例文件：CDROM \ Scenes \ Cha04　\ 公共空间果皮箱 OK.max

视频教学：视频教学 \ Cha04　\ 公共空间果皮箱 .avi

图 4-131　公共空间果皮箱效果

案例精讲 040　制作跳绳【视频案例】

本例介绍跳绳的制作。跳绳的把手是通过为矩形施加【编辑样条线】和【车削】修改器实现的，而绳的制作更为简单，使用【线】工具创建即可，完成的效果如图 4-132 所示。

案例文件：CDROM \ Scenes \ Cha04　\ 跳绳 OK.max

视频教学：频教学 \ Cha04　\ 跳绳 .avi

图 4-132　跳绳效果

案例精讲 041 制作草坪灯

本例将介绍几何体堆积而成的草坪灯，其中将使用【挤出】修改器调整灯罩，如图 4-133 所示。

图 4-133 草坪灯效果

案例文件：CDROM \ Scenes \ Cha04 \ 草坪灯 OK.max

视频教学：视频教学 \ Cha04 \ 草坪灯 .avi

(1) 选择【创建】|【几何体】|【扩展基本体】|【切角圆柱体】工具，在【顶】视图中创建一个【半径】为 100.0、【高度】为 800.0、【圆角】为 1.0、【高度分段】为 3、【圆角分段】为 1、【边数】为 30 的切角圆柱体，将其命名为【灯底】，如图 4-134 所示。

(2) 在场景中右击【灯底】模型，在弹出的快捷菜单中选择【转换为】|【转换为可编辑多边形】命令，单击【修改】按钮，进入【修改】命令面板，将当前选择集定义为【顶点】，在【前】视图中调整顶点的位置，如图 4-135 所示。

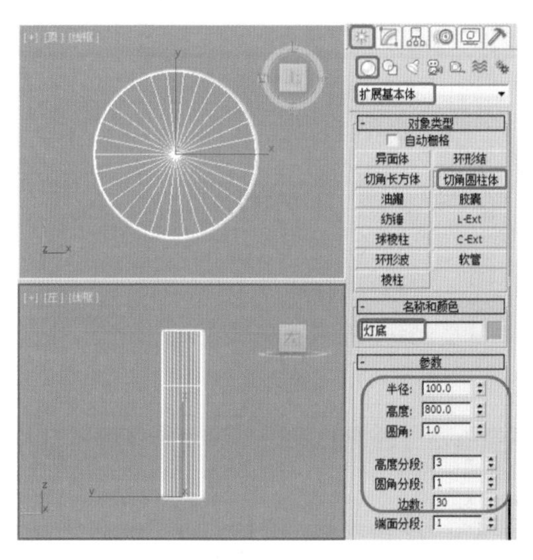

图 4-134 创建切角圆柱体

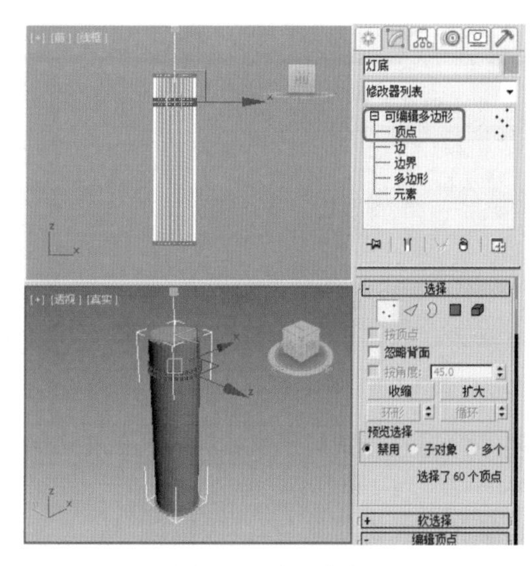

图 4-135 施加修改器

(3) 将当前选择集定义为【多边形】，在场景中选择图 4-136 所示的多边形。

(4) 在【编辑多边形】卷展栏中单击【挤出】按钮后面的□按钮，在弹出的对话框中选中【挤出类型】选项组中的【局部法线】单选按钮，设置【挤出高度】为 –3.0，单击【确定】按钮，如图 4-137 所示。

(5) 选择【创建】|【几何体】|【扩展基本体】|【切角圆柱体】工具，在【顶】视图中创建一个【半径】为 90.0、【高度】为 230.0、【圆角】为 90.0、【高度分段】为 1、【圆角分段】为 7、【边数】为 30 的切角圆柱体，将其命名为【灯】，如图 4-138 所示。

(6) 选择【创建】|【图形】|【线】工具，在【前】视图中创建样条线，单击【修改】按钮，进入【修改】命令面板，将当前选择集定义为【顶点】，在【前】视图中调整样条线的形状，将该模型命名为【灯罩 01】，如图 4-139 所示。

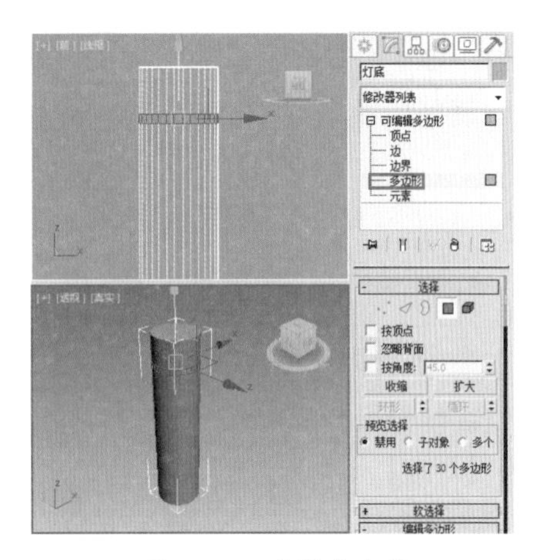

图 4-136　选择多边形

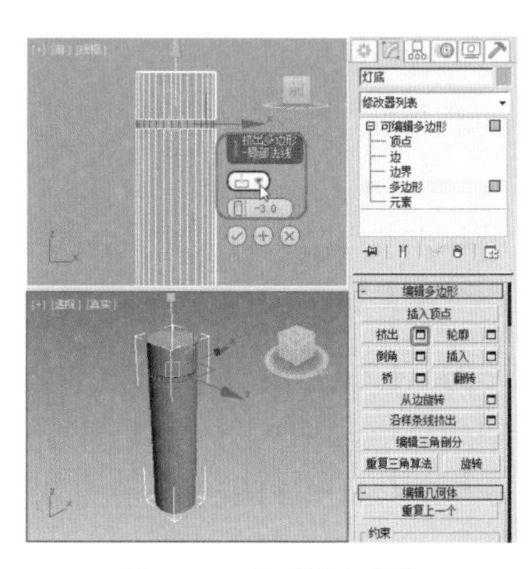

图 4-137　设置挤出参数

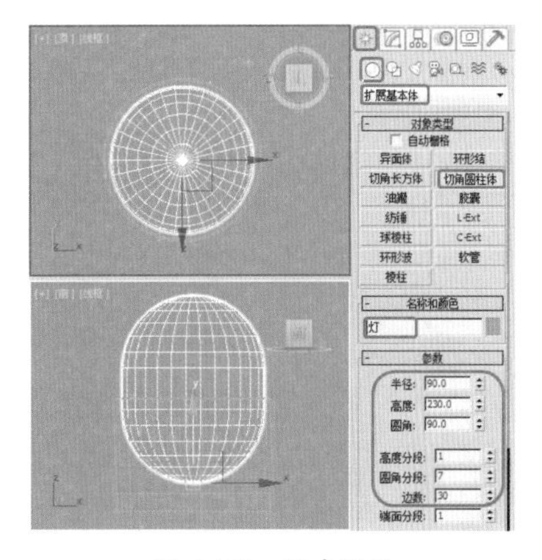

图 4-138　创建模型

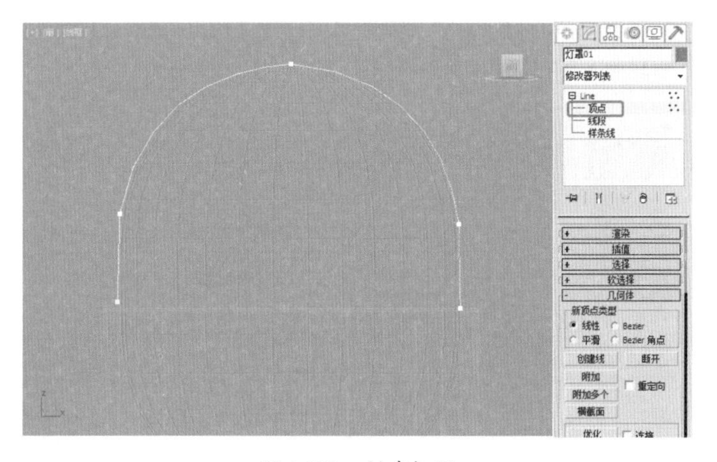

图 4-139　创建灯罩

(7) 选择【样条线】子物体层级，在【几何体】卷展栏中单击【轮廓】按钮，设置样条线的【轮廓】为 5.244，如图 4-140 所示。

(8) 取消当前选择集【样条线】，在【修改器列表】中选择【挤出】修改器，在【参数】卷展栏中设置【数量】为 15.0，并在场景中调整模型的位置，如图 4-141 所示。

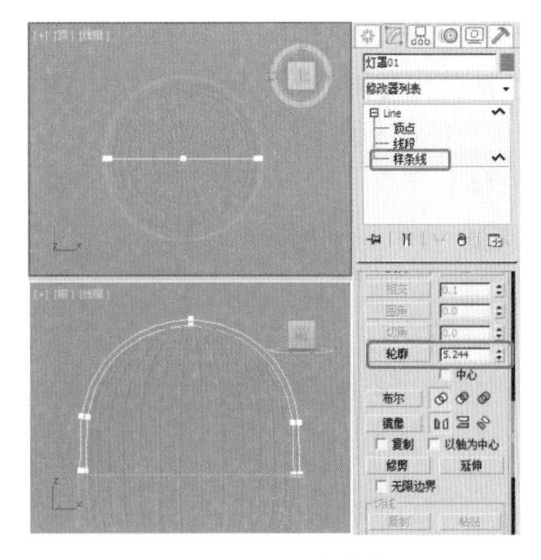

图 4-140　设置轮廓参数

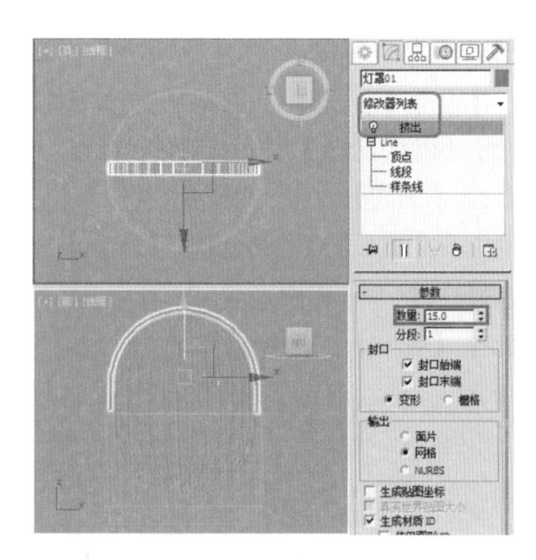

图 4-141　施加挤出修改器

(9) 在场景中旋转并复制模型，并调整模型的位置，如图 4-142 所示。

(10) 选择【创建】|【几何体】|【标准基本体】|【管状体】工具，在【顶】视图中创建【半径 1】为 90.0、【半径 2】为 95.0、【高度】为 15.0、【边数】为 36 的管状体，将其命名为【灯罩 03】，效果如图 4-143 所示。

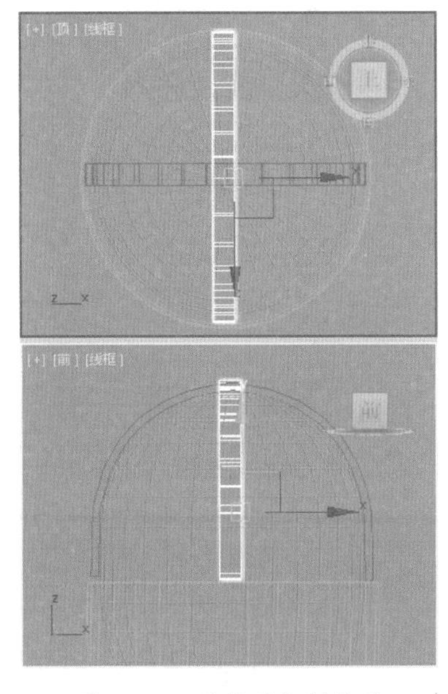

图 4-142 旋转并复制模型

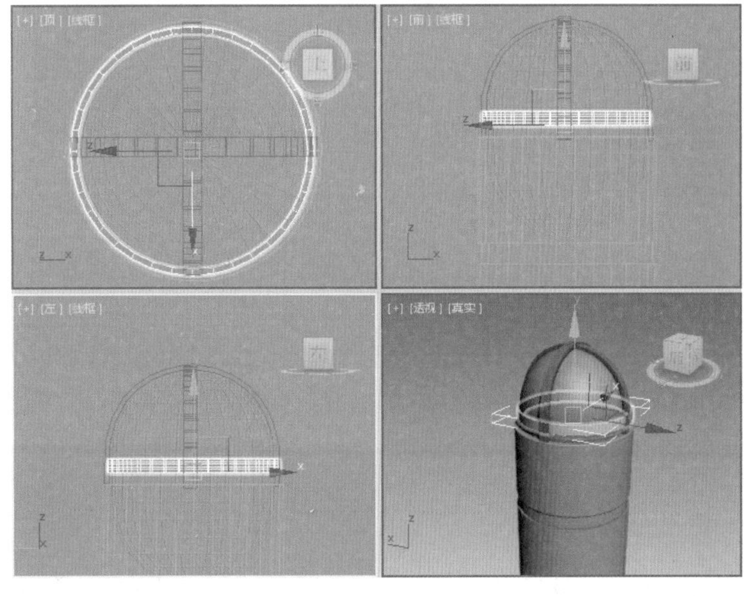

图 4-143 创建灯罩

(11) 在工具箱中单击【材质编辑器】按钮，在弹出的【材质编辑器】窗口中选择一个新的材质样本球，将其命名为【黑色塑料】，在【Blinn 基本参数】卷展栏中设置【环境光】和【漫反射】的 RGB 都为 58、58、58，在【反射高光】选项组中设置【高光级别】和【光泽度】参数分别为 50 和 30。在【贴图】卷展栏中选中【反射】复选框，并将其【数量】设置为 10，单击其后面的【无】按钮，在弹出的【材质 / 贴图浏览器】对话框中选择【位图】贴图，选择 house2.jpg 贴图，单击【确定】按钮，再在弹出的对话框中选择随书附带光盘 Map | house2.JPG 文件，单击【打开】按钮，进入贴图层级面板。在【坐标】卷展栏中设置【模糊偏移】为 0.05。将材质指定给场景中的【灯罩】和【灯底】对象，如图 4-144 所示。

(12) 在【材质编辑器】窗口中选择一个新的材质样本球，将其命名为【灯】，如图 4-145 所示。在【Blinn 基本参数】卷展栏中设置【环境光】、【漫反射】和【高光反射】的 RGB 都为 255、255、255，设置【自发光】选项组中的【颜色】为 20，设置【反射高光】选项组中的【高光级别】和【光泽度】分别为 50 和 32。将材质指定给场景中的【灯】对象。

(13) 在场景中创建白色的长方体，在【透视】视图中调整模型的角度，在【顶】视图中创建摄像机，然后在透视图中开启安全框模式，根据前面介绍过的方法添加环境背景，如图 4-146 所示。

(14) 在场景中创建天光和泛光灯，并调整灯光的位置，在【修改】命令面板中，取消选中【阴影】选项组中的【启用】复选框，将【强度 / 颜色 / 衰减】卷展栏中设置【倍增】参数为 0.15，如图 4-147 所示。

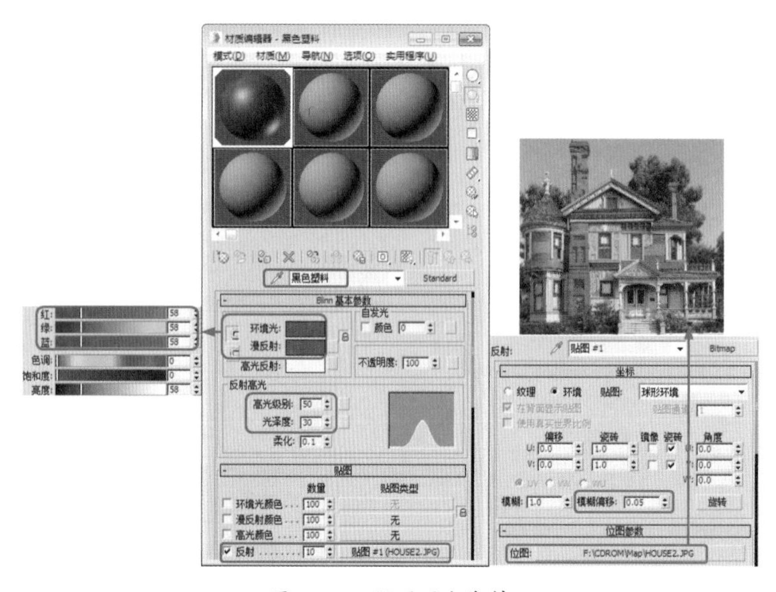
图 4-144 设置黑色塑料

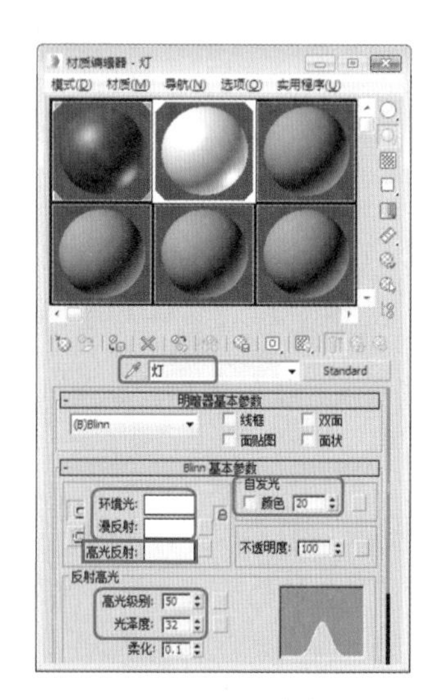
图 4-145 设置灯材质

图 4-146 设置摄像机

图 4-147 设置灯光

案例精讲 042 制作文件夹【视频案例】

文件夹如图 4-148 所示，其造型简单、美观，制作起来也比较容易。支架主要由样条线绘制而成，并在【渲染】卷展栏中设置它的可渲染度，其中文件夹和文件夹皮的制作主要是由样条线挤出而成的。

图 4-148 文件夹效果

案例文件：CDROM \ Scenes \ Cha04 \ 文件夹 OK.max

视频教学：视频教学 \ Cha04 \ 文件夹 .avi

案例精讲 043 制作显示器【视频案例】

图 4-149 液晶显示器效果

本例将介绍显示器的制作，效果如图 4-149 所示。该例中主要用到的工具有【切角长方体】工具、【圆柱体】工具、ProBoolean 工具和【切角圆柱体】工具等。

案例文件：CDROM \ Scenes \ Cha04 \ 显示器 OK.max
视频教学：视频教学 \ Cha04 \ 液晶显示器 .avi

案例精讲 044 制作骰子

图 4-150 骰子效果

最常见的骰子是六面骰，它是一颗正立方体，上面分别有 1 ～ 6 个孔（或数字），其相对两面数字之和必为 7。中国的骰子习惯在一点和四点漆上红色。本例将介绍骰子的制作方法，效果如图 4-150 所示。

案例文件：CDROM \ Scenes \ Cha04 \ 骰子 OK.max
视频教学：视频教学 \ Cha04 \ 骰子 .avi

(1) 选择【创建】 |【几何体】 |【扩展基本体】|【切角长方体】工具，在【顶】视图中创建一个切角长方体，切换到【修改】 命令面板，在【参数】卷展栏中将【长度】、【宽度】和【高度】均设置为 100，将【圆角】设置为 7，将【圆角分段】设置为 8，如图 4-151 所示。

(2) 选择【创建】 |【几何体】 |【标准基本体】|【球体】工具，在【顶】视图中创建一个球体，将【半径】设置为 16，如图 4-152 所示。

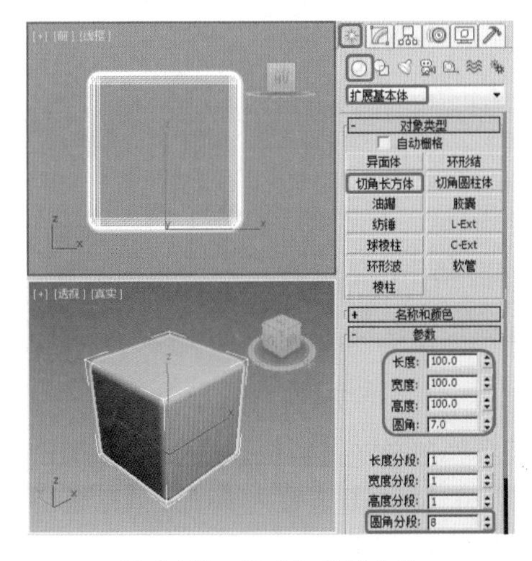

图 4-151 创建切角圆柱体

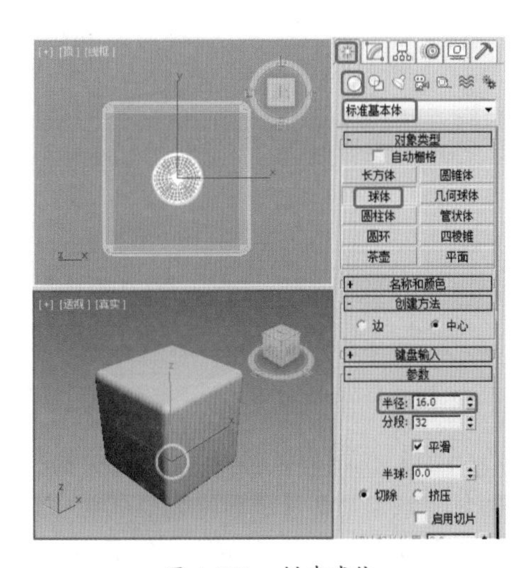

图 4-152 创建球体

(3) 选择创建的球体，在工具栏中单击【对齐】按钮 ，然后在【顶】视图中拾取创建的切角长方体，在弹出的对话框中选中【X 位置】、【Y 位置】和【Z 位置】复选框，将【当前对象】和【目标对象】设置为【中心】，单击【确定】按钮，如图 4-153 所示。

(4) 然后在【前】视图中使用【选择并移动】工具 ，沿 Y 轴向上调整球体，将其调整至图 4-154 所示的位置处。

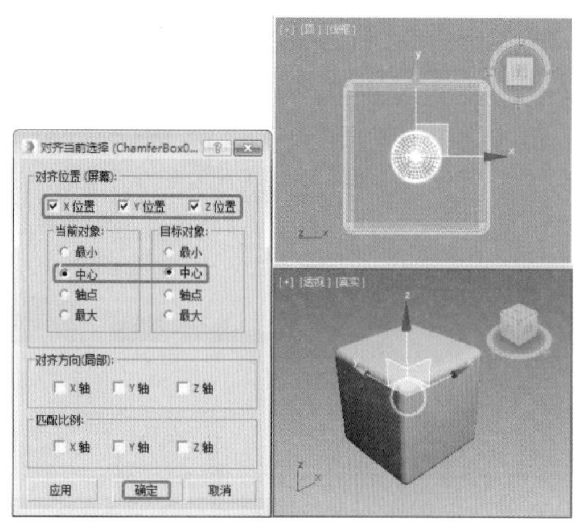

图 4-153　设置对齐

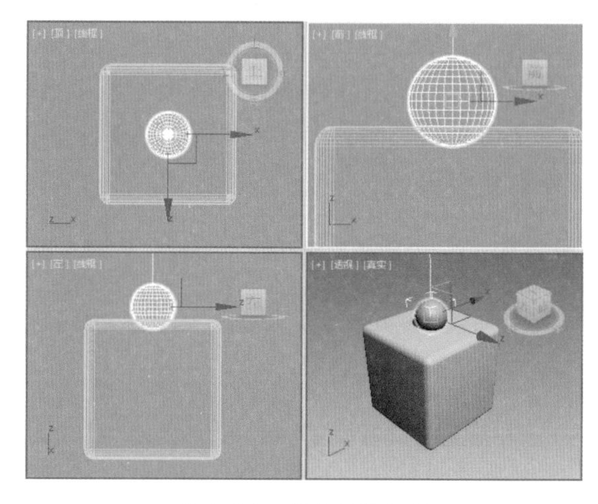

图 4-154　调整球体位置

(5) 继续使用【球体】工具在【顶】视图中绘制一个【半径】为 9 的球体，并在视图中调整其位置，如图 4-155 所示。

(6) 在【顶】视图中使用【选择并移动】工具，在按住 Shift 键的同时沿 Y 轴向下拖曳球体，拖曳至切角长方体中间位置处松开鼠标左键，弹出【克隆选项】对话框，选中【复制】单选按钮，将【副本数】设置为 2，单击【确定】按钮，如图 4-156 所示。

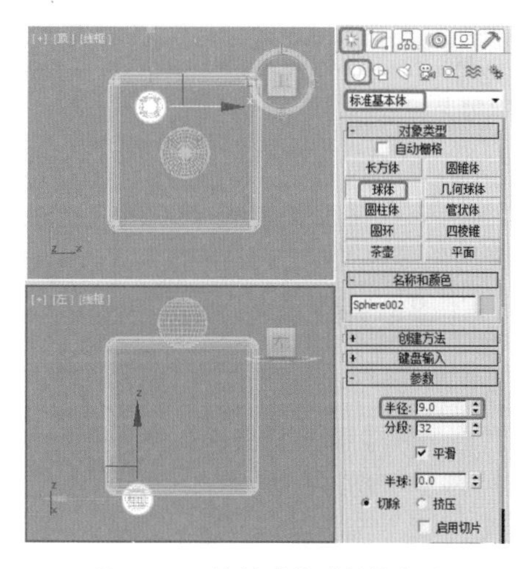

图 4-155　绘制球体并调整位置

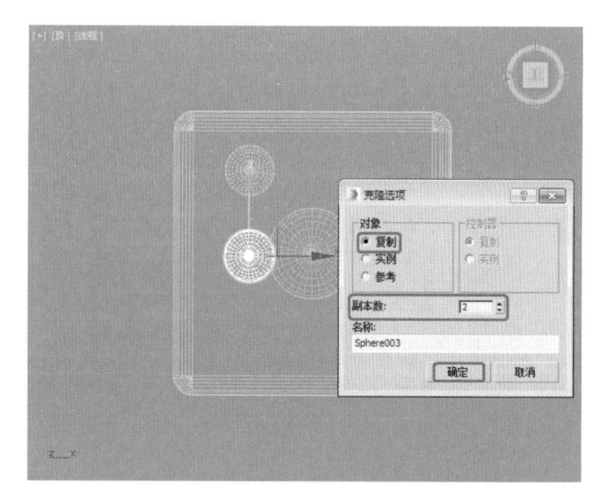

图 4-156　复制球体

(7) 在【顶】视图中选择【半径】为 9 的 3 个球体，在工具栏中单击【镜像】按钮，弹出【镜像：屏幕 坐标】对话框，在【镜像轴】选项组中选中 X 单选按钮，将【偏移】设置为 46，在【克隆当前选择】选项组中选中【复制】单选按钮，然后单击【确定】按钮，如图 4-157 所示。

(8) 在场景中选择所有【半径】为 9 的球体，结合前面介绍的方法，对其进行复制，效果如图 4-158 所示。

(9) 在工具栏中右击【角度捕捉切换】按钮，弹出【栅格和捕捉设置】对话框，选择【选项】选项卡，将【角度】设置为 10 度，然后关闭对话框即可，如图 4-159 所示。

(10) 确认复制后的球体处于选择状态，在工具栏中单击【角度捕捉切换】按钮和【选择并旋转】按钮，在【左】视图中沿 X 轴旋转 –90 度，如图 4-160 所示。

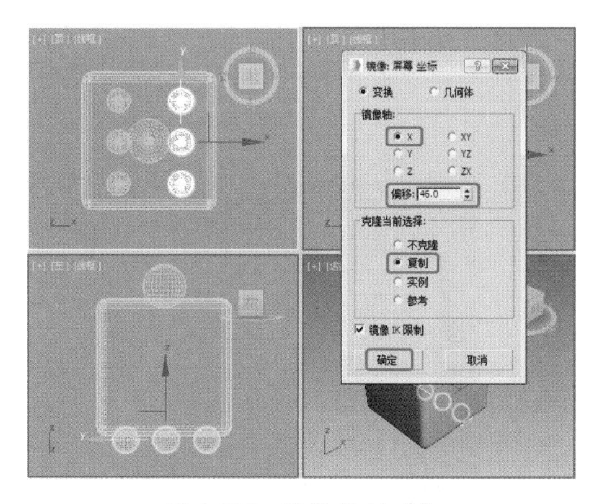

图 4-157　镜像复制对象

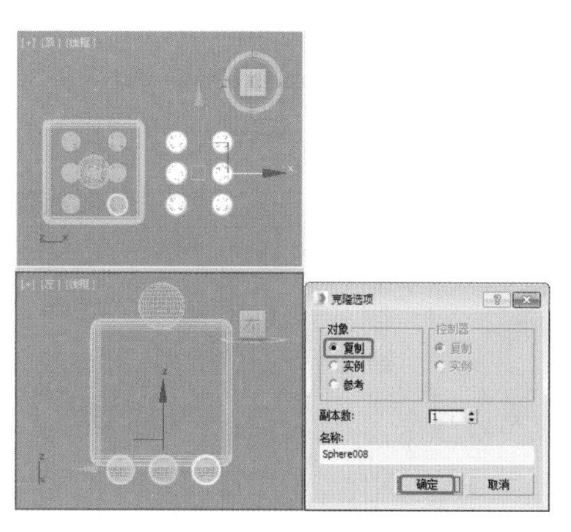

图 4-158　复制球体

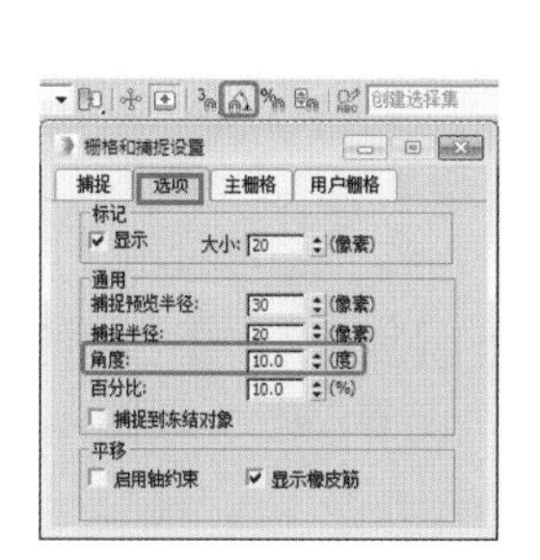

图 4-159　设置角度

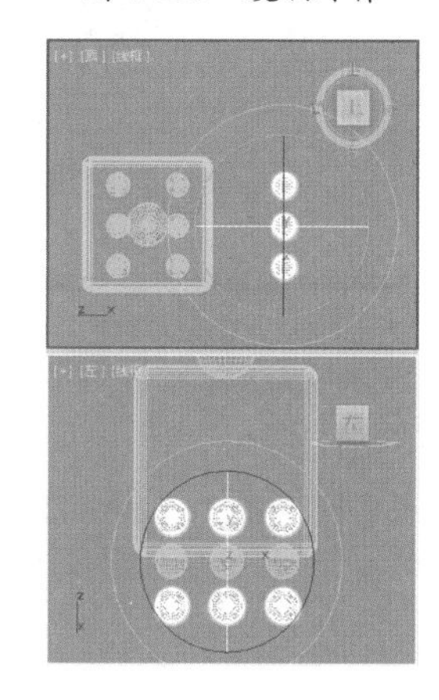

图 4-160　旋转对象

(11) 然后在其他视图中调整其位置，并在【左】视图中将上方中间的球体删除，效果如图 4-161 所示。

(12) 在【左】视图中选择下方中间的球体，在工具栏中单击【对齐】按钮，然后在【左】视图中拾取创建的切角长方体，在弹出的对话框中只勾选【Y 位置】复选框，将【当前对象】和【目标对象】设置为【中心】，单击【确定】按钮，如图 4-162 所示。

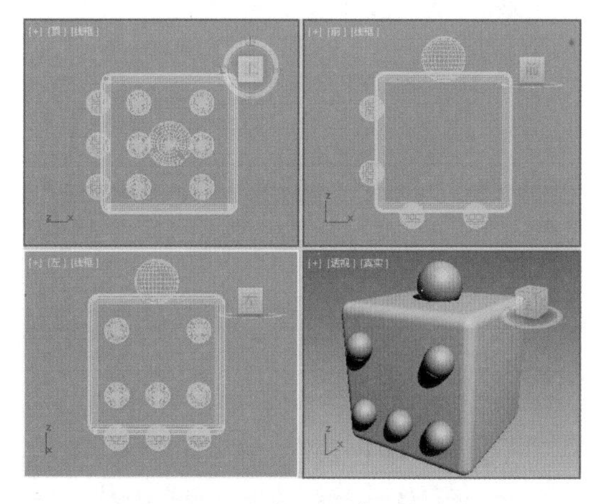

图 4-161　调整位置并删除球体

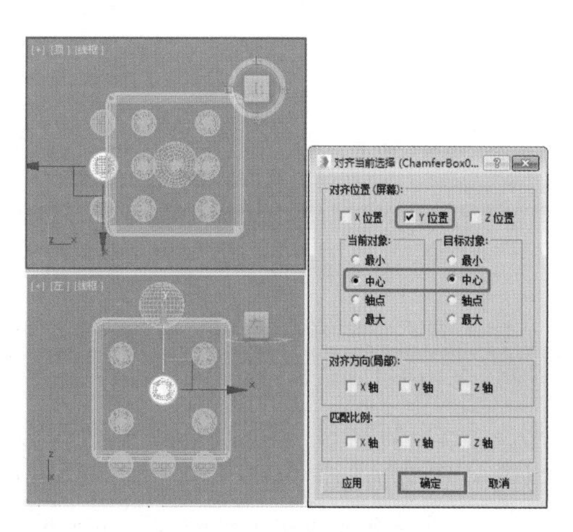

图 4-162　设置对齐方式

(13) 使用同样的方法，在切角长方体的其他面添加球体对象，效果如图 4-163 所示。

(14) 在场景中选择 Sphere001 对象，并单击鼠标右键，在弹出的快捷菜单中选择【转换为】|【转换为可编辑多边形】命令，如图 4-164 所示。

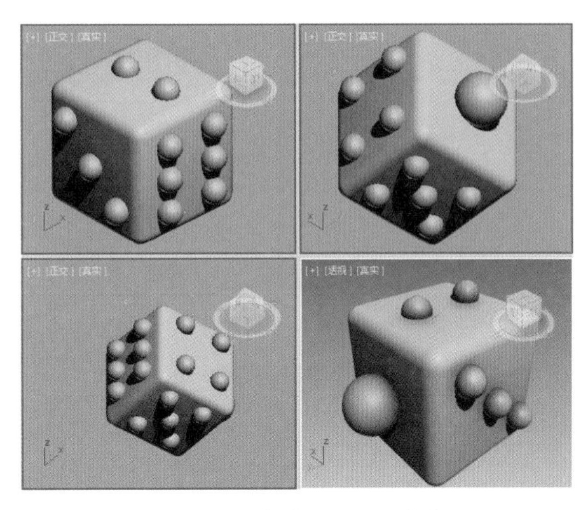

图 4-163　在其他面添加球体

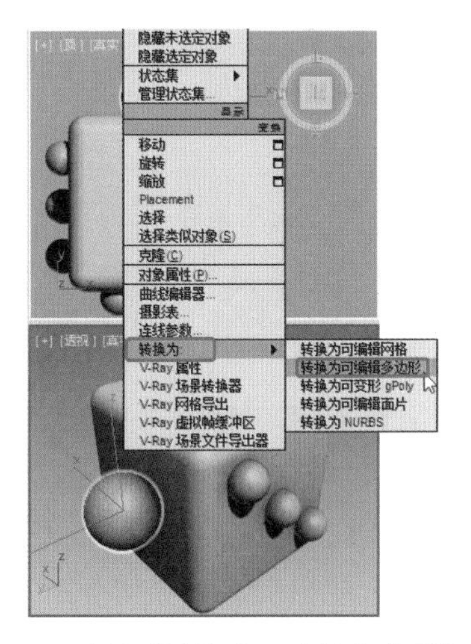

图 4-164　选择【转换为可编辑多边形】命令

(15) 切换到【修改】命令面板，在【编辑几何体】卷展栏中单击【附加】按钮右侧的【附加列表】按钮，在弹出的对话框中选择所有的球体对象，然后单击【附加】按钮，如图 4-165 所示。

(16) 在场景中选择切角长方体，然后选择【创建】|【几何体】|【复合对象】|【布尔】工具，在【拾取布尔】卷展栏中单击【拾取操作对象 B】按钮，在场景中单击拾取附加后的球体，如图 4-166 所示。

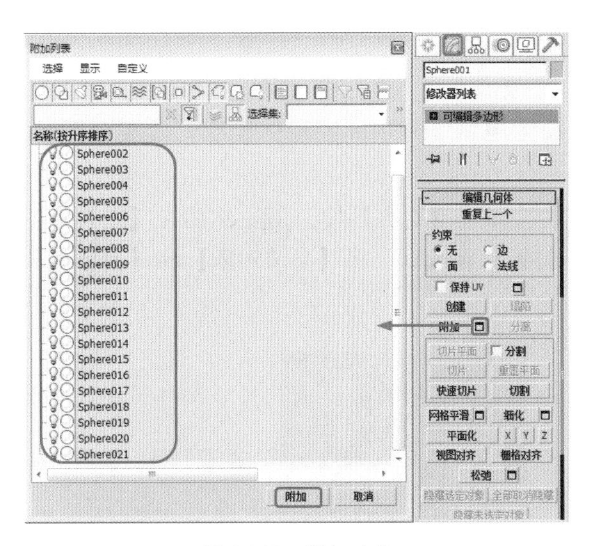

图 4-165　附加对象

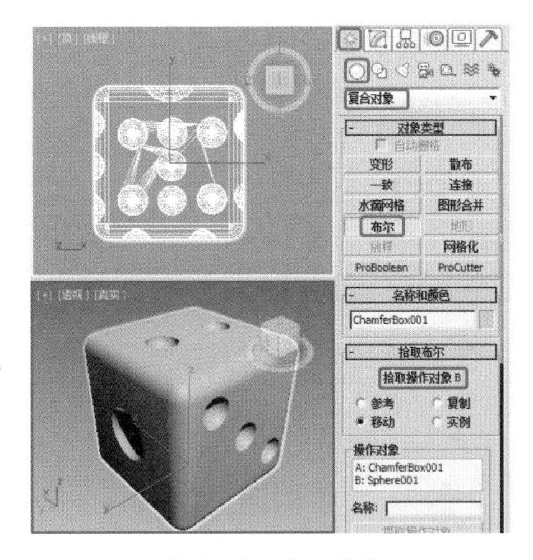

图 4-166　布尔对象

(17) 将布尔后的对象重命名为【骰子】，并单击鼠标右键，在弹出的快捷菜单中选择【转换为】|【转换为可编辑多边形】命令，如图 4-167 所示。

(18) 切换到【修改】命令面板，将当前选择集定义为【多边形】，在场景中按住 Alt 键，将数字 1 孔和数字 4 孔减选剔除，在【多边形：材质 ID】卷展栏中将【设置 ID】设置为 1，如图 4-168 所示。

(19) 在场景中选择数字 1 孔和数字 4 孔对象，在【多边形：材质 ID】卷展栏中将【设置 ID】设置为 2，如图 4-169 所示。

(20) 在场景中选择除孔以外的其他对象，在【多边形：材质 ID】卷展栏中将【设置 ID】设置为 3，如图 4-170 所示。

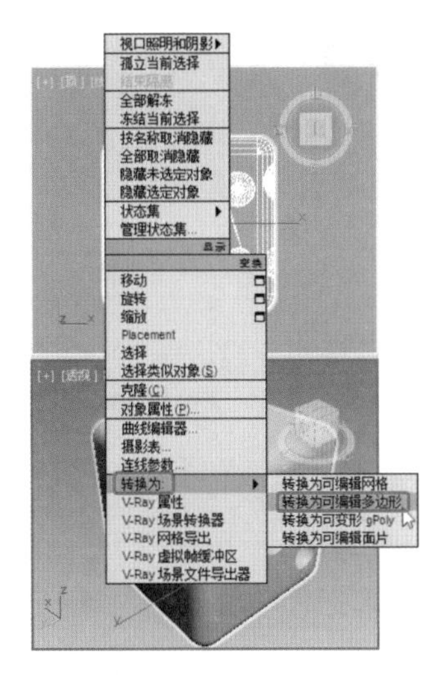

图 4-167 选择【转换为可编辑多边形】命令

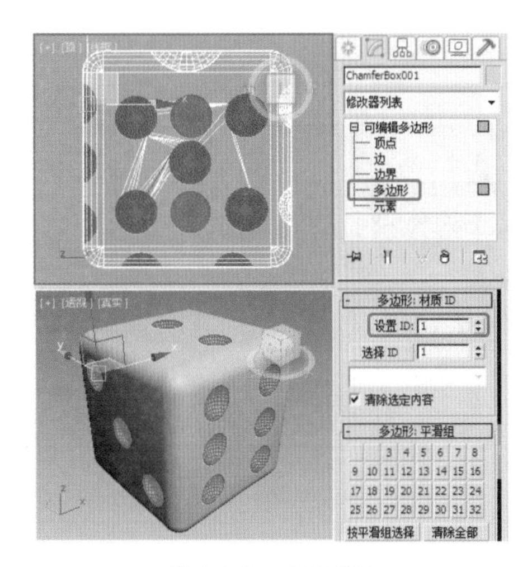

图 4-168 设置 ID1

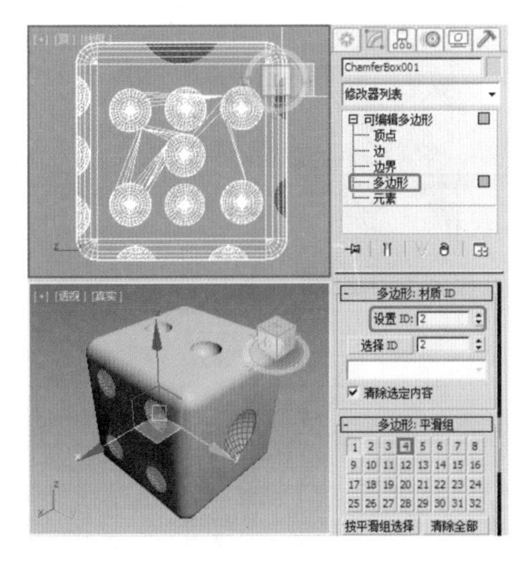

图 4-169 设置 ID2

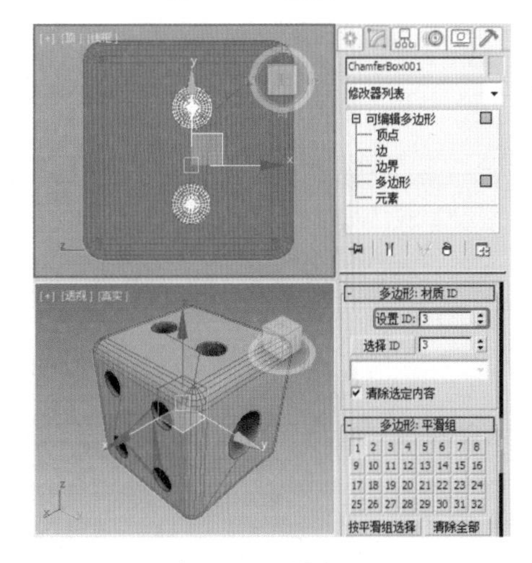

图 4-170 设置 ID3

(21) 关闭当前选择集，按 M 键弹出【材质编辑器】窗口，选择一个新的材质样本球，单击名称栏右侧的 Standard 按钮，在弹出的【材质 / 贴图浏览器】对话框中选择【多维 / 子对象】材质，单击【确定】按钮，如图 4-171 所示。

(22) 弹出【替换材质】对话框，选中【丢弃旧材质】单选按钮，单击【确定】按钮即可，然后在【多维 / 子对象基本参数】卷展栏中单击【设置数量】按钮，弹出【设置材质数量】对话框，将【材质数量】设置为 3，单击【确定】按钮，如图 4-172 所示。

(23) 然后单击 ID1 右侧的【子材质】按钮，在弹出的【材质 / 贴图浏览器】对话框中双击【标准】材质，进入子级材质面板中，在【Blinn 基本参数】卷展栏中将【环境光】和【漫反射】的 RGB 值均设置为 0、0、255，在【反射高光】选项组中将【高光级别】和【光泽度】分别设置为 110、35，如图 4-173 所示。

(24) 在【贴图】卷展栏中将【反射】后的【数量】设置为 30，并单击右侧的【无】按钮，在弹出的【材质 / 贴图浏览器】对话框中选择【位图】贴图，单击【确定】按钮，如图 4-174 所示。

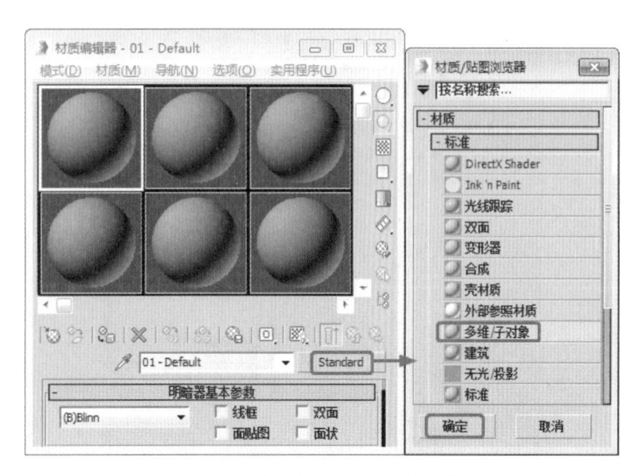

图 4-171　选择【多维 / 子对象】材质

图 4-172　设置材质数量

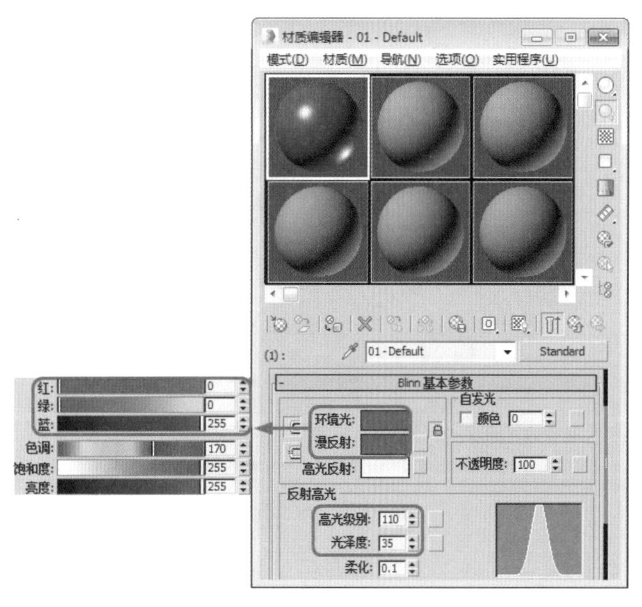

图 4-173　设置 ID1 材质

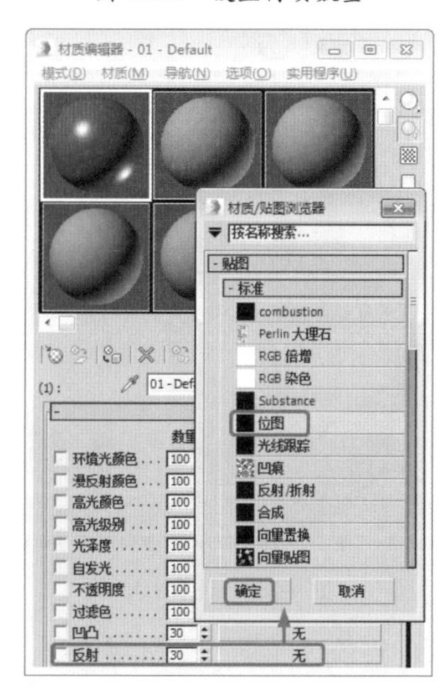

图 4-174　选择【位图】贴图

(25) 在弹出的对话框中打开随书附带光盘中的“CDROM\Map\003.tif”素材图片，在【坐标】卷展栏中将【瓷砖】下的 U、V 均设置为 1，将【模糊】设置为 10，如图 4-175 所示。

(26) 单击两次【转到父对象】按钮，返回到父级材质层级中。在 ID1 右侧的子材质按钮上，按住鼠标左键向下拖动，拖至 ID2 右侧的子材质按钮上，松开鼠标，在弹出的【实例 (副本) 材质】对话框中选中【复制】单选按钮，如图 4-176 所示。

(27) 单击【确定】按钮，单击 ID2 子材质按钮右侧的颜色块，在弹出的对话框中将颜色的 RGB 设置为 255、0、0，如图 4-177 所示。

(28) 使用同样的方法，设置 ID3 材质，并单击【将材质指定给选定对象】按钮，将材质指定给【骰子】对象，如图 4-178 所示。

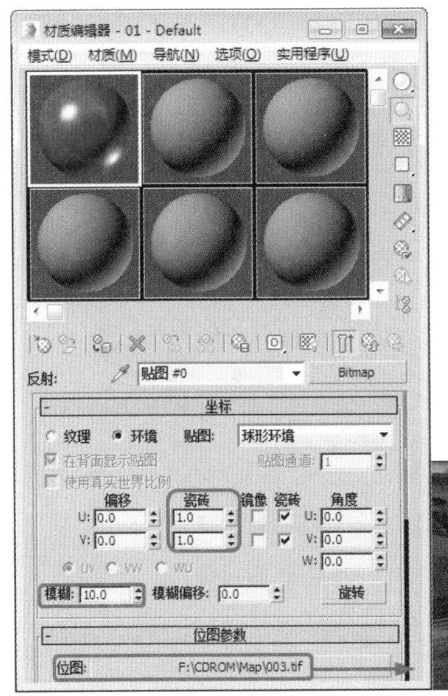

图 4-175　设置位图参数

图 4-176　复制材质

图 4-177　设置 ID2 材质

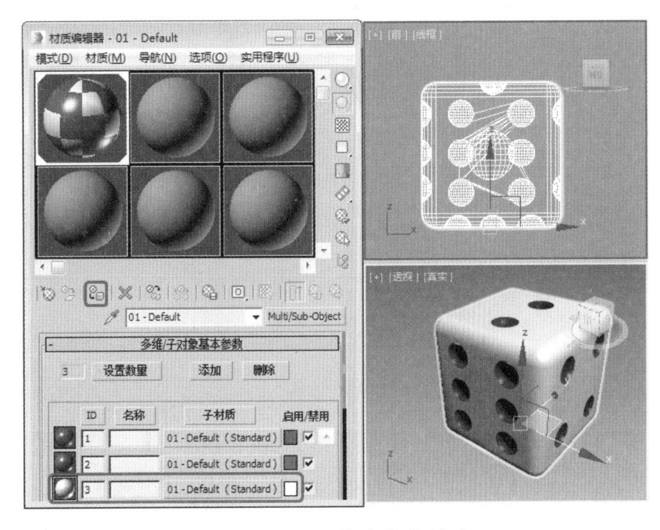

图 4-178　设置并指定材质

(29) 然后在场景中复制多个骰子对象，并调整其旋转角度和位置，效果如图 4-179 所示。

(30) 选择【创建】 |【几何体】 |【标准基本体】|【平面】工具，在【顶】视图中创建平面，在【参数】卷展栏中将【长度】和【宽度】均设置为 2000，并在视图中调整其位置，如图 4-180 所示。

(31) 在【Blinn 基本参数】卷展栏中，将【环境光】和【漫反射】的 RGB 均设置为 30、30、30，在【反射高光】选项组中将【高光级别】设置为 70、【光泽度】设置为 25，如图 4-181 所示。

(32) 展开【贴图】卷展栏，将【反射】设置为 15，单击右侧的【无】按钮，弹出【材质 / 贴图浏览器】对话框，选择【平面镜】贴图，单击【确定】按钮，在【平面镜参数】卷展栏中保持默认设置，单击【转到父对象】按钮，选择【平面】对象，单击【将材质指定给选定对象】按钮，将材质指定给平面对象，如图 4-182 所示。

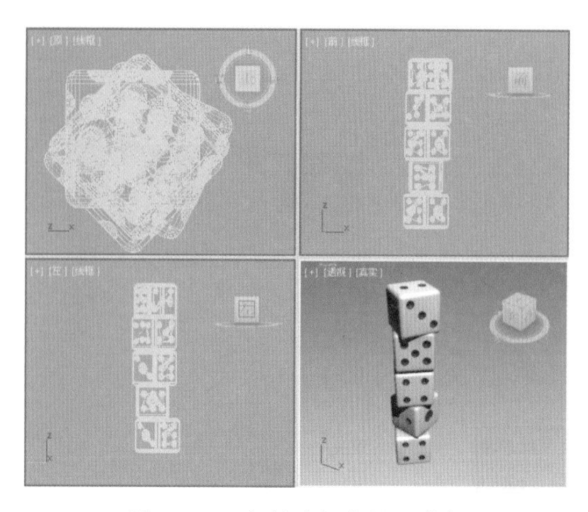

图 4-179　复制并调整骰子对象

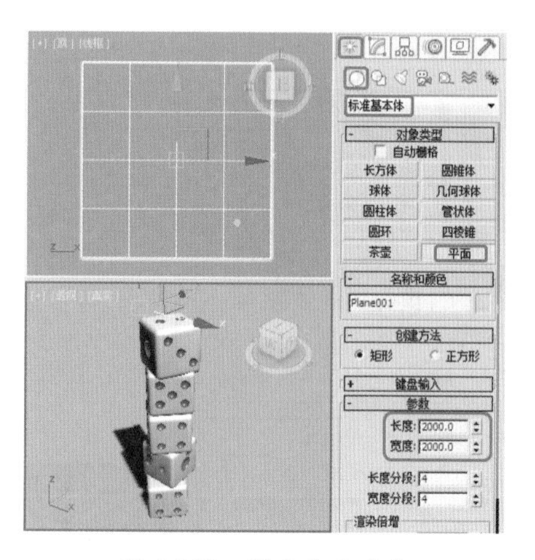

图 4-180　创建平面对象

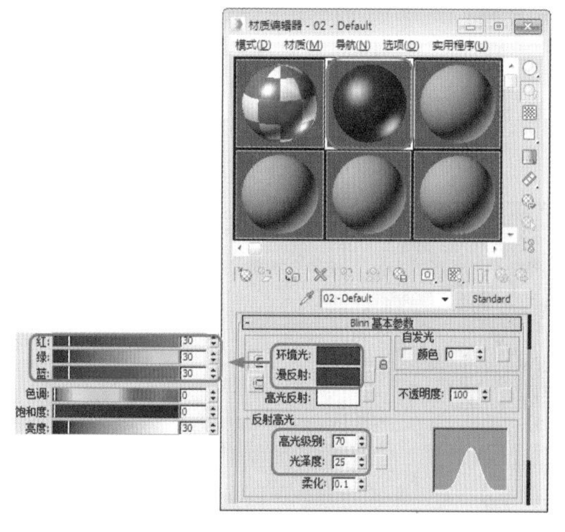

图 4-181　设置平面镜参数

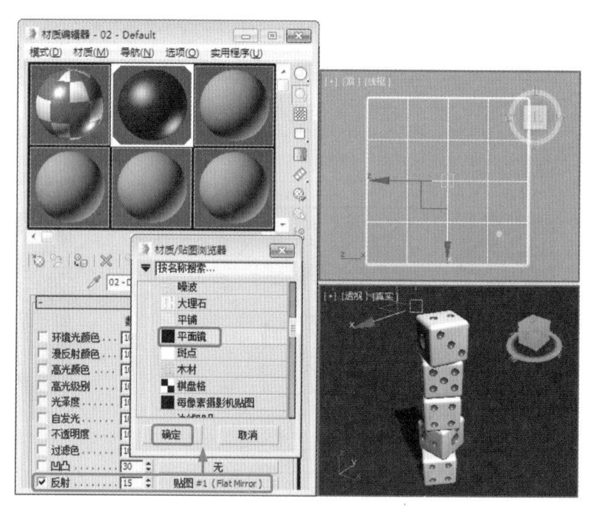

图 4-182　指定材质

(33) 选择【创建】 | 【摄影机】 | 【标准】 | 【目标】工具，在【顶】视图中创建摄影机，在【参数】卷展栏中将【镜头】设置为 35mm，激活【透视】视图，按 C 键将其转换为摄影机视图，然后在其他视图中调整摄影机位置，效果如图 4-183 所示。

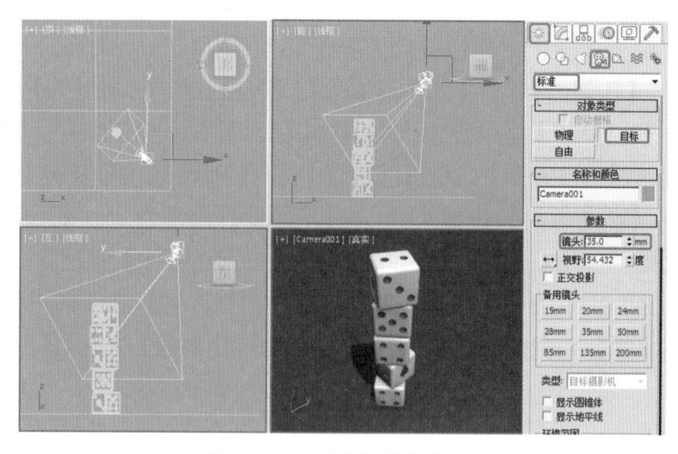

图 4-183　创建摄影机视图

(34) 选择【创建】 | 【灯光】 | 【标准】|【泛光】工具，然后在【顶】视图中创建泛光灯，在【常规参数】卷展栏中，取消选中【阴影】选项组下的【启用】复选框，在【强度/颜色/衰减】卷展栏中将【倍增】设置为 0.1，如图 4-184 所示。

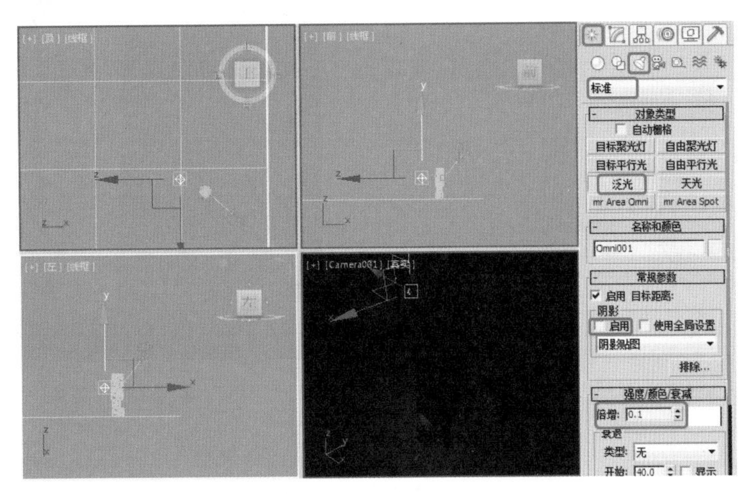

图 4-184　创建泛光灯并设置参数

(35) 然后在其他视图中调整泛光灯位置，并再次使用【泛光】工具在【顶】视图中创建泛光灯，与上一个泛光灯设置同样的参数，并在其他视图中调整其位置，如图 4-185 所示。

(36) 选择【创建】 | 【灯光】 | 【标准】|【天光】工具，在【顶】视图中创建一盏天光，选中【渲染】选项组中的【投射阴影】复选框，如图 4-186 所示。

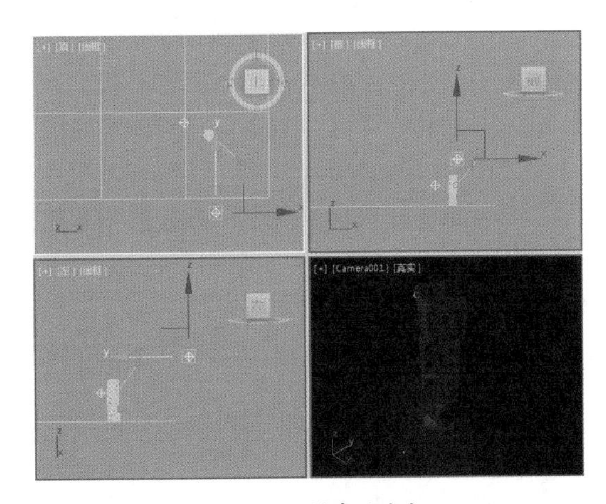

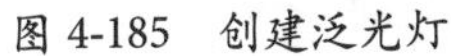
图 4-185　创建泛光灯

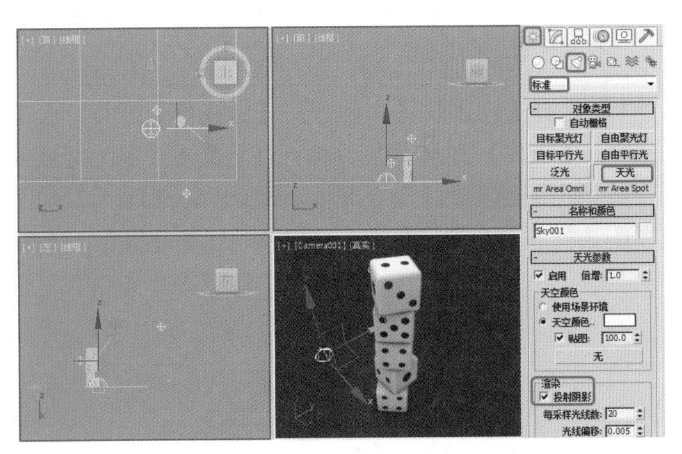

图 4-186　创建天光

(37) 按 F10 键打开【渲染设置】对话框，选择【高级照明】选项卡，在【选择高级照明】卷展栏中选择【光跟踪器】，如 4-187 所示。

(38) 单击【渲染】按钮，对图形进行渲染，效果如图 4-188 所示。

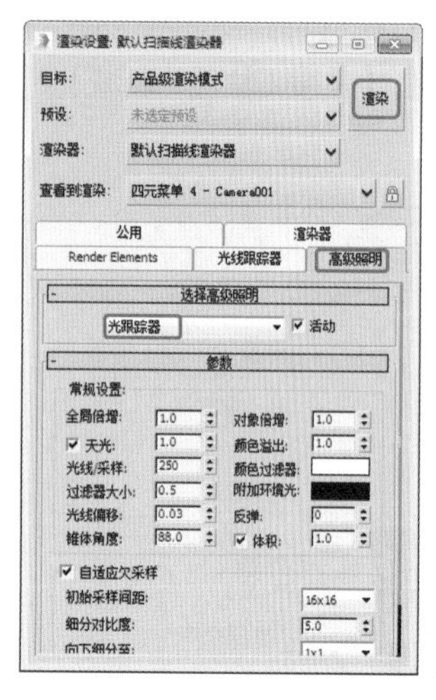

图 4-187　设置高级照明

图 4-188　渲染对象效果

案例精讲 045　制作工作台灯

本例将介绍工作台灯的制作，效果如图 4-189 所示。该例中主要用到的工具有【切角长方体】工具、【圆柱体】工具、ProBoolean 工具和【切角圆柱体】工具等。

图 4-189　工作台灯

案例文件：CDROM \ Scenes \ Cha04 \ 工作台灯 OK.max

视频教学：视频教学 \ Cha04 \ 工作台灯 .avi

(1) 选择【创建】|【几何体】|【圆柱体】工具，在【顶】视图中创建一个【半径】为 200、【高度】为 100、【边数】为 24 的圆柱体，并将其重命名为【底座 01】，如图 4-190 所示。

(2) 切换至【修改】命令面板，添加一个 FFD2 × 2 × 2 修改器，将当前选择集定义为【控制点】，在【前】视图中选择右上角的控制点，使用移动工具将其沿 Y 轴向下调整至选择的控制点，如图 4-191 所示。

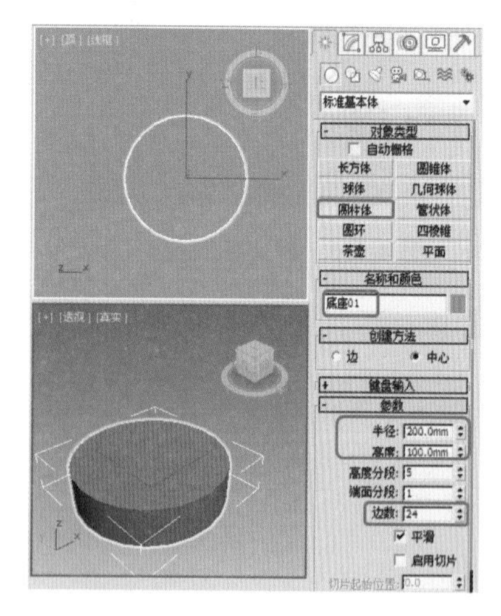

图 4-190　创建圆柱体

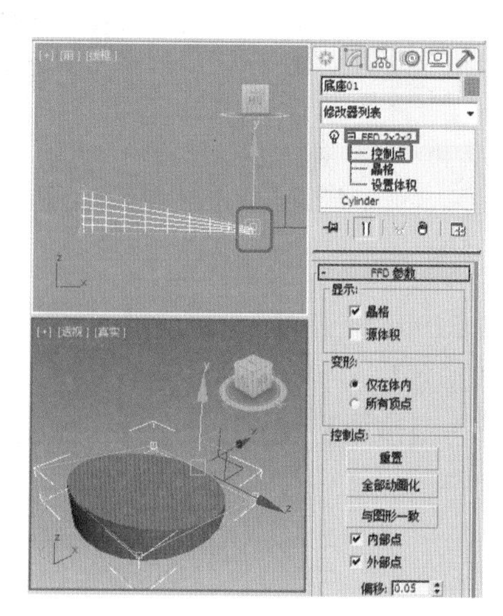

图 4-191　调整底座形状

(3) 关闭当前选择集，为底座添加【平滑】修改器，在【参数】卷展栏中单击【平滑组】区域下的 1 按钮，对底座进行光滑修改，如图 4-192 所示。

(4) 使用移动工具，按住 Shift 键，在【前】视图中沿 Y 轴向上移动底座，对它进行复制，在打开的对话框中选中【复制】单选按钮，并单击【确定】按钮，在【修改器列表】中选择 FFD2×2×2 修改器，单击按钮，将该修改器从堆栈中移除，返回到【圆柱体】堆栈层中，在【参数】卷展栏中将【半径】设置为 70mm，将【高度】设置为 65mm，设置完成后的效果如图 4-193 所示。

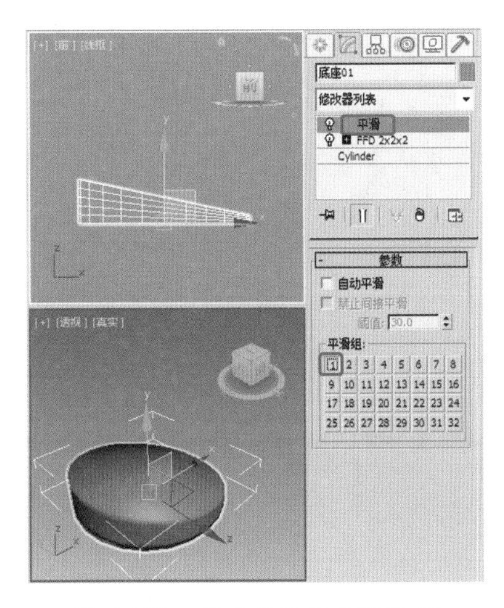

图 4-192　对底座进行光滑处理

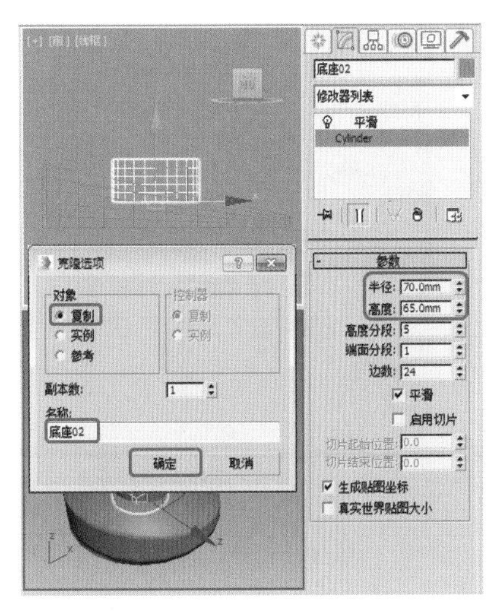

图 4-193　复制并修改底座 02

(5) 再次选择【底座 01】对象，使用【移动】工具，按住 Shift 键，在【前】视图中沿 Y 轴向上移动底座 01，将其再次复制一个底座 03，在【圆柱体】堆栈层中将【半径】设置为 50，将【高度】设置为 70，再在 FFD2×2×2 堆栈层中选择【控制点】作为当前选择集改变圆柱体的形状，如图 4-194 所示。

(6) 选择【创建】|【图形】|【线】工具，在【前】视图中创建一条图 4-195 所示的可渲染的线条，在【渲染】卷展栏中选中【在渲染中启用】和【在视口中启用】复选框，将【厚度】设置为 12mm，并将其重命名为【支架 01】，如图 4-195 所示。

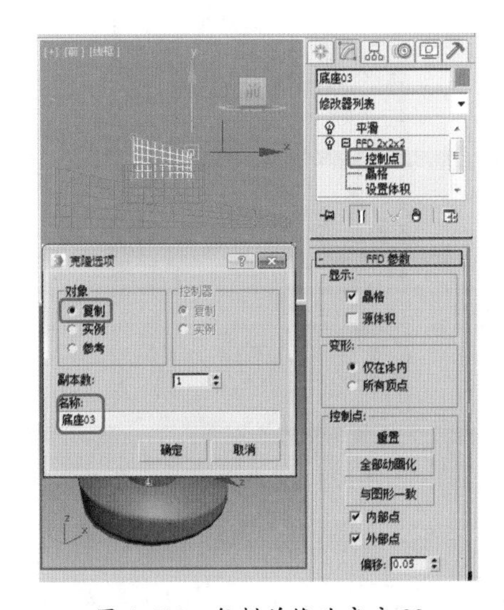

图 4-194　复制并修改底座 03

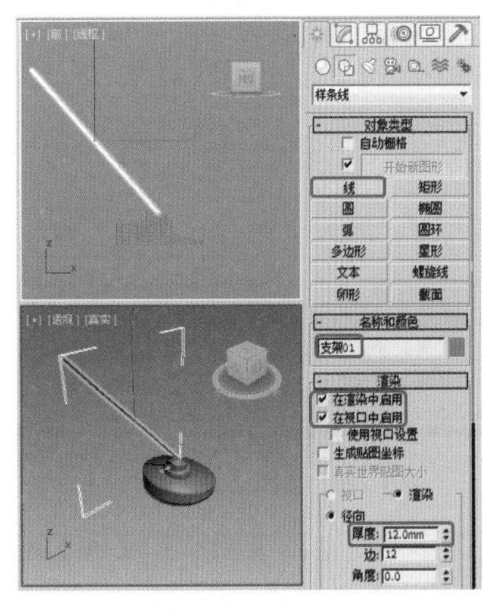

图 4-195　创建支架

(7) 使用移动工具，在【左】视图中沿 X 轴调整支架 01 的位置，按住 Shift 键沿 X 轴移动其位置，在弹出的对话框中选中【复制】单选按钮，然后单击【确定】按钮，调整到合适的位置，复制支架效果如图 4-196 所示。

(8) 选择【创建】|【图形】|【线】工具，在【前】视图中绘制一个倾斜的矩形，在【渲染】卷展栏中取消选中【在渲染中启用】和【在视口中启用】复选框，将绘制的矩形重命名为【夹板 01】，如图 4-197 所示。

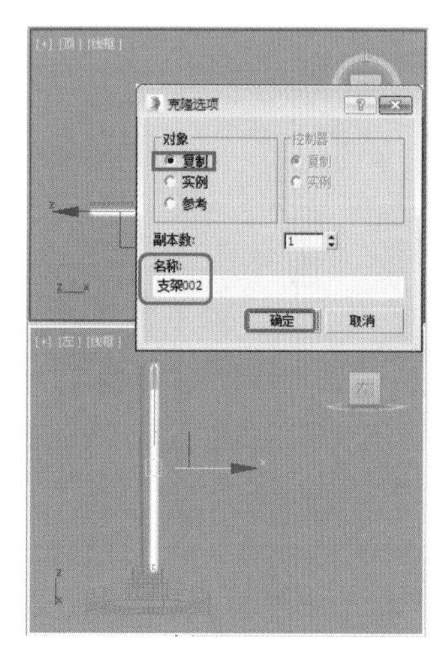

图 4-196　复制支架

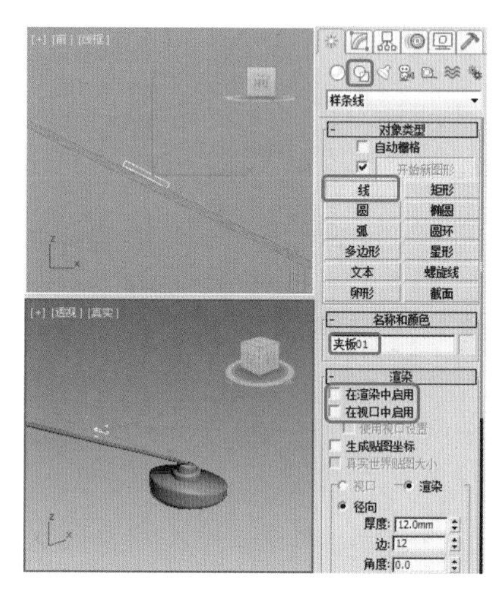

图 4-197　绘制矩形

(9) 切换至【修改】命令面板，为【夹板 01】对象添加【挤出】修改器。在【参数】卷展栏中将【数量】设置为 65，然后在顶视图中沿 Y 轴调整它的位置，如图 4-198 所示。

(10) 配合 Shift 键和【移动】工具，在【前】视图中将【夹板 01】对象进行复制，命名为【夹板 02】，并将其调整到合适的位置，如图 4-199 所示。

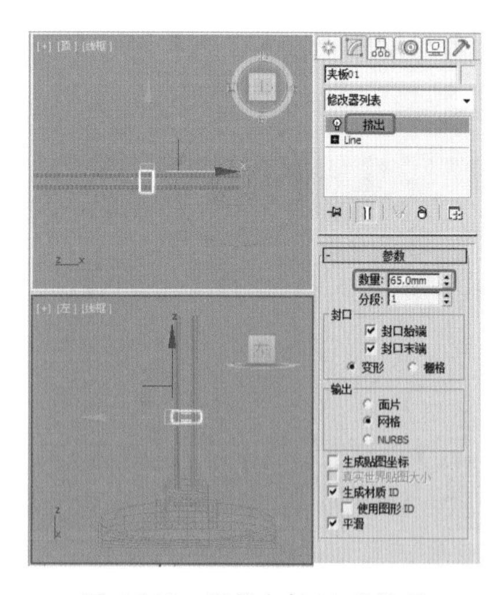

图 4-198　调整夹板 01 的位置

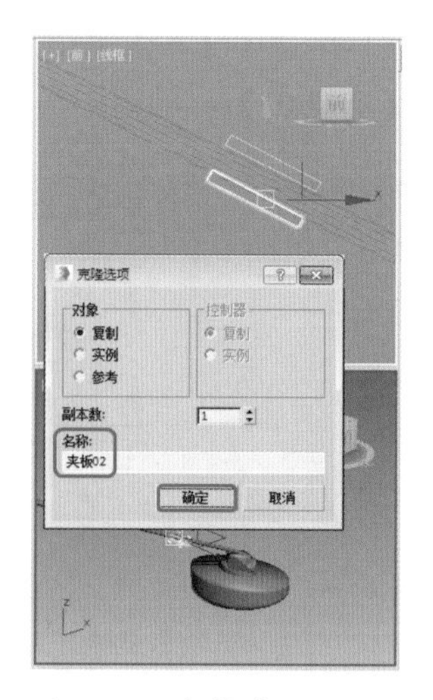

图 4-199　复制并调整位置

(11) 选择【创建】|【图形】|【线】工具，在两个夹板处绘制一条线段，并将其重命名为【夹板钉 01】，在【渲染】卷展栏中取消选中【在渲染中启用】复选框，并选中【在视口中启用】复选框，如图 4-200 所示。

(12) 同时选择两个夹板和夹板钉，配合 Shift 键使用【移动】工具将其进行复制，在弹出的对话框中选中【复制】单选按钮，并将其重命名为【夹板钉 04】，如图 4-201 所示。

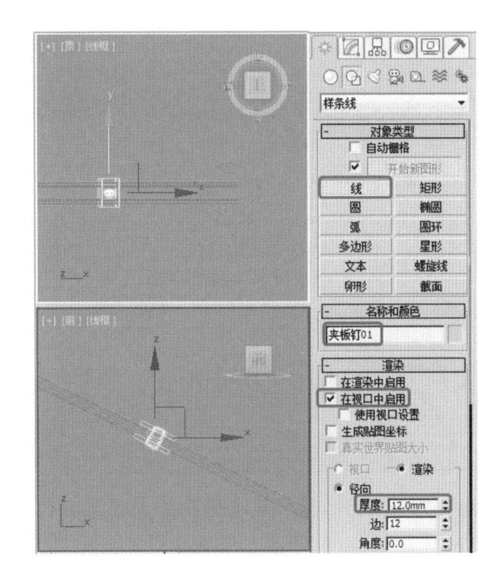

图 4-200　绘制夹板钉

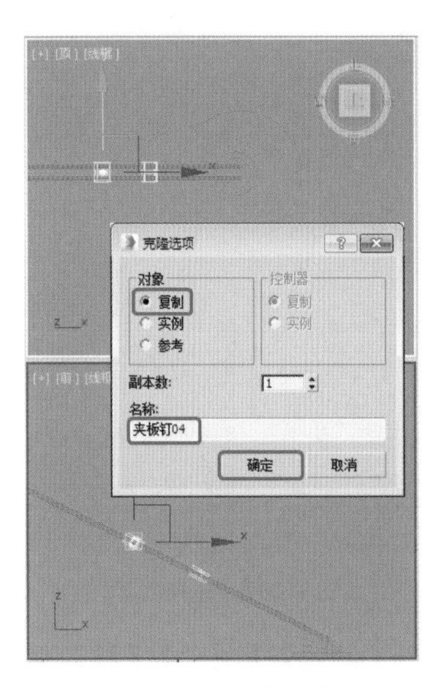

图 4-201　复制对象

(13) 选择【创建】|【几何体】|【扩展基本体】|【切角圆柱体】工具，在【前】视图中创建一个切角圆柱体对象，并将其重命名为【轴】，在【参数】卷展栏中将【半径】设置为 34mm，将【高度】设置为 70mm，将【圆角】设置为 2.6mm，将【边数】设置为 24，然后在视图中调整其位置，如图 4-202 所示。

(14) 在视图中同时选中支架和夹板以及夹板钉，在菜单栏中执行【组】|【组】命令，在弹出的对话框中将【组名】设置为【组 001】，然后单击【确定】按钮即可，如图 4-203 所示。

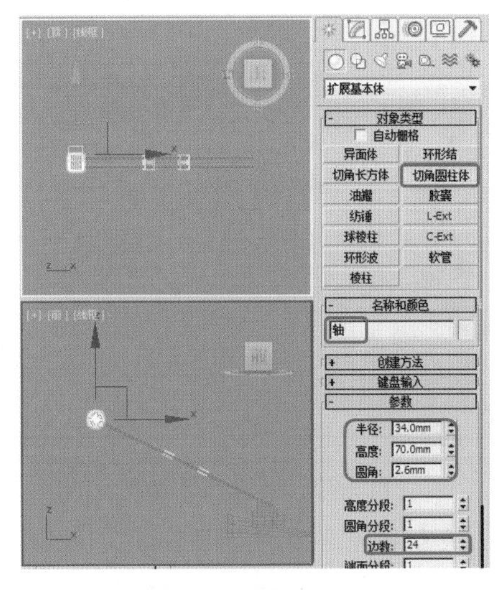

图 4-202　创建轴对象

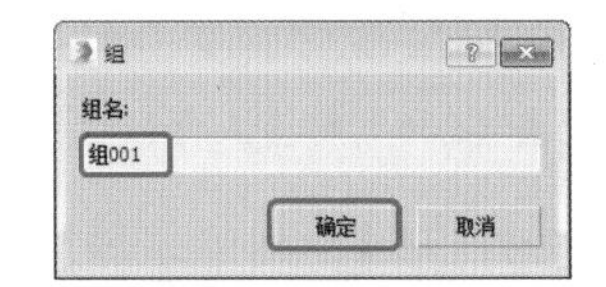

图 4-203　成组

(15) 选择【组 001】中的所有对象对其进行复制，并命名为【组 002】，然后在【前】视图中调整复制对象的位置和角度，如图 4-204 所示。

(16) 选择【创建】|【图形】|【圆】工具，在【顶】视图中绘制圆对象，将其重命名为【灯罩托杯】，在【渲染】卷展栏中选中【在渲染中启用】和【在视口中启用】复选框，绘制效果如图 4-205 所示。

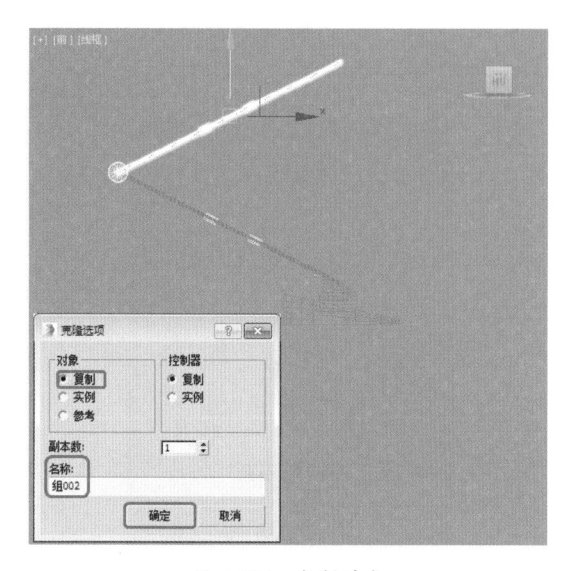

图 4-204　复制对象

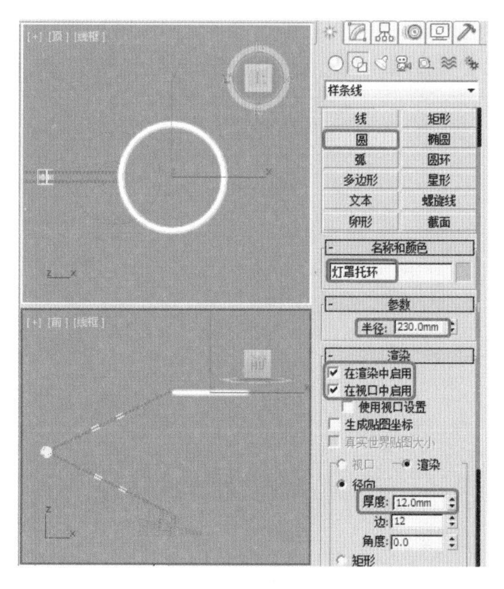

图 4-205　绘制【灯罩托杯】并设置其参数

(17) 选择【创建】|【图形】|【线】工具，在【前】视图中绘制出工作台灯的图形，并将其重命名为【灯罩】，如图 4-206 所示。

(18) 切换至【修改】命令面板，添加【车削】修改器，在【参数】卷展栏中将【度数】设置为 360°，在【方向】选项组中单选 Y 按钮，在【对齐】选项组中选择【最小】单选按钮，如图 4-207 所示。

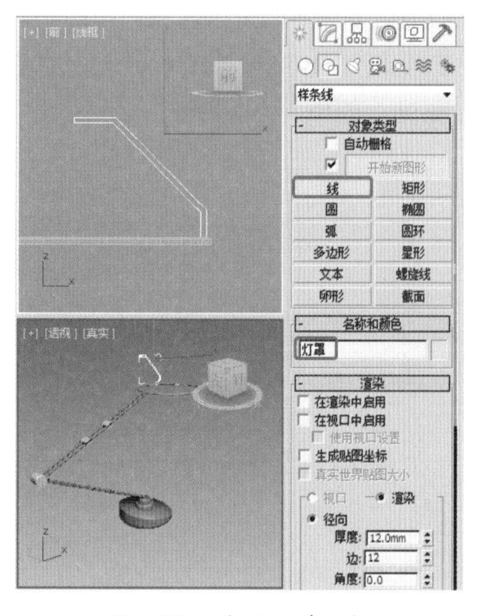

图 4-206　制出工作台灯

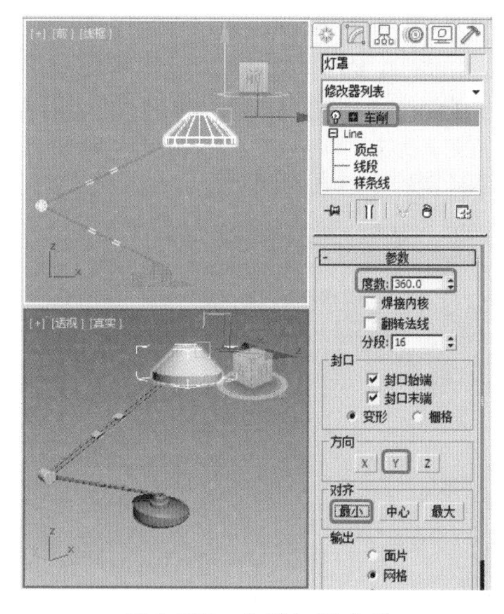

图 4-207　车削灯罩造型

(19) 按 M 键，打开【材质编辑器】窗口，激活第一个样本球，单击 按钮，弹出【材质/贴图浏览器】对话框，在该对话框的左上方单击 按钮，在弹出的下拉菜单中执行【打开材质库】命令，在打开的文件中选择随书附带光盘中的 "CDROM\ Scenes\Cha04\3.mat" 文件，然后在打开的材质文件中双击【灯】，将其指定到第一个样本球中，然后单击 按钮，将当前材质指定给场景中的底座、支架、夹板和夹板钉对象，如图 4-208 所示。

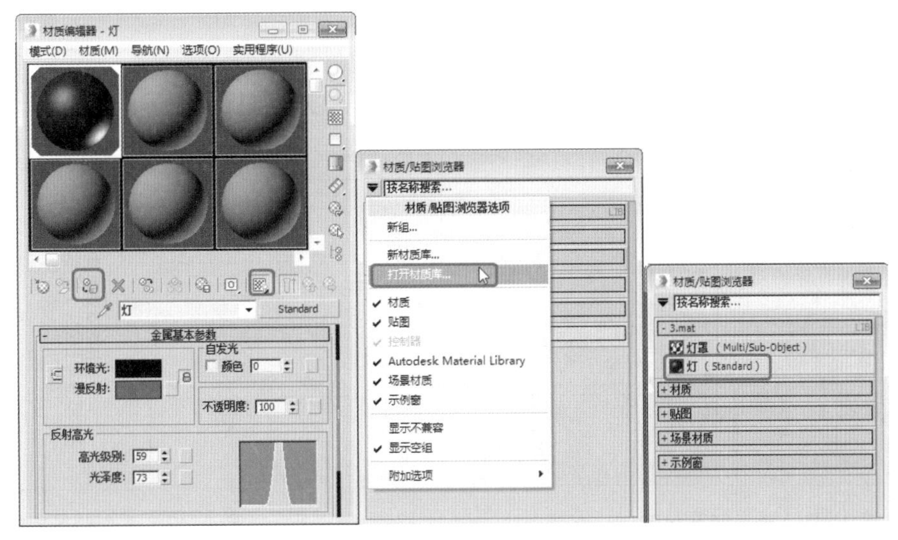

图 4-208 指定材质

(20) 在场景中选择【台灯罩】对象，为其添加一个【编辑网格】修改器，将当前选择集定义为【多边形】，在【选择】卷展栏中选中【忽略背面】复选框，然后在【顶】视图中选择台灯罩外的表面的多边形面，再在【曲面属性】卷展栏中将【材质】选项组中的【设置 ID】设置为 1，如图 4-209 所示。

(21) 在菜单栏中执行【编辑】|【反选】命令，将灯罩进行反选，然后将选择的多边形面的材质 ID 设置为 2，如图 4-210 所示。

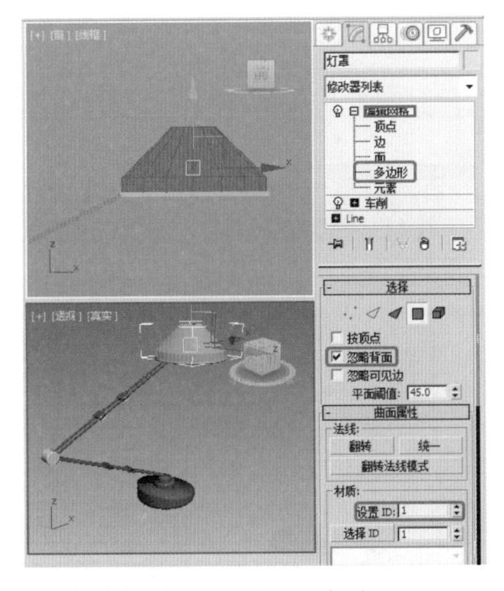

图 4-209 设置灯罩的材质 ID1

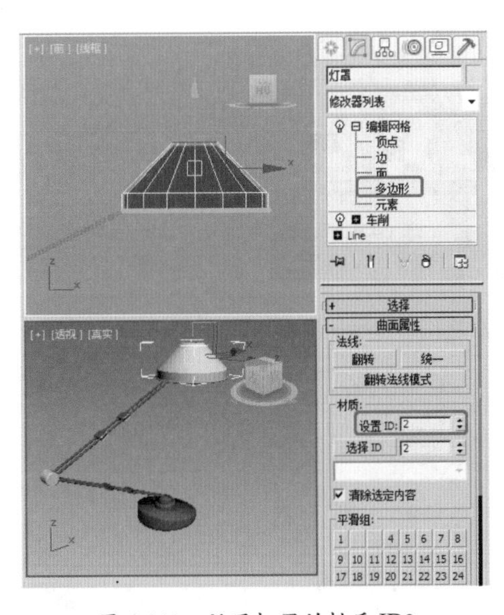

图 4-210 设置灯罩的材质 ID2

(22) 在【材质编辑器】窗口中选择第二个样本球，在【材质 / 贴图浏览器】对话框中双击【灯罩】材质，然后将灯罩材质指定给【灯罩】图形对象，如图 4-211 所示。

(23) 按 8 键打开【环境和效果】对话框，单击【环境贴图】下面的按钮，在弹出的【材质 / 贴图浏览器】对话框中选择【位图】选项，然后单击【确定】按钮，如图 4-212 所示。

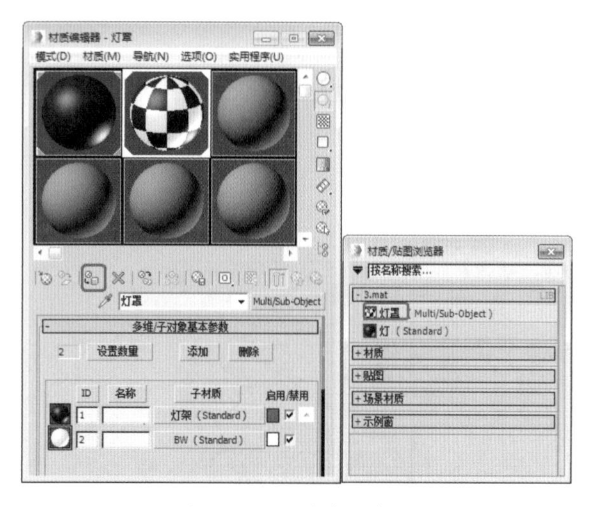

图 4-211　指定灯罩材质

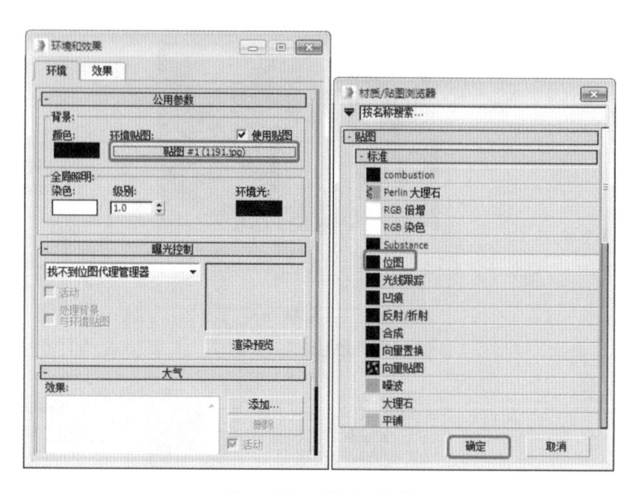

图 4-212　添加贴图

(24) 选择一个新的样本球，将新添加的贴图拖曳至新的样本球上，在弹出的对话框中选中【实例】单选按钮并单击【确定】按钮，在【坐标】卷展栏中将【贴图】设置为【屏幕】，在【位图参数】卷展栏中选中【应用】复选框，将【U】设置为0.063，将V设置为0，将W设置为0.867，将H设置为1.0，如图4-213所示。

(25) 选择【创建】|【几何体】|【长方体】，在【前】视图中创建一个长方体对象，并将其重命名为【地板】，在【参数】卷展栏中将【长度】设置为6000mm，将【宽度】设置为6000mm，如图4-214所示。

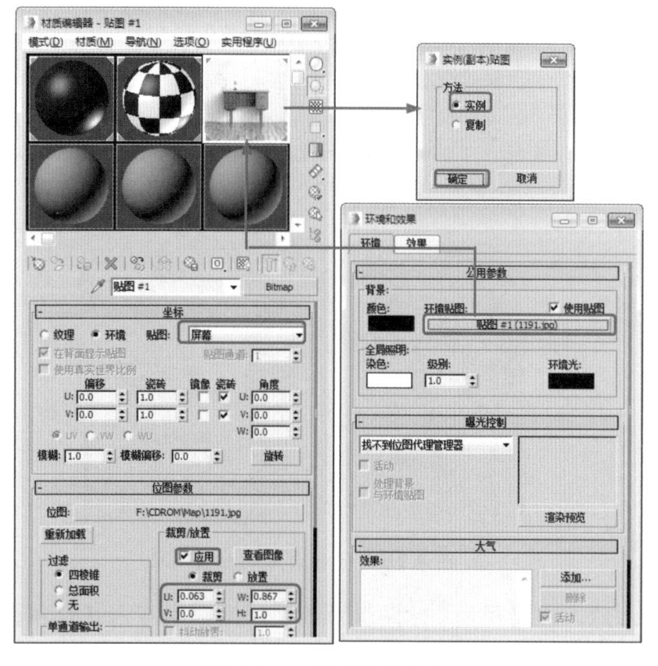

图 4-213　设置贴图参数

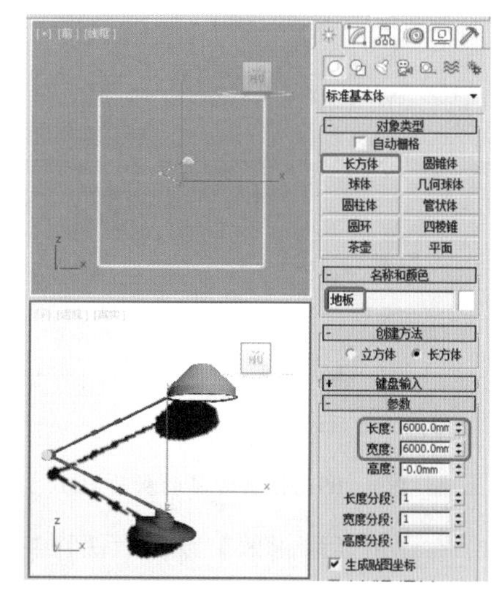

图 4-214　绘制地板对象

(26) 选择创建的地板图形对象，然后单击鼠标右键，在弹出的快捷菜单中执行【对象属性】命令，如图4-215所示。

(27) 弹出【对象属性】对话框，在【显示属性】选项组中勾选【透明】复选框，然后在【渲染控制】

和【运动模糊】选项组中单击【按对象】按钮，如图 4-216 所示。

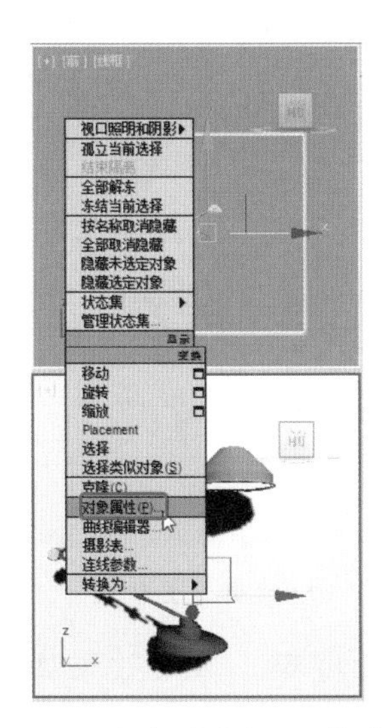

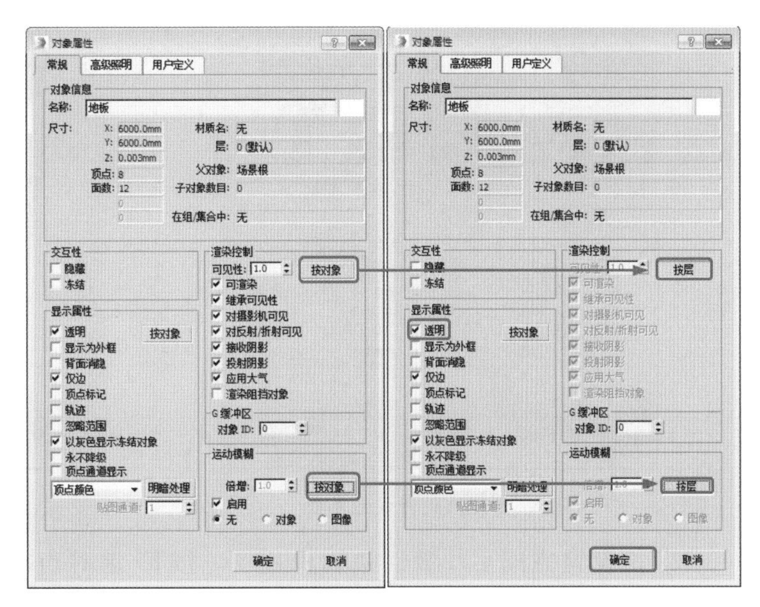

图 4-215 执行【对象属性】命令

图 4-216 设置【对象属性】对话框参数

(28) 然后使用移动工具将地板对象调整至合适的位置，调整位置效果如图 4-217 所示。

(29) 选择【创建】|【摄影机】【目标】，在【顶】视图中创建一台摄影机，在【参数】卷展栏中将【镜头】设置为 52，激活【透视图】，按 C 键将其转换为摄影机视图，并在视图中调整摄影机的位置，如图 4-218 所示。

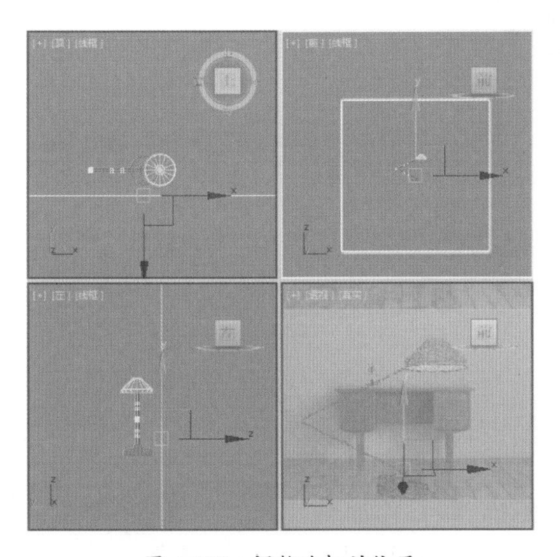
图 4-217 调整地板的位置

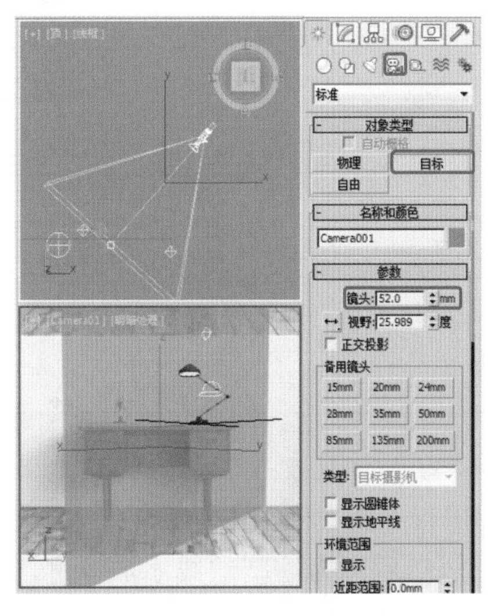
图 4-218 创建摄影机并设置其参数

(30) 选择【创建】|【灯光】|【泛光】，在视图中创建泛光灯对象，在【强度 / 颜色 / 衰减】卷展栏中将【倍增】设置为 0.2，如图 4-219 所示。使用同样的方法再次创建泛光灯并设置其参数。

(31) 选择【创建】|【灯光】|【天光】，在视图中创建天光，在【天光参数】卷展栏中选中【天空颜色】单选按钮，如图 4-220 所示。

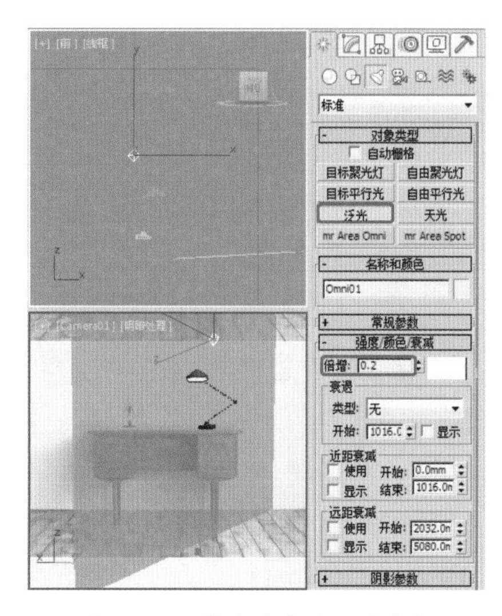

图 4-219　创建泛光并设置参数

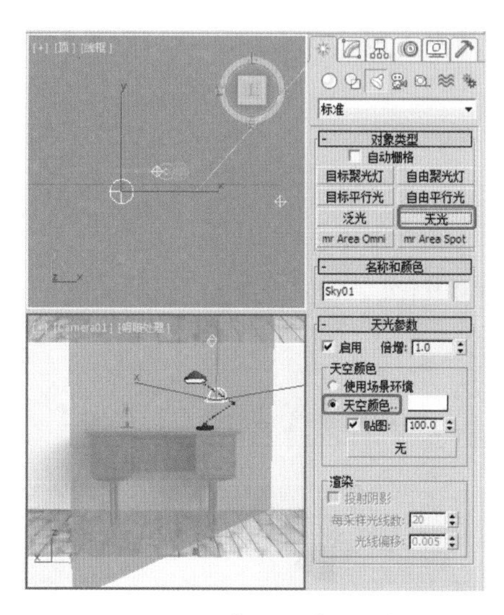

图 4-220　创建天光并设置参数

(32) 在设置完成后，激活摄影机视图，按 F9 键对当前视图进行渲染。渲染效果如图 4-221 所示。

图 4-221　渲染效果

案例精讲 046　制作办公椅

本案例将介绍如何制作办公椅，主要通过使用【线】工具来制作办公椅的轮廓，然后再为绘制的线添加厚度，并为其添加材质，最后添加摄影机、灯光，并设置渲染参数，从而完成办公椅的制作。效果如图 4-222 所示。

图 4-222　办公椅

案例文件：CDROM \ Scenes \ Cha04 \ 办公椅 OK.max

视频教学：视频教学 \ Cha04 \ 办公椅 .avi

(1) 启动 3ds Max 2016，新建一个空白场景，选择【创建】 | 【图形】 | 【线】工具，在【前】

视图中绘制一条线段，如图 4-223 所示。

(2) 切换至【修改】命令面板，将当前选择集定义为【顶点】，在视图中对顶点进行优化，并调整顶点的位置，效果如图 4-224 所示。

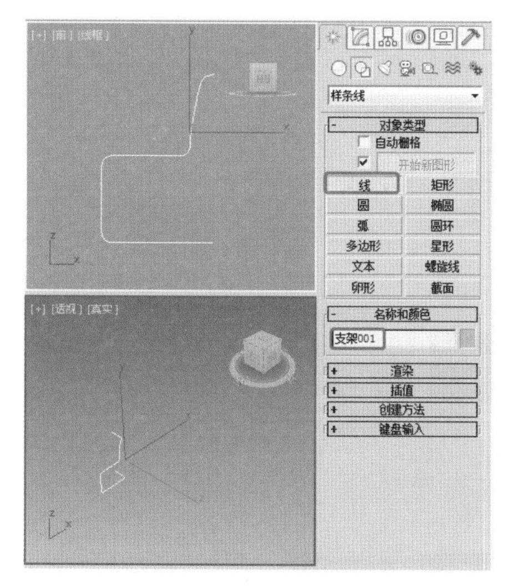

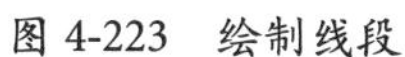
图 4-223　绘制线段

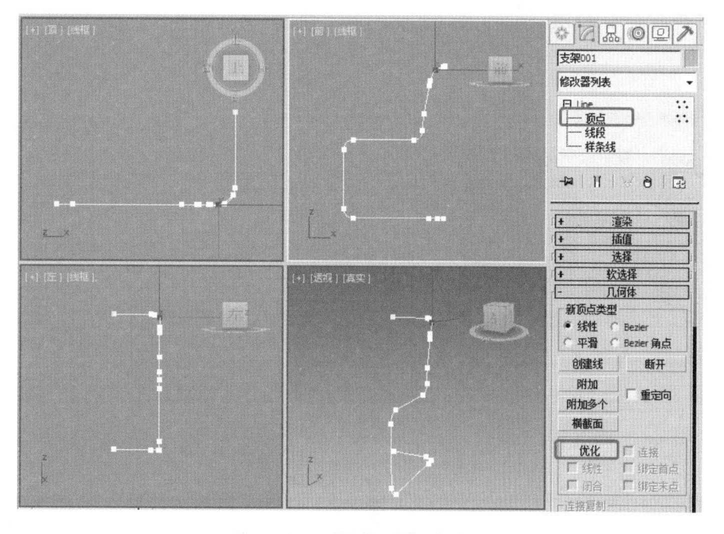

图 4-224　调整顶点的位置

(3) 关闭当前选择集，将其命名为【支架 001】，在【渲染】卷展栏中选中【在渲染中启用】、【在视口中启用】复选框，选中【径向】单选按钮，将【厚度】设置为 85，如图 4-225 所示。

(4) 继续选中该对象，按 M 键，在弹出的对话框中选择一个新的材质样本球，将其命名为【不锈钢】，在【明暗器基本参数】卷展栏中将明暗器类型设置为【(M) 金属】，在【金属基本参数】卷展栏中单击按钮，取消【环境光】与【漫反射】的锁定，将【环境光】的 RGB 值设置为 0、0、0，将【漫反射】的 RGB 值设置为 255、255、255，将【自发光】的【颜色】设置为 5，在【反射高光】选项组中将【高光级别】、【光泽度】分别设置为 100、80，如图 4-226 所示。

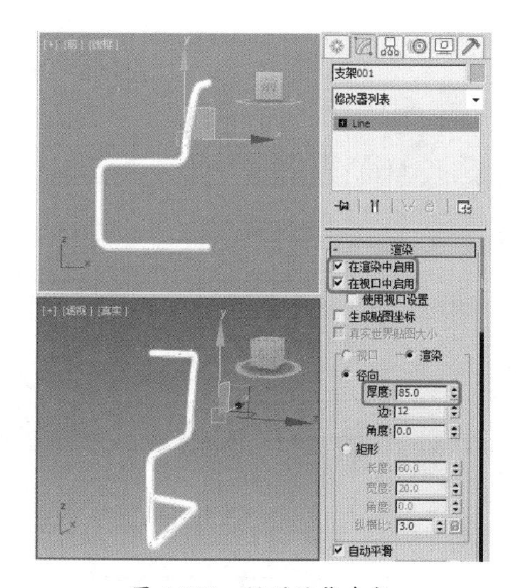

图 4-225　设置渲染参数

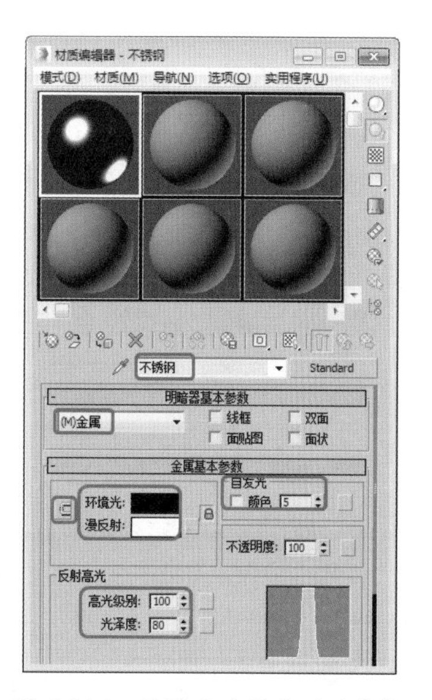

图 4-226　设置明暗器类型及参数

(5) 在【贴图】卷展栏中单击【反射】右侧的【无】按钮，在弹出的对话框中选择【位图】选项，如图 4-227 所示。

(6) 单击【确定】按钮，在弹出的对话框中选择随书附带光盘中的“CDROM\Map\Chromic.jpg”贴图文件，如图 4-228 所示。

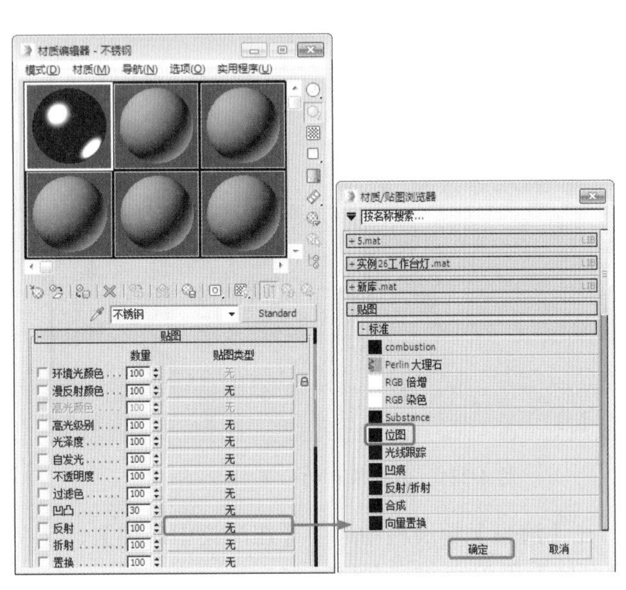

图 4-227　选择【位图】选项

图 4-228　选择贴图文件

(7) 单击【打开】按钮，在【坐标】卷展栏中将【模糊】设置为 0.096，如图 4-229 所示。

(8) 设置完成后，单击【将材质指定给选定对象】按钮，将该对话框关闭，确认该对象处于选中状态，激活【左】视图，在工具栏中单击【镜像】按钮，在弹出的对话框中选中 X 单选按钮，将【偏移】设置为 –3760，选中【复制】单选按钮，如图 4-230 所示。

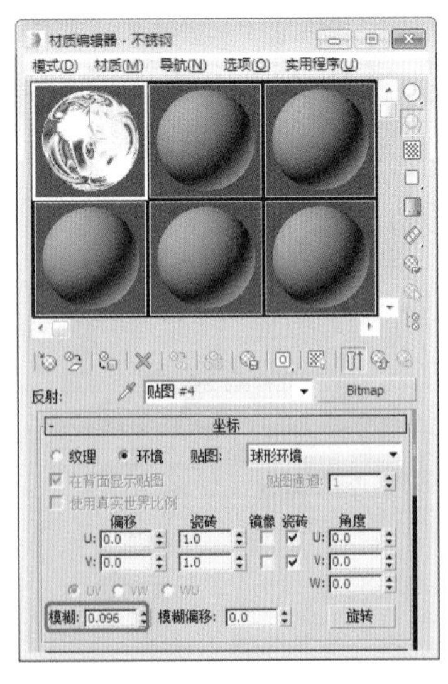

图 4-229　设置模糊偏移参数

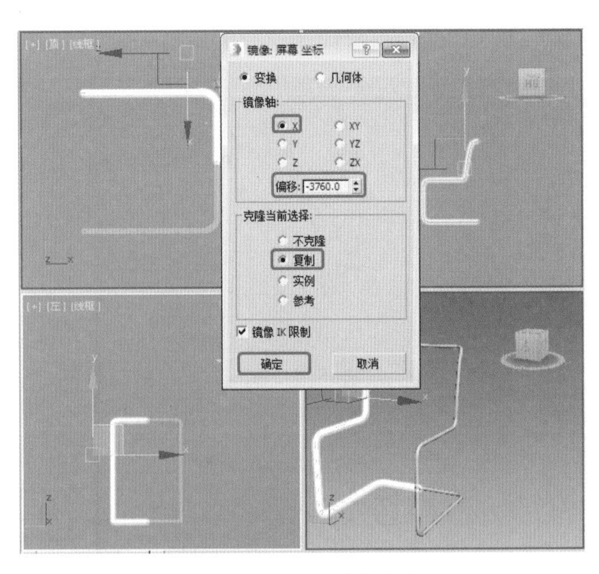

图 4-230　设置镜像参数

(9) 设置完成后，单击【确定】按钮，选择【创建】 | 【图形】 | 【螺旋线】工具，在【顶】视图中创建一条螺旋线，确认该对象处于选中状态，在【参数】卷展栏中将【半径 1】、【半径 2】、【高度】、【圈数】、【偏移】分别设置为 53.34、53.34、889、22、0，如图 4-231 所示。

(10) 确认该对象处于选中状态，切换至【修改】命令面板中，在【渲染】卷展栏中选中【径向】单选按钮，将【厚度】设置为 25.4，如图 4-232 所示。

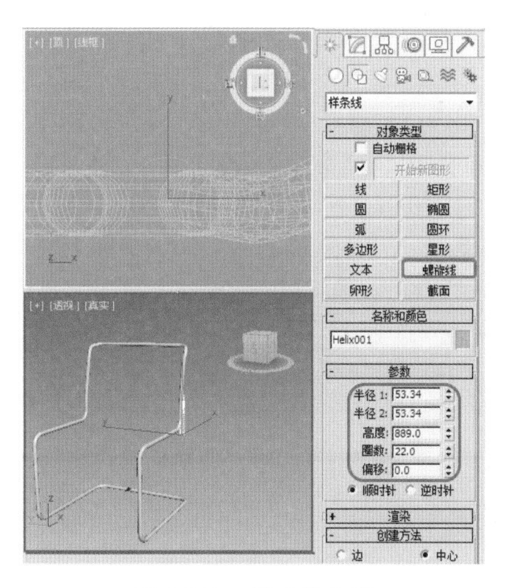

图 4-231 创建螺旋线

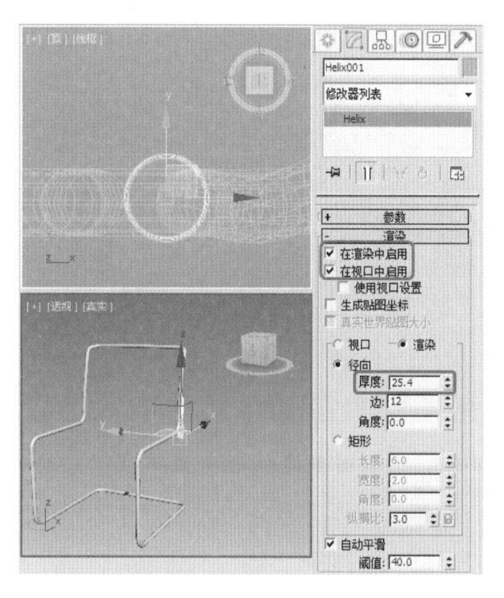

图 4-232 设置厚度

(11) 在【修改器列表】中选择 FFD 4×4×4 修改器，将当前选择集定义为【控制点】，在【前】视图中调整控制点的位置，如图 4-233 所示。

(12) 关闭当前选择集，继续选中该对象，激活【左】视图，在工具栏中单击【镜像】按钮，在弹出的对话框中选中 X 单选按钮，将【偏移】设置为 –2400，选中【复制】单选按钮，如图 4-234 所示。

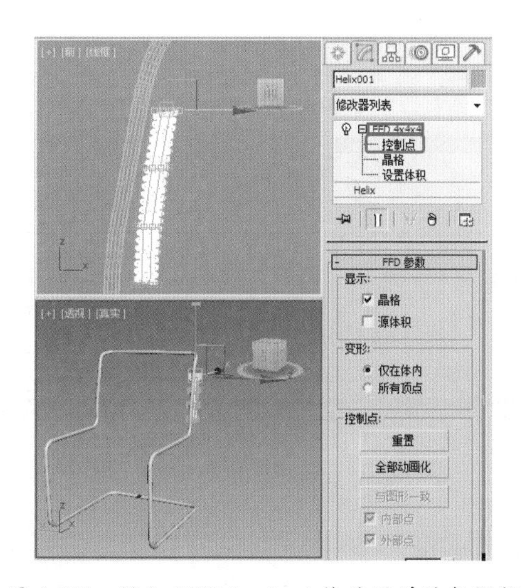

图 4-233 添加 FFD 4×4×4 修改器并进行调整

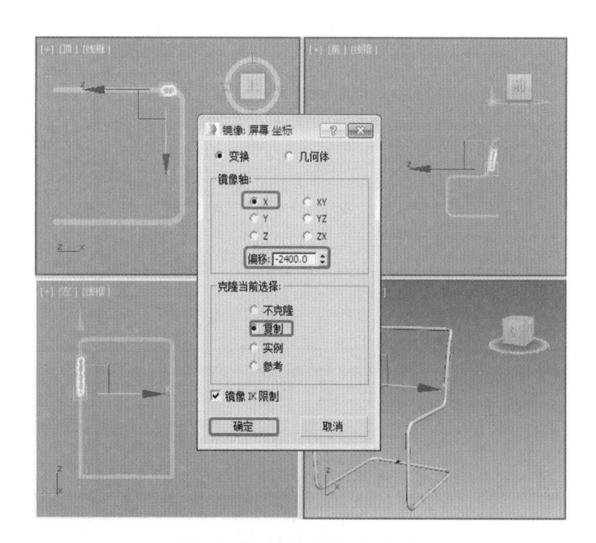

图 4-234 设置镜像参数

(13) 设置完成后，单击【确定】按钮，选择【创建】 | 【图形】 | 【线】工具，在【左】视图中绘制一条直线，如图 4-235 所示。

(14) 选择【创建】 | 【图形】 | 【线】工具，取消选中【开始新图形】复选框，在【左】视图中绘制多条直线，如图 4-236 所示。

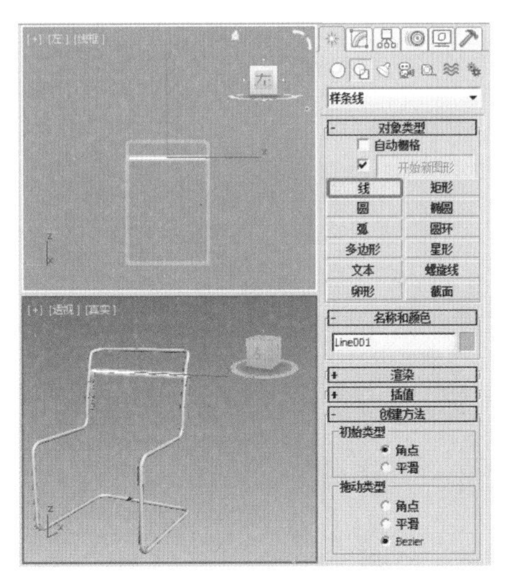

图 4-235　绘制直线

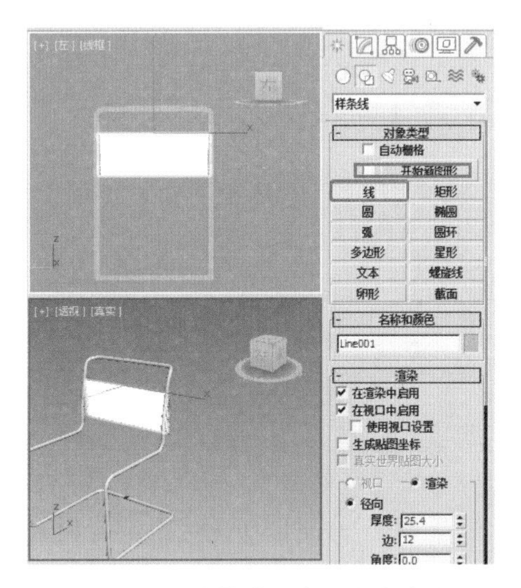

图 4-236　绘制其他直线后的效果

提 示

在图 4-236 所绘制的直线中共有 3 个顶点，这样是为了方便后面对线段进行调整。

(15) 继续选中绘制的直线，切换至【修改】命令面板中，在【渲染】卷展栏中选中【径向】单选按钮，将【厚度】设置为 30.4，如图 4-237 所示。

(16) 使用【选择并旋转】及【选择并移动】工具在视图中对选中的直线进行旋转、移动，效果如图 4-238 所示。

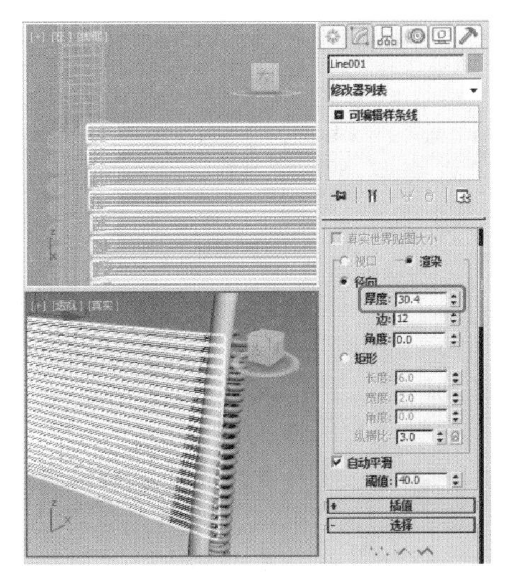

图 4-237　设置厚度

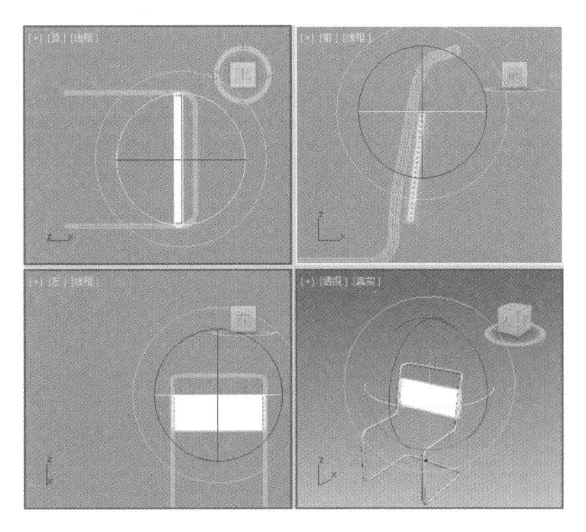

图 4-238　旋转并移动直线后的效果

(17) 确认该直线处于选中状态，将当前选择集定义为【顶点】，在视图中对顶点进行调整，效果如图 4-239 所示。

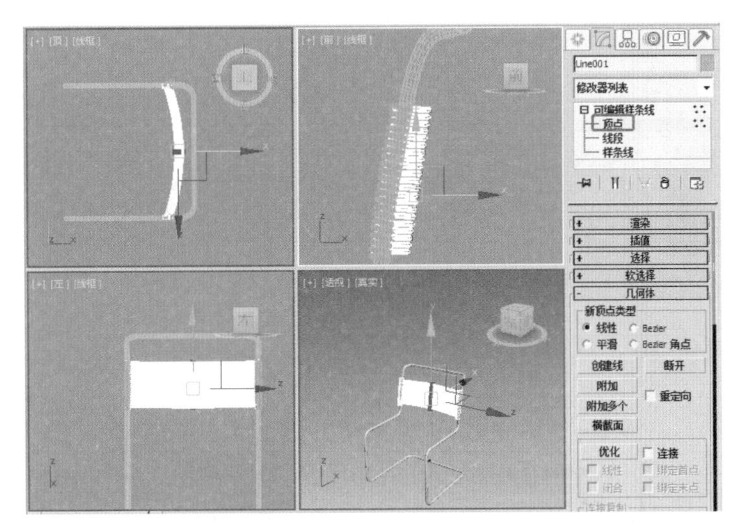

图 4-239 调整顶点后的效果

(18) 调整完成后，使用相同的方法创建其他对象，效果如图 4-240 所示。

(19) 在视图中选择除【支架 001】、【支架 002】外的其他对象，在菜单栏中单击【组】按钮，在弹出的下拉菜单中选择【组】命令，如图 4-241 所示。

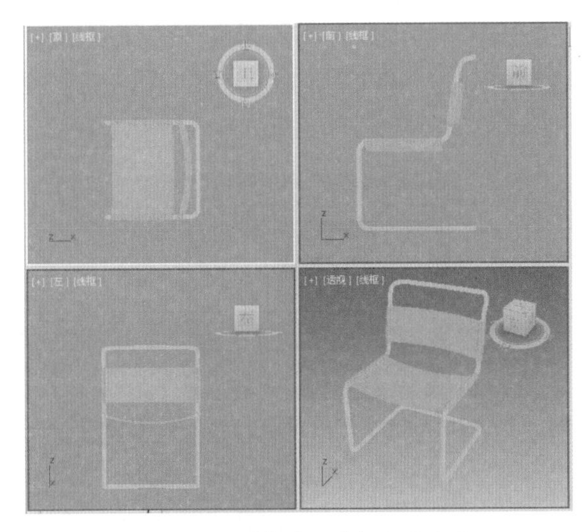

图 4-240 创建其他对象后的效果

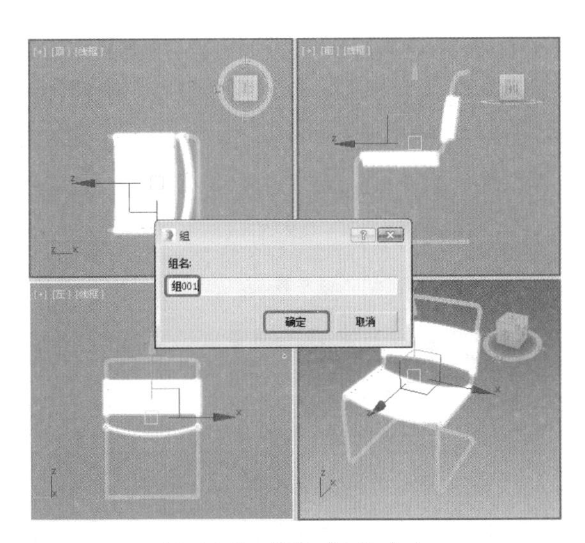

图 4-241 选择【组】命令

技 巧

如果其他对象不好选择，可在视图中选择【支架 001】、【支架 002】两个对象，然后按 Ctrl+I 组合键进行反选，即可选择除【支架 001】、【支架 002】外的其他对象。

(20) 在弹出的对话框中使用其默认名称即可，单击【确定】按钮。按 M 键，在弹出的对话框中选择一个新的材质样本球，将其命名为【红色材质】，在【Blinn 基本参数】卷展栏中将【环境光】和【漫反射】的 RGB 值均设置为 213、0、0，如图 4-242 所示。

(21) 设置完成后，单击【将材质指定给选定对象】按钮，然后将该对话框关闭即可，选择【创建】|【几何体】|【平面】工具，在【顶】视图中绘制一个平面，在【参数】卷展栏中将【长度】、【宽度】都设置为 40000，如图 4-243 所示。

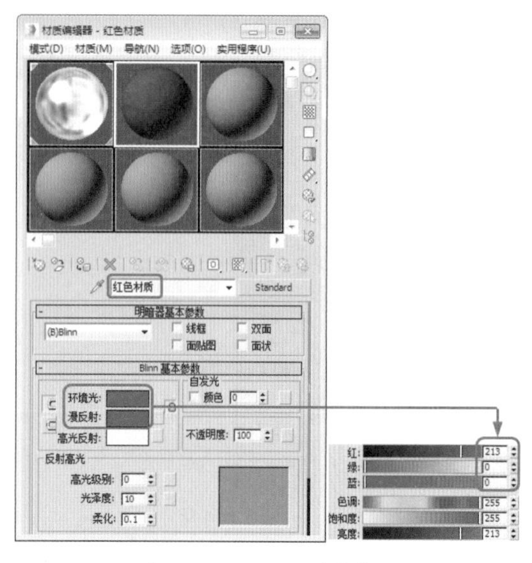

图 4-242　设置环境光颜色

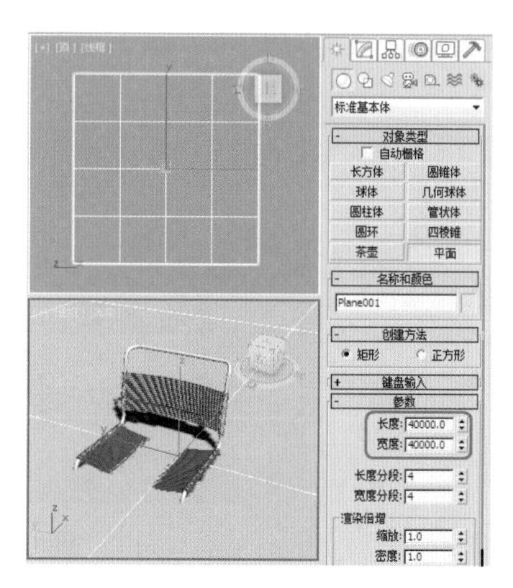

图 4-243　绘制平面

(22) 使用【选择并移动】工具在视图中调整其位置，调整后的效果如图 4-244 所示。

(23) 继续选中该对象，按 M 键，在弹出的对话框中选择一个新的材质样本球，将其命名为【地面】，在【Blinn 基本参数】卷展栏中将【环境光】和【漫反射】的 RGB 值均设置为 255、255、255，将【自发光】的【颜色】设置为 15，在【反射高光】选项组中将【高光级别】、【光泽度】分别设置为 93、75，如图 4-245 所示。

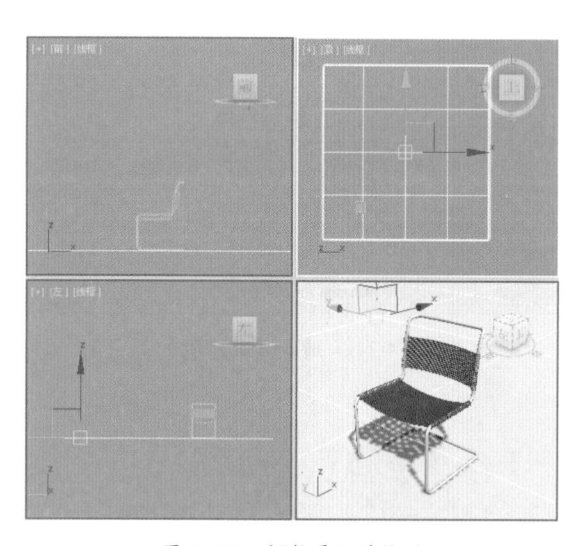

图 4-244　调整平面的位置

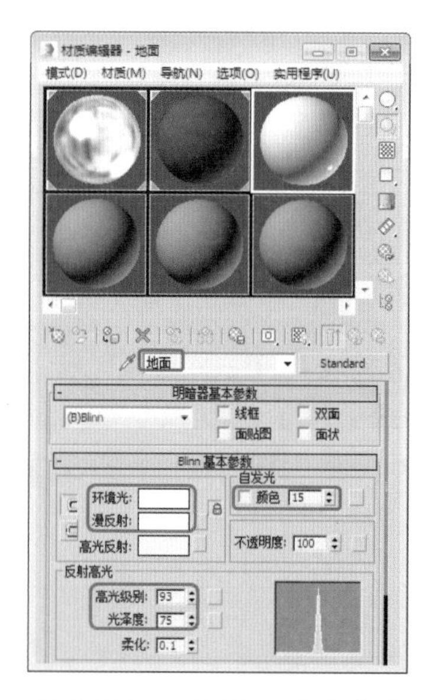

图 4-245　设置 Blinn 基本参数

(24) 在【贴图】卷展栏中将【反射】右侧的【数量】设置为 10，然后单击其右侧的【无】按钮，在弹出的对话框中选择【光线跟踪】选项，如图 4-246 所示。

(25) 单击【确定】按钮，设置完成后，将材质指定给选定对象即可，将该对话框关闭。选择【创建】|【摄影机】|【目标】工具，在【顶】视图中创建一台摄影机，并将其【镜头】设置为 57.347，激活【透视】视图，按 C 键将其转换为摄影机视图，在视图中调整摄影机的位置即可，如图 4-247 所示。

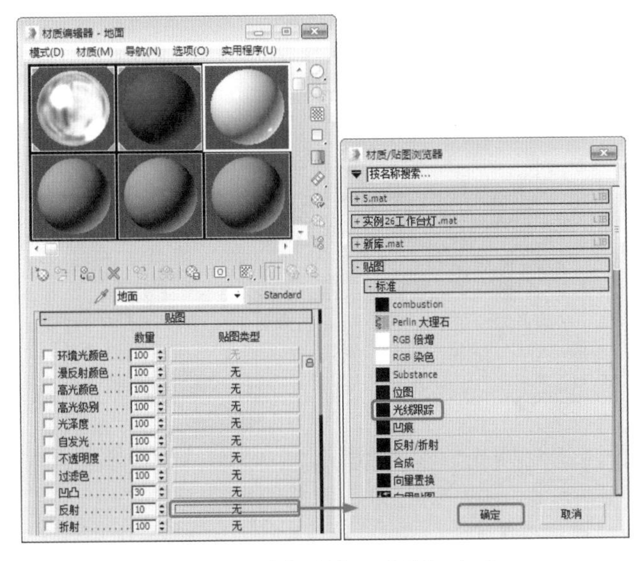

图 4-246 选择【光线跟踪】选项

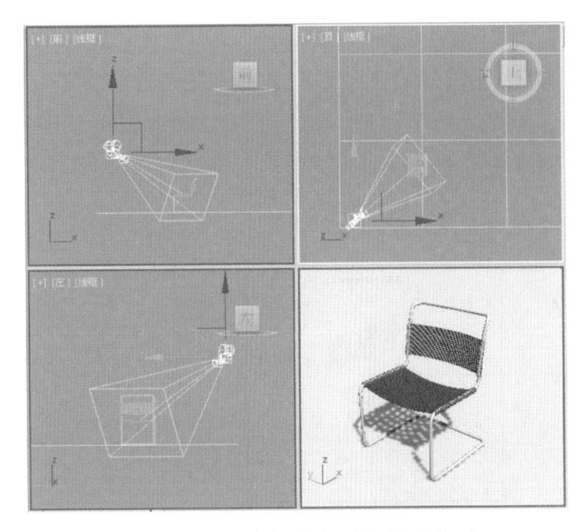

图 4-247 创建摄影机并调整其位置

(26) 选择【创建】 |【灯光】 |【标准】|【目标聚光灯】工具，在【左】视图中创建一盏目标聚光灯，在【强度 / 颜色 / 衰减】卷展栏中将【倍增】设置为 0.3，在【聚光灯参数】卷展栏中将【聚光区 / 光束】、【衰减区 / 区域】分别设置为 0.5、100，如图 4-248 所示。

(27) 设置完成后，使用【选择并移动】工具在视图中调整目标聚光灯的位置。调整后的效果如图 4-249 所示。

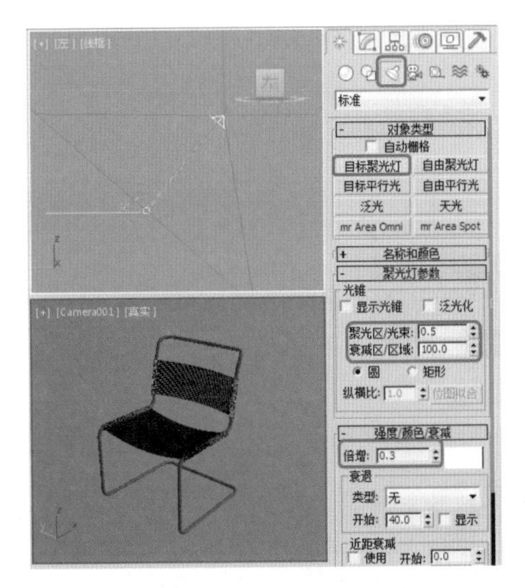

图 4-248 创建目标聚光灯并进行设置

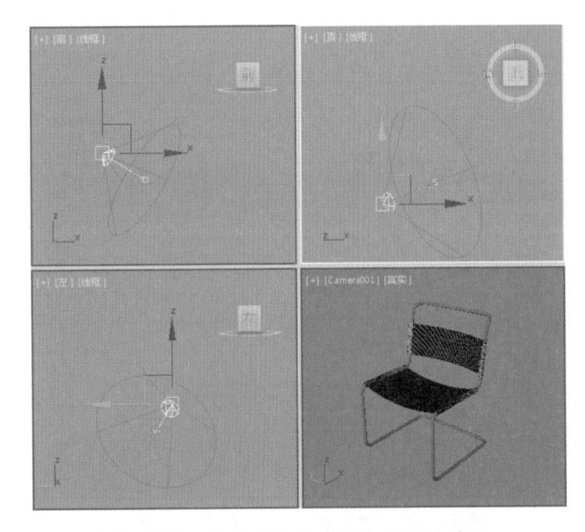

图 4-249 调整目标聚光灯位置后的效果

(28) 选择【创建】 |【灯光】 |【标准】|【天光】工具，在【顶】视图中创建一个天光，在【天光参数】卷展栏中将【倍增】设置为 0.8，如图 4-250 所示。

(29) 在视图中调整天光的位置，调整后的效果如图 4-251 所示。

(30) 按 F10 键，在弹出的对话框中选择【高级照明】选项卡，在【选择高级照明】卷展栏中将照明类型设置为【光跟踪器】，在【参数】卷展栏中将【附加环境光】的 RGB 值设置为 22、22、22，如图 4-252 所示。

(31) 设置完成后，激活摄影机视图，单击【渲染】按钮即可。

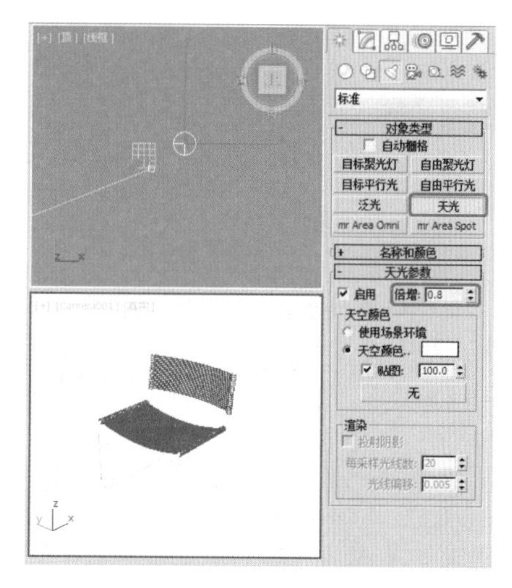

图 4-250 创建天光并调整其参数后的效果

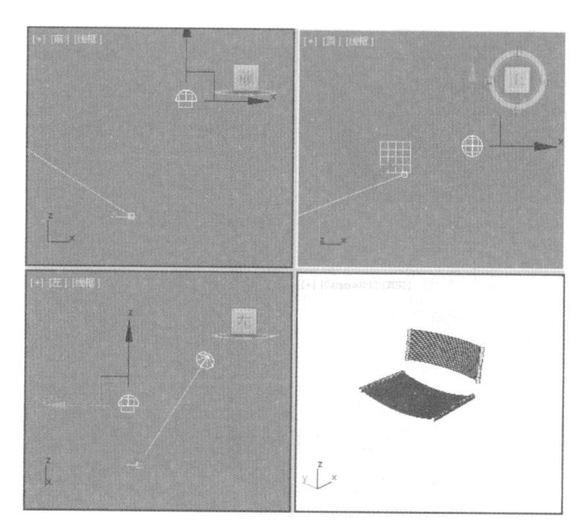

图 4-251 调整天光的位置

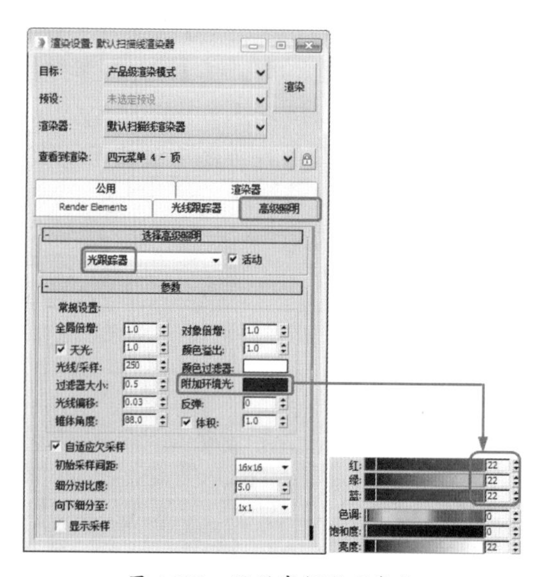

图 4-252 设置高级照明参数

案例精讲 047 制作圆锥形路障

本案例将介绍如何制作圆锥形路障。首先要绘制一条样条线作为路障的截面，然后再为其添加【车削】修改器，使其由二维图形转换为三维对象，然后再创建圆形及圆角矩形并为其添加挤出修改器，最后为圆角矩形与车削的对象进行布尔运算，为其指定材质，并创建平面、摄影机、灯光等，从而完成最终效果。效果如图 4-253 所示。

图 4-253 塑料圆锥形路障

案例文件：CDROM \ Scenes \ Cha04 \ 圆锥形路障 OK.max

视频教学：视频教学 \ Cha04 \ 圆锥形路障 .avi

(1) 启动 3ds Max 2016，新建一个空白场景，选择【创建】 |【图形】 |【线】工具，在【前】视图中绘制一条样条线，如图 4-254 所示。

(2) 切换至【修改】 命令面板中，将当前选择集定义为【顶点】，在【前】视图中选择样条线上方的顶点并右击鼠标，在弹出的快捷菜单中选择【Bezier 角点】命令，如图 4-255 所示。

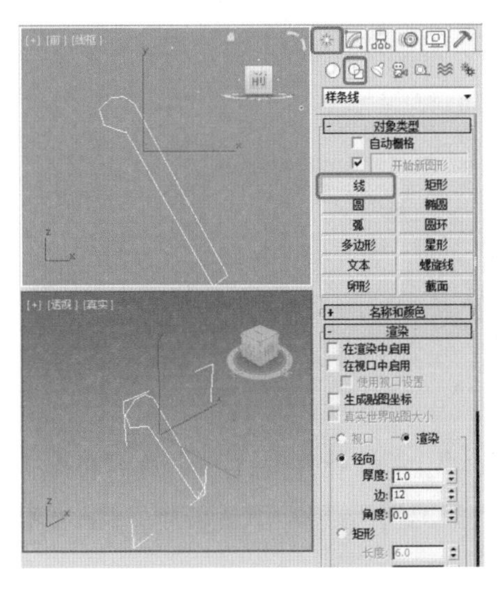

图 4-254 绘制样条线

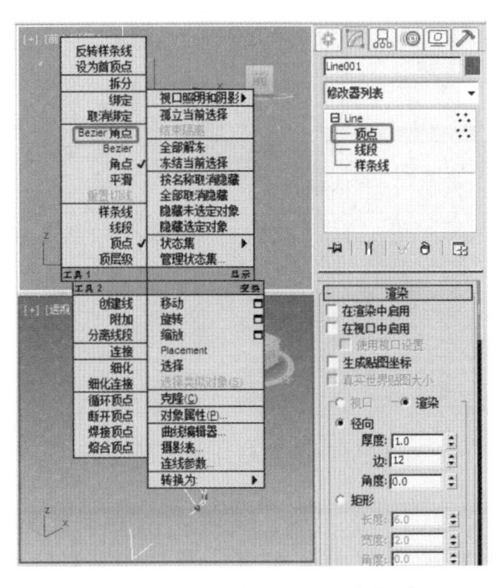

图 4-255 选择【Bezier 角点】命令

(3) 转换完成后，使用【选择并移动】工具 在视图中对顶点进行调整，调整完成后，在【插值】卷展栏中将【步数】设置为 20，效果如图 4-256 所示。

(4) 关闭当前选择集，在【修改器列表】中选择【车削】修改器，在【参数】卷展栏中设置【分段】参数为 55，单击【方向】选项组中的 Y 按钮，在【对齐】选项组中单击【最小】按钮，如图 4-257 所示。

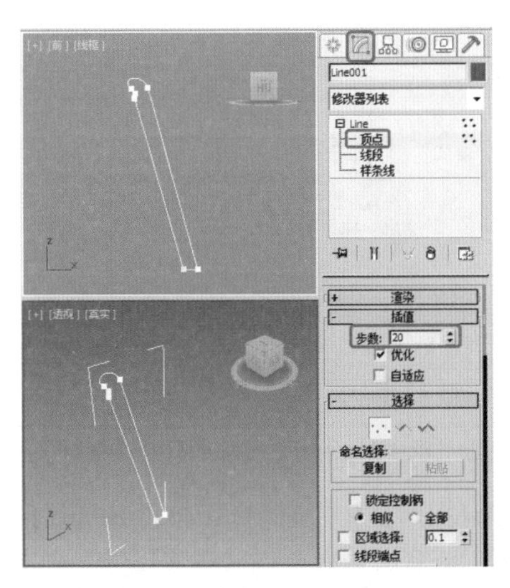

图 4-256 调整顶点后的效果

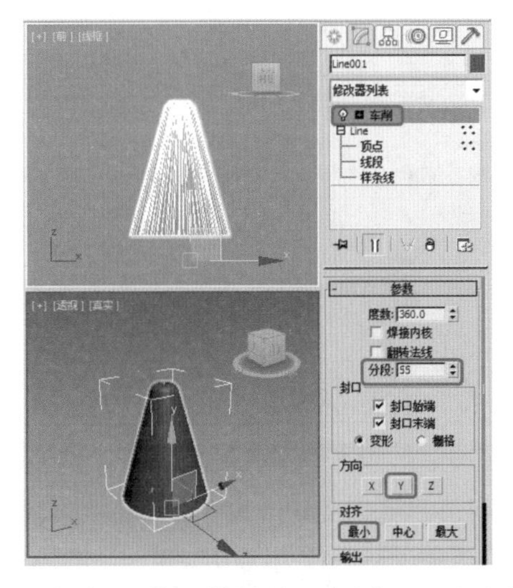

图 4-257 添加【车削】修改器并进行设置后的效果

(5) 将当前选择集定义为【轴】，在【前】视图中对车削修改器的轴进行调整，调整后的效果如图 4-258 所示。

(6) 关闭当前选择集，在【修改器列表】中选择【UVW 贴图】修改器，在【参数】卷展栏中选中【柱形】单选按钮，在【对齐】选项组中选中 X 单选按钮，并单击【适配】按钮，如图 4-259 所示。

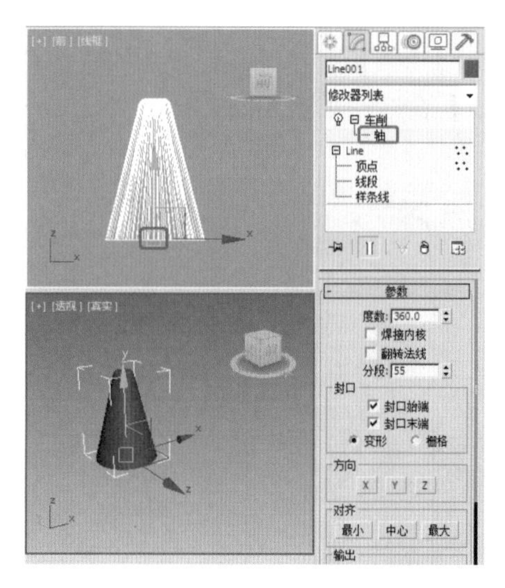

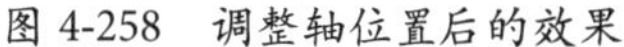
图 4-258　调整轴位置后的效果

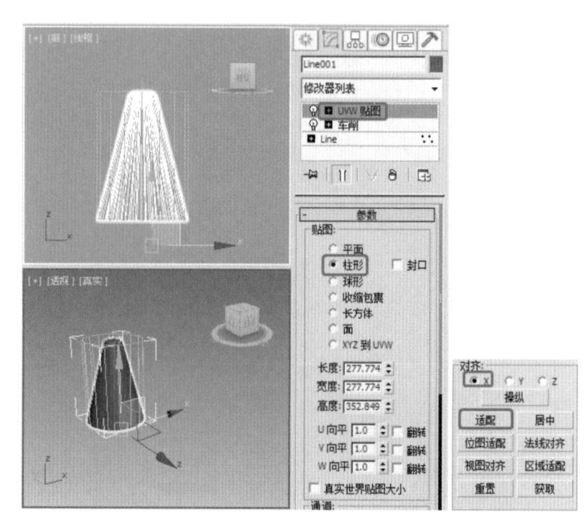

图 4-259　添加【UVW 贴图】修改器

(7) 继续选中该对象，切换至【层次】命令面板中，在【调整轴】卷展栏中单击【仅影响轴】按钮，在【对齐】选项组中单击【居中到对象】按钮，如图 4-260 所示。

(8) 单击【仅影响轴】按钮，将其关闭，在工具栏中右击【捕捉开关】按钮，在弹出的对话框中仅选中【轴心】复选框，如图 4-261 所示。

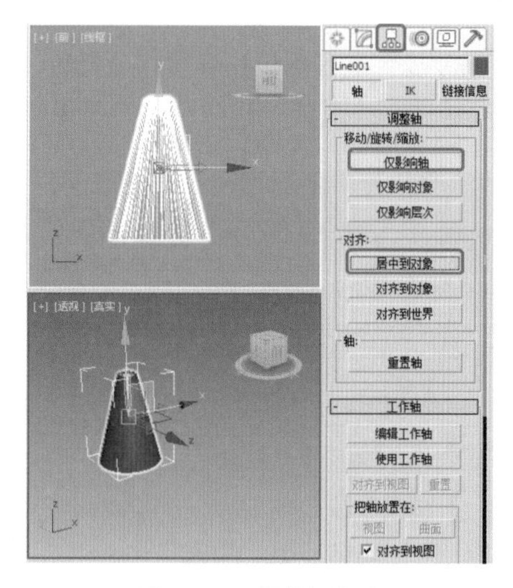

图 4-260　调整轴位置

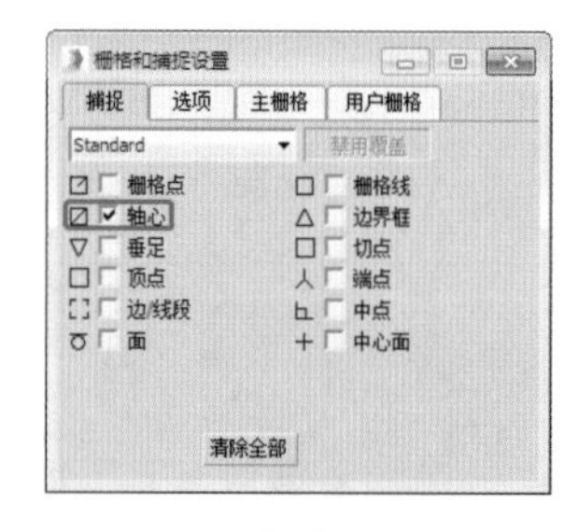

图 4-261　选中【轴心】复选框

(9) 将该对话框关闭，打开捕捉开关，选择【创建】 |【图形】 |【圆】工具，在【顶】视图中拾取车削对象的轴心作为圆心创建一个圆形，切换到【修改】命令面板，在【插值】卷展栏中将【步数】设置为 20，在【参数】卷展栏中将【半径】设置为 160，如图 4-262 所示。

(10) 按 S 键关闭捕捉开关，在【修改器列表】中选择【挤出】修改器，在【参数】卷展栏中将【数量】设置为 5，将【分段】设置为 20，如图 4-263 所示。

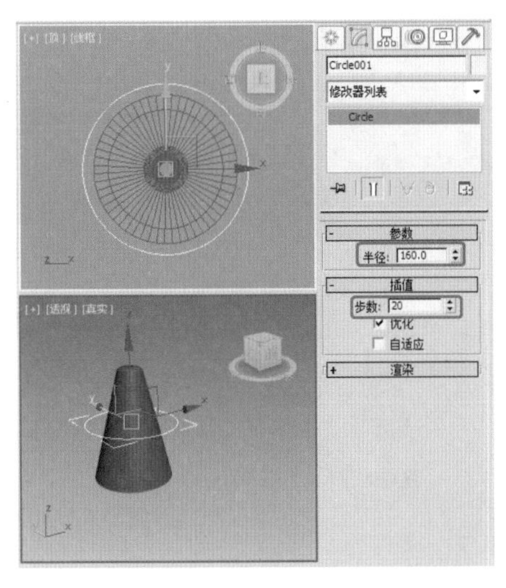

图 4-262　创建圆形并进行设置

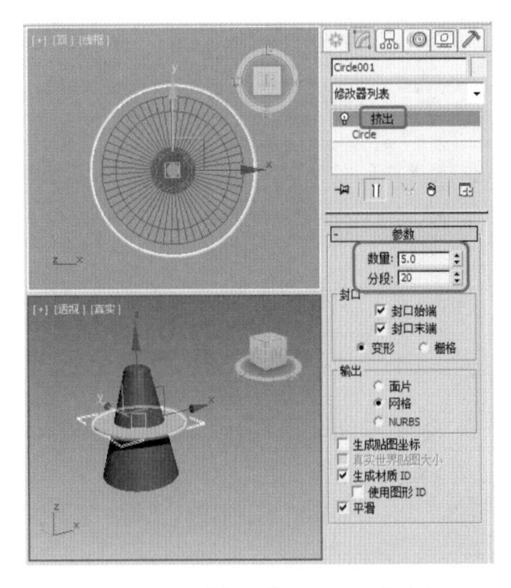

图 4-263　添加【挤出】修改器并进行设置

(11) 选择【创建】|【图形】|【矩形】工具，在【顶】视图中创建矩形，切换到【修改】命令面板，在【参数】卷展栏中将【长度】和【宽度】均设置为 380，将【角半径】设置为 100，如图 4-264 所示。

(12) 使用【选择并移动】工具调整其位置，切换至【修改】命令面板中，在【修改器列表】中选中【编辑样条线】修改器，将当前选择集定义为【顶点】，在【几何体】卷展栏中单击【优化】按钮，在视图中对样条线进行优化，效果如图 4-265 所示。

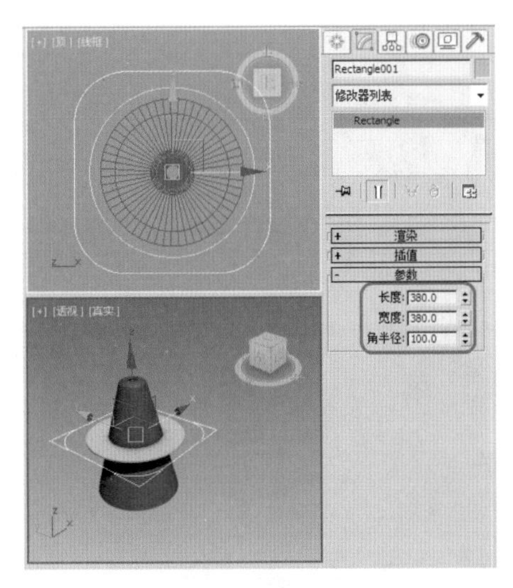

图 4-264　创建圆角矩形

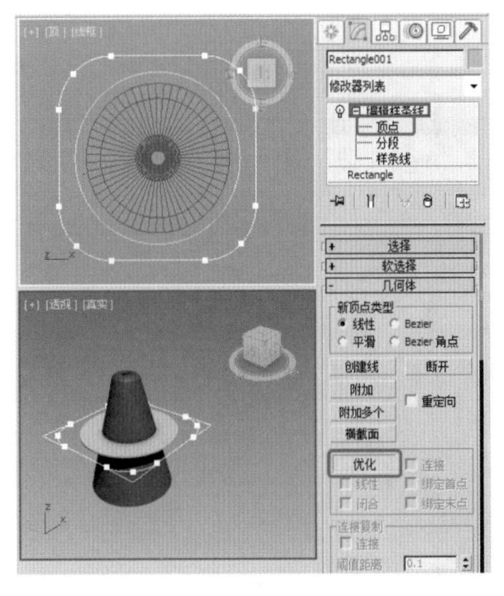

图 4-265　添加顶点

(13) 再次单击【优化】按钮，将其关闭，在视图中对添加的顶点进行调整，调整后的效果如图 4-266 所示。

(14) 调整完成后，关闭当前选择集，在【修改器列表】中选择【挤出】修改器，在【参数】卷展栏中将【数量】设置为 10，将【分段】设置为 20，如图 4-267 所示。

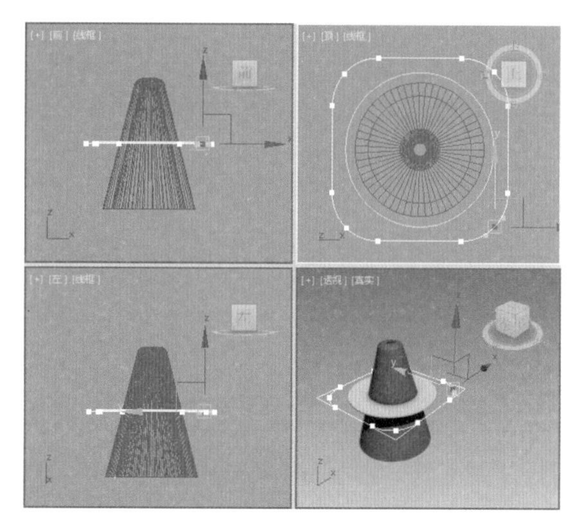

图 4-266 调整顶点后的效果

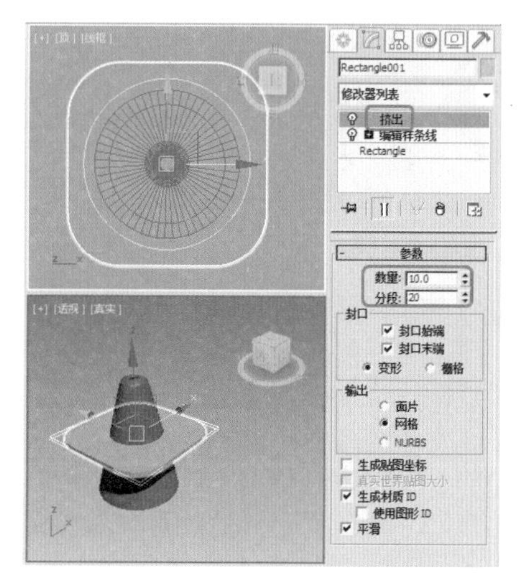

图 4-267 添加【挤出】修改器

(15) 在视图中调整圆角矩形与圆形的位置，调整后的效果如图 4-268 所示。

提 示

为了方便后面的操作，在调整对象位置时，需要将圆角矩形的底部高于【Line001】对象的底部。

(16) 在视图中选择圆角矩形对象并右击鼠标，在弹出的快捷菜单中选择【转换为】|【转换为可编辑多边形】命令，如图 4-269 所示。

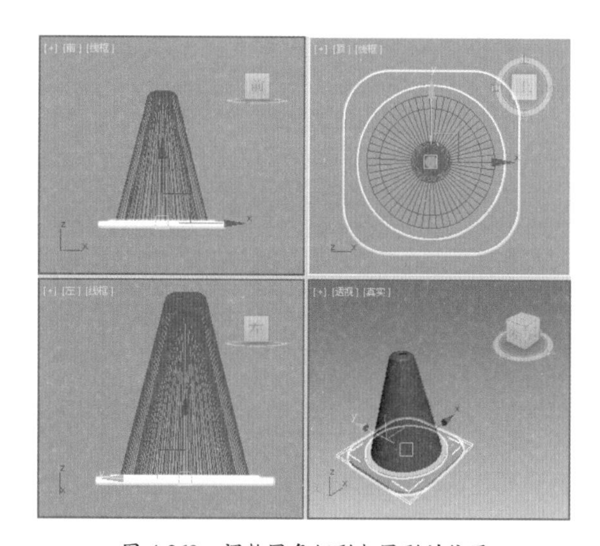

图 4-268 调整圆角矩形与圆形的位置

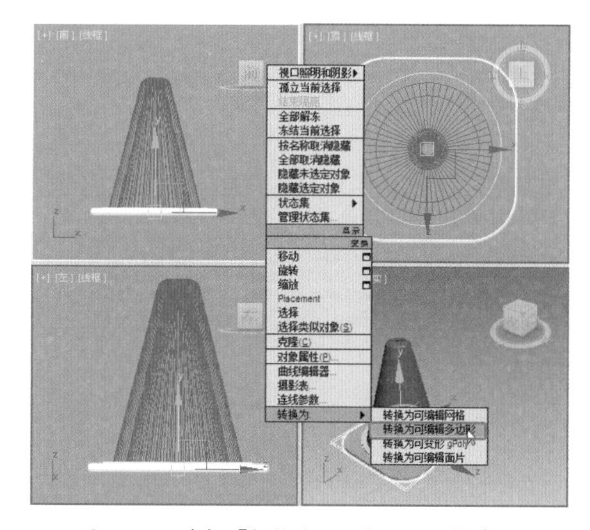

图 4-269 选择【转换为可编辑多边形】命令

(17) 在【编辑几何体】卷展栏中单击【附加】按钮，然后在视图中单击选择圆形对象，将其附加在一起，如图 4-270 所示。

(18) 附加完成后，再次单击【附加】按钮，将其关闭。在场景中选择 Line001 对象，按 Ctrl+V 组合键，在弹出的对话框中选中【复制】单选按钮，如图 4-271 所示。

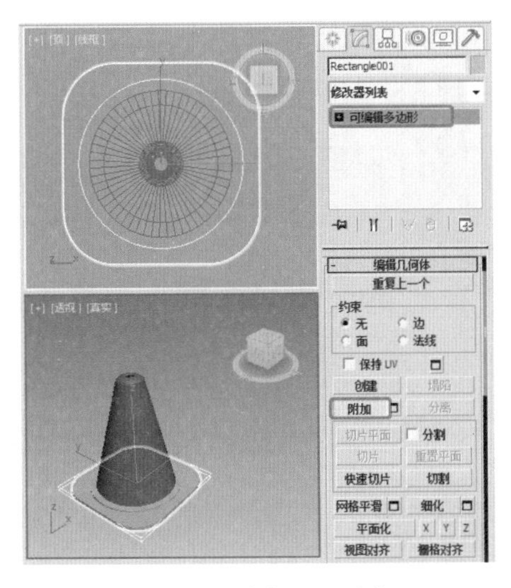

图 4-270 选择附加对象

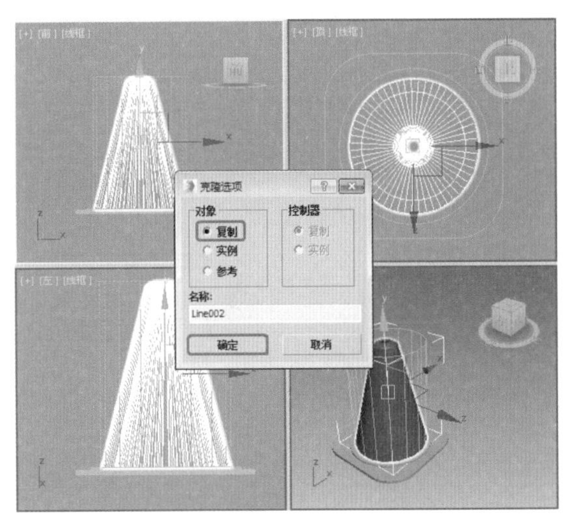

图 4-271 选中【复制】单选按钮

(19) 单击【确定】按钮，在视图中选择 Line001 对象并右击鼠标，在弹出的快捷菜单中选择【隐藏选定对象】命令，如图 4-272 所示。

(20) 在视图中选择附加后的对象，然后选择【创建】 |【几何体】 |【复合对象】| ProBoolean 工具，在【拾取布尔对象】卷展栏中单击【开始拾取】按钮，在场景中拾取 Line002 对象，如图 4-273 所示。

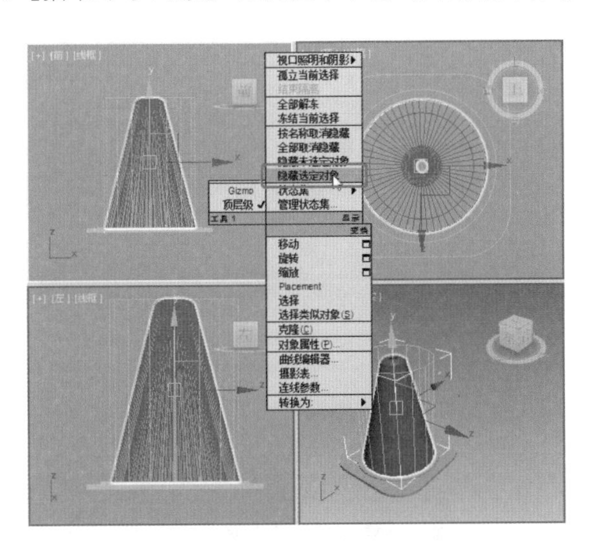

图 4-272 选择【隐藏选定对象】命令

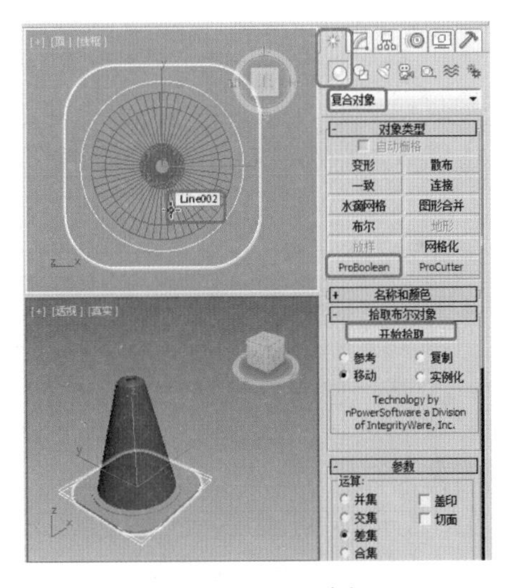

图 4-273 拾取对象

(21) 切换至【修改】 命令面板中，在【修改器列表】中选择【编辑网格】修改器，将当前选择集定义为【元素】，在【顶】视图中选择图 4-274 所示的元素。

(22) 并按 Delete 键将其删除，关闭当前选择集，在视图中右击鼠标，在弹出的快捷菜单中选择【全部取消隐藏】命令，如图 4-275 所示。

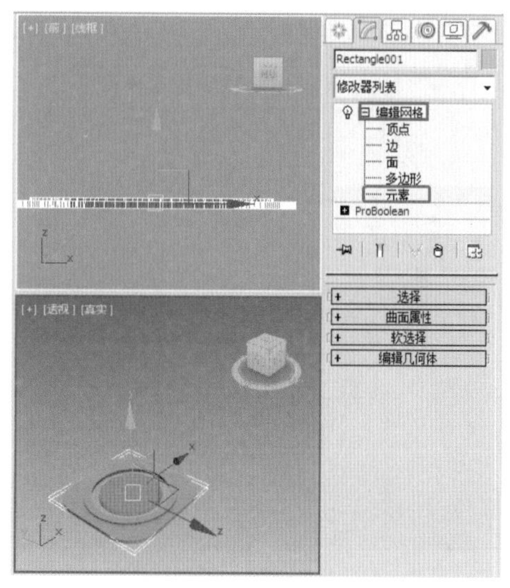

图 4-274　选择元素

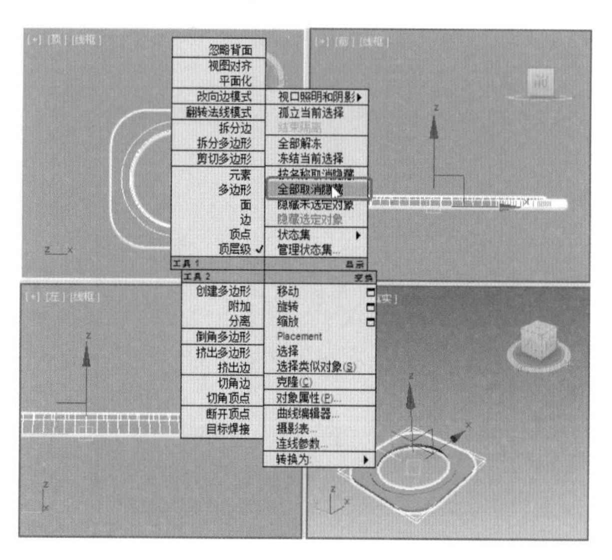

图 4-275　选择【全部取消隐藏】命令

(23) 取消隐藏 Line001 对象，再次在视图中选择圆角矩形对象，在【编辑几何体】卷展栏中单击【附加】按钮，在场景中拾取 Line001 对象，如图 4-276 所示。

(24) 再次单击【附加】按钮，将其关闭，确认该对象处于选中状态，将其命名为【圆锥形路障001】，如图 4-277 所示。

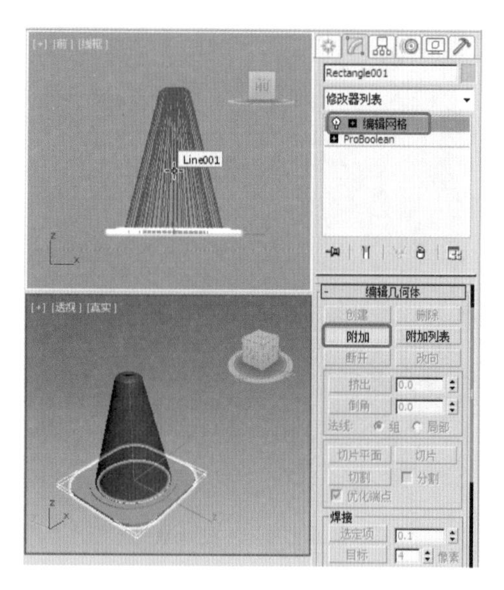

图 4-276　拾取对象

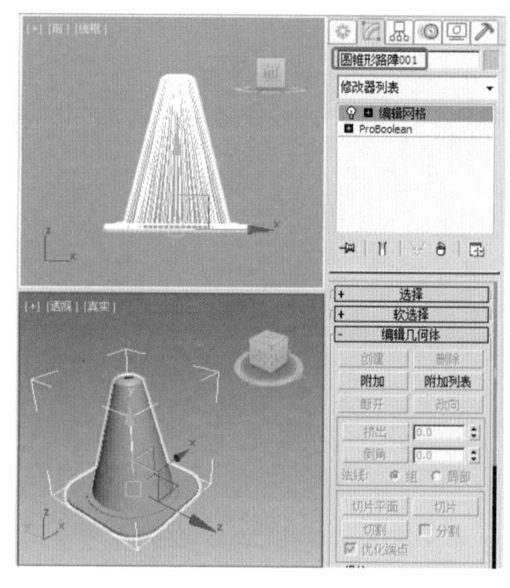

图 4-277　为对象命名

(25) 继续选中该对象，按 M 键，在弹出的对话框中选择一个新的材质样本球，将其命名为【塑料路障】，在【Blinn 基本参数】卷展栏中将【自发光】选项组中的【颜色】设置为 30，在【反射高光】选项组中将【高光级别】和【光泽度】分别设置为 51、52，如图 4-278 所示。

(26) 在【贴图】卷展栏中单击【漫反射颜色】右侧的【无】按钮，在弹出的对话框中选择【位图】选项，如图 4-279 所示。

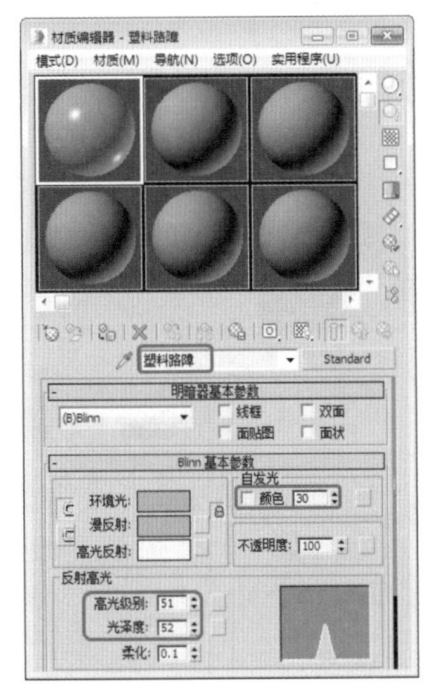

图 4-278　设置 Blinn 基本参数

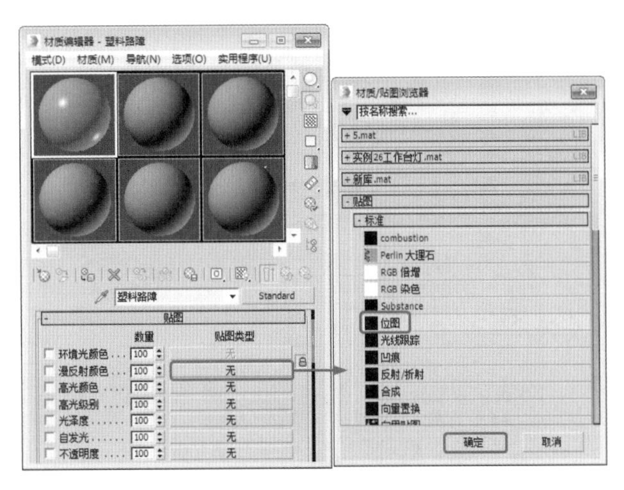

图 4-279　选择【位图】选项

(27) 单击【确定】按钮，在弹出的对话框中选择随书附带光盘中的"CDROM\Map\ 圆锥形路障 .jpg"贴图文件，如图 4-280 所示。

(28) 单击【打开】按钮，单击【将材质指定给选定对象】按钮和【视口中显示明暗处理材质】按钮，将该对话框关闭，按 8 键，在弹出的对话框中选择【环境】选项卡，在【公用参数】卷展栏中单击【环境贴图】下的【无】按钮，在弹出的对话框中选择【位图】选项，如图 4-281 所示。

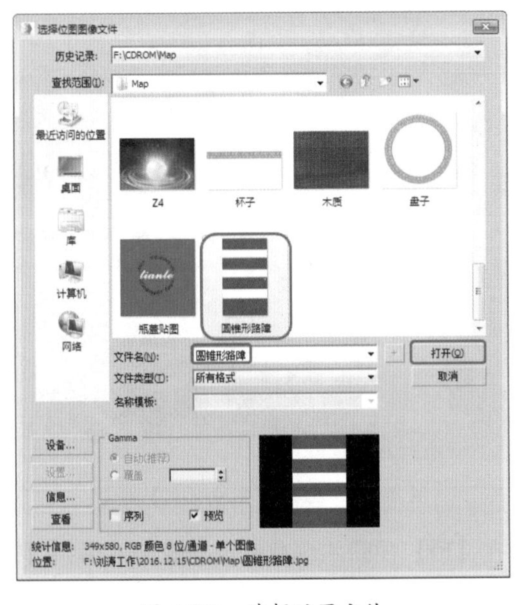

图 4-280　选择贴图文件

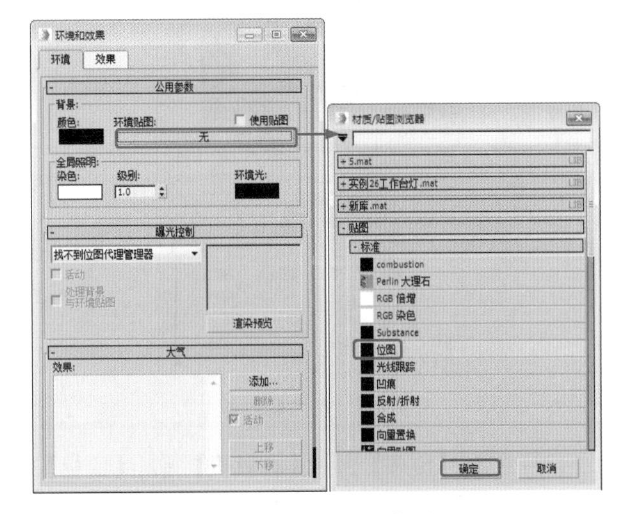

图 4-281　选择【位图】选项

(29) 单击【确定】按钮，在弹出的对话框中选择随书附带光盘中的"CDROM\Map\DF5G.jpg"贴图文件，如图 4-282 所示。

(30) 单击【打开】按钮，按 M 键打开【材质编辑器】窗口，在【环境和效果】对话框中选择【环境贴图】下的材质，按住鼠标将其拖曳至一个新的材质样本球上，在弹出的对话框中选中【实例】单选按钮，如图 4-283 所示。

图 4-282　选择贴图文件

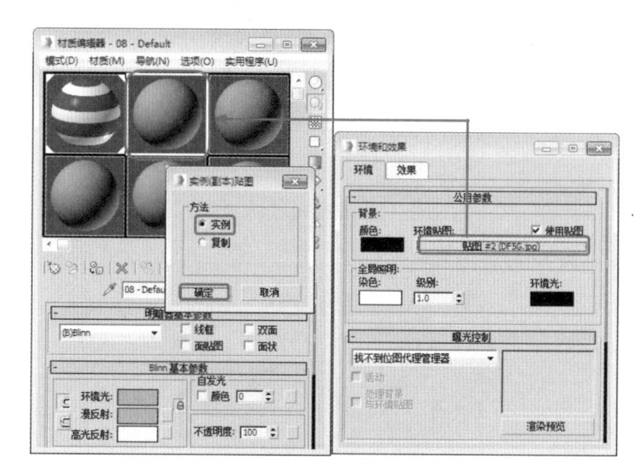

图 4-283　复制材质

(31) 单击【确定】按钮，在【坐标】卷展栏中将【贴图】设置为【屏幕】，如图 4-284 所示。

(32) 设置完成后，将【材质编辑器】窗口与【环境和效果】对话框关闭，激活【透视】视图，按 Alt+B 组合键将透视图转换为摄影机视图，如图 4-285 所示。

图 4-284　设置贴图类型

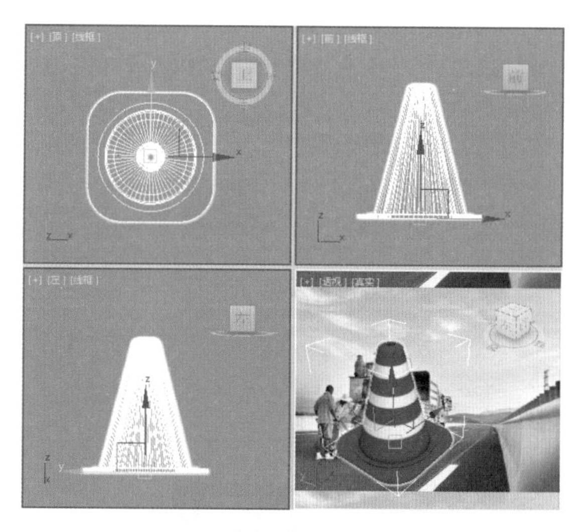

图 4-285　选择【环境背景】命令

(33) 选择【创建】 |【摄影机】 |【目标】工具，在【顶】视图中创建一台摄影机，激活【透视】视图，按 C 键将其转换为摄影机视图，切换至【修改】命令面板中，在【参数】卷展栏中将【镜头】设置为 30，然后在其他视图中调整摄影机的位置，效果如图 4-286 所示。

(34) 按 Shift+C 组合键将摄影机进行隐藏，选择【创建】 |【几何体】 |【平面】工具，在【顶】视图中绘制一个平面，将其命名为【地面】，在【参数】卷展栏中将【长度】、【宽度】都设置为 1200，如图 4-287 所示。

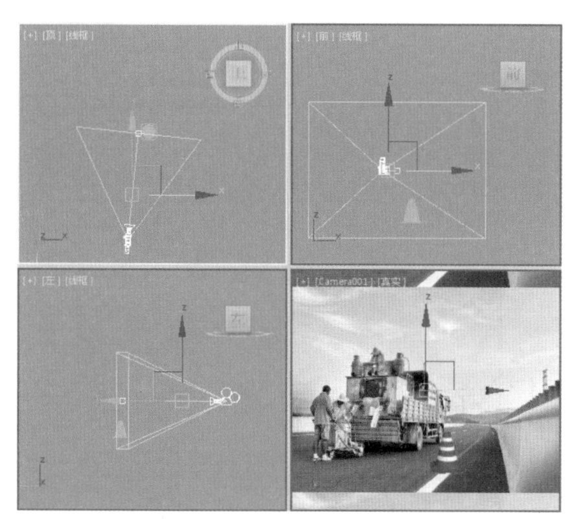

图 4-286　创建摄影机并进行调整

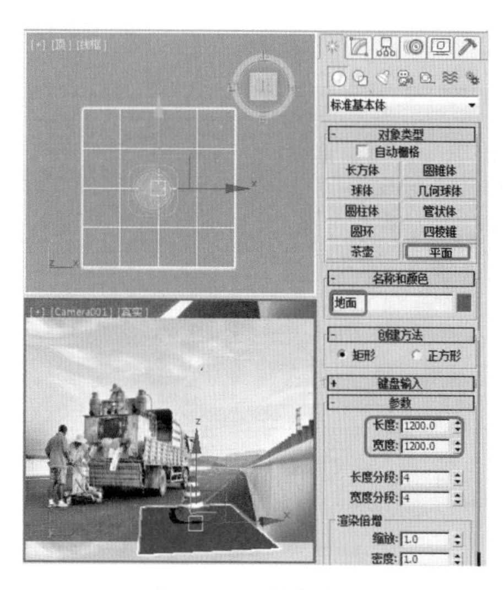

图 4-287　创建平面

(35) 选中该对象，使用【选择并移动】工具 在视图中调整其位置，在该对象上右击鼠标，在弹出的快捷菜单中选择【对象属性】命令，如图 4-288 所示。

(36) 在弹出的对话框中选择【常规】选项卡，在【显示属性】选项组中选中【透明】复选框，如图 4-289 所示。

(37) 单击【确定】按钮，确认该对象处于选中状态，按 M 键，在弹出的对话框中选择一个空白的材质样本球，将其命名为【地面】，单击 Standard 按钮，在弹出的对话框中选择【无光 / 投影】选项，单击【确定】按钮，如图 4-290 所示。然后将该材质指定给选定对象即可，将该对话框关闭。

(38) 选择【创建】 |【灯光】 |【标准】|【泛光】工具，在【顶】视图中创建泛光灯，并在其他视图中调整灯光的位置，切换至【修改】 命令面板，在【强度 / 颜色 / 衰减】卷展栏中将【倍增】设置为 0.35，如图 4-191 所示。

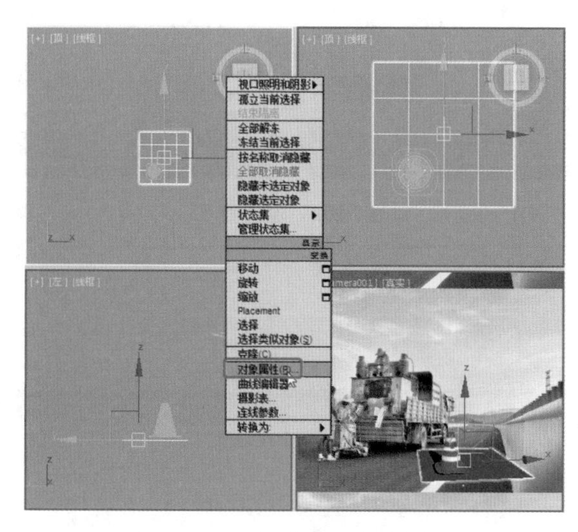

图 4-288　选择【对象属性】命令

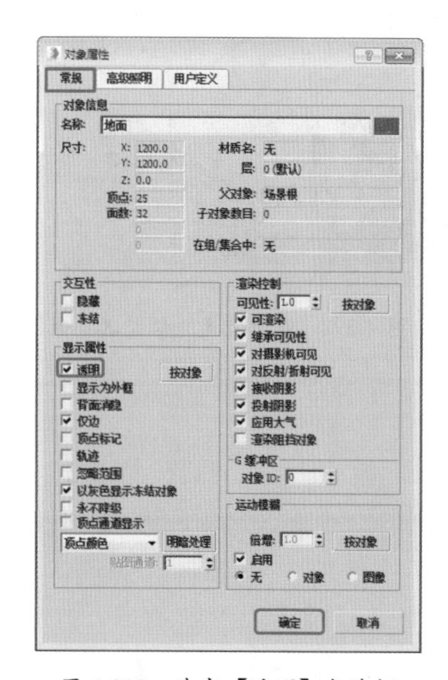

图 4-289　选中【透明】复选框

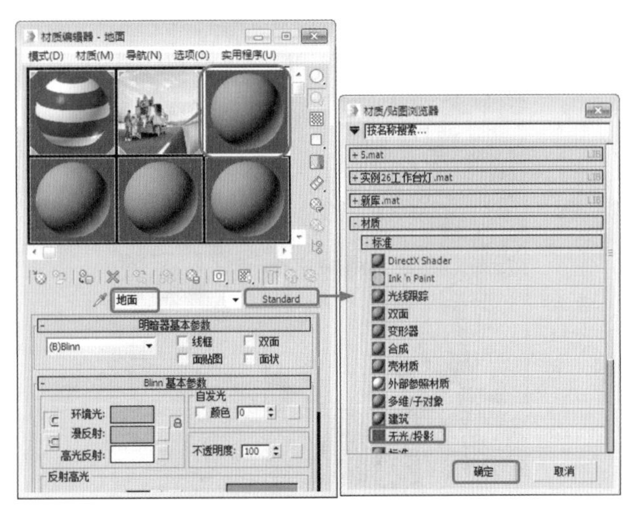

图 4-290 选择【无光 / 投影】选项

图 4-291 复制对象并调整其位置

(39) 选择【创建】 | 【灯光】 | 【标准】 | 【天光】工具，在【顶】视图中创建天光，切换到【修改】命令面板，在【天光参数】卷展栏中勾选【渲染】选项组中的【投射阴影】复选框，如图 4-292 所示。

(40) 至此，圆锥形路障就制作完成了，对完成后的场景进行渲染并保存即可。渲染效果如图 4-293 所示。

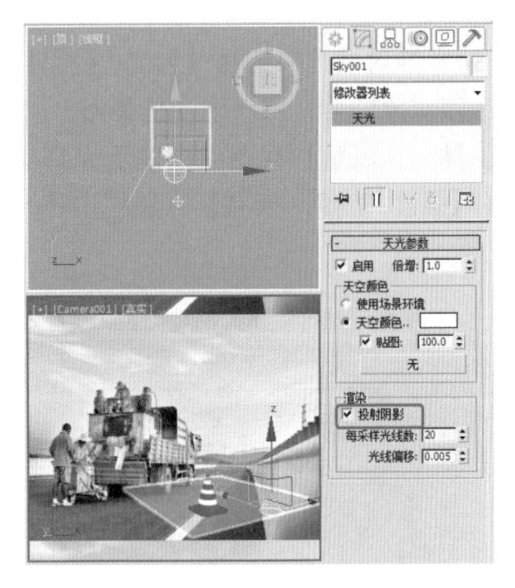

图 4-292 创建天光并调整其参数

图 4-293 渲染效果

第5章 材质与贴图

本章重点

- 为咖啡杯添加瓷器材质
- 为勺子添加不锈钢材质
- 为桌子添加木质材质
- 为壁灯添加材质
- 利用多维 / 子材质为魔方添加材质
- 利用位图贴图为墙体添加材质
- 木质地板砖
- 利用凹凸制作地砖材质
- 用复合材质制作苹果
- 用渐变材质制作植物
- 制作青铜器材质
- 为植物添加材质
- 皮革材质的制作
- 制作黄金质感文字
- 使用凹凸贴图制作菠萝
- 使用折射贴图制作玻璃杯的折射效果
- 透明材质——玻璃画框
- 反射材质——镜面反射
- 为胶囊添加塑料材质
- 光线追踪材质——冰块
- 玻璃材质
- 设置水面材质
- 设置大理石质感
- 红酒材质的制作
- 为鼠标添加材质
- 为玻璃杯添加 V-Ray 材质

材质是指物体表面或数个面的特性，其决定在着色时特定的表现方式。材质在表现模型对象时起着至关重要的作用。材质的调试主要在【材质编辑器】中完成，通过设置不同的材质通道，可以调试出逼真的材质效果，使模型对象能够被完美地表现。

案例精讲 048　为咖啡杯添加瓷器材质

本案例介绍如何为茶杯添加瓷器材质，该案例主要通过为选中的茶杯添加反射材质，并在其子对象中为其添加光线跟踪贴图，从而达到瓷器材质效果，如图 5-1 所示。

图 5-1　为咖啡杯添加瓷器材质

案例文件：CDROM \ Scenes \ Cha05 \ 为咖啡杯添加瓷器材质 OK.max

视频教学：视频教学 \ Cha05 \ 为咖啡杯添加瓷器材质 .avi

(1) 按 Ctrl+O 组合键，打开【为咖啡杯添加瓷器材质 .max】素材文件，如图 5-2 所示。

(2) 在场景文件中选择咖啡杯，按 M 键打开【材质编辑器】窗口，从中选择一个材质样本球，将其命名为【咖啡杯】，在【Blinn 基本参数】卷展栏中将【环境光】和【漫反射】的 RGB 值均设置为 255、255、255，将【自发光】中的【颜色】设置为 15，将【反射高光】选项组中的【高光级别】和【光泽度】分别设置为 93 和 75，如图 5-3 所示。

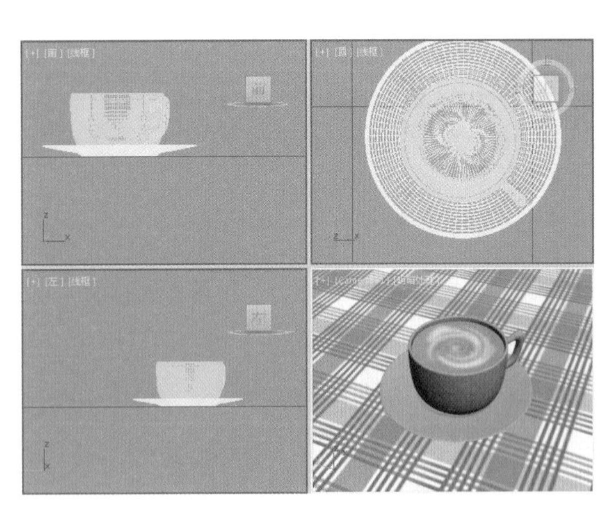

图 5-2　打开的素材文件

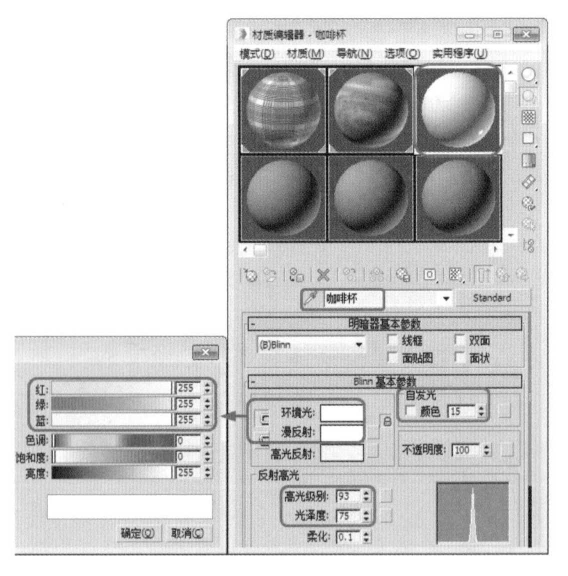

图 5-3　设置【Blinn 基本参数】

(3) 在【贴图】卷展栏中将【反射】右侧的【数量】设置为 10，并单击其右侧的【无】按钮，在弹出的对话框中选择【光线跟踪】选项，如图 5-4 所示。

(4) 单击【确定】按钮，在【光线跟踪器参数】卷展栏中单击【无】按钮，在弹出的对话框中选择【位图】选项，如图 5-5 所示。

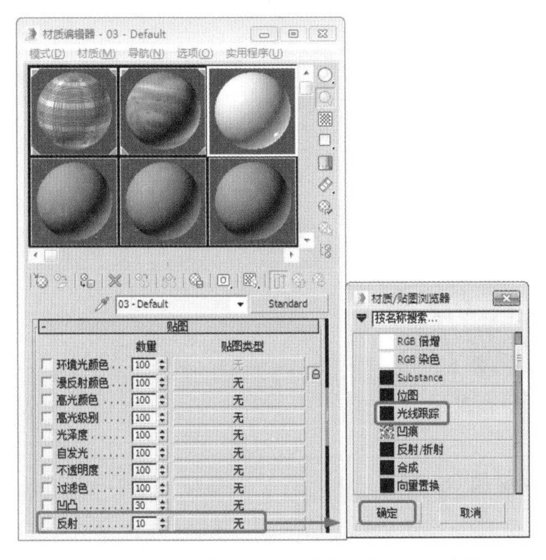

图 5-4　设置【反射】参数并选择【光线跟踪】选项

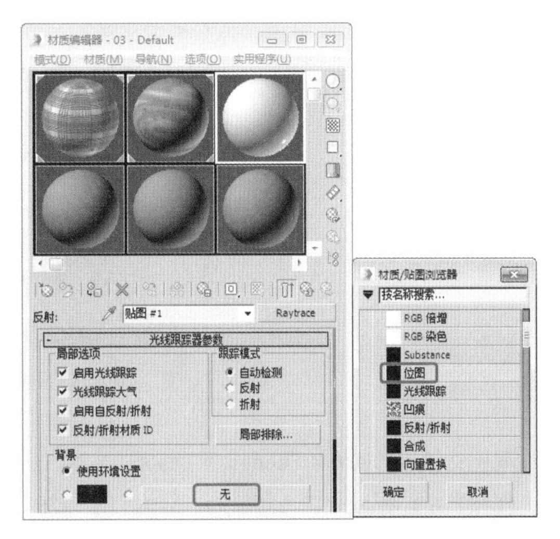

图 5-5　选择【位图】选项

(5) 单击【确定】按钮，在弹出的对话框中选择随书附带光盘中的"CDROM\Map\bxg.jpg"贴图文件，如图 5-6 所示。

(6) 单击【打开】按钮，单击【将材质指定给选定对象】按钮，指定完成后将【材质编辑器】关闭，激活摄影机视图，按 F9 键进行渲染，效果如图 5-7 所示。

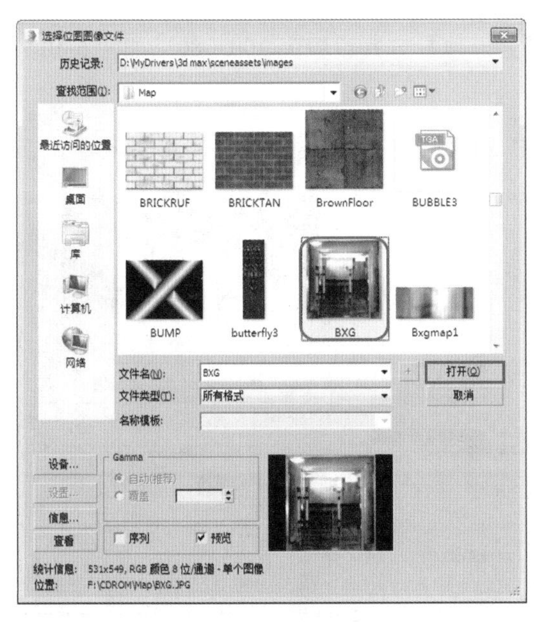

图 5-6　选择贴图文件

图 5-7　添加材质后的效果

案例精讲 049　为勺子添加不锈钢材质

本案例将介绍为勺子添加不锈钢材质，该效果主要通过设置明暗器类型、添加反射贴图等来达到不锈钢效果，如图 5-8 所示。

图 5-8　为勺子添加不锈钢材质

案例文件：CDROM \ Scenes \ Cha05 \ 为勺子添加不锈钢材质 OK.max

视频教学：视频教学 \ Cha05 \ 为勺子添加不锈钢材质 .avi

(1) 启动 3ds Max 2016，按 Ctrl+O 组合键，打开【为勺子添加不锈钢材质 .max】素材文件，如图 5-9 所示。

(2) 在场景文件中选中【勺子】，按 M 键打开【材质编辑器】窗口，在该窗口中选择一个材质样本球，将其命名为【勺子】，在【明暗器基本参数】卷展栏中将明暗器类型设置为【(M) 金属】，在【金属基本参数】卷展栏中单击【环境光】左侧的按钮，取消【环境光】与【漫反射】的锁定，将【环境光】的 RGB 值设置为 0、0、0，将【漫反射】的 RGB 值设置为 255、255、255，将【自发光】选项组中的【颜色】设置为 5，在【反射高光】选项组中将【高光级别】和【光泽度】分别设置为 100、80，如图 5-10 所示。

图 5-9　打开的素材文件

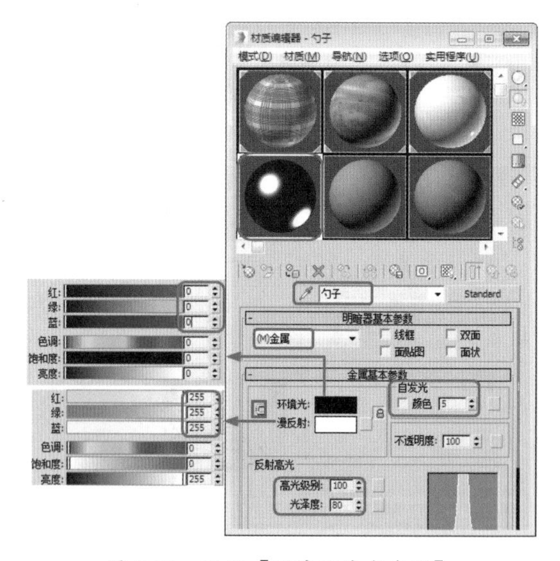

图 5-10　设置【明暗器基本参数】

(3) 在【贴图】卷展栏中单击【反射】右侧的【无】按钮，在弹出的对话框中选择【位图】选项，单击【确定】按钮，在弹出的对话框中选择 Chromic.jpg 贴图文件，如图 5-11 所示。

(4) 单击【打开】按钮，在【坐标】卷展栏中将【模糊偏移】设置为 0.096，如图 5-12 所示。

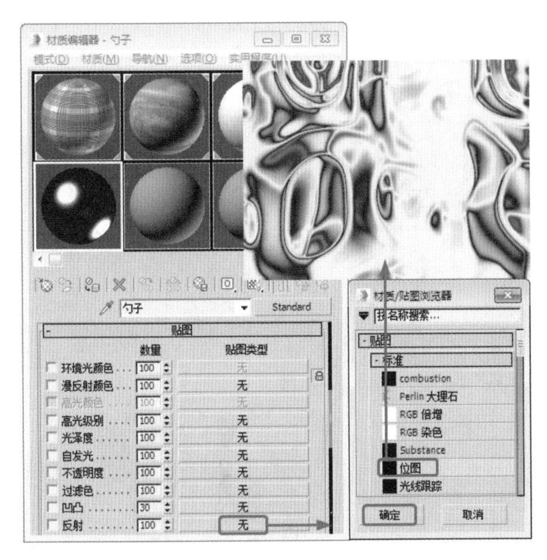

图 5-11　选择【位图】选项

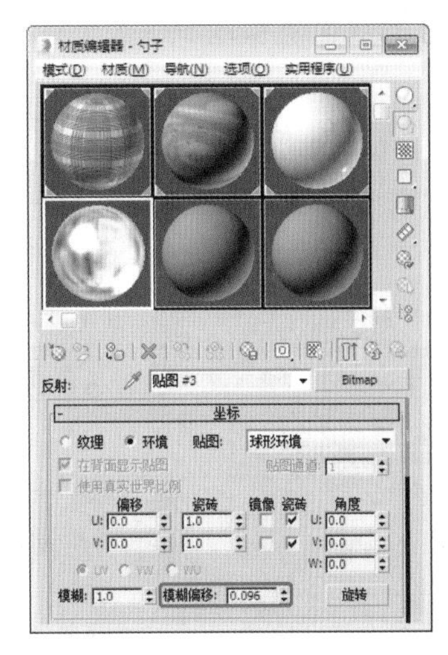

图 5-12　设置【模糊偏移】参数

(5) 设置完成后，单击【将材质指定给选定对象】按钮，对完成后的场景进行保存即可。

案例精讲 050　为桌子添加木质材质

本例将介绍如何为桌子添加木质材质，通过为【漫反射颜色】通道添加【位图】贴图来设置木纹材质，最后将设置好的材质指定给选定对象，如图 5-13 所示。

图 5-13　制作照片的焦点柔光

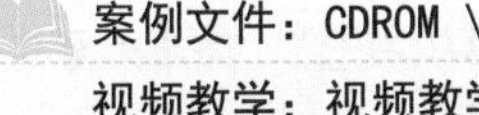

案例文件：CDROM \ Scenes \ Cha05　\ 为桌子添加木质材质 OK. max

视频教学：视频教学 \ Cha05　\ 为桌子添加木质材质 . avi

(1) 启动 3ds Max 2016，按 Ctrl+O 组合键，打开【为桌子添加木质材质 .max】素材文件，如图 5-14 所示。

(2) 在【顶】视图中框选所有的桌子对象，如图 5-15 所示。

(3) 按 M 键，在弹出的窗口中选择一个材质样本球，将其命名为【桌子】，在【Blinn 基本参数】卷展栏中将【环境光】和【漫反射】的 RGB 值均设置为 255、192、83，将【自发光】选项组中的【颜色】设置为 35，将【反射高光】选项组中的【高光级别】和【光泽度】分别设置为 178 和 68，如图 5-16 所示。

(4) 在【贴图】卷展栏中单击【漫反射颜色】右侧的【无】按钮，在弹出的对话框中选择【位图】选项，单击【确定】按钮，在弹出的对话框中选择 A-d-017.jpg 贴图文件，如图 5-17 所示。

(5) 单击【打开】按钮，在【坐标】卷展栏中将【瓷砖】下的 U 和 V 分别设置为 2、1，将【模糊偏移】设置为 0.05，如图 5-18 所示。

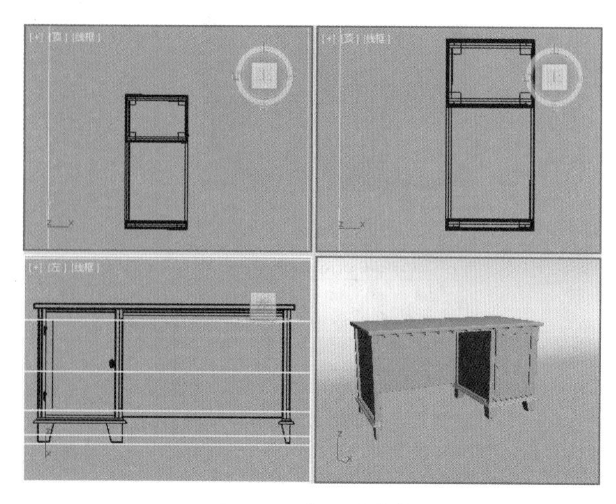

图 5-14 打开原素材

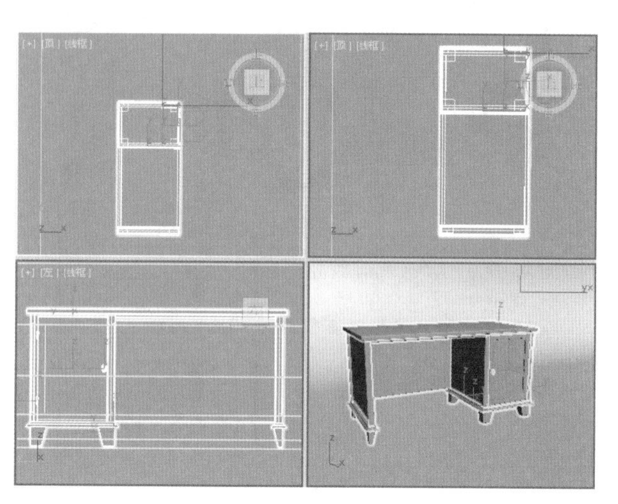

图 5-15 选择要添加材质的对象

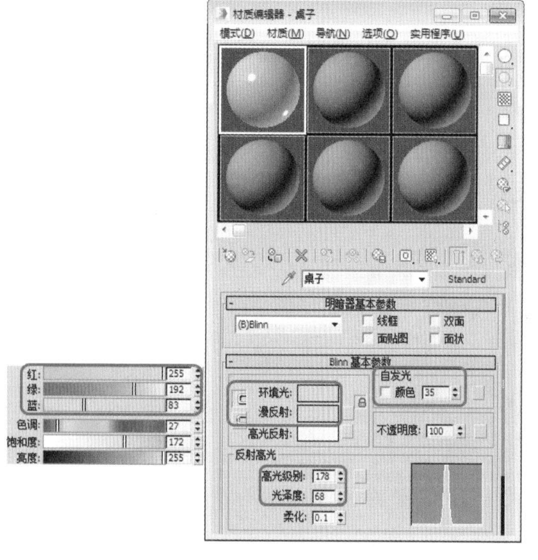

图 5-16 设置 Blinn 基本参数

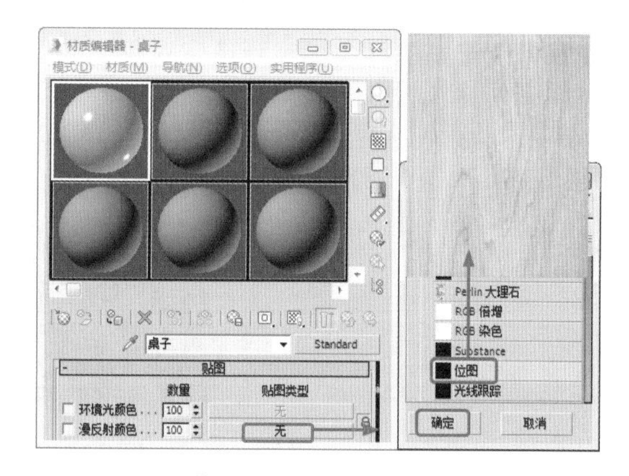

图 5-17 添加贴图文件

(6) 单击【将材质指定给选定对象】按钮，将【材质编辑器】关闭，激活摄影机视图，按 F9 键进行渲染，渲染后的效果如图 5-19 所示。

知识链接

主要用于表现材质的纹理效果，当值为 100%时，会完全覆盖漫反射的颜色，这就好像在对象表面油漆绘画一样，如为墙壁指定砖墙的纹理图案就可以产生砖墙的效果。制作中没有严格的要求非要将漫反射贴图与环境光贴图锁定在一起，通过对漫反射贴图和环境光贴图分别指定不同的贴图，可以制作出很多有趣的融合效果。但如果漫反射贴图用于模拟单一的表面，就需要将漫反射贴图和环境光贴图锁定在一起。

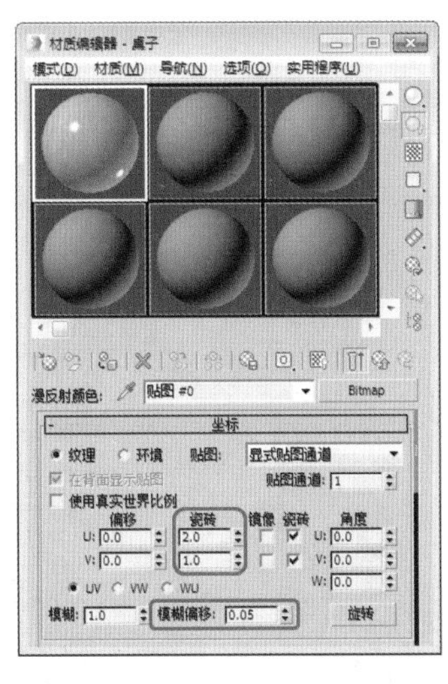

图 5-18　设置【坐标】卷展栏

图 5-19　指定材质后的效果

案例精讲 051　为壁灯添加材质【视频案例】

本例将介绍如何为壁灯添加材质效果，通过【多维 / 子材质】在一个材质球中设置不同的材质，然后将设置好的材质指定给选定对象，如图 5-20 所示。

案例文件：CDROM \ Scenes \ Cha05 \ 为壁灯添加材质 OK.max

视频教学：视频教学 \ Cha05 \ 为壁灯添加材质 .avi

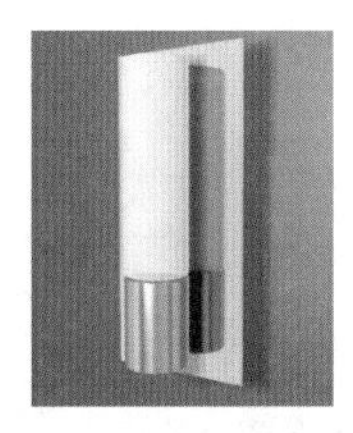

图 5-20　添加材质后的壁灯

案例精讲 052　利用多维 / 子材质为魔方添加材质

本例将介绍如何利用【多维 / 子材质】为魔方添加材质。首先为魔方的面设置不同的 ID，然后将材质设置为【多维 / 子材质】，设置不同的材质，最后将材质指定给魔方，如图 5-21 所示。

案例文件：CDROM \ Scenes \ Cha05 \ 利用多维 / 子材质为魔方添加材质 OK.max

视频教学：视频教学 \ Cha05 \ 利用多维 / 子材质为魔方添加材质 .avi

图 5-21　利用多维 / 子材质为魔方添加材质

(1) 启动 3ds Max 2016，按 Ctrl+O 组合键，打开【利用多维 / 子材质为魔方添加材质 .max】素材文件，如图 5-22 所示。

(2) 在场景中选择【魔方】，切换至【修改】命令面板中，将当前选择集定义为【多边形】，在【顶】视图中选择最上方的面，在【多边形：材质 ID】卷展栏中将【设置 ID】设置为 1，如图 5-23 所示。

(3) 使用同样的方法为其他多边形设置 ID，设置完成后，将当前选择集关闭，按 M 键打开【材质编辑器】窗口，在弹出的窗口中选择一个材质样本球，将其命名为【魔方】，单击 Standard 按钮，在弹出的对话框中选择【多维 / 子对象】，如图 5-24 所示。

(4) 单击【确定】按钮，在弹出的对话框中单击【将旧材质保存为子材质】按钮，单击【确定】按钮，在【多维 / 子对象基本参数】卷展栏中单击【设置数量】按钮，在弹出的对话框中将【材质数量】设置为 7，如图 5-25 所示。

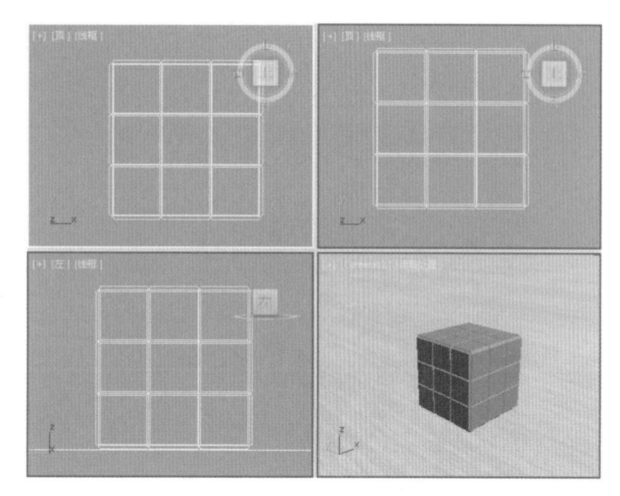

图 5-22　打开的素材文件

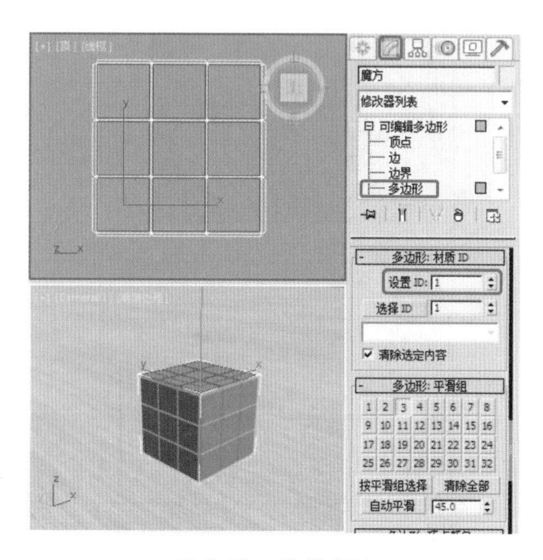

图 5-23　设置 ID1

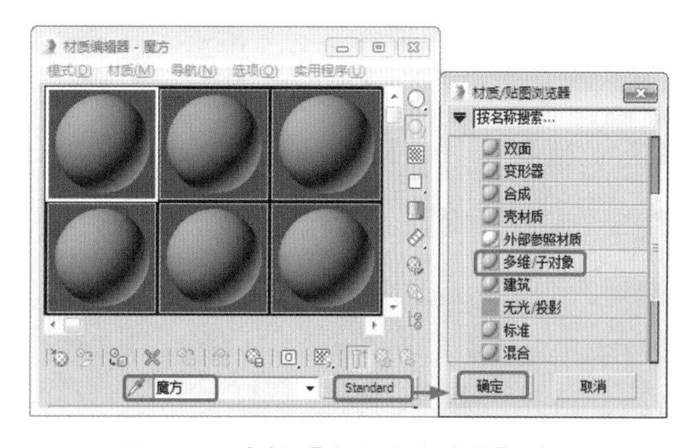

图 5-24　选择【多维 / 子对象】选项

图 5-25　设置材质数量

(5) 设置完成后，单击【确定】按钮，单击 ID1 右侧的材质通道按钮，将明暗器类型设置为【(A) 各向异性】，在【各向异性基本参数】卷展栏中将【环境光】和【漫反射】的 RGB 值均设置为 255、246、0，将【自发光】选项组中的【颜色】设置为 40，将【漫反射级别】设置为 102，在【反射高光】选项组中将【高光级别】、【光泽度】、【各向异性】分别设置为 96、65、86，如图 5-26 所示。

(6) 单击【转到父对象】按钮，单击 ID2 右侧的材质按钮，在弹出的对话框中选择【标准】，如图 5-27 所示。

(7) 单击【确定】按钮，在【明暗器基本参数】卷展栏中将明暗器类型设置为【(A) 各向异性】，在【各向异性基本参数】卷展栏中将【环境光】的 RGB 值设置为 255、0、0，将【自发光】设置为 40，将【漫反射级别】设置为 102，在【反射高光】选项组中将【高光级别】、【光泽度】、【各向异性】分别设置为 96、65、86，如图 5-28 所示。

(8) 使用相同的方法设置其他材质，设置完成后单击【将材质指定给选定对象】按钮，激活摄影机视图，按 F9 键对其进行渲染，效果如图 5-29 所示。

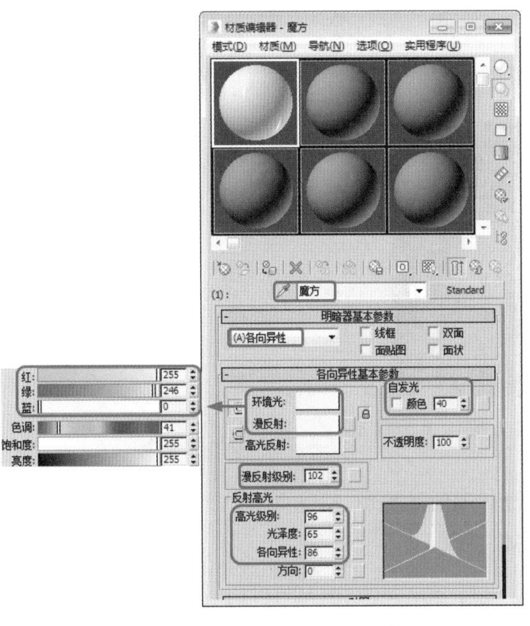

图 5-26 设置【各向异性基本参数】卷展栏

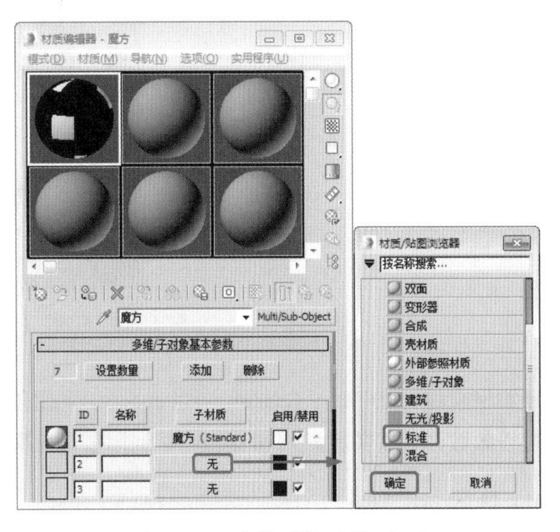

图 5-27 选择【标准】选项

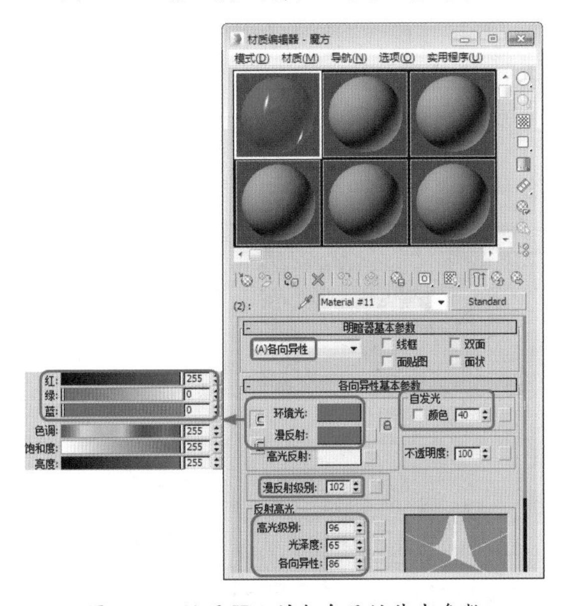

图 5-28 设置 ID2 的各向异性基本参数

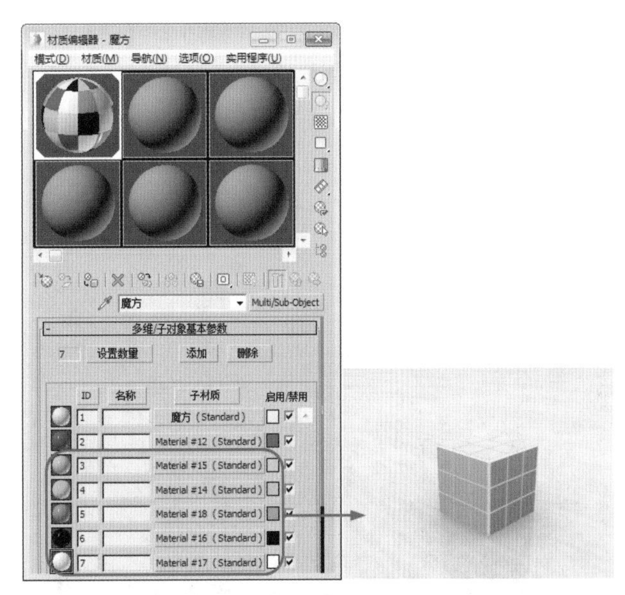

图 5-29 为魔方指定材质后的效果

知识链接

【多维/子对象】材质用于将多种材质赋予物体的各个次对象，在物体表面的不同位置显示不同的材质。该材质是根据次对象的 ID 号进行设置的，使用该材质前首先要给物体的各个次对象分配 ID号。

案例精讲 053 利用位图贴图为墙体添加材质

本例将通过为【漫反射颜色】通道添加【位图】来为【墙体】添加材质，完成后的效果如图 5-30 所示。

图 5-30 利用【位图】贴图为墙体添加材质

案例文件：CDROM \ Scenes \ Cha05 \ 利用位图贴图为墙体添加材质 OK.max

视频教学：视频教学 \ Cha05 \ 利用位图贴图为墙体添加材质 .avi

(1) 启动 3ds Max 2016，按 Ctrl+O 组合键，打开【利用位图贴图为墙体添加材质 .max】素材文件，如图 5-31 所示。

(2) 在场景文件中选择要添加材质的【墙】，按 M 键，打开【材质编辑器】窗口，在弹出的窗口中选择一个材质样本球，将其命名为【墙】，将【自发光】中的【颜色】设置为 32，在【贴图】卷展栏中单击【漫反射颜色】右侧的【无】按钮，在弹出的对话框中选择【位图】选项，如图 5-32 所示。

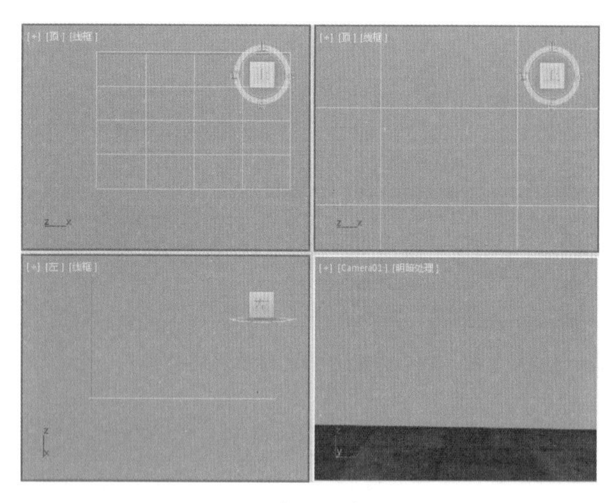

图 5-31 打开的素材文件

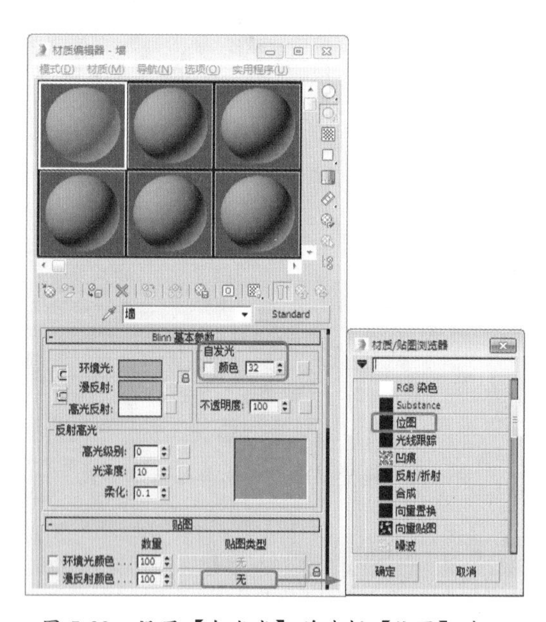

图 5-32 设置【自发光】并选择【位图】选项

(3) 在弹出的对话框中打开 bas07BA.jpg 贴图文件，在【坐标】卷展栏中将【瓷砖】下的 U、V 分别设置为 2、1，如图 5-33 所示。

(4) 设置完成后，单击【将材质指定给选定对象】按钮，将【材质编辑器】窗口关闭，激活摄影机视图，按 F9 键对其进行渲染，效果如图 5-34 所示。

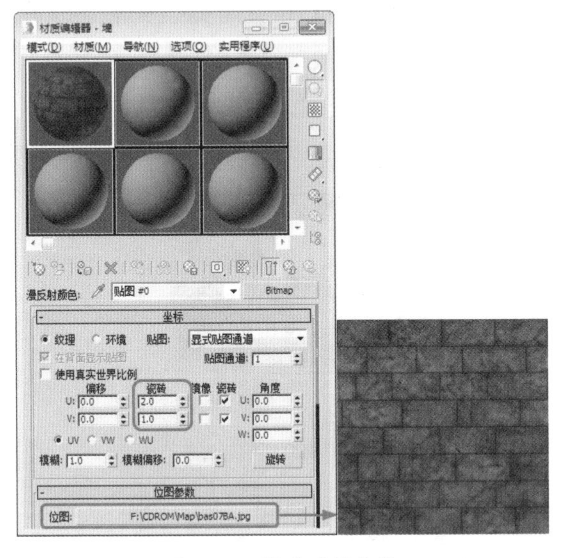

图 5-33　设置贴图参数

图 5-34　指定材质后的效果

案例精讲 054　制作木质地板砖

本例介绍木质地板砖的制作，首先创建一个长方体，再使用【材质编辑器】为长方体填充材质，并使用复制、粘贴命令创建地板线，之后使用【摄影机】渲染效果。完成后效果如图 5-35 所示。

图 5-35　木质地板砖效果

案例文件：CDROM \ Scenes \ Cha05 \ 木质地板砖 .max

视频教学：视频教学 \ Cha05 \ 木质地板砖 .avi

(1) 首先打开素材文件，选择【创建】|【几何体】|【长方体】，在【顶】视图创建一个长方体，将它的【长度】、【宽度】、【高度】分别设置为 5750、9430 和 100，并将其命名为【木地板】，如图 5-36 所示。

(2) 在工具栏中单击【材质编辑器】按钮，从弹出窗口选择一个空白材质球，选择【获取材质】，在弹出的【材质 / 贴图浏览器】，选择标准材质，进入到标准贴图中，将其命名为【木地板】，选择【Blinn 基本参数】卷展栏下的【反射高光】，将【高光级别】、【光泽度】分别设置为 45、25，如图 5-37 所示。

(3) 在【贴图】卷展栏中选择【漫反射颜色】后的【无】，在弹出的【材质 / 贴图浏览器】中选择【位图】，在对话框中找到随书附带光盘中的“Map\ Cherrywd.jpg”文件单击【转到父对象】按钮，返回到【贴图】卷展栏中，单击【反射】后的【无】按钮，在弹出的【材质 / 贴图浏览器】中选择【平面镜】

材质，单击【转到父对象】按钮，返回到【贴图】卷展栏中，将【反射】设置为 10，如图 5-38 所示。

(4) 调整完成后，选择一开始绘制的长方体，在【材质编辑器】窗口中单击【将材质指定给选定对象】按钮，效果如图 5-39 所示。

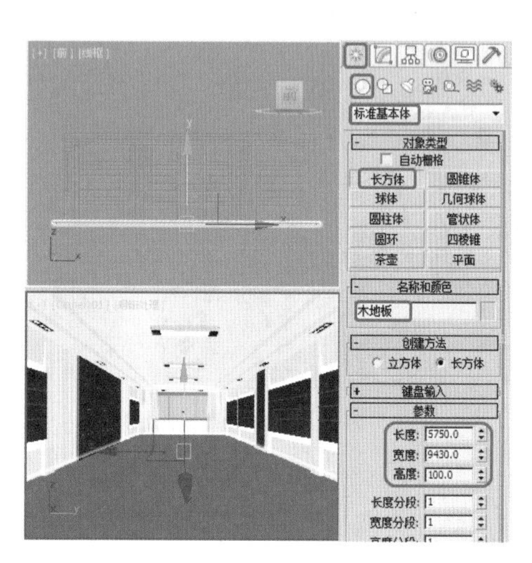

图 5-36 创建长方体

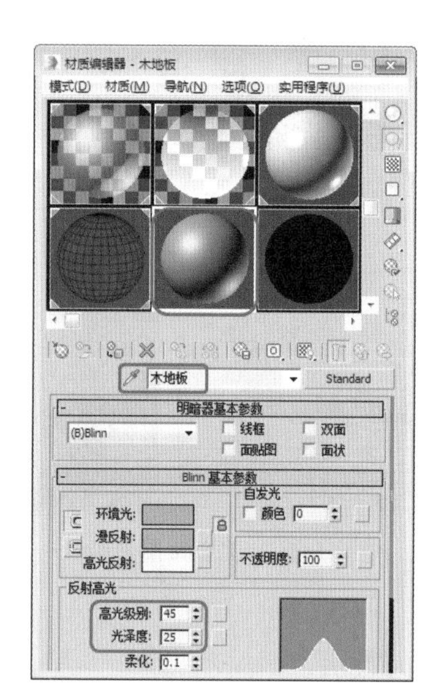

图 5-37 设置【材质编辑器】

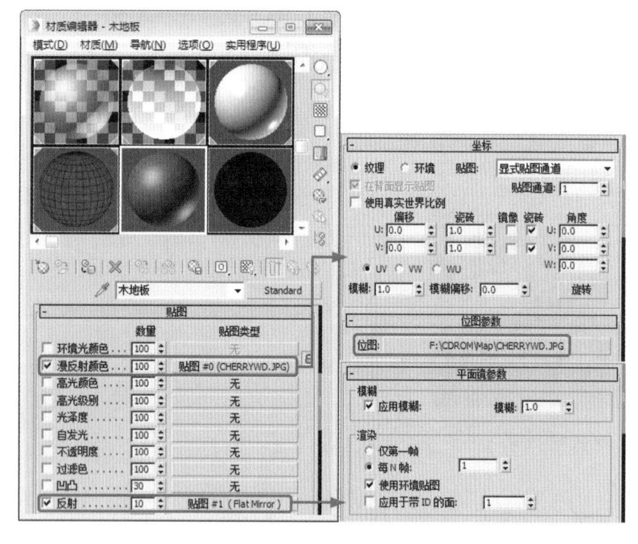

图 5-38 设置【贴图】参数

图 5-39 完成后效果

(5) 选择【木地板】，按 Ctrl+C 和 Ctrl+V 组合键进行复制和粘贴，在弹出的【克隆选项】对话框中选中【复制】单选按钮，将【名称】命名为【地板线】，设置完成后单击【确定】按钮，如图 5-40 所示。

(6) 在【修改】命令中将【参数】卷展栏下的【高度】设置为 100.6，将【长度分段】和【宽度分段】分别设置为 8、11，如图 5-41 所示。

(7) 在工具栏中单击【材质编辑器】按钮，选择一个空白材质球，选择【获取材质】，在弹出的【材质 / 贴图浏览器】中选择标准材质进入到标准贴图中，在【明暗器基本参数】卷展栏中选中【线框】复选框，选择【Blinn 基本参数】卷展栏下的【环境光】和【漫反射】的颜色 RGB 均设置为 0、0、0，将【高光级别】和【光泽度】都设置为 0，单击【将材质指定给选定对象】按钮，如图 5-42 所示。

(8) 设置完成后，按 F9 键，进行渲染。效果如图 5-43 所示。

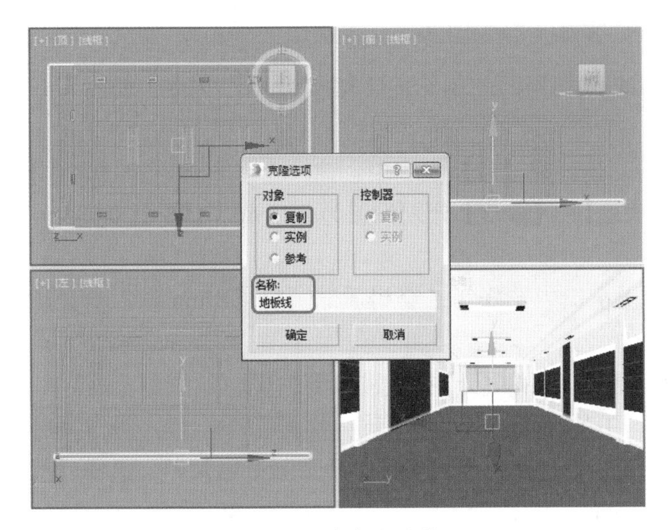

图 5-40　复制长方体

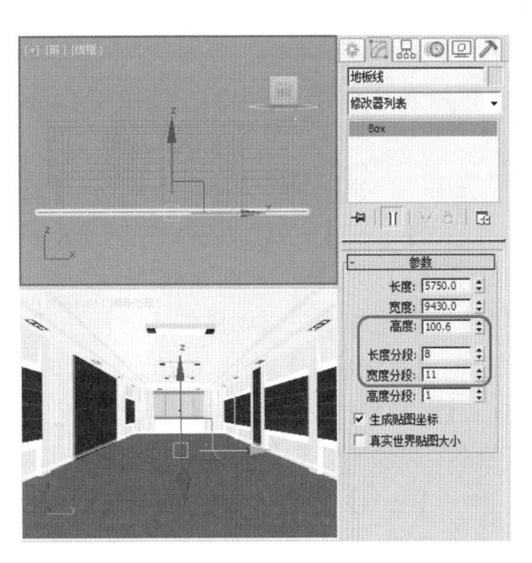

图 5-41　设置分段

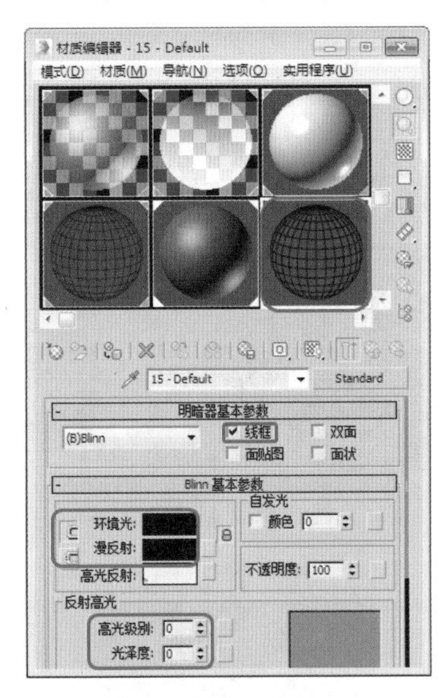

图 5-42　设置【线框】

图 5-43　完成后效果

案例精讲 055　利用凹凸制作地砖材质

本例介绍凹凸地面砖材质的制作，首先使用几何体工具绘制长方体，再使用【材质编辑器】为其添加材质，在【修改】编辑器中为对象添加【UVW 贴图】，完成后效果如图 5-44 所示。

图 5-44　利用凹凸制作地砖材质

案例文件：CDROM \ Scenes \ Cha05 \ 利用凹凸制作地砖材质 . max

视频教学：视频教学 \ Cha05 \ 利用凹凸制作地砖材质 . avi

提 示

在视图中不能预览凹凸贴图的效果，必须渲染场景才能看到凹凸效果。

(1) 打开随书附带光盘中的“CDROM \Scenes\Cha05\ 利用凹凸制作地砖材质 .max”文件，如图 5-45 所示。

(2) 选择【创建】 | 【几何体】 | 【长方体】工具，在【顶】视图中创建一个长方体，将【名称】设置为【地面】，在【参数】卷展栏中将【长度】、【宽度】、【高度】分别设置为 5.229m、8.08m、0.036m，将名称设置为【地面】，如图 5-46 所示。

(3) 在工具栏中单击【材质编辑器】按钮，从弹出窗口中选择第二个材质球，将【Blinn 基本参数】卷展栏中的【高光级别】设置为 20，如图 5-47 所示。

(4) 在【贴图】卷展栏中选中【漫反射颜色】复选框，单击其后的【无】按钮进入到【材质/贴图浏览器】中，选择【位图】选项，在弹出对话框中找到随书附带光盘中的“Map\ set03-05.jpg”文件，单击【转到父对象】按钮，再在【贴图】卷展栏中单击【凹凸】后的【无】按钮，进入到【材质 / 贴图浏览器】中，选择【位图】选项，在弹出对话框中找到随书附带光盘中的“Map\ set03-05.jpg”文件，如图 5-48 所示。

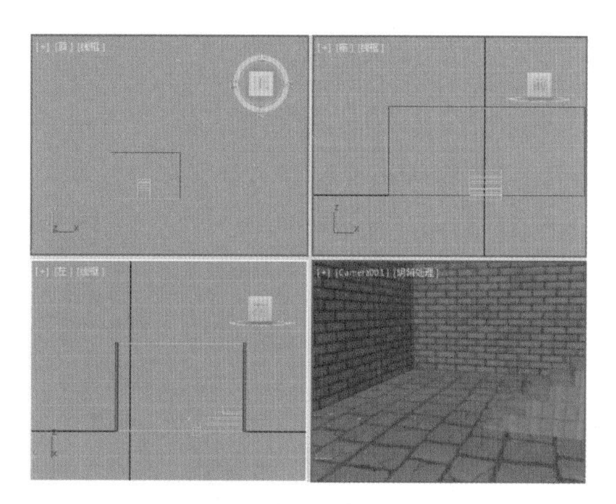

图 5-45　打开素材文件

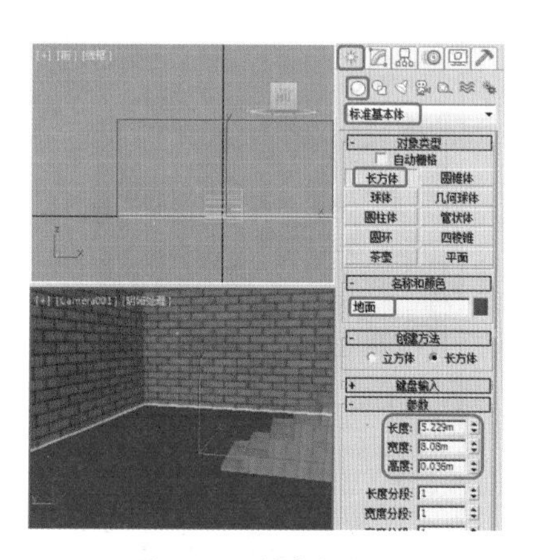

图 5-46　创建长方体

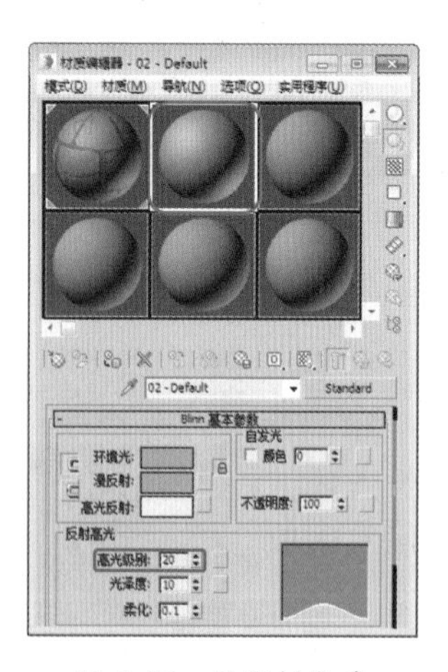

图 5-47　设置材质球

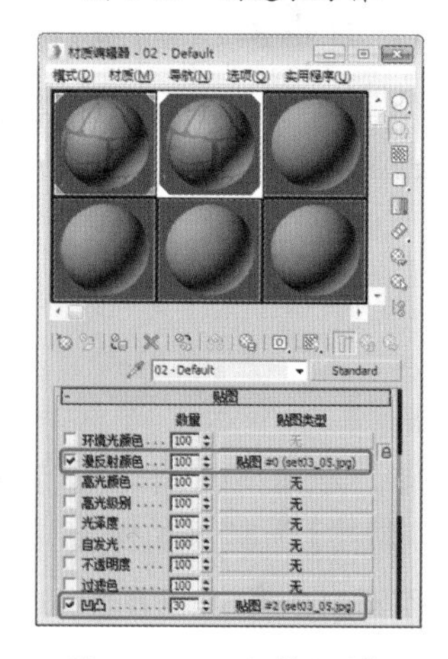

图 5-48　设置【贴图】

(5) 在【材质编辑器】窗口中单击【将材质指定该选定对象】按钮，指定给之前绘制的长方体上，如图 5-49 所示。

(6) 切换到【修改】命令面板，在【修改器列表】中选择【UVW 贴图】修改器，将【参数】卷展栏中

的【贴图】设置为【长方体】，将【长度】设置为 1.78m、【宽度】设置为 3.478m、【高度】设置为 0.036m，如图 5-50 所示。

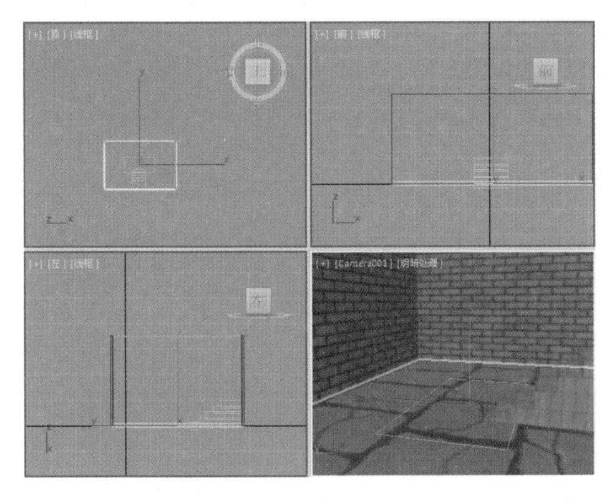

图 5-49 填充材质

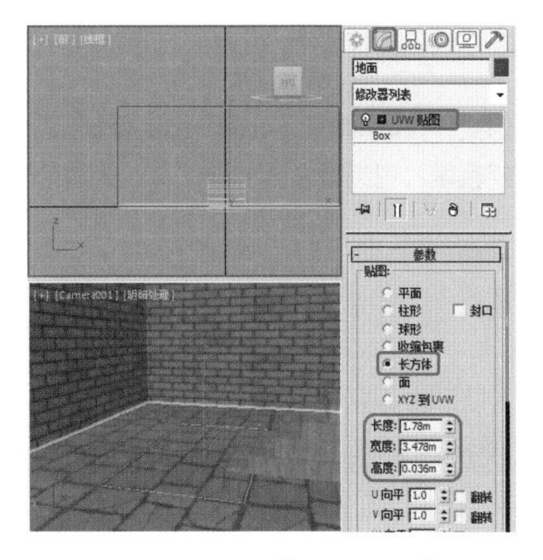

图 5-50 添加【UVW 贴图】

案例精讲 056 使用复合材质制作苹果【视频案例】

本例将介绍如何制作苹果的材质，苹果一般分为两部分，即苹果主体部分和把，主要利用了【漫反射颜色】、【凹凸】贴图制作而成，效果如图 5-51 所示。

图 5-51 复合材质制作苹果

案例文件：CDROM \ Scenes \ 复合材质制作苹果 .max

视频教学：视频教学 \ Cha05 \ 复合材质制作苹果 .avi

案例精讲 057 使用渐变材质制作植物【视频案例】

本例将介绍如何利用【渐变材质】制作出栩栩如生的植物，本例的中点是渐变色的选择，合理的渐变色的搭配能起到意想不到的效果。效果如图 5-52 所示。

图 5-52 使用渐变材质制作植物

案例文件：CDROM \ Scenes \ 渐变材质制作植物 .max

视频教学：视频教学 \ Cha05 \ 渐变材质制作植物 .avi

案例精讲 058 制作青铜器材质【视频案例】

本例将介绍如何制作青铜材质。首先利用设置好【环境光】、【漫反射】和【高光反射】，然后进行贴图设置。效果如图 5-53 所示。

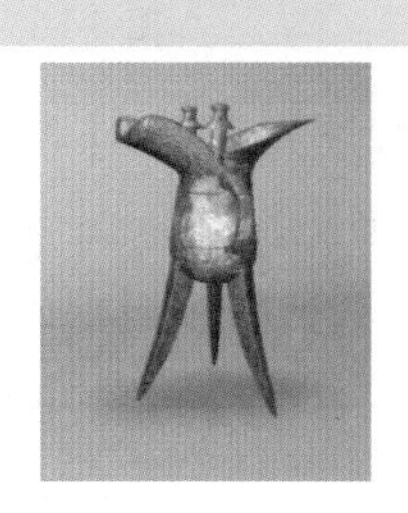

图 5-53 制作青铜器材质

案例文件：CDROM \ Scenes \ 制作青铜器材质 .max

视频教学：视频教学 \ Cha05 \ 制作青铜器材质 .avi

案例精讲 059 为植物添加材质【视频案例】

本例将介绍如何为植物添加材质，主要应用了【混合材质】的应用，利用合理的贴图进行设置，效果如图 5-54 所示。

案例文件：CDROM \ Scenes \ 为植物添加材质 .max

视频教学：视频教学 \ Cha05 \ 为植物添加材质 .avi

图 5-54 为植物添加材质

案例精讲 060 皮革材质的制作

皮革材质是非常常见的一种材质，本例将介绍皮革材质的制作，主要应用了【漫反射颜色】和【凹凸】贴图的设置，效果如图 5-55 所示，具体操作方法如下。

案例文件：CDROM \ Scenes \ 皮革材质的制作 .max

视频教学：视频教学 \ Cha05 \ 皮革材质的制作 .avi

图 5-55 皮革材质的制作

(1) 启动软件后打开随书附带光盘中的"CDROM\Scenes\皮革材质的制作 .max"文件，如图 5-56 所示。

(2) 按 M 键，打开【材质编辑器】窗口，选择一个空白的材质样本球，并将其重命名为【皮革】，在【Blinn 基本参数】卷展栏中取消【环境光】和【漫反射】的锁定，将【环境光】颜色的 RGB 值设置为 17、47、15，将【漫反射】颜色的 RGB 值设置为 51、53、51，在【自发光】选项组中将【颜色】设置为 26，在【反射高光】选项组中将【高光级别】设置为 40，将【光泽度】设置为 20，如图 5-57 所示。

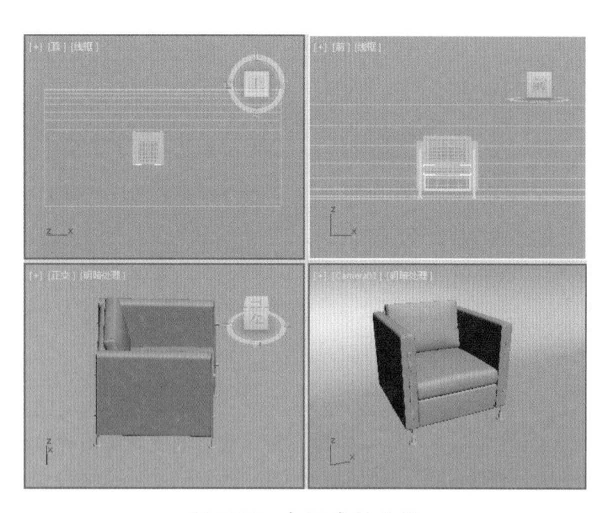

图 5-56 打开素材文件

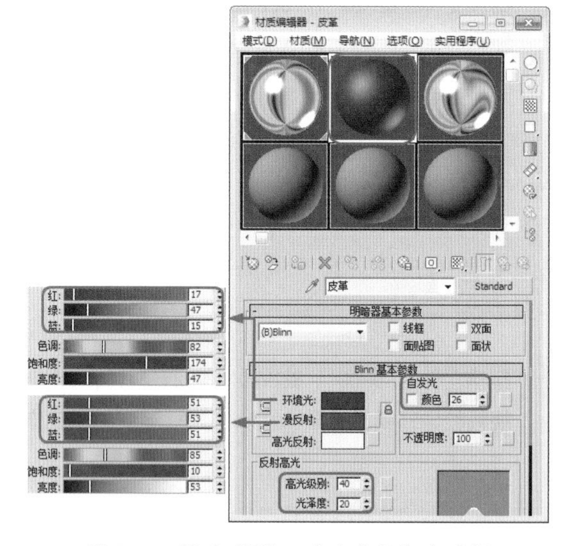

图 5-57 设置【Blinn 基本参数】卷展栏

(3) 展开【贴图】卷展栏，单击【漫反射颜色】右侧的【无】按钮，在弹出的对话框中选择【位图】选项，单击【确定】按钮，在弹出的对话框中选择随书附带光盘中的"CDROM\Map\c-a-004.jpg"贴图文件，在【坐标】卷展栏中将【瓷砖】下的 U、V 均设置为 2，如图 5-58 所示。

(4) 单击【转到父对象】按钮，将【凹凸】数量设置为 166，单击右侧的【无】按钮，在弹出的对话框中选择【位图】选项，使用同样的方法，为其添加 c-a-004.jpg 贴图文件，在【坐标】卷展栏中将【瓷砖】下的 U、V 均设置为 2，如图 5-59 所示。

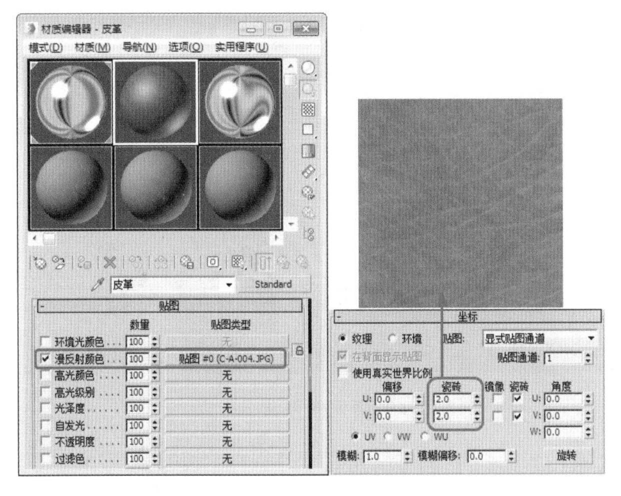

图 5-58　设置【漫反射】颜色

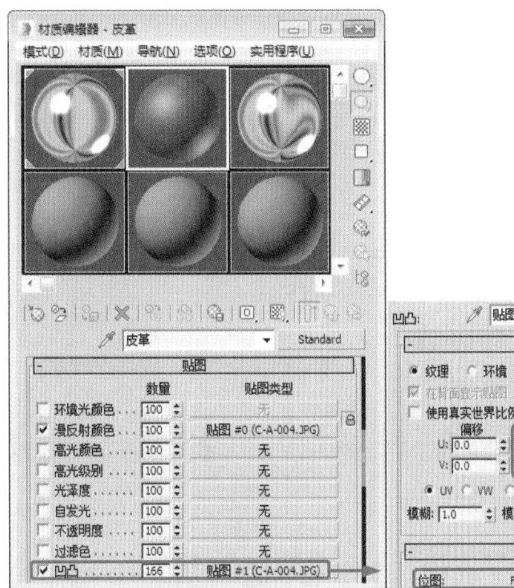

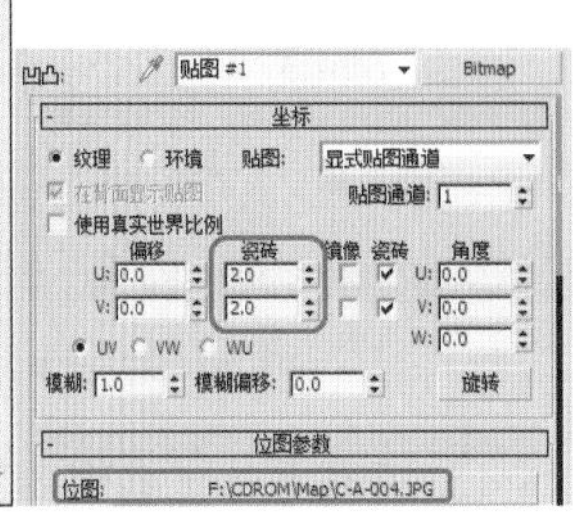

图 5-59　完成后的效果

(5) 单击【转到父对象】按钮，将制作好的【皮革】材质指定给沙发对象。

案例精讲 061　制作黄金质感文字

本例将介绍黄金质感文字的制作，打开素材文件后输入文字并添加【倒角】修改器，然后设置金属材质，最后添加摄影机并渲染摄影机视图，完成后的效果如图 5-60 所示。

图 5-60　黄金质感文字

案例文件：CDROM \ Scenes \ Cha05 黄金质感 OK.max

视频教学：视频教学 \ Cha05 黄金质感 .avi

(1) 打开随书附带光盘中的"CDROM \ Scenes \ Cha05 \ 黄金质感 .max"文件，选择【创建】 |【图形】 |【文本】，在【参数】卷展栏中的【字体】列表中选择一种字体，并为其添加倾斜和下划线，在文本输入框中输入 3ds Max 2016，然后在【前】视图中单击鼠标左键创建字母，如图 5-61 所示。

(2) 进入【修改】命令面板，在【修改器列表】中选择【倒角】修改器，在【倒角值】卷展栏中将【级别 1】下的【高度】设置为 25，选中【级别 2】复选框，将它下面的【高度】和【轮廓】值设置为 2、−1，如图 5-62 所示。

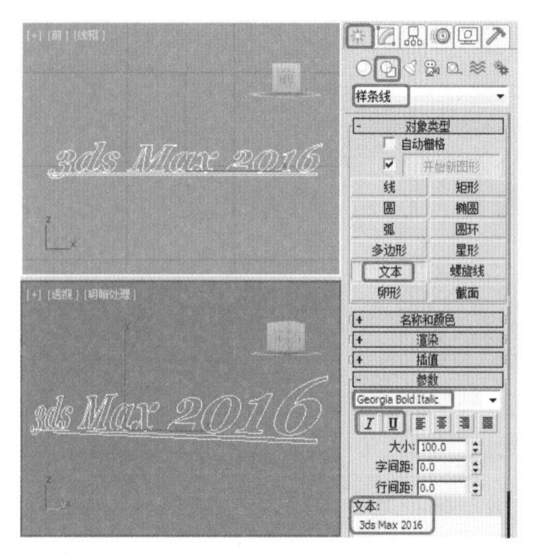

图 5-61 创建字母

图 5-62 为字母设置倒角

(3) 打开【材质编辑器】窗口，单击第一个材质样本球，将其命名为【黄金质感】，在【明暗器基本参数】卷展栏中将阴影模式定义为【(M) 金属】。在【金属基本参数】卷展栏中将【环境光】的 RGB 值设置为 0、0、0，将【漫反射】的 RGB 值设置为 255、222、0；将【高光级别】和【光泽度】都设置为 100。打开【贴图】卷展栏，单击【反射】通道后的【无】按钮，在打开的【材质 / 贴图浏览器】对话框中选择【位图】贴图，再在打开的对话框中选择随书附带光盘中的"CDROM\Map\Gold04.jpg"文件，单击【打开】按钮。进入【反射】通道的位图层，在【输出】卷展栏中将【输出量】值设置为 1.3。单击【将材质指定给选定对象】按钮，将材质指定给场景中的文字对象，如图 5-63 所示。

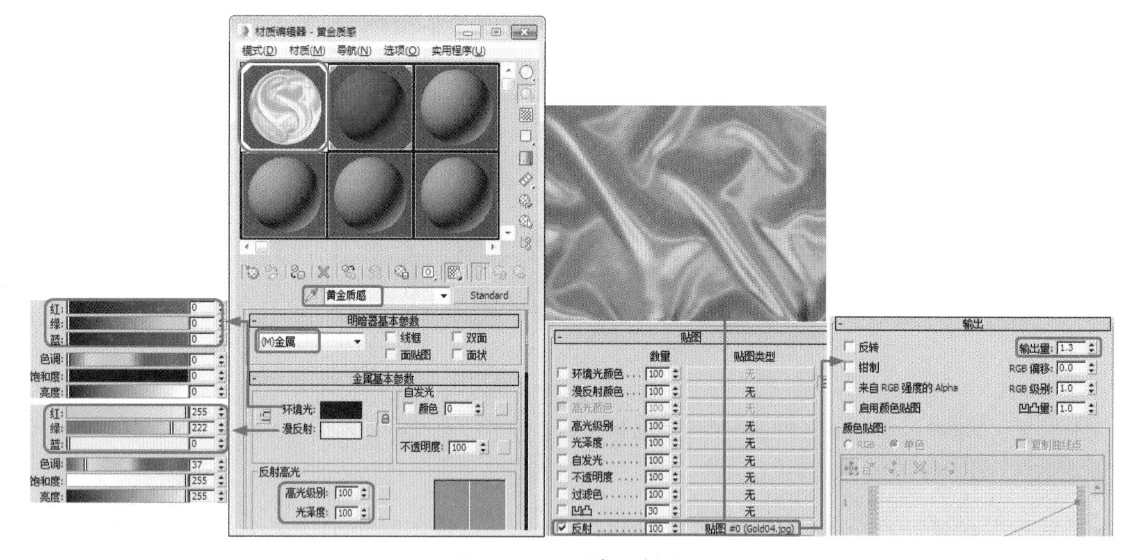

图 5-63 设置字母材质

(4) 激活【顶】视图，选择【创建】 |【摄像机】 |【目标】按钮，在【顶】视图中创建摄像机对象；将摄像机对象创建完毕后，再在打开的【参数】卷展栏中选择【备用镜头】区域中的 24mm 选项，将【透视】视图激活，然后按下键盘上的 C 键将当前激活视图转换为【摄像机】视图显示。然后在【左】视图和【前】视图中调整摄像机的位置，并通过【摄像机】视图观察调整效果，调整后的效果如图 5-64 所示。

(5) 按下键盘上的F9键，对【摄像机】视图进行渲染，选择【文件】|【保存】菜单命令，保存场景文件。

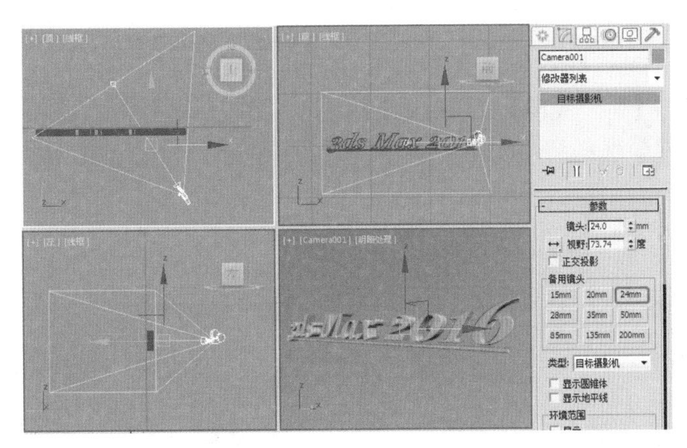

图 5-64　创建并调整摄像机

案例精讲 062　使用凹凸贴图制作菠萝

下面介绍使用凹凸贴图制作菠萝，打开素材文件后，设置【Phong 基本参数】，然后设置【漫反射颜色】、【高光颜色】、【凹凸】和【反射】贴图，最后渲染的效果如图 5-65 所示。

图 5-65　菠萝

案例文件：CDROM \ Scenes \ Cha05 \ 菠萝 OK.max

视频教学：视频教学 \ Cha05 \ 菠萝 .avi

(1) 打开随书附带光盘中的“CDROM \ Scenes \ Cha05 \ 菠萝 .max”文件，选择【菠萝】对象，如图 5-66 所示。

(2) 打开【材质编辑器】窗口，选择一个空白材质样本球，将其命名为【菠萝】，在【明暗器基本参数】卷展栏中将阴影模式定义为 (P)Phong，勾选【双面】复选框。在【Phong 基本参数】卷展栏中将【环境光】和【漫反射】的 RGB 值均设置为 127、127、127，将【高光反射】的 RGB 值设置为 15、15、15；将【高光级别】和【光泽度】分别设置为 15、62，如图 5-67 所示。

图 5-66　选择菠萝

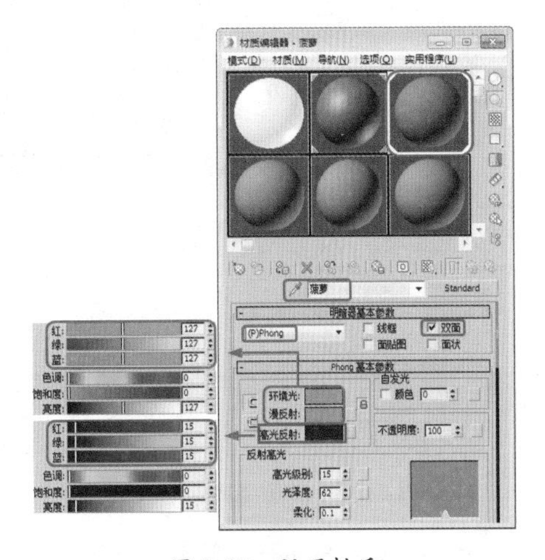

图 5-67　设置材质

(3) 在【贴图】卷展栏中单击【漫反射颜色】右侧的【无】按钮，在打开的【材质 / 贴图浏览器】对话框中双击【位图】贴图。在打开的对话框中选择随书附带光盘中的“CDROM \ Map \ 菠萝 01.jpg”文件，单击【打开】按钮，如图 5-68 所示。

(4) 返回父级对象，单击【高光颜色】右侧的【无】按钮，在打开的【材质 / 贴图浏览器】窗口中双击【位图】贴图。在打开的对话框中选择随书附带光盘中的“CDROM \ Map \ 菠萝 02.jpg”文件，单击【打开】按钮，如图 5-69 所示。

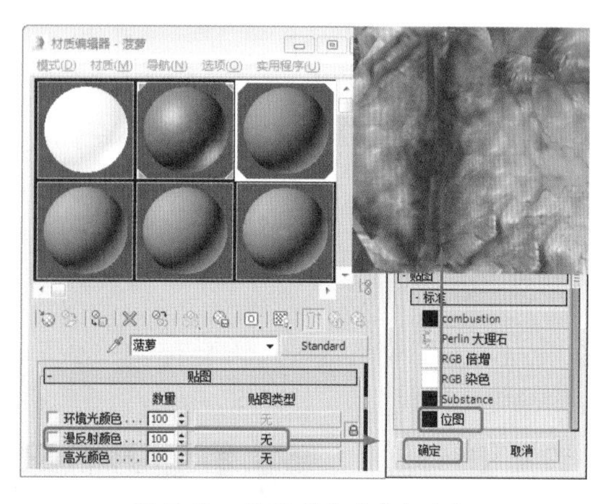

图 5-68　设置【漫反射颜色】

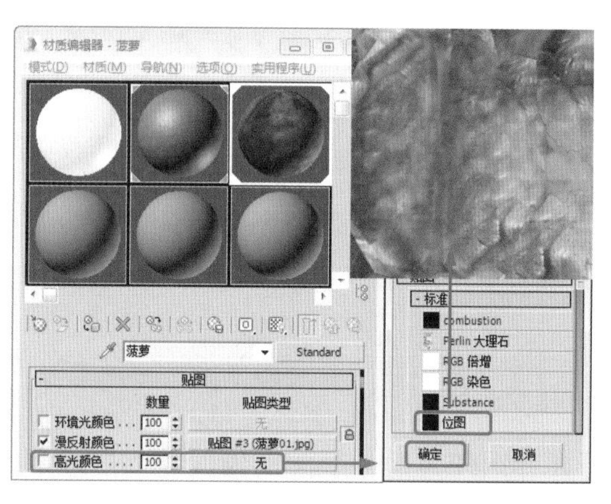

图 5-69　设置【高光颜色】

(5) 返回父级对象，将【凹凸】的【数量】设置为 0，单击【凹凸】右侧的【无】按钮，在打开的【材质 / 贴图浏览器】对话框中双击【位图】贴图。在打开的对话框中选择随书附带光盘中的“CDROM \ Map \ 菠萝 03.jpg”文件，单击【打开】按钮，如图 5-70 所示。

(6) 返回父级对象，单击【反射】右侧的【无】按钮，在打开的【材质 / 贴图浏览器】窗口中双击【位图】贴图。在打开的对话框中选择随书附带光盘中的“CDROM \ Map \ 菠萝 04.jpg”文件，单击【打开】按钮，如图 5-71 所示。然后将设置好的材质指定给选定的菠萝对象。

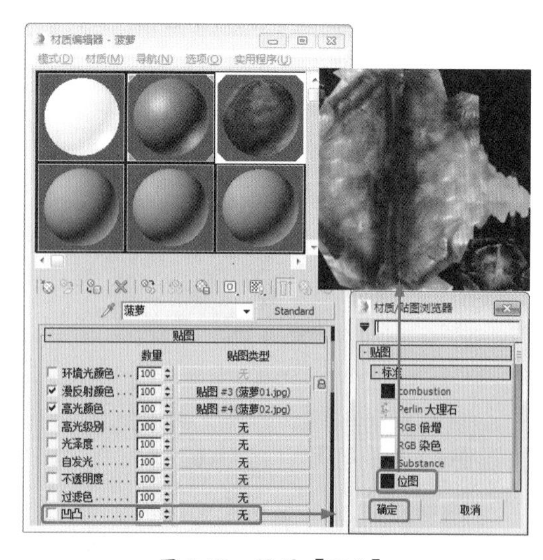

图 5-70　设置【凹凸】

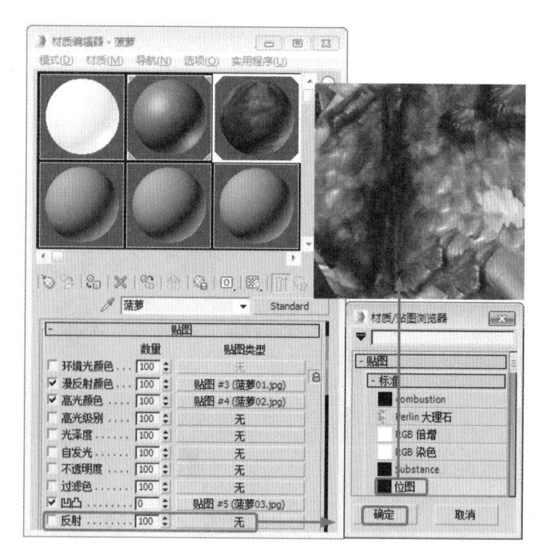

图 5-71　设置【反射】

(7) 对场景进行渲染，最后将场景文件进行保存。

案例精讲 063 使用折射贴图制作玻璃杯的折射效果【视频案例】

本例将介绍玻璃杯折射制作方法。在这一实例中，主要利用反射和折射两个贴图通道来设置玻璃杯的材质，其效果如图 5-72 所示。

案例文件：CDROM \ Scenes \ Cha05 \ 玻璃杯 OK.max

视频教学：视频教学 \ Cha05 \ 玻璃杯 .avi

图 5-72 玻璃杯

案例精讲 064 透明材质——玻璃画框

本例将介绍如何制作透明材质——玻璃画框，首先为透明材质对象设置 ID，然后将材质球设置为多维 / 子材质，设置不同 ID 的材质，最后将材质指定给选定对象，效果如图 5-73 所示。

案例文件：CDROM \ Scenes \ Cha05 \ 透明材质——玻璃画框 OK.max

视频教学：视频教学 \ Cha02 \ 透明材质——玻璃画框 .avi

图 5-73 玻璃画框

(1) 打开素材透明材质——玻璃画框 .max 文件，按 H 键打开【从场景中选择】对话框，在该对话框中选择【玻璃 02】对象，单击【确定】按钮，如图 5-74 所示。

(2) 打开【修改】命令面板，将【编辑网格】修改器展开，选择【多边形】修改器，在【前】视图中选择正面和背面，在【曲面属性】卷展栏中将【设置 ID】设置为 1，如图 5-75 所示。

图 5-74 选择【玻璃 02】

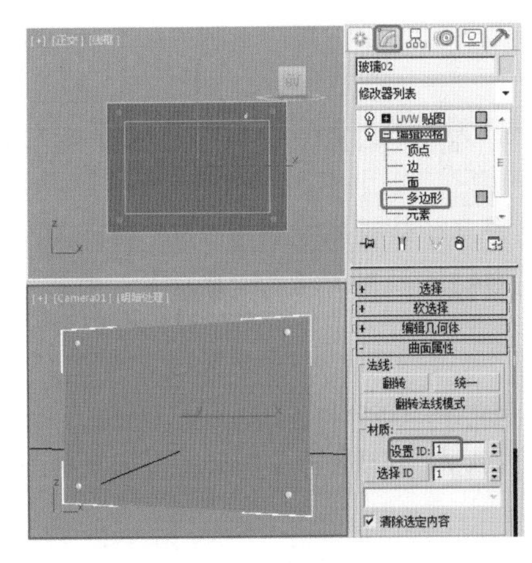

图 5-75 设置 ID1

(3) 在菜单栏中选择【编辑】|【反选】命令，将【设置 ID】设置为 2，关闭当前选择集，按 M 键打开【材质编辑器】窗口，在该窗口中选择一个空白的材质样本球，将其命名为【玻璃 02】，然后单击 Standard 按钮，在弹出的对话框中选择【多维 / 子对象】，单击【确定】按钮，如图 5-76 所示。

(4) 在弹出的对话框中选中【将材质保存为子材质】单选按钮，单击【确定】按钮，单击【设置数量】按钮，在弹出的对话框中将【材质数量】设置为 2，单击【确定】按钮，单击 ID1 右侧的按钮，进入下一层级，单击 Standard 按钮，在弹出的对话框中选择【光线跟踪】，单击【确定】按钮，将【环境光】设置为白色，将【漫反射】设置为黑色，将【发光度】、【透明度】设置为白色，将【折射率】设置为 1.5，将【高光级别】设置为 65，如图 5-77 所示。

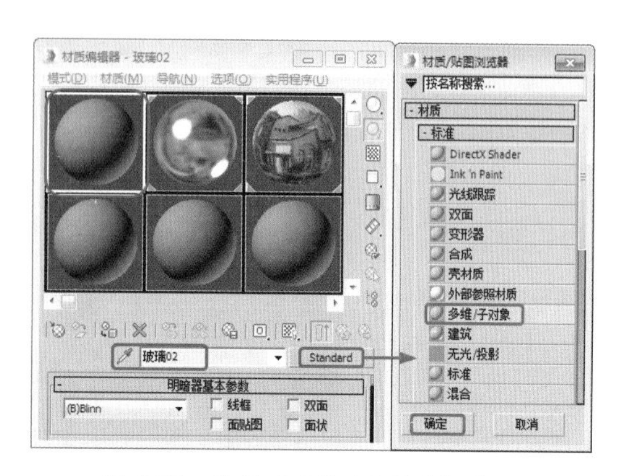

图 5-76　选择【多维 / 子材质】选项

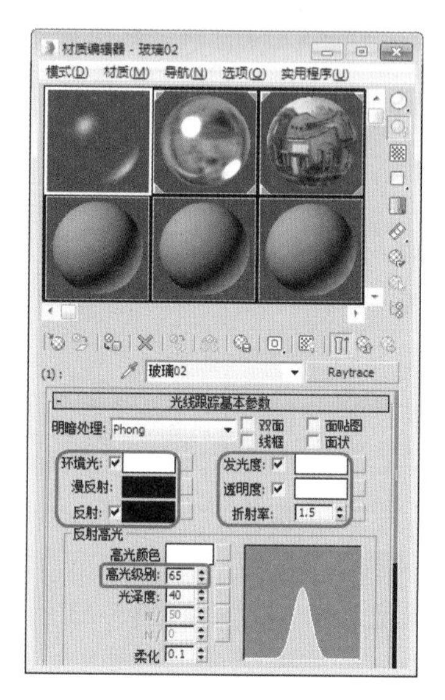

图 5-77　设置【光线跟踪基本参数】卷展栏

(5) 展开【扩展参数】卷展栏，将【特殊效果】选项组中的【荧光偏移】设置为 1，展开【贴图】卷展栏，单击【反射】右侧的【无】按钮，在弹出的对话框中选择【衰减】，单击【确定】按钮，单击两次【转到父对象】按钮。

(6) 单击 ID2 右侧的【无】按钮，在弹出的对话框中选择【标准】，单击【确定】按钮，保持默认设置，单击【转到父对象】按钮，然后单击【将材质指定给选定对象】按钮，对摄影机视图进行渲染输出即可。

案例精讲 065　反射材质——镜面反射

本例将介绍如何制作镜面反射，首先为对象添加【环境光】与【漫反射】，然后将反射材质设置为【光线跟踪】，最后为对象添加材质。效果如图 5-78 所示。

图 5-78　镜面反射

案例文件：CDROM \ Scenes \ Cha05 \ 反射材质——镜面反射 OK.max

视频教学：视频教学 \ Cha02 \ 反射材质——镜面反射 .avi

(1) 打开反射材质——镜面反射 .max 素材文件，按 H 键打开【从场景中选择】对话框，选择【镜面】，单击【确定】按钮，按 M 键打开【材质编辑器】窗口，选择一个空白材质球，将其命名为【镜面】，取消【环境光】和【漫反射】颜色之间的锁定，将【环境光】RGB 设置为 77、150、150，【漫反射】的 RGB 设置为 255、255、255，将【高光级别】和【光泽度】设置为 0、0，如图 5-79 所示。

(2) 展开【贴图】卷展栏，单击【反射】右侧的【无】按钮，在弹出的对话框中选择【光线跟踪】选项，单击【确定】按钮，进入下一层级，如图 5-80 所示。

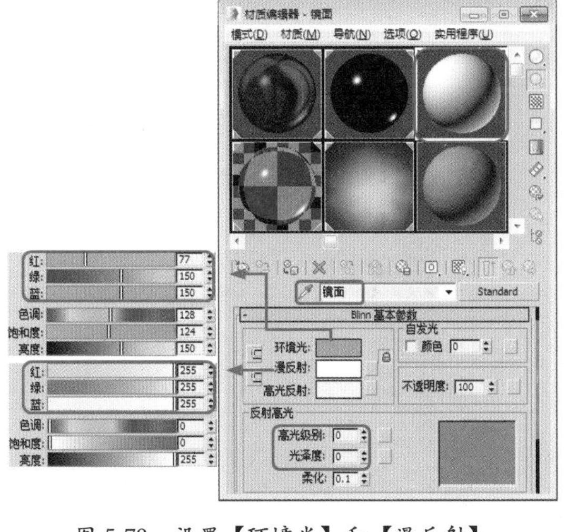

图 5-79 设置【环境光】和【漫反射】

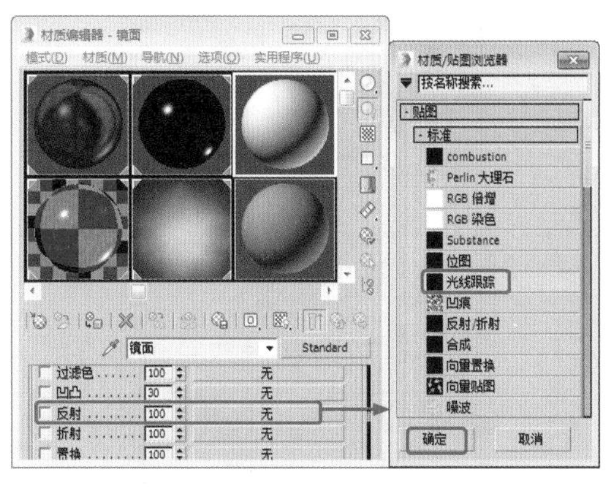

图 5-80 选择【光线跟踪】选项

(3) 保持默认设置，单击【转到父对象】按钮，单击【将材质指定给选定对象】按钮，将材质指定给镜面，最后将场景渲染输出即可。

知识链接

设置反射贴图时不用指定贴图坐标，因为它们锁定的是整个场景，而不是某个几何体。反射贴图不会随着对象的移动而变化，但如果视角发生了变化，贴图会像真实的反射情况那样发生变化。

案例精讲 066 为胶囊添加塑料材质

本例将介绍如何为胶囊添加塑料材质。首先为胶囊外皮设置材质，主要是设置材质的不透明度和【环境光】与【漫反射】的颜色，为胶囊外皮设置半透明的材质，其次设置胶囊的材质，主要是设置【多维/子材质】；最后设置胶囊地板的材质，主要是设置材质的【凹凸】和【反射】。最后完成后的效果如图 5-81 所示。

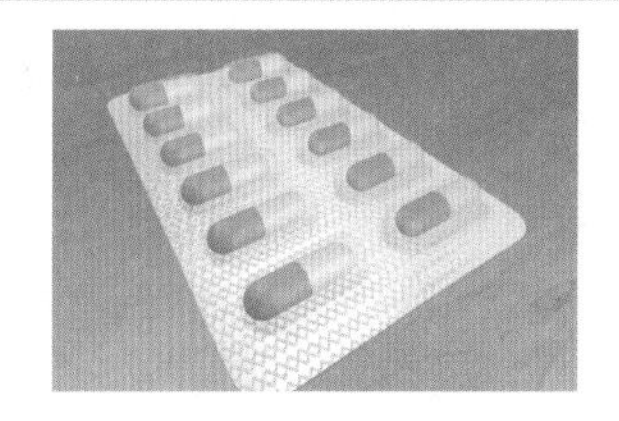

图 5-81 为胶囊添加塑料材质

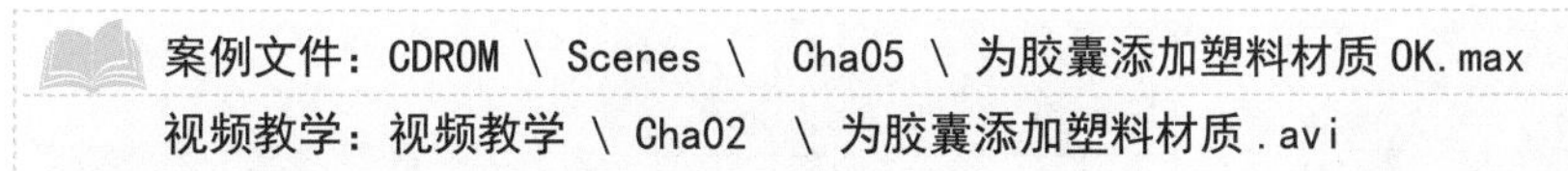

案例文件：CDROM \ Scenes \ Cha05 \ 为胶囊添加塑料材质 OK.max
视频教学：视频教学 \ Cha02 \ 为胶囊添加塑料材质 .avi

(1) 打开“为胶囊添加塑料外皮 .max”素材文件，按 M 键，选择新的材质球，将【环境光】和【漫反射】设置为白色，将【颜色】设置为 25，将【不透明度】设置为 50，将【高光级别】设置为 44，将【光泽度】设置为 19，如图 5-82 所示。

(2) 展开【扩展参数】卷展栏，将【衰减】选项组中的【数量】设置为 30，按 H 键打开【从场景选择】对话框，在该对话框中选择所有的胶囊塑料外皮，如图 5-83 所示。单击【确定】按钮，然后在【材质编辑器】窗口中单击【将材质指定给选定对象】按钮。

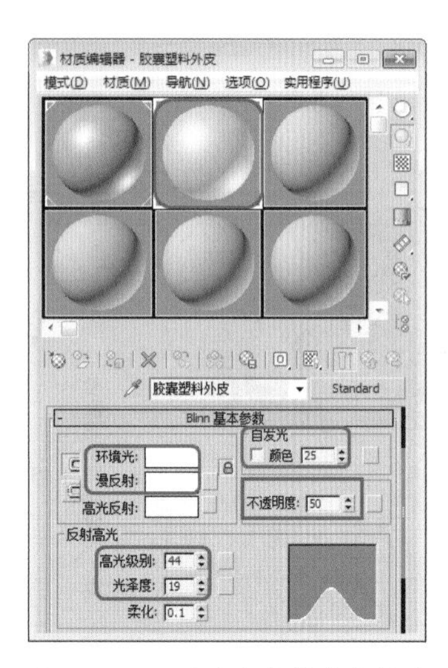

图 5-82　设置胶囊塑料外皮材质

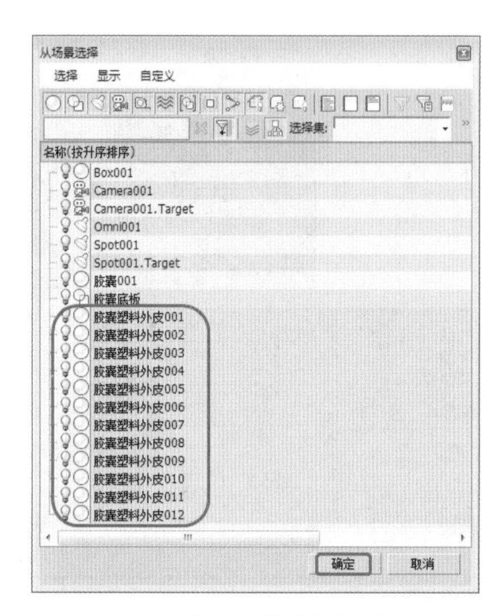

图 5-83　【从场景选择】对话框

(3) 选择一个空白的材质编辑器，将其命名为【胶囊】，单击 Standard 按钮，在弹出的对话框中选择【多维 / 子对象】选项，单击【确定】按钮，在弹出的对话框中单击【确定】按钮，然后单击【设置数量】，在弹出的对话框中将【材质数量】设置为 2，单击【确定】按钮，单击 ID1 右侧的按钮，将【环境光】和【漫反射】设置为 255、255、0，将【颜色】设置为 30，将【高光级别】设置为 47，将【光泽度】设置为 28，如图 5-84 所示。

(4) 单击【转到父对象】按钮，单击 ID2 右侧的【无】按钮，在弹出的对话框中选择【标准】选项，单击【确定】按钮，然后将【环境光】和【漫反射】设置为 255、0、0，单击【转到父对象】按钮，选择【胶囊 001】对象，然后单击【将材质指定给选定对象】按钮。然后对胶囊进行复制，效果如图 5-85 所示。

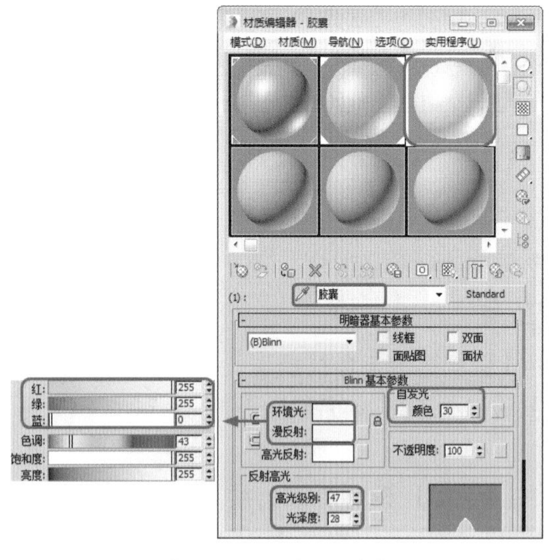

图 5-84　设置 ID1 参数

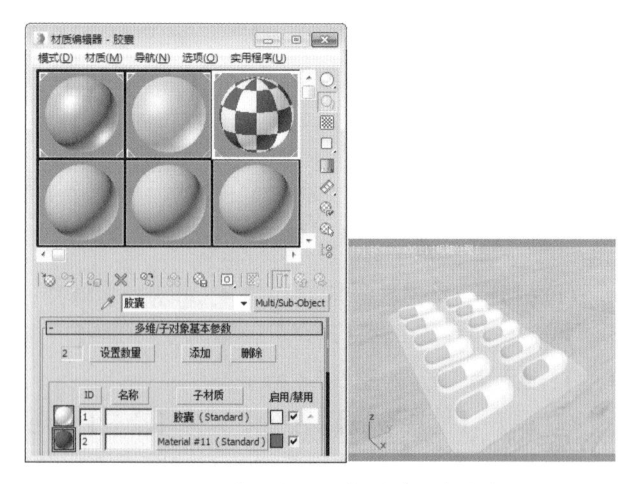

图 5-85　为胶囊添加材质并进行复制

(5) 选择一个空白材质样本球，将其命名为【胶囊塑料底板】，将【明暗器基本参数】设置为【(M) 金属】，将【环境光】RGB 设置为 189、189、189，单击【凹凸】右侧的【无】按钮，在弹出的对话框中选择【位图】选项，单击【确定】按钮，在弹出的对话框中选择素材 bump.gif，将【瓷砖】下的 U、

V 分别设置为 32、34，如图 5-86 所示。

(6) 单击【转到父对象】按钮，将【凹凸】设置为 500，单击【反射】右侧的【无】按钮，在弹出的对话框中选择【位图】选项，在弹出的对话框中选择素材 refmap.gif，在弹出的对话框中将【模糊偏移】设置为 0.036，然后单击【转到父对象】按钮，如图 5-87 所示。

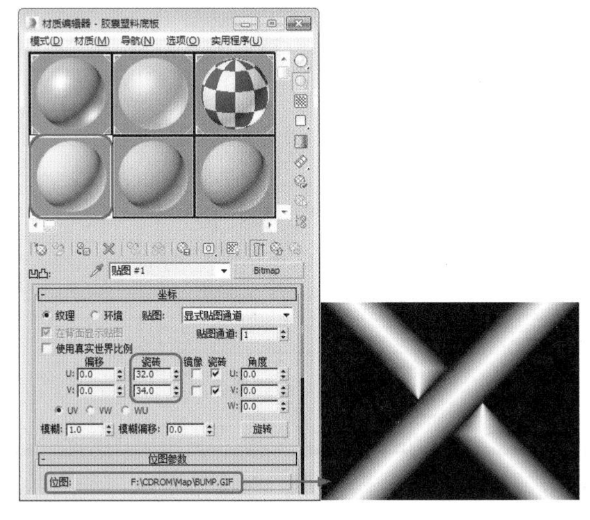

图 5-86　设置瓷砖下的 U 和 V

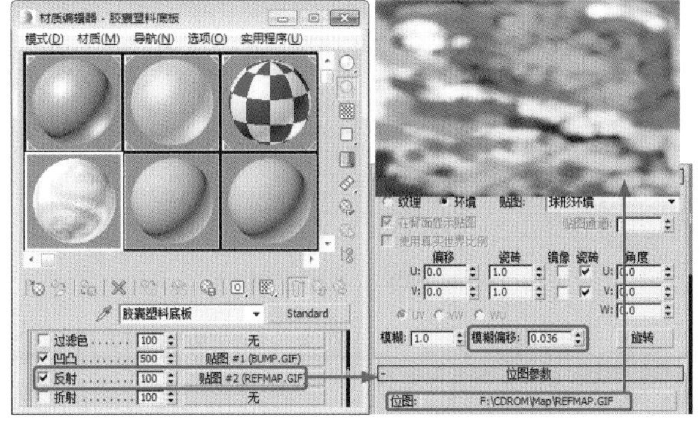

图 5-87　设置【凹凸】和【反射】

(7) 确定【胶囊底板】处于选择状态，单击【将材质指定给选定对象】按钮，然后对摄影机视图进行渲染即可。

案例精讲 067　光线追踪材质——冰块

本例将介绍如何制作冰块材质，首先设置材质的明暗器类型，为【反射】通道设置材质，来表现冰块的材质，然后为【折射】设置【光线跟踪】材质，使冰块具有透明的效果，最后对摄影机视图进行渲染即可。效果如图 5-88 所示。

图 5-88　冰块

案例文件：CDROM \ Scenes \ Cha05 \ 光线追踪材质——冰块 OK.max

视频教学：视频教学 \ Cha02 \ 光线追踪材质——冰块 .avi

(1) 打开光线追踪材质——冰块 .max 素材，按 M 键，在打开的窗口中选择新的材质球，将【明暗器基本参数】设置为【(M) 金属】，将【高光级别】设置为 66，将【光泽度】设置为 76，在【贴图】卷展栏中将【反射】设置为 60，单击其右侧的【无】按钮，在弹出的对话框中选择【位图】，在弹出的对话框中选择 chromic.jpg，如图 5-89 所示。

(2) 单击【位图参数】卷展栏，勾选【应用】复选框，将 U、W、V、H 分别设置为 0.225、0.427、0.209、0.791，如图 5-90 所示。

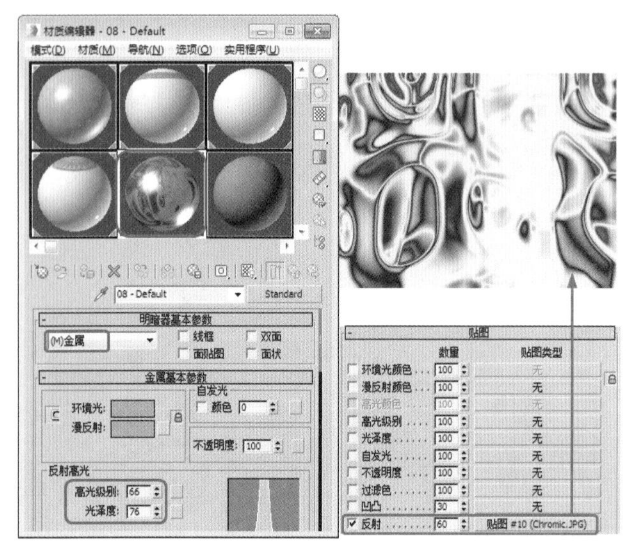

图 5-89　选择素材

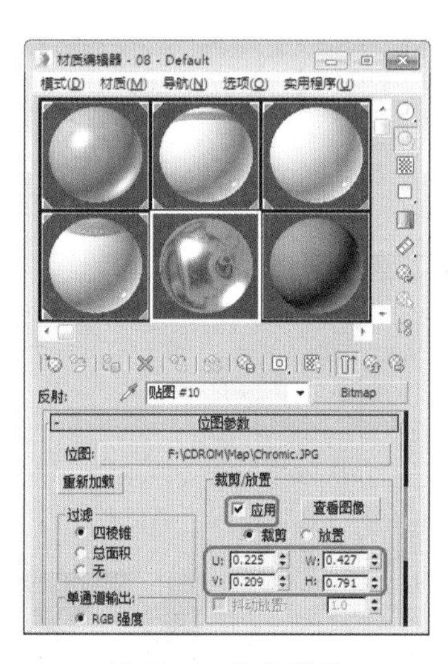

图 5-90　裁剪图像

(3) 单击【转到父对象】按钮，将【折射】设置为 70，单击右侧的【无】按钮，在弹出的对话框中的选择【光线跟踪】选项，单击【确定】按钮，然后单击【转到父对象】按钮，在场景中选择所有的冰块，然后单击【将材质指定给选定对象】按钮，最后对摄影机视图进行渲染即可。

案例精讲 068　玻璃材质【视频案例】

本例介绍设置玻璃材质。首先为要指定玻璃材质的对象指定 ID，然后在【材质编辑器】中通过使用【多维子对象】材质，为指定的不同 ID 对象进行设置材质属性，最终将材质指定给对象。效果如图 5-91 所示。

案例文件：CDROM \ Scenes \ Cha05 \ 玻璃材质 .max

视频教学：视频教学 \ Cha05 \ 玻璃材质 .avi

图 5-91　玻璃材质

案例精讲 069　设置水面材质

本例介绍设置水面材质的方法，通过在【材质编辑器】窗口中设置【高光反射】、【环境光】和【漫反射】的颜色制作海水的颜色，然后通过为贴图添加噪波产生波浪效果，添加【光线跟踪】产生倒影效果，添加【衰减】调整光线的效果，效果如图 5-92 所示。

案例文件：CDROM \ Scenes \ Cha05 \ 设置水面材质 .max

视频教学：视频教学 \ Cha05 设置水面材质 .avi

图 5-92　水面材质

(1) 首先打开素材文件，按 M 键打开【材质编辑器】窗口，选择一个新的材质样本球，将其命名为【水面】，在【明暗器基本参数】卷展栏中选择【(A) 各向异性】，在【各向异性基本参数】卷展栏中取消【环境光】与【漫反射】的锁定，将【环境光】的 RGB 设置为 18、18、18，【漫反射】的 RGB 设置为 53、79、98，【高光反射】的 RGB 设置为 139、154、165，勾选【颜色】复选框，将【颜色】设置为【黑色】，将【反射高光】选项组的【高光级别】设置为 150、【光泽度】设置为 50，如图 5-93 所示。

(2) 展开【贴图】卷展栏，单击【凹凸】右侧的【无】按钮，在打开的【材质 / 贴图浏览器】对话框中双击【噪波】，然后关闭该窗口，在【材质编辑器】窗口中选中【噪波参数】卷展栏中的【分形】单选按钮，将【级别】设置为 10，【大小】设置为 30，如图 5-94 所示。

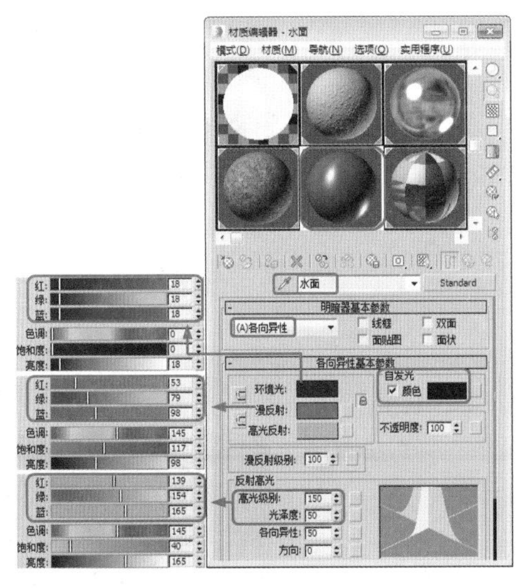

图 5-93 设置各向异性基本参数

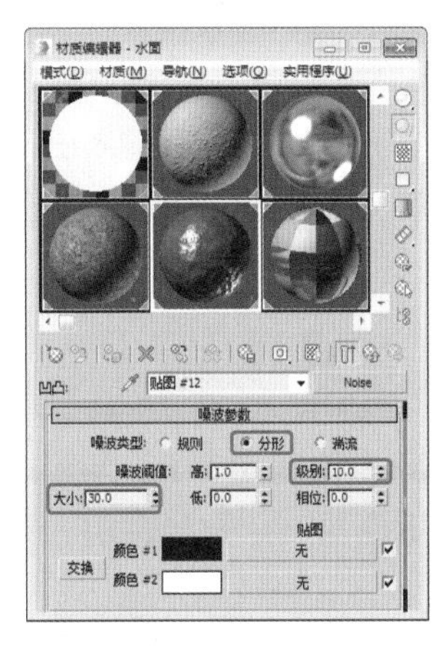

图 5-94 设置【凹凸】

(3) 然后单击【转到父对象】按钮，将【凹凸】设置为 30，单击【反射】右侧的【无】按钮，在打开的【材质 / 贴图浏览器】对话框中选择【遮罩】并双击，然后关闭该窗口，在【遮罩参数】卷展栏中单击【贴图】右侧的【无】按钮，在打开的【材质 / 贴图浏览器】对话框中选择【光线跟踪】并双击，然后关闭该窗口，如图 5-95 所示。

(4) 单击【转到父对象】按钮，然后单击【遮罩】右侧的【无】按钮，在打开的【材质 / 贴图浏览器】对话框中选中【衰减】并双击，然后关闭该窗口，如图 5-96 所示。

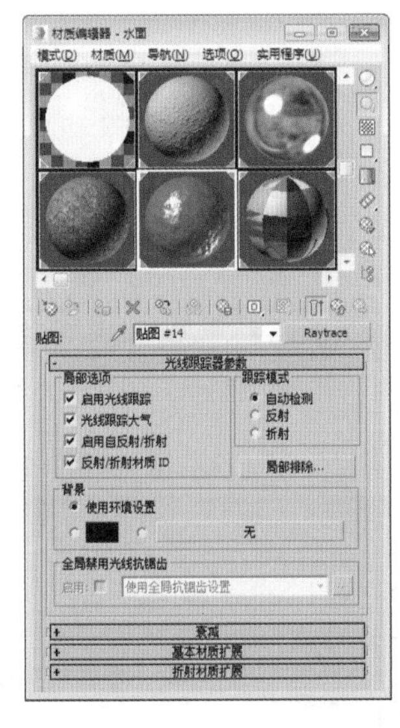

图 5-95 添加【光线跟踪】

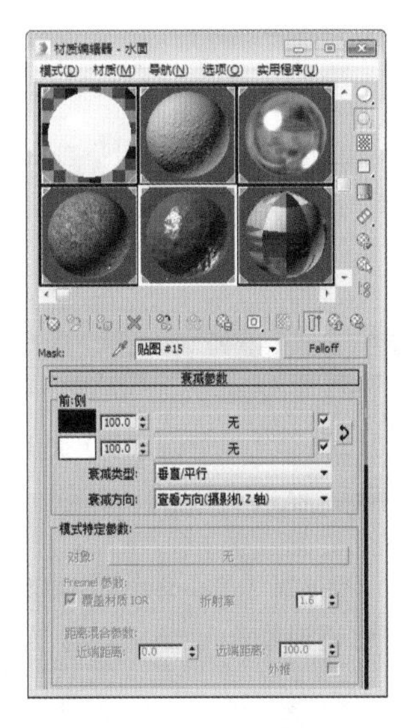

图 5-96 添加衰减

(5) 将设置完成后，单击两次【转到父对象】按钮，在视图中选择【海面】对象，在【材质编辑器】窗口中单击【将材质指定给选中对象】按钮，然后激活摄影机视图，按 F9 键进行渲染即可。

案例精讲 070　设置大理石质感【视频案例】

本例介绍设置大理石质感的效果，通过在【材质编辑器】窗口中选择明暗器，设置扩展参数并为【贴图】卷展栏中的【漫反射颜色】添加贴图，然后为【反射】添加【平面镜】材质，显示出倒影的效果，为大理石赋予质感，效果如图 5-97 所示。

案例文件：CDROM \ Scenes \ Cha05 \ 设置大理石质感 .max
视频教学：视频教学 \ Cha05 \ 设置大理石质感 .avi

图 5-97　大理石质感

案例精讲 071　红酒材质的制作【视频案例】

本例将介绍如何利用 V-Ray 制作红酒的材质，红酒材质，一般偏重于红色，其中最重要的一点是半透明，完成后的效果如图 5-98 所示。

案例文件：CDROM \ Scenes \ Cha05 \ 红酒材质的制作 OK. max
视频教学：视频教学 \ Cha05 \ 红酒材质的制作 .avi

图 5-98　红酒材质的制作

案例精讲 072　为鼠标添加材质【视频案例】

本例将讲解如何对鼠标添加材质，对于鼠标主体应用了【多维 / 子对象】材质进行设置，通过设置不同 ID 的材质，使其呈现不同效果，鼠标滚轮和鼠标线的设置主要是通过设置颜色及细分得到的，完成后的效果如图 5-99 所示。

图 5-99　为鼠标添加材质

案例文件：CDROM \ Scenes \ Cha05 \ 为鼠标添加材质 OK. max
视频教学：视频教学 \ Cha05 \ 为鼠标添加材质 .avi

案例精讲 073　为玻璃杯添加 V-Ray 材质

本案例将介绍为玻璃杯添加 V-Ray 材质，该效果主要是通过设置材质 VRayMtl 和渲染参数来实现的，如图 5-100 所示。

案例文件：CDROM \ Scenes \ Cha05 \ 为玻璃杯添加 V-Ray 材质 OK. max
视频教学：视频教学 \ Cha05 \ 为玻璃杯添加 V-Ray 材质 .avi

图 5-100　为玻璃杯添加 V-Ray 材质

(1) 按 Ctrl+O 组合键，打开玻璃杯 2.max 素材文件，如图 5-101 所示。

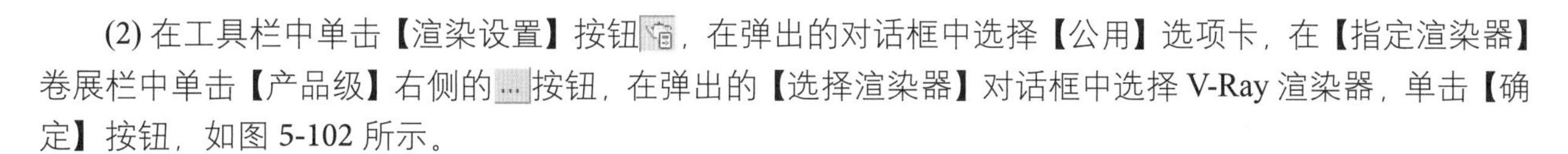

(2) 在工具栏中单击【渲染设置】按钮，在弹出的对话框中选择【公用】选项卡，在【指定渲染器】卷展栏中单击【产品级】右侧的...按钮，在弹出的【选择渲染器】对话框中选择 V-Ray 渲染器，单击【确定】按钮，如图 5-102 所示。

提 示

V-Ray 渲染器是目前业界最受欢迎的渲染引擎之一，它针对 3ds Max 具有良好的兼容性与协作渲染能力，拥有【光线跟踪】和【全局照明】渲染功能。

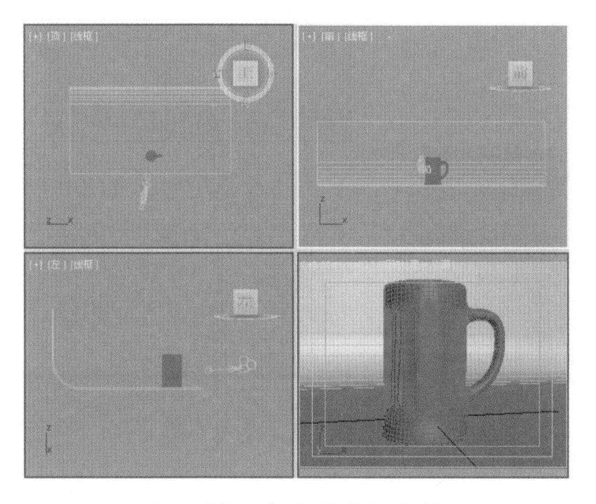

图 5-101　打开的素材文件

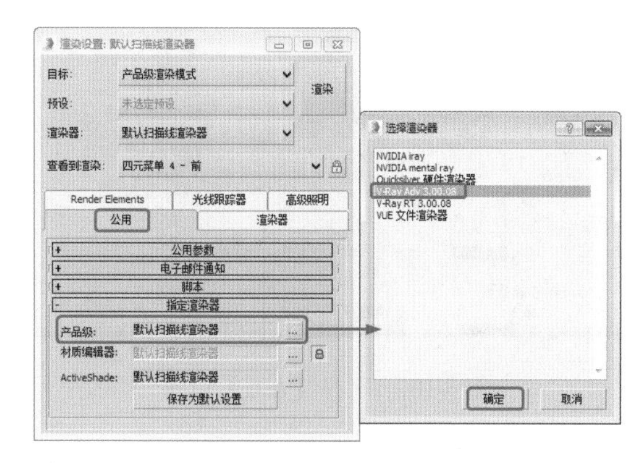

图 5-102　选择 V-Ray 渲染器

(3) 关闭渲染设置对话框，在场景文件中选择【杯子】，按 M 键打开【材质编辑器】窗口，在该窗口中选择一个材质样本球，将其命名为【杯子】，并单击其右侧的 Standard 按钮，在打开的【材质/贴图浏览器】对话框中选择 VRayMtl 材质，单击【确定】按钮，如图 5-103 所示。

知识链接

VRayMtl：在 V-Ray中使用它可以得到较好的物理上的正确照明(能源分布)，较快的渲染速度，并且可以非常方便地设置反射、折射和置换等参数，还可以使用纹理贴图。

(4) 然后在【基本参数】卷展栏中将【漫反射】的 RGB 值设置为 218、231、246，如图 5-104 所示。

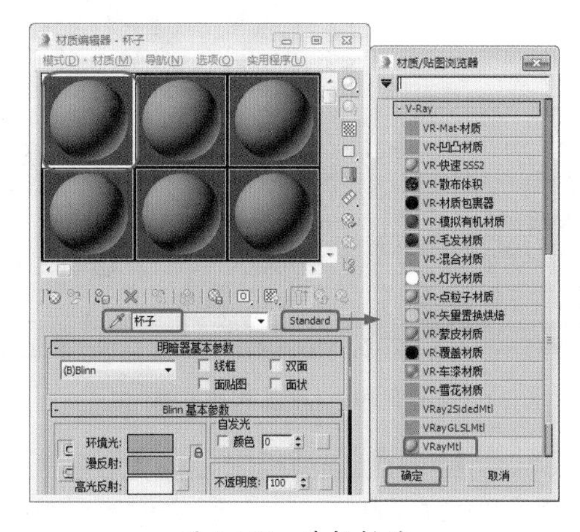

图 5-103　选择材质

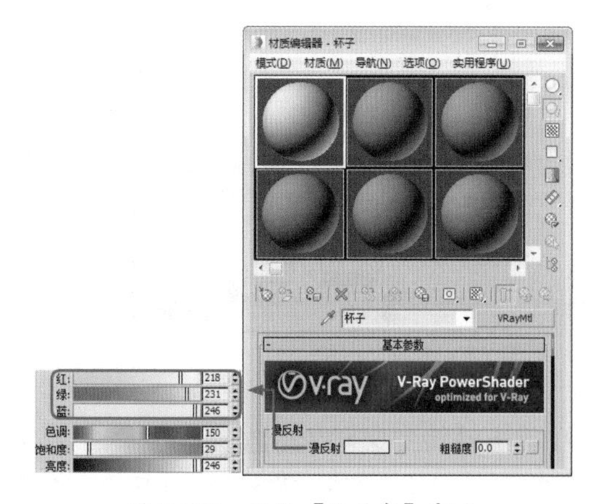

图 5-104　设置【漫反射】颜色

(5) 在【反射】选项组中，单击【反射】右侧的空白按钮，在打开的【材质 / 贴图浏览器】对话框中选择【衰减】贴图，单击【确定】按钮，如图 5-105 所示。

(6) 进入【衰减】贴图面板，在【衰减参数】卷展栏中，将两个色块的 RGB 值分别设置为 12、12、12 和 133、133、133，如图 5-106 所示。

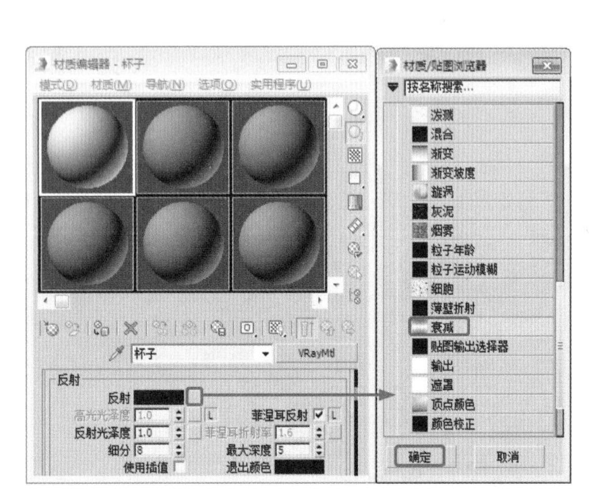

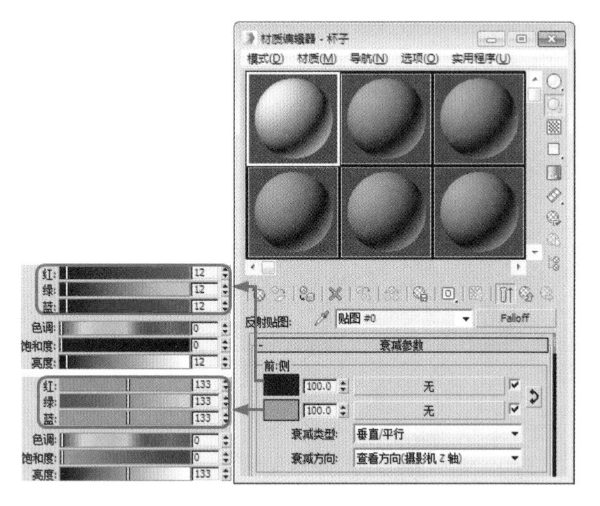

图 5-105　选择【衰减】贴图　　图 5-106　设置衰减参数

(7) 单击【转到父对象】按钮，返回到父级材质面板，然后在【基本参数】卷展栏中，将反射后的衰减贴图按钮，拖曳至折射后的空白按钮上，在弹出的对话框中选中【复制】单选按钮，单击【确定】按钮，如图 5-107 所示。

(8) 然后进入折射通道的【衰减参数】面板，在【衰减参数】卷展栏中，将两个色块的 RGB 值分别设置为 255、255、255 和 181、181、181，如图 5-108 所示。

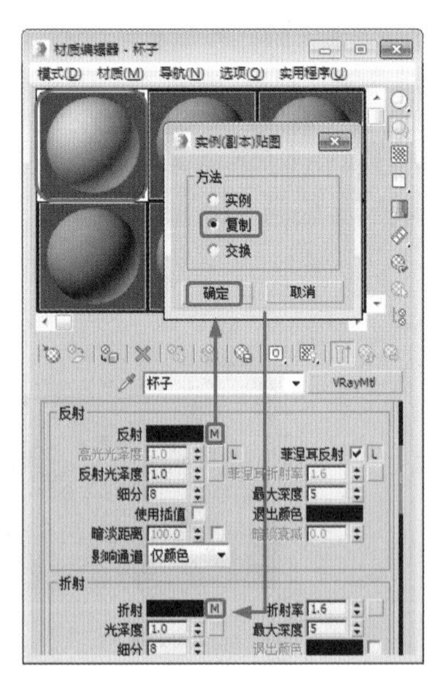

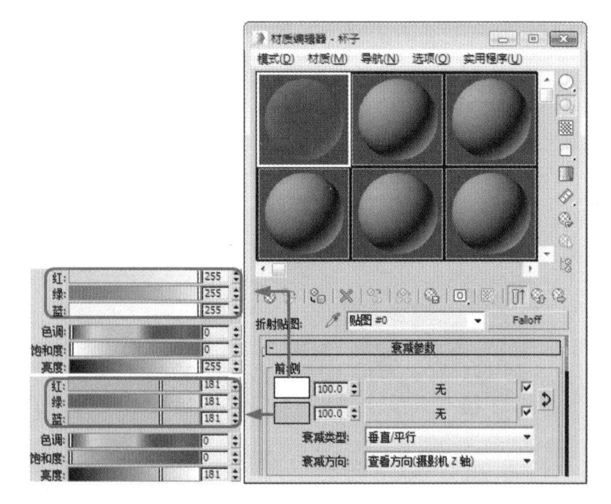

图 5-107　复制贴图　　图 5-108　设置衰减参数

(9) 单击【转到父对象】按钮，返回到父级材质面板，在【折射】选项组中，将【烟雾颜色】的 RGB 值设置为 235、235、235，将【烟雾倍增】设置为 0.03，如图 5-109 所示。设置完成后，单击【将材质指定给选定对象】按钮。

(10) 选择一个新的材质样本球，将其命名为【地面】，在【Blinn 基本参数】卷展栏中将【环境光】和【漫反射】的 RGB 值均设置为 240、243、249，将【反射高光】选项组中的【高光级别】和【光泽度】分别设置为 25、30，如图 5-110 所示。设置完成后将材质指定给场景文件中的地面对象。

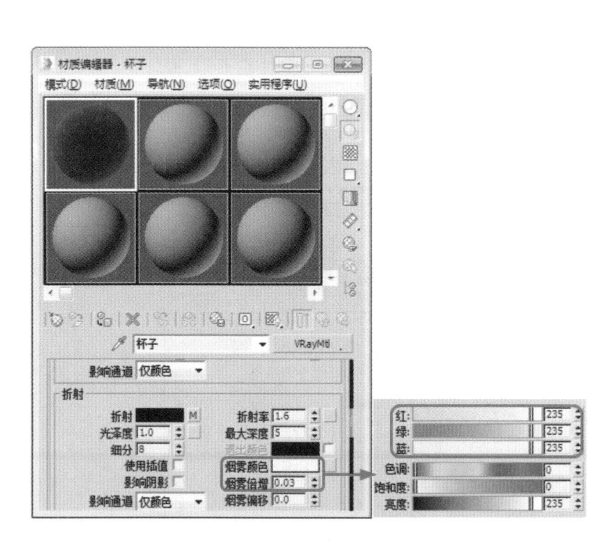
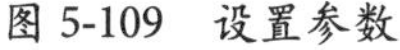

图 5-109　设置参数

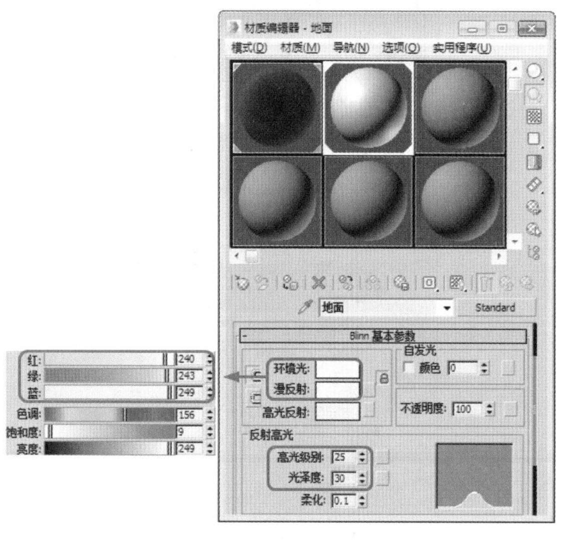

图 5-110　为地面设置材质

(11) 选择一个新的材质样本球，单击【获取材质】按钮，在弹出的【材质 / 贴图浏览器】对话框中双击 VRayHDRI 贴图，如图 5-111 所示。

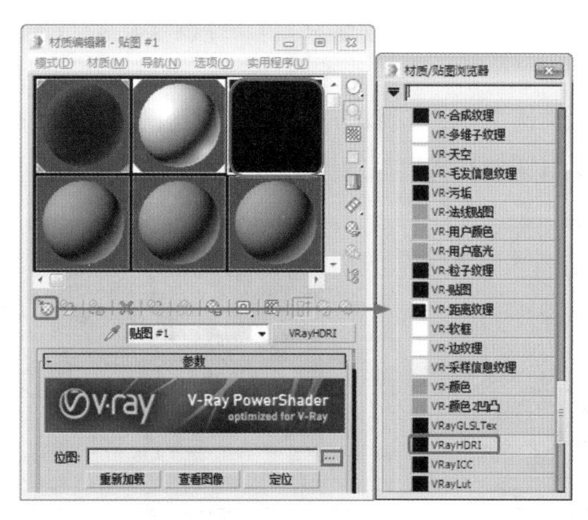

图 5-111　选择贴图

知识链接

VRayHDRI：该贴图主要用于导入高动态范围图像 (HDRI) 来作为环境贴图，支持大多数标准环境的贴图类型。

(12) 然后在【参数】卷展栏中单击【浏览】按钮，在弹出的对话框中打开 kitchen_probe.hdr 贴图文件，将【贴图类型】设置为【角度】，并将【水平旋转】设置为 271，将【全局倍增】设置为 0.3，如图 5-112

所示。

(13) 再次打开【渲染设置】对话框，选择【V-Ray】选项卡，在【全局开关 [无名汉化]】卷展栏中，选择【高级模式】，将【默认灯光】设置为【关】，如图 5-113 所示。

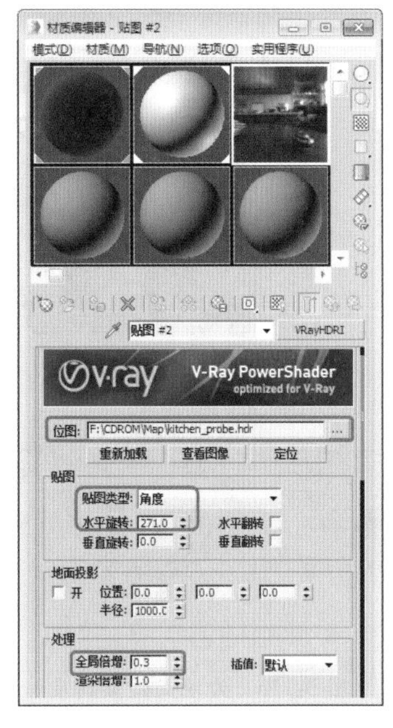

图 5-112　设置参数

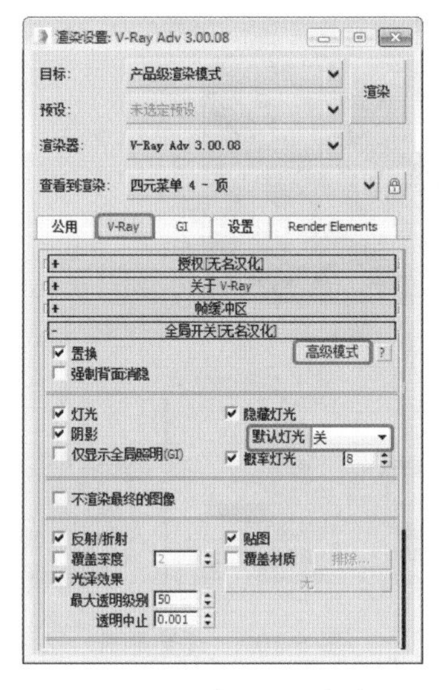

图 5-113　关闭默认灯光

(14) 在【图像采样器 (抗锯齿)】卷展栏中，将图像采样器【类型】设置为【自适应细分】，将【过滤器】设置为 Mitchell-Netravali，在【自适应细分图像采样器】卷展栏中，将【最小速率】设置为 1，如图 5-114 所示。

(15) 在【环境】卷展栏中，勾选【全局照明 (GI) 环境】选项组和【反射 / 折射环境】选项组中的复选框，并在材质编辑器中，将贴图以【实例】的方式拖曳到两个选项组中的贴图按钮上，如图 5-115 所示。

图 5-114　设置采样参数

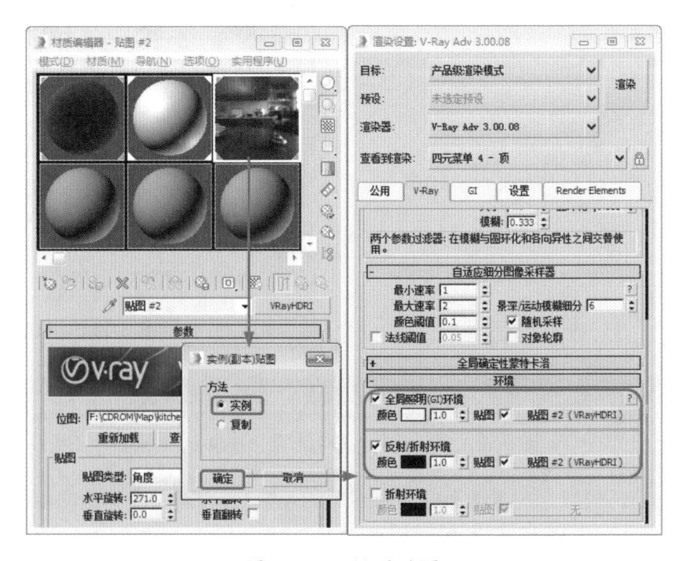

图 5-115　设置贴图

(16) 在【渲染设置】对话框中选择 GI 选项卡，在【全局照明 (无名汉化)】卷展栏中，选择【专家模式】，勾选【启用全局照明 (GI)】复选框，将【二次引擎】选项后的【倍增】设置为 0.6，在【发光图】卷展栏中，选择【高级模式】，将【当前预设】设置为【高】，将【细分】设置为 50，将【插值采样】设置为 30，并选中【显示计算相位】复选框，如图 5-116 所示。

(17) 在【焦散】卷展栏中开启【高级模式】，选中【焦散】复选框，将【最大光子】设置为 30，将【倍增器】设置为 1000，如图 5-117 所示。

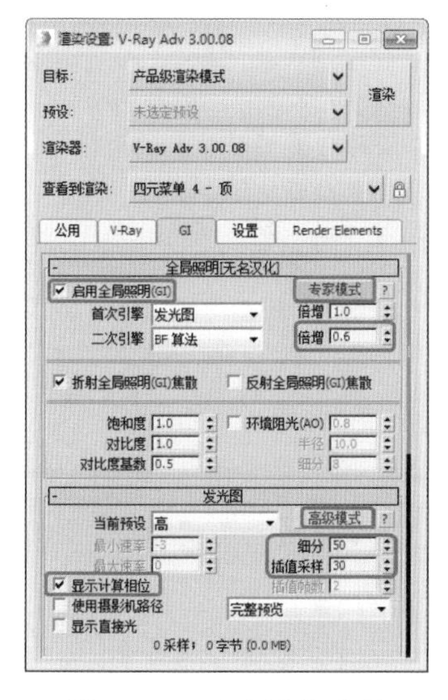

图 5-116　开启间接照明

图 5-117　设置参数

(18) 激活摄影机视图，按 F9 键进行渲染，渲染后的效果如图 5-118 所示。

图 5-118　渲染后的效果

第6章 简单的对象动画

本章重点

- 制作蝴蝶动画
- 制作钟表动画
- 使用变换工具制作落叶动画
- 使用自动关键点制作排球动画
- 使用自动关键点制作打开门动画
- 使用自动关键点制作檀木扇动画
- 使用轨迹视图制作秋千动画
- 设置关键点制作象棋动画
- 使用轨迹视图制作风车旋转动画

3ds Max 软件提供了一些常用动画的制作，常用的动画制作包括关键帧和轨迹视图动画的制作，本章重点讲解了这两种动画的制作流程，通过本章的学习可以使读者对动画制作有一定的了解。

案例精讲 074 制作蝴蝶动画

本例将学习制作蝴蝶飞舞的动画，首先对蝴蝶的翅膀添加关键帧，然后对蝴蝶的位置添加关键帧，其中具体操作方法如下，完成后的效果如图 6-1 所示。

图 6-1 蝴蝶动画

案例文件：CDROM \ Scenes \ Cha06 \ 制作蝴蝶动画 OK.max

视频教学：视频教学 \ Cha06 \ 制作蝴蝶动画 .avi

(1) 启动软件后，打开随书附带光盘中的"CDROM\Scenes\Cha5\制作蝴蝶动画 .max"文件，查看效果，如图 6-2 所示。

(2) 在动画控制区域单击【设置关键点】按钮，开启设置关键点模式。选择蝴蝶的左侧翅膀，确认光标在第 0 帧位置，单击【设置关键点】按钮，添加关键帧，如图 6-3 所示。

图 6-2 打开素材文件

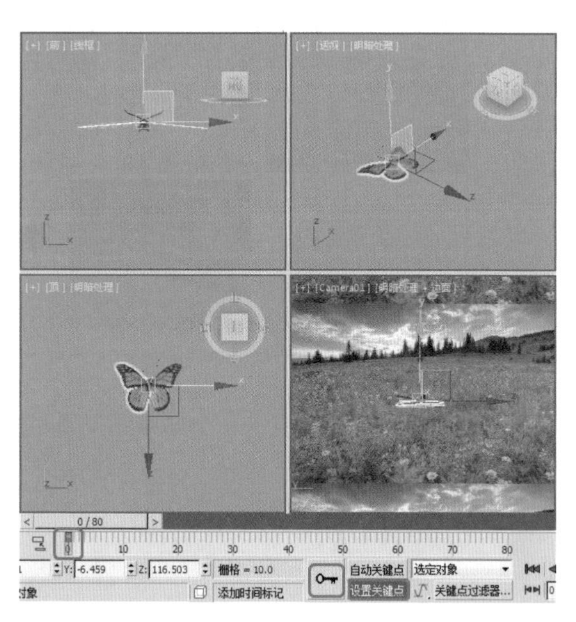

图 6-3 添加关键帧

(3) 单击【关键点过滤器】按钮，弹出【设置关键点】对话框，选中【位置】、【旋转】、【缩放】复选框，如图 6-4 所示。

(4) 将时间滑块移动到第 4 帧位置，使用【选择并旋转】工具，在【前】视图中对蝴蝶的左侧翅膀进行旋转，并添加关键帧，如图 6-5 所示。

图 6-4 【设置关键点】对话框

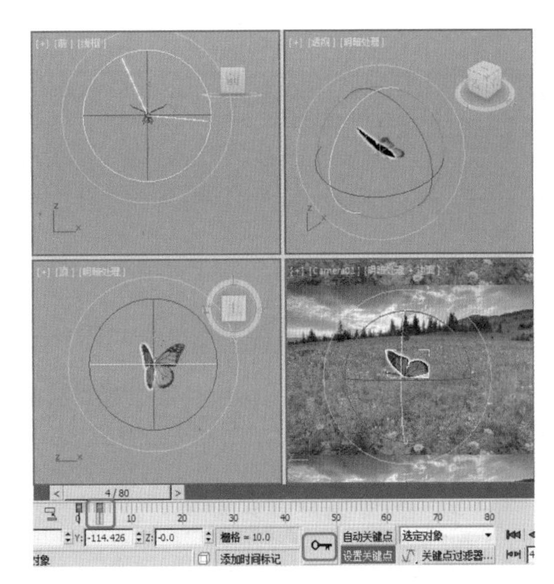

图 6-5 进行旋转

(5) 将时间滑块移动到第 8 帧位置，使用【选择并旋转】工具对蝴蝶翅膀进行旋转，并添加关键帧，如图 6-6 所示。

(6) 选择第 4 帧处的关键帧，按住 Shift 键将其复制到第 16 帧位置，如图 6-7 所示。

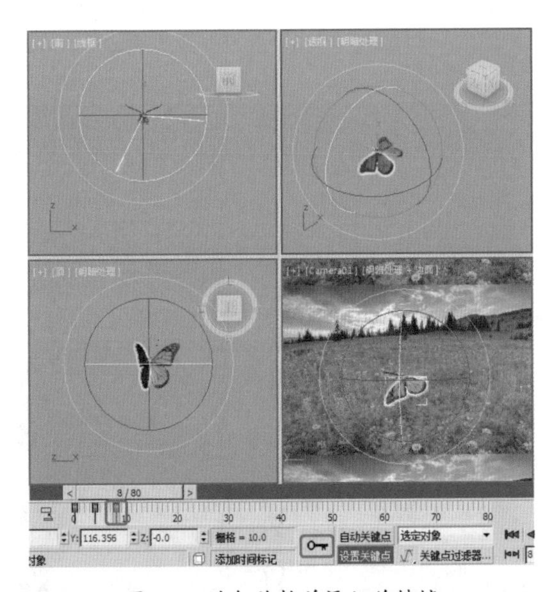

图 6-6 进行旋转并添加关键帧

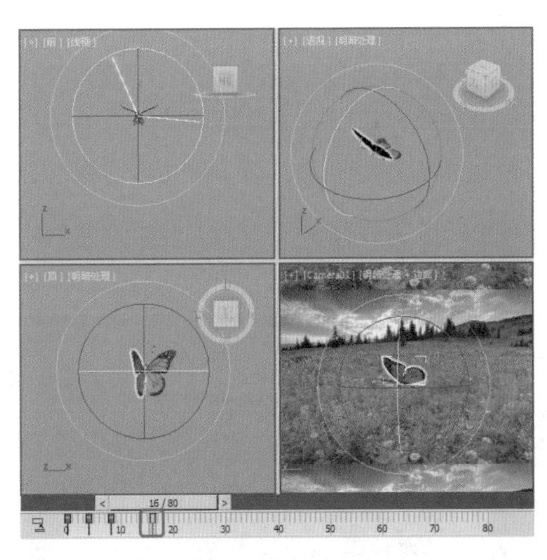

图 6-7 复制关键帧

提 示

当选择一个关键帧时，按住 Shift 键进行移动，就可以将此关键帧进行复制，如果不按住 Shift 键，此帧只是单纯的移动。

(7) 选择第 8 帧位置的关键帧，按住 Shift 键将其复制到第 24 帧的位置，如图 6-8 所示。

(8) 将时间滑块移动到第 28 帧位置，对蝴蝶的翅膀进行旋转，并添加关键帧，如图 6-9 所示。

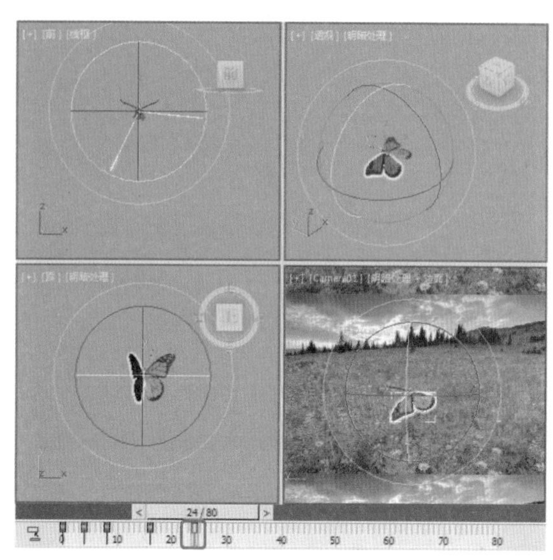

图 6-8　复制关键帧

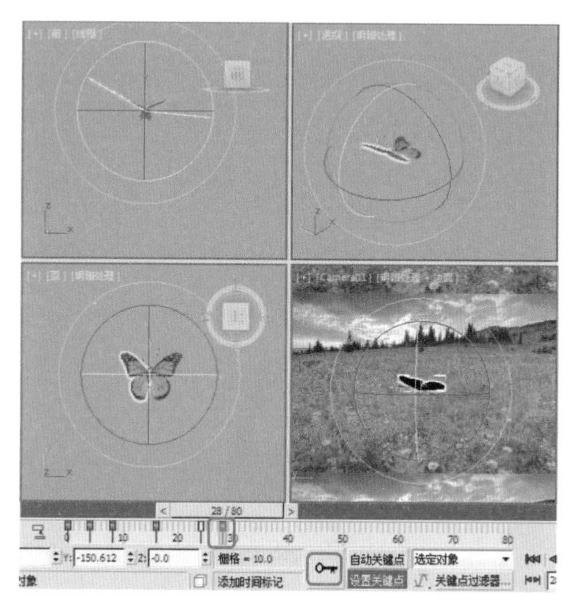

图 6-9　添加关键帧 (1)

(9) 将时间滑块移动到第 32 帧位置，使用【选择并旋转】工具对将蝴蝶的适当向上旋转，并添加关键帧，如图 6-10 所示。

(10) 将时间滑块移动到第 40 帧位置，使用【选择并旋转】工具对将蝴蝶的向上旋转，并添加关键帧，如图 6-11 所示。

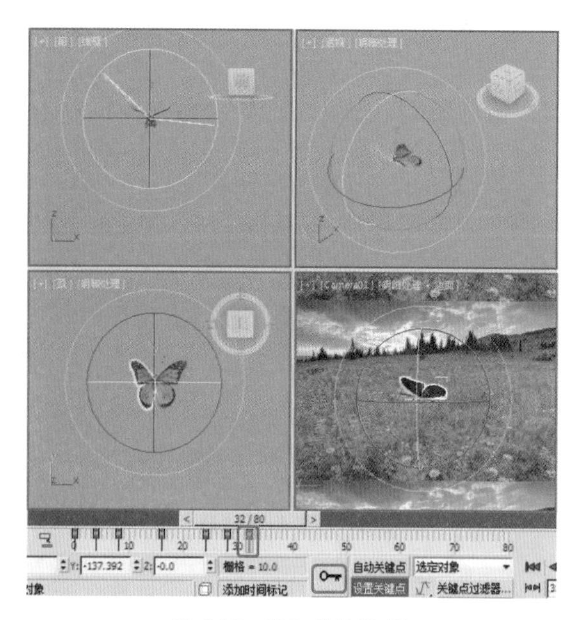

图 6-10　添加关键帧 (2)

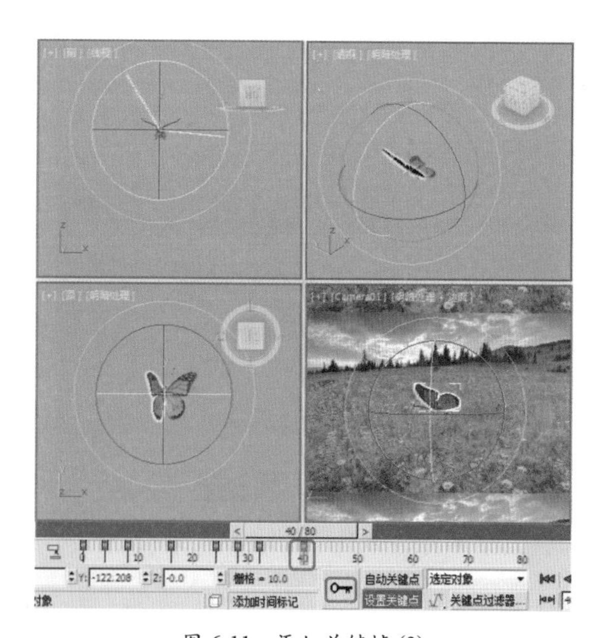

图 6-11　添加关键帧 (3)

(11) 选择第 24 帧位置的关键帧，按住 Shift 键将其复制到第 48 帧位置，如图 6-12 所示。

(12) 选择第 4 帧位置的关键帧，按住 Shift 键将其复制到第 56 帧位置，如图 6-13 所示。

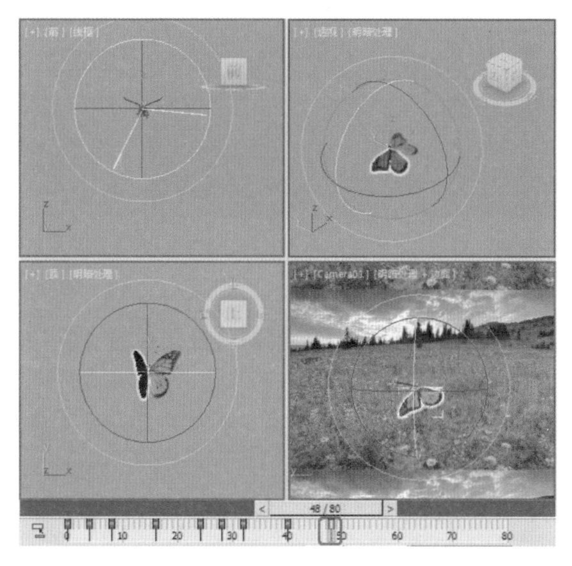

图 6-12　复制关键帧 (1)

图 6-13　复制关键帧 (2)

(13) 将时间滑块移动到第 64 帧位置，使用【选择并旋转】工具，对蝴蝶的翅膀进行旋转，并添加关键帧，如图 6-14 所示。

(14) 将时间滑块移动到第 68 帧位置，使用【选择并旋转】工具，对蝴蝶的翅膀进行旋转，并添加关键帧，如图 6-15 所示。

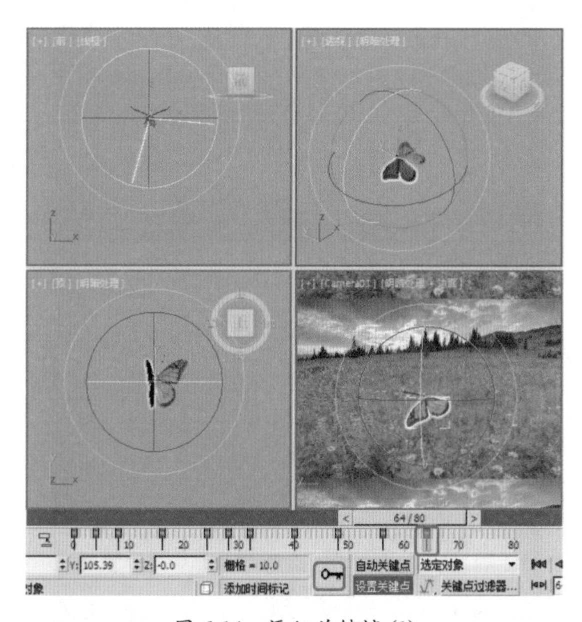

图 6-14　添加关键帧 (1)

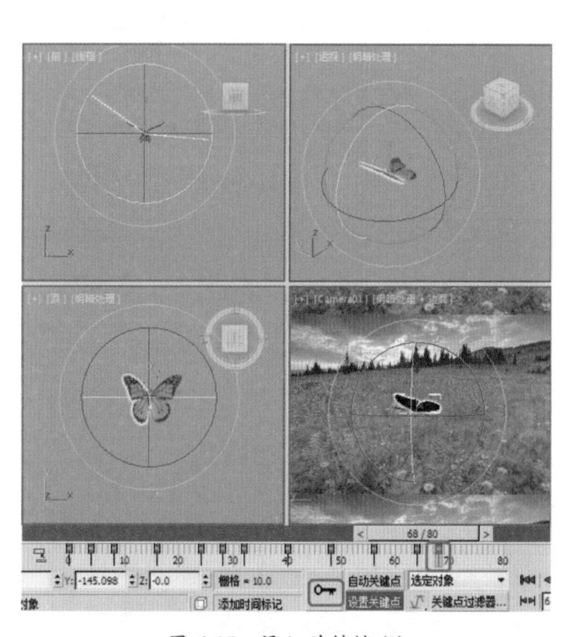

图 6-15　添加关键帧 (2)

(15) 分别在第 72、76、80 帧位置添加关键帧，使用【选择并旋转】工具对蝴蝶的翅膀进行旋转，如图 6-16 所示。

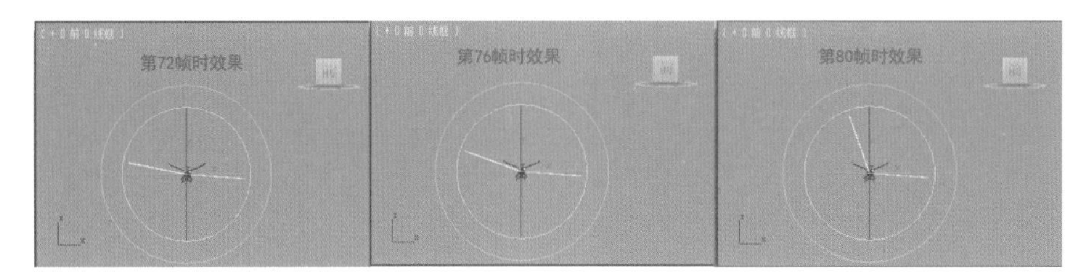

图 6-16 设置关键点

(16) 使用同样的方法设置右侧翅膀的关键帧，如图 6-17 所示。

(17) 选择 Group01 对象，将时间滑块移动到第 0 帧处，调整蝴蝶的位置并单击【设置关键点】按钮，添加关键帧，如图 6-18 所示。

(18) 将时间滑块移动到第 40 帧处，使用【选择并移动】工具，调整蝴蝶的位置，并单击【设置关键点】按钮，添加关键帧，如图 6-19 所示。

(19) 将时间滑块移动到第 60 帧处，使用【选择并移动】工具，调整蝴蝶的位置，并单击【设置关键点】按钮，添加关键帧，如图 6-20 所示。

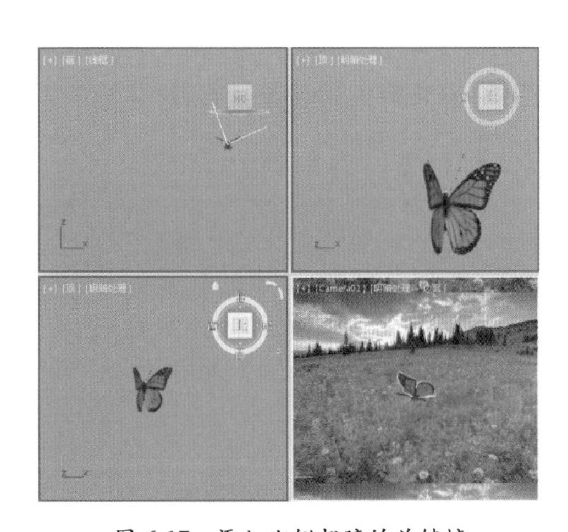

图 6-17 添加右侧翅膀的关键帧

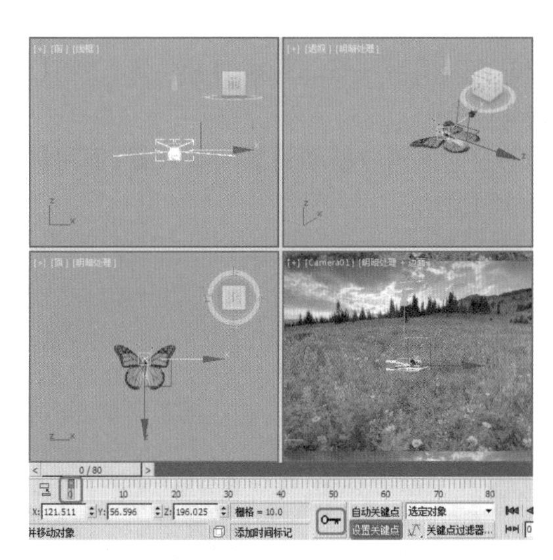

图 6-18 添加关键帧 (1)

图 6-19 添加关键帧 (2)

图 6-20 添加关键帧 (3)

(20) 将时间滑块移动到第 68 帧处，使用【选择并移动】工具，调整蝴蝶的位置，并单击【设置关键点】按钮，添加关键帧，如图 6-21 所示。

(21) 将时间滑块移动到第 80 帧处，使用【选择并移动】工具，调整蝴蝶的位置，并单击【设置关键点】按钮，添加关键帧，如图 6-22 所示。

图 6-21　添加关键帧 (4)

图 6-22　添加关键帧 (5)

(22) 关闭关键帧记录，对动画进行输出即可。

案例精讲 075　制作钟表动画

本例将讲解如何制作钟表动画，制作该动画的关键是设置关键点，然后在【曲线编辑器】中设置【超出范围的类型】，具体操作方法如下。完成后的效果如图 6-23 所示。

图 6-23　钟表动画

案例文件：CDROM \ Scenes \ Cha06 \ 钟表动画 OK.max

视频教学：视频教学 \ Cha06 \ 钟表动画 .avi

(1) 启动软件后打开随书附带光盘中的"CDROM\ Scenes \Cha06\ 钟表动画 .max"文件，如图 6-24 所示。

(2) 在工具选项栏中右击【角度捕捉切换】按钮，弹出【栅格和捕捉设置】对话框，切换到【选项】选项卡，将【角度】设为 6°，按 Enter 键，将该对话框关闭，如图 6-25 所示。

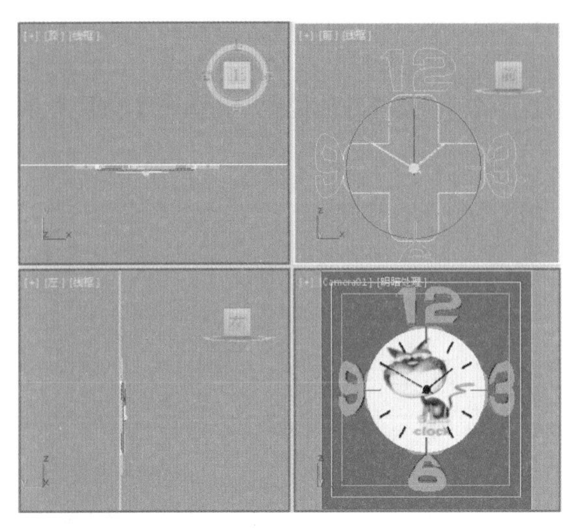

图 6-24　打开素材文件

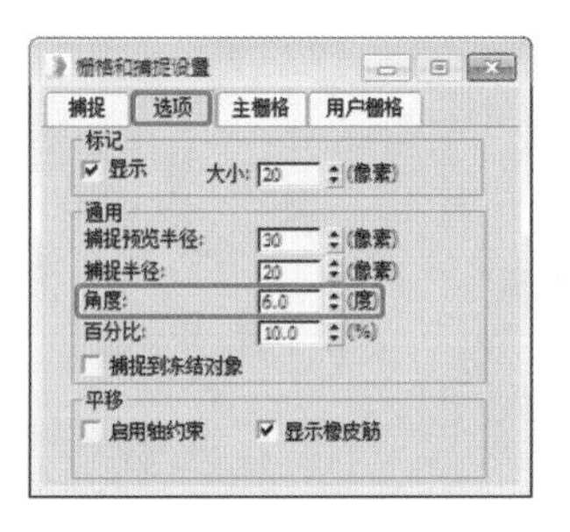

图 6-25　设置栅格和捕捉

提 示

通过设置捕捉的角度，再通过【选择并旋转】工具，对对象进行调整时，系统会根据设置的捕捉角度进行旋转。

(3) 单击【设置关键点】按钮，开启关键帧记录，选择【分针】对象，将时间滑块移动到第 0 帧处，单击【设置关键点】按钮，添加关键帧，如图 6-26 所示。

(4) 将时间滑块移动到第 60 帧位置，选择【选择并旋转】工具选择分针，在【前】视图中沿 Z 轴拖动鼠标，此时指针会自动旋转 6°，单击【设置关键点】按钮，添加关键帧，如图 6-27 所示。

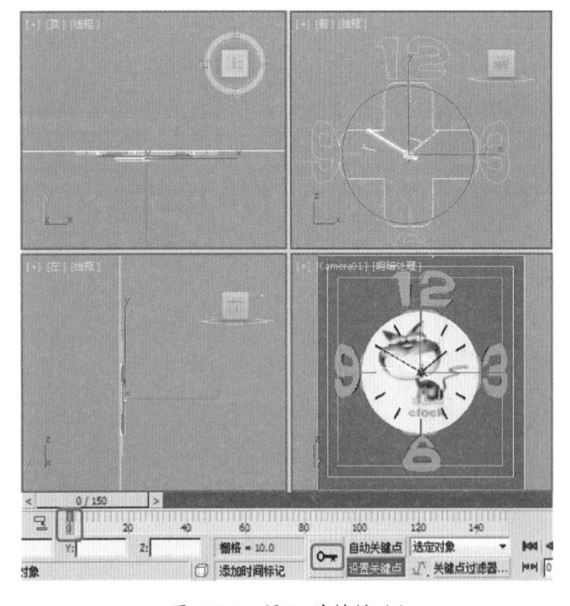

图 6-26　添加关键帧 (1)

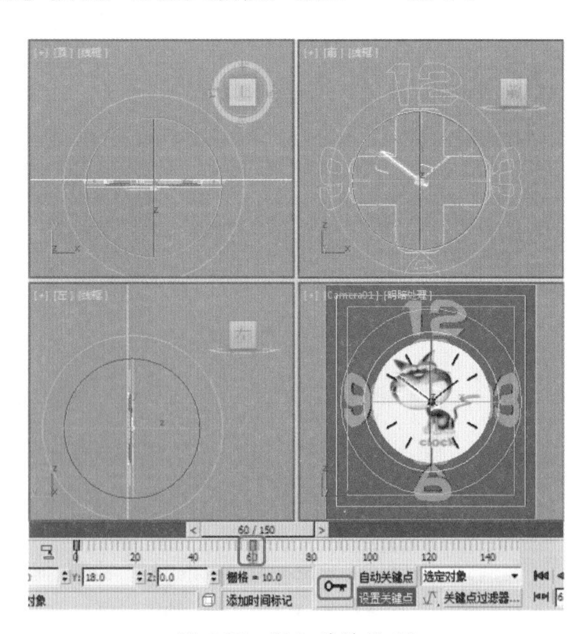

图 6-27　添加关键帧 (2)

(5) 选择【秒针】对象，将时间滑块移动到第 0 帧处，单击【设置关键点】按钮，添加关键帧，如图 6-28 所示。

(6) 将时间滑块移动到第 1 帧处，使用【选择并旋转】工具，沿 Z 轴顺时针拖动鼠标，此时旋转角度为 6°，单击【设置关键点】按钮，添加关键帧，如图 6-29 所示。

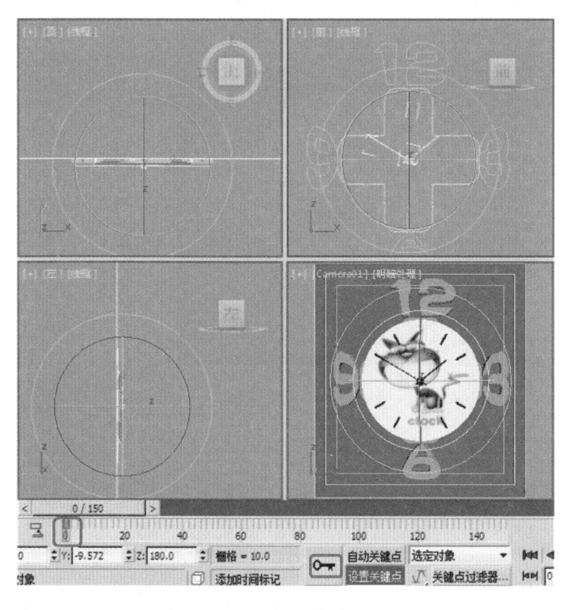

图 6-28　添加关键帧 (3)

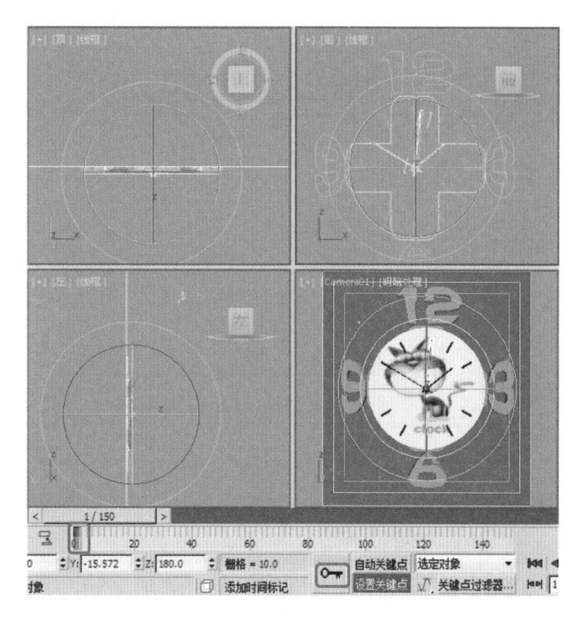

图 6-29　添加关键帧 (4)

(7) 单击【曲线编辑器】按钮，弹出【轨道视图 - 曲线编辑器】窗口，选择【X 轴旋转】、【Y 轴旋转】和【Z 轴旋转】的所有关键帧，如图 6-30 所示。

(8) 在【轨道视图 - 曲线编辑器】窗口中选择【编辑】|【控制器】|【超出范围类型】菜单命令，弹出【参数曲线超出范围类型】对话框，选择【相对重复】选项，然后单击【确定】按钮，如图 6-31 所示。

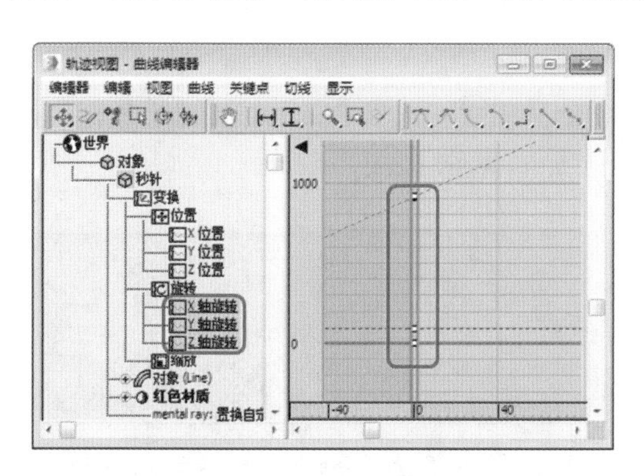

图 6-30　选择关键帧

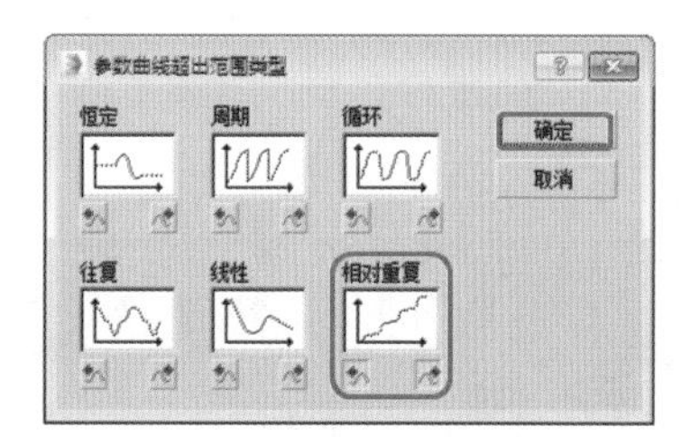

图 6-31　选择【相对重复】

(9) 使用同样的方法对【分针】对象添加【相对重复】曲线，单击【时间配置】按钮，弹出【时间配置】对话框，将【结束时间】设为 600，单击【确定】按钮，如图 6-32 所示。

(10) 渲染到第 300 帧位置，查看效果如图 6-33 所示。

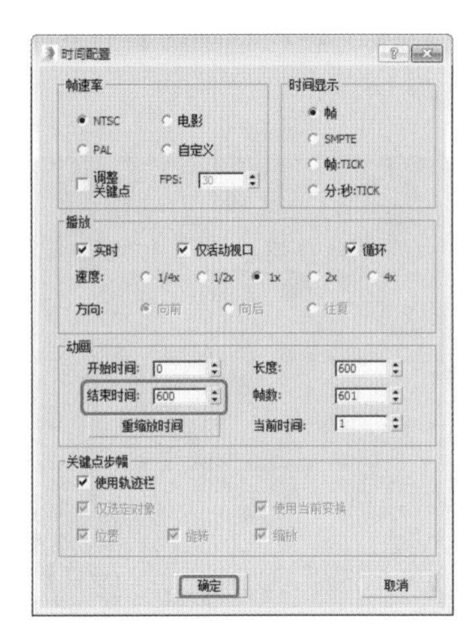

图 6-32　设置时间配置

图 6-33　渲染单帧后的效果

案例精讲 076　使用变换工具制作落叶动画

本例将使用变化工具制作落叶动画。选中其中一片落叶对象后，单击【自动关键点】按钮，打开关键帧动画模式，然后使用【选择并移动】工具和【选择并旋转】工具设置各个关键帧动画。完成后的效果如图 6-34 所示。

案例文件：CDROM \ Scenes \ Cha06 \ 落叶动画 OK.max
视频教学：视频教学 \ Cha06 \ 落叶动画 .avi

图 6-34　落叶动画

(1) 打开随书附带光盘中的"CDROM \ Scenes \ Cha06\ 落叶动画 .max"文件，如图 6-35 所示

(2) 在第 0 帧处，单击【自动关键点】按钮，打开关键帧动画模式，选择 Plane01 树叶对象，使用【选择并移动】工具和【选择并旋转】工具对其进行调整，如图 6-36 所示。

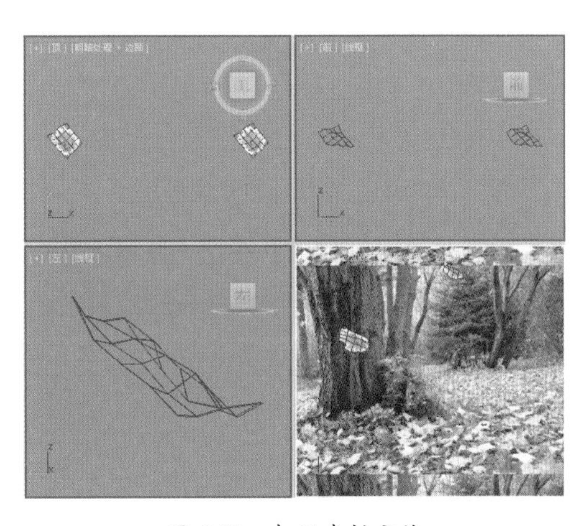

图 6-35　打开素材文件

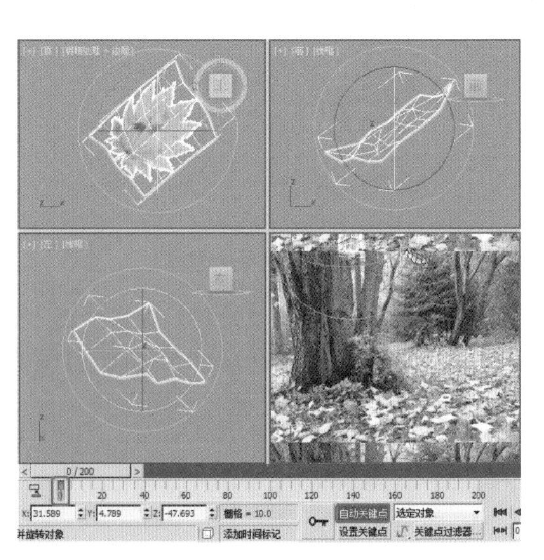

图 6-36　设置第 0 帧动画

(3) 在第 50 帧处，使用【选择并移动】工具和【选择并旋转】工具选择 Plane01 树叶对象，将其向下移动并进行适当调整，如图 6-37 所示。

(4) 在第 80 帧处，使用【选择并移动】工具和【选择并旋转】工具选择 Plane01 树叶对象，将其向下移动并进行适当调整，如图 6-38 所示。

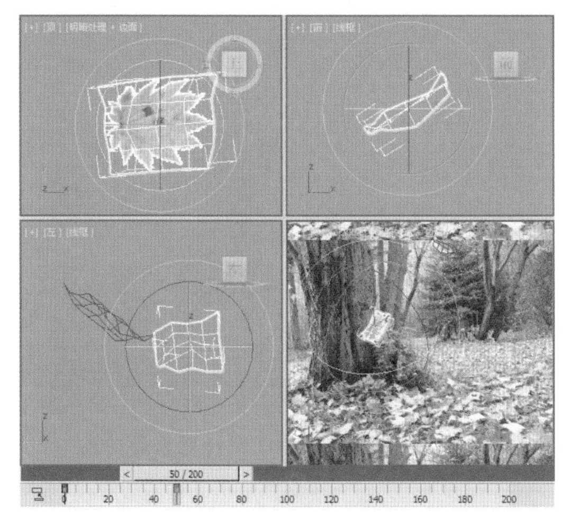

图 6-37　设置第 50 帧动画

图 6-38　设置第 80 帧动画

(5) 在第 110 帧处，使用【选择并移动】工具和【选择并旋转】工具选择 Plane01 树叶对象，将其向下移动并进行适当调整，如图 6-39 所示。

(6) 在第 147 帧处，使用【选择并移动】工具和【选择并旋转】工具选择 Plane01 树叶对象，将其向下移动并进行适当调整，如图 6-40 所示。

(7) 在第 180 帧处，使用【选择并移动】工具和【选择并旋转】工具选择 Plane01 树叶对象，将其向下移动并进行适当调整，如图 6-41 所示。

(8) 单击【自动关键点】按钮，关闭关键帧动画模式，使用相同的方法设置 Plane02 树叶对象的动画，如图 6-42 所示。最后将动画进行渲染并保存场景文件。

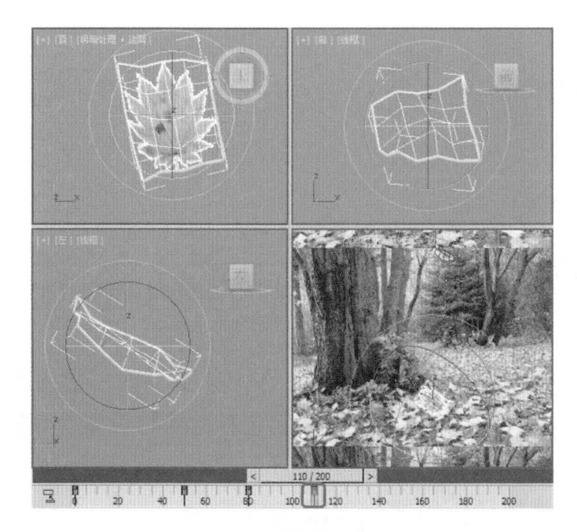

图 6-39　设置第 110 帧动画

图 6-40　设置第 147 帧动画

图 6-41　设置第 180 帧动画

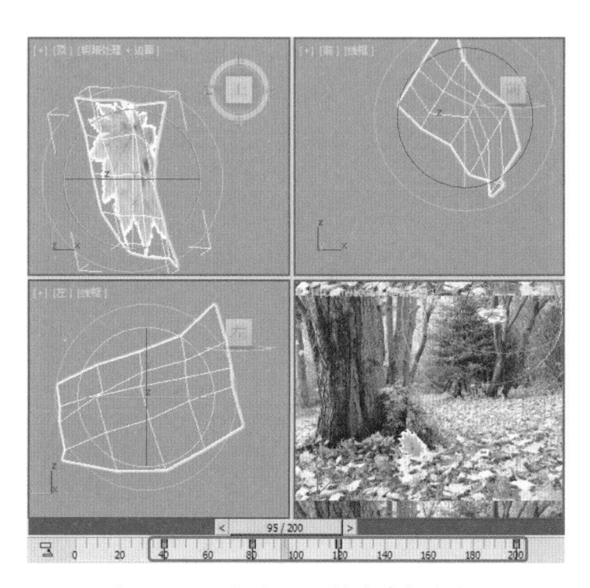

图 6-42　设置 Plane02 树叶对象的动画

案例精讲 077　使用自动关键点制作排球动画

本例将使用自动关键点制作排球动画。选中其中排球对象后，单击【自动关键点】按钮，打开关键帧动画模式，然后使用【选择并移动】工具和【选择并旋转】工具设置各个关键帧动画，最后开启【运动模糊】。完成后的效果如图 6-43 所示。

图 6-43　排球动画

案例文件：CDROM \ Scenes \ Cha06 \ 排球动画 OK.max

视频教学：视频教学 \ Cha06 \ 排球动画 .avi

(1) 打开随书附带光盘中的“CDROM \ Scenes \ Cha06\ 排球动画 .max”文件，单击【时间配置】按钮，在弹出的【时间配置】对话框中，将【帧速率】设置为【电影】，将【结束时间】设置为 120，然后单击【确定】按钮，如图 6-44 所示

(2) 在第 0 帧处，单击【自动关键点】按钮，打开关键帧动画模式，如图 6-45 所示。

(3) 在第 5 帧处，在【前】视图中，使用【选择并移动】工具将排球对象向前进行移动，并向上移动至适当距离，如图 6-46 所示。

(4) 在第 10 帧处，使用【选择并移动】工具将排球对象向前进行移动，并向下移动适当距离，如图 6-47 所示。

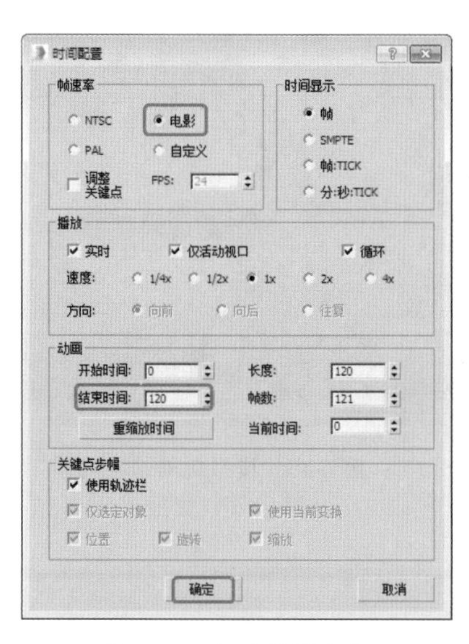

图 6-44 打开素材文件

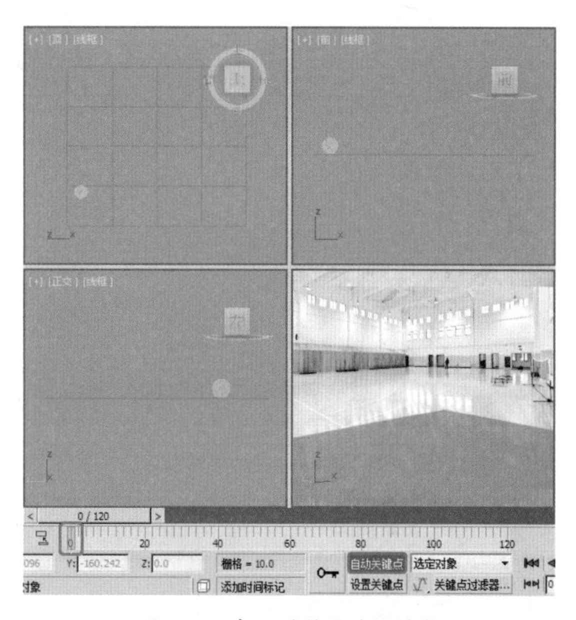

图 6-45 打开关键帧动画模式

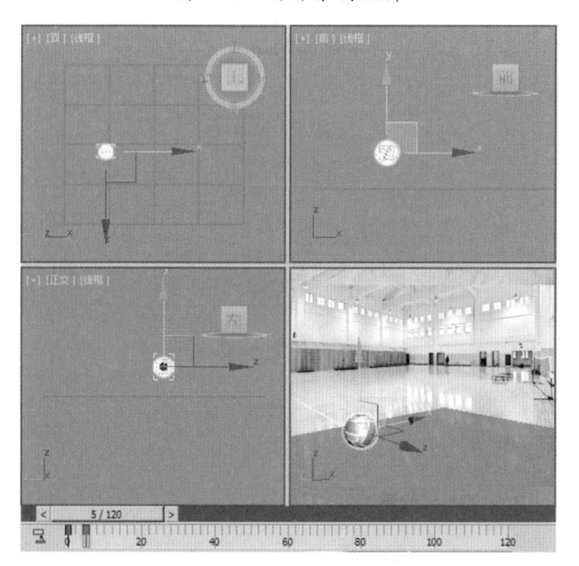

图 6-46 设置第 5 帧动画

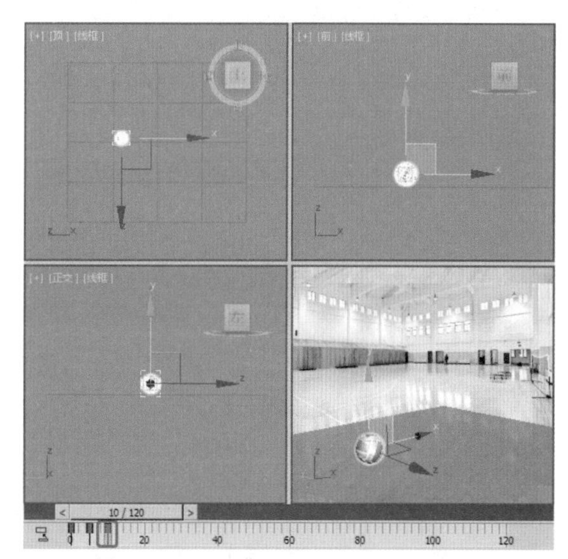

图 6-47 设置第 10 帧动画

(5) 使用【选择并移动】工具，按照相同的方法设置其他向前运动的动画，如图 6-48 所示。

(6) 参照前面的操作步骤，使用【选择并移动】工具，模拟排球跳动动画，如图 6-49 所示。

(7) 在第 70 帧处，使用【选择并移动】工具和【选择并旋转】工具将排球对象向前移动并调整旋转，模拟排球滚动动画，如图 6-50 所示。

(8) 单击【自动关键点】按钮，关闭关键帧动画模式。选择排球对象并右击，在弹出的快捷菜单中选择【对象属性】命令，在弹出的【对象属性】对话框中，选中【运动模糊】中的【图像】并选按钮，然后单击【确定】按钮，如图 6-51 所示。最后将动画进行渲染并保存场景文件。

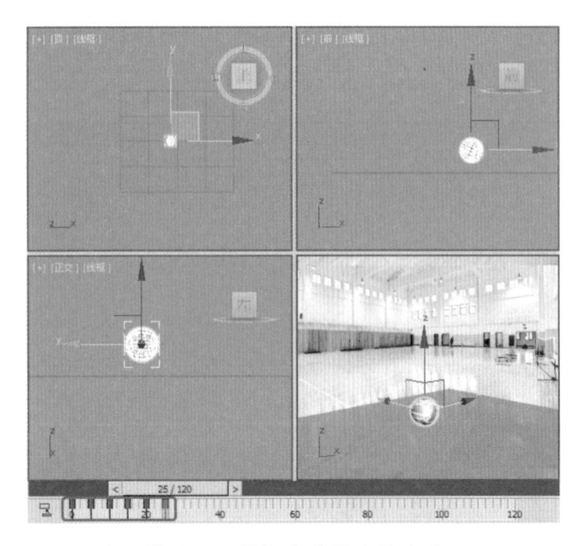

图 6-48　模拟向前运动的动画

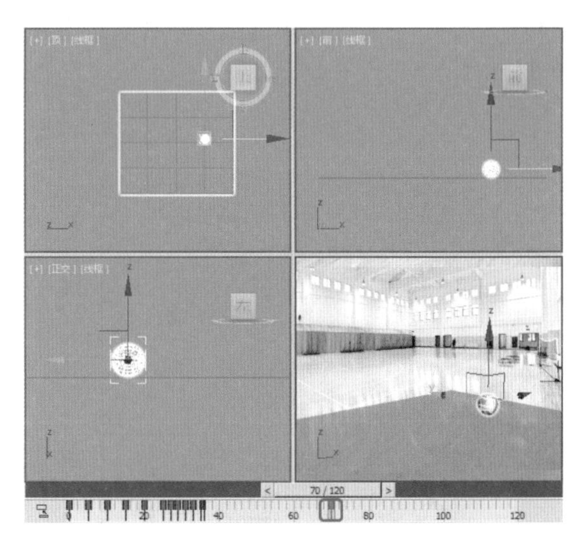

图 6-49　模拟跳动动画

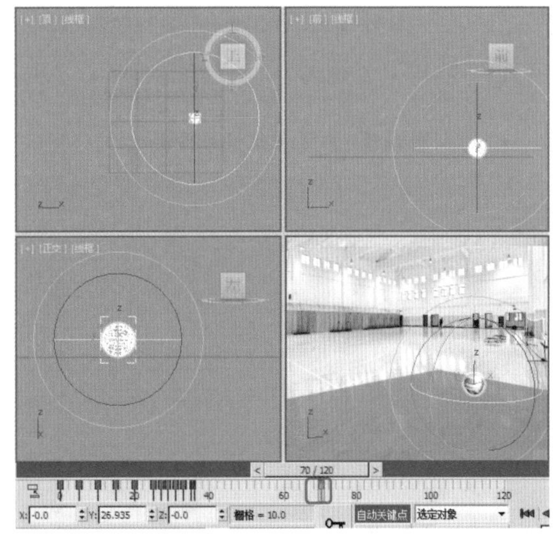

图 6-50　模拟排球滚动动画

图 6-51　设置【对象属性】

提 示

开启【运动模糊】可以模拟物体真实的运动效果，可以增加其移动的真实效果。

案例精讲 078　使用自动关键点制作打开门动画

本例将介绍使用自动关键点打开门动画，首先使用【设置关键点】在第 0 帧处设置关键点，再在第 50 帧处利用【仅影响轴】将旋转轴进行调整，最后利用【自动关键点】为第 50 帧处添加关键点，效果如图 6-52 所示。

图 6-52　使用自动关键点的打开门动画效果

案例文件：CDROM \ Sences \ Cha06 \ 自动关键点打开门动画 OK.max

视频教学：视频教学 \ Cha06 \ 自动关键点打开门动画 .avi

(1) 打开随书附带光盘中的"CDROM\ Scenes\Cha06\ 自动关键点打开门动画 .max"文件，如图 6-53 所示。

(2) 在【前】视图中选择门的最左侧的一扇，关键帧在第 0 处时，单击【设置关键点】按钮，如图 6-54 所示。

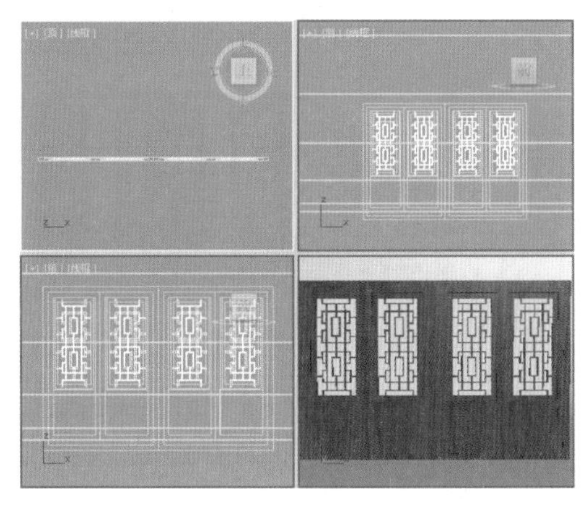

图 6-53 打开素材文件

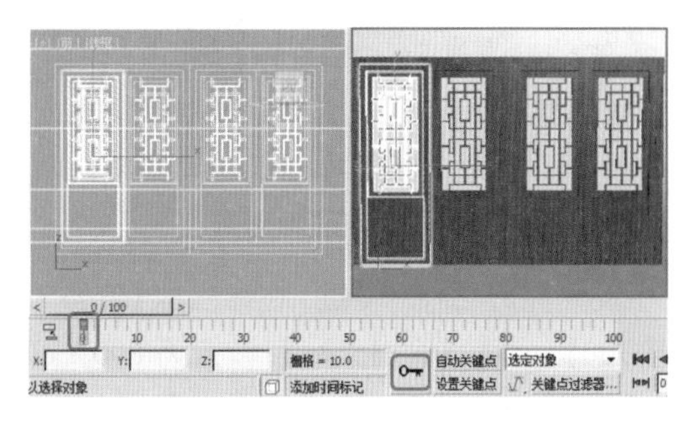

图 6-54 设置关键点

(3) 然后将关键帧调整到第 50 处，选择【层次】|【轴】，在【调整轴】卷展栏中单击【仅影响轴】按钮，将轴调整到适当位置，如图 6-55 所示。

(4) 将【仅影响轴】关闭，单击【自动关键点】按钮，在工具栏中右击【角度捕捉切换】按钮，在弹出的对话框中将【角度】设置为 90°，设置完成后将其关闭，并使【角度捕捉切换】处于选中状态，再单击【选择并旋转】按钮，在【顶】视图中将选择的门向上旋转 90°，如图 6-56 所示。

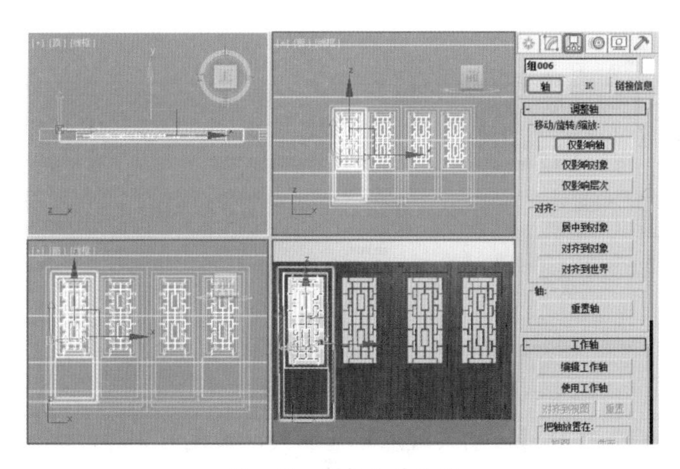

图 6-55 调整轴的位置

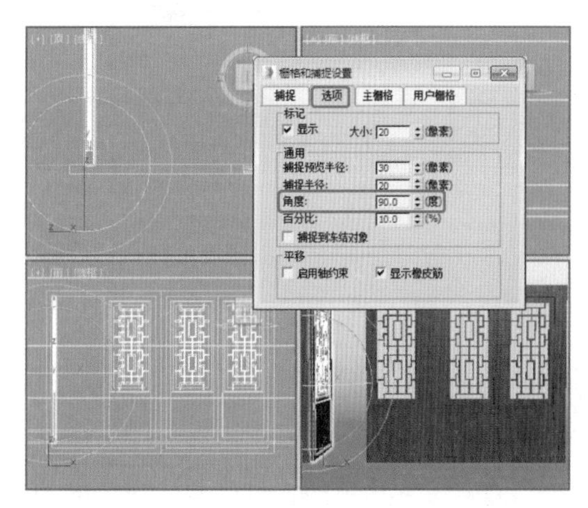

图 6-56 将门旋转并打开自动关键点

提 示

对对象进行旋转或移动时有时需要在特定的一点进行移动，在这里就可以通过设置轴点进行设置。

(5) 使用同样的方法，将其他的 3 扇门进行设置，如图 6-57 所示。

(6) 选择【创建】|【灯光】|【标准】工具，在视图中创建一个天光和一个泛光灯，位置如图 6-58 所示。

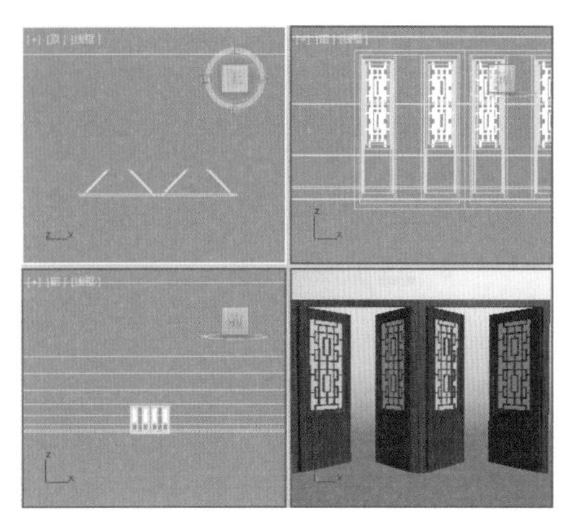

图 6-57　完成后效果

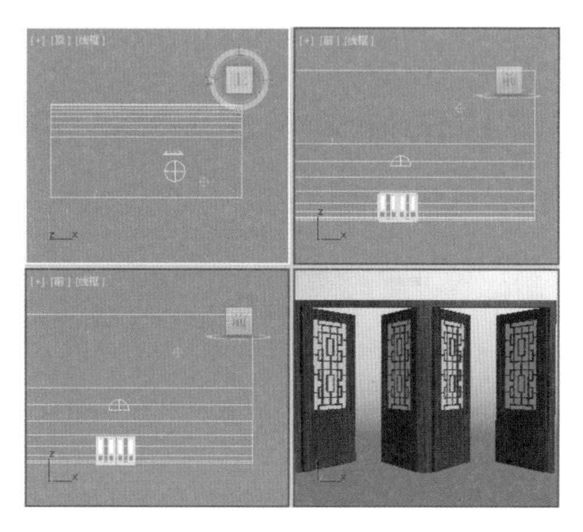

图 6-58　设置灯光

(7) 设置完成后按 F10 键，在弹出的【渲染设置】对话框中将【时间输出】中的【活动时间段】设置为【范围 0 至 100】，将【输出大小】设置为 800×600，单击【渲染输出】后面的【文件】按钮，设置动画的保存位置，设置完成后，单击【渲染】按钮，如图 6-59 所示。

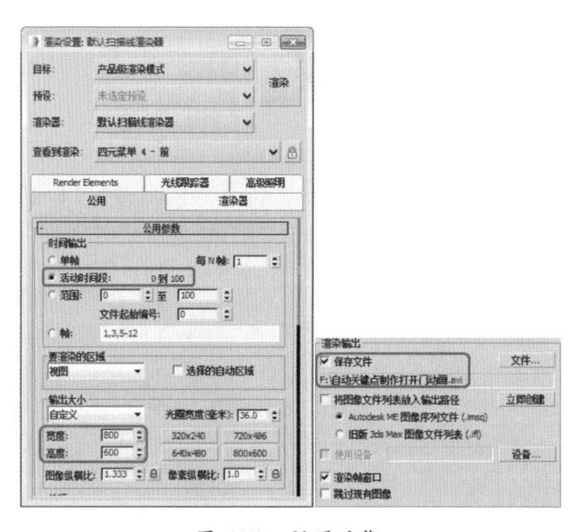

图 6-59　设置渲染

案例精讲 079　使用自动关键点制作檀木扇动画

本例将介绍使用自动关键点制作檀木扇动画。首先打开【自动关键点】拖动关键帧至第 45 帧处，再使用【阵列】进行复制，即可完成使用自动关键点制作檀木扇动画，效果如图 6-60 所示。

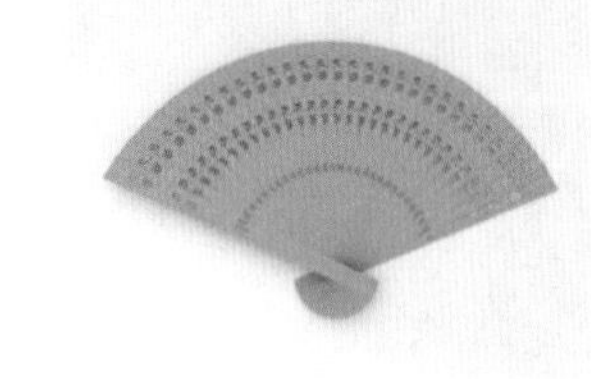

图 6-60　使用自动关键点制作檀木扇动画效果

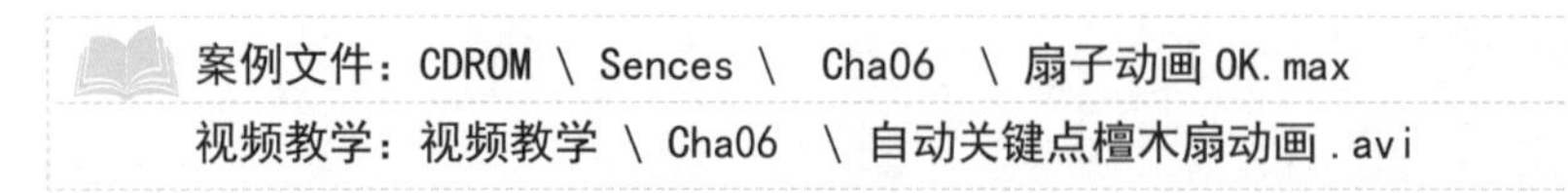

案例文件：CDROM \ Sences \ Cha06 \ 扇子动画 OK.max

视频教学：视频教学 \ Cha06 \ 自动关键点檀木扇动画 .avi

(1) 打开随书附带光盘中的“CDROM\ Scenes\Cha06\ 扇子动画 .max”文件，如图 6-61 所示。

(2) 在【顶】视图中选择扇子的单叶，单击【自动关键点】按钮并将关键帧拖曳到第45帧处，如图6-62所示。

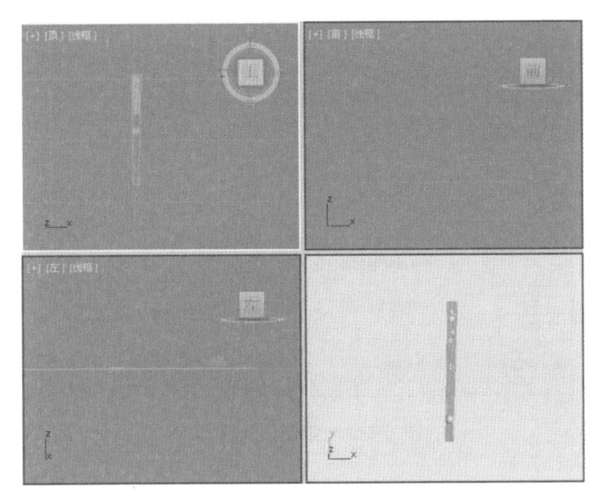

图 6-61　打开素材文件

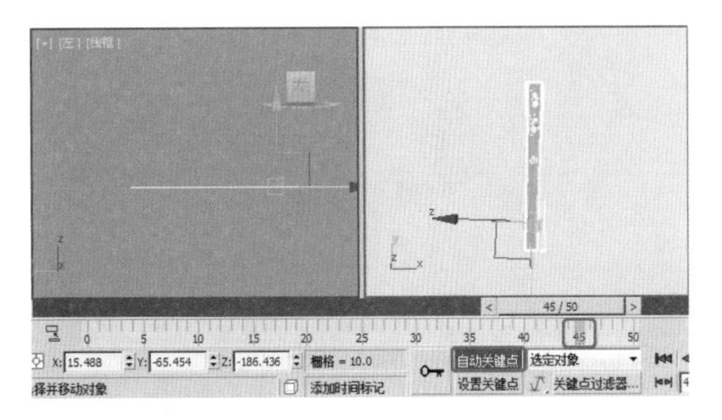

图 6-62　单击【自动关键点】按钮

(3) 在菜单栏中选择【工具】|【阵列】命令，在弹出的【阵列】对话框中，将【阵列变换】下增量【移动】中的Z设置为0.8，在总计下将【旋转】中的Z设置为140度，将【对象类型】设置为【复制】，将【阵列维度】中将1D选项的【数量】设置为29，完成后单击【确定】按钮，如图6-63所示。

(4) 将上一步阵列得到的所有的扇叶选中，确认【自动关键点】处于打开状态，在工具栏中选中【选择并旋转】工具，在【顶】视图中将扇子旋转放正，如图6-64所示。

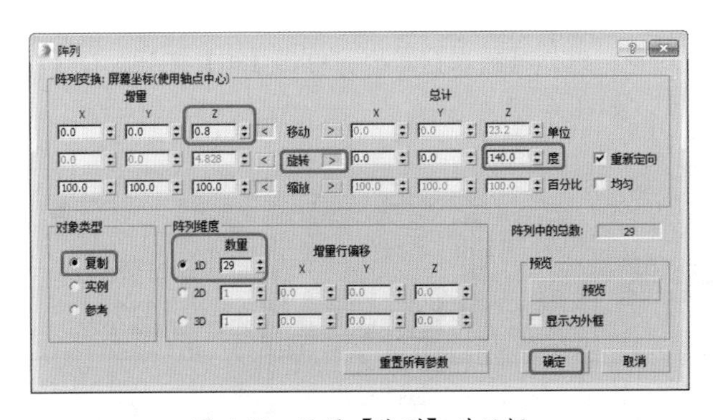

图 6-63　设置【阵列】对话框

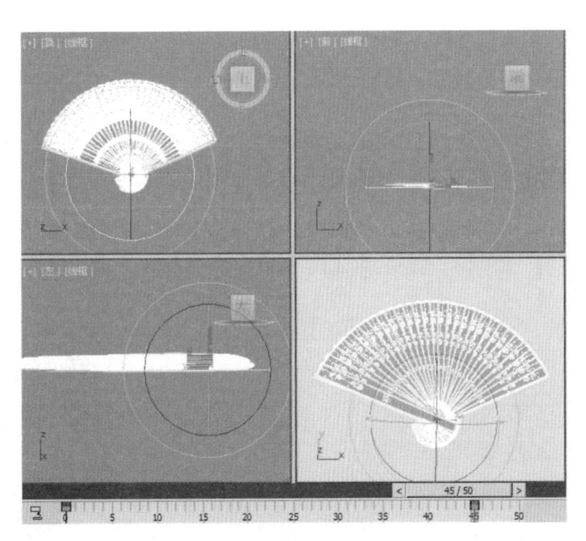

图 6-64　旋转图形

(5) 旋转完成后，关掉【自动关键点】，单击【播放动画】即可看到扇子会自动打开，如图6-65所示。

(6) 选择【创建】|【灯光】，在场景创建一个【天光】和一个【泛光灯】，按F10键进入到【渲染设置】对话框中，在【公用】选项卡中将【时间输出】设置的【范围】为0至50，在【渲染输出】选项组中设置文件保存地址，设置完成后进行渲染，如图6-66所示。

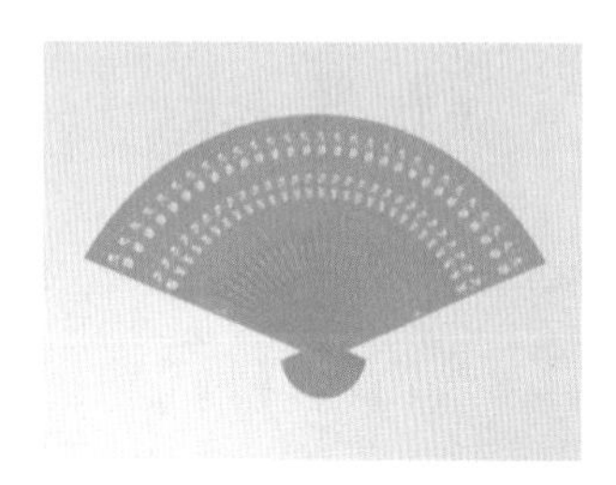

图 6-65　设置完成后效果

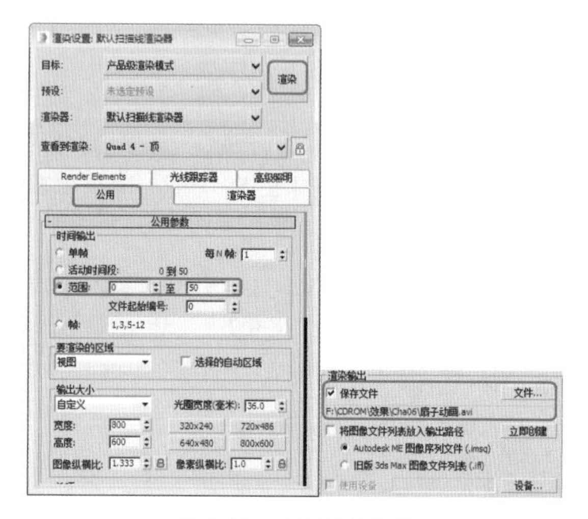

图 6-66　渲染设置参数

案例精讲 080　使用轨迹视图制作秋千动画

本例将介绍如何通过使用轨迹视图制作秋千动画，首先将【链】和【座】链接在一起，然后调整轴的位置，打开【自动关键点】，使用【选择并旋转】工具调整链的旋转角度，最后打开【轨迹视图—曲线编辑器】对话框，为对象添加【往复】参数曲线，完成秋千动画，效果如图 6-67 所示。

图 6-67　秋千动画

案例文件：CDROM \ Sences \ Cha06 \ 使用轨迹视图制作秋千动画 OK.max

视频教学：视频教学 \ Cha06 \ 使用轨迹视图制作秋千动画 .avi

(1) 打开“使用轨迹视图制作秋千动画 .max”素材文件，按 H 键在弹出的对话框中选择【座】，单击【确定】按钮，然后在菜单栏中选择【动画】|【约束】|【链接约束】命令，如图 6-68 所示。

(2) 然后将【链】和【座】链接在一起，选择【链】对象，进入【层次】面板，单击【轴】按钮，在【调整轴】卷展栏中单击【仅影响轴】按钮，调整轴的位置，如图 6-69 所示。

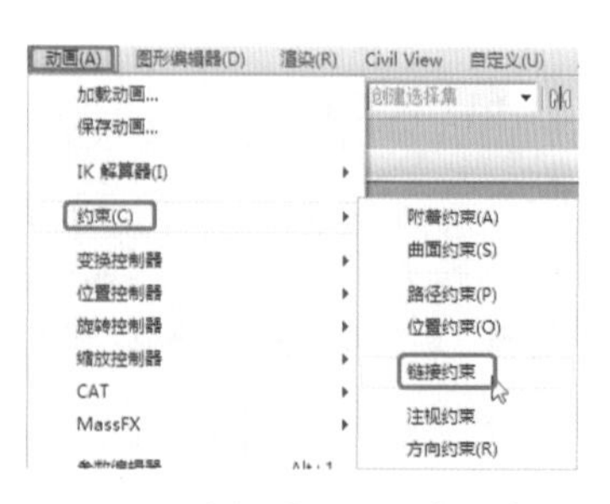

图 6-68　选择【链接约束】命令

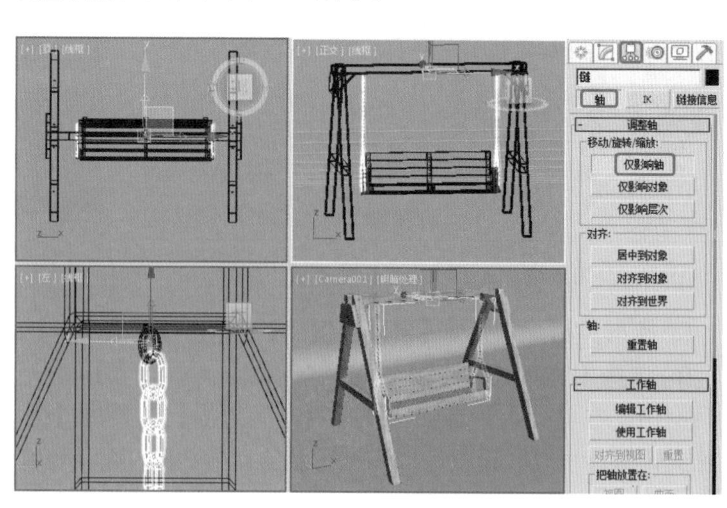

图 6-69　调整轴的位置

(3) 再次单击【仅影响轴】按钮，在工具栏中右击【角度捕捉切换】按钮，在弹出的对话框中选择【选项】选项卡，将【角度】设置为 35，如图 6-70 所示。

(4) 打开【角度捕捉切换】，单击【选择并旋转】按钮，在【左】视图中将其向左旋转 35°，如图 6-71 所示。

(5) 单击【自动关键点】按钮，将时间滑块拖曳至第 20 帧处，将其向右旋转 35°，将时间滑块拖曳至第 40 帧处，将其向右旋转 35°，如图 6-72 所示。

(6) 在工具栏中单击【曲线编辑器】按钮，弹出【轨迹视图 - 曲线编辑器】对话框，选择【X 轴旋转】、【Y 轴旋转】和【Z 轴旋转】，选择【编辑】|【控制器】|【超出范围类型】命令，弹出【参数曲线超出范围类型】对话框，选择【往复】选项，单击【确定】按钮，如图 6-73 所示。

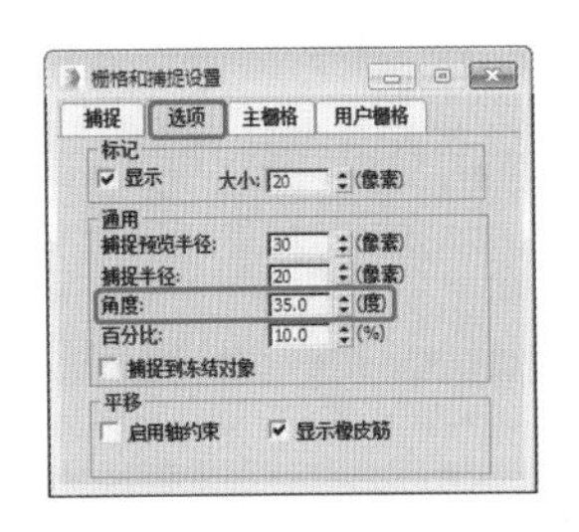

图 6-70 设置角度

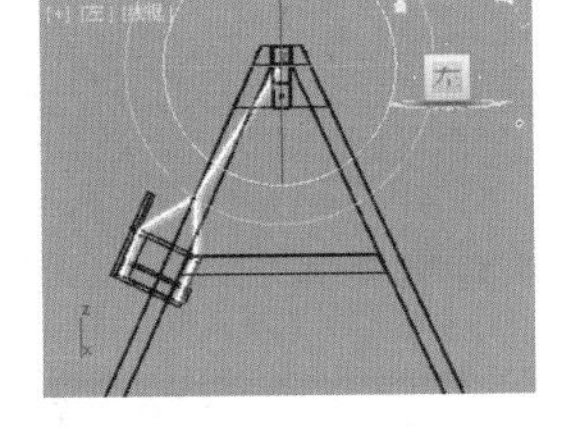
图 6-71 旋转角度

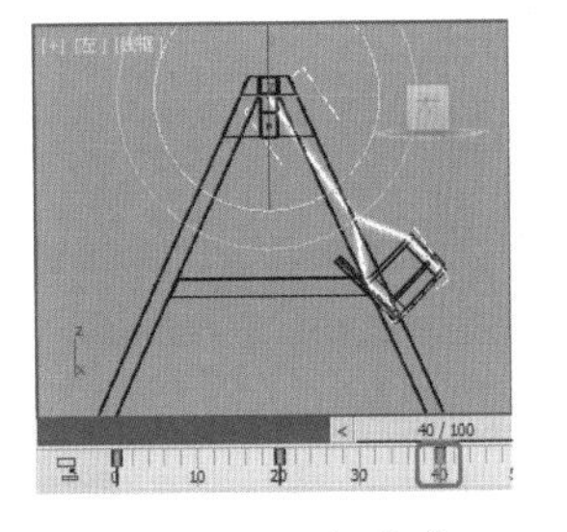
图 6-72 旋转角度

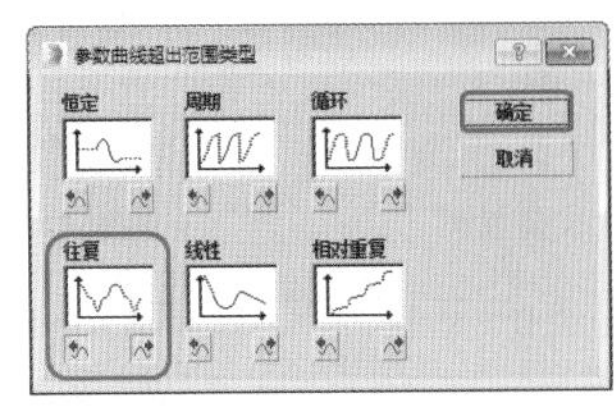

图 6-73 选择【往复】选项

(7) 将对话框关闭，按 N 键关闭【自动关键帧】，激活【摄影机】视图，对该视图进行渲染即可。

提示

使用【往复】曲线类型，用于将动画扩展现有关键帧范围以外。可以不用设置过多的关键帧。

案例精讲 081 设置关键点制作象棋动画

本例将介绍如何利用设置关键点制作象棋动画。首先打开【自动关键点】，使用【选择并移动】工具调整对象的位置，设置关键点，最后对摄影机视图进行渲染即可。完成后的效果如图 6-74 所示。

图 6-74 象棋动画

案例文件：CDROM \ Sences \ Cha06 \ 设置关键点制作象棋动画 OK.max

视频教学：视频教学 \ Cha06 \ 设置关键点制作象棋动画 .avi

(1) 打开"设置关键点制作象棋动画 .max"素材文件，选择一个黑兵，按 N 键打开【自动关键点】，将时间滑块拖曳至第 20 帧处，在【顶】视图中调整黑兵的位置，如图 6-75 所示。

(2) 选择一个白兵，单击【设置关键点】按钮，将时间滑块拖曳至第 40 帧处，将白兵向前推动一段距离，如图 6-76 所示。

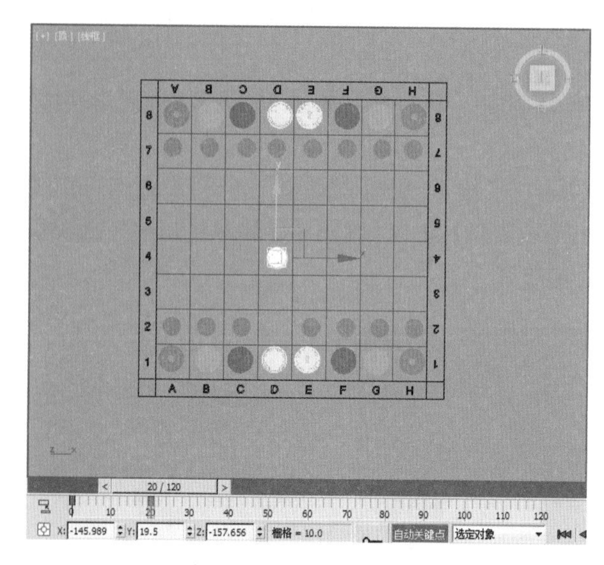

图 6-75　调整黑兵的位置

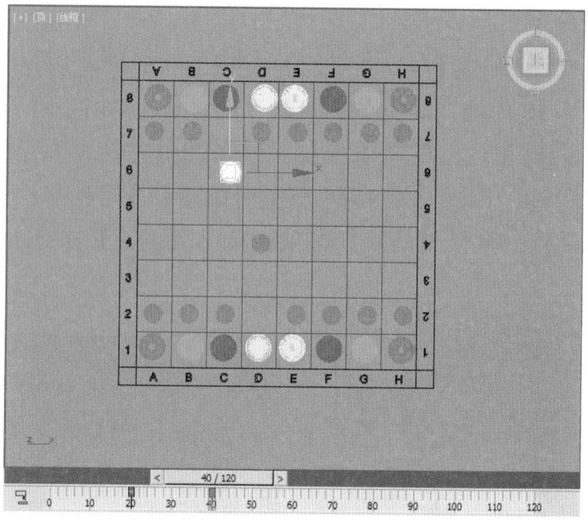

图 6-76　设置白兵的位置

(3) 选择一个黑兵，单击【设置关键点】按钮，将时间滑块拖曳至第 60 帧处，将黑兵向前推进一段距离，如图 6-77 所示。

(4) 选择白兵，单击【设置关键点】按钮，将时间滑块拖曳至第 80 帧处，将白兵拖曳至一定距离，如图 6-78 所示。

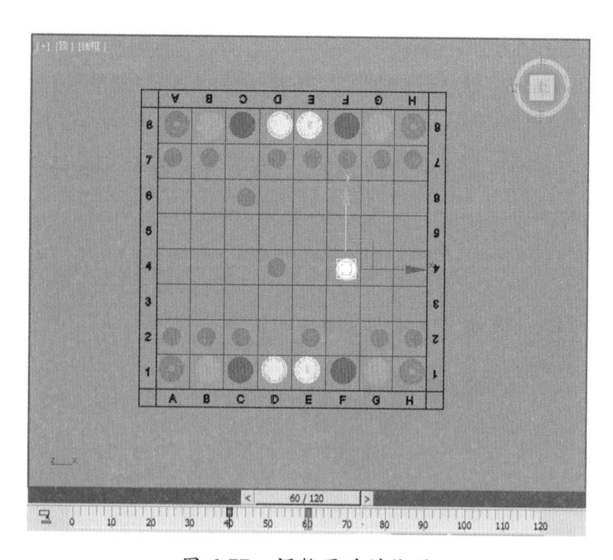

图 6-77　调整黑兵的位置

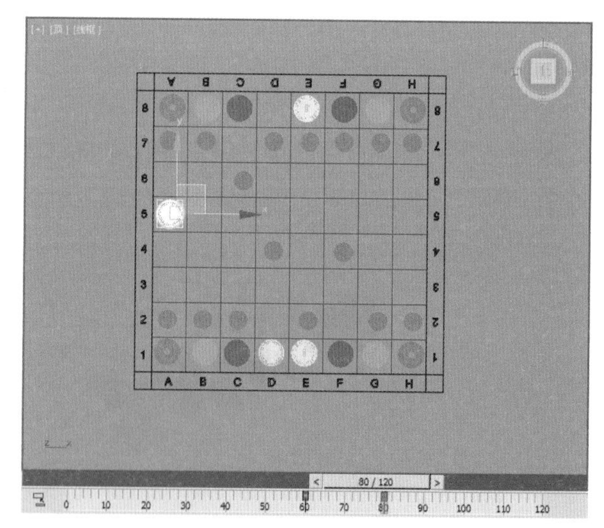

图 6-78　调整白兵的位置

(5) 选择一个黑兵，单击【设置关键点】按钮，将时间滑块拖曳至第 100 帧处，调整它的位置，如图 6-79 所示。

(6) 选择白兵，单击【设置关键点】按钮，将时间滑块拖曳至第 110 帧处，将其拖曳至黑王的位置。选择黑王，将时间滑块拖曳至第 110 帧处，单击【设置关键点】按钮，将时间滑块拖曳至第 120 帧处，调整其位置，如图 6-80 所示。按 N 键关闭【自动关键点】，对摄影机视图进行渲染。

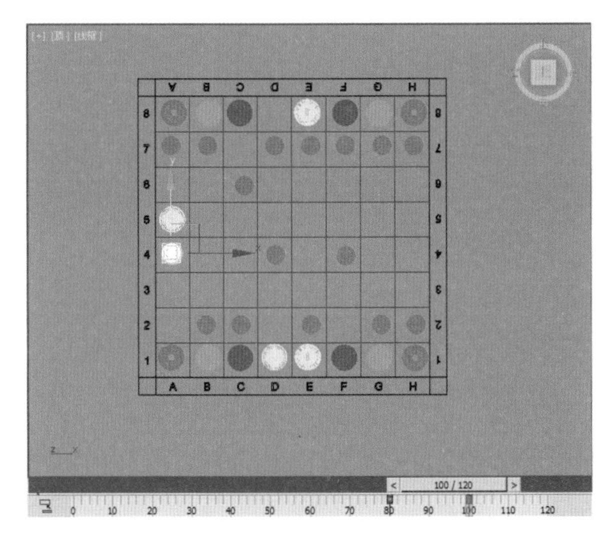

图 6-79　设置黑兵位置

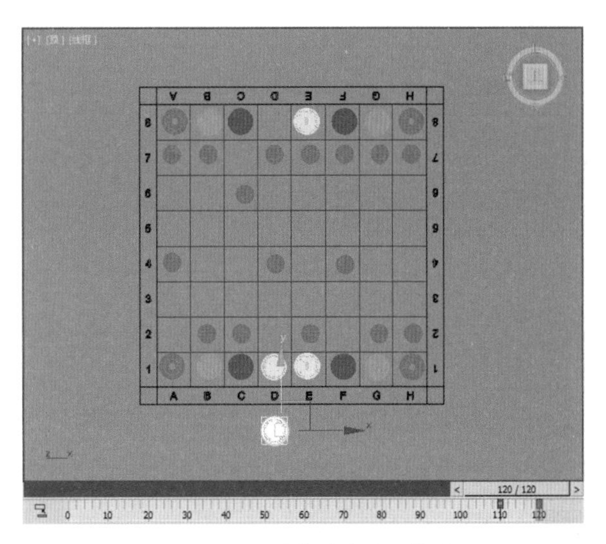

图 6-80　设置白兵及黑王位置

案例精讲 082　使用轨迹视图制作风车旋转动画

本案例介绍如何使用轨迹视图来制作风车旋转动画，该案例主要通过为风车叶片对象添加关键帧来使风车旋转，然后在轨迹视图中调整路径，最后为其添加运动模糊效果。完成后的效果如图 6-81 所示。

图 6-81　风车旋转动画

案例文件：CDROM \ Scenes \ Cha06 \ 风车旋转动画 OK.max

视频教学：视频教学 \ Cha06 \ 使用轨迹视图制作风车旋转动画 .avi

(1) 按 Ctrl+O 组合键，打开"风车 .max"素材文件，如图 6-82 所示。

(2) 在场景文件中选择所有的风车叶片对象，然后在菜单栏中选择【组】|【组】命令，在弹出的对话框中设置【组名】为【风车叶片】，单击【确定】按钮，如图 6-83 所示。

提 示

成组以后不会对原对象做任何修改，但对组的编辑会影响组中的每一个对象。成组以后，只要单击组内的任意一个对象，整个组都会被选择，如果想单独对组内对象进行操作，必须先将组暂时打开。

(3) 将时间滑块拖曳至第 100 帧位置处，单击【自动关键点】按钮，然后使用【选择并旋转】工具在【前】视图中沿 Y 轴旋转风车叶片对象，如图 6-84 所示。

(4) 再次单击【自动关键点】按钮，将其关闭。在工具栏中单击【曲线编辑器 (打开)】按钮，弹出【轨迹视图 - 曲线编辑器】对话框，在左侧的列表中选择【旋转】组下的【Y 轴旋转】选项，如图 6-85 所示。

知识链接

【轨迹视图】：使用【轨迹视图】可以精确地修改动画。轨迹视图有两种不同的模式，包括【曲线编辑器】和【摄影表】。

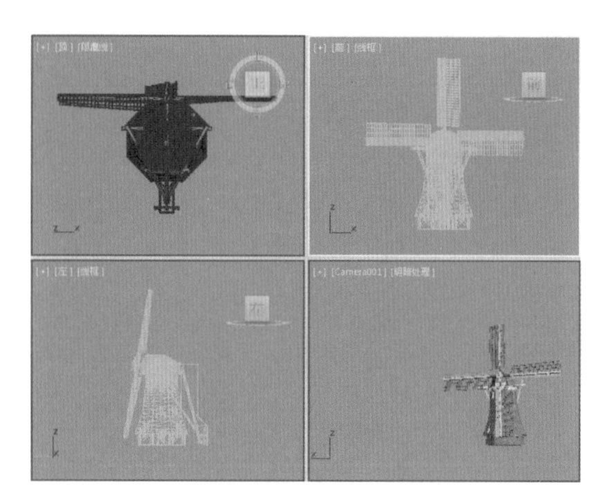

图 6-82　打开的素材文件

图 6-83　成组对象

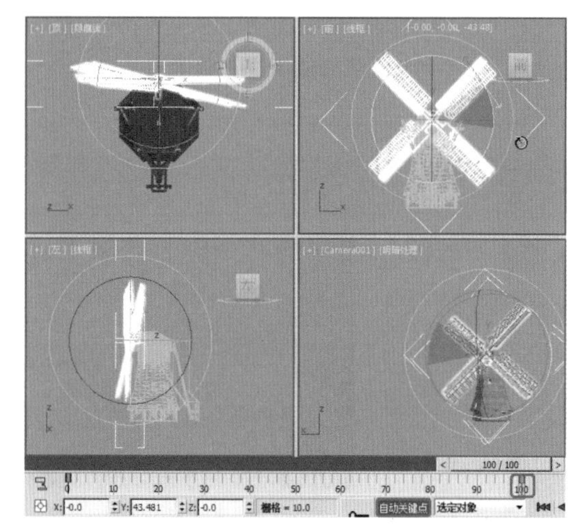

图 6-84　旋转风车叶片对象

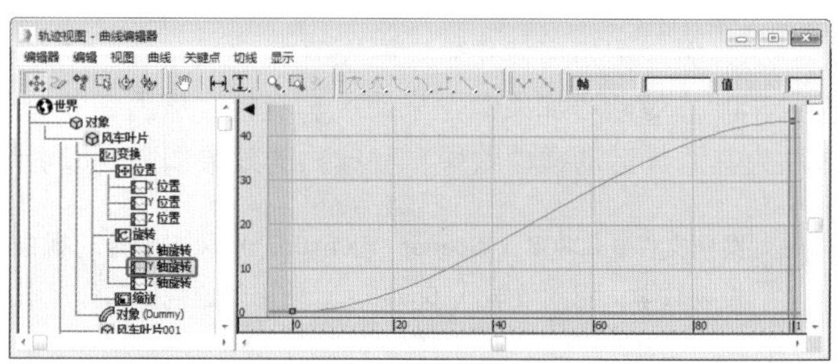

图 6-85　选择【Y 轴旋转】选项

(5) 右击位于第 0 帧的关键帧，在弹出的对话框中设置【输入】和【输出】，如图 6-86 所示。

(6) 使用同样的方法，设置位于第 100 帧的关键帧，并将【值】设置为 360，如图 6-87 所示。

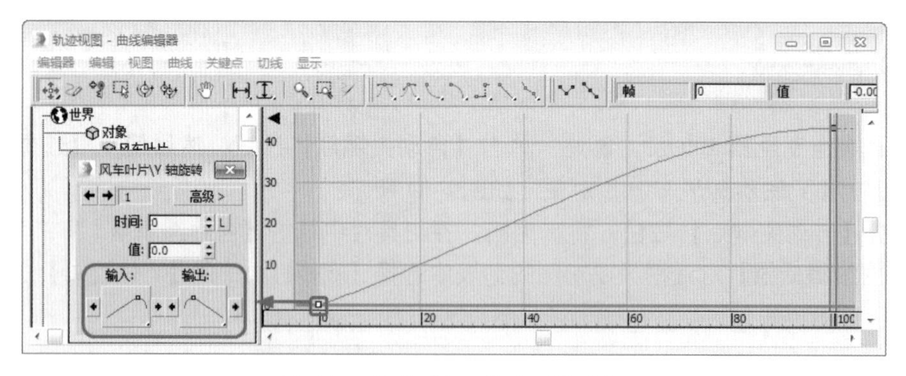

图 6-86　设置【输入】和【输出】

(7) 设置完成后关闭轨迹视图，然后右击【风车叶片】对象，在弹出的快捷菜单中选择【对象属性】命令，如图 6-88 所示。

(8) 弹出【对象属性】对话框，在【运动模糊】选项组中选中【图像】单选按钮，如图 6-89 所示。

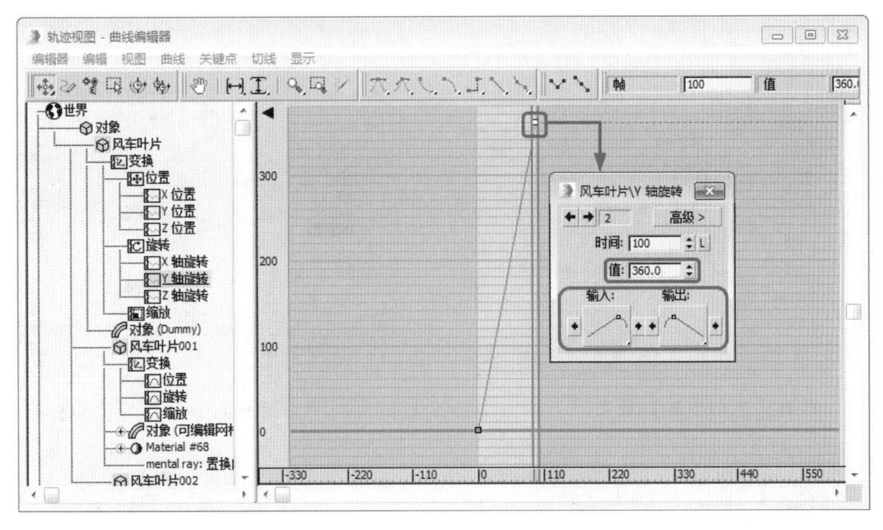

图 6-87　设置位于第 100 帧的关键帧

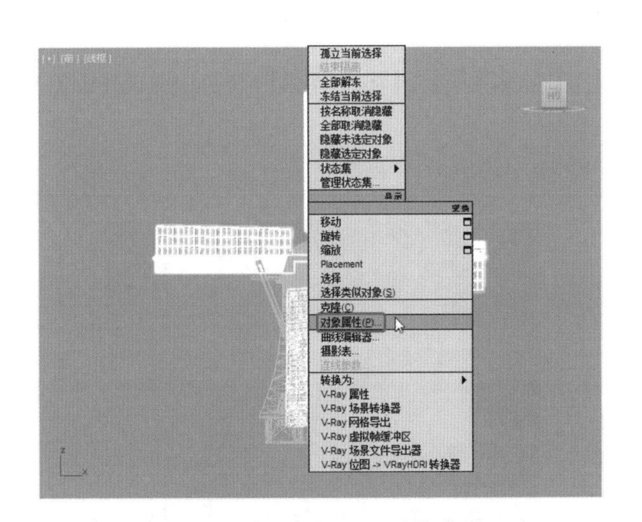

图 6-88　选择【对象属性】命令

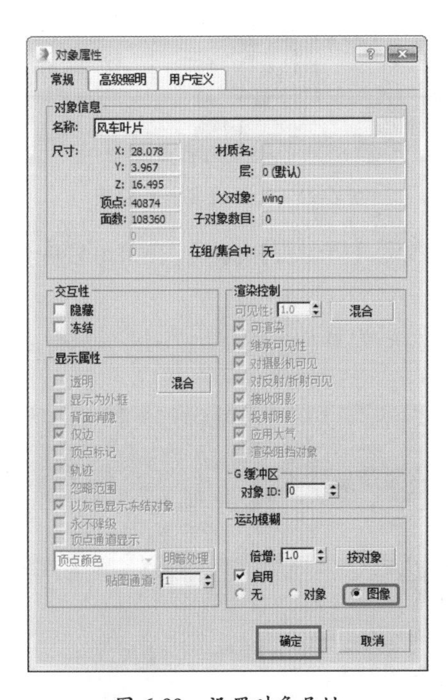

图 6-89　设置对象属性

(9) 设置完成后单击【确定】按钮，按 8 键弹出【环境和效果】对话框，选择【效果】选项卡，在【效果】卷展栏中单击【添加】按钮，在弹出的【添加效果】对话框中选择【运动模糊】选项，单击【确定】按钮，即可添加运动模糊效果，如图 6-90 所示。

(10) 然后选择【环境】选项卡，在【公用参数】卷展栏中单击【无】按钮，在弹出的【材质/贴图浏览器】对话框中选择【位图】选项，单击【确定】按钮，如图 6-91 所示。

(11) 在弹出的对话框中打开“风车背景.jpg”贴图文件，然后按 M 键打开【材质编辑器】窗口，将【环境和效果】对话框中的环境贴图按钮拖至【材质编辑器】窗口中的一个新的材质样本球上，在弹出的对话框中选中【实例】单选按钮，并单击【确定】按钮，如图 6-92 所示。

(12) 在【坐标】卷展栏中设置【贴图】为【屏幕】，如图 6-93 所示。

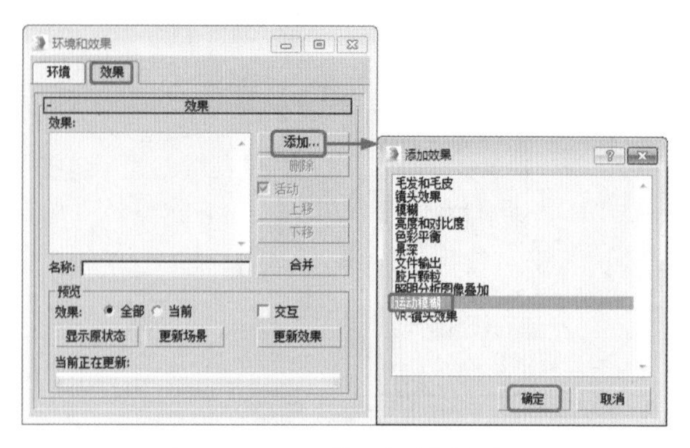

图 6-90　添加【运动模糊】效果

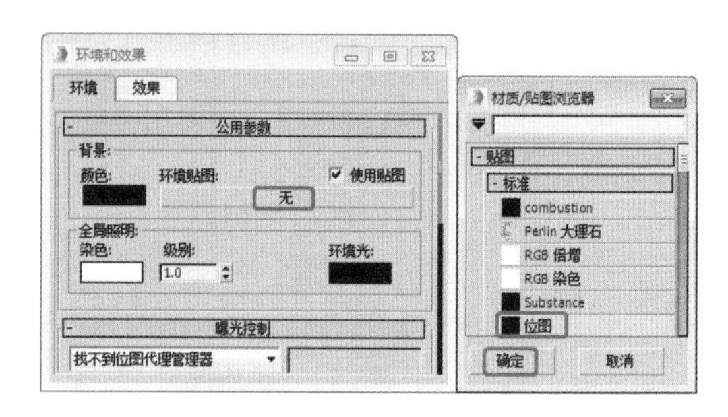

图 6-91　选择【位图】选项

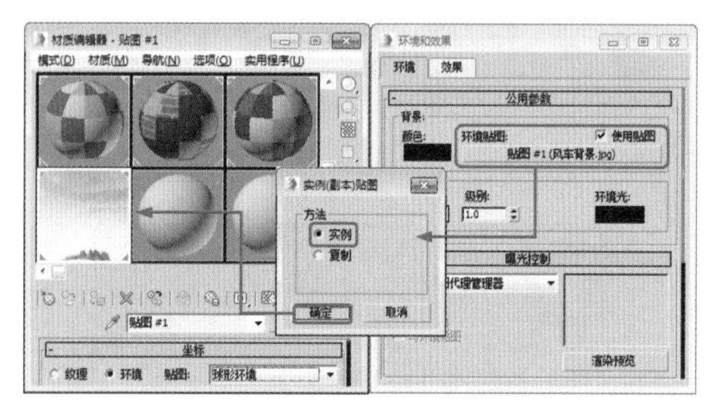

图 6-92　选择【实例】贴图

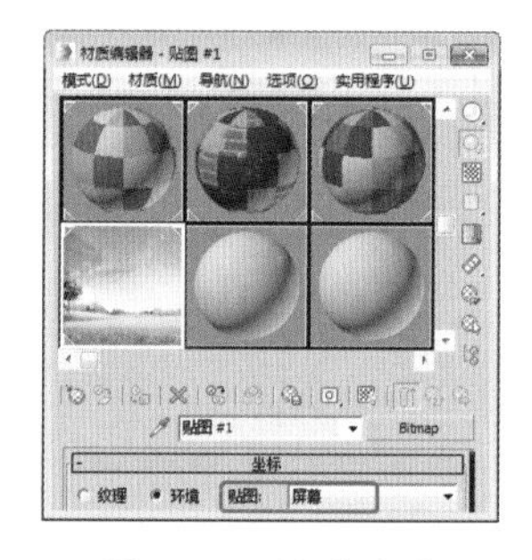

图 6-93　设置贴图

(13) 激活【摄影机】视图，在菜单栏中选择【视图】|【视口背景】|【环境背景】命令，效果如图 6-94 所示。

(14) 然后设置动画的输出大小、存储位置等，图 6-95 所示为渲染的静帧效果。

图 6-94　设置视图背景

图 6-95　渲染效果

第7章 常用编辑修改器动画

本章重点

- 使用弯曲修改器制作翻书动画
- 使用拉伸修改器制作塑料球变形动画
- 使用路径变形修改器制作路径约束文字动画
- 使用融化修改器制作冰激凌融化动画
- 使用噪波修改器制作海面动画
- 使用涟漪修改器制作水面涟漪动画
- 使用毛发和头发修改器制作小草生长动画
- 使用波浪修改器制作波浪文字动画

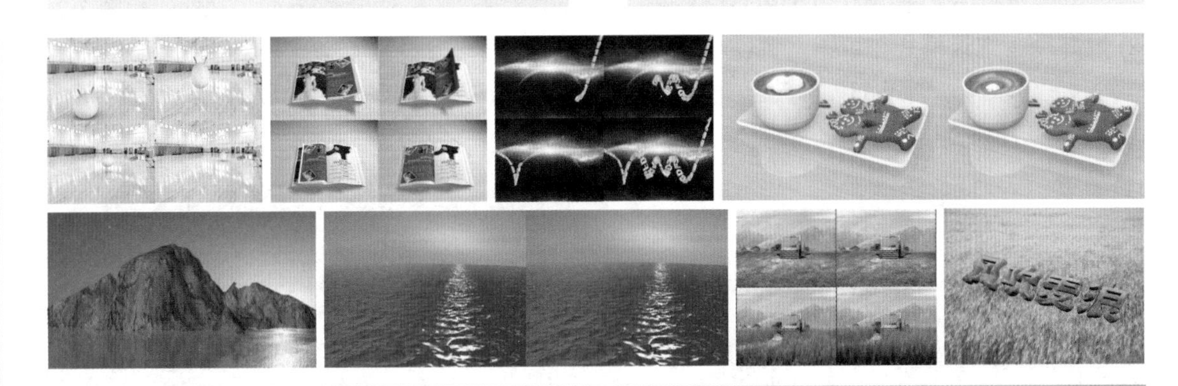

在制作三维动画时经常应用修改器来控制动画对象。在修改命令面板的修改器列表中有多种类型的修改器，通过设置不同的修改器参数，能够得到不同形状的对象。通过在变形的过程中添加动画关键帧，可以使模型对象完成多种动作，使其构成一系列动画片段。

案例精讲 083 使用拉伸修改器制作塑料球变形动画

本例将讲解如何制作塑料变形球动画。首先设置塑料球的运动路线，并设置关键帧，然后对其添加【拉伸】修改器，通过设置不同的拉伸值，使小球产生变形，具体操作方法如下。完成后的效果如图 7-1 所示。

图 7-1　变形球动画

案例文件：CDROM \ Scenes \Cha07\ 塑料变形球动画 OK. max

视频文件：视频教学 \ Cha07 \ 使用拉伸修改器制作塑料变形球动画 . avi

(1) 打开随书附带光盘中的"CDROM \ Scenes \ Cha07 \ 塑料变形球动画 .max"文件，如图 7-2 所示。

(2) 打开动画记录模式，单击【关键点过滤器】按钮，弹出【设置关键点】对话框，勾选【全部】复选框将时间滑块移动到第 110 帧位置，使用【选择并移动】工具移动小球的位置，此时会自动添加关键帧，如图 7-3 所示。

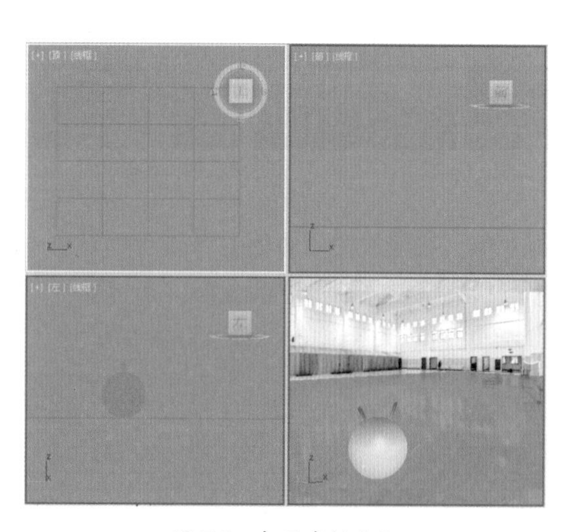

图 7-2　打开素材文件

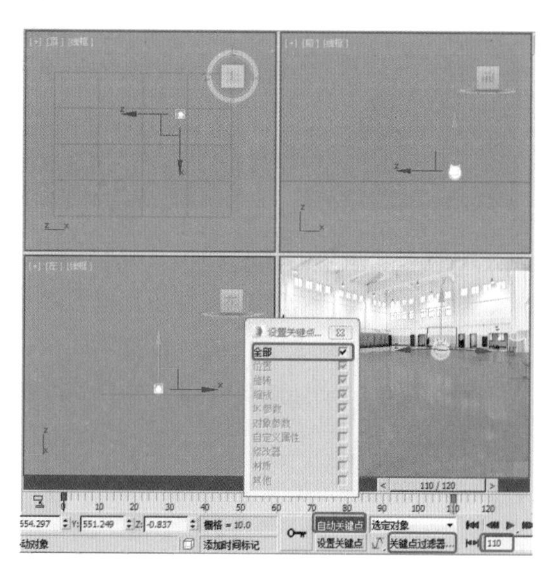

图 7-3　移动添加关键帧

(3) 将时间滑块移动到第 20 帧位置，在工具箱中使用【选择并移动】工具，将 Z 值更改为 42，此时会自动添加关键帧，如图 7-4 所示。

(4) 使用同样的方法，即分别将第 40、60、80、100、110 帧位置的 Z 值设为 –33、40、–33、13、–17，如图 7-5 所示。

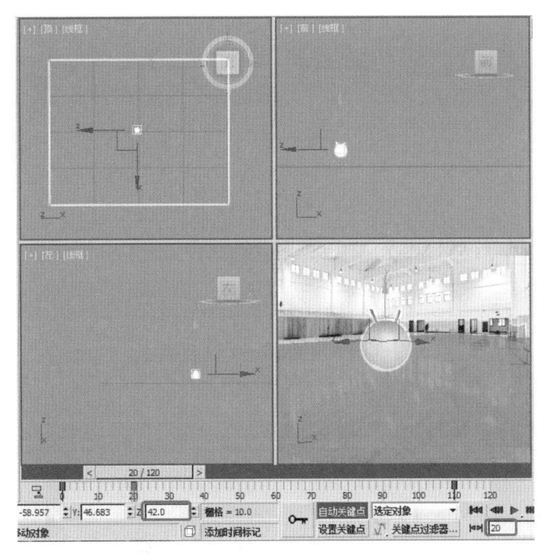

图 7-4 调整位置

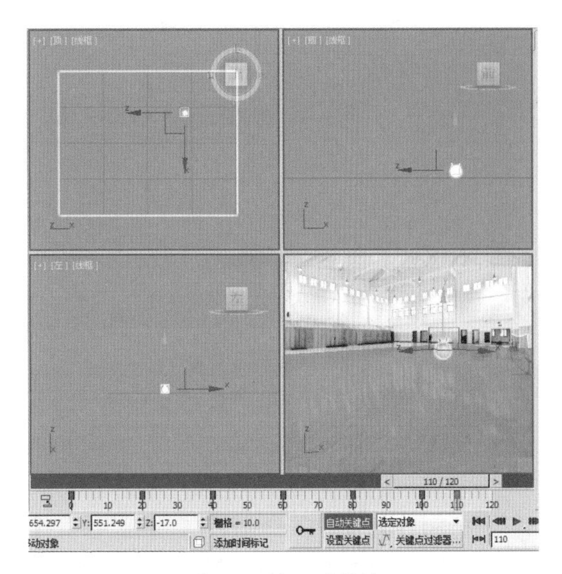

图 7-5 添加关键帧

(5) 关闭动画记录模式，确认塑料球处于选择状态，切换到【修改】命令面板，添加【拉伸】修改器，如图 7-6 所示。

(6) 开启动画记录模式，将时间滑块移动到第 20 帧位置，选择添加【拉伸】修改器，在【参数】卷展栏中将【拉伸】值设为 0.2，将【拉伸轴】设为 Z，此时系统会自动添加【拉伸】关键帧，如图 7-7 所示。

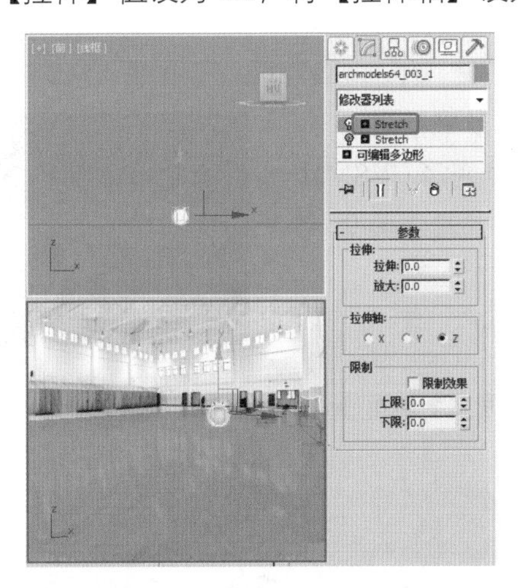

图 7-6 添加【拉伸】修改器

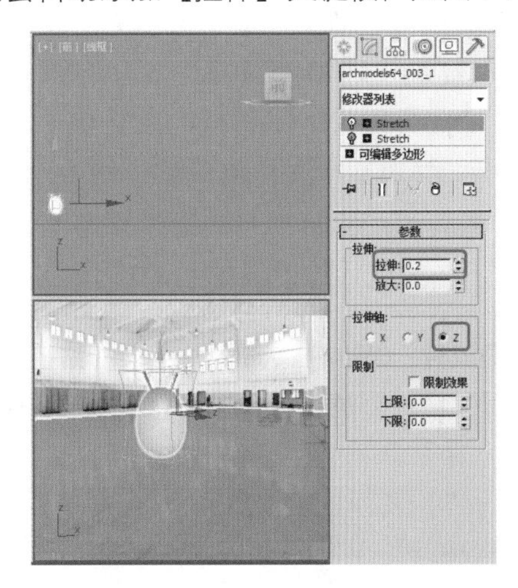

图 7-7 添加关键帧

知识链接

【拉伸】修改器：【拉伸】修改器可以模拟【挤压和拉伸】的传统动画效果。【拉伸】沿着特定拉伸轴应用缩放效果，并沿着剩余的两个副轴应用相反的缩放效果。副轴上相反的缩放量会根据距缩放效果中心的距离进行变化。最大的缩放量在中心处，并且会朝着末端衰减。

(7) 使用同样的方法分别在第 40、60、80、100 帧位置将【拉伸】值设为 –0.2、0.2、–0.2、0.2，完成后的效果如图 7-8 所示。

(8) 关闭动画记录模式，渲染第 60 帧的效果如图 7-9 所示。

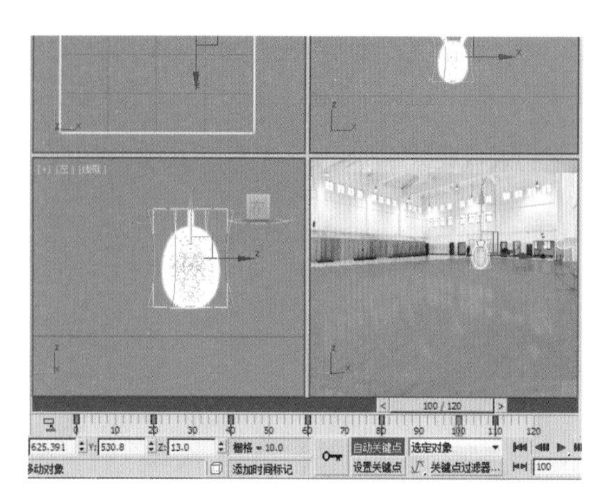

图 7-8　添加关键帧

图 7-9　渲染第 60 帧后效果

案例精讲 084　使用弯曲修改器制作翻书动画【视频案例】

本例将制作翻书动画，其中主要应用了【弯曲】和 FFD4×4×4 修改器的应用，通过对控制点的调整添加关键帧的设置，具体操作方法如下，完成后的效果如图 7-10 所示。

图 7-10　翻书动画

案例文件：CDROM \ Scenes \Cha07\ 制作翻书动画 OK.max

视频文件：视频教学 \ Cha07 \ 使用弯曲修改器制作翻书动画 .avi

案例精讲 085　使用路径变形修改器制作路径约束文字动画【视频案例】

本例将介绍如何制作路径约束文字，首先绘制一条路径及螺旋线，然后创建文字，并对文字进行倒角赋予材质，通过对其添加【路径变形 (WSM)】修改器，将其添加到路径中，通过调整其百分比创作出动画，其中具体操作步骤如下，完成后的效果如图 7-11 所示。

图 7-11　路径约束动画

案例文件：CDROM \ Scenes \Cha07\ 路径约束文字动画 OK.max

视频文件：视频教学 \ Cha07 \ 使用路径变形修改器制作路径约束文字动画 .avi

案例精讲 086　使用融化修改器制作冰激凌融化动画【视频案例】

本例将介绍如何制作冰激凌融化动画，主要是为对象添加【融化】修改器，更改【融化】修改器的参数配合自动关键点为对象添加关键点，制作冰激凌融化动画，效果如图 7-12 所示。

图 7-12　冰激凌融化动画

案例文件：CDROM\Scenes\ Cha07 \ 使用融化修改器制作冰激凌融化动画 OK.max

视频文件：视频教学 \ Cha07 \ 使用融化修改器制作冰激凌融化修改器 .avi

案例精讲 087 使用噪波修改器制作湖面动画

本例将介绍如何使用噪波修改器制作湖面动画，为对象添加【噪波】修改器后，通过设置【参数】卷展栏中的参数调整对象的随机变化，效果如图 7-13 所示。

图 7-13 湖面动画

案例文件：CDROM\Scenes\ Cha07 \ 使用噪波修改器制作湖面动画 OK.max

视频文件：视频教学 \ Cha07 \ 使用噪波修改器制作湖面动画 .avi

(1) 打开使用"噪波修改器制作湖面动画 .max"素材文件，选择【海面】对象，切换到【修改】命令面板，在【修改器列表】中选择【噪波】修改器，如图 7-14 所示。

(2) 单击【自动关键点】按钮，打开动画记录模式，将时间滑块拖曳至第 0 帧位置处，在【参数】卷展栏中将【噪波】选项组中的【种子】设置为 0，将【强度】选项组中的 X、Y、Z 分别设置为 500、700、300，勾选【动画噪波】复选框，将【频率】设置为 0.2，将【相位】设置为 0，如图 7-15 所示。

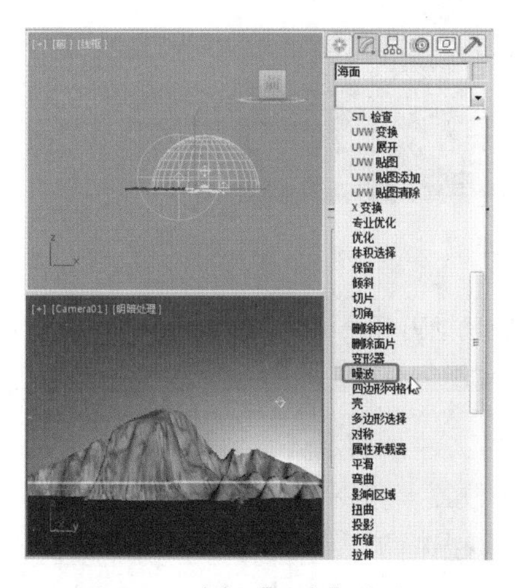

图 7-14 选择【噪波】修改器

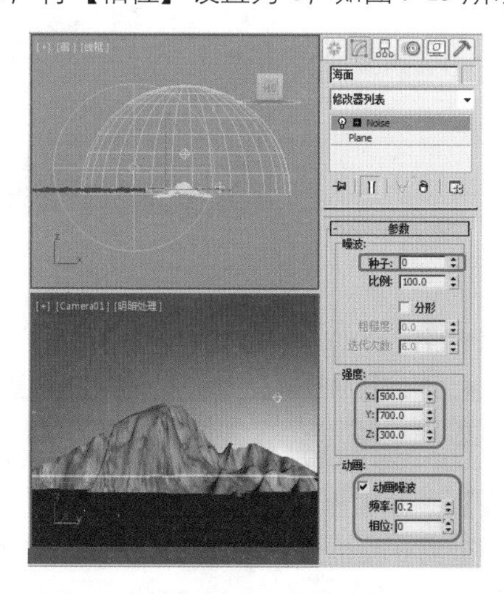

图 7-15 设置参数

(3) 将时间滑块拖曳至第 100 帧位置处，将【相位】设置为 100，按 N 键关闭【自动关键点】，退出动画记录模式，在摄影机视图中拖动时间滑块观看效果，拖曳至第 65 帧时对该视图进行渲染，如图 7-16 所示，将时间滑块拖曳至第 100 帧位置处，对该帧进行渲染，如图 7-17 所示。

图 7-16　渲染第 65 帧的效果

图 7-17　渲染第 100 帧的效果

提 示

【噪波】修改器是一种用于模拟对象形状随机变化的重要动画工具，它主要通过沿着 X、Y、Z 3 个轴的任意组合调整对象顶点的位置。

案例精讲 088　使用涟漪修改器制作水面涟漪动画

本例将介绍如何制作水面涟漪动画。首先为对象添加【涟漪】修改器，打开动画记录模式，通过在不同的时间点来设置【涟漪】修改器的参数来添加关键帧，然后对摄影机视图进行渲染输出，效果如图 7-18 所示。

图 7-18　水面涟漪动画

案例文件：CDROM\Scenes\ Cha07 \使用涟漪修改器制作水面涟漪动画 OK.max

视频文件：视频教学 \ Cha07 \使用涟漪修改器制作水面涟漪动画 .avi

(1) 打开"使用涟漪修改器制作水面涟漪动画 .max"素材文件，确定【水面】处于选择状态，切换至【修改】命令面板，在【修改器列表】中选择【涟漪】修改器，按 N 键打开动画记录模式，将时间滑块拖曳至第 0 帧位置，在【参数】卷展栏中将【振幅 1】、【振幅 2】、【波长】、【相位】、【衰退】分别设置为 15、10、15、2、0.006，如图 7-19 所示。

(2) 将时间滑块拖曳至第 55 帧位置处，在【参数】卷展栏中将【振幅 1】、【波长】、【相位】分别设置为 10.7、45、5，将时间滑块拖曳至第 100 帧位置处，将【振幅 1】、【振幅 2】、【波长】分别设置为 13.2、8.62、27.5，如图 7-20 所示。

知识链接

振幅 1 /振幅 2：【振幅 1】在一个方向的对象上产生涟漪，而【振幅 2】为第一个右角(也就是说，围绕垂直轴旋转 90°)创建相似的涟漪。

波长：指定波峰之间的距离。波长越长，给定振幅的涟漪越平滑越浅。默认设置为 50.0。

相位：转移对象上的涟漪图案。正数使图案向内移动，而负数使图案向外移动。当设置动画时，该效果变得特别清晰。

衰退：限制从中心生成的波的效果。

(3) 激活摄影机视图，按 N 键关闭动画记录模式，对摄影机视图进行渲染输出即可。

图 7-19 设置参数

图 7-20 设置关键帧

案例精讲 089 使用毛发和头发修改器制作小草生长动画

本例将通过使用毛发和头发修改器制作小草生长动画。绘制草地范围轮廓后，为其添加【Hair 和 Fur(WSM)】修改器，然后设置自动关键帧的参数。完成后的效果如图 7-21 所示。

图 7-21 小草生长动画

案例文件：CDROM \ Scenes \ Cha07\ 小草生长动画 OK.max

视频文件：视频教学 \ Cha07\ 小草生长动画 .avi

(1) 打开随书附带光盘中的 ″CDROM \ Scenes \ Cha07 \ 小草生长动画 .max″ 文件，如图 7-22 所示。

(2) 选择【创建】 | 【图形】 | 【样条线】 | 【线】工具，取消勾选【开始新图形】复选框，在【顶】视图中绘制草地范围轮廓，如图 7-23 所示。

图 7-22　打开素材文件

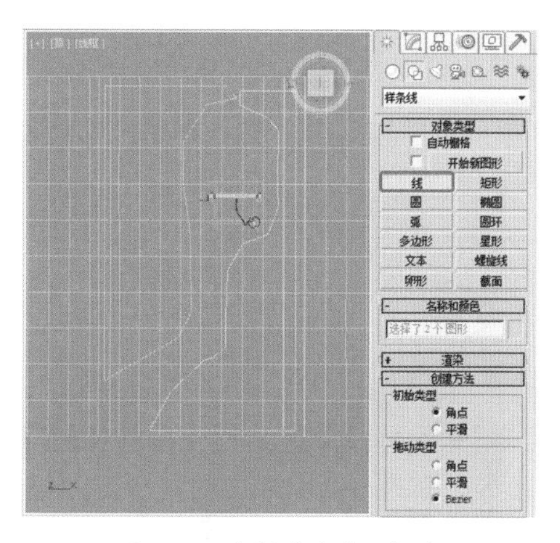

图 7-23　绘制草地范围轮廓

(3) 切换至【修改】命令面板，在【修改器列表中】右击 Line，在弹出的快捷菜单中选择【可编辑多边形】命令，将绘制的线转换为可编辑多边形，如图 7-24 所示。

(4) 然后在【修改器列表】中添加【Hair 和 Fur(WSM)】修改器，在【常规参数】卷展栏中，将【密度】、【比例】和【剪切长度】均设置为 50.0，【根厚度】设置为 5.0，在【材质参数】卷展栏中，将【梢颜色】设置为 65、212、45，【根颜色】设置为 34、122、34，【值变化】设置为 16.0，【高光】设置为 96.0，【光泽度】设置为 100.0。在【显示】卷展栏中，将【百分比】设置为 2.0，【最大毛发数】设置为 1000，如图 7-25 所示。

图 7-24　转换为可编辑多边形

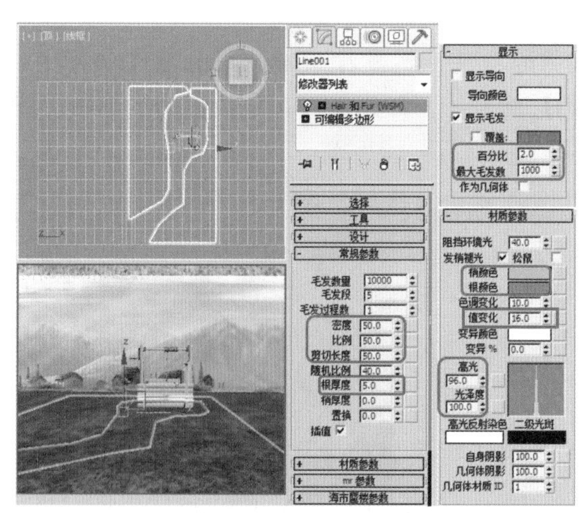

图 7-25　设置【Hair 和 Fur(WSM)】修改器

(5) 单击【自动关键点】按钮，开启动画记录模式，将时间滑块拖动到第 100 帧处，在【常规参数】卷展栏中，将【毛发数量】更改为 15000，【密度】和【比例】均更改为 100.0，【剪切长度】更改为 70.0，如图 7-26 所示。

(6) 关闭开启动画记录模式，在【顶】视图中，将 Line 对象进行复制，将复制的对象分别调整到 Line 对象两侧，如图 7-27 所示。最后渲染摄影机视图并将场景文件进行保存。

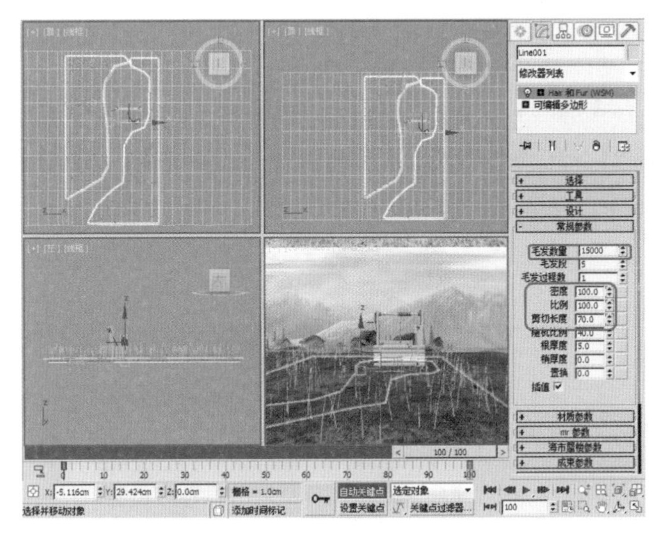

图 7-26 设置第 100 帧参数

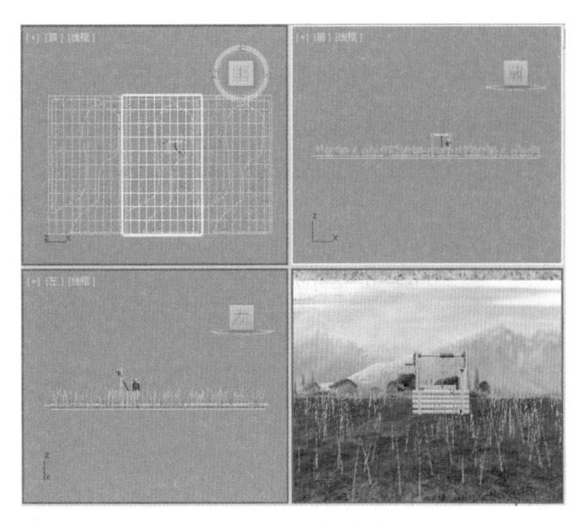

图 7-27 复制对象

案例精讲 090 使用波浪修改器制作波浪文字动画

本例将介绍波浪文字动画的制作方法。首先设置摄影机动画，然后为场景中的文字添加【波浪】修改器并设置相应的动画参数。完成后的效果如图 7-28 所示。

图 7-28 波浪文字动画

案例文件：CDROM \ Scenes \ Cha6\ 波浪文字动画 OK.max

视频文件：视频教学 \ Cha6\ 波浪文字动画 .avi

(1) 打开随书附带光盘中的"CDROM \ Scenes \ Cha6\ 波浪文字动画 .max"文件，如图 7-29 所示。

(2) 选择【创建】|【摄影机】|【目标】按钮，在【顶】视图中创建一个目标摄影机，激活【透视】视图，按 C 键将【透视】视图转换为摄影机视图，然后在【前】视图中调整摄影机的位置，如图 7-30 所示。

图 7-29 打开素材文件

图 7-30 调整摄影机位置

(3) 单击【自动关键点】按钮，开启动画记录模式，将时间滑块拖动到第 40 帧处，然后在【前】视图中调整摄影机的位置，如图 7-31 所示。

(4) 再次单击【自动关键点】按钮，关闭动画记录模式。选中场景中的文字，切换至【修改】命令面板，为其添加【波浪】修改器，将【振幅 1】和【振幅 2】都设置为 9.0，然后单击【自动关键点】按钮，开启动画记录模式，如图 7-32 所示。

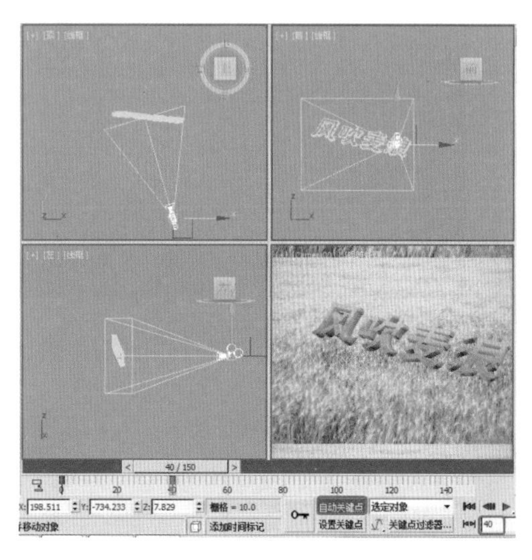

图 7-31　设置摄影机动画

图 7-32　添加【波浪】修改器并设置参数

知识链接

【波浪】修改器可以在对象几何体上产生波浪效果。通过变换【波浪】修改器的 Gizmo 和中心，能够增加不同的波浪效果。

(5) 将时间滑块拖动到第 150 帧处，将【振幅 1】和【振幅 2】都设置为 10.0，【相位】设置为 1.5，如图 7-33 所示。

(6) 再次单击【自动关键点】按钮，关闭动画记录模式。选中摄影机视图，按 F10 键打开【渲染设置】对话框，对渲染参数进行相应的设置，单击【渲染】按钮进行渲染。如图 7-34 所示。最后将场景文件进行保存。

图 7-33　设置【波浪】修改器参数

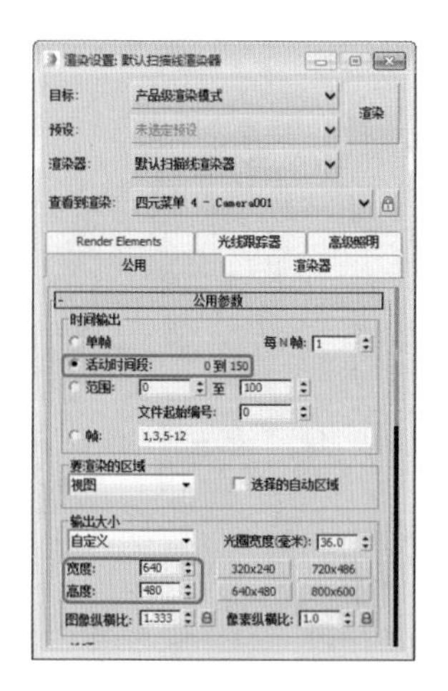

图 7-34　设置渲染参数

第8章 摄影机及灯光动画

本章重点

- 使用摄影机制作仰视旋转动画
- 使用摄影机制作俯视旋转动画
- 使用摄影机制作穿梭动画
- 使用摄影机制作旋转动画
- 使用摄影机制作平移动画
- 使用自由聚光灯制作灯光摇曳动画
- 使用泛光灯制作灯光闪烁动画
- 使用区域泛光灯制作日落动画
- 使用泛光灯制作太阳升起动画
- 使用平行灯光制作阳光移动动画

摄影机好比人的眼睛，创建场景对象，布置灯光，调整材质所创作的效果图都要通过这双“眼睛”来观察，而灯光是画面视觉信息与视觉造型的基础，没有光便无法体现物体的形状、质感和颜色。本章将介绍摄影机及灯光动画的制作方法。

案例精讲 091　使用摄影机制作仰视旋转动画

本例将介绍使用摄影机制作仰视旋转动画，在建筑动画中，制作摄影机仰视旋转的镜头是非常常见的，完成后的效果如图 8-1 所示。

案例文件：CDROM \ Scenes \ Cha08 \ 使用摄影机制作仰视旋转动画 OK.max

视频文件：视频教学 \ Cha08 \ 使用摄影机制作仰视旋转动画 .avi

(1) 启动 3ds Max 2016，按 Ctrl+O 组合键，打开"使用摄影机制作仰视旋转动画 .max"素材文件，如图 8-2 所示。

(2) 进入【创建】命令面板，在【摄影机】对象面板中单击【目标】按钮，然后在视图中创建目标摄影机，激活透视视图，按 C 键将其转换为摄影机视图，在【参数】卷展栏中将【镜头】设置为 24，并在其他视图中调整其位置，如图 8-3 所示。

图 8-1　使用摄影机制作仰视旋转动画

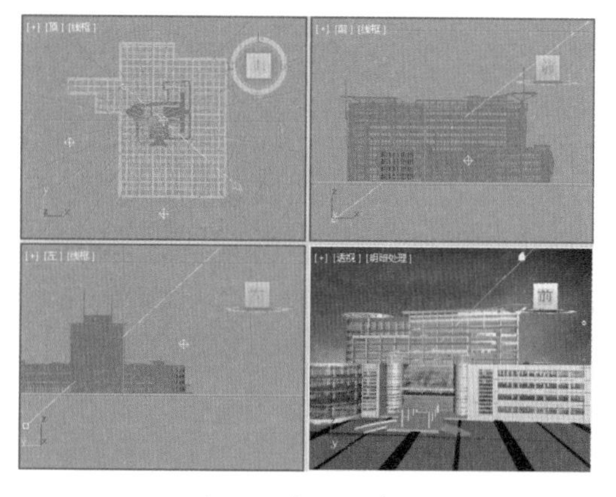

图 8-2　打开原素材

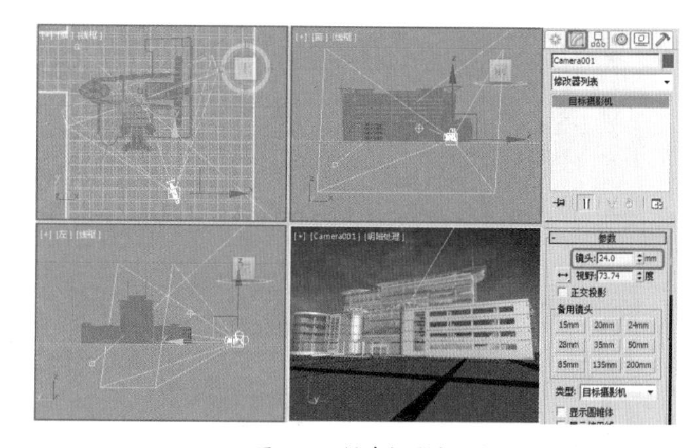

图 8-3　创建摄影机

(3) 将时间滑块拖曳至第 100 帧位置处，单击【自动关键点】按钮，然后在视图中调整摄影机位置，如图 8-4 所示。

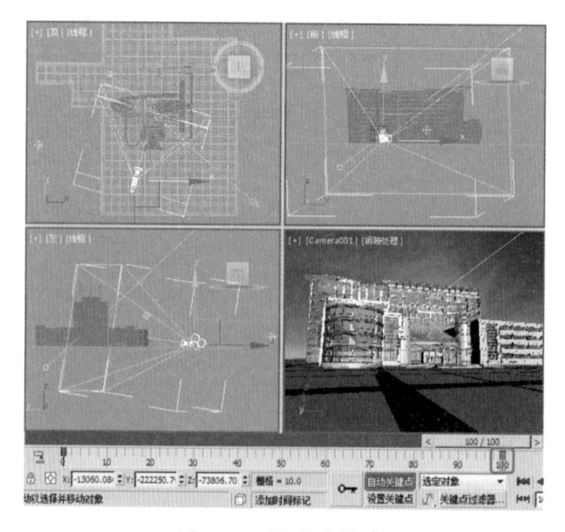

图 8-4　设置关键点

(4) 再次单击【自动关键点】按钮，将其关闭。然后设置动画的渲染参数，渲染动画。图 8-5 所示为渲染的静帧效果。

图 8-5 渲染效果

案例精讲 092 使用摄影机制作俯视旋转动画

本案例将介绍使用摄影机制作俯视旋转动画，该动画仍然使用【设置关键点】的制作方法来实现。完成后的效果如图 8-6 所示。

案例文件：CDROM \ Scenes \ Cha08 \ 使用摄影机制作俯视旋转动画 OK.max

视频文件：视频教学 \ Cha08 \ 使用摄影机制作俯视旋转动画 .avi

(1) 按 Ctrl+O 组合键，打开"使用摄影机制作俯视旋转动画 .max"素材文件，如图 8-7 所示。

(2) 进入【创建】命令面板，在【摄影机】对象面板中单击【目标】按钮，然后在视图中创建目标摄影机，激活透视视图，按 C 键将其转换为摄影机视图，在【参数】卷展栏中将【镜头】设置为 38，并在其他视图中调整其位置，如图 8-8 所示。

图 8-6 使用摄影机制作俯视旋转动画

知识链接

【目标】摄影机：用于查看目标对象周围的区域，它有摄影机、目标点两部分。

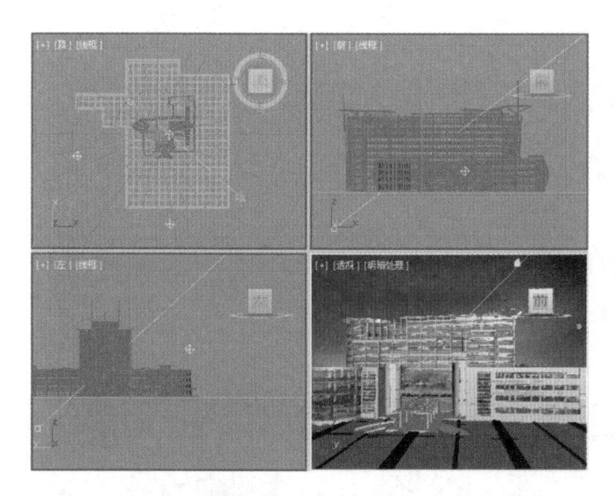

图 8-7 打开原素材

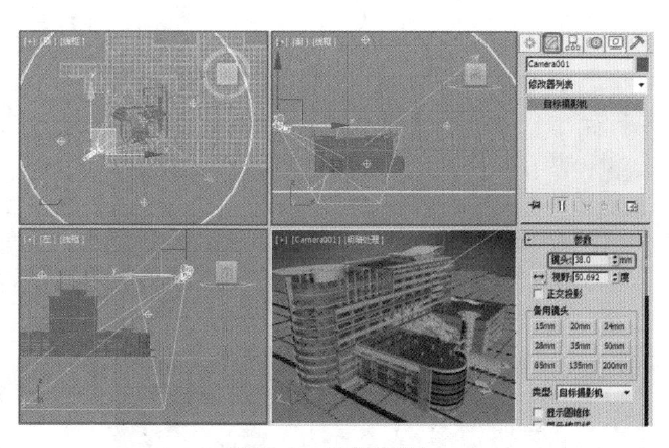

图 8-8 创建摄影机

(3) 将时间滑块拖曳至第 100 帧位置处，单击【自动关键点】按钮，然后在视图中调整摄影机位置，并在【参数】卷展栏中将【镜头】设置为 33，如图 8-9 所示。

(4) 再次单击【自动关键点】按钮，将其关闭。然后设置动画的渲染参数，渲染动画。图 8-10 所示为渲染的静帧效果。

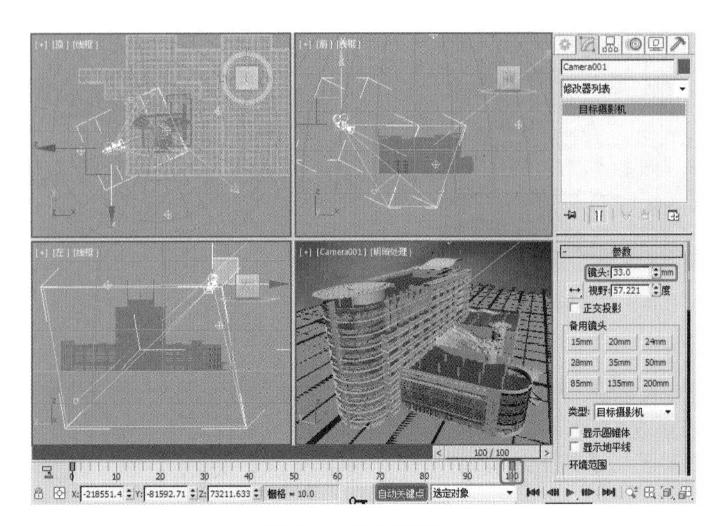

图 8-9 调整摄影机

图 8-10 渲染效果

案例精讲 093 使用摄影机制作穿梭动画

本案例将介绍使用摄影机制作穿梭动画，该动画通过设置多个关键点，调整摄影机和目标点来实现。完成后的效果如图 8-11 所示。

图 8-11 使用摄影机制作穿梭动画

案例文件：CDROM \ Scenes \ Cha08 \ 使用摄影机制作穿梭动画 OK.max

视频文件：视频教学 \ Cha08 \ 使用摄影机制作穿梭动画 .avi

(1) 按 Ctrl+O 组合键，打开"使用摄影机制作穿梭动画 .max"素材文件，如图 8-12 所示。

(2) 进入【创建】命令面板，在【摄影机】对象面板中单击【目标】按钮，然后在视图中创建目标摄影机，激活透视视图，按 C 键将其转换为摄影机视图，并在其他视图中调整其位置，如图 8-13 所示。

图 8-12 打开源素材

图 8-13 创建摄影机

(3) 将时间滑块拖曳至第 30 帧位置处，单击【自动关键点】按钮，然后在视图中调整摄影机位置，如图 8-14 所示。

(4) 将时间滑块拖曳至第 40 帧位置处，在视图中调整摄影机位置，如图 8-15 所示。

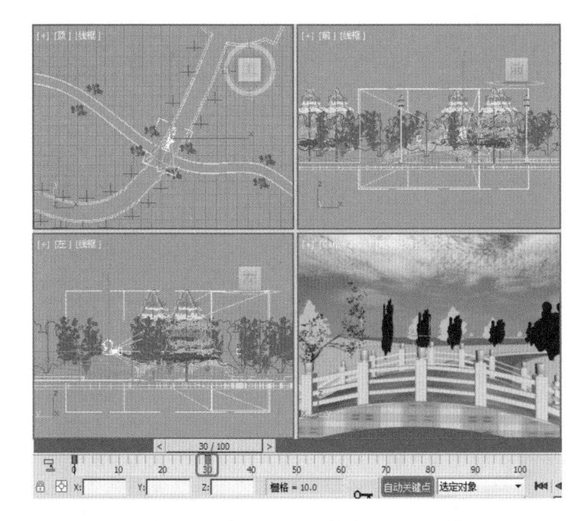

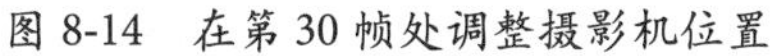
图 8-14　在第 30 帧处调整摄影机位置

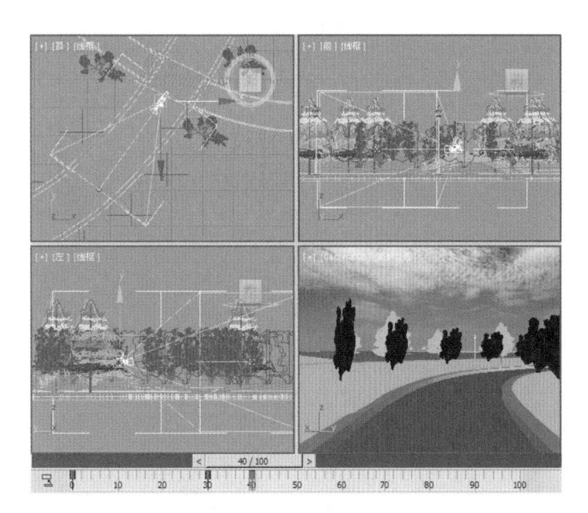

图 8-15　在第 40 帧处调整摄影机位置

(5) 将时间滑块拖曳至第 50 帧位置处，在视图中调整摄影机位置，如图 8-16 所示。

(6) 将时间滑块拖曳至第 60 帧位置处，在视图中调整摄影机位置，如图 8-17 所示。

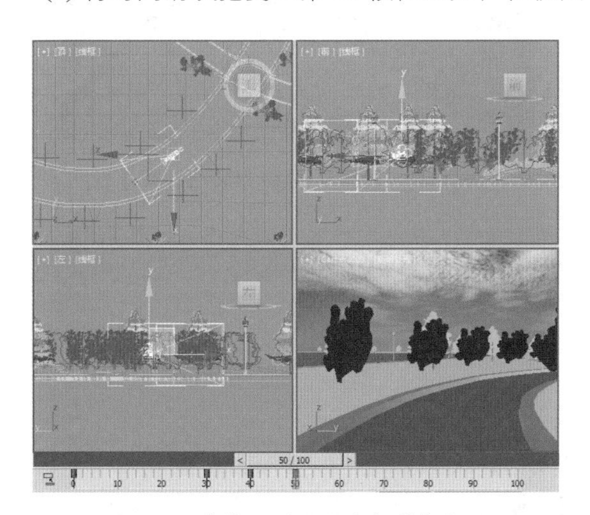

图 8-16　在第 50 帧处调整摄影机位置

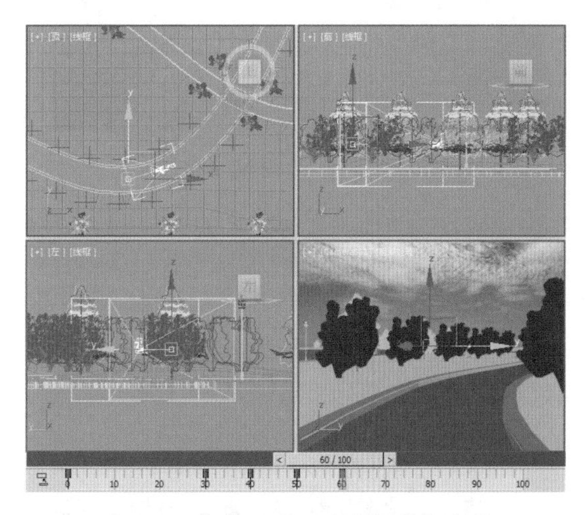

图 8-17　在第 60 帧处调整摄影机位置

(7) 将时间滑块拖曳至第 70 帧位置处，在视图中调整摄影机位置，如图 8-18 所示。

(8) 将时间滑块拖曳至第 100 帧位置处，在视图中调整摄影机位置，如图 8-19 所示。

(9) 再次单击【自动关键点】按钮，将其关闭。然后设置动画的渲染参数，渲染动画。当渲染到第 20 帧处时，动画效果如图 8-20 所示。

(10) 当渲染到第 80 帧处时，动画效果如图 8-21 所示。

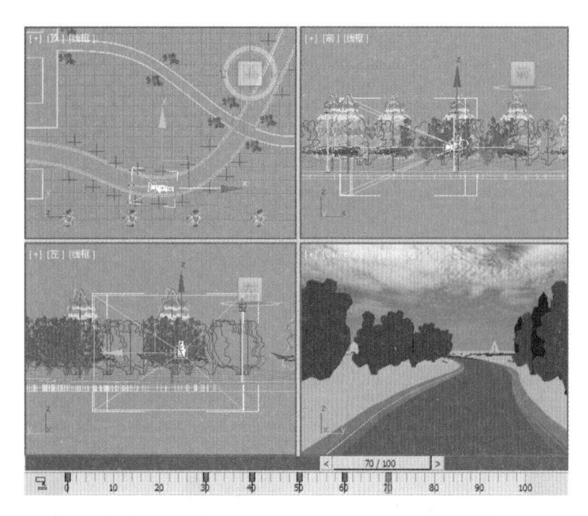
图 8-18　在第 70 帧处调整摄影机位置

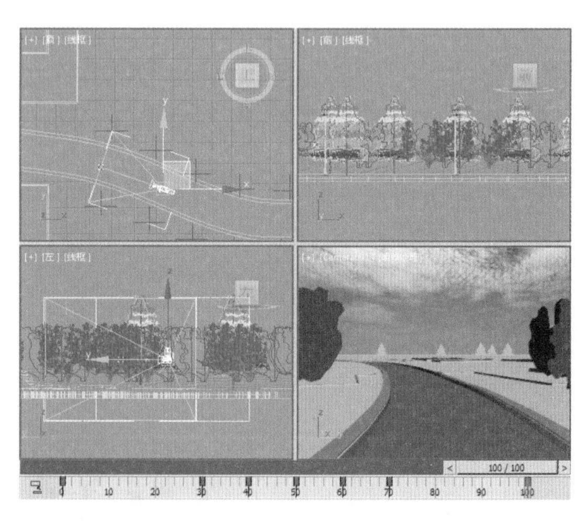
图 8-19　在第 100 帧处调整摄影机位置

图 8-20　渲染到第 20 帧的动画效果

图 8-21　渲染到第 80 帧的动画效果

案例精讲 094　使用摄影机制作旋转动画

本案例将介绍使用摄影机制作旋转动画，通过制作旋转动画，可以非常方便地浏览场景对象。完成后的效果如图 8-22 所示。

案例文件：CDROM \ Scenes \ Cha08 \ 使用摄影机制作旋转动画 OK.max

视频文件：视频教学 \ Cha08 \ 使用摄影机制作旋转动画 .avi

图 8-22　使用摄影机制作旋转动画

(1) 按 Ctrl+O 组合键，打开"使用摄影机制作旋转动画 .max"素材文件，如图 8-23 所示。

(2) 进入【创建】命令面板，在【摄影机】对象面板中单击【目标】按钮，然后在视图中创建目标摄影机，激活透视视图，按 C 键将其转换为摄影机视图，并在其他视图中调整其位置，如图 8-24 所示。

(3) 将时间滑块拖曳至第 11 帧位置处，单击【自动关键点】按钮，然后在视图中调整摄影机位置，如图 8-25 所示。

(4) 将时间滑块拖曳至第 22 帧位置处，在视图中调整摄影机位置，如图 8-26 所示。

(5) 将时间滑块拖曳至第 35 帧位置处，在视图中调整摄影机位置，如图 8-27 所示。

(6) 将时间滑块拖曳至第 45 帧位置处，在视图中调整摄影机位置，如图 8-28 所示。

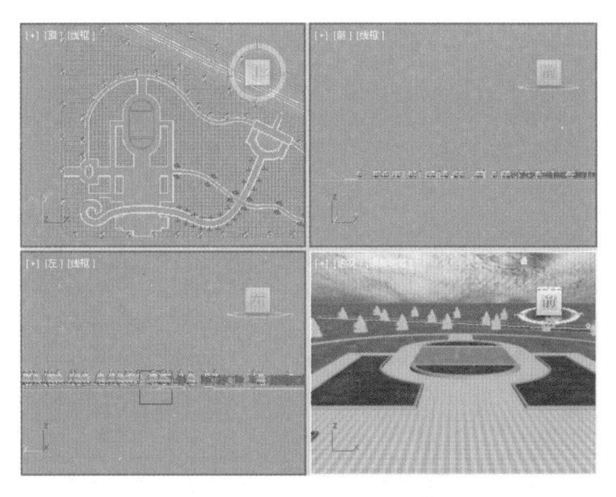

图 8-23　打开的素材文件

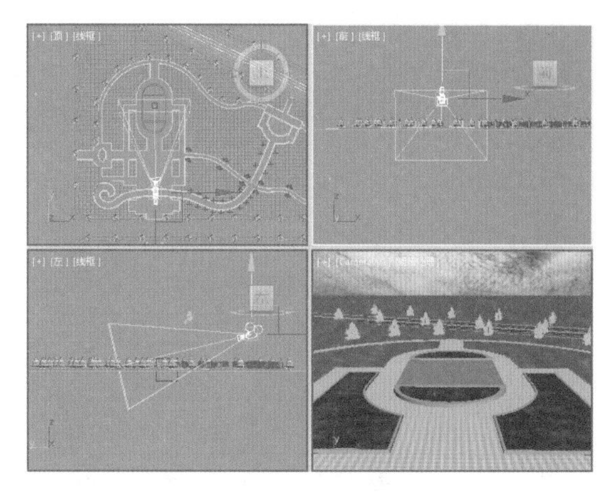

图 8-24　创建摄影机

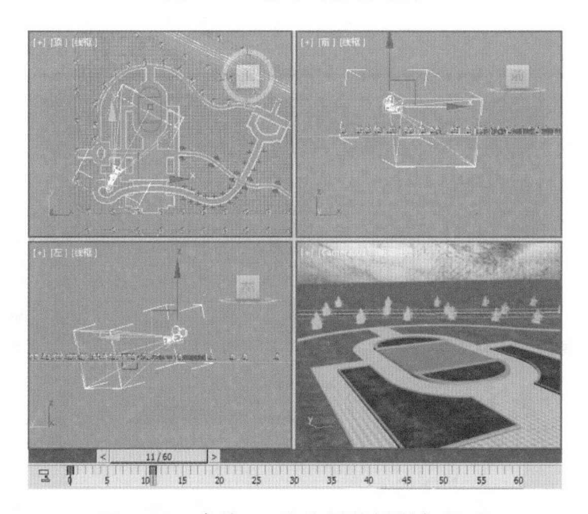

图 8-25　在第 11 帧处调整摄影机位置

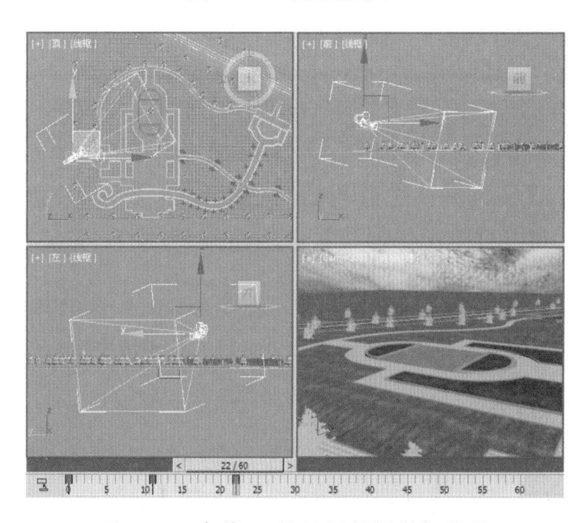

图 8-26　在第 22 帧处调整摄影机位置

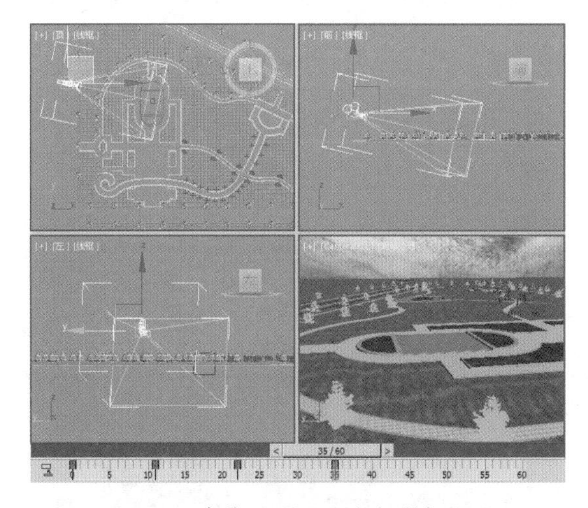

图 8-27　在第 35 帧处调整摄影机位置

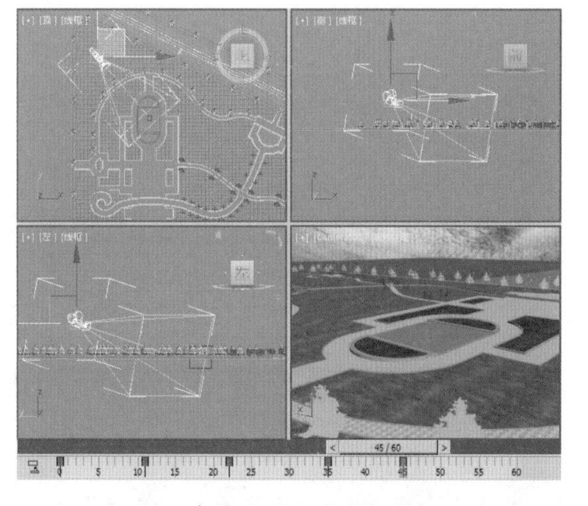

图 8-28　在第 45 帧处调整摄影机位置

(7) 将时间滑块拖曳至第 60 帧位置处，在视图中调整摄影机位置，如图 8-29 所示。

(8) 再次单击【自动关键点】按钮，将其关闭。然后设置动画的渲染参数，渲染动画。图 8-30 所示为渲染的静帧效果。

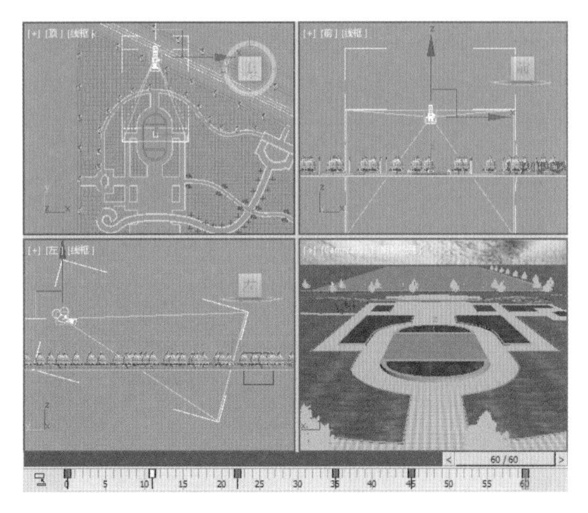

图 8-29　在第 60 帧处调整摄影机位置

图 8-30　渲染效果

案例精讲 095　使用摄影机制作平移动画

本案例将介绍使用摄影机制作平移动画，该动画效果的制作主要是通过使用【推拉摄影机】工具 来完成的，完成后的效果如图 8-31 所示。

图 8-31　使用摄影机制作平移动画

案例文件：CDROM \ Scenes \ Cha08 \ 使用摄影机制作平移动画 OK.max

视频文件：视频教学 \ Cha08 \ 使用摄影机制作平移动画 .avi

(1) 按 Ctrl+O 组合键，打开"使用摄影机制作平移动画 .max"素材文件，如图 8-32 所示。

(2) 进入【创建】命令面板，在【摄影机】对象面板中单击【目标】按钮，然后在视图中创建目标摄影机，激活透视视图，按 C 键将其转换为摄影机视图，并在其他视图中调整其位置，如图 8-33 所示。

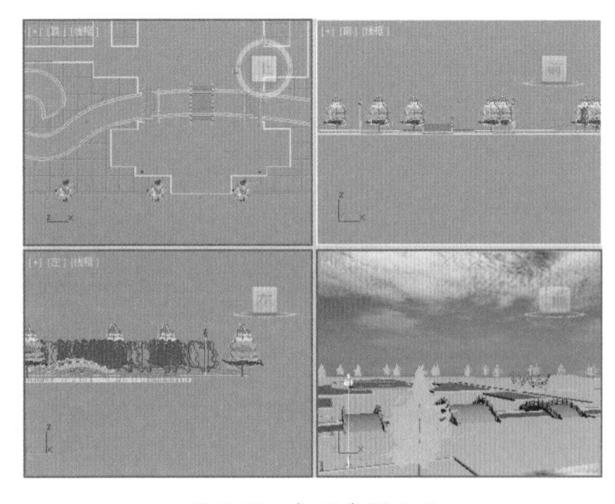

图 8-32　打开素材文件

图 8-33　创建摄影机

(3) 将时间滑块拖曳至第 100 帧位置处，单击【自动关键点】按钮，激活摄影机视图，并在摄影机视口控制区域单击【推拉摄影机】按钮，如图 8-34 所示。

知识链接

【推拉摄影机】：沿视线移动摄影机的出发点，保持出发点与目标点之间连线的方向不变，使出发点在此线上滑动，这种方式不改变目标点的位置，只改变出发点的位置。

(4) 然后在摄影机视图中向前推进摄影机，效果如图 8-35 所示。

图 8-34　单击【推拉摄影机】按钮

图 8-35　推进摄影机

(5) 再次单击【自动关键点】按钮，将其关闭。然后设置动画的渲染参数，渲染动画。当渲染到第 20 帧处时，动画效果如图 8-36 所示。

(6) 当渲染到第 100 帧处时，动画效果如图 8-37 所示。

图 8-36　渲染到第 20 帧处的动画效果

图 8-37　渲染到第 100 帧处的动画效果

案例精讲 096　使用自由聚光灯制作灯光摇曳动画【视频案例】

本例将制作灯光摇曳动画，其中制作重点是将自由聚光灯和吊灯绑定在一起，通过设置吊顶的角度使灯光产生摆动的效果，完成后的效果如图 8-38 所示。

案例文件：CDROM \ Scenes \Cha08\ 灯光摇曳动画 OK.max

视频文件：视频教学 \ Cha08 \ 使用自由聚光灯制作灯光摇曳动画 .avi

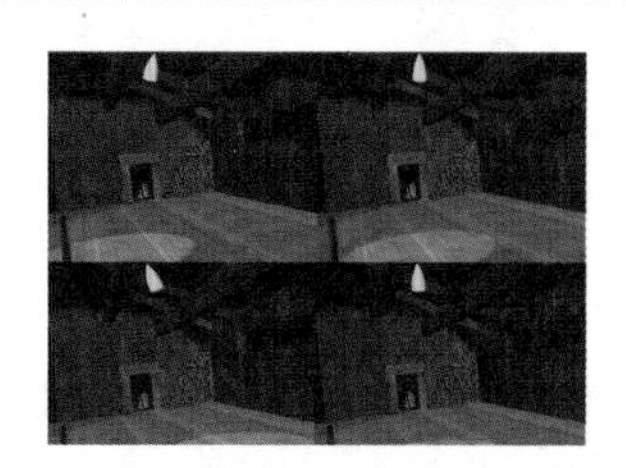

图 8-38　灯光摇曳动画

案例精讲 097 使用泛光灯制作灯光闪烁动画【视频案例】

本例将制作灯光闪烁动画，灯光闪烁动画的制作关键在于灯光【倍增】和光晕【倍增】的设置，通过调整其曲线，使其循环。完成后的效果如图 8-39 所示。

案例文件：CDROM \ Scenes \Cha08\ 灯光闪烁动画 OK.max

视频文件：视频教学 \ Cha08 \ 使用泛光灯制作灯光闪烁动画 .avi

图 8-39　灯光闪烁动画

案例精讲 098 使用区域泛光灯制作日落动画【视频案例】

本例将讲解如何制作日落动画，首先利用区域泛光灯通过设置其【倍增】和【颜色】，然后对其添加镜头效果，设置不同参数最终得到日落动画，最终效果如图 8-40 所示。

案例文件：CDROM \ Scenes \Cha08\ 日落动画 OK.max

视频文件：视频教学 \ Cha08 \ 使用区域泛光灯制作日落动画 .avi

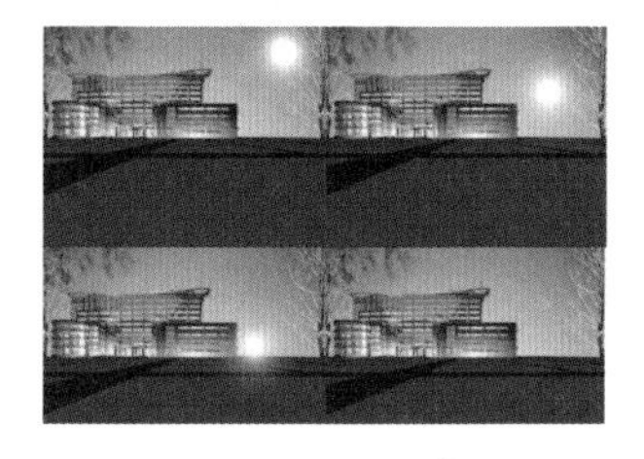

图 8-40　日落动画

案例精讲 099 使用泛光灯制作太阳升起动画【视频案例】

本案例将介绍使用泛光灯制作太阳升起动画，该案例首先通过为泛光灯添加镜头效果来模拟太阳，然后通过【设置关键帧】制作太阳升起动画。完成后的效果如图 8-41 所示。

案例文件：CDROM \ Scenes \ Cha08 \ 使用泛光灯制作太阳升起动画 OK.max

视频文件：视频教学 \ Cha08 \ 使用泛光灯制作太阳升起动画 .avi

图 8-41　使用泛光灯制作太阳升起动画

案例精讲 100 使用平行灯光制作阳光移动动画【视频案例】

本案例将介绍使用平行灯光制作阳光移动动画，该案例主要通过创建泛光灯和目标平行光来模拟太阳和阳光照射效果。完成后的效果如图 8-42 所示。

图 8-42　使用平行灯光制作阳光移动动画

案例文件：CDROM \ Scenes \ Cha08 \ 使用平行灯光制作阳光移动动画 OK.max

视频文件：视频教学 \ Cha08 \ 使用平行灯光制作阳光移动动画 .avi

第9章 使用约束和控制器制作动画

本章重点

- 使用约束路径制作战斗机动画
- 使用链接约束制作小球动画
- 使用链接约束制作机械臂捡球动画
- 使用位置约束制作卷轴画动画
- 使用路径约束制作坦克动画
- 使用噪波控制器制作乒乓球动画
- 使用浮动限制控制器制作乒乓球动画
- 使用线性浮点控制器制作挂表动画

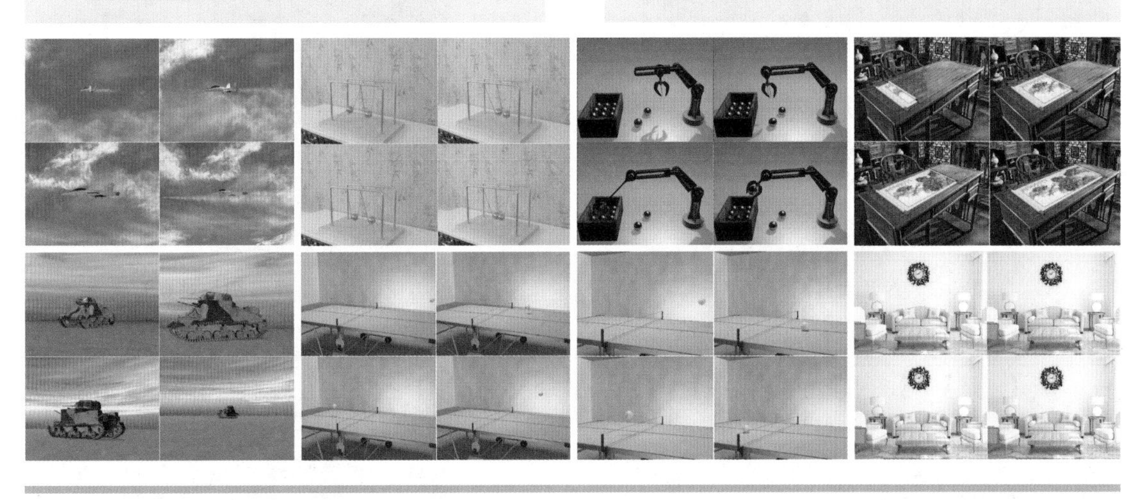

本章主要讲解如何利用约束和控制器制作动画，其中详细讲解了路径约束、注视约束、链接约束等约束路径和噪波控制器、线性浮点控制器等控制器是如何制作动画的，通过本章的学习可以对动画的制作有更深一步的认识。

案例精讲 101　使用约束路径制作战斗机动画

本例将讲解如何利用约束路径制作战斗机动画，首先对战斗机对象创建一个虚拟对象，然后将虚拟对象绑定到路径上，通过添加摄影机及绑定摄影机，完成动画的制作，其中具体操作方法如下，完成后的效果如图 9-1 所示。

图 9-1　战斗机动画

案例文件：CDROM \ Scenes \Cha09\ 战斗机动画 OK.max
视频文件：视频教学 \ Cha09 \ 战斗机动画 .avi

(1) 启动软件后，打开随书附带光盘中的 "CDROM\Scenes\Cha09\ 战斗机动画 .max" 文件，查看效果，如图 9-2 所示。

(2) 选择【创建】|【辅助对象】|【标准】|【虚拟对象】，在场景中创建【虚拟对象】，调整其位置，使其在飞机的中心位置，如图 9-3 所示。

图 9-2　打开素材文件

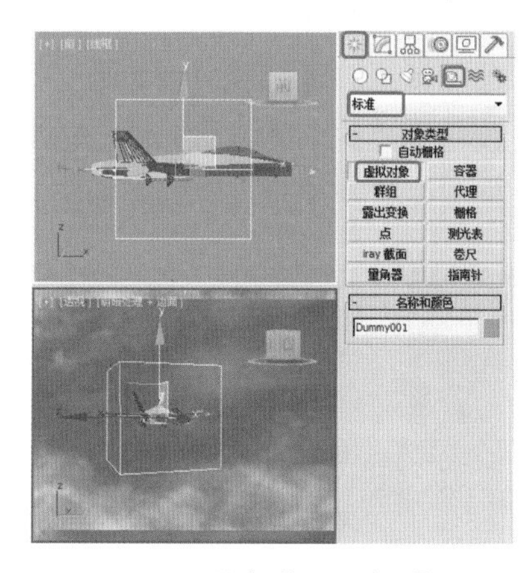

图 9-3　创建【虚拟对象】

(3) 在工具选项栏中单击【选择并链接】按钮，将飞机链接到【虚拟对象】上，如图 9-4 所示。

(4) 选择【创建】|【图形】|【样条线】|【线】命令，在【顶】视图中创建一条直线，如图 9-5 所示。

图 9-4　链接虚拟对象

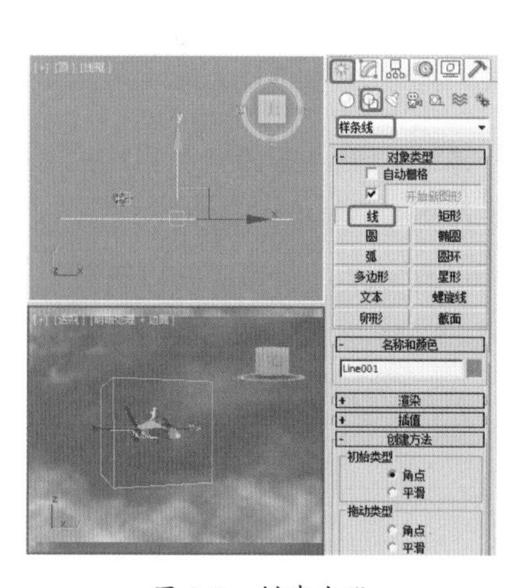

图 9-5　创建直线

(5) 在场景中选择【虚拟对象】，切换到【运动命令】面板，单击【参数】按钮，在【指定控制器】卷展栏中选择【位置】，单击【指定控制器】按钮，在弹出的对话框中选择【路径约束】选项，单击【确定】按钮，如图 9-6 所示。

(6) 在【路径参数】卷展栏中单击【添加路径】按钮，在场景中拾取上一步绘制的直线，如图 9-7 所示。

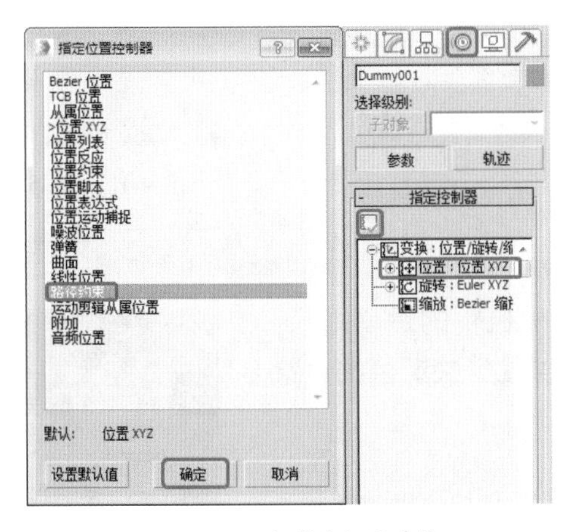

图 9-6　设置【路径约束】

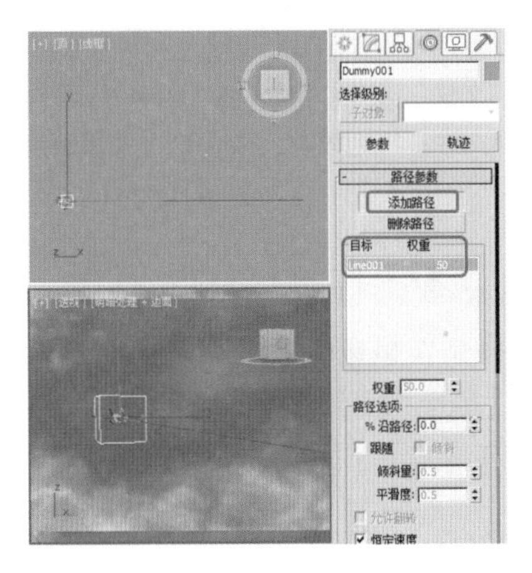

图 9-7　添加路径

提 示

在绘制【线】时，在视图中单击确定第一个顶点，然后拖动鼠标确定线的长度，单击确定第二个点的位置，右击鼠标，完成线的绘制，当绘制直线时可以配合使用 Shift 键进行绘制，将得到一条垂直的直线。

(7) 选择【创建】|【摄影机】|【标准】|【目标】命令，在【顶】视图中创建一盏【目标摄影机】，激活【摄影机】视图，并适当调整位置，如图 9-8 所示。

(8) 在工具选项栏中单击【选择并链接】按钮，将摄影机的目标点链接到【虚拟对象】上，如图 9-9 所示。

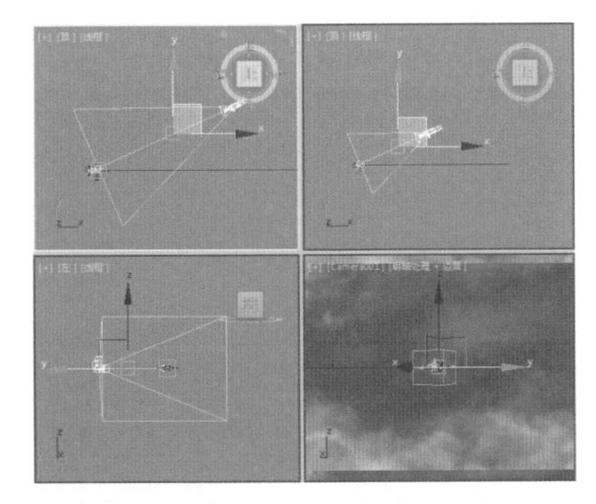

图 9-8　创建摄影机并调整位置

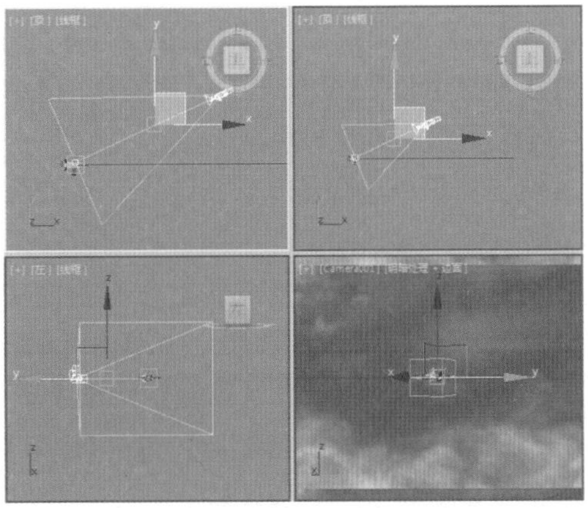

图 9-9　链接摄影机

(9) 激活【摄影机】视图，对动画进行渲染输出。

知识链接

【路径约束】使用路径约束可限制对象的移动：使其沿样条线移动，或在多个样条线之间以平均间距进行移动。

案例精讲 102 使用链接约束制作小球动画【视频案例】

本例将讲解如何使用链接约束制作小球动画，其中重点是【链接约束】的应用，完成后的效果如图 9-10 所示。

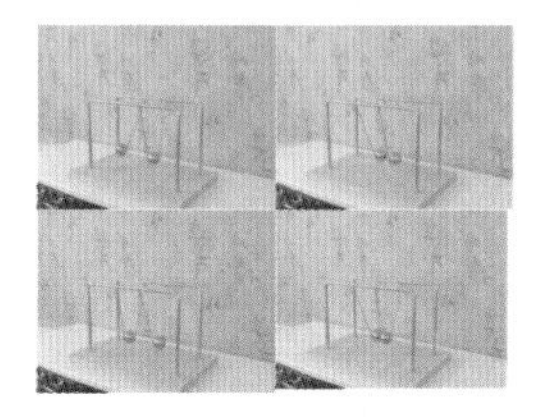

图 9-10 小球动画

案例文件：CDROM \ Scenes \Cha09\ 使用链接约束制作小球动画 OK. max

视频文件：视频教学 \ Cha09 \ 使用链接约束制作小球动画 . avi

案例精讲 103 使用链接约束制作机械臂捡球动画【视频案例】

本例将制作机械臂捡球动画。首先利用关键帧设置出机械臂的运动路径，然后通过【链接约束】将球体绑定到一个对象上，这样就可以减少关键帧的设置，具体操作方法如下，完成后的效果如图 9-11 所示。

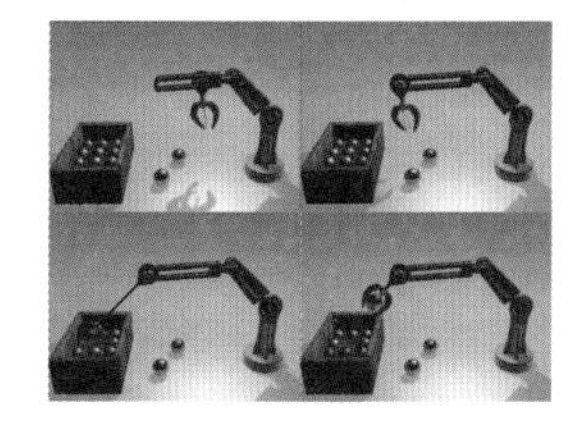

图 9-11 捡球动画

案例文件：CDROM \ Scenes \Cha09\ 使用链接约束制作机械臂捡球动画 OK. max

视频文件：视频教学 \ Cha09 \ 使用链接约束制作机械臂捡球部动画 . avi

案例精讲 104 使用位置约束制作卷轴画动画【视频案例】

本案例将讲解如何制作卷轴画动画，其中主要应用了【编辑多边形】、【挤出】、【弯曲】修改器，具体操作方法如下，完成后的效果如图 9-12 所示。

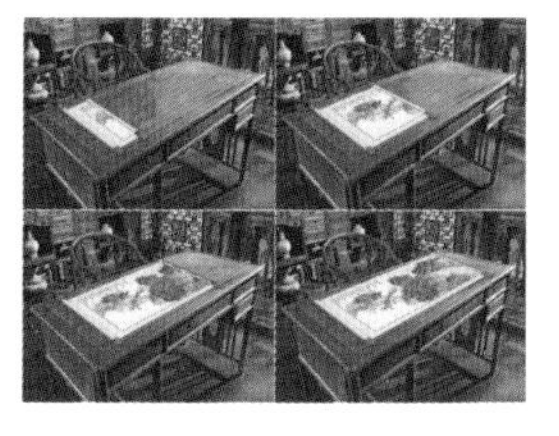

图 9-12 卷轴画动画

案例文件：CDROM\Scenes\ Cha09 \ 使用位置约束制作卷轴画动画 OK. max

视频文件：视频教学 \ Cha09\ 使用位置约束制作卷轴画动画 . avi

(1) 重置一个新的 3ds Max 场景，选择【创建】 | 【几何体】 | 【圆柱体】工具，在【前】视图中创建【半径】为 2.5、【高度】为 155 的圆柱体，如图 9-13 所示。

(2) 切换至【修改】面板中，为其添加【编辑多边形】修改器，并将其选择及定义为【顶点】，在【顶】视图中选择顶点，如图 9-14 所示。

(3) 在工具箱中选择【选择并均匀缩放】工具，在【顶】视图沿 Y 轴向上拖动，调整顶点，如图 9-15 所示。

(4) 将选择集定义为【多边形】，在视图中选择多边形，如图 9-16 所示。

(5) 在【编辑几何体】卷展栏中单击【挤出】按钮，在弹出的小盒控件中将挤出多边形的方式设置为【局部法线】，将挤出【高度】设置为 2，单击【确定】按钮，如图 9-17 所示。

(6) 选择【创建】 | 【图形】 | 【圆环】工具，在【前】视图中绘制一个【半径 1】为 2.5，【半径 2】为 3.5 的圆环，如图 9-18 所示。

(7) 切换至【修改】命令面板中，为其添加【挤出】修改器，在【参数】卷展栏中将【数量】设置为 135，并调整其位置，如图 9-19 所示。

(8) 选择【创建】 | 【几何体】 | 【平面】工具，在【顶】视图中创建【长度】为 130、【宽度】为 285 的平面，【长度分段】为 1、【宽度分段】为 80 的平面，将其命名为【底图】，如图 9-20 所示。

(9) 调整【底图】的位置，并绘制一个【长度】为 110、【宽度】为 248 的平面，【长度分段】为 1、

【宽度分段】为 80 的平面，并命名为【画】，调整位置，如图 9-21 所示。

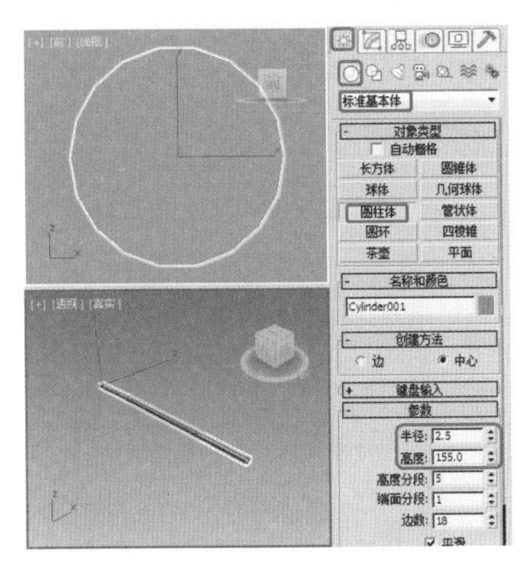

图 9-13　创建圆柱

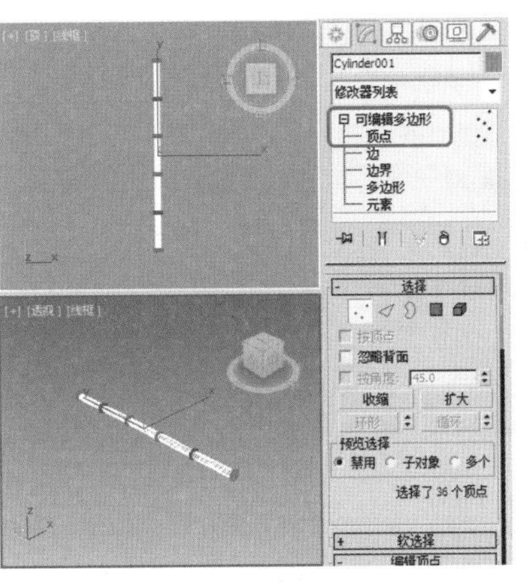

图 9-14　选择顶点

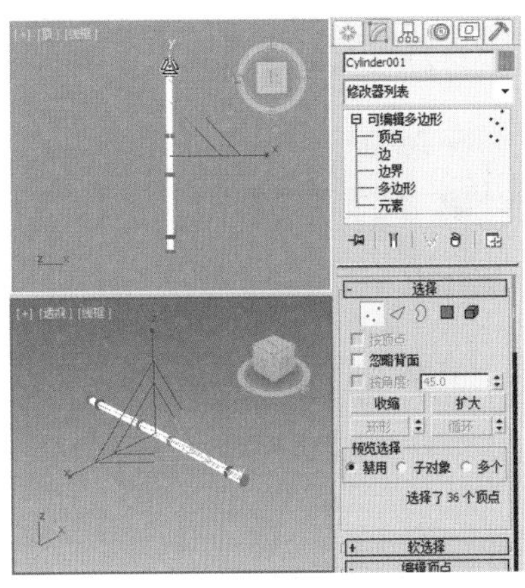

图 9-15　缩放调整顶点

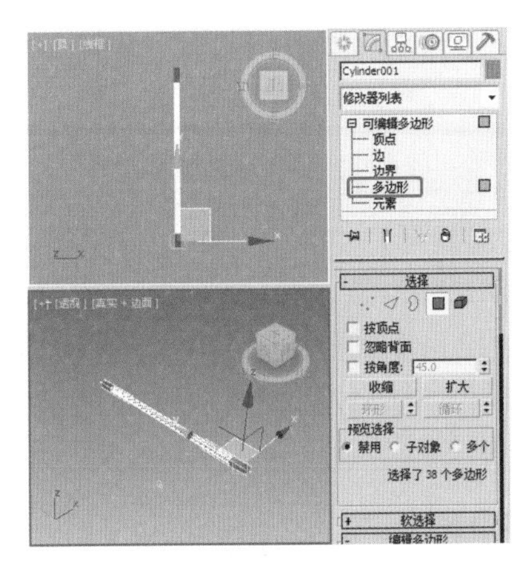

图 9-16　选择多边形

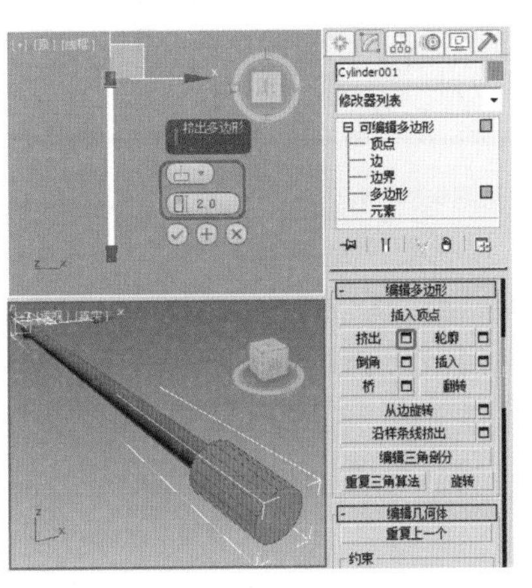

图 9-17　挤出多边形

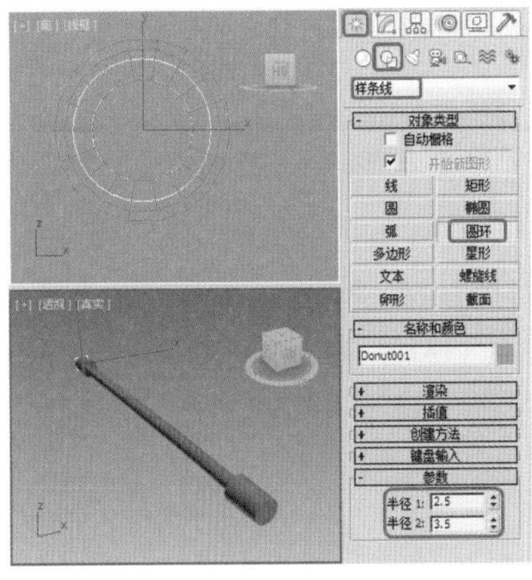

图 9-18　创建圆环

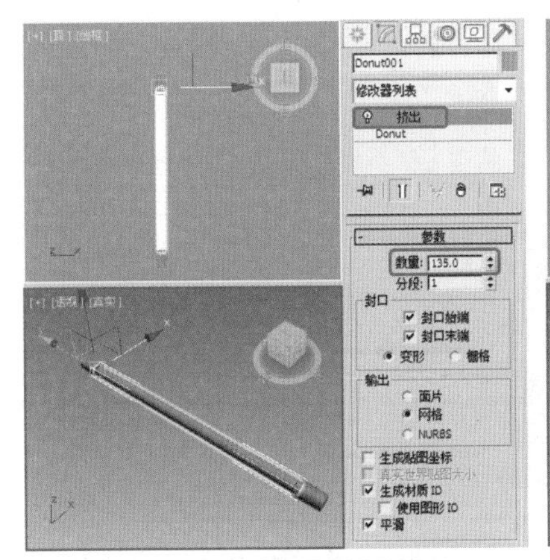

图 9-19　添加【挤出】修改器

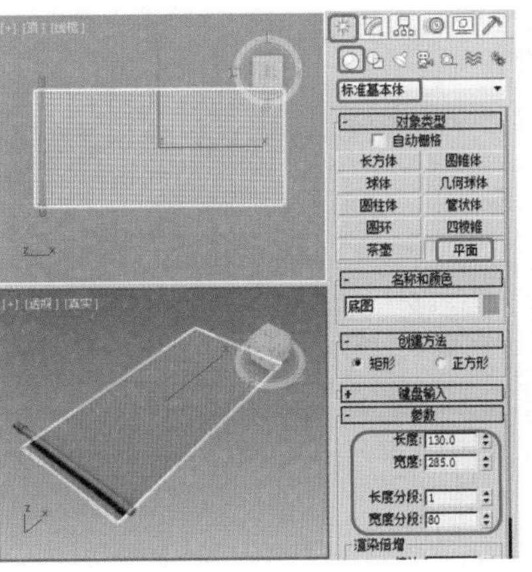

图 9-20　创建平面

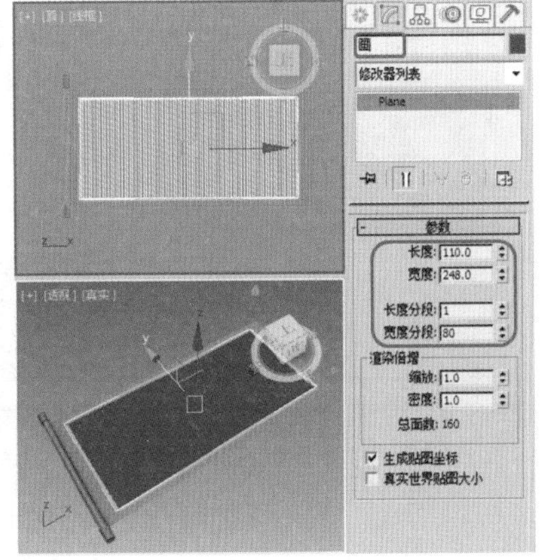

图 9-21　创建第二个平面

(10) 按 M 键打开【材质编辑器】窗口，选择一个新的材质球，将其命名为【木纹】，在【Blinn 基本参数】卷展栏中将【反射高光】选项组中的【高光级别】设置为 53、【光泽度】设置为 68，如图 9-22 所示。

(11) 在【贴图】卷展栏中单击【漫反射颜色】右侧的【无】按钮，在打开的对话框中选择【位图】并双击，在打开的对话框中选择素材文件木纹 2.jpg，如图 9-23 所示。

(12) 在【材质编辑器】中的【坐标】卷展栏中将【模糊偏移】设置为 0.03，如图 9-24 所示。

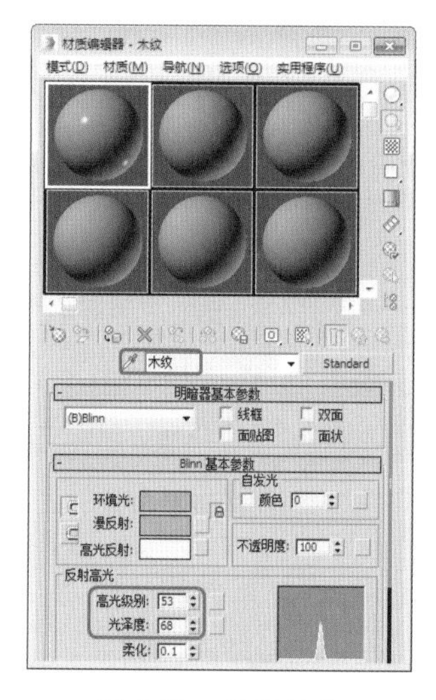

图 9-22　设置材质

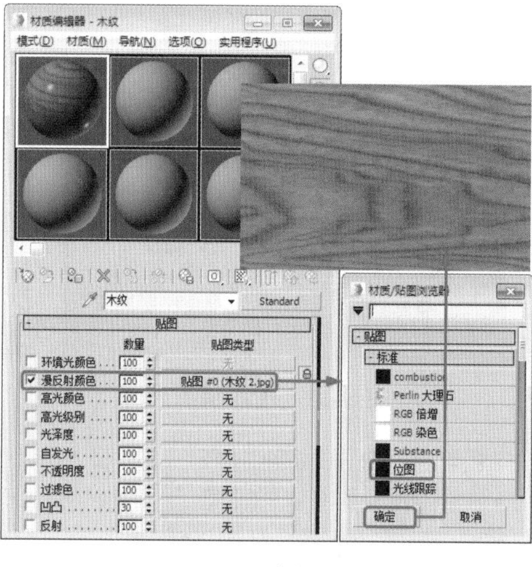

图 9-23　选择贴图

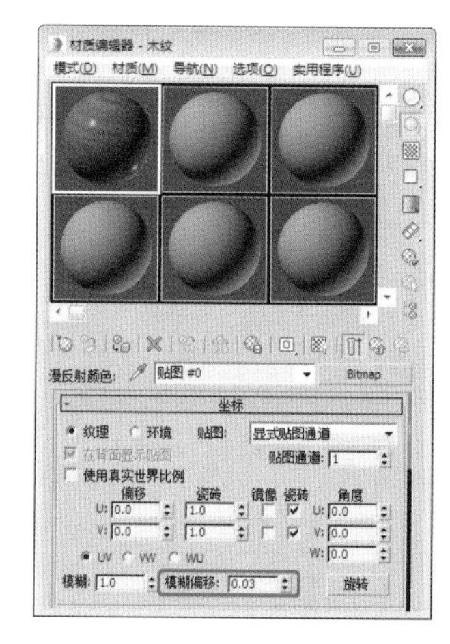

图 9-24　设置【模糊偏移】

(13) 单击【转到父对象】按钮，在视图中选中圆柱对象，在【材质编辑器】中单击【将材质指定给对象】按钮，单击【视口中显示明暗处理材质】按钮，如图 9-25 所示。

(14) 选择一个新的材质球，将其命名为【饰纹】，在【贴图】卷展栏中单击【漫反射颜色】右侧的【无】按钮，在打开的对话框中选择【位图】并双击，在打开的对话框中选择素材文件饰纹 .jpg，如图 9-26 所示。

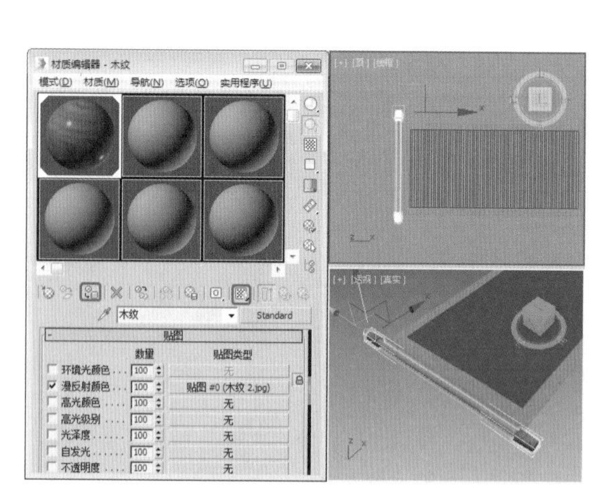

图 9-25　指定材质

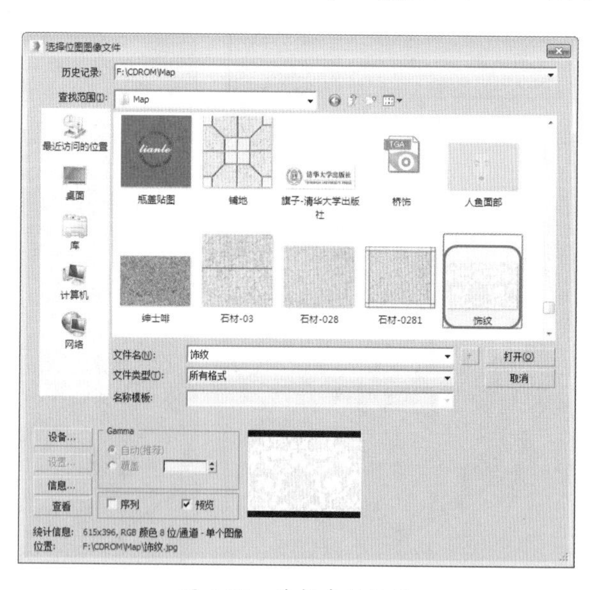

图 9-26　选择素材贴图

(15) 将素材打开后，在【坐标】卷展栏中将【瓷砖】下的 U、V 均设置为 6，如图 9-27 所示。

(16) 单击【转到父对象】按钮，在场景中选中圆环、底图对象，将饰纹材质指定给这两个对象，并单击【视口中显示明暗处理材质】按钮，如图 9-28 所示。

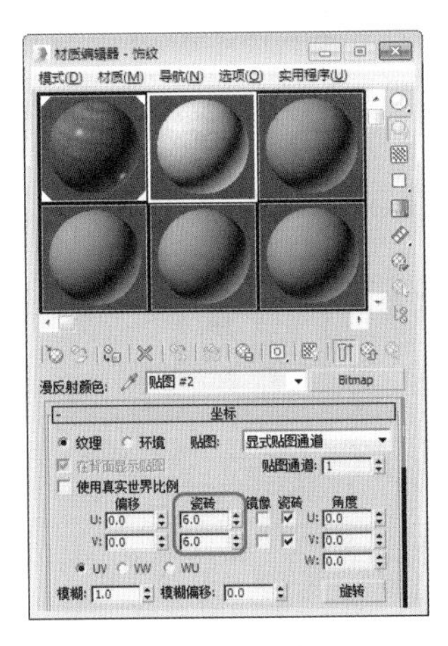

图 9-27 设置贴图参数

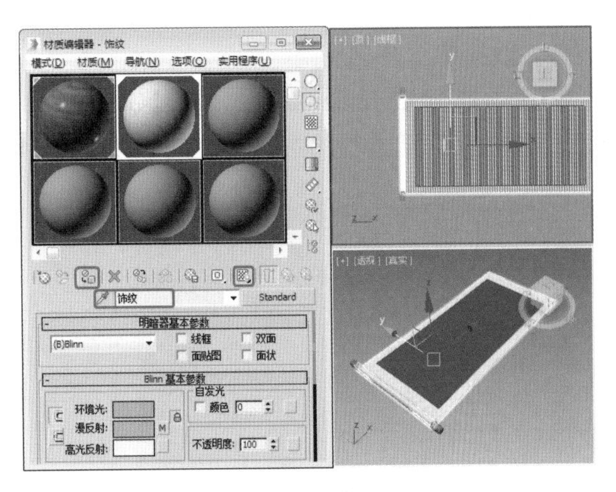

图 9-28 选择素材贴图

(17) 选择一个新的材质球，将其名称设置为【画】；在【贴图】卷展栏中单击【漫反射颜色】右侧的【无】按钮，在打开的对话框中选择【位图】并双击，在打开的对话框中选择素材文件 zc-12577-196.jpg，如图 9-29 所示。

(18) 在场景中选中画对象，将画材质指定给这个对象，并单击【视口中显示明暗处理材质】按钮，如图 9-30 所示。

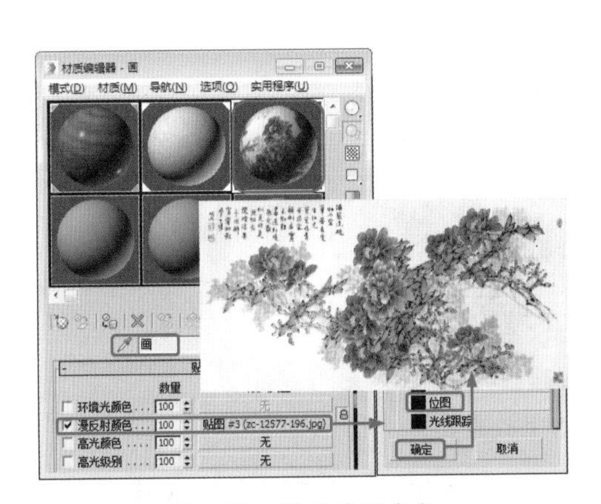

图 9-29 设置贴图参数

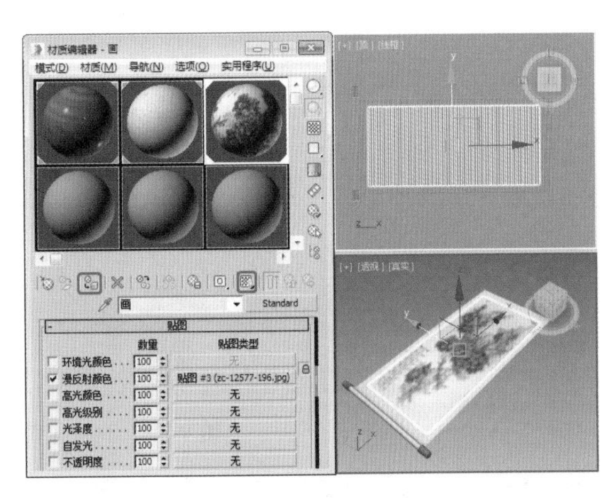

图 9-30 指定材质

(19) 在视图中选择圆柱、圆环对象，在工具箱中选择【选择并移动】工具，在【顶】视图中按住 Shift 键，沿 X 轴向右拖动至合适的位置，松开鼠标后弹出【克隆选项】对话框，在【对象】选项组中选中【复制】单选按钮，如图 9-31 所示。

(20) 单击【确定】按钮，将底图与画对象编组，将组名称设置为【卷画】，单击【确定】按钮，并选择【卷画】对象，切换至【修改】命令面板，在【修改器列表】中为【卷画】添加一个【UVW 贴图】修改器，如图 9-32 所示。

(21) 然后在【修改器列表】中为【卷画】添加一个【弯曲】修改器，定义当前选择集为 Gizmo，在工具栏中选择【选择并移动】工具，在【参数】卷展栏中将【弯曲】组下的【角度】参数设置为 –4600，将【弯曲轴】设置为 X 轴，在【限制】组下勾选【限制效果】复选框，并将【上限】参数设置为 300，在【顶】视图中沿 X 轴将弯曲修改器的中心移动到图 9-33 所示的位置上。

(22) 打开【自动关键点】按钮，并将当前帧调整至第 100 帧位置上，依照上面的方法将画卷打开，恢复原始状态，效果如图 9-34 所示。

(23) 在场景中选择 Cylinder002，选择【选择并移动】工具，打开【自动关键点】按钮，将 Cylinder002 沿 X 轴移动至卷花的右端，效果如图 9-35 所示，最后关闭【自动关键点】按钮。

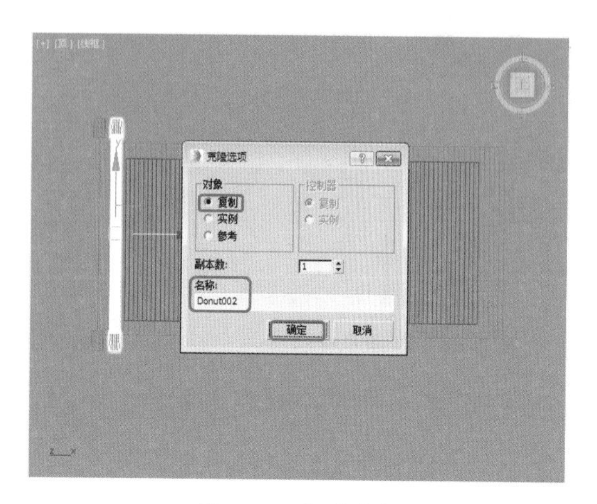

图 9-31　复制对象

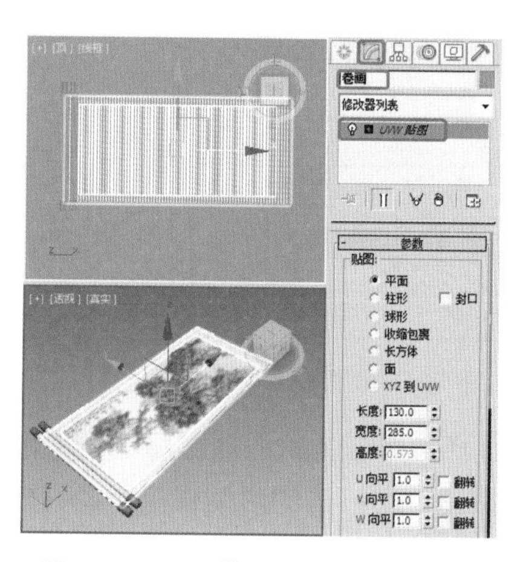

图 9-32　添加【UVW 贴图】修改器

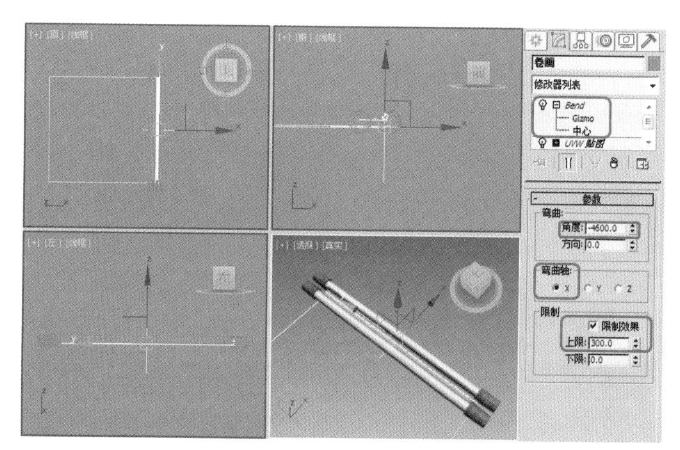

图 9-33　添加【弯曲】修改器并设置

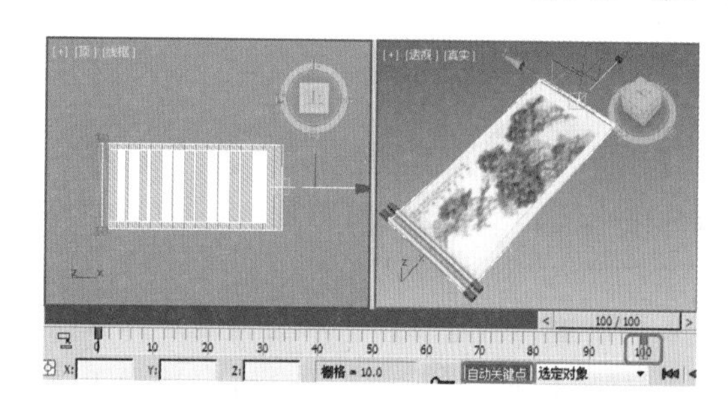

图 9-34　创建动画效果

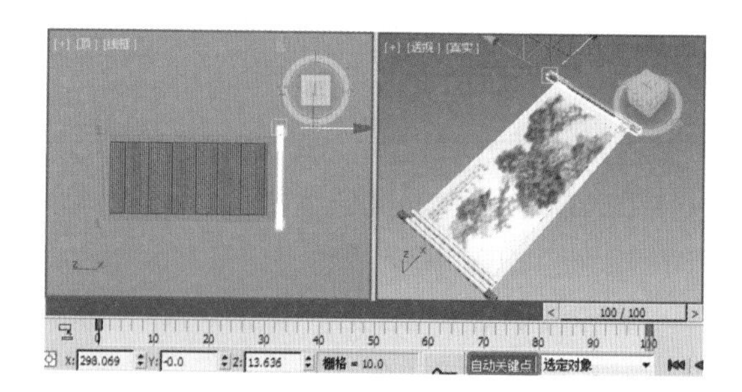

图 9-35　调整画轴的位置

(24) 选择 Donut002 对象，切换至【运动】面板，展开【指定控制器】卷展栏，选择【位置：位置 XYZ】，单击【指定控制器】按钮，弹出【指定位置控制器】对话框，选择【位置约束】选项，单击【确定】按钮，如图 9-36 所示。

(25) 展开【位置约束】卷展栏，单击【添加位置目标】按钮，选择 Cylinder002 对象，如图 9-37 所示。

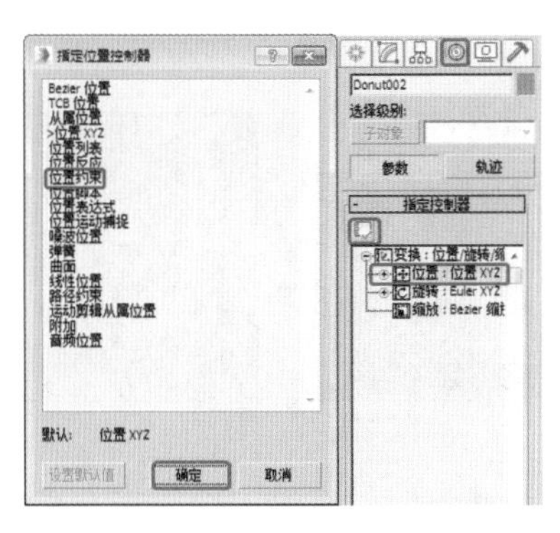
图 9-36 选择【位置约束】选项

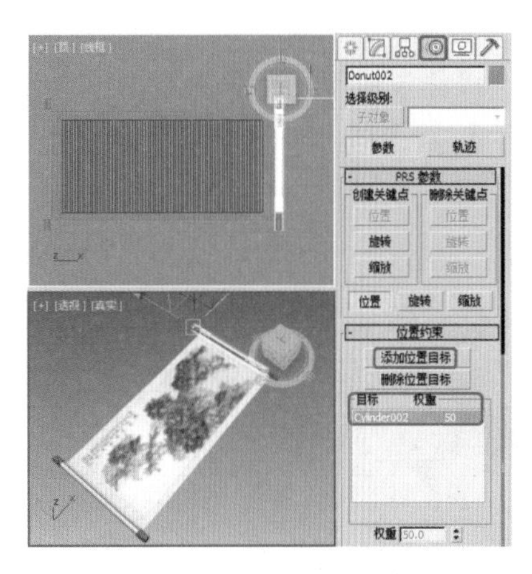
图 9-37 添加位置目标

(26) 选择【创建】 |【几何体】 |【平面】工具，在【顶】视图中绘制平面，在【参数】卷展栏中设置【长度】和【宽度】为 1000、1000，将【长度分段】和【宽度分段】均设置为 1，如图 9-38 所示。

(27) 选择【创建】 |【摄影机】 |【目标】工具，在【顶】视图创建目标摄影机，激活【透视】视图，按 C 键转换为摄影机视图，并调整摄影机的位置，如图 9-39 所示。

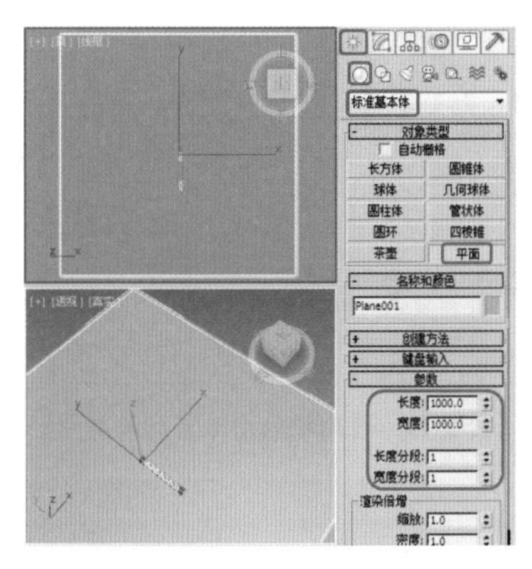
图 9-38 创建平面

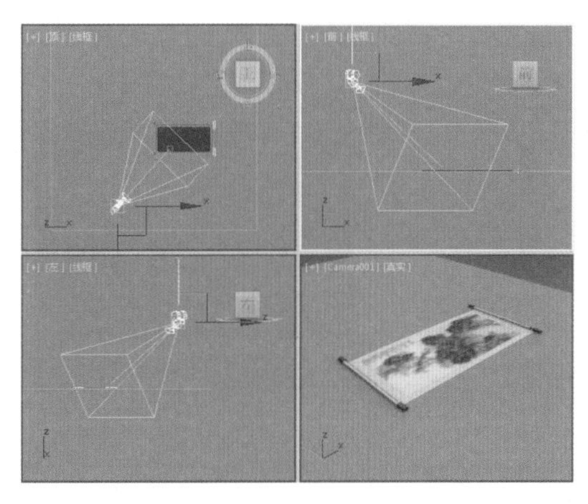
图 9-39 创建目标摄影机

(28) 按 M 键，打开【材质编辑器】对话框，选择一个新的材质球，单击 Standard 按钮，在打开的对话框中，选择【无光 / 投影】并双击，如图 9-40 所示。

(29) 选择平面对象，在【材质编辑器】中单击【将材质指定给选定对象】按钮，并调整平面的位置，如图 9-41 所示。

(30) 按 8 键打开【环境和效果】对话框，单击【环境贴图】下的【无】按钮，弹出【材质 / 贴图浏览器】对话框，选择【位图】贴图，单击【确定】按钮，在打开的对话框中选择【位图】并双击，选择素材文件桌椅 .jpg，如图 9-42 所示。

(31) 按 M 键打开【材质编辑器】窗口，在【环境和效果】对话框中，将【环境贴图】下的贴图拖至一个新的材质球上，在弹出的对话框中选中【实例】单选按钮，单击【确定】按钮，在【坐标】卷展栏中选中【环境】单选按钮，将【贴图】类型设置为【屏幕】，如图 9-43 所示。

(32) 激活【透】视图，按 Alt+B 组合键，在打开的对话框中选中【使用环境背景】单选按钮，单击【确定】按钮，如图 9-44 所示。

(33) 选择绘制的平面对象并右击，在弹出的快捷菜单中执行【对象属性】命令，在弹出的对话框中选中【透明】复选框，如图 9-45 所示。

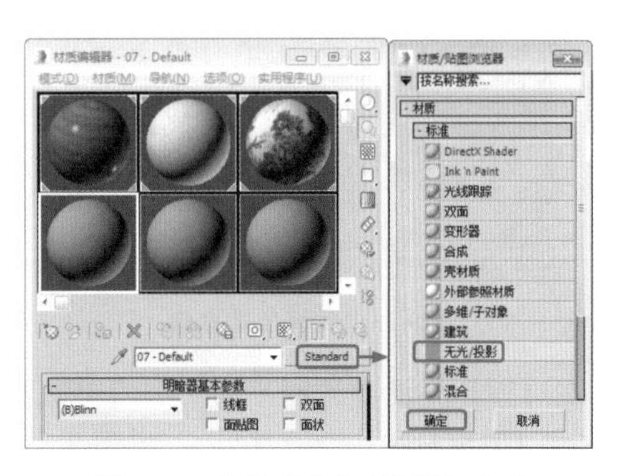

图 9-40　选择【无光 / 投影】选项

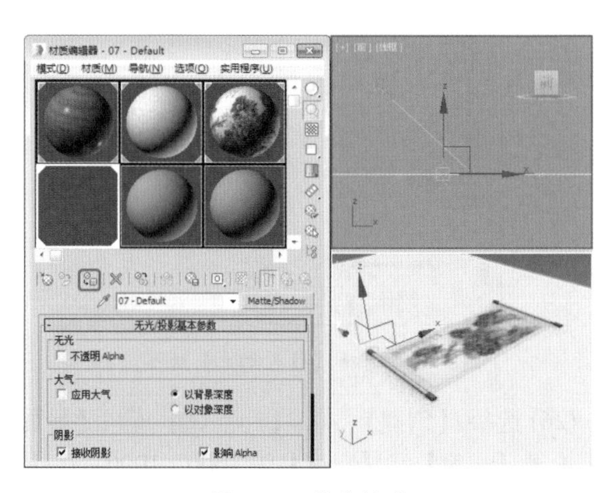

图 9-41　指定材质

图 9-42　设置环境贴图

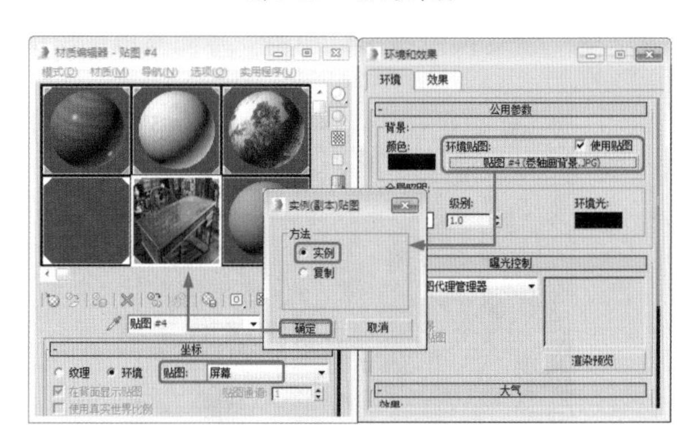

图 9-43　将环境贴图拖至材质球中

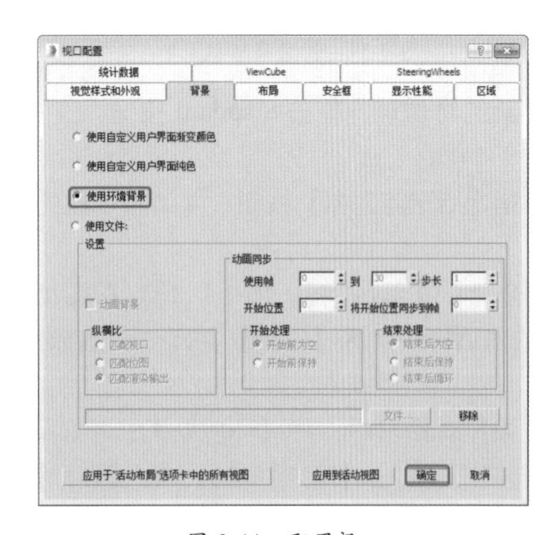

图 9-44　配置视口

图 9-45　对象属性

(34) 在视图中调整摄影机的位置，使卷轴画放置在桌子上，在顶视图中添加一盏天光，选择【修改】

面板，勾选【渲染】选项组下方的【投射阴影】复选框，如图 9-46 所示。

(35) 调整完成后，在工具栏中单击【渲染设置】按钮，打开【渲染设置】对话框，在【公用参数】卷展栏的【时间输出】选项组中，【范围】设置为从 0 到 100，将【输出大小】设置为 640×480，在【渲染输出】组中的单击【文件】按钮，在打开的对话框中选择保存路径并为其命名，将【保存类型】定义为【.AVI】，单击【保存】按钮，弹出【AVI 文件压缩设置】对话框，单击【确定】按钮，如图 9-47 所示，最后对摄影机视图进行【渲染】查看效果。

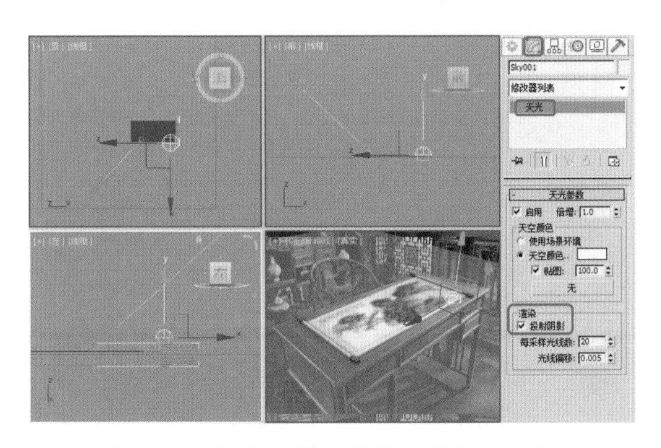

图 9-46　调整摄影机的位置并添加天光

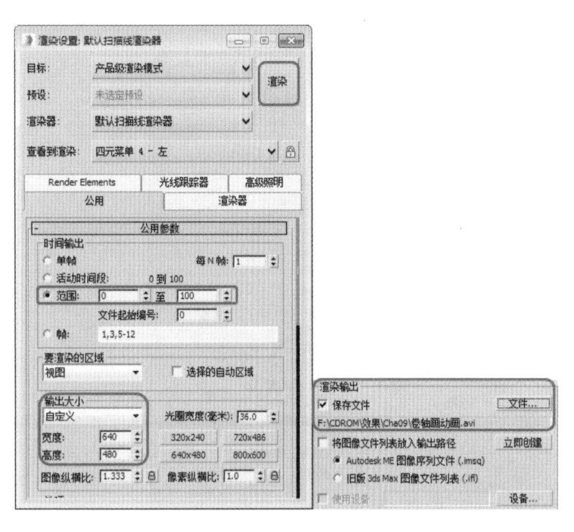

图 9-47　渲染设置

案例精讲 105　使用路径约束制作坦克动画【视频案例】

本例将介绍如何制作坦克动画。首先创建路径和虚拟对象，将坦克和履带路径链接到虚拟对象上，然后将虚拟对象链接到路径上；其次创建两架摄影机，然后创建粒子系统来模拟坦克运动时扬起的尘土，最后通过视频后期处理，将两架摄影机视图巧妙地合成影像。效果如图 9-48 所示。

案例文件：CDROM\Scenes\ Cha09 \使用路径约束制作坦克动画 OK.max

视频文件：视频教学 \ Cha09\ 使用路径约束制作坦克动画 .avi

图 9-48　坦克动画

案例精讲 106　使用噪波控制器制作乒乓球动画

本例将介绍如何使用【噪波控制器】制作乒乓球动画。首先打开【自动关键点】，记录乒乓球的运动路径，然后通过【运动】命令面板为乒乓球添加【噪波控制器】，为乒乓球设置动画，最后将场景渲染输出，效果如图 9-49 所示。

案例文件：CDROM\Scenes\ Cha08 \使用噪波控制器制作乒乓球动画 OK.max

视频文件：视频教学 \ Cha08\ 使用噪波控制器制作乒乓球动画 .avi

图 9-49　乒乓球动画

(1) 打开“使用噪波控制器制作乒乓球动画 .max”素材文件，在场景中选择乒乓球对象并右击，在弹出的快捷菜单中选择【对象属性】命令，弹出【对象属性】对话框，在弹出的对话框中选择【常规】选项卡，在【显示属性】选项组中选中【轨迹】复选框，单击【确定】按钮，如图 9-50 所示。

(2) 按 N 键打开【自动关键点】模式，在第 0 帧处调整乒乓球的位置，将时间滑块拖曳至第 15 帧位置处，将乒乓球向前移动并向下移动，如图 9-51 所示。将时间滑块拖曳至第 31 帧位置处，将乒乓球移动至中央分界线的位置上，如图 9-52 所示。

(3) 在第 46 帧处将乒乓球调整至左边的桌面上，模拟乒乓球落到桌面的动作，如图 9-53 所示。

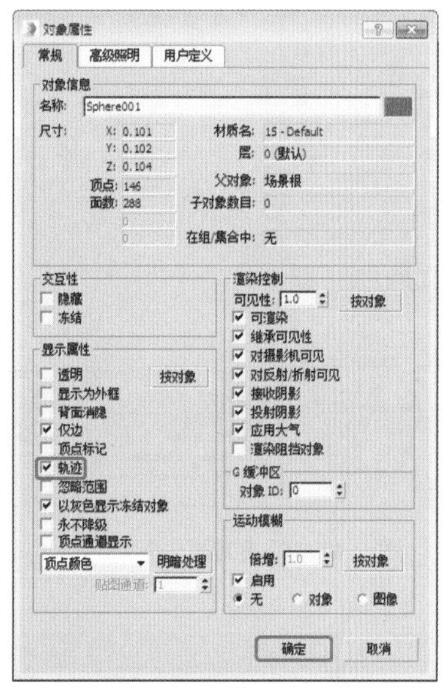

图 9-50 选中【轨迹】复选框

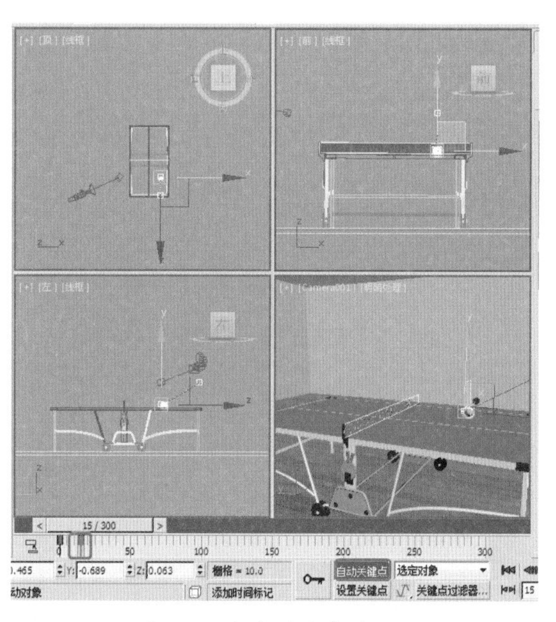

图 9-51 调整乒乓球的位置

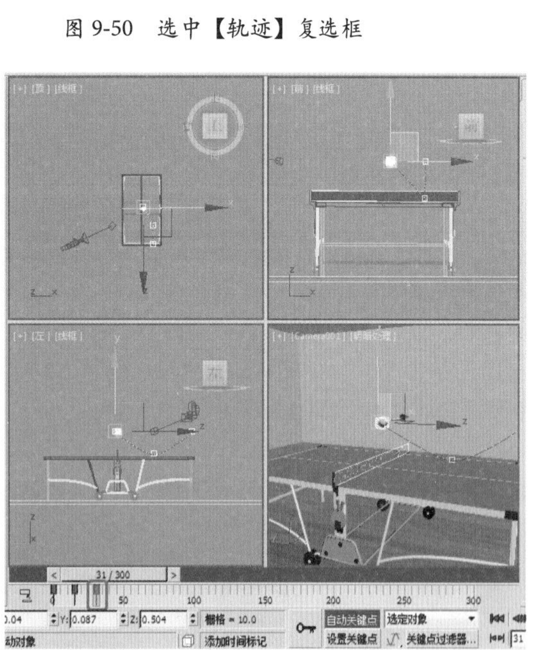

图 9-52 设置乒乓球在第 31 帧的位置

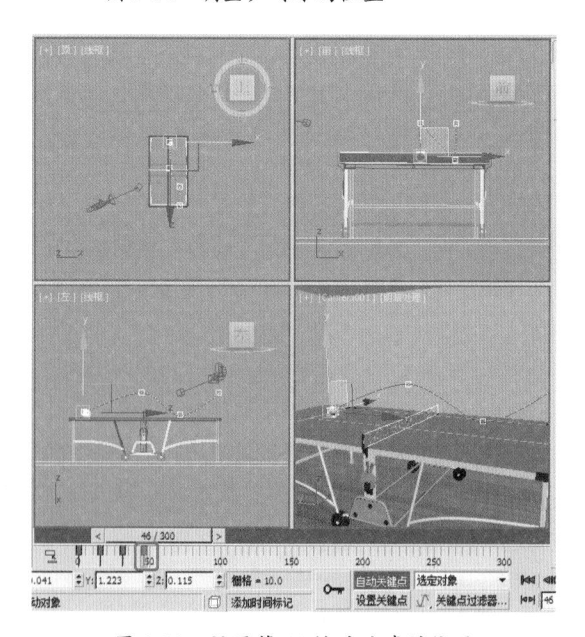

图 9-53 设置第 46 帧乒乓球的位置

(4) 将时间滑块调整至第 63 帧位置处，设置乒乓球落到桌面后的弹起动作，如图 9-54 所示。在第 78 帧处对乒乓球进行移动，模拟传球的动作效果，如图 9-55 所示。

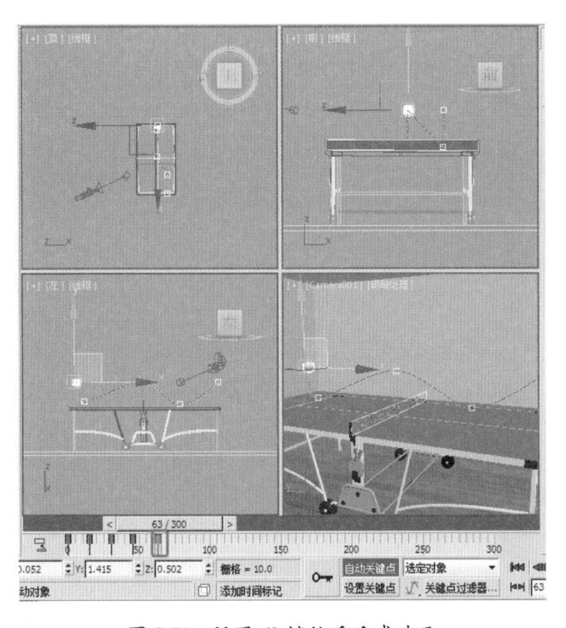

图 9-54　设置 63 帧处乒乓球动画

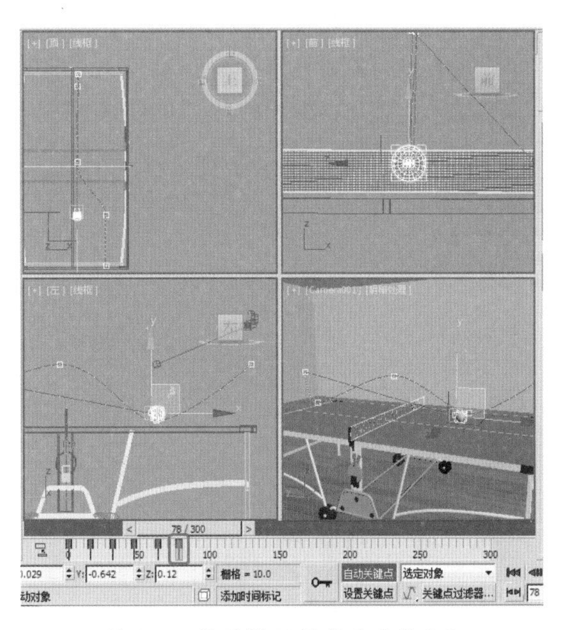

图 9-55　设置第 78 帧处乒乓球动画

(5) 将时间滑块拖曳至第 85 帧处，将乒乓球向左移动，模拟球弹起的动作，如图 9-56 所示。使用同样的方法设置其他乒乓球动画，效果如图 9-57 所示。

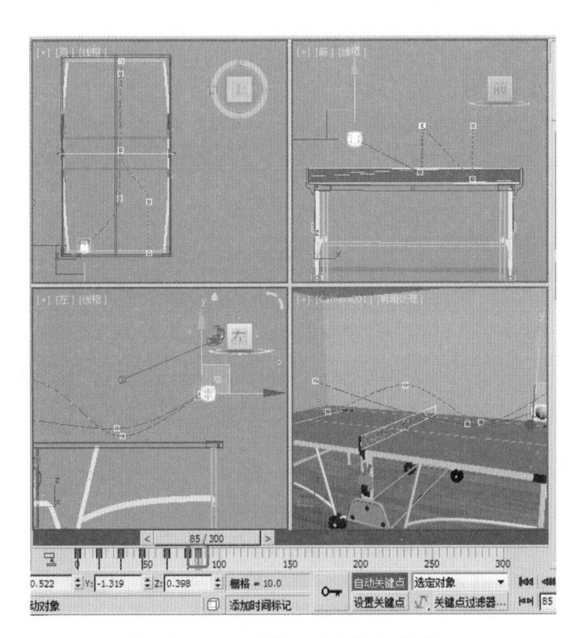

图 9-56　设置第 85 帧乒乓球动画

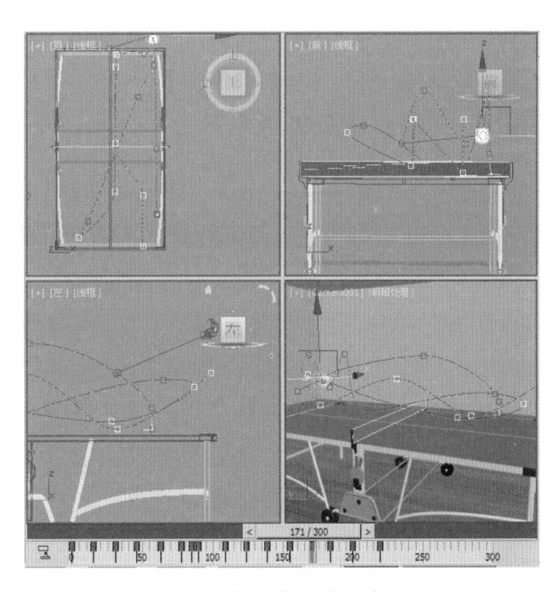

图 9-57　设置其他乒乓球动画

(6) 按 N 键关闭动画记录模式，确定乒乓球动画处于选择状态，进入【运动】命令面板，在【指定控制器】卷展栏中展开【位置】，选择【可用】选项，然后单击【指定控制器】按钮，在弹出的对话框中选择【噪波位置】控制器，如图 9-58 所示。

知识链接

【噪波控制器】：噪波控制器会在一系列帧上产生随机的、基于分形的动画。

(7) 单击【确定】按钮，此时会弹出【噪波控制器】对话框，在该对话框中将【频率】、【X 向强度】、【Y 向强度】、【Z 向强度】分别设置为 0.009、0.127、0.127、0，如图 9-59 所示。至此，乒乓球动画就制作完成了，激活摄影机视图，对该视图进行渲染输出即可。

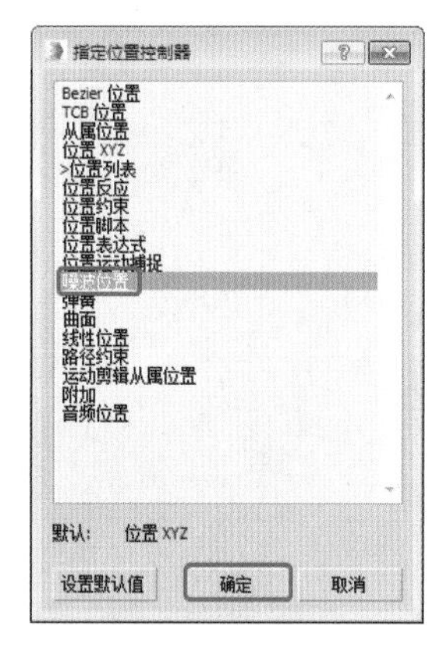

图 9-58　选择【噪波位置】控制器

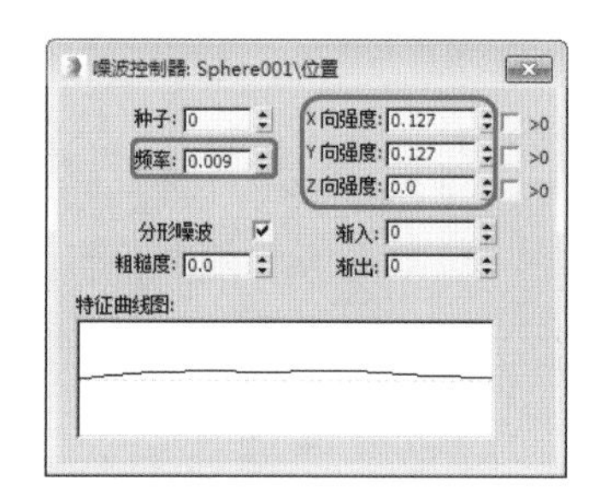

图 9-59　设置参数

案例精讲 107　使用浮动限制控制器制作乒乓球动画【视频案例】

本例将介绍如何使用【浮动限制控制器】制作乒乓球动画。首先打开【自动关键点】，记录乒乓球的运动路径，然后通过【运动】命令面板为乒乓球添加【浮动限制控制器】，为乒乓球设置动画，最后将场景渲染输出，效果如图 9-60 所示。

案例文件：CDROM\Scenes\ Cha09 \ 使用浮动限制控制器制作乒乓球动画 OK.max
视频文件：视频教学 \ Cha09\ 使用浮动限制控制器制作乒乓球动画 .avi

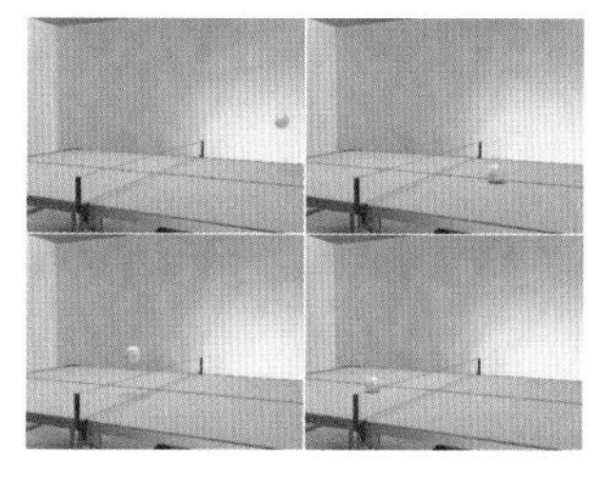

图 9-60　乒乓球动画

案例精讲 108　使用线性浮点控制器制作挂表动画

本例将介绍如何制作闹钟动画。首先通过设置【自动关键点】来设置秒针、分针的旋转动画，然后为秒针、分针通过【曲线编辑器】对话框添加【线性浮点】控制器，最后对摄影机视图进行渲染输出，效果如图 9-61 所示。

案例文件：CDROM\Scenes\ Cha09 \ 使用线性浮点控制器制作闹钟动画 OK.max
视频文件：视频教学 \ Cha09\ 使用线性浮点控制器制作闹钟动画 .avi

图 9-61　闹钟动画

(1) 首先打开 "使用线性浮点控制器制作闹钟动画 .max" 素材文件，如图 9-62 所示。在场景中选择【分针】对象，切换到【层次】命令面板中，单击【调整轴】卷展栏中的【仅影响轴】按钮，然后在视图中调整轴的位置，如图 9-63 所示。

(2) 激活【前】视图，在工具栏中单击【选择并旋转】按钮，然后打开【角度捕捉切换】，右击【角度捕捉切换】按钮，选择快捷菜单的相应命令，在弹出的对话框中选择【选项】选项卡，将【角度】设置为 6°，如图 9-64 所示。

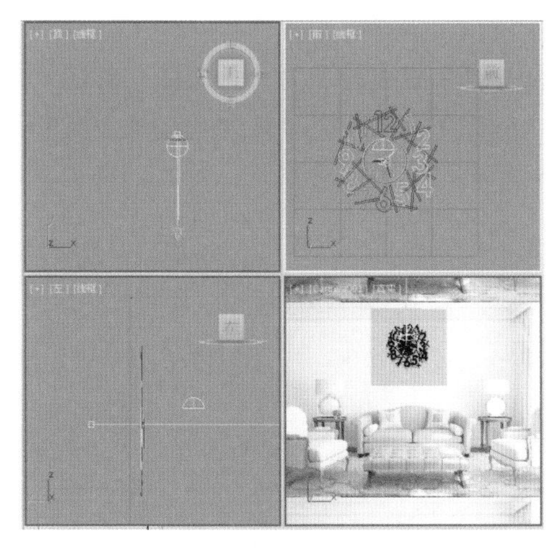

图 9-62　素材文件

图 9-63　调整轴的位置

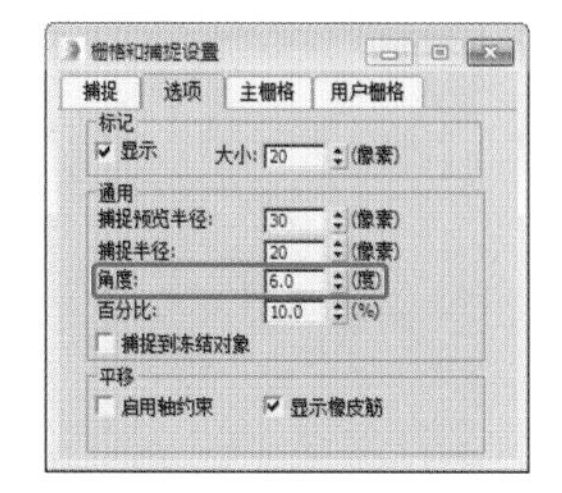

图 9-64　设置【角度】

(3) 按 N 键，打开动画记录模式，再次单击【仅影响轴】按钮，将时间滑块拖曳至第 100 帧位置处，在【前】视图中沿 Z 轴旋转 6°，效果如图 9-65 所示。最后关闭动画模式。

(4) 在视图中选择【秒针】对象，在【层次】面板中单击【仅影响轴】按钮，在【前】视图中调整轴的位置，如图 9-66 所示。

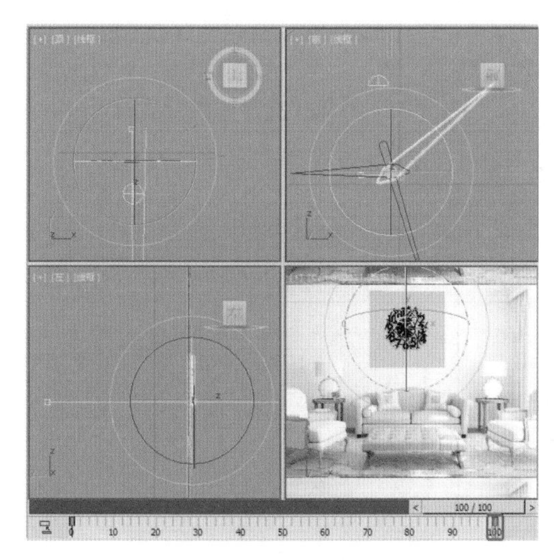

图 9-65　旋转分针

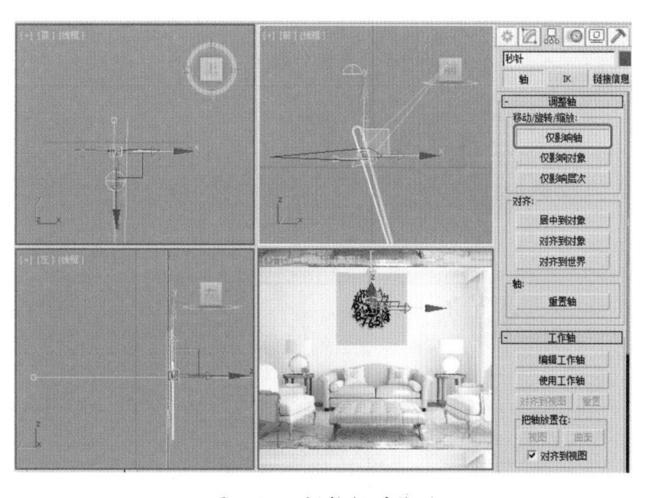

图 9-66　调整轴的位置

(5) 选择【选择并旋转】工具，右击【角度捕捉切换】按钮，在弹出的对话框中将【角度】设置为 180°，如图 9-67 所示。

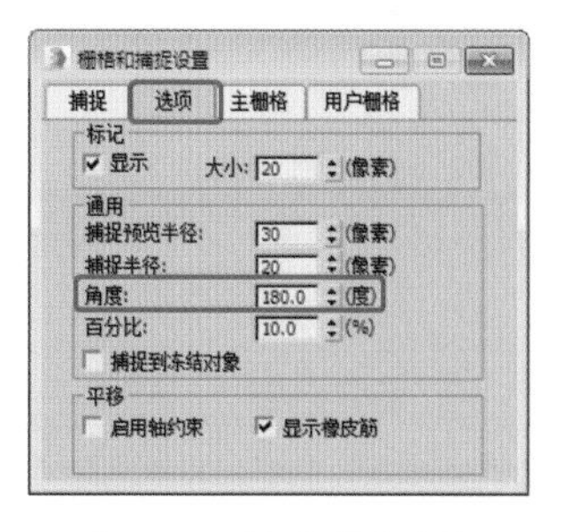

图 9-67　设置【角度】

(6) 将对话框关闭，按 N 键打开动画记录模式，再次单击【仅影响轴】按钮，将时间滑块拖曳至第 100 帧位置处，在【前】视图中将其沿 Z 轴旋转 360°，效果如图 9-68 所示。

(7) 确定【秒针】处于选择状态，单击鼠标右键，在弹出的快捷菜单中选择【曲线编辑器】命令，打开【轨迹视图 - 曲线编辑器】对话框，选择【秒针】下【旋转】中的【X 轴旋转】、【Y 轴旋转】、【Z 轴旋转】，如图 9-69 所示。单击鼠标右键，在弹出的快捷菜单中选择【指定控制器】命令，在弹出的对话框中选择【线性浮点】选项，单击【确定】按钮，如图 9-70 所示。

(8) 按 N 键，关闭动画记录模式，此时可以看到秒针对象的关键点曲线显示为一条斜线，如图 9-71 所示。

(9) 使用同样的方法为分针添加【线性浮点】控制器，按 N 键关闭动画记录模式。至此，动画就制作完成了，激活摄影机视图，对该视图进行渲染输出即可。

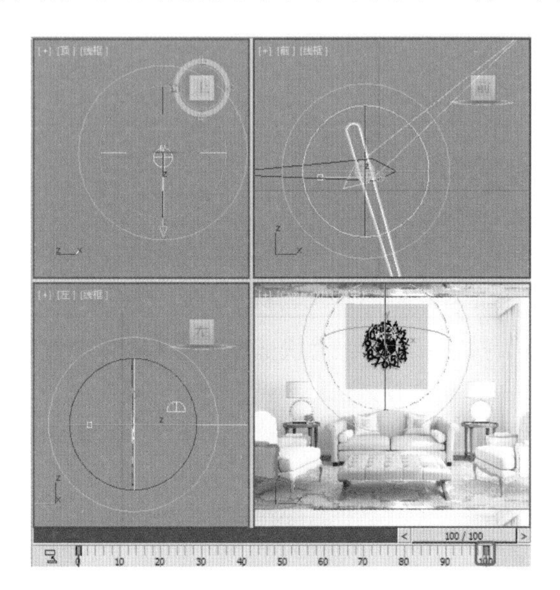

图 9-68 旋转秒针

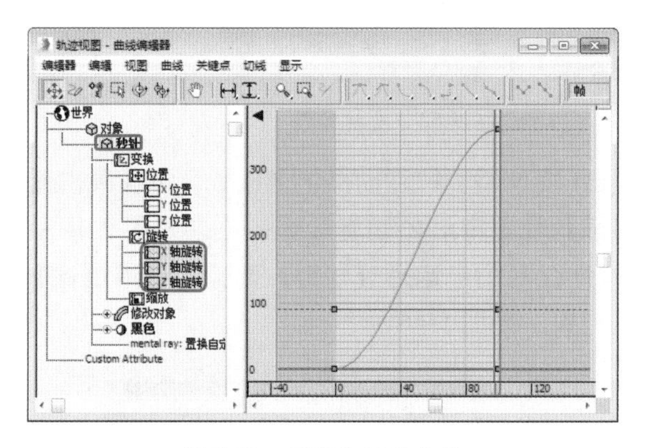

图 9-69 调整分针的位置

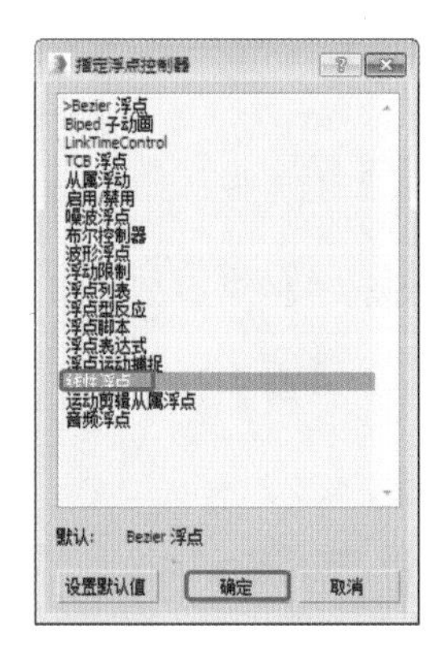

图 9-70 【指定浮点控制器】对话框

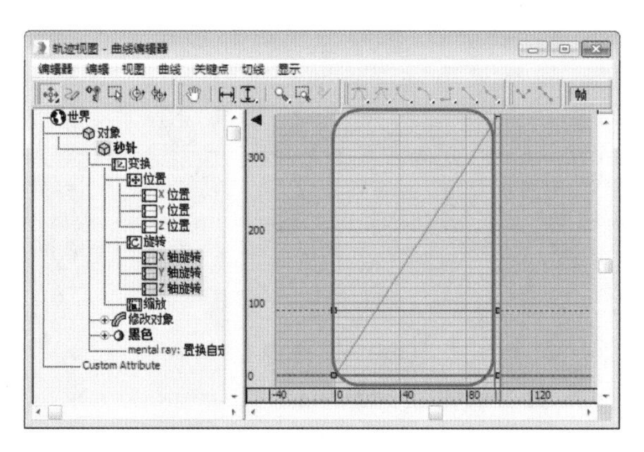

图 9-71 关键点曲线显示为一条斜线

第10章 空间扭曲动画

本章重点

- 使用马达空间扭曲制作泡泡动画
- 使用重力空间扭曲制作可乐喷射动画
- 使用波浪空间扭曲制作游动的鱼
- 使用爆炸空间扭曲制作坦克爆炸
- 使用泛方向导向板制作水珠动画
- 使用导向板制作消防水管喷出的水与墙的碰撞
- 制作旋涡文字
- 使用阻力空间扭曲制作香烟动画
- 使用涟漪空间扭曲制作动荡的水面动画
- 使用导向球制作旗帜飘动动画
- 使用导向板制作烟雾旋转动画

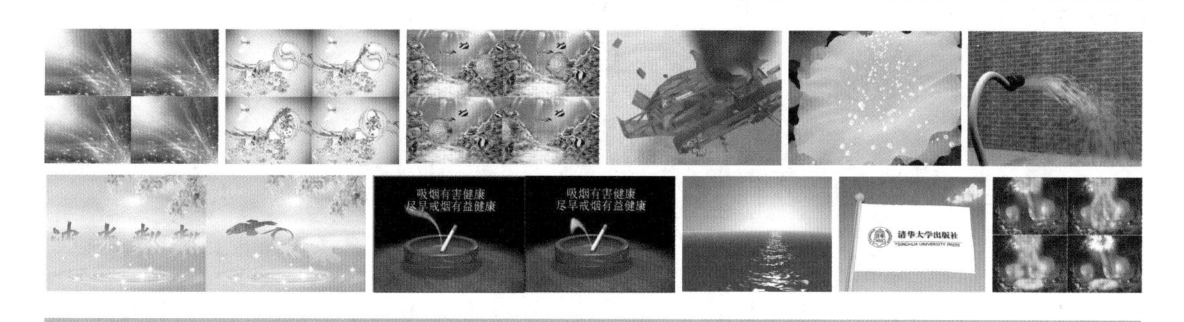

空间扭曲用于创建影响使其他对象变形的力场（如重力、涟漪、波浪和风），其行为方式类似于修改器，只不过空间扭曲影响的是世界空间，而【几何体】修改器影响的是对象空间。空间扭曲与粒子系统配合使用往往能够创造出流水或烟雾等自然现象。

案例精讲 109 使用马达空间扭曲制作泡泡动画

本例将介绍如何制作泡泡动画。首先要制作一个泡泡的材质，并赋予球体，然后创建粒子云，并将球体绑定的粒子云上，创建马达对象将粒子云绑定到马达对象上，完成后的效果如图 10-1 所示。

图 10-1 泡泡动画

案例文件：CDROM \ Scenes \Cha10\ 制作泡泡动画 OK.max

视频文件：视频教学 \ Cha10 \ 使用马达空间扭曲制作泡泡动画 .avi

(1) 启动软件后，打开随书附带光盘中的“CDROM \ Scenes \ Cha10 \ 制作泡泡动画 .max”素材文件，激活【摄影机】视图查看，如图 10-2 所示。

(2) 选择【创建】|【几何体】|【标准基本体】|【球体】工具，创建【球体】，将其【半径】设置为 5，将【分段】设置为 100，如图 10-3 所示。

图 10-2 打开素材文件

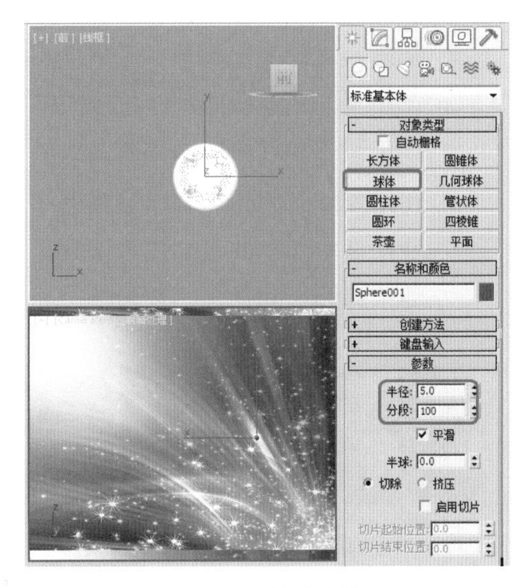

图 10-3 创建球体

(3) 按 M 键，快速打开【材质编辑器】窗口，选择一个空白材质球，选择【各向异性】明暗器类型，并在【各向异性基本参数】卷展栏中将【环境光】与【漫反射】的颜色设置为白色，选中【颜色】复选框，将其右侧的色标颜色设为白色，将【不透明度】设为 0。在【反射高光】选项组中将【高光级别】设置为 79，将【光泽度】设置为 40，将【各向异性】设置为 63，将【方向】设置为 0，切换到【贴图】卷展栏中，单击【自发光】后面的【无】按钮，在弹出的对话框中选择【衰减】贴图类型，其他保持默认值，如图 10-4 所示。

(4) 单击【转到父对象】按钮，然后单击【不透明度】后面的【无】按钮，在弹出的对话框中选择【衰减】，单击【确定】按钮，在【衰减参数】卷展栏中第一个颜色的 RGB 值设为 47、0、0，将第二个色标颜色 RGB 值设为 255、178、178，单击【转到父对象】按钮，将【不透明度】后面的值设为 40，如图 10-5 所示。

(5) 单击【反射】后面的【无】按钮，在弹出的对话框中选择【光线跟踪】，单击【确定】按钮，保持默认值，单击【转到父对象】按钮，将【反射】值设置为 10，如图 10-6 所示。

(6) 选择创建的气泡材质，将其赋予创建的球体，选择【创建】|【几何体】|【粒子系统】|【粒子云】工具，在【前】视图中进行创建，切换到【修改】命令面板中，在【基本参数】卷展栏中将【半径 / 长度】

设置为 908，将【宽度】设置为 370，将【高度】设置为 3，如图 10-7 所示。

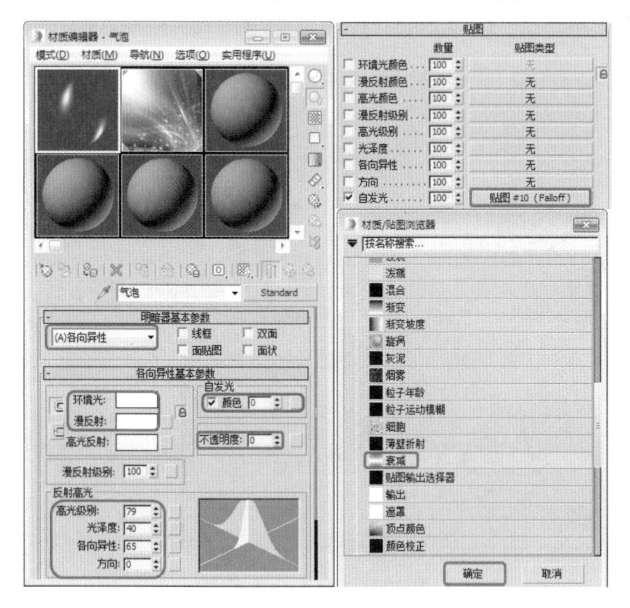

图 10-4　设置材质

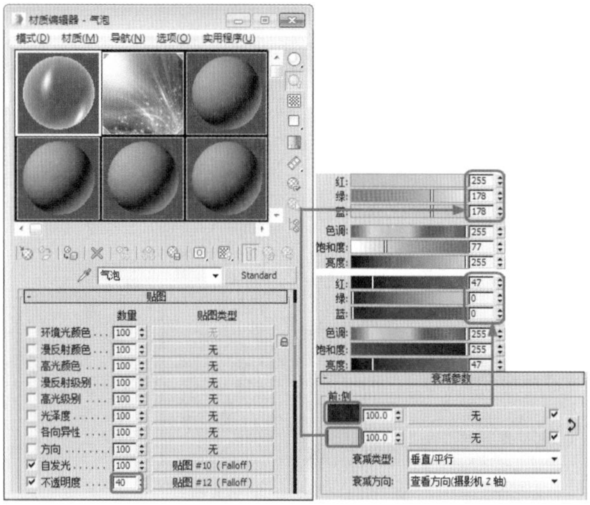

图 10-5　设置不透明度

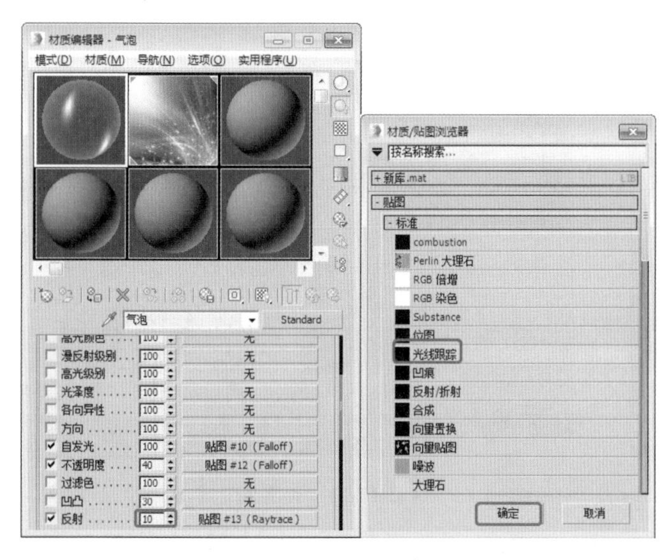

图 10-6　设置反射

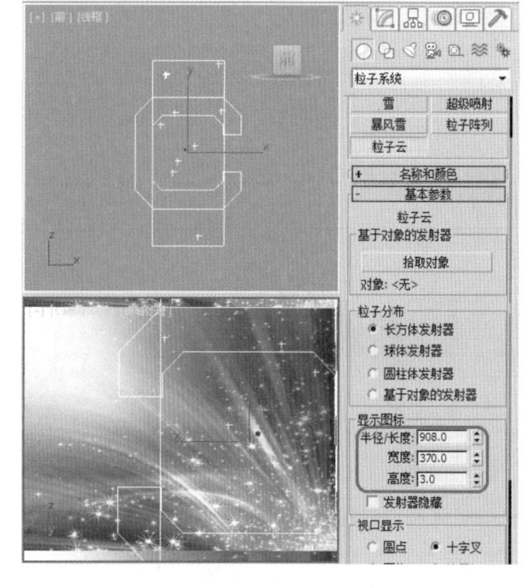

图 10-7　设置基本参数

(7) 切换到【粒子生成】卷展栏中，在【粒子数量】选项组中选中【使用总数】单选按钮，将数量设为 300，将【速度】设置为 1，【变化】设置为 100，勾选【方向向量】单选按钮，分别将 X、Y、Z 值设为 0、0、10，在【粒子计时】组中将【发射停止】设为 100，在【粒子大小】选项组中将【大小】设置为 3、【变化】设置为 100，如图 10-8 所示。

(8) 在【粒子类型】卷展栏中将【粒子类型】设置为【实例几何体】，单击【拾取对象】按钮，拾取场景中的球体，并单击【材质来源】按钮，如图 10-9 所示。

(9) 选择【创建】|【空间扭曲】|【马达】命令，创建马达，单击工具栏中的【绑定到空间扭曲】按钮，将创建的粒子对象绑定到马达对象上，适当调整马达的位置，如图 10-10 所示。

(10) 选择创建的马达对象，切换到【修改】命令面板，在【参数】卷展栏中将【结束时间】设置为

100，将【基本扭矩】设置为 100，选中【启用反馈】复选框，分别将【目标转速】和【增益】设置为 500、100，在【周期变化】选项组中选中【启用】复选框，将【图标大小】设置为 99，如图 10-11 所示。

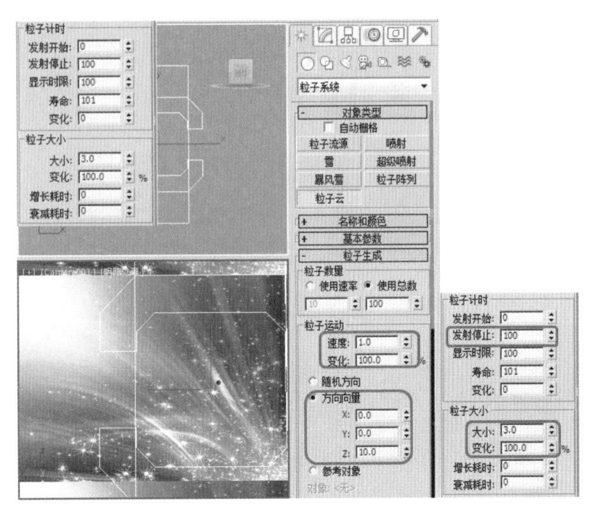

图 10-8　设置粒子生成

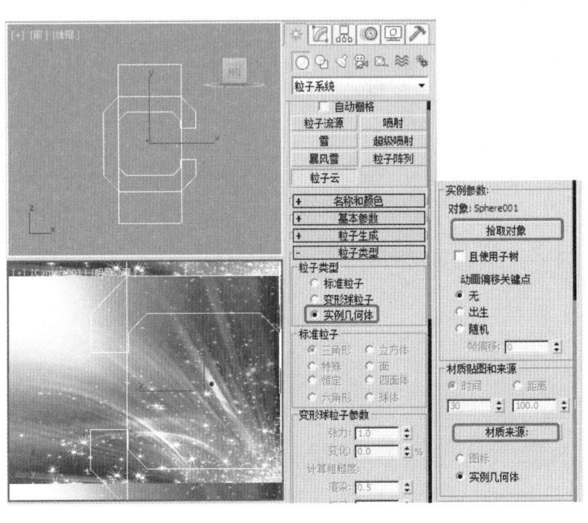

图 10-9　设置粒子类型

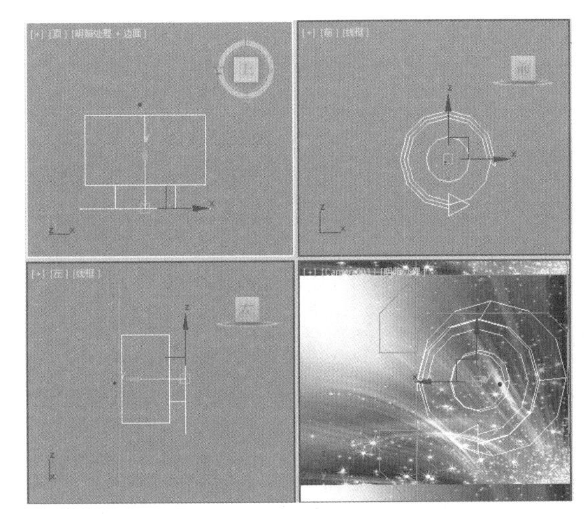

图 10-10　创建马达对象

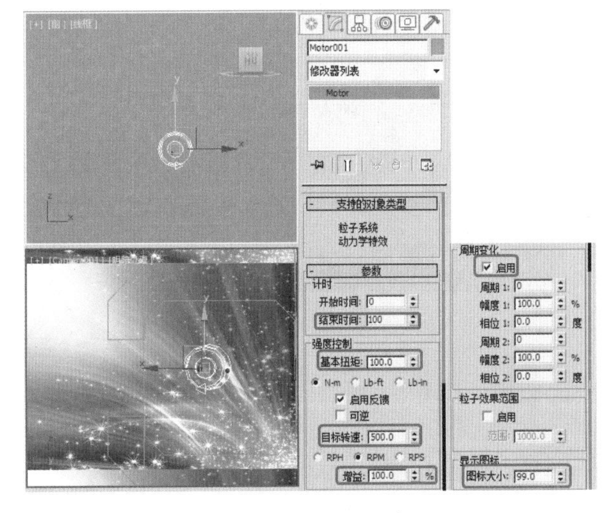

图 10-11　设置马达参数

知识链接

【马达】：马达可以产生一种螺旋推力，像发动机旋转一样旋转粒子，将粒子甩向旋转方向。

【粒子云】粒子云系统是限制一个控件，在空间内部产生粒子效果，通常空间可以是球形、柱体或长方体，也可以是任意指定的分布对象，空间内的粒子可以是标准基本图、变形球体或替身任何几何体，常用来制作堆积的不规则群体。

(11) 将取消【摄影机】的隐藏，对创建的粒子和马达的位置进行调整，如图 10-12 所示。

(12) 调整完成后，将【摄影机】隐藏，对动画进行渲染输出，渲染到第 50 帧时的效果如图 10-13 所示。

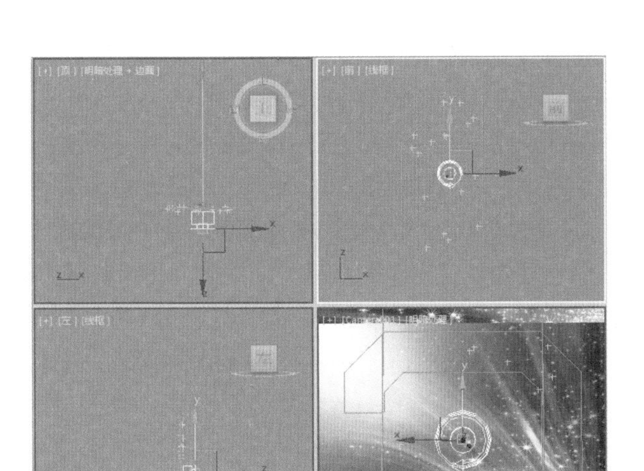

图 10-12　调整位置

图 10-13　渲染第 50 帧时的效果

案例精讲 110　使用重力空间扭曲制作可乐喷射动画

本例将讲解如何利用重力系统制作可乐喷射动画。首先创建一个超级喷射工具，并对其赋予可乐材质，然后添加重力系统，通过调整重力系统的参数，使其呈现弧度下落感，具体操作方法如下。完成后的效果如图 10-14 所示。

案例文件：CDROM \ Scenes \Cha10\ 可乐喷射动画 OK. max

视频文件：视频教学 \ Cha10 \ 使用重力空间扭曲制作可乐喷射动画 . avi

(1) 启动软件后打开随书附带光盘中的"CDROM \ Scenes \ Cha10 \ 可乐喷射动画 .max"素材文件，如图 10-15 所示。

图 10-14　可乐喷射动画

(2) 选择【创建】|【几何体】|【粒子系统】|【超级喷射】工具，在【顶】视图中创建一个超级喷射粒子系统，切换到【修改】命令面板，在【基本参数】卷展栏中将【轴偏离】组中的【扩散】设置为 2.5，将【平面偏离】下的扩散设置为 180，将【图标大小】设置为 14，在【视口显示】勾选【网格】单选按钮，将【粒子数百分比】设置为 100，在【粒子生成】卷展栏中，选中【粒子数量】选项组中的【使用总数】单选按钮，并将其下面的文本框中输入 250；在【粒子运动】选项组中将【速度】和【变化】分别设置为 4.0 和 5.0；在【粒子计时】选项组中将【发射开始】、【发射停止】和【寿命】分别设置为 5、60 和 70；在【粒子大小】选项组中将【大小】、【变化】、【增长耗时】和【衰减耗时】分别设置为 4.0、30.0、5 和 20。在【粒子类型】卷展栏中，选中【粒子类型】选项组中的【变形球粒子】单选按钮，如图 10-16 所示。

(3) 在工具栏中单击【材质编辑器】按钮，打开【材质编辑器】窗口，为可乐设置材质。选择一个新的材质样本球，将它命名为【可乐】。在【明暗器基本参数】卷展栏中，将【明暗器的类型】设为【金属】，并选中【双面】复选框，在【金属基本参数】卷展栏中，单击 C 按钮，取消【环境光】和【漫反射】

的锁定，将【环境光】的 RGB 设置为 78、22、22，将【漫反射】的 RGB 设置为 243、227、43，将【反射高光】选项组中的【高光级别】和【光泽度】分别设置为 100 和 80，如图 10-17 所示。

(4) 打开【贴图】卷展栏，单击【漫反射颜色】右侧的【无】按钮，在打开的对话框中选择【噪波】贴图，单击【确定】按钮，进入【噪波】贴图层级，在【坐标】卷展栏中将【瓷砖】下的 X、Y、Z 都设置为 2，在【噪波参数】卷展栏中将【噪波类型】定义为【湍流】，将【大小】设置为 3，将【颜色 #1】的 RGB 设置为 69、0、5，将【颜色 #2】的 RGB 设置为 235、216、7。单击【转到父对象】按钮，返回到【父级】材质层级，在【贴图】卷展栏中单击【反射】通道后面的【无】按钮，在弹出的对话框中选择【反射 \ 折射】贴图，单击【确定】按钮，使用系统默认设置即可。单击【转到父对象】按钮，返回到父级材质层级，在【贴图】卷展栏中单击【折射】通道后面的【无】按钮，在弹出的对话框中选择【光线跟踪】贴图，单击【确定】按钮，使用系统默认设置即可，单击【转到父对象】按钮，将【折射】值设置为 50。设置完成后单击【将材质指定给选定的对象】按钮，将该材质指定给场景中的粒子系统，如图 10-18 所示。

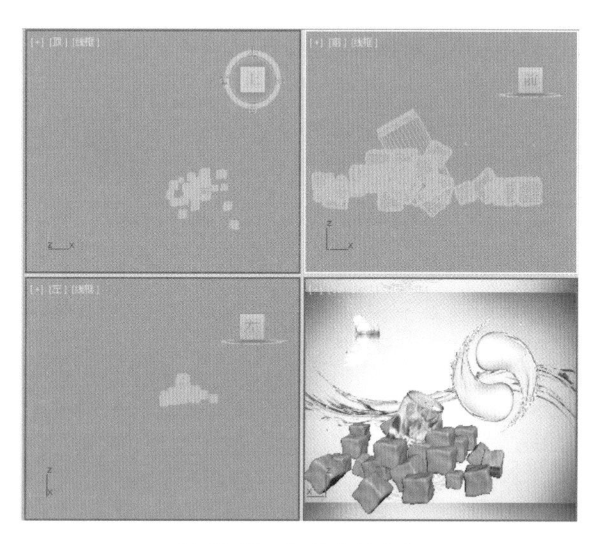

图 10-15　打开素材文件

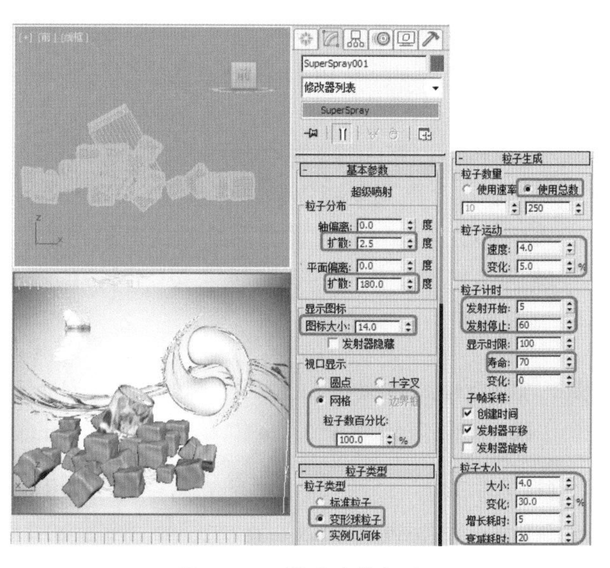

图 10-16　设置喷射粒子

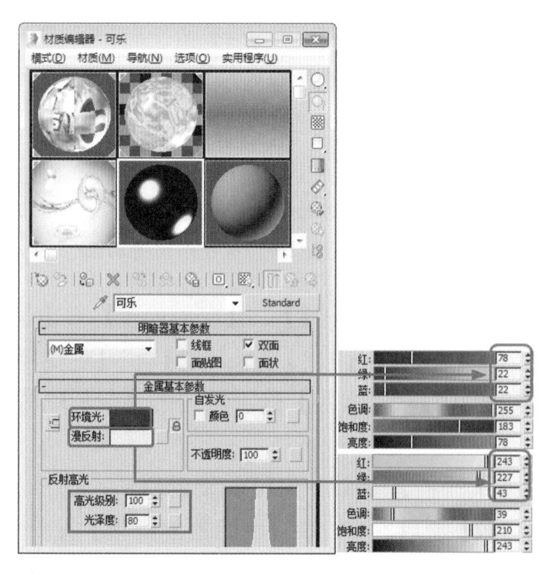

图 10-17　设置基本参数

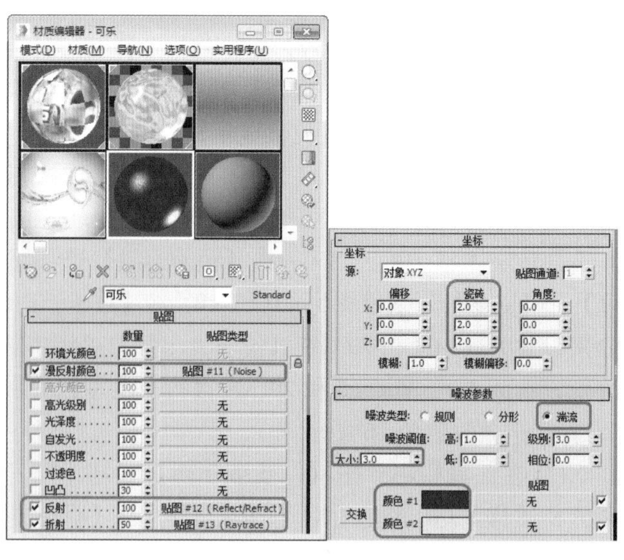

图 10-18　设置贴图

(5) 在场景中选择粒子对象调整位置和角度，如图 10-19 所示。

(6) 选择【创建】|【空间扭曲】|【重力】工具，在【顶】视图中创建一个重力系统，在【参数】卷展栏中将【力】选项组中的【强度】设置为 0.1，在【显示】选项组中将【图标大小】设置为 10，如图 10-20 所示。

知识链接

【强度】：增加【强度】会增加重力的效果，即对象的移动与重力图标的方向箭头的相关程度。小于 0 的强度会创建负向重力，该重力会排斥以相同方向移动的粒子，并吸引以相反方向移动的粒子。设置【强度】为 0 时，【重力】空间扭曲没有任何效果。

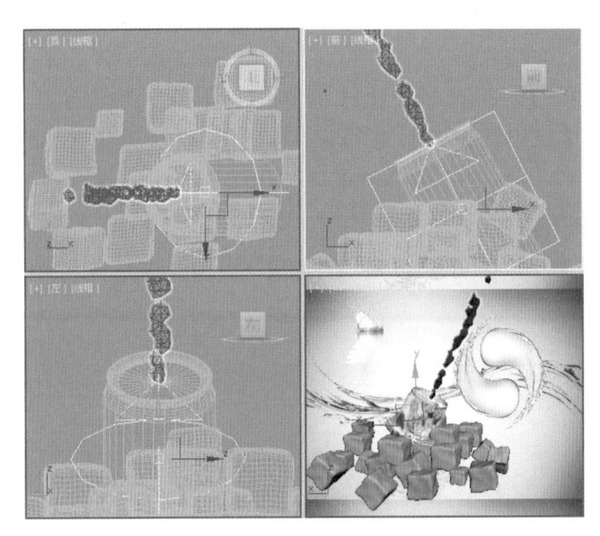

图 10-19 调整位置

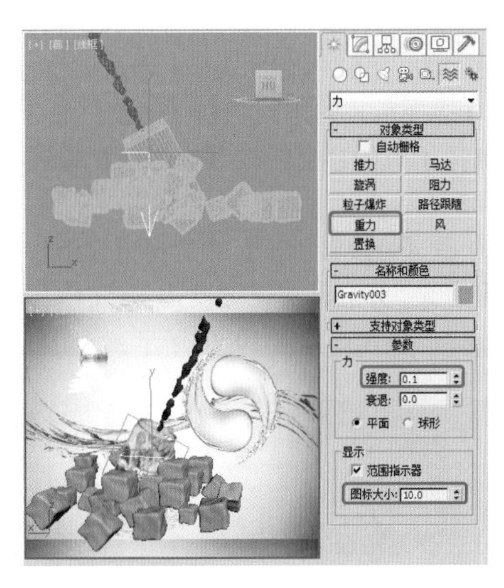

图 10-20 创建【重力】

(7) 选择创建的粒子对象，在工具选项栏中单击【绑定到空间扭曲】工具，将粒子对象绑定到重力系统上，如图 10-21 所示。

(8) 选择创建【重力】系统，调整位置和角度，对动画进行渲染输出，如图 10-22 所示。

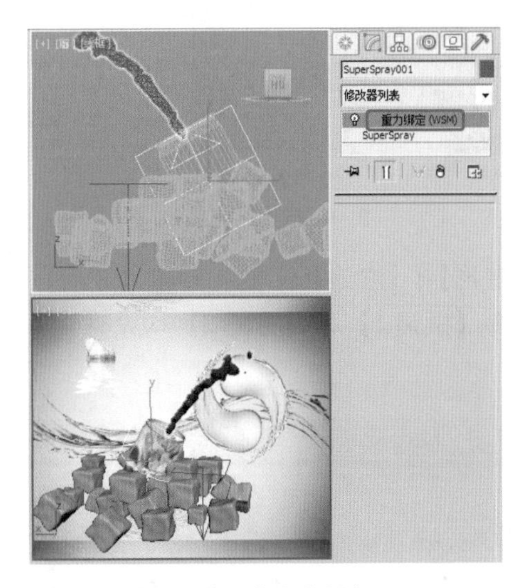

图 10-21 绑定空间扭曲

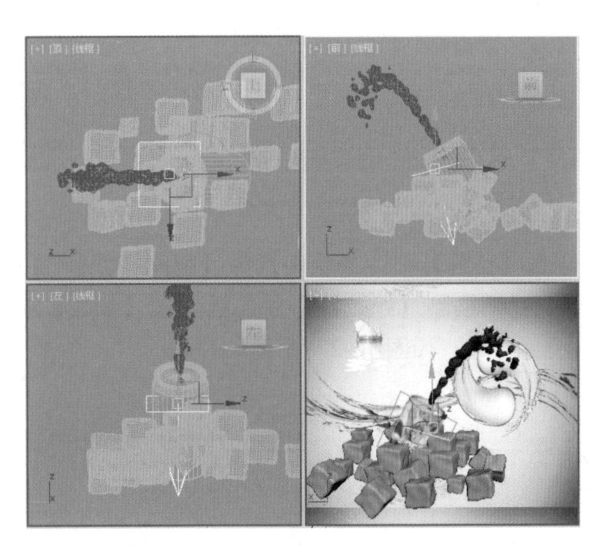

图 10-22 调整重力系统位置

案例精讲 111　使用波浪空间扭曲制作游动的鱼

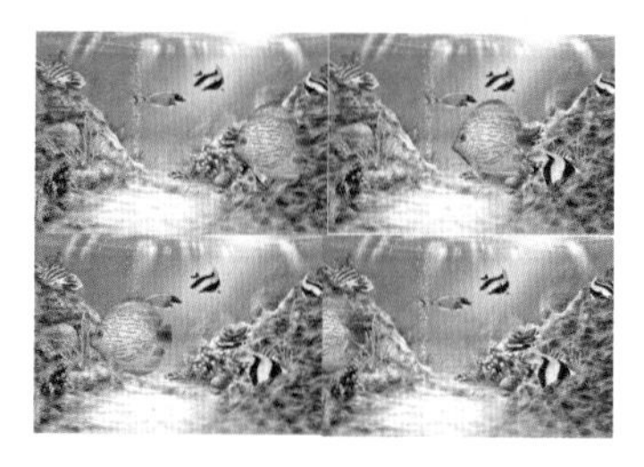

图 10-23　游动的鱼

本例将制作游动的鱼动画，首先选择鱼鳍部分，通过对其添加【波浪】修改器，使鱼鳍颤动，最后再通过添加【波浪】空间扭曲制作出最终动画，具体操作步骤如下。完成后的效果如图 10-23 所示。

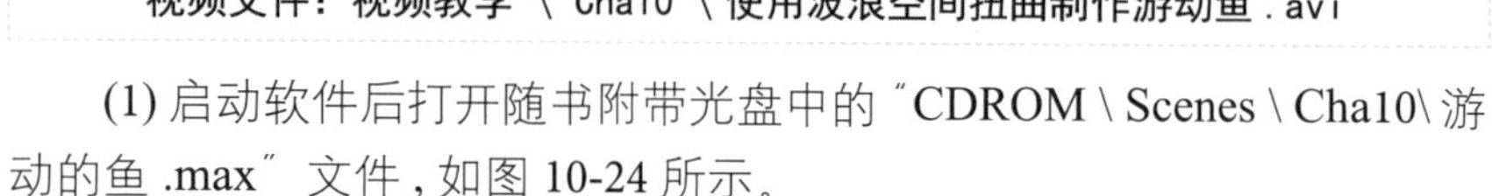

案例文件：CDROM \ Scenes \Cha10\ 游动的鱼 OK.max

视频文件：视频教学 \ Cha10 \ 使用波浪空间扭曲制作游动鱼 .avi

(1) 启动软件后打开随书附带光盘中的"CDROM \ Scenes \ Cha10\ 游动的鱼 .max"文件，如图 10-24 所示。

(2) 选择鱼儿的尾巴切换【修改】命令面板，选择【网格选择】修改器并将当前的选择集定义为顶点，选择所有的顶点，在【软选择】卷展栏中选中【使用软选择】复选框，将【衰减】设置为 80，如图 10-25 所示。

(3) 在【修改器列表】中选择【波浪】修改器，在【参数】卷展栏中分别将【振幅 1】和【振幅 2】均设置为 5，开启动画记录模式，将时间滑块移动到第 100 帧处，设置【相位】为 10，添加关键帧，关闭动画记录模式，如图 10-26 所示。

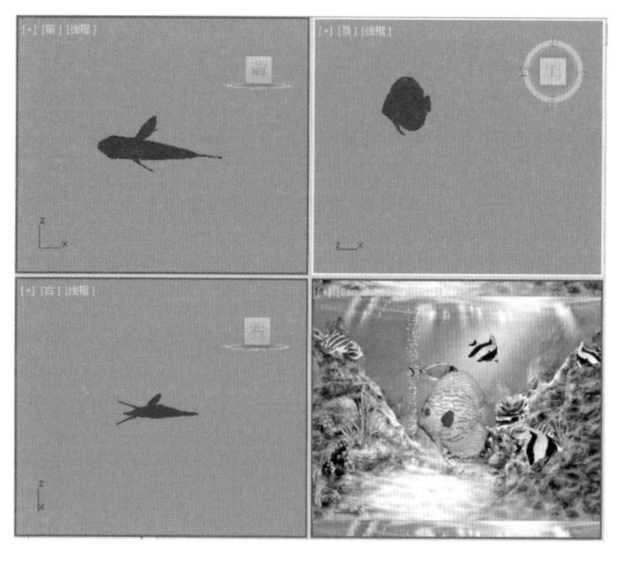

图 10-24　打开素材文件

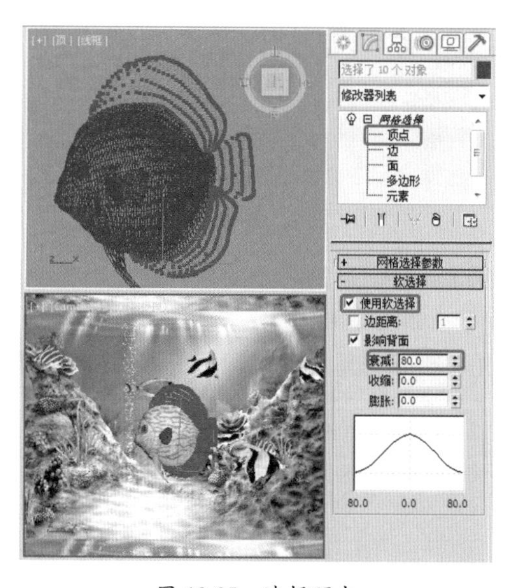

图 10-25　选择顶点

(4) 在【创建】命令面板中选择【空间扭曲】|【几何 / 可变形】|【波浪】工具，创建【波浪】空间扭曲对象，切换到【修改】命令面板，在【参数】卷展栏中将【振幅 1】和【振幅 2】均设置为 0，将波长设置为 110，如图 10-27 所示。

知识链接

振幅 1：设置沿波浪扭曲对象的局部 X 轴的波浪振幅。

振幅 2：设置沿波浪扭曲对象的局部 Y 轴的波浪振幅。

(5) 在工具栏中单击【绑定到空间扭曲】按钮，将鱼鳍绑定到【波浪】对象中，选择【波浪】对象，开启动画记录模式。在【参数】卷展栏中将【振幅 1】和【振幅 2】均设置为 5，如图 10-28 所示。

提 示

振幅用单位数表示。该波浪是一个沿其 Y 轴为正弦，沿其 X 轴为抛物线的波浪。认识振幅之间区别的另一种方法是，振幅 1 位于波浪 Gizmo 的中心，而振幅 2 位于 Gizmo 的边缘。

(6) 将时间滑块移动到第 60 帧位置，在【参数】卷展栏中将【振幅 1】和【振幅 2】均设置为 10，如图 10-29 所示。

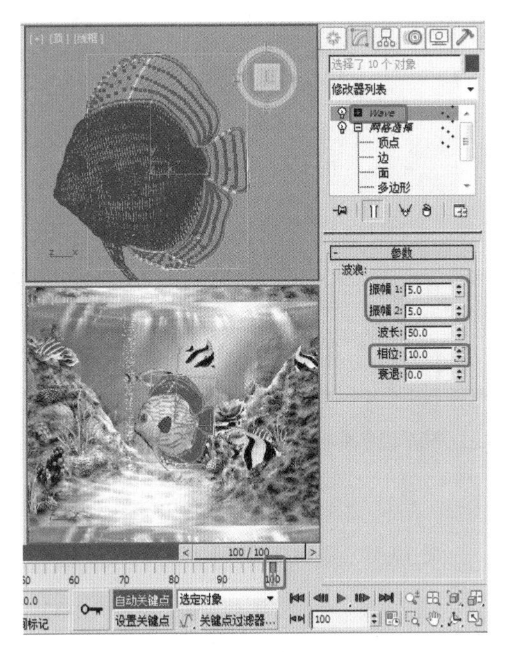

图 10-26 添加关键帧 (1)

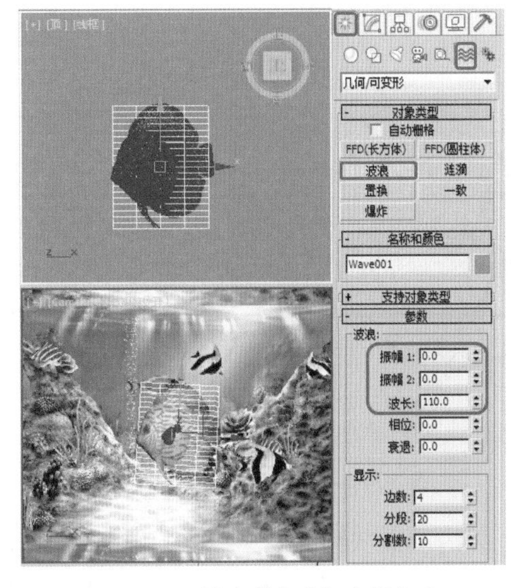

图 10-27 创建【波浪】空间扭曲

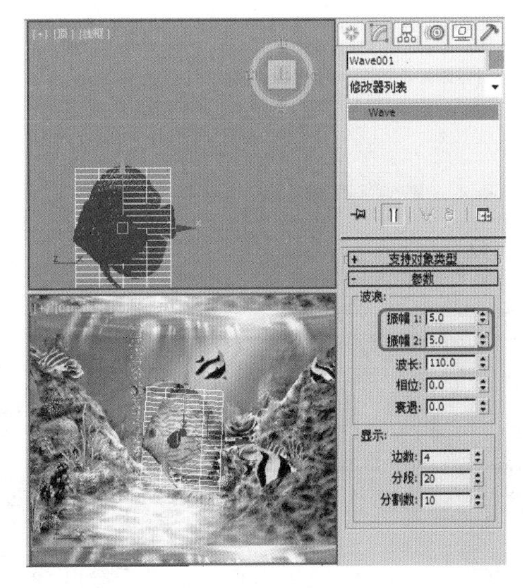

图 10-28 添加关键帧 (2)

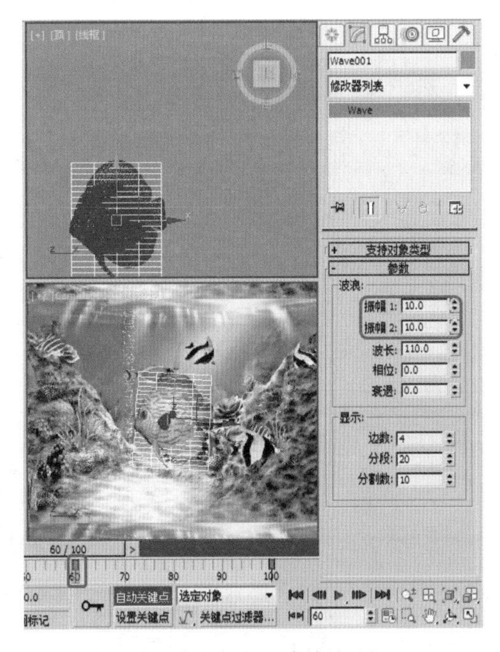

图 10-29 添加关键帧 (3)

(7) 将时间滑块移动到第 100 帧位置，在【参数】卷展栏中将【振幅 1】和【振幅 2】均设置为 20，如图 10-30 所示。

(8) 将时间滑块移动到第 0 帧位置，选择鱼和【波浪】对象，调整位置，添加位置关键帧，如图 10-31 所示。

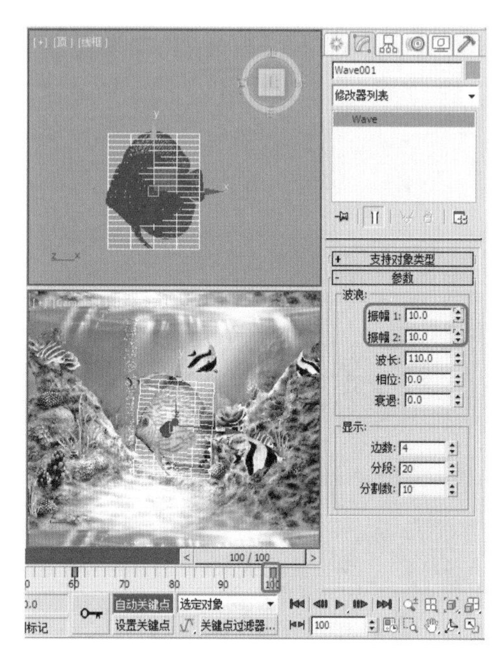

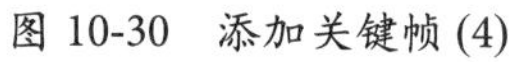

图 10-30　添加关键帧 (4)

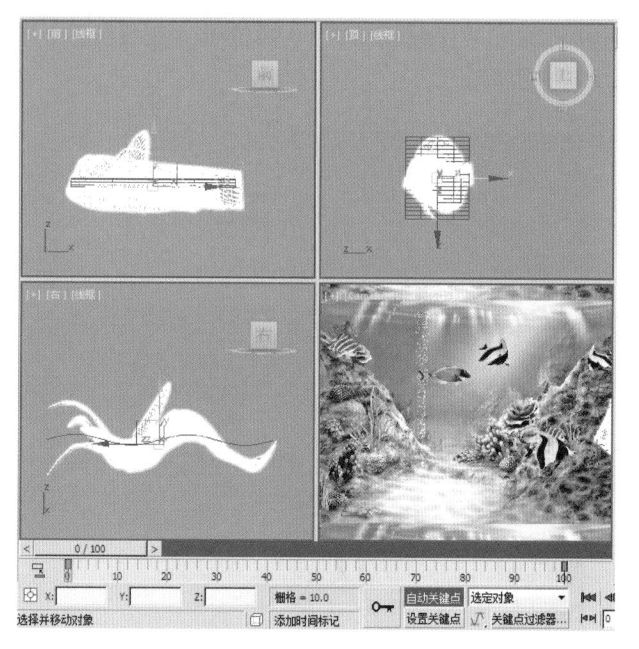

图 10-31　添加位置关键帧 (1)

(9) 将时间滑块移动到第 100 帧位置，移动鱼和【波浪】对象位置，添加关键帧，如图 10-32 所示。

(10) 选择鱼的所有部分，并将其成组，关闭动画记录模式，对【摄影机】视图进行渲染输入，渲染到第 50 帧时的效果如图 10-33 所示。

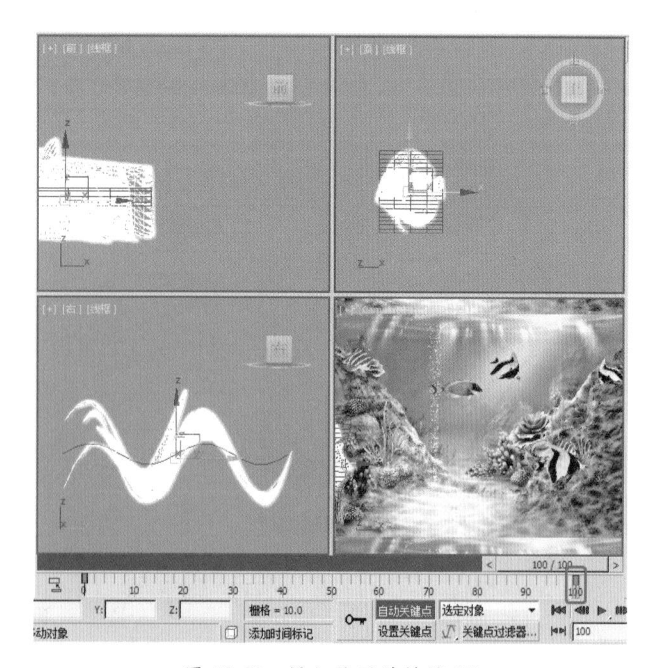

图 10-32　添加位置关键帧 (2)

图 10-33　渲染第 50 帧时的效果

案例精讲 112 使用爆炸空间扭曲制作坦克爆炸【视频案例】

本例将介绍如何制作坦克的爆炸，打开素材后创建爆炸空间扭曲，然后将坦克与爆炸空间扭曲绑定到一起，之后在【修改】命令面板中设置爆炸参数，最后将场景进行输出。效果如图 10-34 所示。

案例文件：CDROM\Scenes\ Cha10 \使用爆炸空间扭曲制作坦克爆炸 OK.max
视频文件：视频教学 \ Cha10\ 使用爆炸空间扭曲制作坦克爆炸 .avi

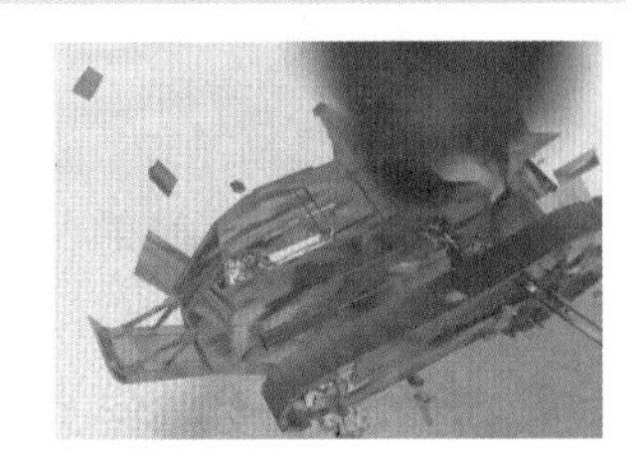

图 10-34 坦克爆炸

案例精讲 113 使用泛方向导向板制作水珠动画【视频案例】

本例将介绍如何制作水珠动画。首先创建粒子系统并对系统设置参数，然后创建重力系统和泛方向导向板，并将其与粒子系统绑定到一起，对其进行设置，设置完成后将场景进行渲染输出，效果如图 10-35 所示。

案例文件：CDROM\Scenes\ Cha10 \使用泛方向导向板制作水珠动画 OK.max
视频文件：视频教学 \ Cha10\ 使用泛方向制作水珠动画 .avi

图 10-35 水珠动画

案例精讲 114 使用导向板制作消防水管喷出的水与墙的碰撞【视频案例】

本例将介绍如何制作水与墙碰撞的动画。首先创建超级喷射粒子，对其进行相应的设置，然后创建重力并将其与粒子绑定到一起，使粒子的运动更接近现实，为墙和地面创建导向板，并将导向板与粒子绑定，最后对视图进行渲染输出即可。效果如图 10-36 所示。

图 10-36 水与墙碰撞动画

案例文件：CDROM\Scenes\ Cha10 \使用导向板制作消防水管喷出的水与墙的碰撞 OK.max
视频文件：视频教学 \ Cha10\ 使用导向板制作消防水管喷出的水与墙的碰撞 .avi

案例精讲 115 制作漩涡文字

本例将介绍如何制作漩涡文字。首先创建漩涡并设置漩涡参数，然后打开【粒子视图】对话框，将【力】添加至【事件显示】中，将【漩涡】空间扭曲添加至【力空间扭曲】卷展栏中，最后将场景进行渲染输出即可。效果如图 10-37 所示。

图 10-37 漩涡文字

案例文件：CDROM\Scenes\ Cha10 \ 制作漩涡文字 OK.max

视频文件：视频教学 \ Cha10\ 制作漩涡文字 .avi

(1) 打开素材“制作漩涡文字 .max”文件，选择【创建】|【空间扭曲】|【力】|【漩涡】工具，在【前】视图中创建漩涡，如图 10-38 所示。

(2) 确定【漩涡】处于选择状态，进入【修改】命令面板，在【参数】卷展栏中将【显示】选项组中的【图标大小】设置为 95，如图 10-39 所示。

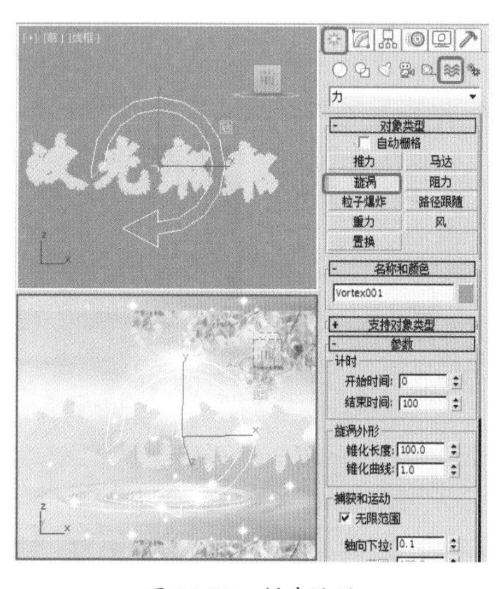

图 10-38　创建漩涡

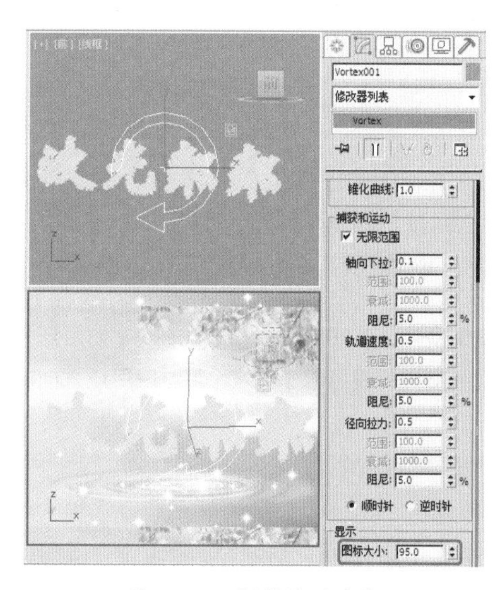

图 10-39　调整漩涡参数

(3) 在场景中选择粒子系统，展开【设置】卷展栏，单击【粒子视图】按钮，弹出【粒子视图】对话框，在该对话框中选择【力】选项，将其拖曳至上方的【事件显示】中，如图 10-40 所示。

(4) 选择【力】选项，在右侧的【力 001】卷展栏中单击【添加】按钮，然后在场景中选择刚刚创建的漩涡空间扭曲，此时该对象即可出现在【力空间扭曲】选项组中，如图 10-41 所示。

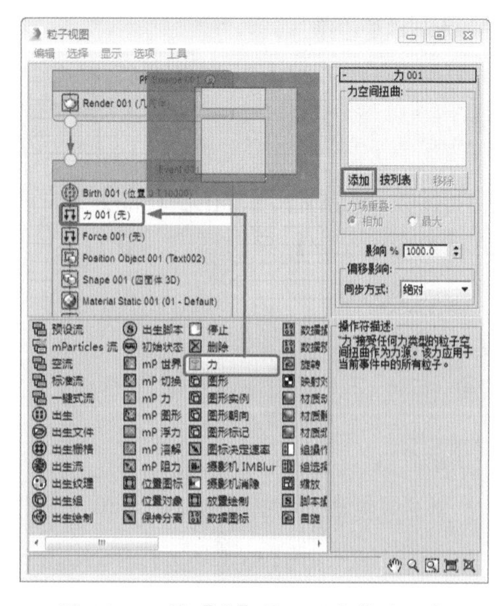

图 10-40　将【力】添加至事件显示中

图 10-41　将漩涡与粒子绑定

提 示

【漩涡】空间扭曲将力应用于粒子系统，使它们在急转的漩涡中旋转，然后让它们向下移动成一个长而窄的喷流或者漩涡井。漩涡在创建黑洞、涡流、龙卷风和其他漏斗状对象时很有用。

案例精讲 116 使用阻力空间扭曲制作香烟动画

本例将介绍如何制作香烟动画。首先在场景中创建【超级喷溅】，并调整其参数，再为粒子系统创建【风】和【阻力】，并调整其参数，添加【自由关键点】后渲染效果如图 10-42 所示。

图 10-42 制作香烟动画

案例文件：CDROM \ Scenes\Cha10 \ 制作香烟动画 OK.max

视频文件：视频教学 \ Cha10 \ 使用阻力空间扭曲制作香烟动画 .avi

(1) 选择随书附带光盘中的“CDROM \ Scenes \ Cha10 \ 制作香烟动画 .max”文件，如图 10-43 所示。

(2) 选择【创建】|【几何体】|【粒子系统】|【超级喷溅】，在【顶】视图中绘制【超级喷溅】粒子对象，创建完成后确认其处于选中状态，在【修改】中，将【基本参数】卷展栏中的【扩散】分别设置为 1 和 180，将【图标大小】设置为 8，选中【网格】单选按钮，将【粒子数百分比】设置为 50，如图 10-44 所示。

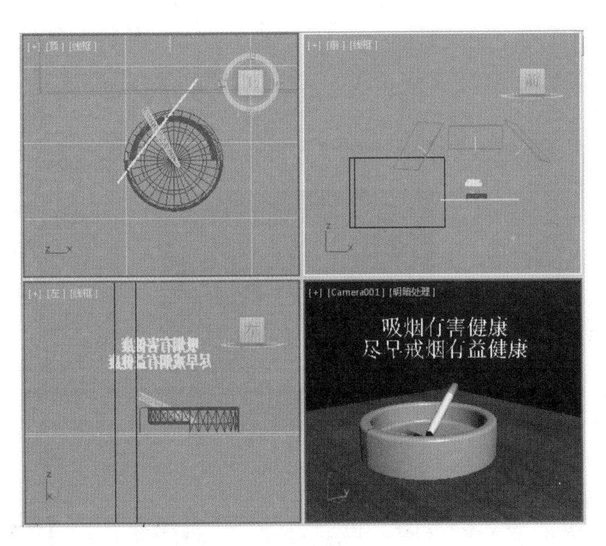

图 10-43 打开素材文件

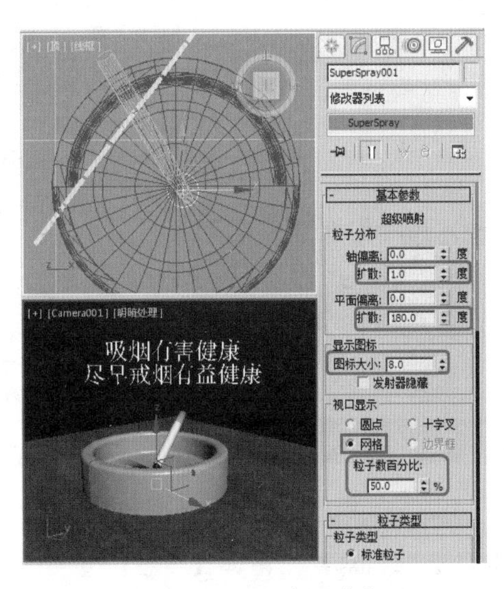

图 10-44 设置粒子参数

(3) 打开【粒子生成】卷展栏，将【粒子运动】选项组中的【速度】设置为 1，【变化】设置为 10，将【粒子计时】选项组中的【发射开始】、【发射停止】、【显示时限】、【寿命】、【变化】分别设置为 -90、300、301、100、5，将【粒子大小】选项组中的【大小】、【变化】、【增长耗时】、【衰减耗时】分别设置为 4、25、100、10，将【种子】设置为 14218，如图 10-45 所示。

(4) 打开【粒子类型】卷展栏，选中【标准粒子】下的【面】单选按钮，如图 10-46 所示。

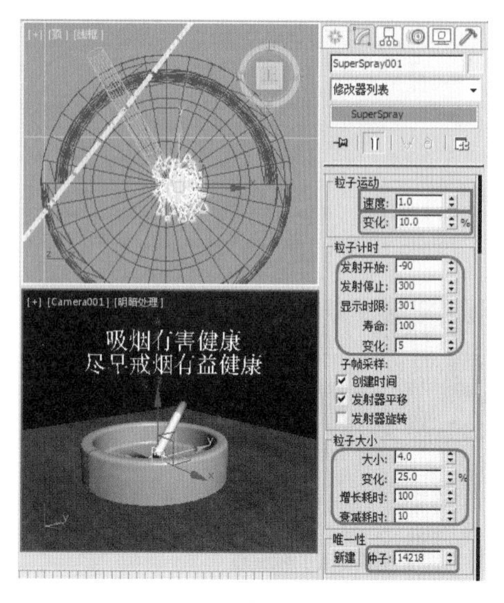

图 10-45　设置【粒子生成】参数

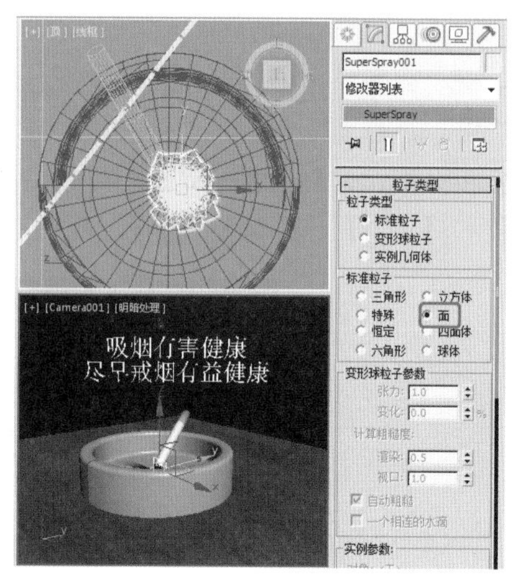

图 10-46　设置【标准粒子】

(5) 确认创建的【超级喷射】的粒子系统处于选中状态，在工具栏中单击【材质编辑器】按钮，在弹出的【材质编辑器】窗口中将第一个材质球【烟】的材质赋予所选对象，效果如图 10-47 所示。

(6) 选择【创建】|【空间扭曲】|【力】|【风】，在【前】视图中创建风对象，并对其进行调整，在视图中选中粒子对象，在工具栏中单击【绑定到空间扭曲】按钮，将粒子绑定到风对象上，如图 10-48 所示。

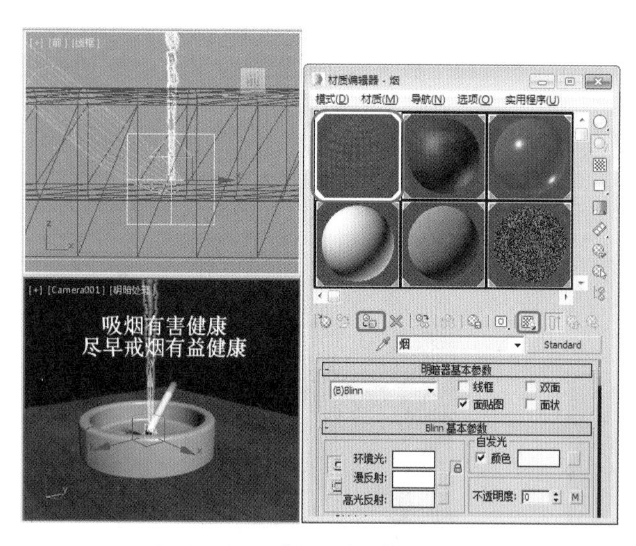

图 10-47　给【超级喷溅】赋予材质

图 10-48　绑定空间扭曲

(7) 选择风对象，在其【参数】卷展栏中将【强度】设置为 0.01，将【湍流】、【频率】、【比例】分别设置为 0.04、0.26、0.03，如图 10-49 所示。

(8) 选择【创建】|【空间扭曲】|【力】|【阻力】，在【前】视图中创建一个阻力对象，在视图中选择粒子对象，在工具栏中单击【绑定到空间扭曲】按钮，将粒子绑定到阻力对象上，如图 10-50 所示。

知识链接

应用【线性阻尼】的各个粒子的运动被分离到空间扭曲的局部 X、Y和 Z轴向量中。在它上面对各个向量施加阻尼的区域是一个无限的平面，其厚度由相应的【范围】值决定。

X轴 /Y轴 /Z轴：指定受阻尼影响粒子沿局部运动的百分比。

【范围】：设置垂直于指定轴的范围平面或者无限平面的厚度。仅在取消选中【无限范围】复选框时生效。

【衰减】：指定在X、Y或Z范围外应用线性阻尼的距离。阻尼在距离为【范围】值时的强度最大，在距离为【衰减】值时线性降至最低，在超出的部分没有任何效果。【衰减】效果仅在超出【范围】值的部分生效，它是从图标的中心处开始测量的，并且其最小值总是和【范围】值相等。仅在取消选中【无限范围】复选框时生效。

图 10-49　设置风对象

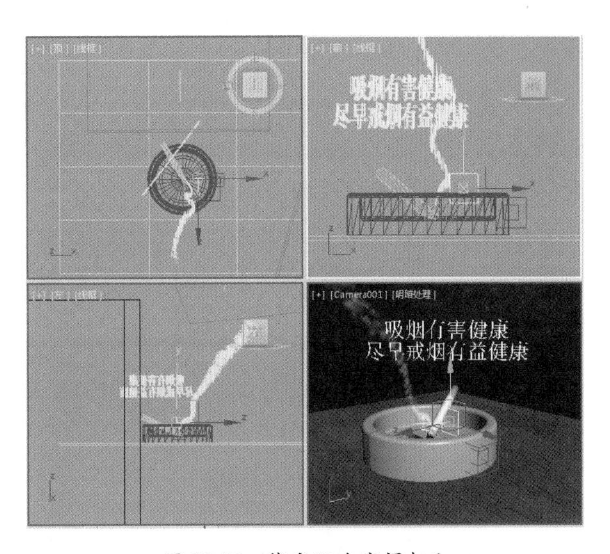

图 10-50　绑定阻力空间扭曲

(9) 在视图中选择阻力对象，在【参数】卷展栏中将【开始时间】和【结束时间】分别设置为 –100 和 300，将【线性阻尼】下的 X 轴、Y 轴、Z 轴分别设置为 1、1 和 3，如图 10-51 所示。

(10) 激活【透视图】，在工具栏中选择【渲染设置】，将【公用参数】卷展栏中的【时间输出】设置为【活动时间段：0 到 300】，将【输出大小】设置为 640 × 480，将【渲染输出】进行设置并保存，如图 10-52 所示。

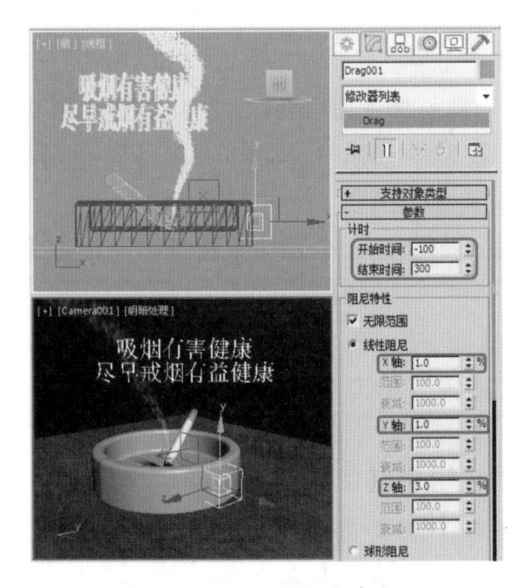

图 10-51　设置阻力参数

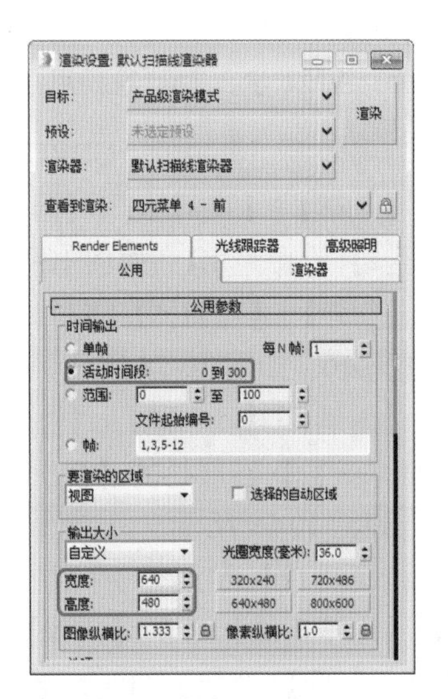

图 10-52　设置渲染输出

案例精讲 117 使用涟漪空间扭曲制作动荡的水面动画【视频案例】

本例将介绍如何制作动荡的水面动画。首先在场景中为对象创建一个【涟漪】，并将涟漪参数进行调整，然后使用【自动关键点】创建动画，最后渲染效果如图 10-53 所示。

案例文件：CDROM \ Scenes \Cha10\ 制作动荡的水面动画 OK. max
视频文件：视频教学 \ Cha10 \ 制作动荡的水面动画 . avi

图 10-53 制作动荡的水面动画

案例精讲 118 使用导向球制作旗帜飘动动画【视频案例】

本例将使用导向球制作旗帜飘动动画。使用【平面】绘制旗帜对象并为其添加材质和【UVW 贴图】修改器，然后添加重力、风和导向球，最后为旗帜添加【网格选择】和【柔体】修改器并设置参数。完成后的效果如图 10-54 所示。

案例文件：CDROM \ Scenes \ Cha10\ 旗帜飘动 OK. max
视频文件：视频教学 \ Cha10\ 使用导向球制作旗帜飘动动画 . avi

图 10-54 旗帜飘动动画

案例精讲 119 使用导向板制作烟雾旋转动画

本例将介绍烟雾旋转动画的制作方法。首先创建圆环作为发射器，球体作为粒子对象，然后创建粒子阵列对象并设置其参数。创建旋涡和导向板并将其与粒子阵列链接，最后调整圆环位置，并创建摄影机。完成后的效果如图 10-55 所示。

案例文件：CDROM \ Scenes \ Cha10\ 烟雾旋转动画 OK. max
视频文件：视频教学 \ Cha10\ 使用导向板制作烟雾旋转动画 . avi

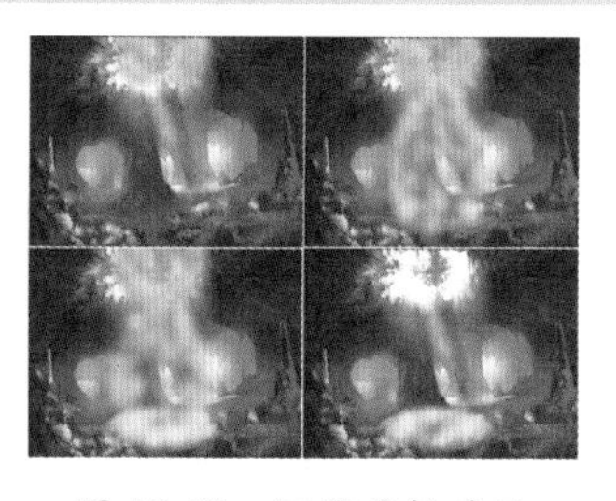
图 10-55 烟雾旋转动画

(1) 打开随书附带光盘中的"CDROM \ Scenes \ Cha10 \ 烟雾旋转动画 .max"文件，如图 10-56 所示。

(2) 选择【创建】|【几何体】|【圆环】工具，在【顶】视图中创建一个圆环，将【半径 1】设置为 150.0，【半径 2】设置为 1.1，如图 10-57 所示。

(3) 选择【创建】|【几何体】|【球体】工具，在【顶】视图中创建一个球体，将【半径】设置为 6.0，【分段】设置为 10，如图 10-58 所示。

(4) 选择【创建】|【几何体】|【粒子系统】|【粒子阵列】工具，在【顶】视图中创建一个粒子阵列对象，在【基本参数】卷展栏的【基于对象的发射器】选项组中，单击【拾取对象】按钮，在场景中拾取圆环对象，如图 10-59 所示。

(5) 在【粒子生成】卷展栏中，在【粒子数量】选项组中选中【使用速率】单选按钮并将参数设置为 10，将【粒子运动】中的【速度】设置为 0.0。在【粒子计时】选项组中，将【发射停止】设置为 150、【显示时限】设置为 200、【寿命】设置为 55。在【粒子大小】选项组中将【大小】设置为 13.0。在【粒子类型】卷展栏中，将【粒子类型】选择为【实例几何体】，单击【实例参数】中的【拾取对象】按钮，拾取场景中的球体对象，如图 10-60 所示。

(6) 选择【创建】|【空间扭曲】|【力】|【漩涡】工具，在【顶】视图中的圆环内部创建一个漩涡对象。在【参数】卷展栏中，将【计时】选项组中的【结束时间】设置为 200，在【捕获和运动】选项组中，将【轴向下拉】设置为 1.2、【轨道速度】设置为 1.0、【径向拉力】设置为 5.0，将【阻尼】设置为 1.0，如图 10-61 所示。

(7) 使用【绑定到空间扭曲】按钮，将漩涡对象绑定到粒子阵列对象上，如图 10-62 所示。

知识链接

【导向板】能阻挡并排斥由粒子系统产生的粒子，起着平面防护板的作用。

(8) 选择【创建】|【空间扭曲】|【导向器】|【导向板】工具，在【顶】视图中创建一个导向板对象。在【参数】卷展栏中，将【反弹】设置为 0.1，如图 10-63 所示。

(9) 单击【绑定到空间扭曲】按钮，将导向板对象绑定到粒子阵列对象上，如图 10-64 所示。

(10) 选中粒子阵列对象，打开【材质编辑器】窗口，将【烟雾】材质指定给粒子阵列对象，如图 10-65 所示。

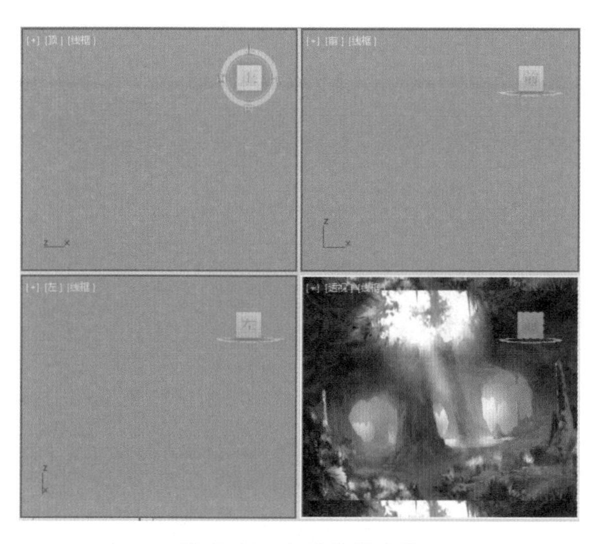

图 10-56　打开素材文件

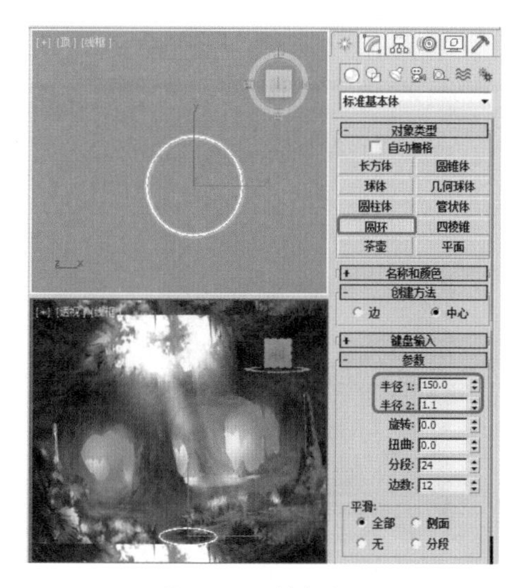

图 10-57　创建圆环

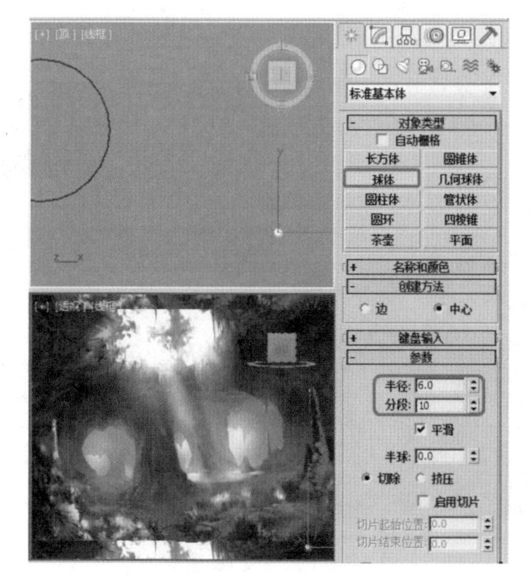

图 10-58　创建球体

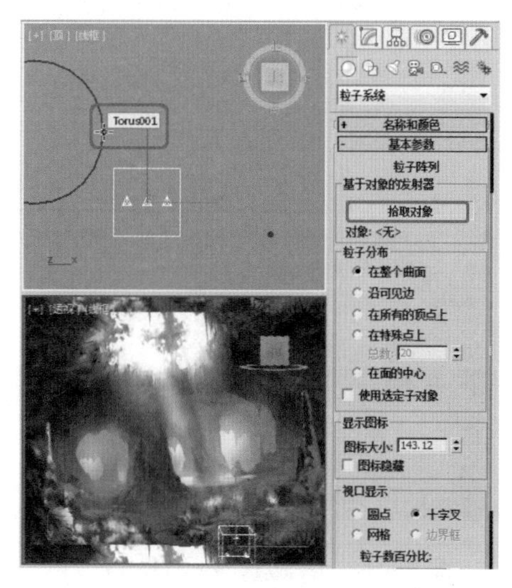

图 10-59　创建粒子阵列并拾取发射器对象

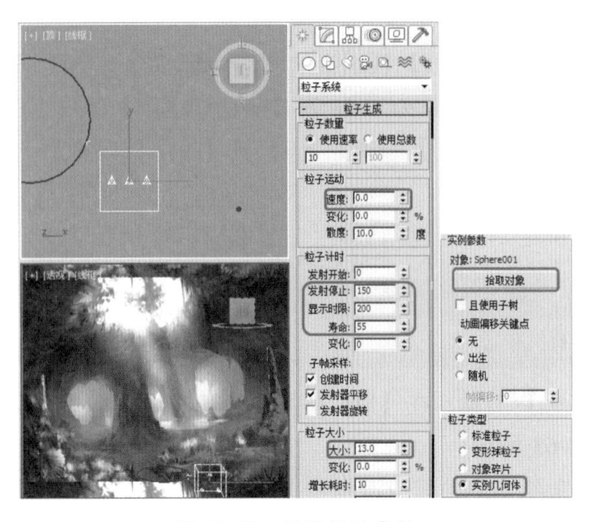

图 10-60　设置粒子参数

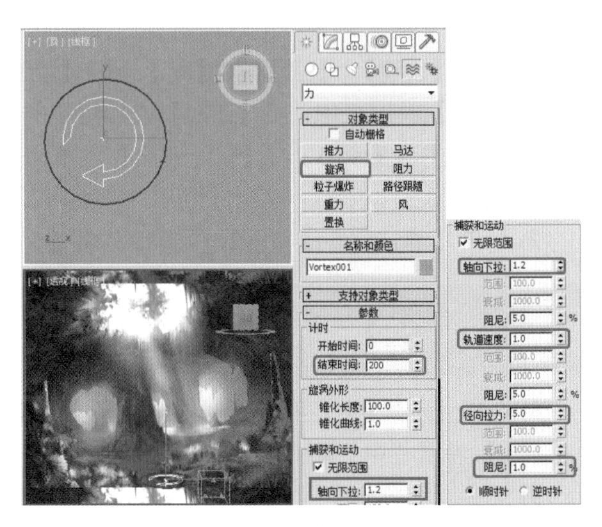

图 10-61　创建旋涡对象

图 10-62　将旋涡绑定到粒子阵列

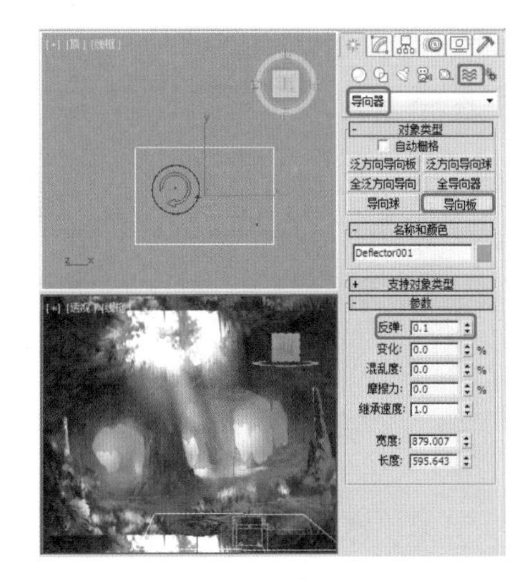

图 10-63　创建导向板

图 10-64　将导向板绑定到粒子阵列

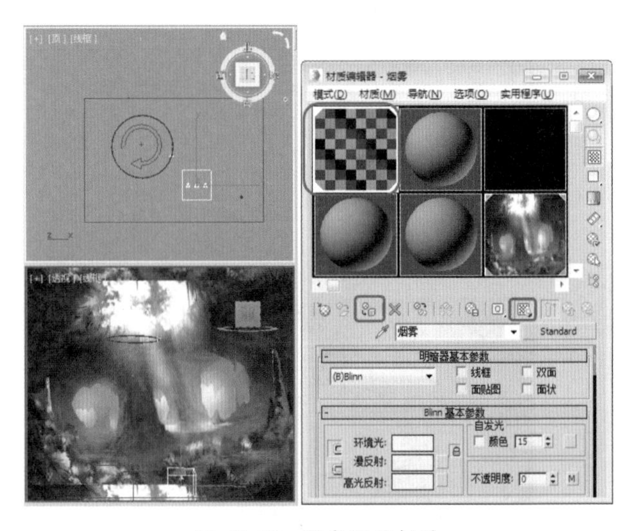

图 10-65　指定烟雾材质

(11) 使用【选择并移动】工具，在【前】视图中调整圆环的位置，如图 10-66 所示。

(12) 选择【创建】|【摄影机】|【目标】工具，在【顶】视图中创建摄影机，激活【透视】视图，按 C 键，将其转换为摄影机视图，并在其他视图中调整摄影机的位置，如图 10-67 所示。最后渲染场景并保存文件。

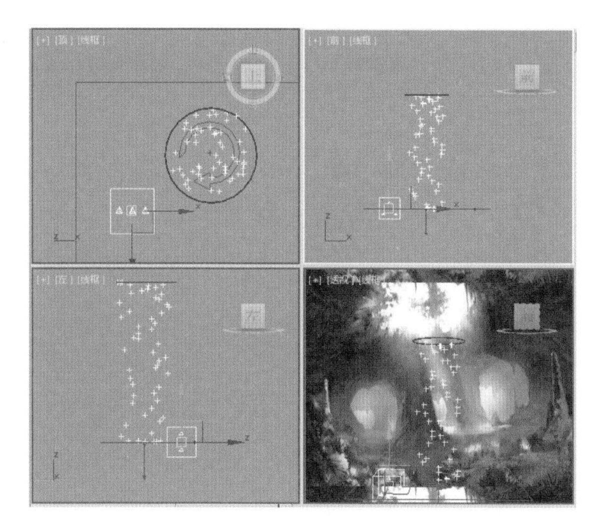

图 10-66　调整圆环位置

图 10-67　创建摄影机

第11章 粒子与特效动画

本章重点

- 使用雪粒子制作飘雪效果
- 使用喷射粒子制作下雨效果
- 使用暴风雪粒子制作花朵飘落效果
- 使用暴风雪粒子制作星光闪烁动画
- 使用喷射粒子制作喷水动画
- 使用粒子云制作气泡动画
- 使用超级喷射粒子制作火焰动画
- 利用超级喷射制作喷泉动画
- 使用超级喷射制作礼花动画
- 使用粒子云制作火山喷发动画
- 使用粒子流源制作水花动画
- 使用粒子云制作心形粒子动画
- 使用粒子流源制作飞出的文字

3ds Max 中的粒子系统可以模仿天气、水、气泡、烟花、火等高密度粒子对象。通过对粒子对象进行设置，可以表现一些动态效果。本章将通过 13 个案例来讲解粒子系统的相关内容。

案例精讲 120　使用雪粒子制作飘雪效果

本例将介绍飘雪效果动画的制作方法。首先选择一张复合雪景的图片，通过创建【雪】对象对其进行调整，并赋予材质，其具体操作方法如下，完成后的效果如图 11-1 所示。

案例文件：CDROM \ Scenes \ Cha11 \ 使用喷射粒子制作飘雪效果 OK.max

视频文件：视频教学 \ Cha11 \ 使用雪粒子制作飘雪效果 .avi

(1) 启动软件后，按 Ctrl+O 组合键，打开随书附带光盘中的"CDROM \Scenes\Cha11\ 使用雪粒子制作飘雪效果 .max"文件，激活【摄影机视图】查看效果，如图 11-2 所示。

(2) 激活【顶】视图，选择【创建】|【几何体】|【粒子系统】|【雪】工具，在【顶】视图中创建一个雪粒子系统，并将其命名为【雪】，在【参数】选项组中将【视口计数】和【渲染计数】分别设置为 1000 和 800，将【雪花大小】和【速度】分别设置为 1.8 和 8，将【变化】设置为 2，选中【雪花】单选按钮，在【渲染】选项组中选中【面】单选按钮，如图 11-3 所示。

图 11-1　制作飘雪效果

知识链接

【雪花大小】：用于设置渲染时颗粒的大小。

【速度】：用于设置微粒从发射器流出时的速度。

【变化】：用于设置影响粒子的初速度和方向，值越大，粒子喷射得越猛烈，喷洒的范围越大。

图 11-2　打开素材文件

图 11-3　设置【雪】参数

提 示

粒子系统是一个相对独立的造型系统，用来创建雨、雪、灰尘、泡沫、火花等，它还能将任何造型制作为粒子，用来表现群体动画效果，粒子系统主要用于表现动画效果，与时间和速度关系非常紧密，一般用于动画的制作。

(3) 在【计时】选项组中将【开始】和【寿命】分别设置为 –100 和 100，将【发射器】选项组中的【宽度】和【长度】分别设置为 430 和 488，如图 11-4 所示。

(4) 按 M 键打开【材质编辑器】窗口，选择一个新的样本球，并将其命名为【雪】，将【明暗器类型】设为 Blinn，在【Blinn 基本参数】卷展栏中选中【自发光】选项组中的【颜色】复选框，然后将该颜色的 RGB 值设置为 196、196、196，打开【贴图】卷展栏，单击【不透明度】后面的【无】按钮，在打开的【材质 / 贴图浏览器】对话框中选择【渐变坡度】选项，单击【确定】按钮，进入渐变坡度材质层级。在【渐变坡度参数】卷展栏中将【渐变类型】定义为【径向】，打开【输出】卷展栏，选中【反转】复选框，如图 11-5 所示。

图 11-4 设置【计时】和【发射器】

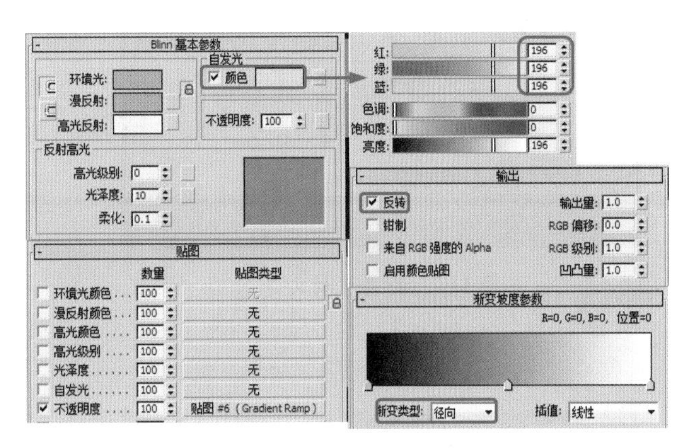

图 11-5 设置【雪】的贴图

(5) 选择制作好的【雪】材质，指定给场景中的【雪】对象，进行渲染查看效果。

案例精讲 121 使用喷射粒子制作下雨效果

本例将介绍下雨效果的制作方法，主要使用了喷射粒子系统制作下雨效果，并通过对其进行设置材质，制作出雨的效果，完成后的效果如图 11-6 所示。

图 11-6 制作下雨效果

案例文件：CDROM \ Scenes \ Cha11 \ 使用喷射粒子制作下雨效果 OK.max

视频文件：视频教学 \ Cha11 \ 使用喷射粒子制作下雨效果 .avi

(1) 启动软件打开随书附带光盘中的"CDROM\Scenes\Cha11\ 使用喷射粒子制作下雨效果 .max"文件，激活【摄影机视图】查看效果，如图 11-7 所示。

(2) 选择【创建】|【几何体】|【粒子系统】|【喷射】工具，并将其命名为【雨】。在【参数】卷展栏中将【粒子】选项组中的【视口计数】和【渲染计数】分别设置为 1000 和 10000，将【水滴大小】、【速度】和【变化】分别设置为 5、20 和 0.6，选中【水滴】单选按钮，在【渲染】选项组中选中【四面体】单选按钮，如图 11-8 所示。

(3) 选择【参数】卷展栏中【计时】选项组中将【开始】和【寿命】分别设为 –100 和 400，选中【恒定】复选框，将【宽度】和【长度】都设为 1500，对【雨】粒子进行适当调整，如图 11-9 所示。

(4) 按 M 键，打开【材质编辑器】窗口，选择一个空的样本球，并将其命名为【雨】，确认【明暗器的类型】设为 Blinn，在【Blinn 基本参数】卷展栏中将【环境光】和【漫反射】的 RGB 值均设置为 230、230、230；将【反射高光】选项组中的【光泽度】设置为 0；选中【自发光】选项组中的【颜色】复选框，并将【颜色】的 RGB 值设置为 240、240、240，将【不透明度】设置为 50，如图 11-10 所示。

图 11-7　打开素材文件

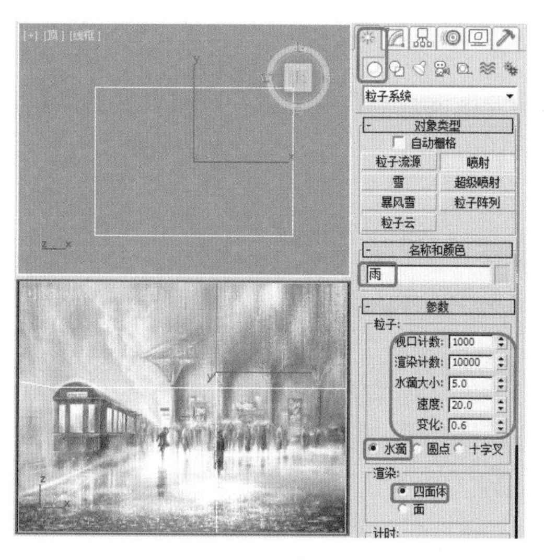

图 11-8　设置【雨】参数

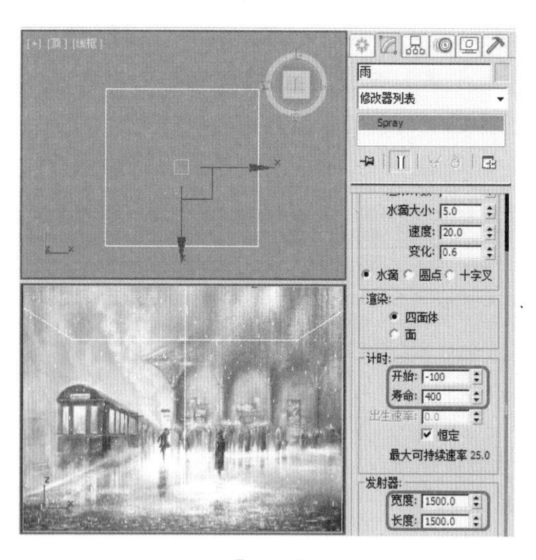

图 11-9　设置【计时】和【发射器】

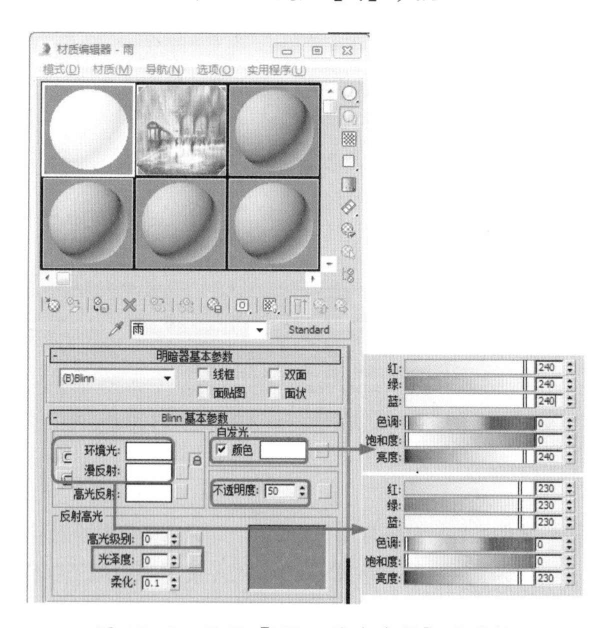

图 11-10　设置【Blinn 基本参数】卷展栏

(5) 打开【扩展参数】卷展栏，选中【高级透明】选项组中【衰减】下的【外】单选按钮，并将【数量】设置为 100，完成设置后将该材质指定给场景中的喷射粒子系统，如图 11-11 所示。

(6) 完成设置后将该材质指定给场景中的喷射粒子系统，适当调整粒子的位置，进行渲染，其效果如图 11-12 所示。

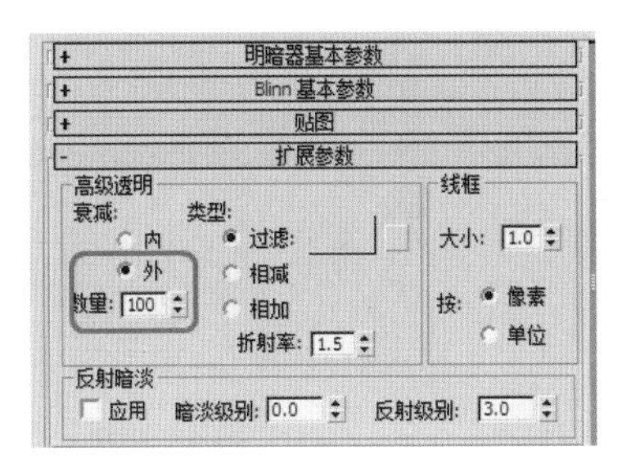

图 11-11 【扩展参数】卷展栏设置

图 11-12 渲染某一帧时的效果

案例精讲 122 使用暴风雪粒子制作花朵飘落效果

本例将介绍如何利用暴风雪粒子制作花朵飘落效果，重点是将花朵绑定到暴风雪粒子，其具体操作方法如下，完成后的效果如图 11-13 所示。

图 11-13 花朵飘落效果

案例文件：CDROM \Scenes \ Cha11 \ 制作花朵飘落效果 OK.max

视频文件：视频教学 \ Cha11 \ 使用暴风雪粒子制作花朵飘落效果 .avi

(1) 启动随书附带光盘中的"CDROM\ 素材 \Scenes\Cha11| 使用暴风需粒子制作飘雪效果 .max"文件，如图 11-14 所示。

(2) 选择【创建】|【几何体】|【粒子系统】|【暴风雪】工具，如【前】视图中创建粒子，如图 11-15 所示。

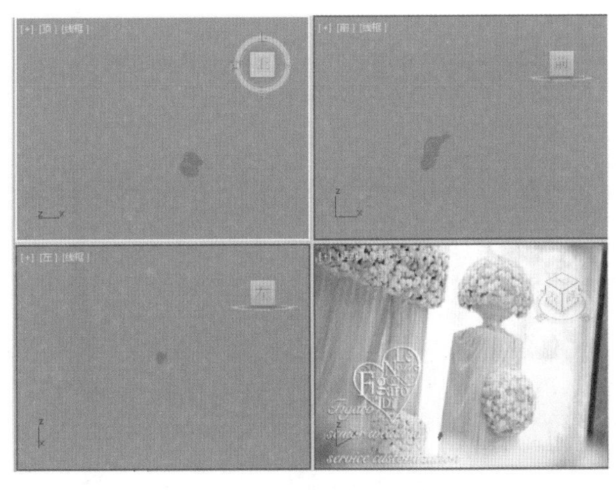

图 11-14 打开素材文件

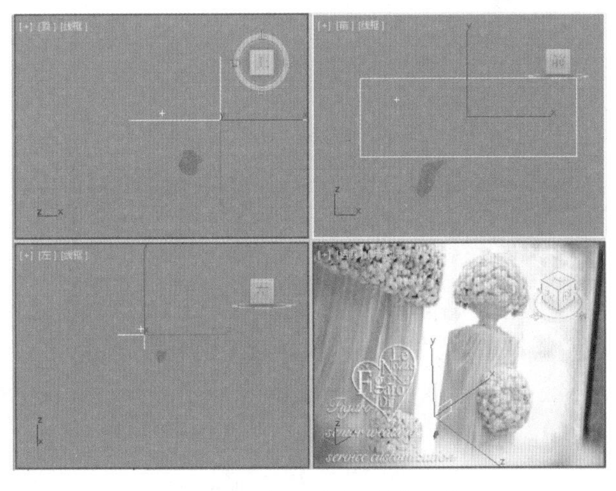

图 11-15 添加【暴风雪】粒子

(3) 选择上一步创建的【暴风雪】粒子，切换至【修改】面板，在【基本参数】卷展栏中，将【宽度】设置为 45，将【长度】设置为 4301，选中【视口显示】选项组中的【网格】单选按钮，将【粒子数百分比】设置为 0.001，如图 11-16 所示。

(4) 切换到【粒子生成】卷展栏中，在【粒子数量】选项组中选中【使用速率】单选按钮，并将其值设置为 5。在【粒子运动】选项组中将【速度】设置为 14，将【变化】设置为 50，将【翻滚】设置为 0.5。在【粒子计时】选项组中将【发射停止】、【显示时限】和【寿命】分别设置为 300、250、300，在【粒子大小】选项组中将【大小】设置为 2.013，将【变化】设置为 0.62，如图 11-17 所示。

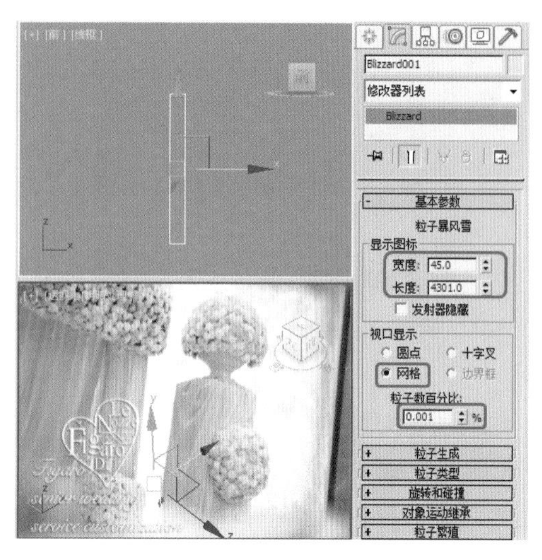

图 11-16　设置【基本参数】卷展栏

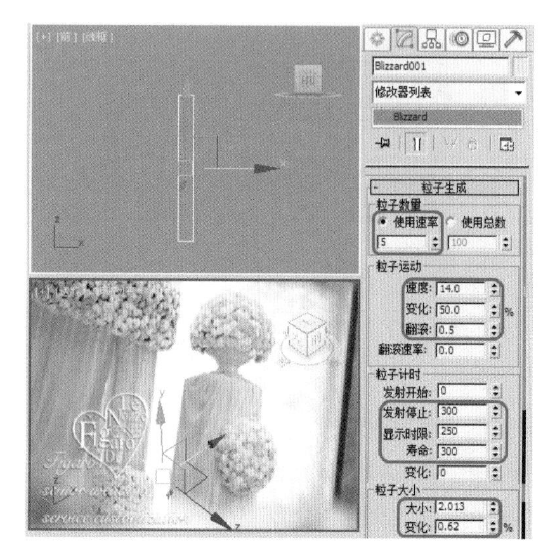

图 11-17　设置【粒子生成】卷展栏

(5) 在【粒子类型】卷展栏中将【粒子类型】设置为【实例几何体】，在【实例参数】选项组中单击【拾取对象】按钮，在场景中拾取花朵图形，然后单击【材质来源】按钮，如图 11-18 所示。

(6) 选择【暴风雪】粒子，调整其位置和角度，进行渲染，查看效果，第 100 帧的效果如图 11-19 所示。

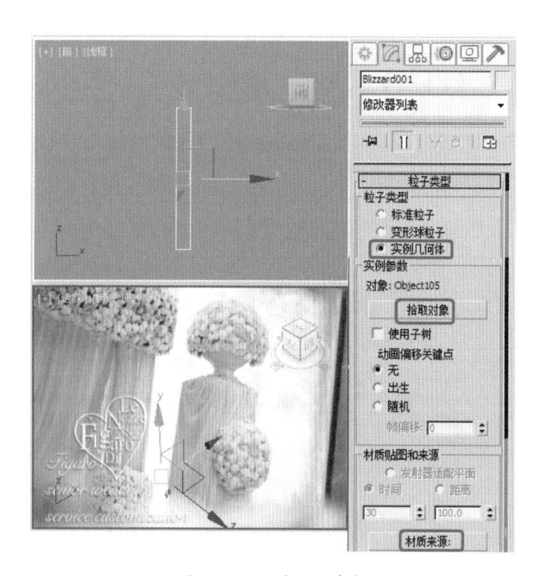

图 11-18　拾取对象

图 11-19　渲染后的效果

案例精讲 123　使用暴风雪粒子制作星光闪烁动画

本例将介绍如何制作星光闪烁动画。首先利用【暴风雪】粒子制作星星，然后通过【视频后期处理】对星星添加星光特效，其具体操作步骤如下，完成后的效果如图 11-20 所示。

案例文件：CDROM \Scenes \ Cha11 \ 使用暴风雪粒子制作星光闪烁动画 OK.max

视频文件：视频教学 \ Cha11 \ 使用暴风雪粒子制作星光闪烁动画 .avi

图 11-20　星光闪烁动画

(1) 启动软件后打开随书附带光盘中的 "CDROM\Scenes\ 使用暴风雪粒子制作星光闪烁动画 .max" 文件，选择【创建】|【几何体】|【粒子系统】|【暴风雪】工具，在【前】视图中创建一个【暴风雪】粒子系统，如图 11-21 所示。

(2) 切换到【修改】命令面板，在【基本参数】卷展栏中将【显示图标】选项组中的【宽度】和【长度】值都设置为 520，在【视口显示】选项组中选中【十字叉】单选按钮，将【粒子数百分比】设置为 50，如图 11-22 所示。

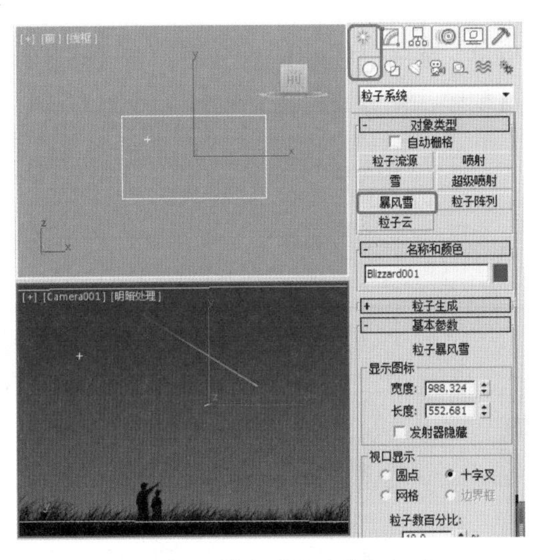

图 11-21　创建【暴风雪】粒子

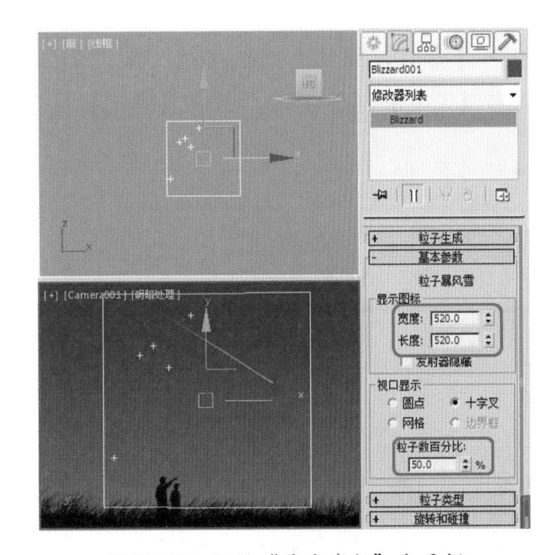

图 11-22　设置"基本参数"卷展栏

(3) 在【粒子生成】卷展栏中将【粒子数量】选项组中的【使用速率】设置为 5，将【粒子运动】选项组中的【速度】和【变化】分别设置为 50、25，将【粒子计时】选项组中的【发射开始】、【发射停止】、【显示时限】和【寿命】分别设置为 –100、100、100、100；将【粒子大小】选项组中的【大小】设置为 1.5，在【粒子类型】卷展栏中选中【标准粒子】选项组中的【球体】单选按钮，如图 10-23 所示。

(4) 选择创建的粒子系统并单击鼠标右键，在弹出的快捷菜单中选择【对象属性】命令，弹出【对象属性】对话框，在该话框中切换到【常规】选项卡，在【G 缓冲区】组中将粒子系统的【对象 ID】设置为 1，然后单击【确定】按钮，如图 11-24 所示。

(5) 在菜单栏中执行【渲染】|【视频后期处理】命令，打开【视频后期处理】对话框，单击【添加场景事件】按钮，弹出【添加场景事件】对话框，使用 Camera001 摄影机视图，单击【确定】按钮，如图 11-25 所示。

(6) 返回到【视频后期处理】对话框中，单击【添加图像过滤事件】按钮，弹出【添加图像过滤事件】对话框，选择过滤器列表中的【镜头效果光晕】过滤器，其他保持默认值，单击【确定】按钮，如图 11-26 所示。

(7) 返回到【视频后期处理】对话框中，再次单击【添加图像过滤事件】按钮，在打开的对话框中选择过滤器列表中的【镜头效果高光】过滤器，其他保持默认值，单击【确定】按钮，如图 11-27 所示。

(8) 返回到【视频后期处理】对话框中，在左侧列表中双击【镜头效果光晕】过滤器，在弹出的对话框中单击【设置】按钮，弹出【镜头效果光晕】对话框，单击【VP 队列】和【预览】按钮，在【属性】

选项卡中将【对象ID】设置为1，并选中【过滤】选项组中的【周界 Alpha】复选框，切换到【首选项】选项卡，将【效果】选项组中的【大小】设置为1.6，在【颜色】选项组中选中【像素】单选按钮，并将【强度】设置为85，切换到【噪波】选项卡中，选中【红】、【绿】、【蓝】复选框，在【参数】选项组中将【大小】和【速度】设置为10、0.2，单击【确定】按钮，返回到【视频后期处理】对话框中，如图11-28所示。

(9) 返回到【视频后期处理】对话框，在左侧列表中双击【镜头效果高光】过滤器，在弹出的对话框中单击【设置】按钮，弹出【镜头效果高光】对话框，单击【VP队列】和【预览】按钮，在【属性】选项卡中选中【过滤】选项组中的【边缘】复选框，切换到在【几何体】选项卡中将【效果】选项组中的【角度】和【钳位】分别设置为100、20，在【变化】选项组中单击【大小】按钮取消其选择，在【首选项】选项卡中将【效果】选项组中的【大小】和【点数】分别设置为13和4，在【距离褪光】选项组中单击【亮度】和【大小】按钮，将它们的值设置为4000，选中【锁定】复选框，在【颜色】选项组中选中【渐变】单选按钮，单击【确定】按钮，返回到【视频后期处理】对话框中，如图11-29所示。

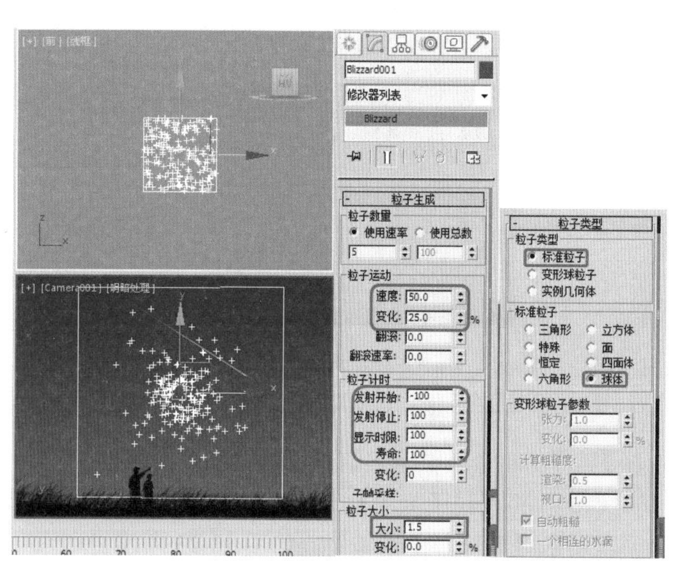

图11-23 设置【粒子生成】及【粒子类型】卷展栏

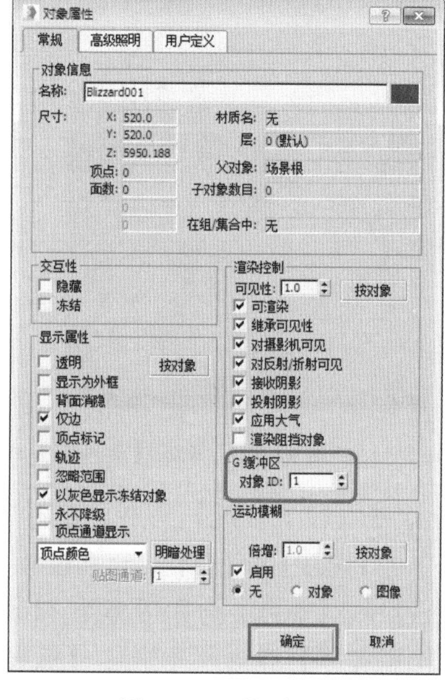

图11-24 设置ID

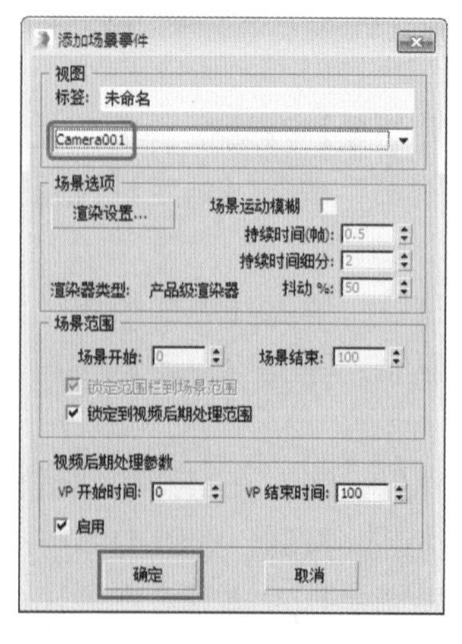

图11-25 添加摄影机场景事件

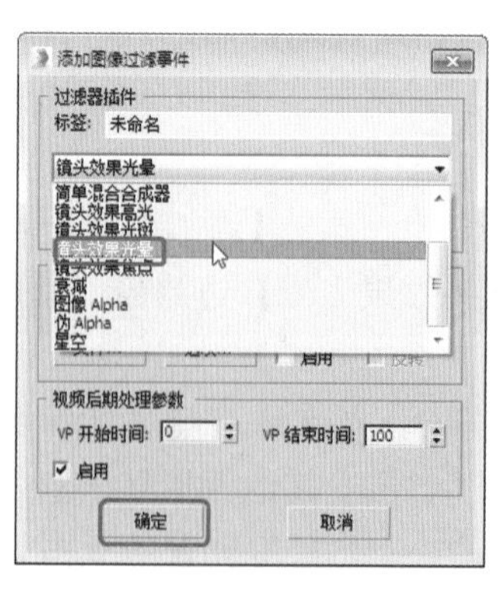

图11-26 添加【镜头效果光晕】

图11-27 添加【镜头效果高光】

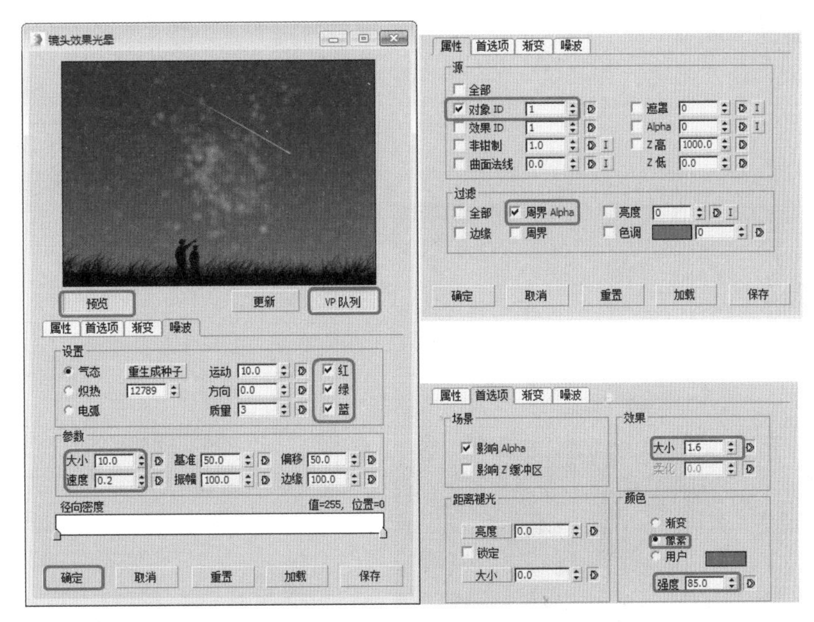

图 11-28　设置【镜头效果光晕】

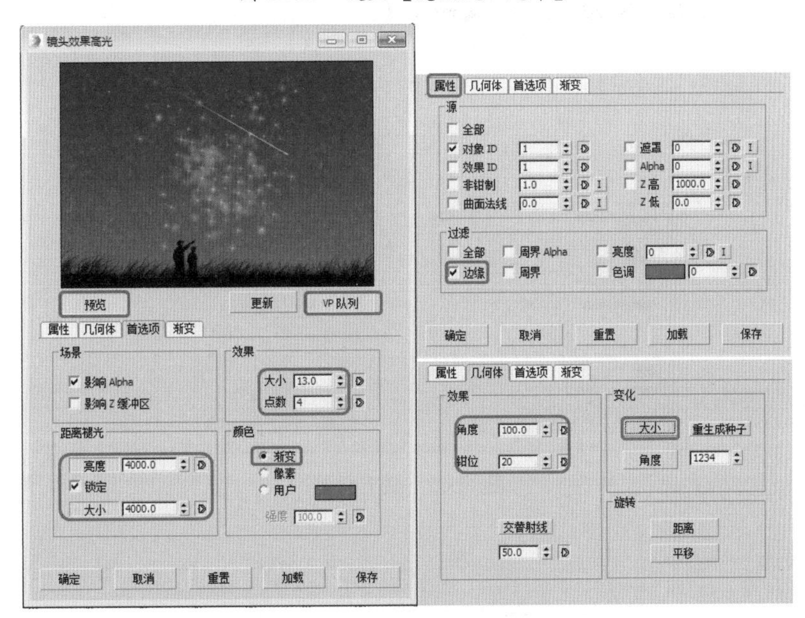

图 11-29　设置【镜头效果高光】

(10) 返回到文档中，对暴风雪粒子的位置进行调整，如图 11-30 所示。

(11) 返回到【视频后期处理】对话框，在对话框中单击【添加图像输出事件】按钮，弹出【添加图像输出事件】对话框，单击【文件】按钮，在弹出的【为视频后期处理输出选择图像文件】对话框中设置输出路径及文件名，并将【保存类型】设置为 avi，单击【保存】按钮，如图 11-31 所示。

(12) 弹出【AVI 文件压缩设置】对话框，在该对话框中将【主帧比率】设置为 0，然后单击【确定】按钮，返回到【添加图像输出事件】对话框中，此时会在该对话框中显示出文件的输出路径，然后单击【确定】按钮，如图 11-32 所示。

(13) 返回到【视频后期处理】对话框中，在该对话框中单击【执行序列】按钮，打开【执行视频后期处理】对话框，在【时间输出】选项组中选中【范围】单选按钮，在【输出大小】选项组中将【宽度】

和【高度】分别设置为 800 和 600，单击【渲染】按钮进行渲染。

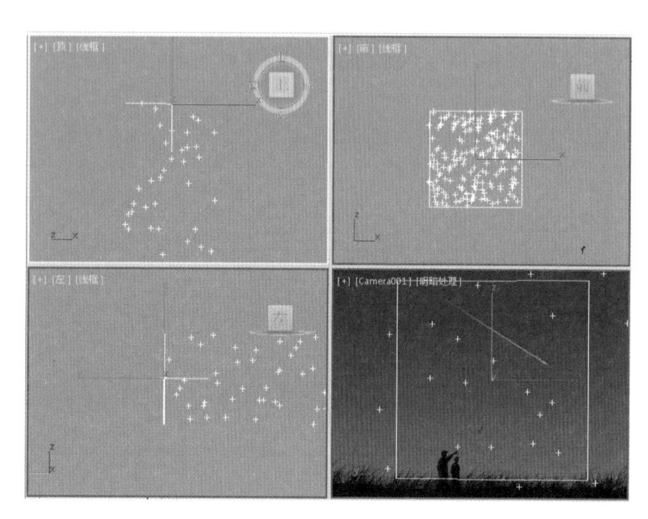

图 11-30　调整粒子的位置

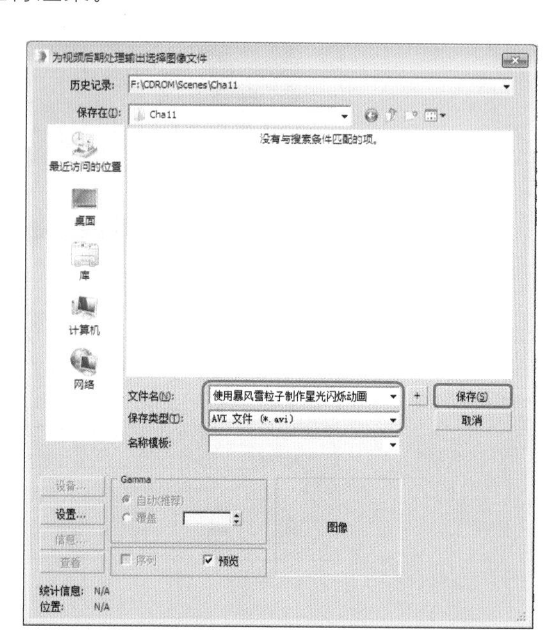

图 11-31　设置保存位置及格式

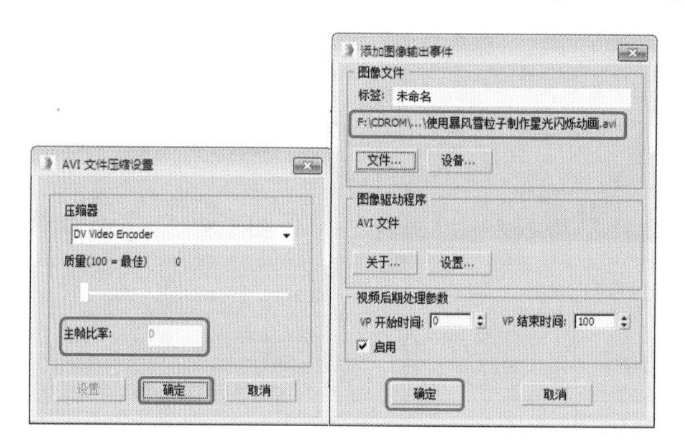

图 11-32　进行保存

案例精讲 124　利用喷射粒子制作喷水动画

使用喷射粒子可以用来表示下雨、水管喷水、喷泉等效果，也可以表现彗星拖尾效果，这种粒子参数较少，易于控制，操作简便，所有数值均可制作动画效果。本例将介绍如何制作喷水动画，其效果如图 11-33 所示。

案例文件：CDROM\Sences\ Cha11 \ 利用喷射粒子制作喷水动画 OK. max

视频文件：视频教学 \ Cha11 \ 利用喷射粒子制作喷水动画 . avi

(1) 打开素材“利用喷射粒子制作喷水动画 .max”文件，选择【创建】|【几何体】|【粒子系统】|【喷射】，在【顶】视图中创建喷射粒子，如图 11-34 所示。

(2) 使用【选择并移动】工具，在视图中调整其位置，然后使用【选择并旋转】工具在【前】视图中旋转，将其沿 Y 轴进行旋转 80°，效果如图 11-35 所示。

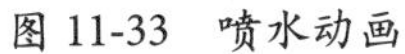

图 11-33 喷水动画

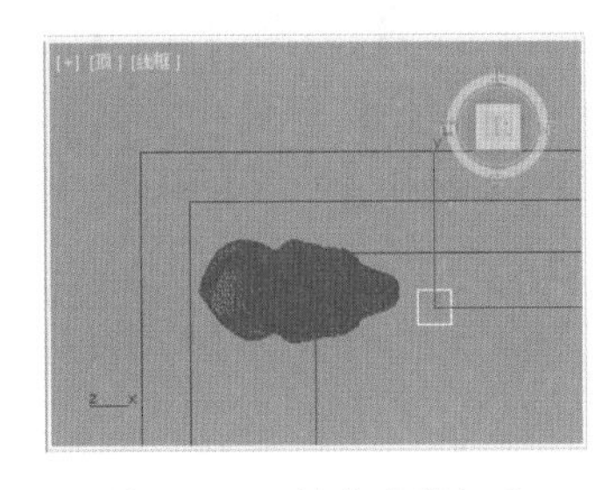

图 11-34 创建喷射粒子

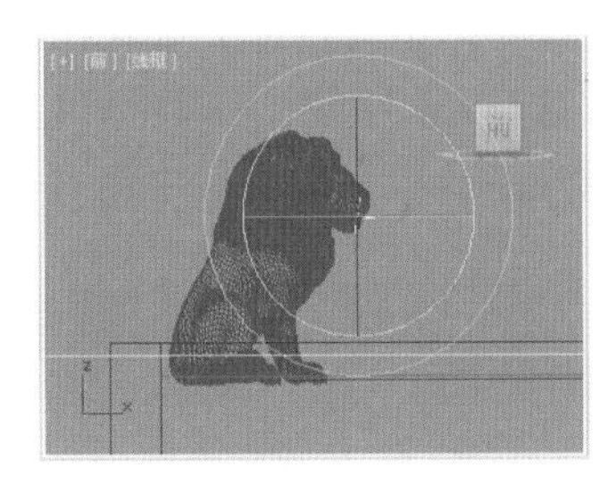

图 11-35 调整粒子的位置

(3) 确定粒子系统处于选择状态，激活【修改】命令面板，在【参数】卷展栏中将【视口计数】设置为 3000，将【渲染计数】设置为 3000，将【水滴大小】设置为 30，将【速度】设置为 45，将【变化】设置为 0.2，选中【水滴】单选按钮，如图 11-36 所示。

(4) 在【计时】选项组中将【开始】设置为 –100，将【寿命】设置为 300，在【发射器】选项组中将【宽度】和【长度】都设置为 80，如图 11-37 所示。

图 11-36 设置粒子参数

图 11-37 设置【计时】及【发射器】参数

(5) 选择【创建】|【空间扭曲】|【重力】工具，在【顶】视图中创建重力，调整重力的位置，然后在【修改】命令面板中将【强度】设置为 0.5，将【图标大小】设置为 100，如图 11-38 所示。

(6) 在工具栏中单击【绑定到空间扭曲】按钮，在场景中选择喷射粒子，拖曳鼠标，将其拖曳至重力上，松开鼠标即可将喷射粒子绑定到重力上，如图 11-39 所示。

(7) 按 M 键打开【材质编辑器】窗口，选择一个空白的材质样本球，将其命名为水，选中【双面】复选框，将【环境光】和【漫反射】RGB 均设置为 150、176、185，选中【颜色】复选框，将【颜色】设置为黑色，将【不透明度】设置为 90，将【高光级别】、【光泽度】设置为 80、40，如图 11-40 所示。

(8) 展开【扩展参数】卷展栏，将【衰减】设置为【外】，单击【过滤】右侧的色块，在弹出的对话框中将 RGB 设置为 144、158、188，将【数量】设置为 96，如图 11-41 所示。

(9) 展开【贴图】卷展栏，将【不透明度】设置为 45，将【凹凸】设置为 36，单击【不透明度】右侧的【无】按钮，在弹出的对话框中选择【噪波】，单击【确定】按钮，在【坐标】卷展栏中将【偏移】下的 Z 值设置为 3000，将【瓷砖】下的 X 值设置为 6，在【噪波参数】卷展栏中将【噪波类型】设置为【分形】，将【大小】设置为 300，如图 11-42 所示。

(10) 单击【转到父对象】按钮，单击【凹凸】右侧的【无】按钮，在弹出的对话框中选择【噪波】，单击【确定】按钮，在【坐标】卷展栏中将【偏移】下的 Z 值设置为 3000，将【瓷砖】下的 X 值设置为 6，在【噪波参数】卷展栏中将【噪波类型】设置为【分形】，将【大小】设置为 300，如图 11-43 所示。

图 11-38　创建重力

图 11-39　将粒子绑定到重力上

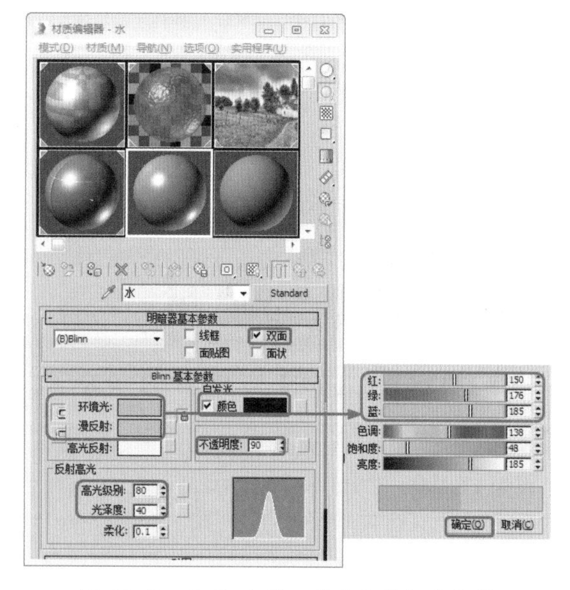

图 11-40　设置【Blinn 基本参数】卷展栏

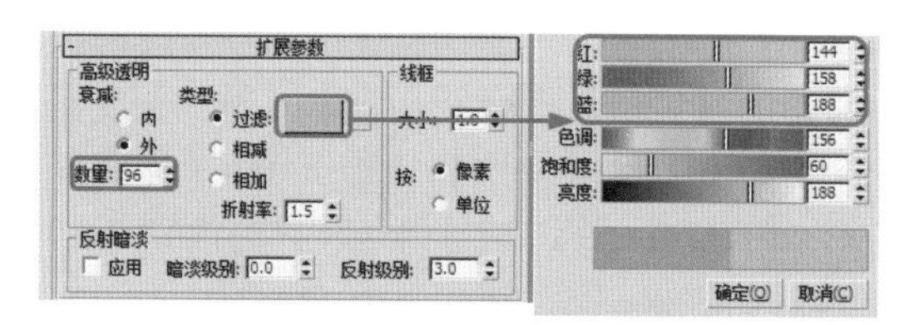

图 11-41　设置【扩展参数】卷展栏

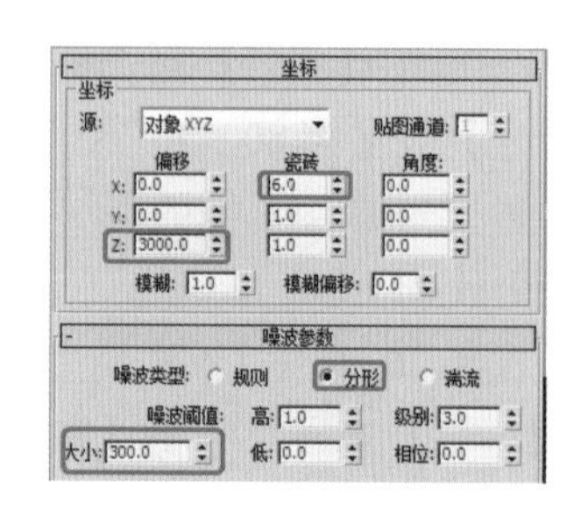

图 11-42　设置【不透明度】通道中的噪波

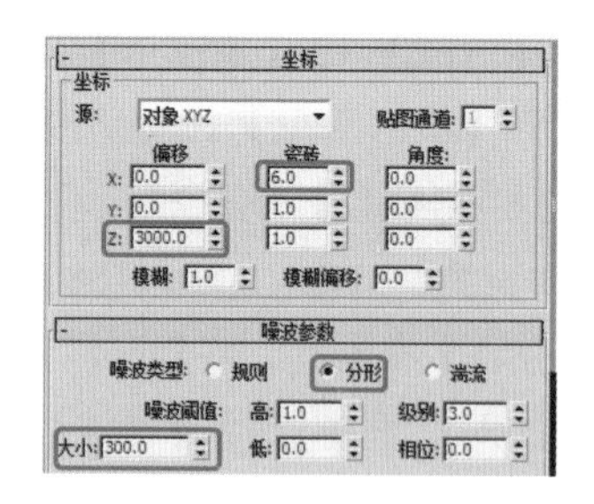

图 11-43　设置【凹凸】通道中的噪波材质

(11) 单击【转到父对象】按钮，确定粒子系统处于选择状态，单击【将材质指定给选定对象】按钮，将对话框关闭，选择雕塑、粒子系统和重力，在菜单栏中选择【组】|【组】命令，弹出【组】对话框，在该对话框中保持默认设置，单击【确定】按钮，如图 11-44 所示。

(12) 确定组处于选择状态，使用【选择并旋转】工具，激活【顶】视图，将其沿 Z 轴旋转 45°，然后激活摄影机视图对该视图进行渲染输出即可。效果如图 11-45 所示。

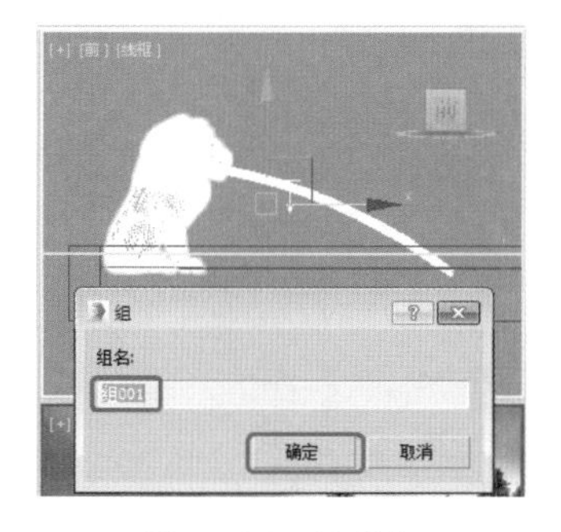

图 11-44　设置组

图 11-45　最终效果

案例精讲 125　使用粒子云制作气泡动画

首先制作一个空间，在空间内部产生粒子效果。通常空间可以是球形、柱体或长方体，也可以是任意指定的分布对象，空间内的粒子可以是标准基本体、变形球粒子或实例几何体。本例将通过使用实例几何体的粒子来制作气泡动画。效果如图 4-46 所示。

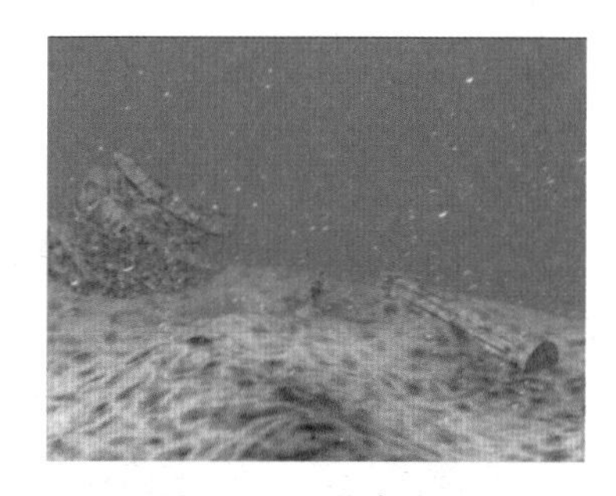

图 11-46　气泡动画

案例文件：CDROM\Sences\ Cha11 \使用粒子云制作气泡动画 OK.max

视频文件：视频教学 \ Cha11 \使用粒子云制作气泡动画 .avi

(1) 打开"使用粒子云制作气泡动画 .max"素材文件，选择【创建】|【几何体】|【粒子系统】|【粒子云】，在【顶】视图中创建粒子云，在【基本参数】卷展栏中【显示图标】选项组中将【半径 / 长度】、【宽度】和【高度】分别设置为 600、600 和 10，如图 11-47 所示。

(2) 选择【创建】|【几何体】|【标准基本体】|【球体】工具，在场景中绘制一个半径为 16 的球体，单击鼠标右键，在弹出的快捷菜单中选择【对象属性】命令，在弹出的对话框中取消选中【可渲染】复选框，如图 11-48 所示。

提 示

对于某些不需要进行渲染的对象，可以在【对象属性】对话框中设置其可渲染性，当取消【可渲染】选择时，在渲染时此对象将不被渲染。

(3) 单击【确定】按钮，选择粒子云对象，打开【修改】命令面板，在【粒子类型】卷展栏中选中【实例几何体】单选按钮，在【实例参数】选项组中单击【拾取对象】按钮，然后在场景中拾取刚刚创建的球体，如图 11-49 所示。

(4) 展开【粒子生成】卷展栏，在【粒子数量】选项组中选中【使用速率】单选按钮，将其设置为 15，在【粒子运动】选项组中将【速度】设置为 1.2，将【变化】设置为 50，选中【方向向量】单选按钮，将 X 值设置为 1，将 Y 值设置为 0，将 Z 值设置为 100，将【变化】设置为 10，如图 11-50 所示。

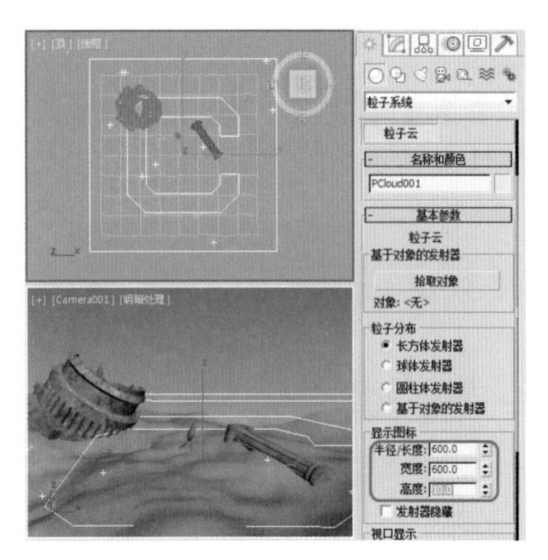

图 11-47　创建粒子云

图 11-48　取消选中【可渲染】复选框

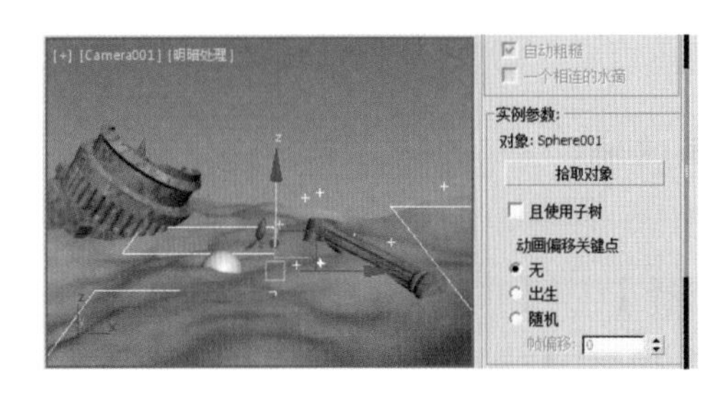

图 11-49　选择实例几何体

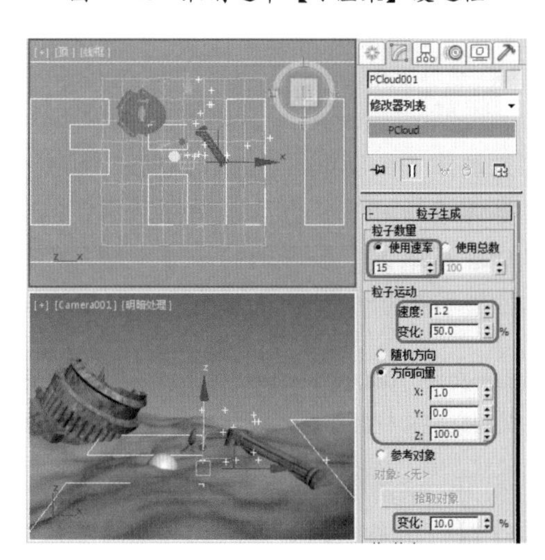

图 11-50　设置【粒子生成】卷展栏

(5) 在【粒子计时】选项组中将【发射开始】设置为 –50，将【发射停止】设置为 200，将【显示时限】设置为 200，将【寿命】设置为 100，将【粒子大小】选项组中的【大小】设置为 0.12，将【变化】设置为 10，如图 11-51 所示。

(6) 按 M 键，打开【材质编辑器】窗口，选择一个空白的材质样本球，将其命名为【气泡】，选中【双面】复选框，单击【高光反射】左侧的锁定按钮，在弹出的对话框中单击【确定】按钮，如图 11-52 所示。

(7) 将【环境光】设置为黑色，选中【自发光】选项组中的【颜色】复选框，将其颜色设置为白色，展开【贴图】卷展栏，单击【漫反射颜色】右侧的【无】按钮，在弹出的对话框中选择【位图】选项，单击【确定】按钮，在弹出的对话框中选择随书附带光盘中的"CDROM\Map\BUBBLE3.TGA"文件，如图 11-53 所示。

(8) 单击【打开】按钮，单击【转到父对象】按钮，将【漫反射颜色】右侧的材质按住鼠标拖曳至【不透明度】右侧的材质按钮上，在弹出的对话框中选中【实例】单选按钮，如图 11-54 所示。

(9) 单击【确定】按钮，确定粒子云处于选择状态，单击【将材质指定给选定对象】按钮，然后对摄影机视图进行渲染输出即可。

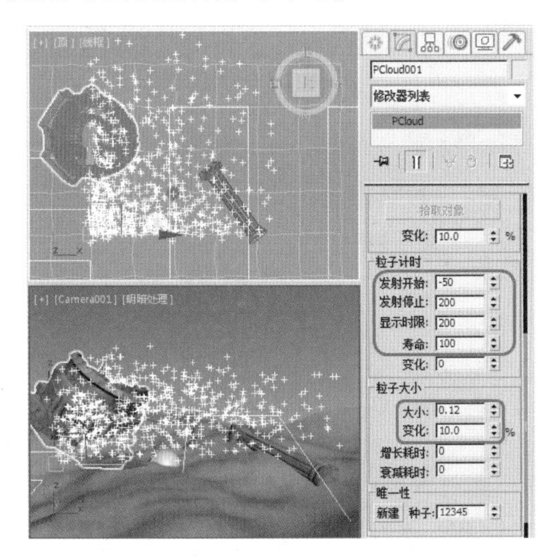

图 11-51 设置参数

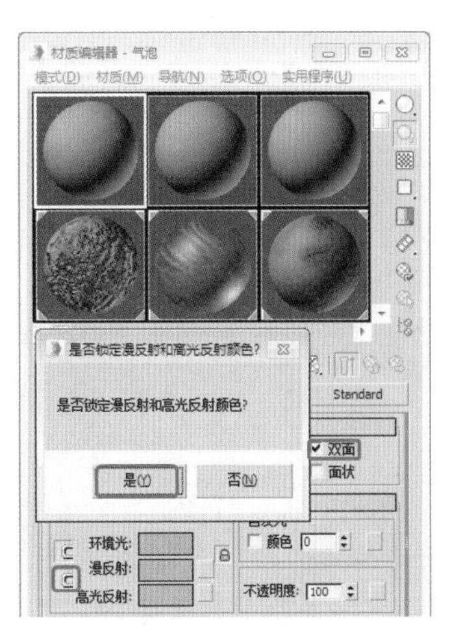

图 11-52 将颜色锁定

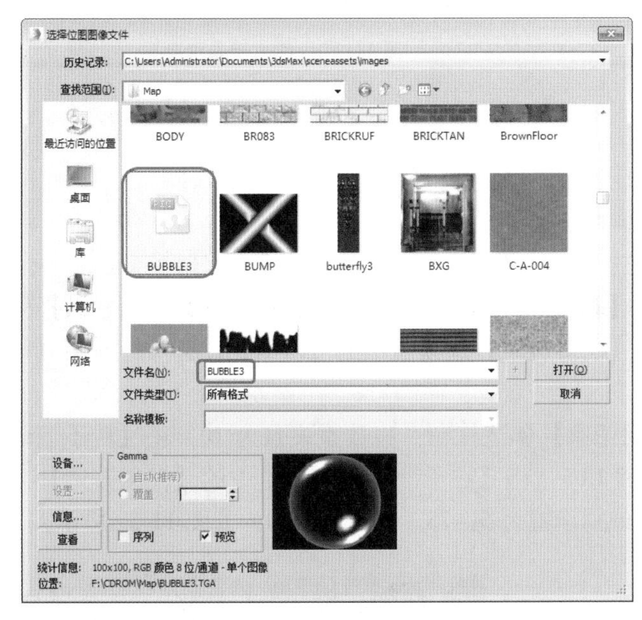

图 11-53 选择位图

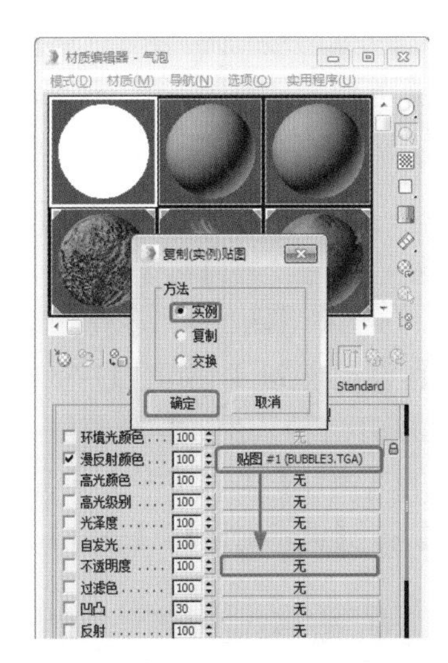

图 11-54 选中【实例】单选按钮

案例精讲 126 使用超级喷射粒子制作火焰动画

本例将介绍如何制作火焰动画。首先是创建超级喷射粒子并对其进行设置，然后将粒子系统和骨骼绑定，使粒子与骨骼一起运动，效果如图 11-55 所示。

图 11-55 火焰动画

案例文件：CDROM\Sences\ Cha11 \使用超级喷射粒子制作火焰动画 OK.max

视频文件：视频教学 \ Cha11 \使用超级喷射粒子制作火焰动画 .avi

(1) 打开"使用超级喷射粒子制作火焰动画 .max"文件，选择【创建】|【几何体】|【粒子系统】|【超级喷射】，在【顶】视图中创建一个【超级喷射粒子】对象，调整其位

置和旋转角度，如图 11-56 所示。

(2) 切换至【显示】面板，取消选中【骨骼对象】，将骨骼显示，选择超级喷射粒子对象，单击【选择并链接】按钮，将粒子链接到骨骼上，此时粒子将随骨骼一起运动，如图 11-57 所示。

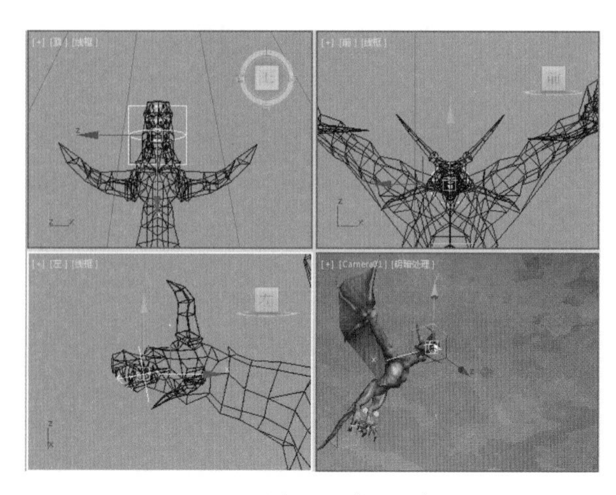

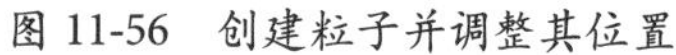

图 11-56　创建粒子并调整其位置

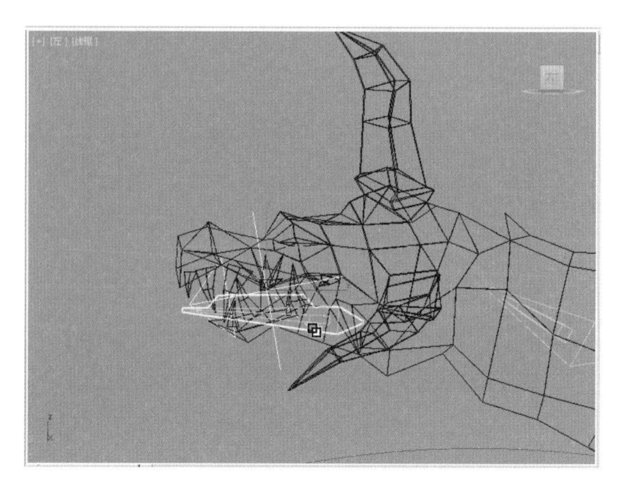

图 11-57　将粒子与骨骼链接

提 示

在实际操作过程中，有时会有很多不需要编辑的对象，在这里可以对其进行隐藏而不影响其实际效果，以方便操作。

(3) 将【骨骼对象】、【摄影机】和【灯光】进行隐藏，选择粒子系统，打开【修改】命令面板，展开【基本参数】卷展栏，将【粒子分布】选项组中的【轴偏离】的【扩散】和【平面偏离】的【扩散】分别设置为 8、74，将【图标大小】设置为 10，选中【视口显示】选项组中的【网格】单选按钮，将【粒子数百分比】设置为 21.4，如图 11-58 所示。

(4) 展开【粒子生成】卷展栏，选中【使用速率】单选按钮，将数量设置为 10，将【粒子运动】选项组中的【速度】和【变化】分别设置为 10 和 1.05，将【粒子计时】选项组中的【发射开始】、【发射停止】、【显示时限】【寿命】、【变化】分别设置为 5、75、70、30、10，如图 11-59 所示。

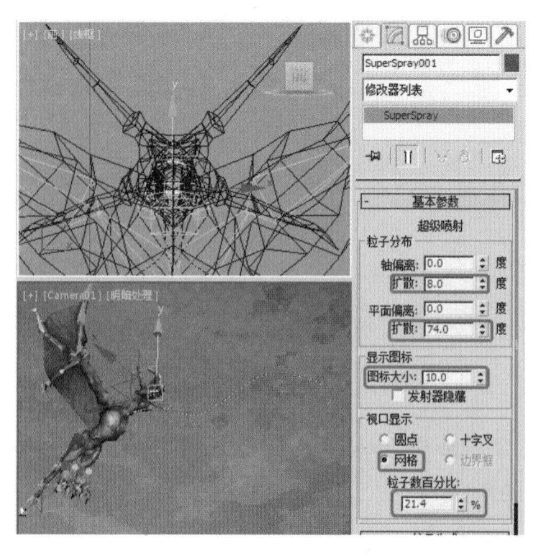

图 11-58　设置【基本参数】卷展栏

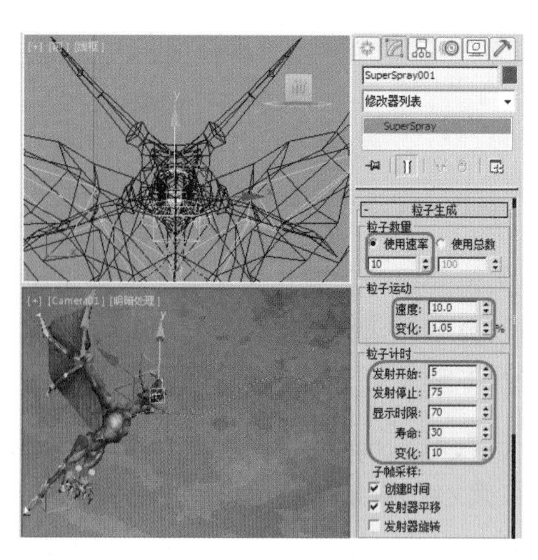

图 11-59　设置【粒子生成】卷展栏

(5) 在【粒子大小】选项组中将【大小】、【变化】和【增长耗时】分别设置为 35、0 和 9，展开【粒子类型】卷展栏，将【粒子类型】设置为【标准粒子】，在【标准粒子】选项组中选中【面】单选按钮，如图 11-60 所示。

(6) 按 M 键，打开【材质编辑器】窗口，选择【火焰】材质，确定粒子系统处于选择状态，单击【将材质指定给选定对象】按钮，将窗口关闭后对动画渲染输出。效果如图 11-61 所示。

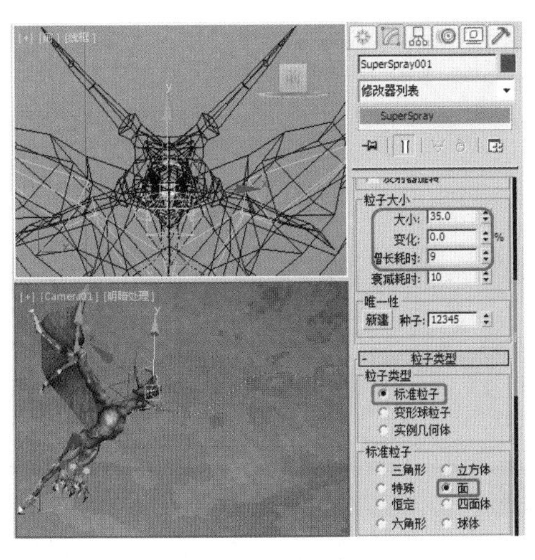

图 11-60　设置参数

图 11-61　输出动画中的其中一帧

案例精讲 127　利用超级喷射制作喷泉动画

本例将介绍如何制作喷泉动画。首先使用【超级喷射】制作喷泉并设置其参数，然后利用【材质编辑器】为喷泉添加材质，最后复制多个，效果如图 11-62 所示。

图 11-62　喷泉动画效果

案例文件：CDROM\Sences\ Cha11 \ 利用超级喷射制作喷泉动画 OK. max

视频文件：视频教学 \ Cha11 \ 利用超级喷射制作喷泉动画 . avi

(1) 打开素材“利用超级喷射制作喷泉动画 .max”文件，选择【喷水台】组，在任意视图中单击鼠标右键，在弹出的快捷菜单中选择【隐藏未选定对象】命令，将除【喷水台】以外的图形隐藏，如图 11-63 所示，

(2) 选择【创建】|【几何体】|【粒子系统】|【超级喷射】，在【顶】视图中创建超级喷射粒子，将其命名为喷泉，并调整到适当位置，在【左】视图中调整其高度，转到【修改】命令面板中，将【基本参数】卷展栏中的【粒子分布】选项组中【轴偏离】和【平面偏离】下的【扩散】分别设置为 15、180，将【图标大小】设置为 4，选中【发射器隐藏】复选框，设置【视口显示】为【圆点】、【粒子数百分比】为 100%，在【粒子生成】卷展栏中将【使用速率】设置为 50，【粒子运动】中的【速度】设置为 3.5、【变化】设置为 10，粒子计时中【发射开始】、【发射停止】、【显示时效】、【寿命】分别设置为 0、150、150、100，将【粒子大小】设置为 2，如图 11-64 所示。

(3) 选择【创建】|【空间扭曲】|【力】|【重力】，在【顶】视图中创建一个重力，在【力】选项组中将【强度】设置为 0.086、【衰退】设置为 2.5，调整重力的位置，在工具栏中选择【绑定到空间扭曲】

将绘制的超级喷射绑定到空间扭曲上，如图 11-65 所示。

(4) 打开【材质编辑器】窗口选择一个空白材质球，将其【环境光】和【漫反射】RGB 均设置为 171、205、236，将【自发光】RGB 设置为 173、200、248，将【不透明度】设置为 40、【高光级别】设置为 54、【光泽度】设置为 47，如图 11-66 所示。

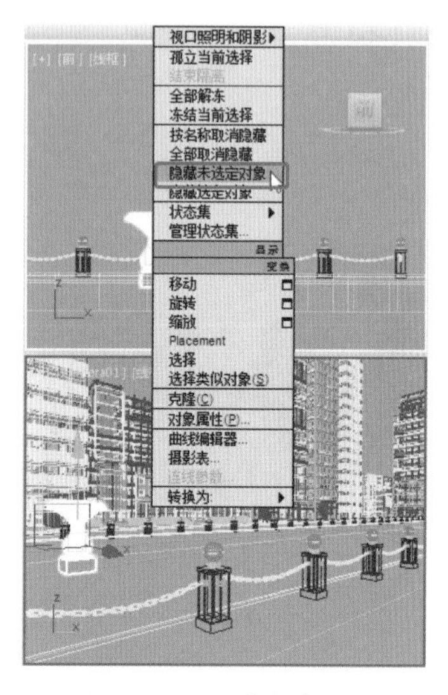

图 11-63　隐藏多余图形

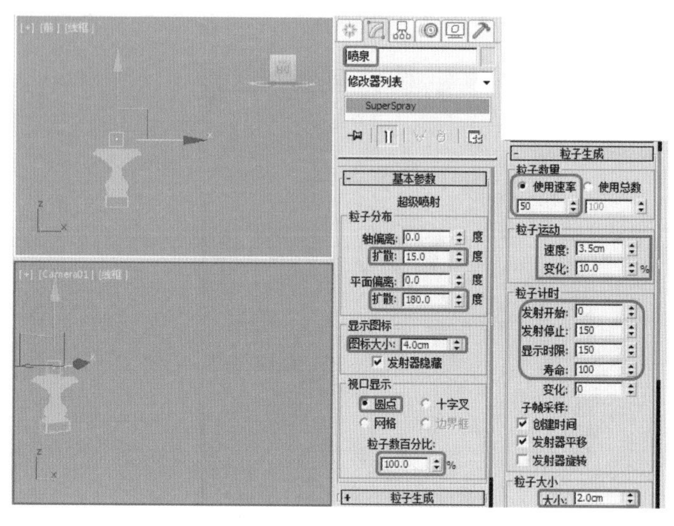

图 11-64　创建【超级喷射】

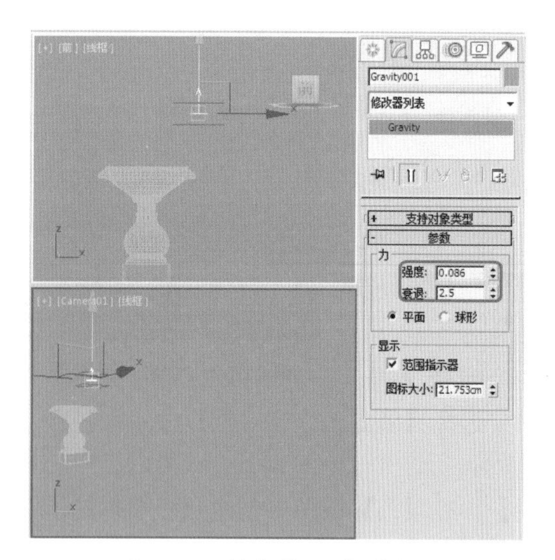

图 11-65　创建【重力】并绑定

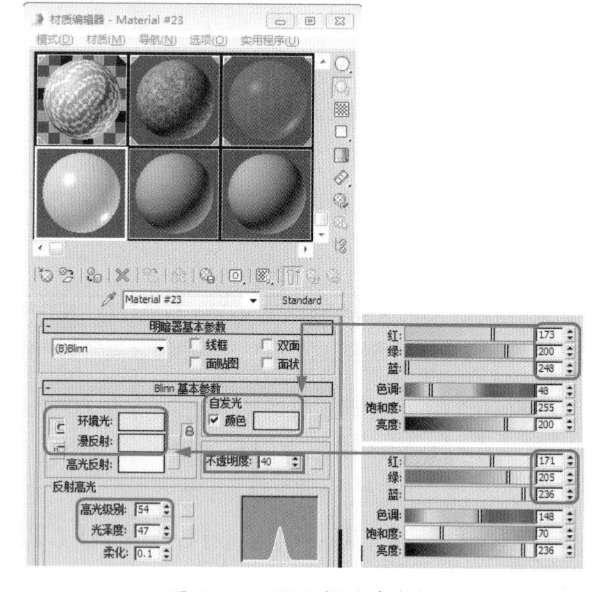

图 11-66　设置材质球参数

(5) 在创建的【超级喷射】上单击鼠标右键，在弹出的快捷菜单中选择【对象属性】命令，选中【图像】单选按钮，将【运动模糊】下的【倍增】设置为 5，如图 11-67 所示。

(6) 在视图中单击鼠标右键，在弹出的快捷菜单中选择【全部取消隐藏】命令，如图 11-68 所示。

(7) 选择绘制的喷泉，按 Shift 键拖动并复制，在弹出的对话框中选中【实例】单选按钮，并调整其位置，如图 11-69 所示。按 F9 键快速渲染，最后将场景文件进行保存。

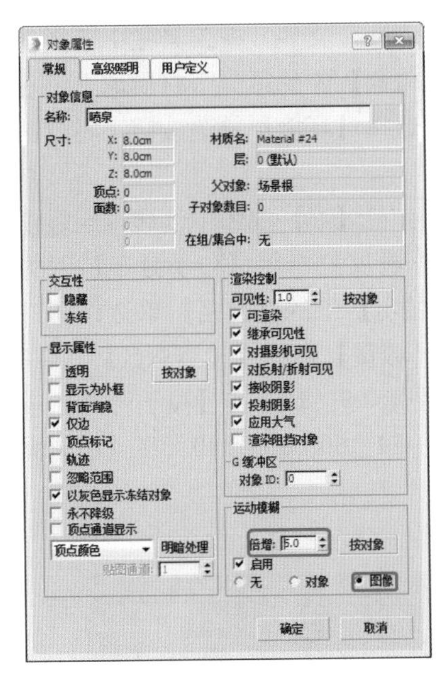

图 11-67　设置动态模糊

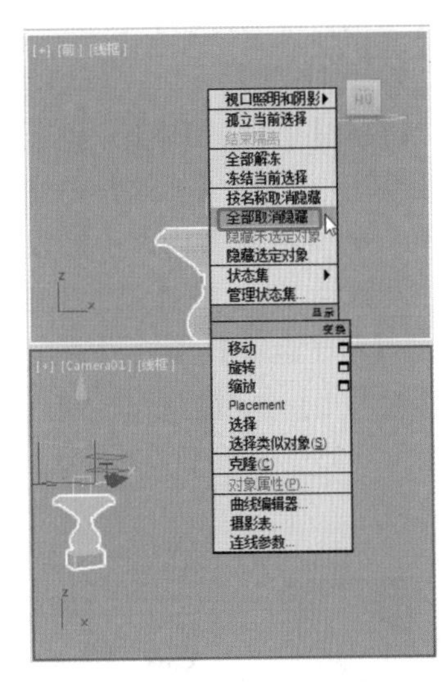

图 11-68　取消隐藏

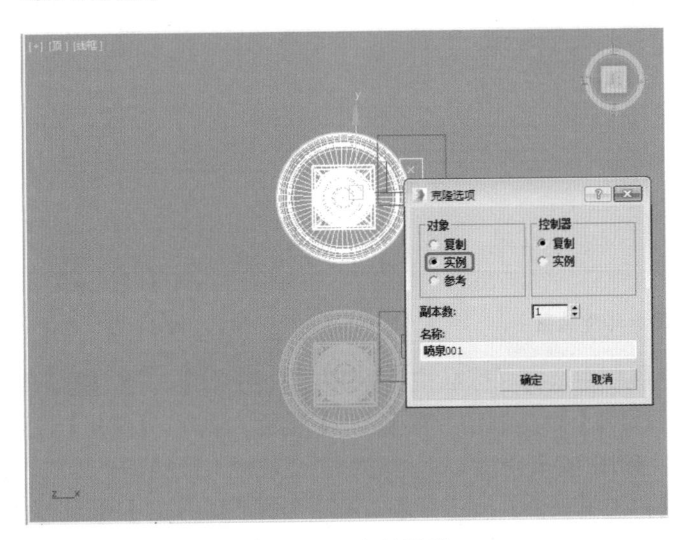

图 11-69　复制图形

案例精讲 128　使用超级喷射制作礼花动画

本例将介绍如何制作礼花动画。首先要创建【超级喷射】，然后将【超级喷射】的参数进行设置，再为【超级喷射】创建【重力】，设置【视频后期处理】，最后渲染输出，效果如图 11-70 所示。

图 11-70　礼花动画效果

案例文件：CDROM\Sences\ Cha11 \制作礼花动画 OK.max

视频文件：视频教学 \ Cha11 \使用超级喷射制作礼花动画 .avi

(1) 按 8 键，在弹出的【环境和效果】对话框中，单击【环境贴图】下的【无】，在弹出的【材质 / 贴图浏览器】面板中选择【位图】材质，在弹出的对话框中选择随书附带光盘中的“CDROM\Map\zhang.jpg”文件，在工具栏中选择【材质编辑器】窗口，将刚刚在【环境和效果】中的贴图拖曳到【材质编辑器】中的第一个材质球上，在弹出的对话框中选中【实例】单选按钮并确定，并在【坐标】卷展栏中选择【环境】单选按钮，将【贴图】设置为【屏幕】，如图 11-71 所示。

(2) 选择【创建】|【几何体】|【粒子系统】|【超级喷射】，在【顶】视图中创建【超级喷射】，并命名为【礼花 01】，选择【修改】命令面板，在【基本参数】卷展栏中将【粒子分布】下的【扩散】分别设置为 30、90，将【图标大小】设置为 28，选中【视口显示】下的【网格】单选按钮，并将【粒子数百分比】设置为 100，在【粒子生成】卷展栏中选择【粒子数量】中的【使用总数】，并将【数量】设置为 21，在【粒子运动】中将【速度】和【变化】分别设置为 2.5、26，在【粒子计时】中将【发射开始】、【发射停止】、【显示时限】、【寿命】分别设置为 –59、60、100、40，将【粒子大小】中的【大小】设置为 0.35，如图 11-72 所示。

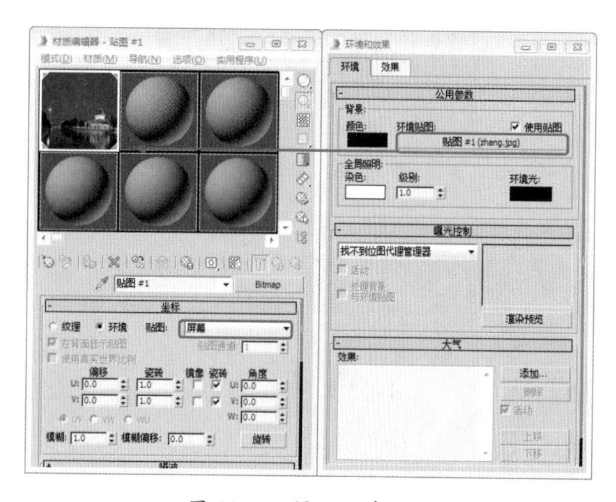

图 11-71　添加环境贴图

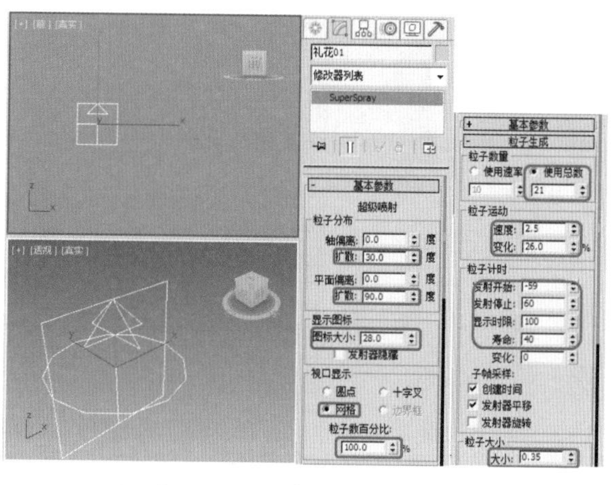

图 11-72　创建【超级喷射】

(3) 在【粒子类型】卷展栏中选择【标准粒子】下的【立方体】，在【粒子繁殖】卷展栏中选中【粒子繁殖效果】下的【消亡后繁殖】单选按钮，将【倍增】设置为 200、【变化】设置为 100，将【方向混乱】的【混乱度】设置为 100，如图 11-73 所示。

(4) 在工具栏中单击【材质编辑器】按钮，选择第二个材质球，在【Blinn 基本参数】卷展栏中将【自发光】设置为 100，将【反射高光】的【高光级别】、【光泽度】分别设置为 25、6，如图 11-74 所示。

(5) 在【贴图】卷展栏中单击【漫反射颜色】后的【无】按钮，在弹出的面板中选择【粒子年龄】，选择【粒子年龄参数】下的【颜色 #1】的 RGB 设置为 255、100、227，将【颜色 #2】的 RGB 设置为 255、200、0。将【颜色 #3】的 RGB 设置为 255、0、0，设置完成后单击【转到父对象】按钮，将材质指定给对象，如图 11-75 所示。

(6) 确认【超级喷射】在选定状态，单击鼠标右键，在弹出的快捷菜单中选择【对象属性】命令，打开【对象属性】对话框，将【G 缓冲区】中的【对象 ID】设置为 1，选中【运动模糊】下面的【图像】单选按钮，将【倍增】设置为 0.8，如图 11-76 所示。

(7) 选择【创建】|【空间扭曲】|【力】|【重力】工具，在【顶】视图中添加一个重力，将它的【强度】设置为 0.02，在工具栏中选择【绑定到空间扭曲】，将绘制的【超级喷射】绑定到空间扭曲上，如图 11-77 所示。

(8) 使用同样的方法绘制其他【超级喷射】，并分别命名为【礼花 02】、【礼花 03】和【礼花 04】，如图 11-78 所示。

(9) 选择【创建】|【摄影机】选择【目标】工具，将【镜头】设置为设置为 36mm，在选择【透视图】，按 C 键进入到 Camera01 中，如图 11-79 所示。

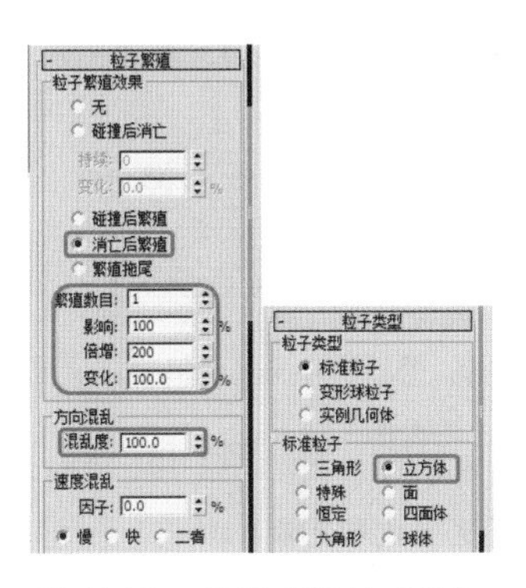

图 11-73 设置【超级喷射】

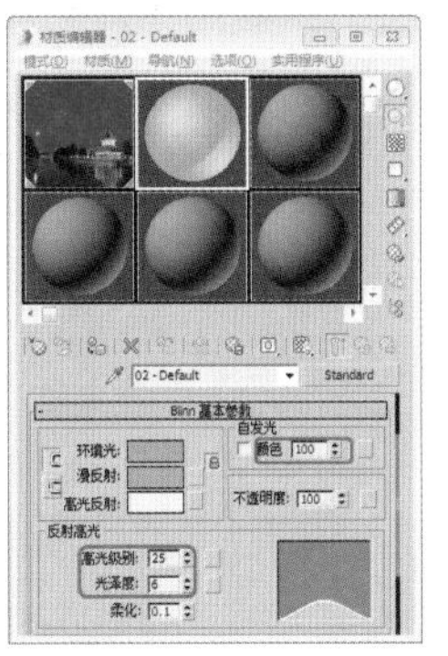

图 11-74 设置【材质编辑器】窗口

图 11-75 设置【贴图】

图 11-76 设置【对象属性】对话框

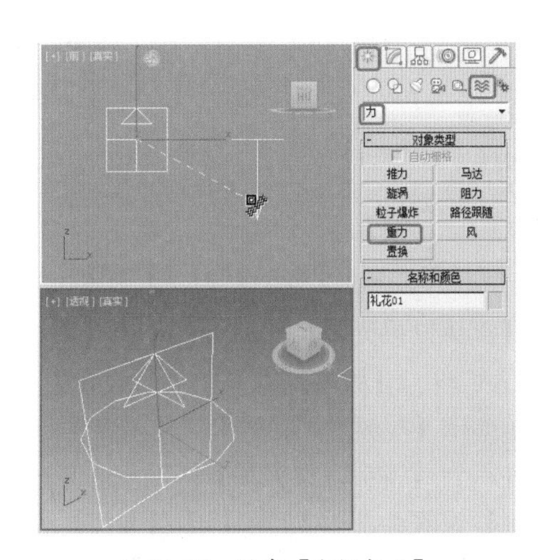

图 11-77 创建【空间扭曲】

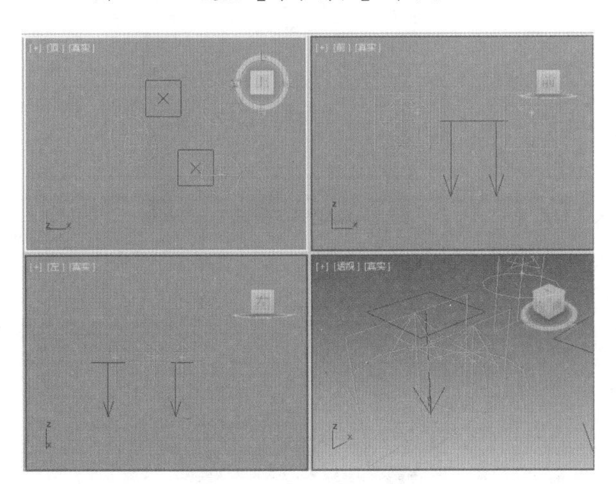

图 11-78 创建其他烟花

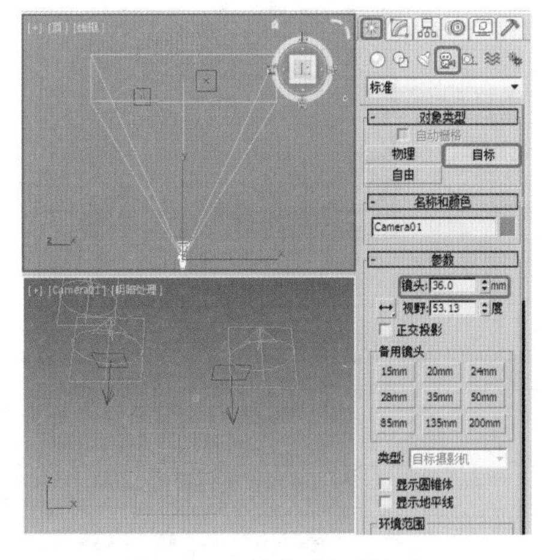

图 11-79 创建【摄影机】

(10) 在菜单栏中选择【渲染】|【视频后期处理】命令，在弹出的对话框中单击【添加场景事件】按钮，选择 Camera01 选项，单击【确定】按钮，如图 11-80 所示。

(11) 再单击【添加图像过滤事件】按钮，在弹出的对话框中将【底片】更改为【镜头效果光晕】，并命名为 1，单击【确定】按钮，使用同样的方法再创建 3 个【队列】，如图 11-81 所示。

图 11-80　创建【视频后期处理】

图 11-81　创建【镜头效果光晕】

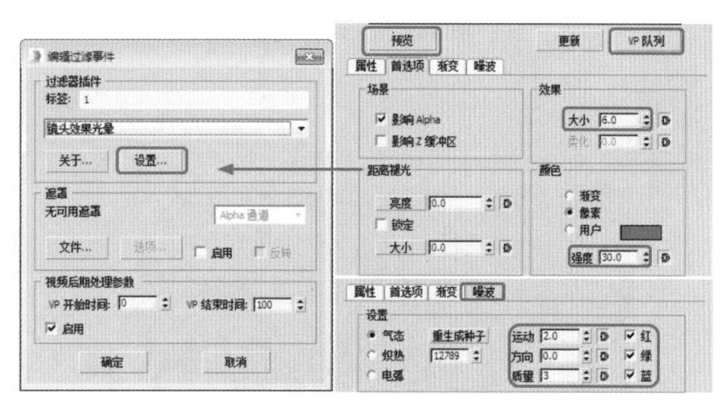

图 11-82　设置【镜头效果光晕】参数

(12) 选择【视频后期处理】，选择 1 号队列并双击，进入到【编辑过滤事件】对话框，单击【设置】按钮，进入到【镜头效果光晕】对话框，单击【预览】和【VP 队列】按钮，在【首选项】选项卡中将【效果】中的【大小】设置为 6，【颜色】的【强度】设置为 30，选择【噪波】选项卡，将【运动】设置为 2，【质量】设置为 3，如图 11-82 所示。

(13) 设置完成后选择 2 号队列并双击，进入到【编辑过滤事件】对话框，单击【设置】按钮，进入到【镜头效果光晕】对话框，单击【预览】和【VP 队列】按钮，在【首选项】中将【效果】的【大小】设置为 39，【颜色】的【强度】设置为 55，如图 11-83 所示。

(14) 选择【视频后期处理】，选择 3 号队列并双击，进入到【编辑过滤事件】对话框，单击【设置】按钮，进入到【镜头效果光晕】对话框，单击【预览】和【VP 队列】按钮，在【首选项】中将【效果】的【大小】设置为 7、【颜色】的【强度】设置为 0，如图 11-84 所示。

图 11-83　设置 2 号队列

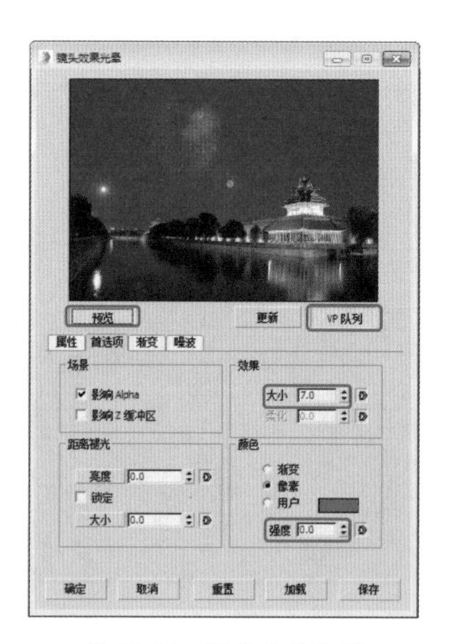

图 11-84　设置 3 号队列

(15) 选择【视频后期处理】，选择 4 号队列并双击，进入到【编辑过滤事件】对话框，单击【设置】按钮，进入到【镜头效果光晕】对话框，单击【预览】和【VP 队列】按钮，在【首选项】选项卡中将【效果】的【大小】设置为 1、【柔化】设置为 0，【颜色】选中【渐变】单选按钮，选择【渐变】选项卡，在第一个长条中 13 位置创建点，其 RGB 为 1、0、3，将最右侧的光标设置为 55、0、124，单击【确定】按钮，如图 11-85 所示。

(16) 单击【添加图像输出事件】按钮，在弹出的对话框中设置文件的输出格式和名称，并单击【执行序列】按钮，在弹出的对话框中设置礼花输出的大小和尺寸参数，如图 11-86 所示。

(17) 按 F9 键快速渲染，最后将场景文件进行保存。

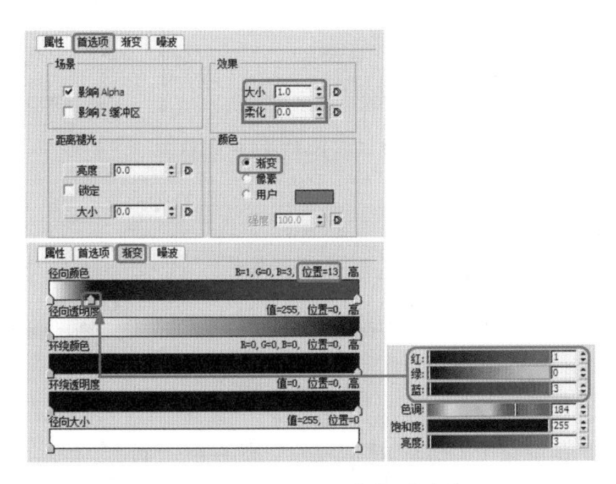

图 11-85　设置 4 号队列参数

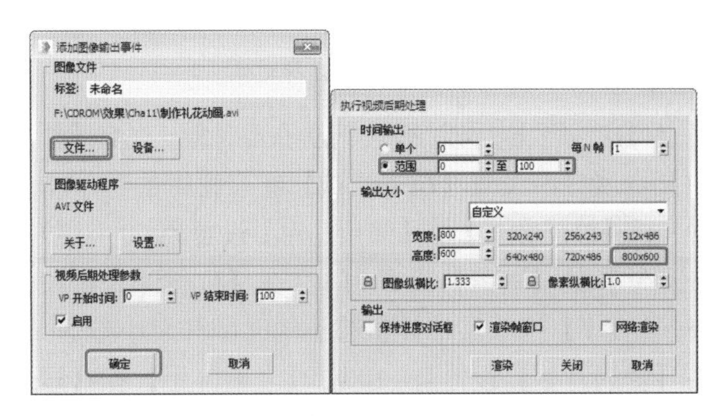

图 11-86　设置输出参数

案例精讲 129　使用粒子云制作火山喷发动画

本例将讲解使用【粒子云】和【超级喷射】，模拟制作火山喷发动画效果的方法，其中详细讲解了粒子云的使用方法。完成后的效果如图 11-87 所示。

图 11-87　火山喷发动画

案例文件：CDROM \ Scenes \ Cha11\ 火山喷发动画 OK. max

视频文件：视频教学 \ Cha11 使用粒子云制作火山喷发动画 . avi

(1) 打开随书附带光盘中的“CDROM\Scenes\Cha11\ 火山喷发 .max”文件，如图 11-88 所示。

(2) 选中火山对象，单击【孤立当前选择切换】按钮，将火山对象孤立显示，激活【前】视图，选择【创建】|【几何体】|【粒子系统】|【粒子云】工具，在视图中创建一个粒子云对象。在其【粒子生成】卷展栏中设置粒子参数，将【粒子数量】的【使用速率】设置为 50，【粒子运动】的【速度】设置为 0.787，在【粒子计时】和【粒子大小】选项组中设置粒子的时间和大小参数，将【发射开始】设置为 –100、【发射停止】和【显示时限】均设置为 100、【寿命】设置为 70；将【大小】设置为 1、【变化】设置为 50，如图 11-89 所示。在【粒子类型】卷展栏中设置粒子类型，选中【球体】单选按钮。单击工具栏中的【选择并均匀缩放】按钮，将粒子云对象缩放，如图 11-89 所示。

提　示

选择【实例几何体】类型生成粒子，这些粒子可以是对象、对象链接层次或组的实例。对象在【粒子类型】卷展栏的【实例参数】选项组中处于选定状态。

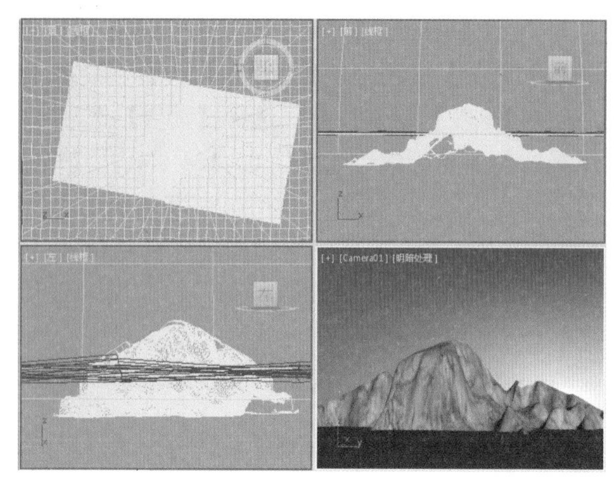

图 11-88　打开素材文件

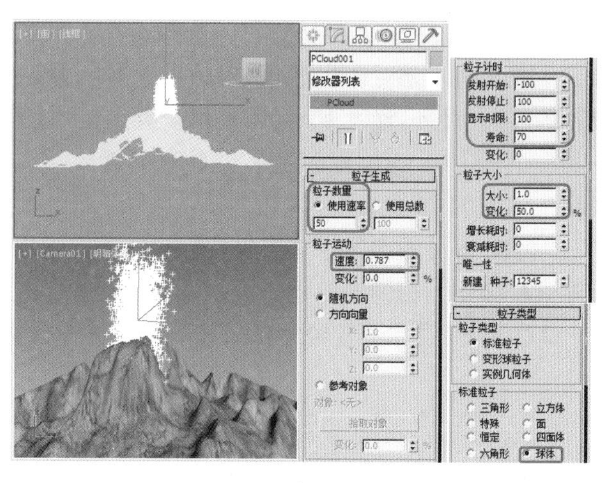

图 11-89　创建粒子云发射器

(3) 在视图中再创建一个粒子云对象，在其【参数】卷展栏中设置【粒子生成】卷展栏中的粒子参数，将【粒子数量】的【使用速率】设置为 60，【粒子运动】的【速度】设置为 1。在【粒子计时】和【粒子大小】选项组中设置粒子的时间和大小参数，将【发射开始】设置为 -100、【发射停止】和【显示时限】均设置为 100，【寿命】设置为 40；【大小】设置为 0.6、【变化】设置为 50。在【粒子类型】卷展栏中设置粒子类型为【标准粒子】，在【标准粒子】选项组中选中【球体】单选按钮。单击工具栏中的【选择并均匀缩放】按钮，将粒子云对象缩放，并调整其位置，如图 11-90 所示。

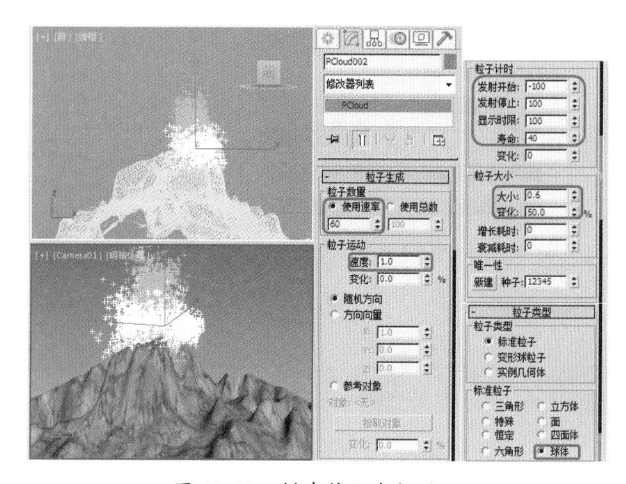

图 11-90　创建第 2 个粒子云

(4) 选择【创建】|【空间扭曲】|【重力】工具，在【顶】视图中创建一个重力对象，切换至【修改】面板，将其【强度】设置为 0.02，单击【绑定到空间扭曲】按钮，将创建的第二个粒子云对象绑定到重力对象上，如图 11-91 所示。

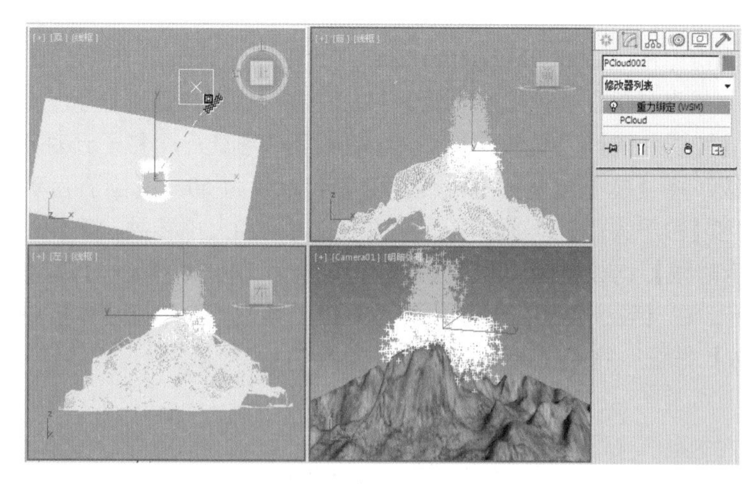

图 11-91　绑定粒子云对象

知识链接

增加【强度】会增加重力的效果，即对象的移动与重力图标方向箭头的相关程度。小于 0的强度会创建负向重力，该重力会排斥以相同方向移动的粒子，并吸引以相反方向移动的粒子。设置【强度】为 0时，【重力】空间扭曲没有任何效果。

(5) 选择【创建】|【几何体】|【粒子系统】|【超级喷射】，在场景中创建一个超级喷射粒子对象。在【基本参数】卷展栏中设置超级喷射的基本参数，将【扩散】分别设置为 80 和 90，【视口显示】选择为【网格】。在【粒子生成】卷展栏中，将【粒子数量】选择为【使用总数】并设置为 50；在【粒子运动】中，将【速度】设置为 0.787、【变化】设置为 30；在【粒子计时】中，将【发射开始】设置为 –100、【发射停止】和【显示时限】均设置为 100、【寿命】设置为 70、【大小】设置为 0.4、【变化】设置为 50；在【粒子类型】卷展栏中，将【标准粒子】选中【面】单选按钮，在【粒子繁殖】卷展栏中选中【繁殖拖尾】单选按钮，并将【影响】设置为 80、【倍增】设置为 8，将【方向混乱】的【混乱度】设置为 3；选中【继承父粒子速度】复选框，图 11-92 所示。

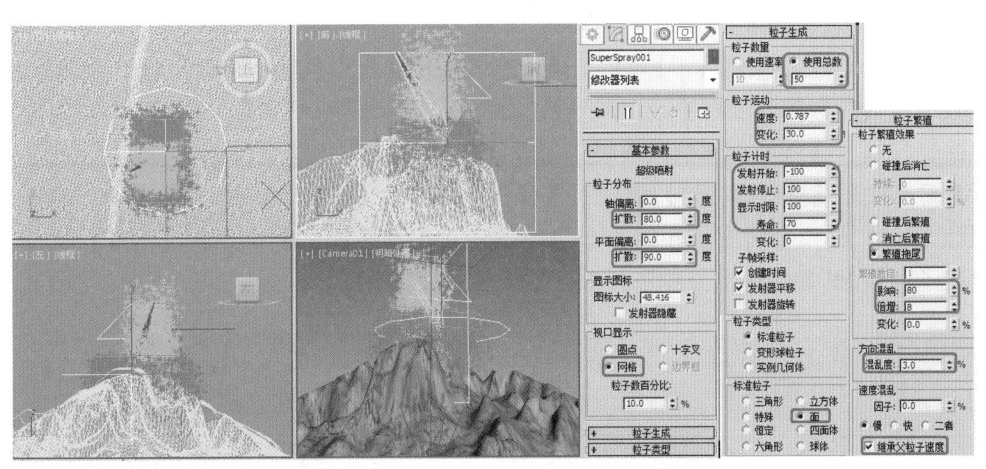

图 11-92　创建超级喷射

(6) 按住 Shift 键将超级喷射粒子复制两个，并在其中两个超级喷射粒子对象的【粒子生成】卷展栏中，将【粒子大小】分别设置为 0.3 和 0.5，然后使用【选择并均匀缩放】工具调整超级喷射粒子对象，最后将超级喷射粒子调整到适当位置，如图 11-93 所示。

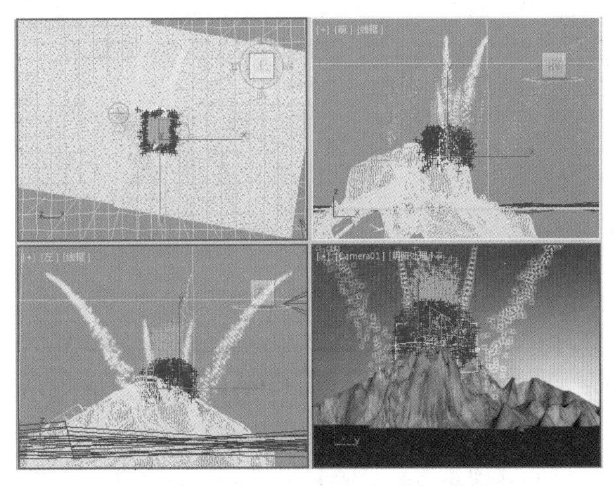

图 11-93　复制超级喷射粒子并调整其位置

(7) 单击【超级喷射】按钮，在场景中再创建一个超级喷射粒子。在【基本参数】卷展栏中设置基本参数，将【扩散】分别设置为 40 和 90，【视口显示】选择为【圆点】。在【粒子生成】卷展栏中，将【使用速率】设置为 50、【速度】设置为 0.2；在【粒子计时】中，将【发射开始】设置为 –100、【发射停止】和【显示时限】设置为 100、【寿命】设置为 500。在【粒子大小】选项组，将【大小】设置为 1.181、【变化】设置为 15；在【粒子类型】卷展栏中，将【标准粒子】选择为【面】。展开【旋转和碰撞】卷展栏，将【变化】设置为 10，然后使用【选择并均匀缩放】工具调整超级喷射粒子对象，如图 11-94 所示。

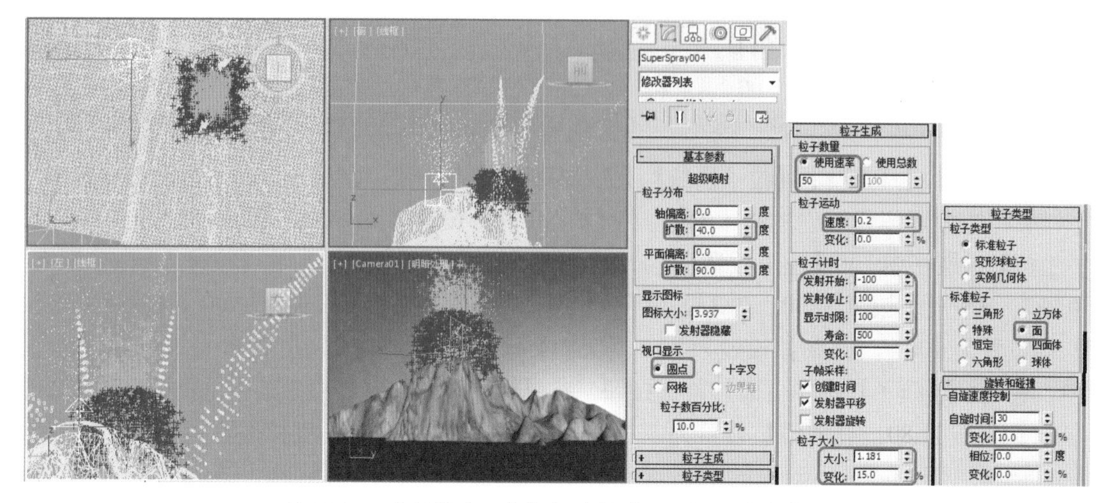

图 11-94　重新创建一个超级喷射并设置粒子基本参数

(8) 选择【创建】|【空间扭曲】|【风】工具，在【前】视图中创建一个风对象，并调整其旋转角度，选择风对象，在其【参数】卷展栏中设置风参数，将【强度】设置为 –0.01，如图 11-95 所示。单击【绑定到空间扭曲】按钮，将最后创建的超级喷射对象绑定到风对象上。

(9) 按 M 键，打开【材质编辑器】窗口，选择【火焰 01】材质，将它应用给第 1 个粒子云对象。选择另一个【火焰 02】材质，将它应用给第 2 个粒子云对象。选择已制作好的【烟雾】材质，将它应用给超级喷射粒子。按 F9 键快速渲染粒子材质，效果如图 11-96 所示。

图 11-95　创建风对象并设置风参数

图 11-96　添加材质并渲染

(10) 选择场景中的粒子云对象并右击，在弹出的快捷菜单中选择【对象属性】命令，弹出【对象属性】对话框，设置粒子云的【对象 ID】为 1，如图 11-97 所示。

(11) 单击【孤立当前选择切换】按钮，取消孤立显示模式。选择【渲染】|【视频后期处理】菜单命令，打开【视频后期处理】对话框，单击【执行序列】按钮，在弹出的【执行视频后期处理】对话框中，选择动画的渲染帧数和大小，然后单击【渲染】按钮，如图 11-98 所示。

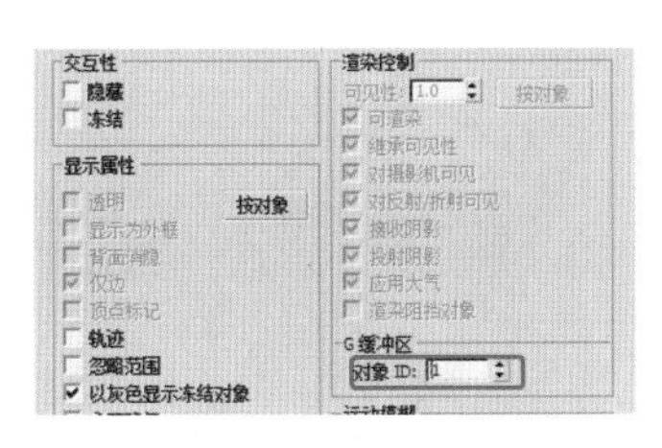

图 11-97　设置粒子的【对象 ID】

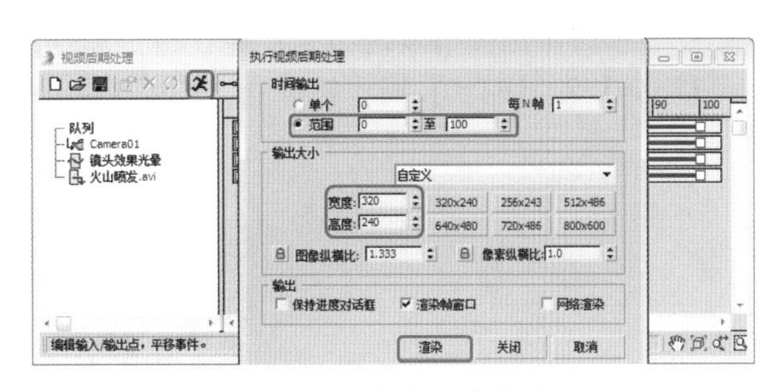

图 11-98　执行渲染序列

案例精讲 130　使用粒子流源制作水花动画

本例介绍使用【粒子流源】制作水花动画。粒子云使用一种称为“粒子视图”的特殊对话框来使用事件驱动模型。创建【粒子流源】后，在【粒子视图】中，添加并设置事件参数。完成后的效果如图 11-99 所示。

图 11-99　水花动画

案例文件：CDROM \ Scenes \ Cha11\ 水花动画 OK.max

视频文件：视频教学 \ Cha11\ 使用粒子流源制作水花动画 .avi

(1) 打开随书附带光盘中的“CDROM\Scenes\Cha11\ 水花动画 .max”文件，选择【创建】|【几何体】|【粒子系统】|【粒子流源】，在【顶】视图中创建一个粒子流发射器，如图 11-100 所示。

(2) 按 6 键或在其【修改】命令面板中单击【粒子视图】按钮，打开【粒子视图】窗口，在粒子视图中添加【位置对象】操作符到【事件 001】中，并单击【添加】按钮，拾取 Plane01 平面对象，如图 11-101 所示。

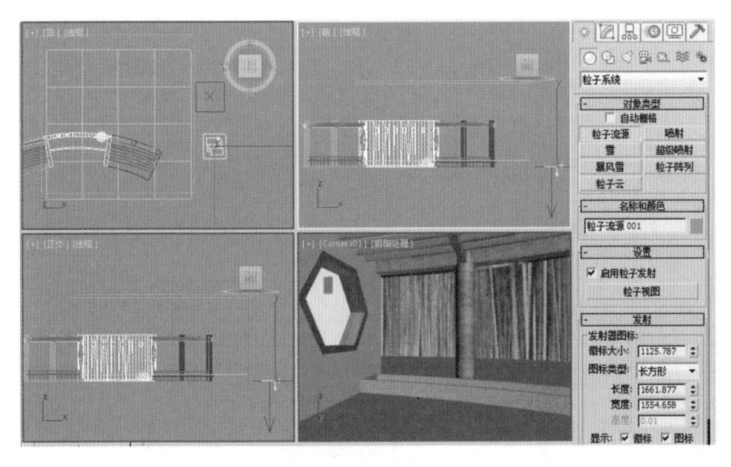

图 11-100　创建粒子流

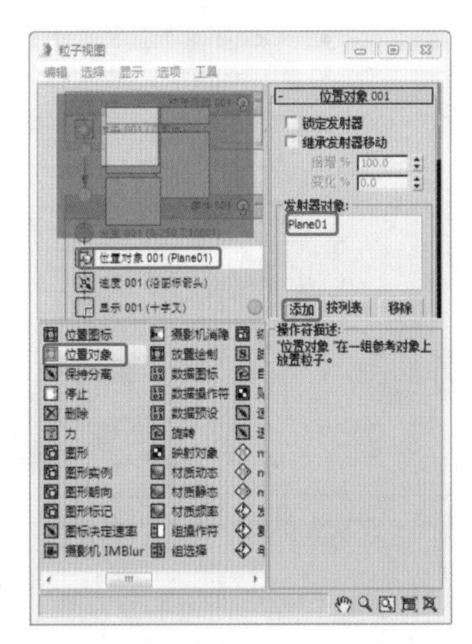

图 11-101　设置【对象位置】

(3) 在【事件 001】中选择【出生】操作符，设置其参数，将【发射停止】设置为 250，选中【速率】单选按钮并将其设置为 1200，如图 11-102 所示。

(4) 在【事件 001】中选择【速度】操作符并设置它的参数，将【速度】设置为 100，并选中【反转】复选框，如图 11-103 所示。

(5) 在粒子视图中选择【发送出去】操作符，添加到【事件 001】中，在【事件 001】中，将【位置图标】、【旋转】和【形状】操作符删除，如图 11-104 所示。

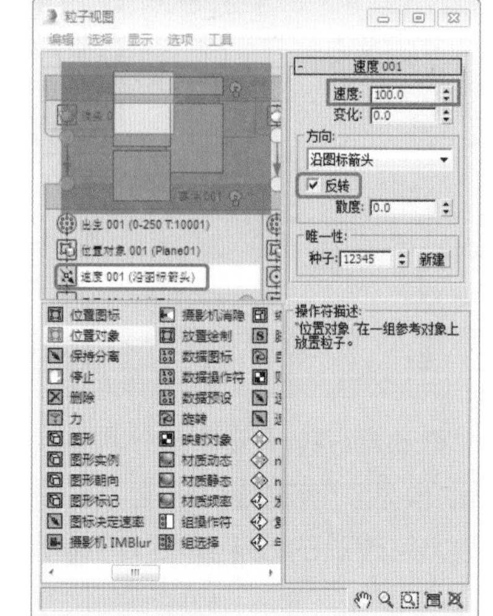

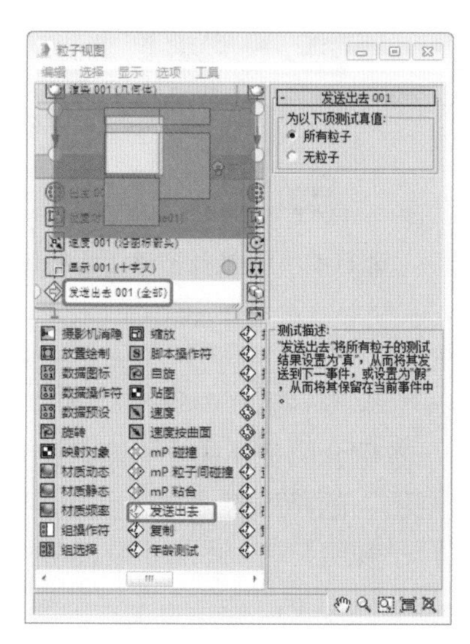

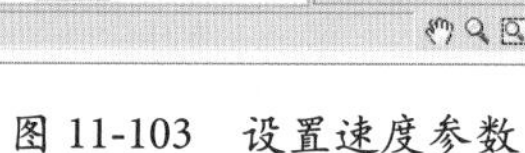

图 11-102　设置【出生】

图 11-103　设置速度参数

图 11-104　创建【发送出去】

提 示

【发射开始】和【发射停止】值与系统帧速率相关。如果更改帧速率，【粒子流源】将自动调整相应的发射值。

(6) 单击【粒子流源】按钮，在【前】视图中创建一个粒子流发射器，如图 11-105 所示。

(7) 按 6 键，打开【粒子视图】对话框，选中【事件 002】中的【出生】操作符，设置其参数。将【发射开始】设置为 -43、【发射停止】设置为 250，选中【速率】单选按钮并将其设置为 1500，如图 11-106 所示。

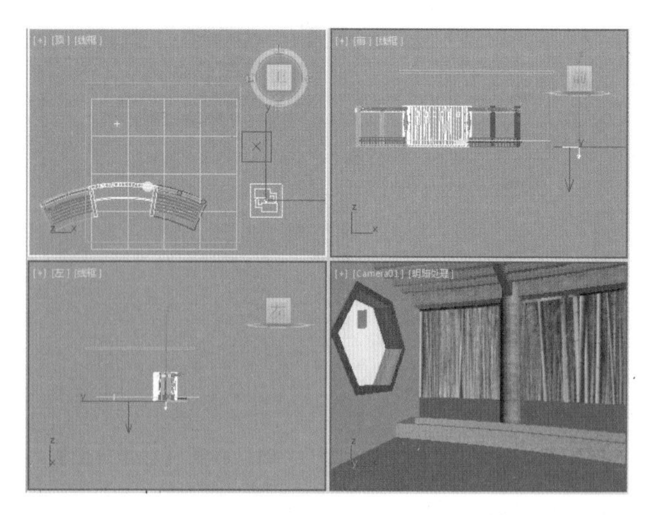

图 11-105　创建粒子流发射器

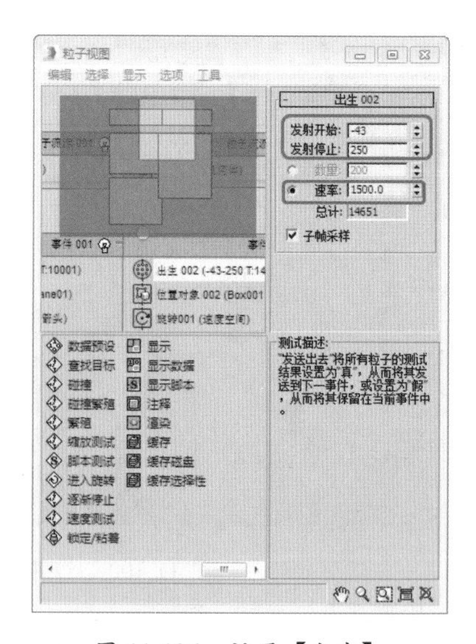

图 11-106　设置【出生】

(8) 在【事件 002】中添加【位置对象】操作符，然后单击【添加】按钮，拾取 Box001 对象，如图 11-107 所示。

(9) 在【事件 002】中，选择【旋转】操作符，将【方向矩阵】设置为【速度空间】，将 X 设置为 90，如图 11-108 所示。

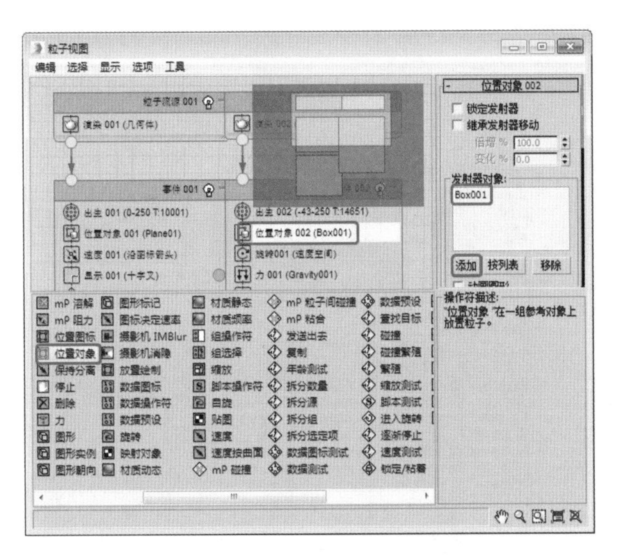

图 11-107　设置【位置对象】

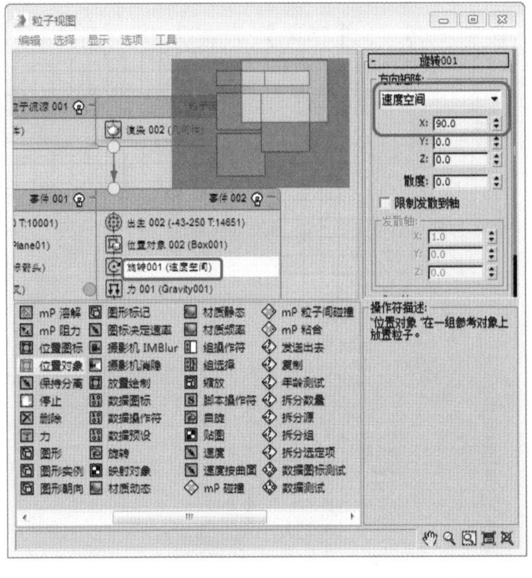

图 11-108　设置【旋转】

(10) 选择【力】操作符，将其拖动到【事件 002】中的【旋转】操作符的下面，并在它的参数卷展栏中单击【添加】按钮，添加场景中的重力对象，如图 11-109 所示。

提 示

【散度】参数用于定义粒子方向的变化范围（以度为单位）。实际偏离是在此范围内随机计算得出的。不能与【随机 3D】或【速度空间跟随】选项共同使用。默认设置是 0。

(11) 选择【事件 002】中的【形状】操作符，选中 3D 单选按钮，并设置为【四面体】，将【大小】设置为 254，如图 11-110 所示。

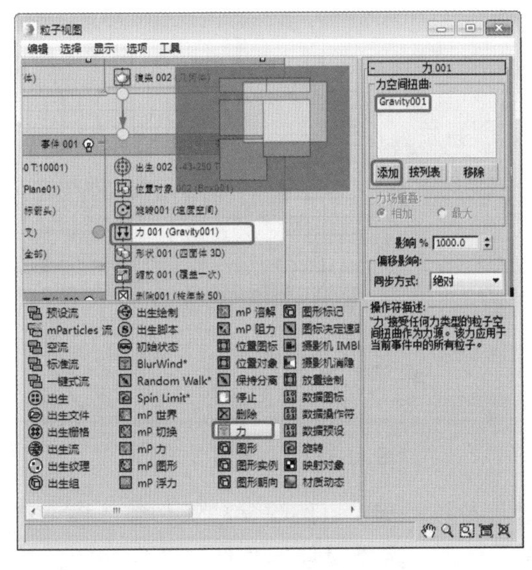

图 11-109　设置【力】

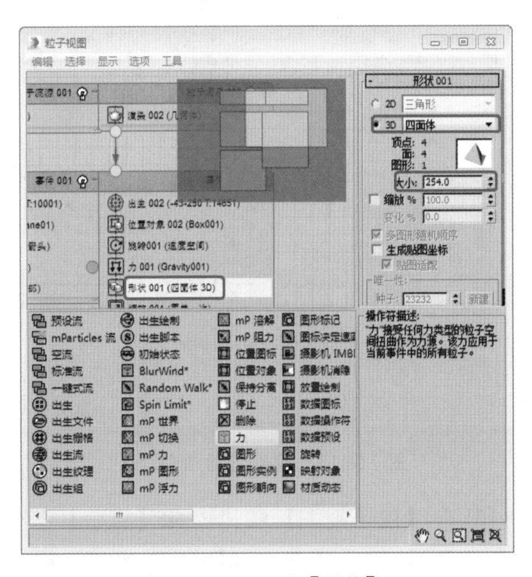

图 11-110　设置【形状】

(12) 在【事件 002】中，添加【缩放】操作符并设置其参数，取消选中【限定比例】复选框，将 X 设置为 3、Y 设置为 200、Z 设置为 3，如图 11-111 所示。

(13) 在【事件 002】中，添加【删除】选项符并设置其参数。选中【按粒子年龄】单选按钮，将【寿命】设置为 50、【变化】设置为 0，如图 11-112 所示。

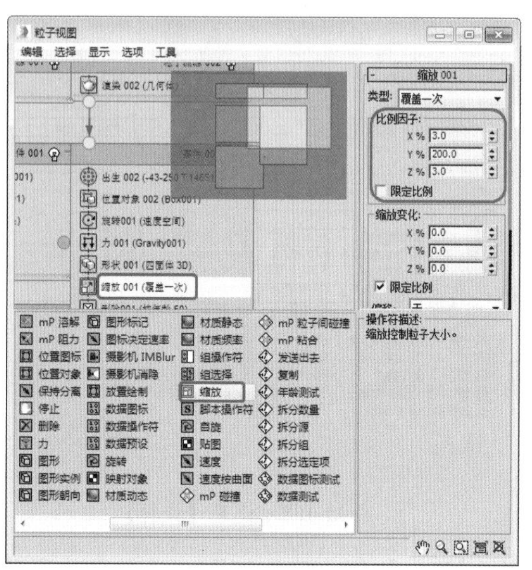

图 11-111　设置【缩放】

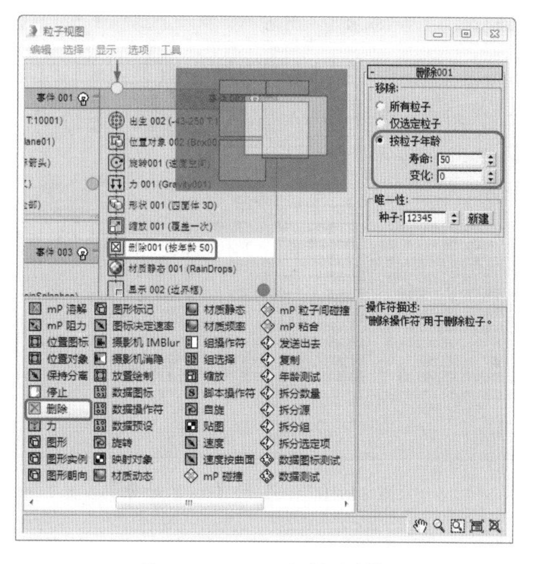

图 11-112　设置【删除】

(14) 继续添加【材质静态】操作符，并单击 RainDrops 按钮，如图 11-113 所示。

(15) 然后将【事件 002】中的【位置图标】和【速度】操作符删除。选中【显示】操作符，将其【类型】设置为【边界框】，如图 11-114 所示。

图 11-113　设置【材质静态】

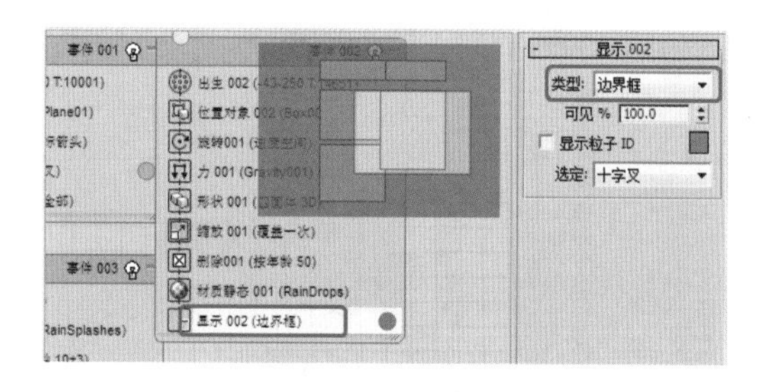

图 11-114　设置【显示】

(16) 在【粒子视图】中，添加【繁殖】操作符并设置其参数，选中【删除父粒子】复选框，将【子孙数】设置为 50、【变化 %】设置为 30；在【速度】选项组中，选中【使用单位】单选按钮，并设置为 1004，将【散度】设置为 50，如图 11-115 所示。

(17) 在【事件 003】中添加【材质静态】操作符，添加 RainSplashes 材质，如图 11-116 所示。

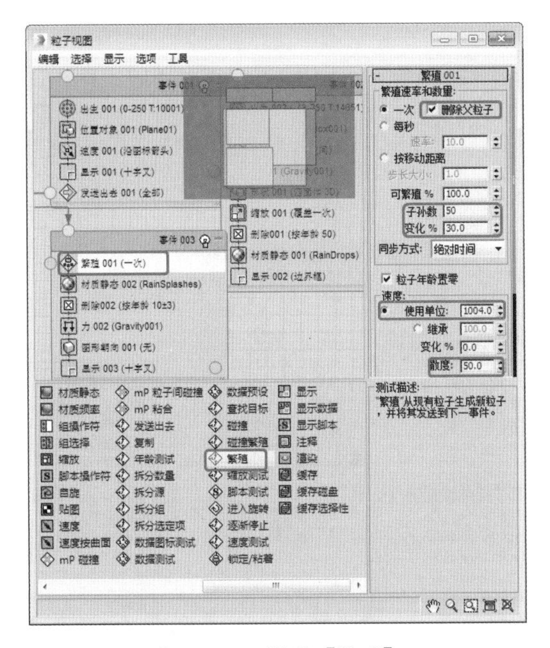

图 11-115　设置【繁殖】

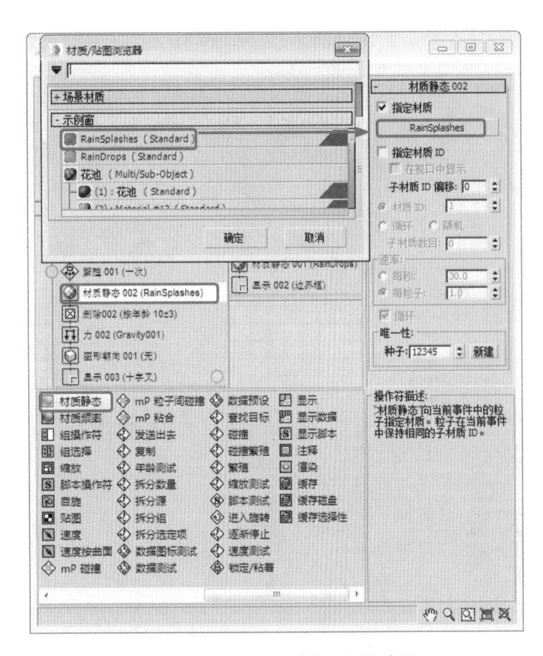

图 11-116　设置【材质静态】

(18) 在【事件 003】中添加【删除】操作符并设置其参数，选中【按粒子年龄】单选按钮，将【寿命】设置为 10、【变化】设置为 3，如图 11-117 所示。

(19) 在【事件 003】中添加【力】操作符，单击【按列表】按钮，添加场景中的重力对象，如图 11-118 所示。

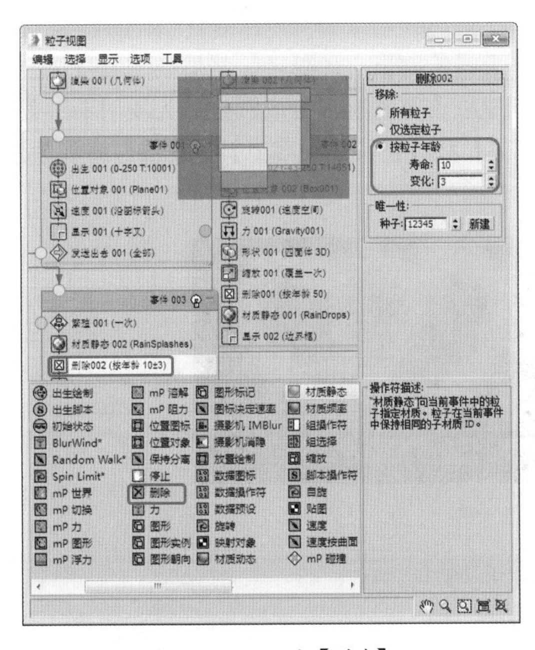

图 11-117　设置【删除】

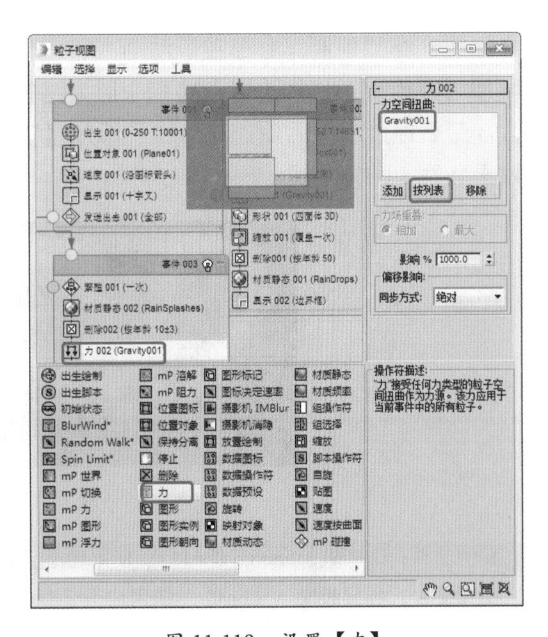

图 11-118　设置【力】

(20) 在【事件 003】中添加【图形朝向】操作符，选中【在世界空间中】单选按钮并将【单位】设置为 25，如图 11-119 所示。

(21) 选中【粒子流源 001】，将【粒子数量】中的【上限】设置为 600000，然后将所有事件串联起来，如图 11-120 所示。

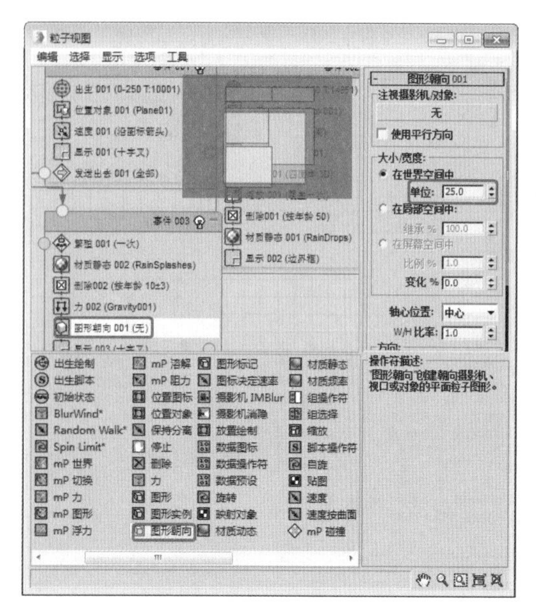

图 11-119　设置【图形朝向】

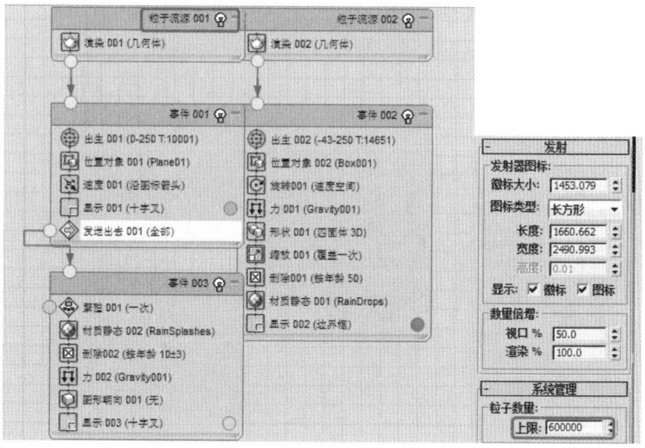

图 11-120　设置【粒子流源 001】

(22) 关闭【粒子视图】对话框，返回到视图中预览粒子效果，然后对场景进行渲染，最后将场景文件进行保存。

案例精讲 131　使用粒子云制作心形粒子动画

本例将介绍如何制作心形粒子动画。首先使用【线】工具绘制出心形路径，然后绘制圆柱体，为圆柱体添加【路径变形】修改器，拾取心形为路径；其次创建粒子云系统，拾取圆柱体为发射器，设置粒子参数；最后通过视频后期处理为粒子添加【镜头效果光晕】和【镜头效果高光】过滤器，将视频渲染，输出效果如图 11-121 所示。

图 11-121　心形粒子动画

案例文件：CDROM\Scenes\ Cha11 \ 使用粒子云制作心形粒子动画 OK.max

视频文件：视频教学 \ Cha11 \ 使用粒子云制作心形粒子动画 .avi

(1) 启动软件后，选择【创建】|【图形】|【样条线】|【线】工具，激活【前】视图，在该视图中绘制如图 11-122 所示的形状。

(2) 进入【修改】命令面板，将当前选择集定义为【顶点】，选择所有的顶点，单击鼠标右键，在弹出的快捷菜单中选择【Bazier 角点】命令，如图 11-123 所示。

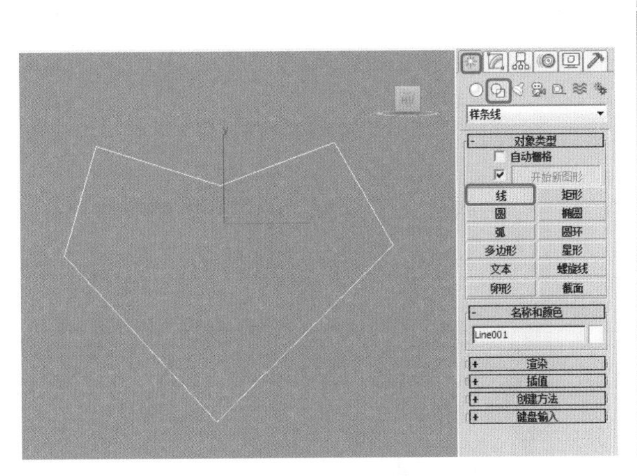

图 11-122 绘制形状

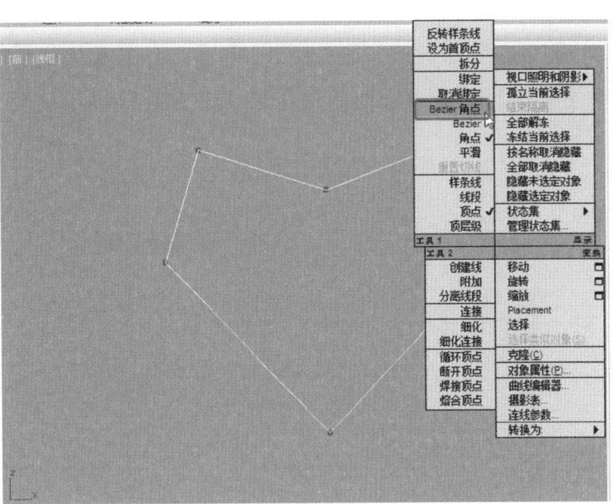

图 11-123 选择【Bazier 角点】命令

提 示

为了使路径更加圆滑，可以将普通的顶点转换为 Bazier 角点，此时会出现可以调动的手柄，可以使曲线更加平滑。

(3) 然后通过调整调整柄和调整顶点的位置来将形状调整为心形。选择【创建】|【几何体】|【标准基本体】|【圆柱体】工具，在【前】视图中绘制圆柱体，在【参数】卷展栏中将【半径】设置为 25，将【高度】设置为 90，将【高度分段】设置为 50，将【端面分段】设置为 5，如图 11-124 所示。

(4) 选择【创建】|【几何体】|【粒子系统】|【粒子云】选项，在【前】视图中创建粒子对象，在【基本参数】卷展栏中单击【拾取对象】按钮，在场景中选择圆柱体，此时，在【粒子分布】选项组中系统将自动选中【基于对象的发射器】单选按钮，如图 11-125 所示。

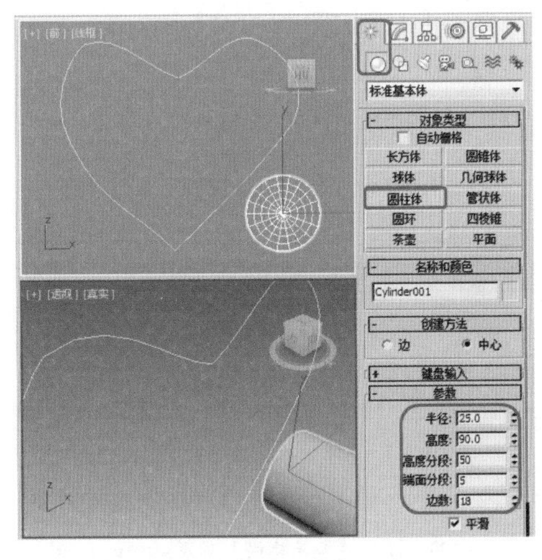

图 11-124 创建圆柱体

图 11-125 创建粒子系统

(5) 在场景中选择圆柱体，进入【修改】命令面板，在【修改器列表】中选择【路径变形绑定 (WSM)】修改器，在【参数】卷展栏中单击【拾取路径】按钮，然后再单击【转到路径】按钮，在【路径变形轴】选项组中选中 Z 单选按钮，如图 11-126 所示。

(6) 按 N 键，打开动画记录模式，将第 0 帧处的【拉伸】设置为 0，将时间滑块拖曳至第 40 帧位置处，将【拉伸】设置为 32，如图 11-127 所示。

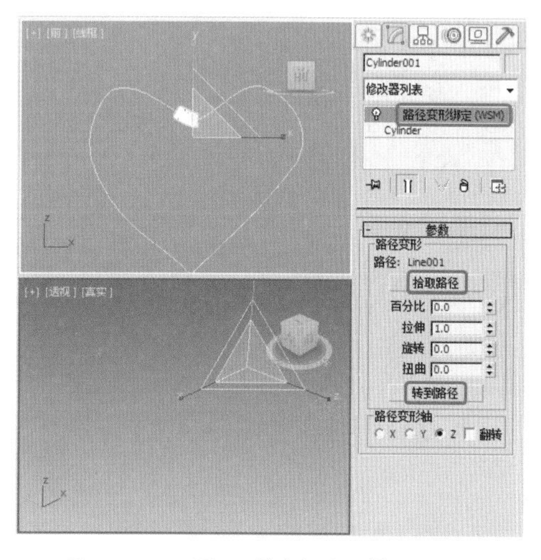

图 11-126　添加【路径变形】修改器

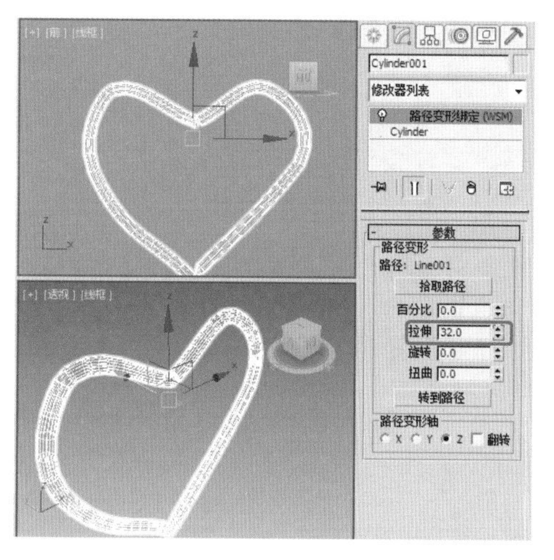

图 11-127　设置关键帧动画

(7) 按 N 键，关闭自动动画记录模式，选择圆柱体，单击鼠标右键，在弹出的快捷菜单中选择【对象属性】命令，弹出【对象属性】对话框，在该对话框中选择【常规】选项卡，在【渲染控制】选型组中取消选中【可渲染】复选框，如图 11-128 所示。

(8) 单击【确定】按钮，选择粒子系统，进入【修改】命令面板，在【粒子生成】卷展栏中将【使用速率】设置为 10，在【粒子运动】选项组中将【速度】设置为 1，在【粒子计时】选项组中将【发射开始】、【发射停止】、【显示时限】和【寿命】分别设置为 0、100、100 和 100，在【粒子大小】选项组中将【大小】设置为 10，如图 11-129 所示。

图 11-128　取消选中【可渲染】复选框

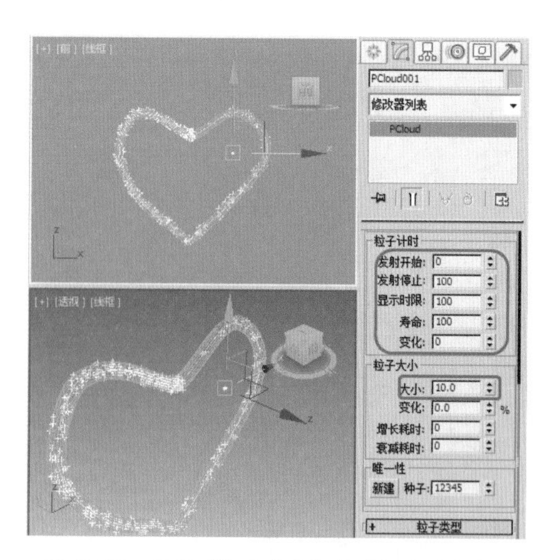

图 11-129　设置【粒子生成】卷展栏中的参数

(9) 展开【粒子类型】卷展栏，在【粒子类型】选项组中选中【标准粒子】单选按钮，在【标准粒子】

选项组中选中【球体】单选按钮，如图 11-130 所示。

(10) 选择粒子系统，单击鼠标右键，在弹出的快捷菜单中选择【对象属性】命令，弹出【对象属性】对话框，在该对话框中选择【常规】选型卡，在【G 缓冲区】选项组中将【对象 ID】设置为 1，如图 11-131 所示。

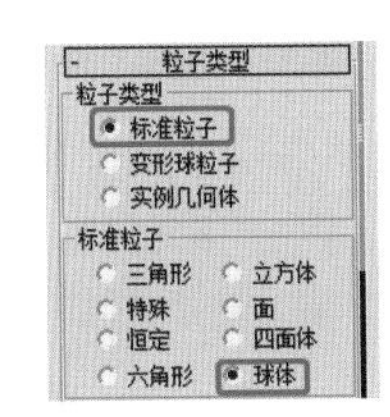

图 11-130　设置粒子类型

图 11-131　设置【对象 ID】

(11) 单击【确定】按钮，选择【创建】|【摄影机】|【标准】|【目标】工具，在【顶】视图中创建摄影机，将【透视】视图转换为【摄影机】视图，然后在其他视图中调整摄影机的位置，如图 11-132 所示。

(12) 在菜单栏中选择【渲染】|【视频后期处理】命令，弹出【视频后期处理】对话框，在该对话框中单击【添加场景事件】按钮，弹出【编辑场景事件】对话框，将【视图】设置为 Camera001，如图 11-133 所示。

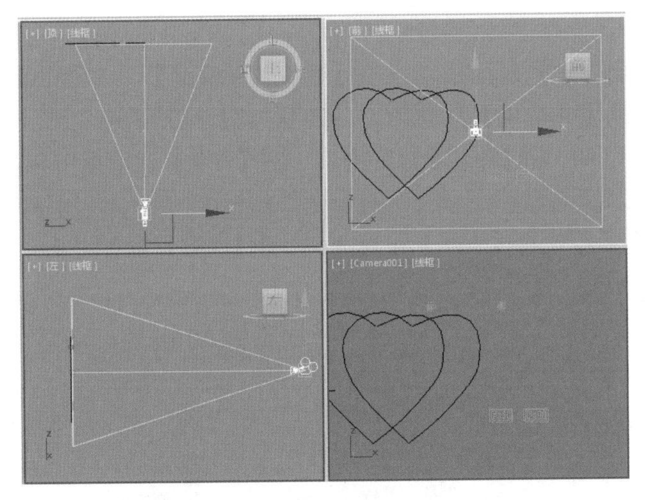

图 11-132　创建【摄影机】并进行调整

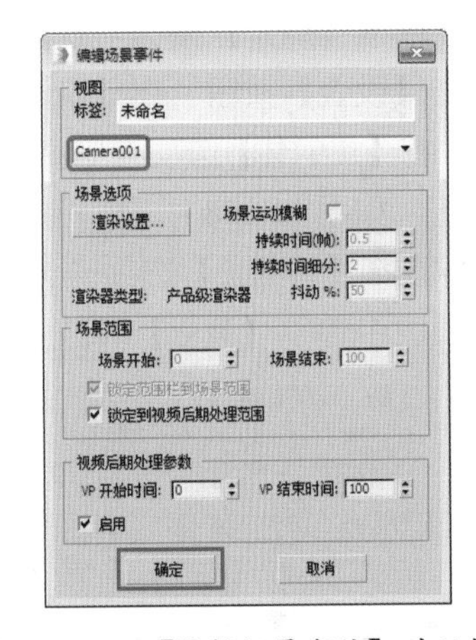

图 11-133　【编辑场景事件】对话框

(13) 单击【确定】按钮，然后单击【添加图像过滤事件】按钮，弹出【添加图像过滤事件】对话框，在过滤器列表中选择【镜头效果光晕】过滤器，单击【确定】按钮，如图 11-134 所示。

(14) 再次单击【添加图像过滤事件】按钮，在弹出的对话框中选择【镜头效果高光】过滤器，单击【确定】按钮，效果如图 11-135 所示。

(15) 双击【镜头效果光晕】过滤器，在弹出的对话框中单击【设置】按钮，进入【镜头效果光晕】对话框中，在【源】选项组中将【对象 ID】设置为 1，在【过滤】选项组中选中【全部】复选框，如图 11-136 所示。

(16) 选择【首选项】选项卡，在【效果】选项组中将【大小】设置为 3，在【颜色】选项组选中【渐变】单选按钮，选择【噪波】选项卡，将【运动】设置为 5，选中【红】、【绿】、【蓝】复选框，在【参数】选项组中将【大小】和【速度】分别设置为 1 和 0.5，如图 11-137 所示。

图 11-134　选择【镜头效果光晕】过滤器

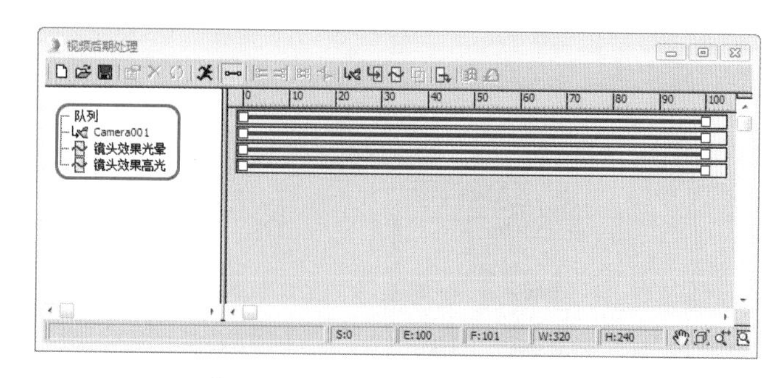

图 11-135　添加过滤器后的效果

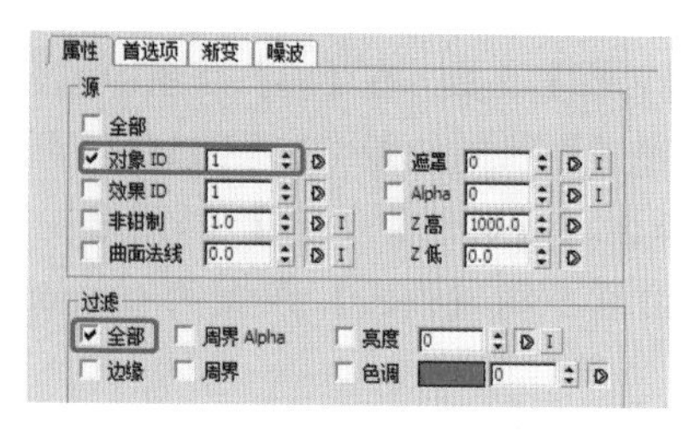

图 11-136　【属性】选项卡

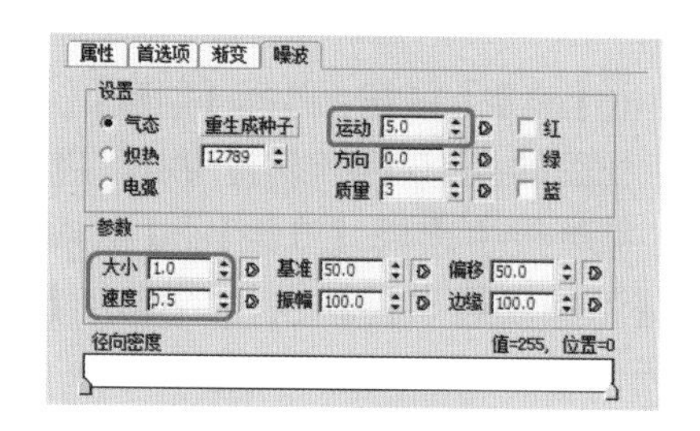

图 11-137　【噪波】选项卡

(17) 单击【确定】按钮，返回到【视频后期处理】对话框，双击【镜头效果高光】，在弹出的对话框中单击【设置】按钮，在【属性】选项组中将【对象 ID】设置为 1，在【过滤】选项组中勾选【全部】复选框，在【几何体】选项卡中将【角度】设置为 40，将【钳位】设置为 10，在【变化】选项组中单击【大小】按钮，如图 11-138 所示。

(18) 选择【首选项】选项卡，在【效果】选项组中将【大小】设置为 7，将【点数】设置为 5，在【颜色】选项组中选中【渐变】单选按钮，如图 11-139 所示。

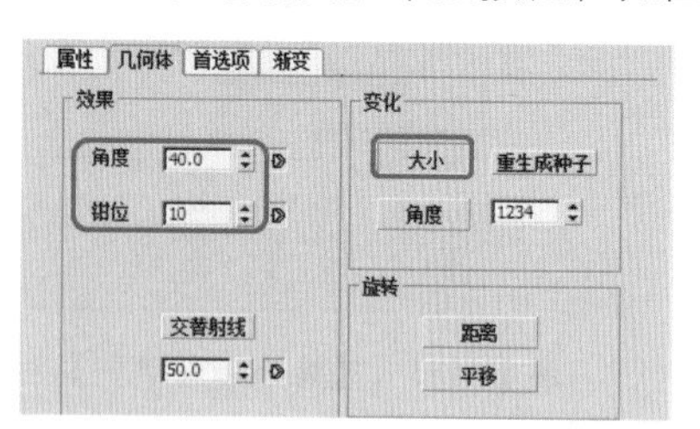

图 11-138　设置【几何体】参数

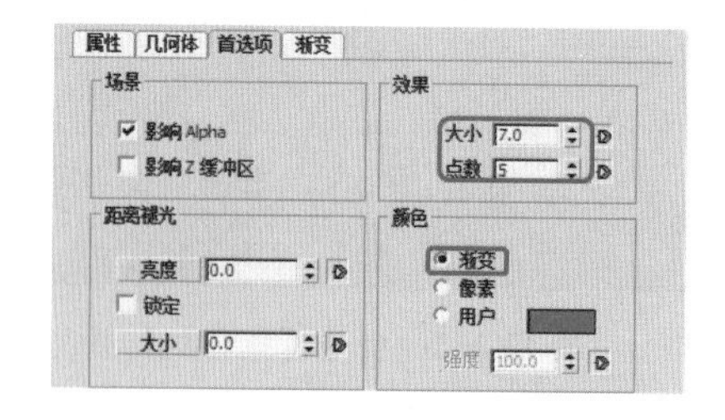

图 11-139　设置【首选项】选项卡

(19) 单击【确定】按钮，返回到【视频后期处理】对话框中，单击【添加图像输出事件】按钮，在弹出的对话框中单击【文件】按钮，再在弹出的对话框中将【文件名】设置为【心形粒子动画】，将【保存类型】设置为 AVI 文件格式，单击【保存】按钮，如图 11-140 所示。

(20) 单击【保存】按钮，在弹出的对话框中单击【确定】按钮，再次单击【确定】按钮，返回到【视频后期处理】对话框中，将该对话框最小化，在场景中选择除摄影机以外所有的对象，按住 Shift 键在【前】视图中将其向右拖曳，松开鼠标，在弹出的对话框中选中【复制】单选按钮，将【名称】设置为【拷贝】，单击【确定】按钮，如图 11-141 所示。

图 11-140 设置输出路径及名称

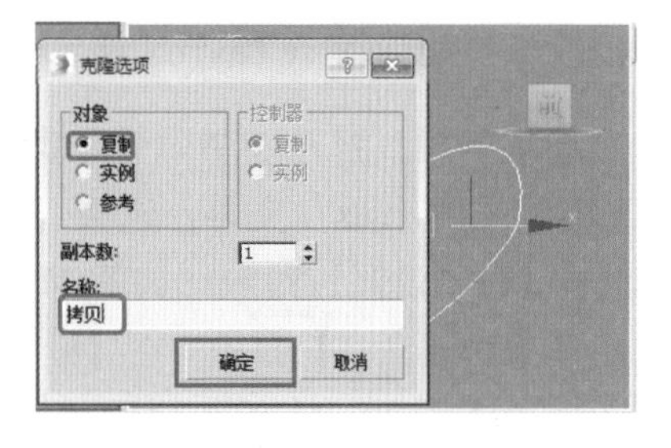

图 11-141 对对象进行复制

(21) 按 8 键，打开【环境和效果】对话框，单击【环境贴图】下的【无】按钮，在弹出的对话框中双击【位图】选项，在打开的对话框中选择"232323.jpg"素材文件，单击【打开】按钮。按 M 键，打开【材质编辑器】窗口，将贴图拖曳至一个空白材质样本球上，在弹出的对话框中选中【实例】单选按钮，单击【确定】按钮，然后将【贴图】设置为【屏幕】，如图 11-142 所示。

(22) 将对话框关闭，选择复制后的圆柱体，进入【修改】命令面板，在【路径变形】选项组中选中【翻转】复选框，然后将【视频后期处理】对话框最大化，单击【执行序列】按钮，在弹出的对话框中选中【范围】单选按钮，将【宽度】和【高度】分别设置为 320、240，如图 11-143 所示，单击【渲染】按钮即可将视频渲染输出。

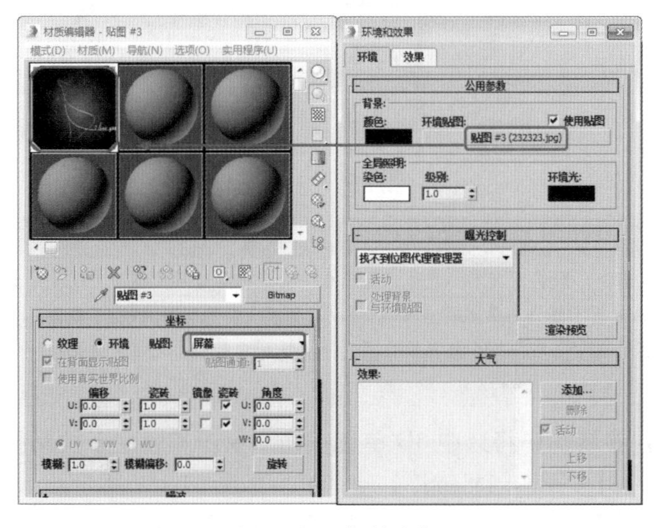

图 11-142 复制对象

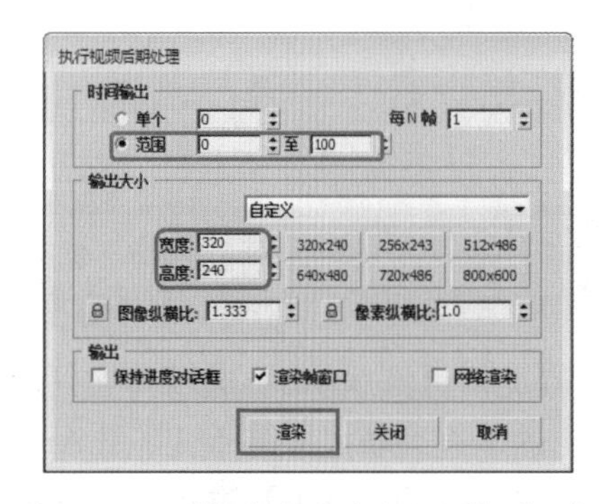

图 11-143 【执行视频后期处理】对话框

案例精讲 132　使用粒子流源制作飞出的文字

本例将讲解如何使用【粒子流源】制作飞出的文字动画，首先创建【粒子流源】对象，通过在【粒子视图】对话框中对其进行设置，在【材质编辑器】窗口中对设置粒子所需要的材质，其中具体操作步骤如下，完成后的效果如图 11-144 所示。

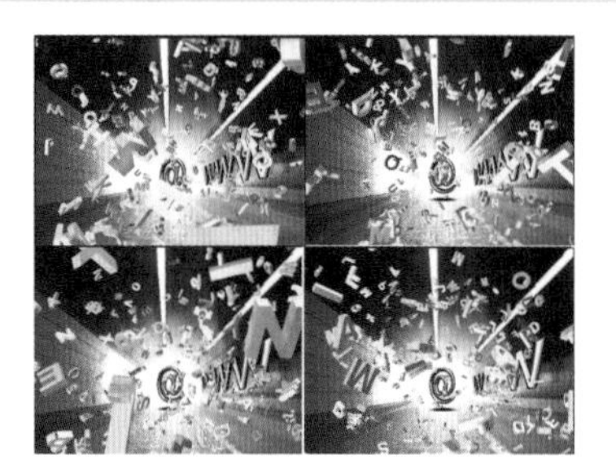

图 11-144　飞出的文字

案例文件：CDROM \ Scenes \Cha11\ 飞出的文字 OK.max

视频文件：视频教学 \ Cha11 \ 使用粒子流制作飞出的文字 .avi

(1) 启动软件后，打开随书附带光盘中的〝CDROM\ 素材 \Scenes\ Cha11\ 飞出的文字 .max〞文件。选择【创建】|【几何体】|【粒子系统】|【粒子流源】工具，在【前】视图中创建【粒子流源】对象，如图 11-145 所示。

(2) 切换【修改命令】面板，在【设置】卷展栏中单击【粒子视图】按钮，弹出【粒子视图】对话框，选择【出生 001】选项，在设置栏中将【发射开始】和【发射停止】分别设置为 –50、100，将【数量】的值设为 1000，如图 11-146 所示。

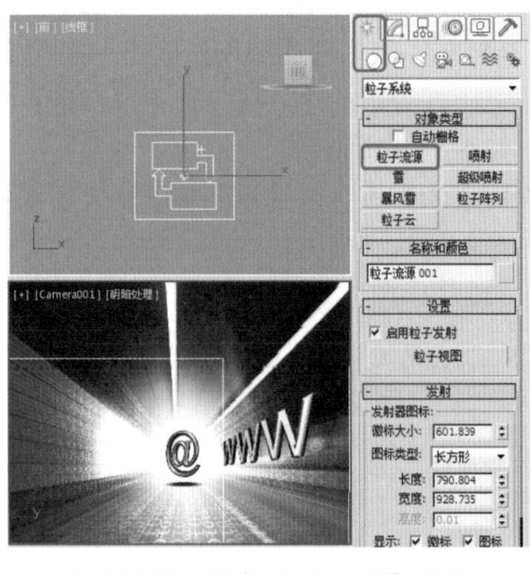

图 11-145　创建【粒子流源】对象

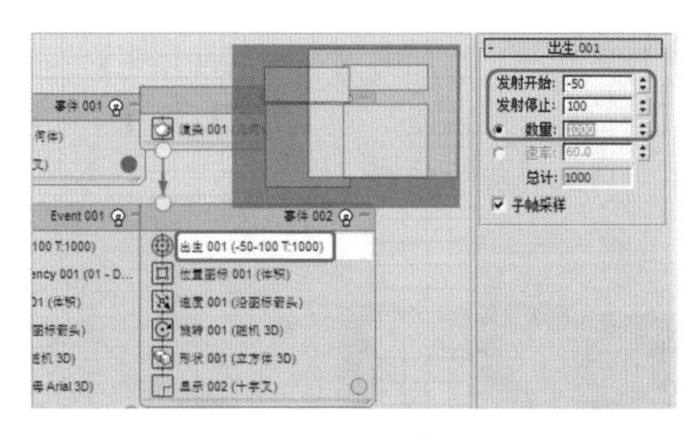

图 11-146　设置【出生】

知识链接

【粒子流源】是每个流的视口图标，同时也作为默认的发射器。默认情况下，它显示为带有中心徽标的矩形，但是可以使用如下所述控件更改其形状和外观。在视口中选择源图标时，粒子流发射器级别卷展栏将出现在【修改】面板上。也可以在【粒子视图】中单击全局事件的标题栏以高亮显示粒子流源，并通过【粒子视图】对话框右侧的参数面板访问发射器级别卷展栏。可使用这些控件设置全局属性，如图标属性和流中粒子的最大数量。

(3) 选择【形状 001】选项，在【形状 001】卷展栏中将选中 3D 单选按钮，单击其后的下拉箭头，在弹出的下拉列表框中选择【字母 Arial】，选中【多图形随机顺序】复选框，如图 11-147 所示。

(4) 选择【显示 002】选项，在右侧【显示 002】卷展栏中将【类型】设为【几何体】，其他保持默认设置，如图 11-148 所示。

(5) 在列表中选择【材质频率】将其添加到事件中，如图 11-149 所示。

(6) 切换到【修改】命令面板中，在【发射】卷展栏中将【徽标大小】设置为143，将【图标类型】设置为【长方形】，将【长度】和【宽度】都设置为200，适当调整【粒子流源】的位置，如图11-150所示。

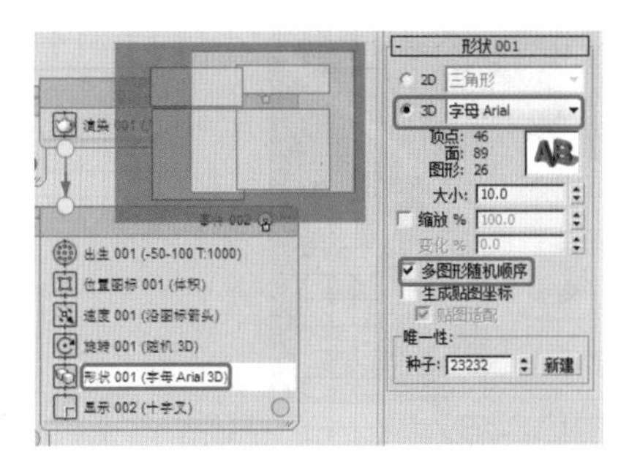

图 11-147　设置形状

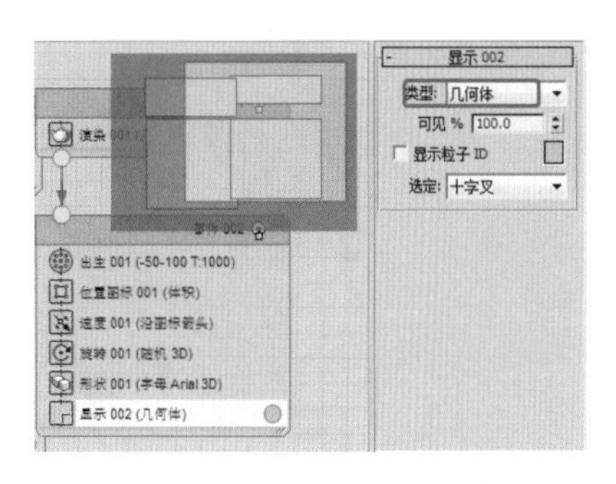

图 11-148　设置显示类型

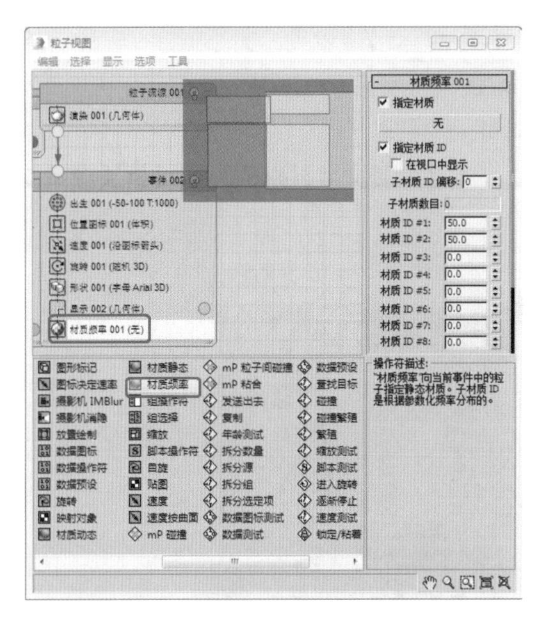

图 11-149　添加【材质频率】选项

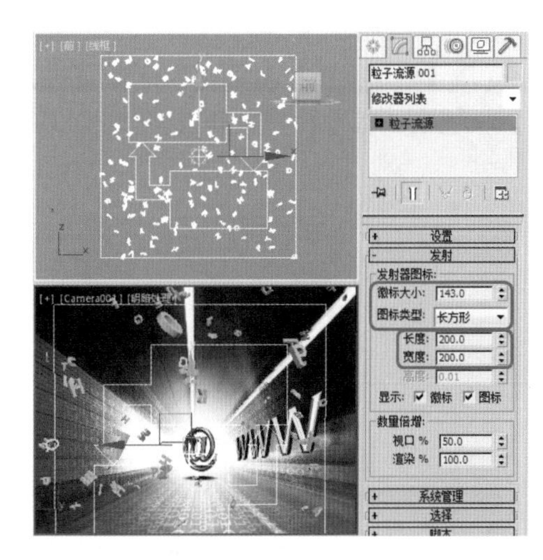

图 11-150　设置出生

(7) 按M键，打开【材质编辑器】窗口，选择一个样本球，并将其命名为【金属文字】，在【明暗器基本参数】卷展栏中将【明暗器的类型】设置为【金属】，在【金属基本参数】卷展栏中取消【环境光】和【漫反射】的锁定，将【环境光】的RGB值设置为234、255、0，将【漫反射】的RGB值设置为255、156、0。在【反射高光】组中将【高光级别】和【光泽度】分别设置为138、71，如图11-151所示。

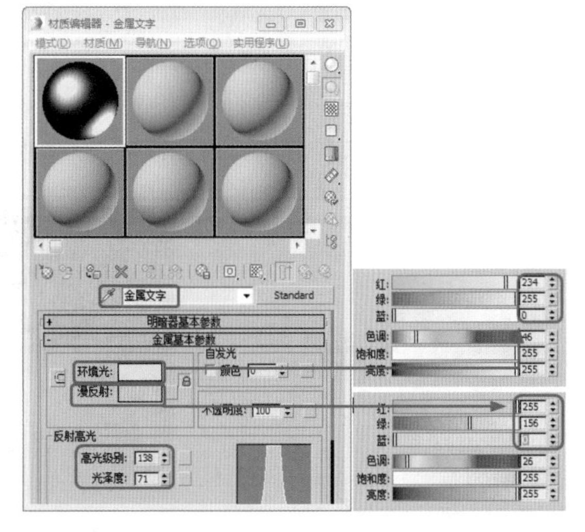

图 11-151　设置基本参数

(8) 切换到【贴图】卷展栏中单击【反射】后面的【无】按钮，在弹出的对话框中选择【位图】选项，单击【确定】按钮，在弹出的对话框中选择随书附带光盘中的"CDROM\Map\aiti.jpg"文件，单击【打开】按钮。在【位图参数】卷展栏中选中【应用】复选框，单击【查看图像】按钮，在弹出的对话框中对图像进行裁剪，单击【转到父对象】按钮，如图 11-152 所示。

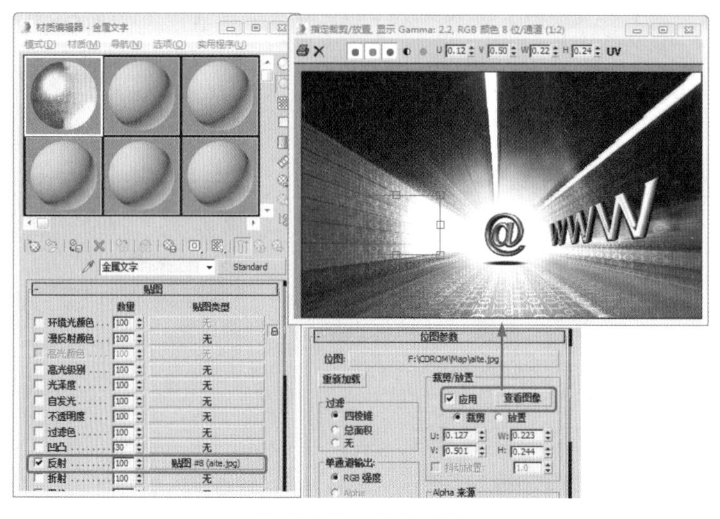

图 11-152 设置贴图

(9) 打开【粒子视图】对话框，选择【材质频率】选项，将【金属文字】材质拖到【材质频率 001】的【无】按钮上，其他保持默认值，如图 11-153 所示。

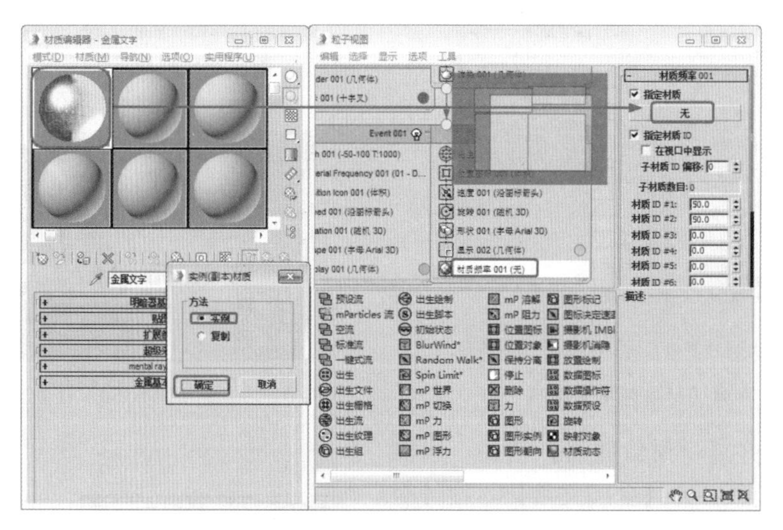

图 11-153 设置材质

(10) 激活【摄影机】视图，对动画进行渲染输出，渲染到第 50 帧时的效果如图 11-154 所示。

图 11-154 渲染到第 50 帧时的效果

第12章 大气特效与后期制作

本章重点

- 使用体积光效果制作体积光动画
- 使用简单擦除效果制作图片擦除动画
- 使用淡入淡出效果制作图像合成动画
- 使用镜头效果光斑和镜头效果制作太阳光特效
- 使用火效果制作烛火效果
- 使用体积雾制作云彩飘动效果
- 使用镜头效果光斑制作文字过光动画
- 使用镜头效果高光制作戒指发光动画
- 使用镜头效果光晕制作闪电效果

在 3ds Max 中，可以使用一些特殊的效果对场景进行加工和添色，来模拟现实中的视觉效果。视频后期处理器是 3ds Max 中独立的一大组成部分，相当于一个视频后期处理软件，包括动态影像的非线性编辑功能以及特殊效果处理功能，类似于 After Effects 或者 Combustion 等后期合成软件的性质。本章就来介绍使用大气特效制作动画以及动画的后期合成。

案例精讲 133 使用体积光效果制作体积光动画

本例将介绍如何制作体积光动画。首先创建一盏目标聚光灯，然后添加体积光特效并将其赋予聚光灯上，通过对聚光灯添加关键帧，完成体积光动画的制作。渲染后的效果如图 12-1 所示。

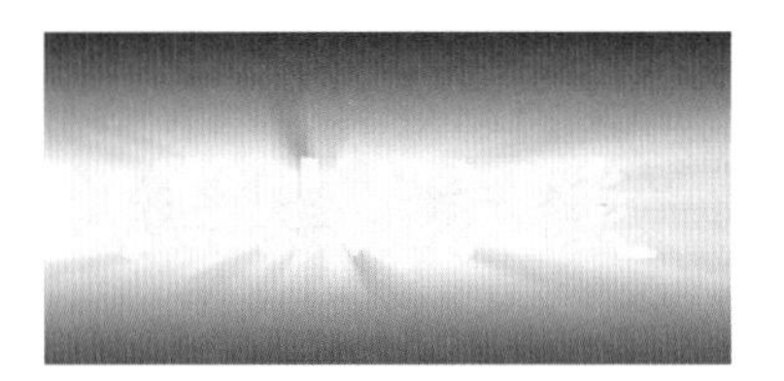

图 12-1 体积光动画

案例文件：CDROM \ Scenes \ Cha12 \ 使用体积光效果制作体积光动画 OK.max

视频文件：视频教学 \ Cha12 \ 使用体积光效果制作体积光动画 .avi

(1) 启动软件后，打开随书附带光盘中的"CDROM\Scenes\Cha12\ 使用体积光效果制作体积光动画 .max"文件，查看效果，如图 12-2 所示。

(2) 选择【创建】|【灯光】|【目标聚光灯】工具，在【顶】视图中创建一盏聚光灯，如图 12-3 所示。

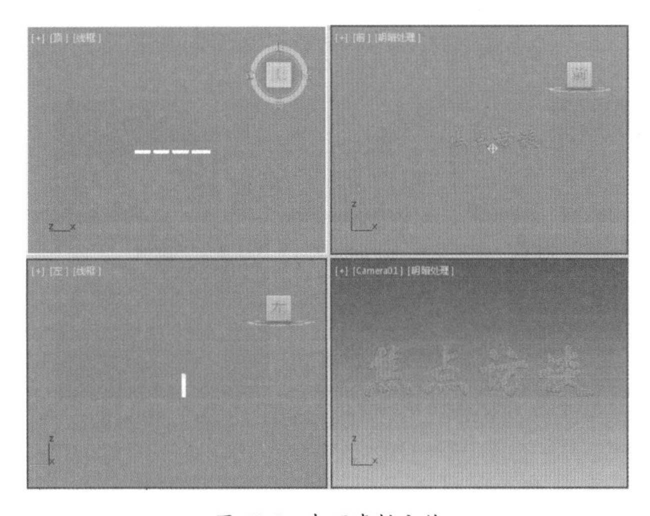

图 12-2 打开素材文件

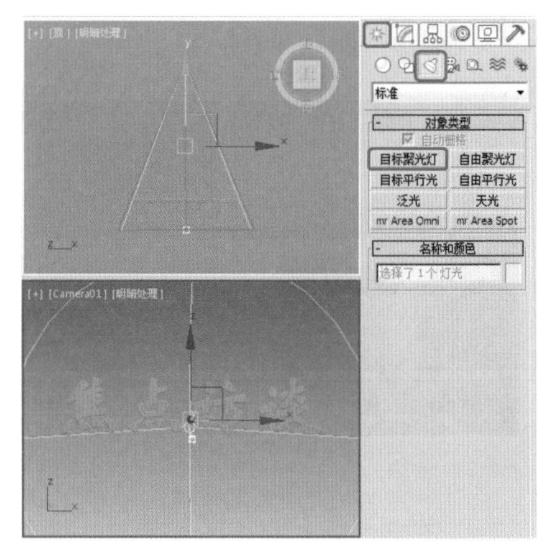

图 12-3 创建目标聚光灯

(3) 切换到【修改命令】面板，在【常规参数】卷展栏中选中【阴影】下的【启用】复选框。在【强度 / 颜色 / 衰减】卷展栏中将【倍增】值设置为 2，并单击其右侧的色块将其 RGB 值设置为 255、248、230，在【远距衰减】中选中【使用】复选框，将【开始】和【结束】值设置为 18202、29000，如图 12-4 所示。

(4) 在【聚光灯参数】卷展栏中，将【聚光区 / 光束】、【衰减区 / 区域】的值分别设置为 17.7、23.5，选中【矩形】单选按钮，将【纵横比】设置为 6.73，如图 12-5 所示。

(5) 使用【选择并移动】工具，对创建的目标聚光灯调整位置，如图 12-6 所示。

(6) 按 8 键，打开【环境和效果】对话框，在【大气】卷展栏中单击【添加】按钮，弹出【添加大气效果】对话框，选择【体积光】选项，单击【确定】按钮，如图 12-7 所示。

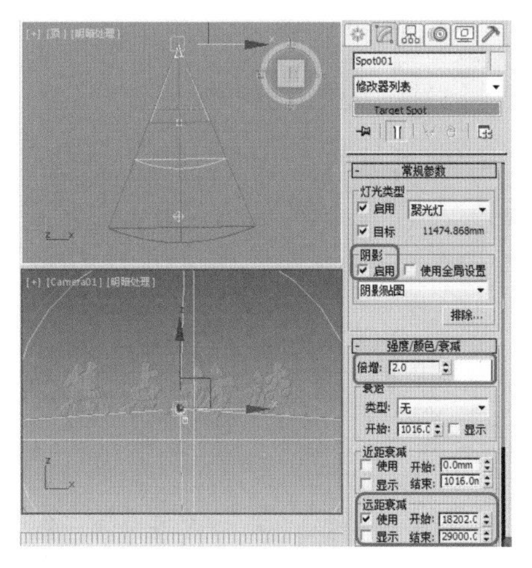

图 12-4 设置灯光参数

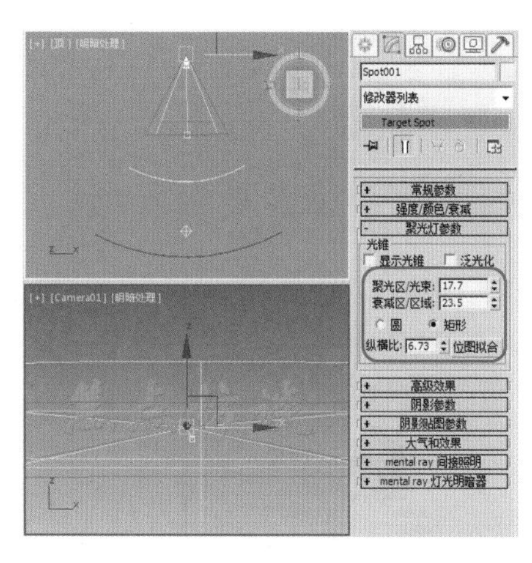

图 12-5 设置【聚光灯参数】

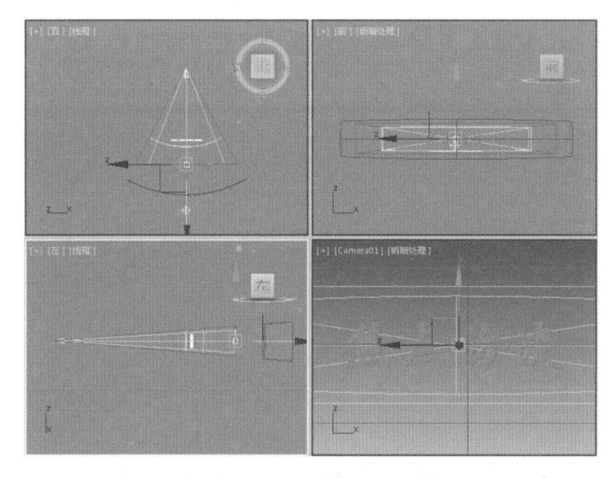

图 12-6 调整聚光灯的位置

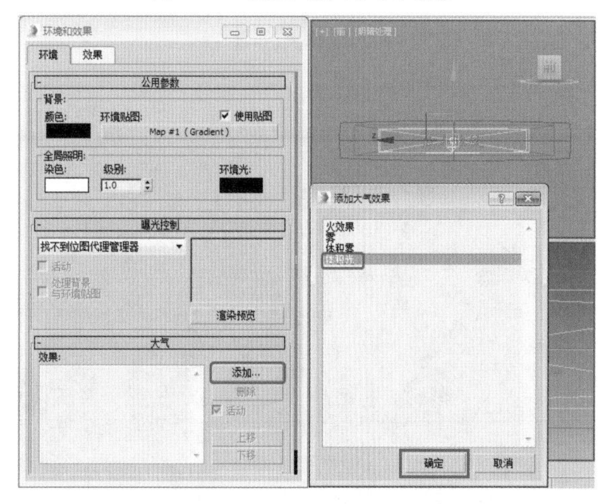

图 12-7 添加【体积光】

知识链接

【体积光】：体积光是一种比较特殊的光线，它的作用类似于灯光和雾的结合效果，用它可以制作光束、光斑、光芒等效果，而其他灯光只能起到照亮的作用。

(7) 返回到【环境和效果】对话框中，打开【体积光参数】卷展栏，单击【拾取灯光】按钮，拾取上一步创建的【目标聚光灯】，在【体积】组中将【雾颜色】的 RGB 值设为 255、246、228，将【衰减颜色】的 RGB 值设为黑色，将【密度】设为 0.6，选中【过滤阴影】下的【高】单选按钮，如图 12-8 所示。

(8) 打开关键帧记录，确认当前为第 0 帧位置，调整【目标聚光灯】的位置，单击【设置关键点】按钮，添加关键帧，如图 12-9 所示。

(9) 将光标移动到第 100 帧位置，调整【目标聚光灯】的位置，单击【设置关键点】按钮，如图 12-10 所示。

(10) 渲染第 50 帧时的效果如图 12-11 所示。

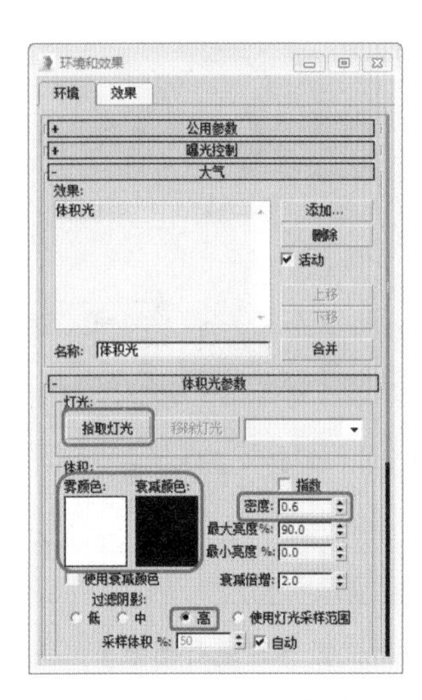

图 12-8　设置体积光参数

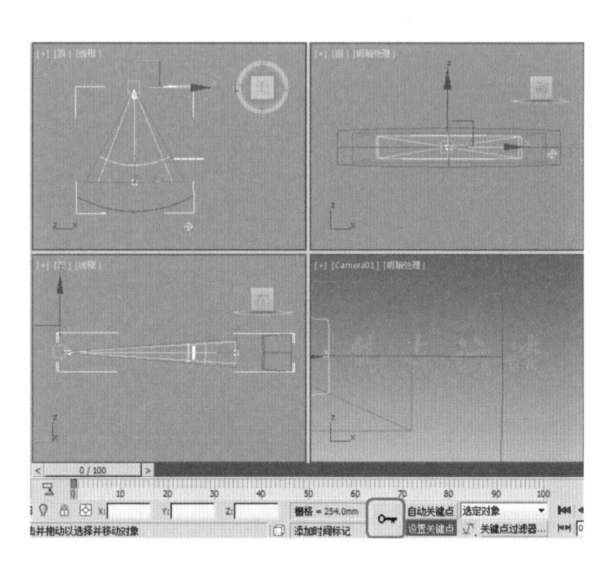

图 12-9　渲染完成后的效果

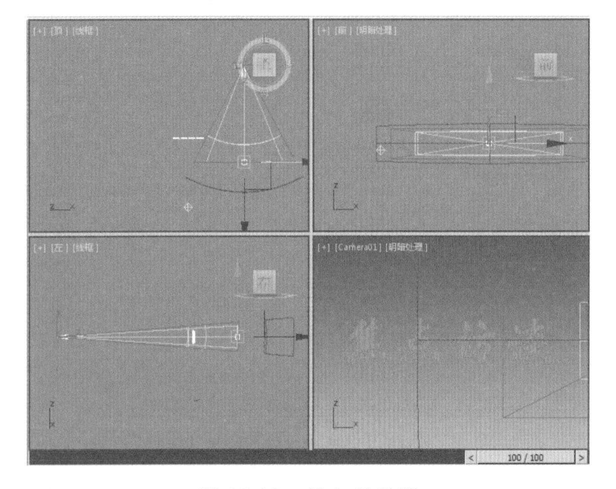

图 12-10　添加关键帧

图 12-11　渲染后的效果

案例精讲 134　使用简单擦除效果制作图片擦除动画

本例将介绍如何制作简单的擦除动画，其中主要应用了简单擦除效果，使两个图片之间有擦除切换，其效果如图 12-12 所示。

图 12-12　擦除动画

案例文件：CDROM \ Scenes \ Cha12 \ 使用简单擦除效果制作图片擦除动画 OK.max

视频文件：视频教学 \ Cha12 \ 使用简单擦除效果制作图片擦除动画 .avi

(1) 启动软件后，打开随书附带光盘中"CDROM\Scenes\Cha12\使用简单擦除效果制作图片擦除动画.max"文件，切换到【透视视图】渲染查看效果，如图 12-13 所示。

(2) 在菜单栏中选择【渲染】|【视频后期处理】命令，打开【视频后期处理】对话框，单击【添加场景事件】按钮，弹出【添加场景事件】对话框。在该对话框中选择【透视】视图，单击【确定】按钮，如图 12-14 所示。

知识链接

【添加场景事件】：将选定摄影机视口中的场景添加至队列。场景事件是当前 3ds Max 场景的视图。可选择显示哪个视图，以及如何同步最终视频与场景。可以使用多个场景事件同时显示同一场景的两个视图，或者从一个视图切换至另一个视图。

图 12-13　渲染透视视图

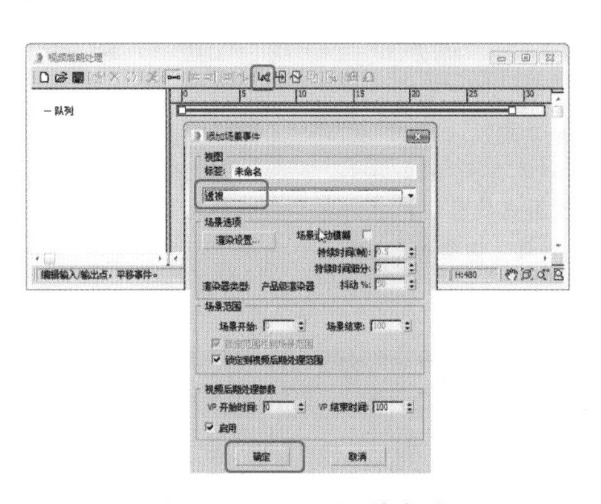

图 12-14　添加场景事件

知识链接

【添加图像输入事件】：将静止或移动的图像添加至场景。图像输入事件将图像放置到队列中，但不同于场景事件，该图像是一个事先保存过的文件或设备生成的图像。

(3) 返回到【视频后期处理】对话框，单击【添加图像输入事件】按钮，弹出【添加图像输入事件】对话框，在该对话框中单击【文件】按钮，弹出的对话框中选择本书光盘中的贴图文件 194809.jpg，单击【打开】按钮。返回到【添加图像输入事件】对话框中，单击【确定】按钮，如图 12-15 所示。

(4) 返回到【视频后期处理】对话框，选择上一步添加的图像事件，将输出点调整到第 100 帧，并同时选择添加的两个事件，单击【添加图像层事件】按钮，在弹出的对话框中选择【简单擦除】效果，如图 12-16 所示。

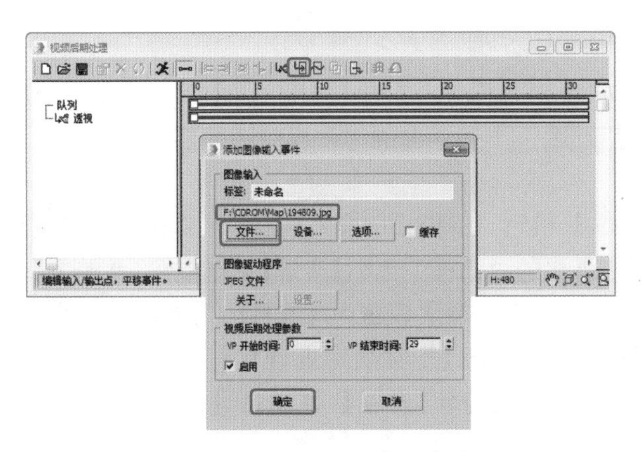

图 12-15　添加图像输入事件

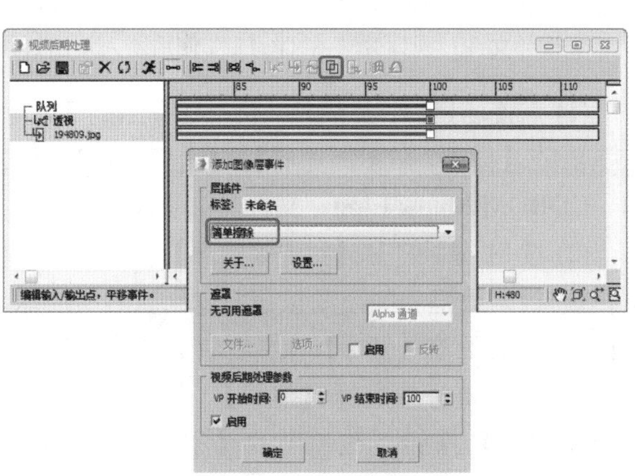

图 12-16　添加图像层事件

(5) 单击【设置】按钮，弹出【简单擦除控制】对话框，进行图 12-17 所示的设置，设置完成后单击【确定】按钮。

(6) 返回到【添加图像层事件】对话框，在该对话框中单击【确定】按钮。然后在【视频后期处理】对话框中单击【添加图像输出事件】按钮，弹出【添加图像输出事件】对话框，单击【文件】按钮，设置正确的保存路径及名称，返回到【视频后期处理】对话框，单击【执行序列】按钮，输入动画即可，如图 12-18 所示。

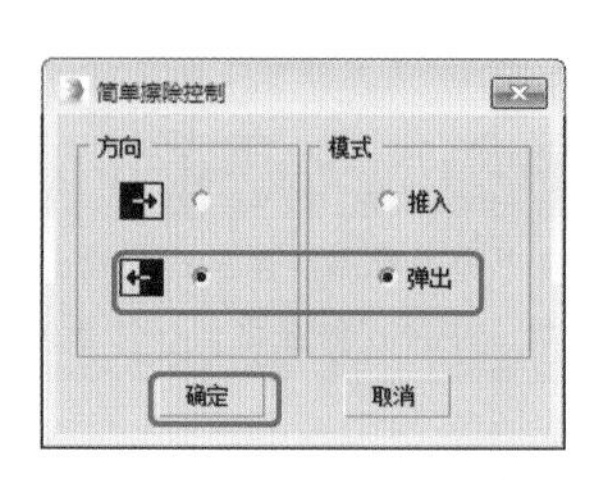

图 12-17　设置简单擦除

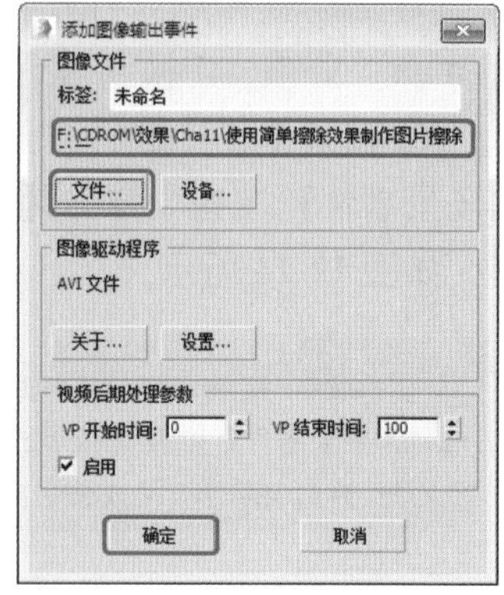

图 12-18　设置输出

知识链接

【添加图像层事件】：图像层事件始终为带有两个子事件的父事件。子事件自身也可以是带有子事件的父事件。图像层事件可以是场景中的事件、图像输入事件，包含场景或图像输入事件的层事件。

案例精讲 135　使用淡入淡出效果制作图像合成动画

本例将介绍如何使用淡入淡出效果制作图像合成动画。首先使用【环境和效果】对话框添加背景贴图，然后使用【视频后期处理】对话框进行调整，效果如图 12-19 所示。

图 12-19　淡入淡出动画效果

案例文件：CDROM\Scenes\ Cha12 \ 使用淡入淡出效果制作图像合成动画 .max
视频文件：视频教学 \ Cha12 \ 使用淡入淡出效果制作图像合成动画 .avi

(1) 重置场景后，然后按 8 键，在弹出的【环境和效果】对话框中，单击【环境贴图】下的【无】按钮，在弹出的【材质 / 贴图浏览器】对话框中选择【位图】贴图，再在弹出的对话框中选择随书附带光盘中的“CDROM\Map\Z1.jpg”文件，如图 12-20 所示。

(2) 按 M 键，打开【材质编辑器】窗口，单击【模式】按钮，将模式切换为精简材质编辑器，将【环境和效果】对话框中的贴图按钮拖曳到新的材质球上，在弹出的对话框中选中【实例】单选按钮，并单击【确定】按钮，然后在【坐标】卷展栏中选中【环境】单选按钮，将【贴图】设置为【屏幕】，如图 12-21 所示。

(3) 在菜单栏中选择【渲染】|【视频后期处理】命令，弹出【视频后期处理】对话框，单击【添加场景事件】按钮，在弹出的【添加场景事件】对话框中，选择【透视】并单击【确定】按钮，如图 12-22 所示。

(4) 单击【添加图像输入事件】按钮，在弹出的【添加图像输入事件】对话框中单击【文件…】按钮，在弹出的对话框中选择随书附带光盘中的"CDROM\Map\Z2.jpg"文件，并单击【打开】按钮，返回到【添加图像输入事件】对话框，将【VP 结束时间】设置为 100，并单击【确定】按钮，如图 12-23 所示。

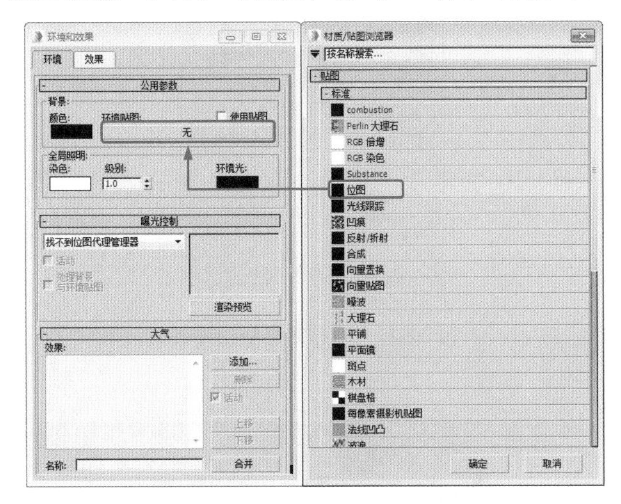

图 12-20　添加环境贴图

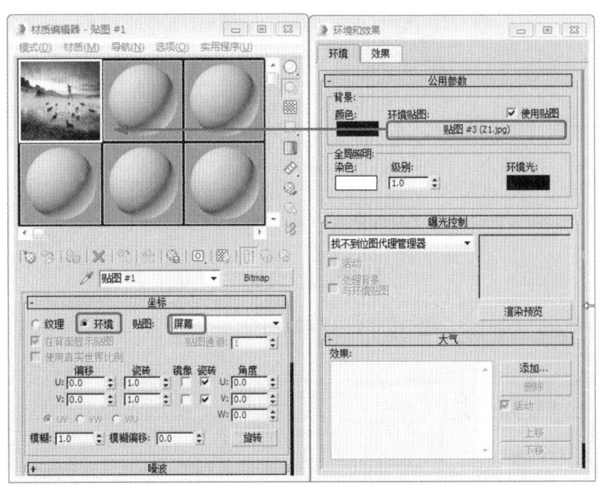

图 12-21　设置贴图

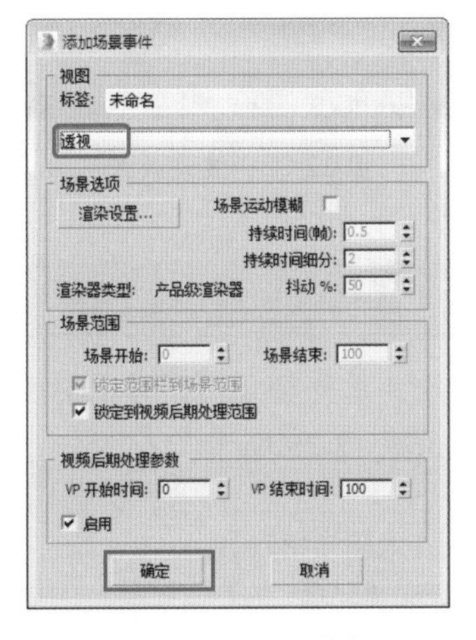

图 12-22　添加场景事件

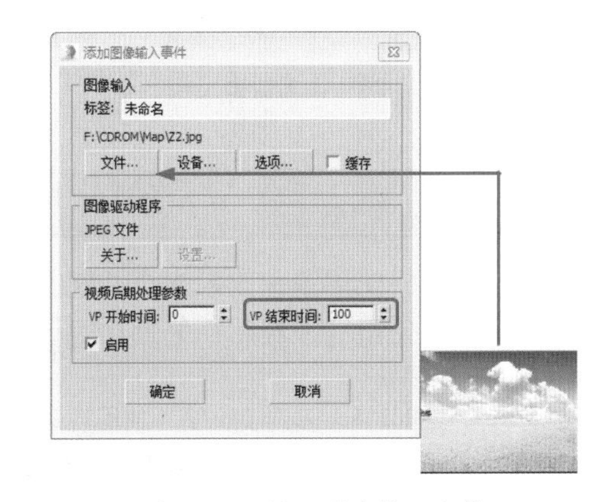

图 12-23　添加图像输入事件

(5) 在【视频后期处理】对话框中同时选中添加的两个事件，并单击【添加图像层事件】按钮，在弹出的【添加图像层事件】对话框中选择【交叉衰减变换】选项，然后单击【确定】按钮，如图 12-24 所示。

知识链接

【交叉衰减变换】选项：随时间将这两个图像合成，从背景图像交叉淡入淡出至前景图像。

(6) 取消选择所有事件，单击【添加图像输出事件】按钮，弹出【添加图像输出事件】对话框，在该对话框中单击【文件】按钮，然后在弹出的对话框中设置文件的输出路径、文件名称及保存格式，设置完成后单击【保存】按钮，再在弹出的对话框中单击【确定】按钮即可，如图 12-25 所示。

(7) 在【视频后期处理】对话框中单击【执行序列】按钮，在弹出的对话框中将【输出大小】设置为 800×600，并单击【渲染】按钮进行渲染，如图 12-26 所示。

(8) 图 12-27 所示为渲染的静帧效果。

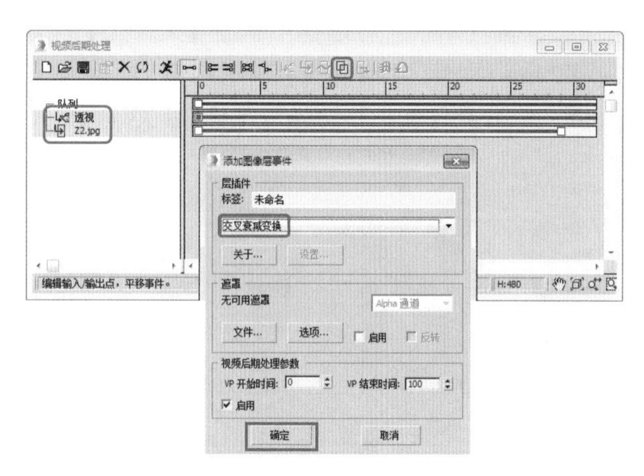

图 12-24　添加图像层事件

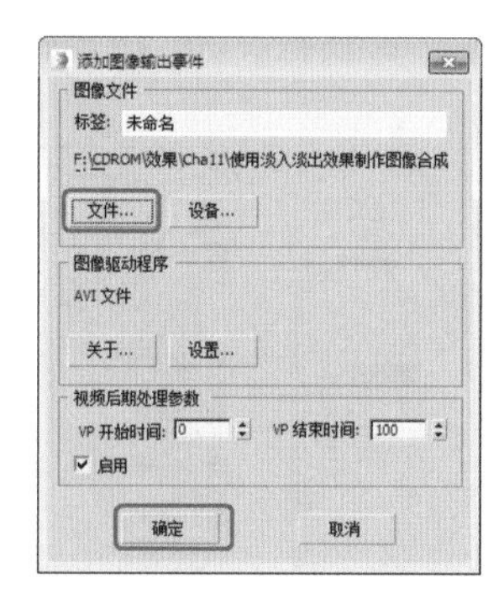

图 12-25　添加图像输出事件

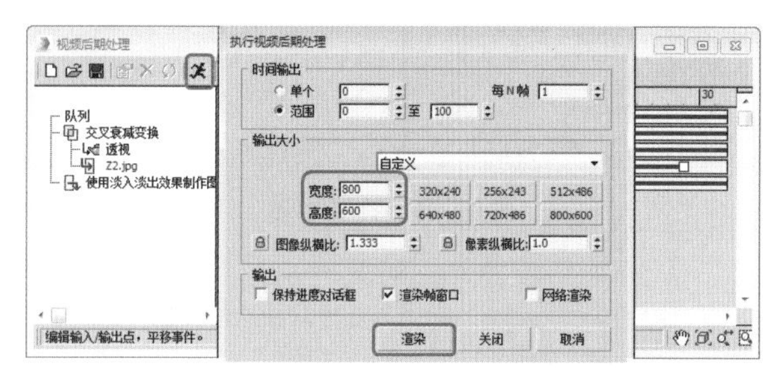

图 12-26　设置输出大小

图 12-27　渲染效果

案例精讲 136　使用镜头效果光斑和镜头效果制作太阳光特效

本例将介绍如何使用镜头效果光斑和镜头效果制作太阳光特效。首先使用【环境和效果】对话框添加背景贴图，然后使用【视频后期处理】对话框进行调整，效果如图 12-28 所示。

案例文件：CDROM\Scenes\ Cha12 \ 使用镜头效果光斑和镜头效果制作太阳光特效 .max

视频文件：视频教学 \ Cha12 \ 使用镜头效果光斑和镜头效果制作太阳光特效 .avi

图 12-28　太阳光特效效果

(1) 重置场景后按 8 键，在弹出的【环境和效果】对话框中，单击【环境贴图】下的【无】按钮，在弹出的【材质 / 贴图浏览器】对话框中选择【位图】贴图，再在弹出的对话框中选择随书附带光盘中的“CDROM\Map\Z3.jpg”文件，如图 12-29 所示。

(2) 按 M 键，打开【材质编辑器】窗口，将【环境和效果】对话框中的贴图按钮拖曳到新的材质球上，在弹出的对话框中选中【实例】单选按钮，并单击【确定】按钮，然后在【坐标】卷展栏中选中【环境】单选按钮，将【贴图】设置为【屏幕】，如图 12-30 所示。

(3) 激活【透视】视图，在菜单栏中选择【视图】|【视口背景】|【环境背景】命令，即可显示环境贴图，如图 12-31 所示。

(4) 进入【创建】命令面板，在【摄影机】对象面板中单击【目标】按钮，然后在视图中创建目标摄影机，激活【透视】视图，按 C 键，将其转换为【摄影机】视图，切换至【修改】命令面板，在【参数】卷展栏中将【镜头】设置为 43，并在其他视图中调整其位置，如图 12-32 所示。

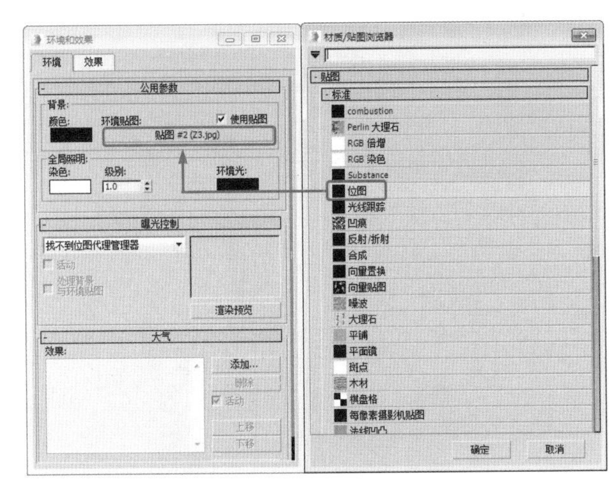

图 12-29　添加环境贴图

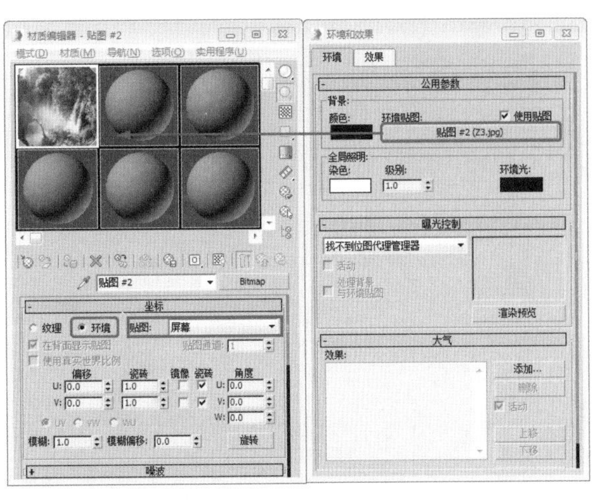

图 12-30　设置贴图

图 12-31　设置环境背景

图 12-32　创建并设置摄影机

(5) 选择【创建】|【灯光】|【泛光】工具，在视图中创建一个泛光灯并调整其位置，确认灯光处于选中状态，切换至【修改】命令面板，在【大气和效果】卷展栏中单击【添加】按钮，在弹出的对话框中选择【镜头效果】，单击【确定】按钮，如图 12-33 所示。

(6) 选中【镜头效果】，单击【设置】按钮，在弹出的对话框中打开【镜头效果参数】卷展栏，分别将【光晕】、【自动二级光斑】、【射线】、【手动二级光斑】添加至右侧的列表框中，在右侧的列表框中选择 Ray，在【射线元素】卷展栏中选择【参数】选项卡，将【大小】设置为 10，如图 12-34 所示。

(7) 在右侧的列表框中选择 Manual Secondary，在【手动二级光斑元素】卷展栏中，将【大小】设置为 400，将【平面】设置为 150，将【强度】设置为 60，将【使用源色】设置为 20，将【边数】设置为 3，如图 12-35 所示。

(8) 设置完成后，将该对话框关闭，按 F9 键渲染查看效果，如图 12-36 所示。

(9) 在菜单栏中选择【渲染】|【视频后期处理】命令，在弹出的对话框中单击【添加场景事件】按钮，在弹出的对话框中使用其默认的设置，单击【确定】按钮，如图 12-37 所示

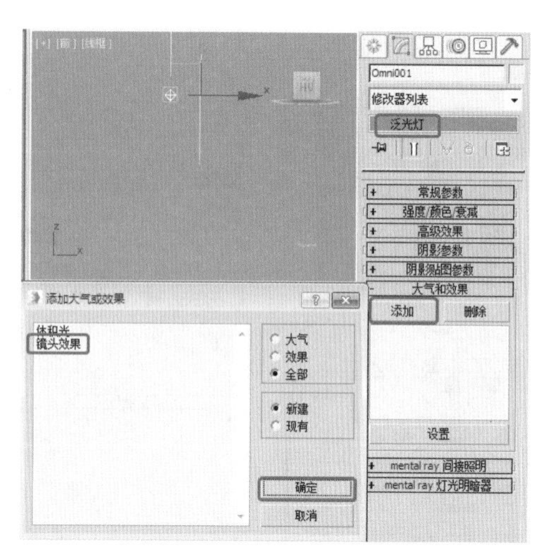

图 12-33　添加镜头效果

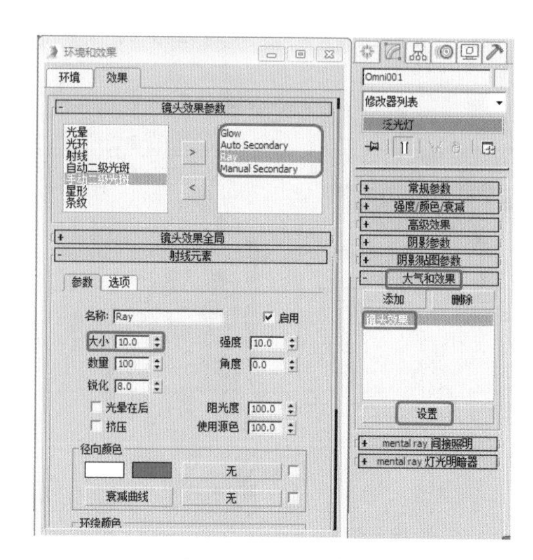

图 12-34　设置参数

图 12-35　设置【手动二级光斑元素】卷展栏

图 12-36　完成后效果

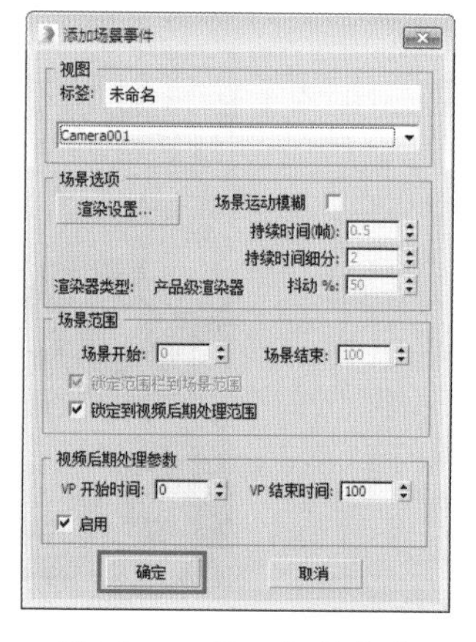

图 12-37　添加场景事件

(10) 使用前面介绍的方法添加一个【镜头效果光斑】过滤器，然后双击该过滤器，在弹出的对话框中单击【设置】按钮，打开【镜头效果光斑】对话框，在队列窗口中单击【VP 队列】和【预览】按钮，显示场景图像效果，将【强度】设置为 10，在【镜头光斑属性】选项组中单击【节点源】按钮，拾取场景中的泛光灯对象，如图 12-38 所示。

知识链接

【预览】：单击【预览】按钮时，如果光斑拥有自动或手动二级光斑元素，则在窗口左上角显示光斑。如果光斑不包含这些元素，光斑会在预览窗口的中央显示。如果【VP 队列】按钮未处于启用状态，则预览显示一个可以调整的常规光斑。每次更改设置时，预览都会自动更新。一条白线会出现在预览窗口底部以指示预览正在更新。

【VP 队列】：在主预览窗口中显示队列的内容。【预览】按钮也必须处于启用状态。【VP 队列】将显示最终的合成结果(其中将正在编辑的效果与【视频后期处理】对话框中的队列内容结合在一起)。

(11) 然后对其他参数进行设置，如图 12-39 所示，

(12) 设置完成后单击【确定】按钮，然后使用前面介绍的方法设置文件的渲染输出，图 12-40 所示

为渲染的静帧效果。

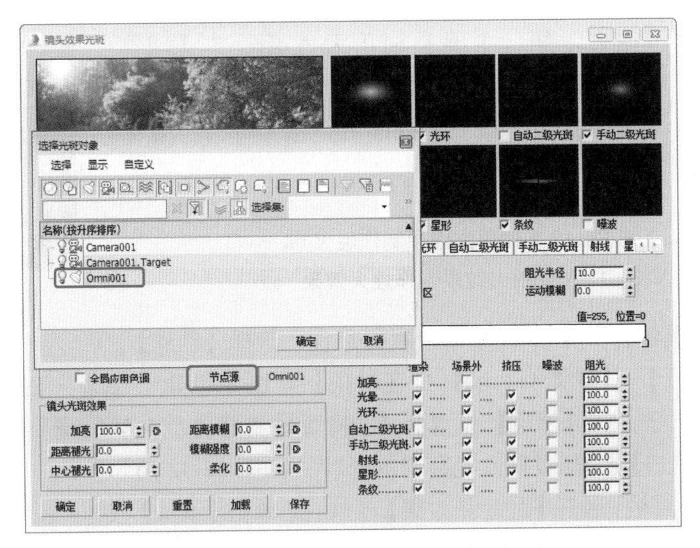

图 12-38 设置【镜头效果光斑】对话框

注 意

退出【镜头效果光斑】时，如果【预览】和【VP 队列】按钮保持活动状态，那么下次启动【镜头效果光斑】对话框时，重新渲染主预览窗口中的场景将花费几秒钟时间。

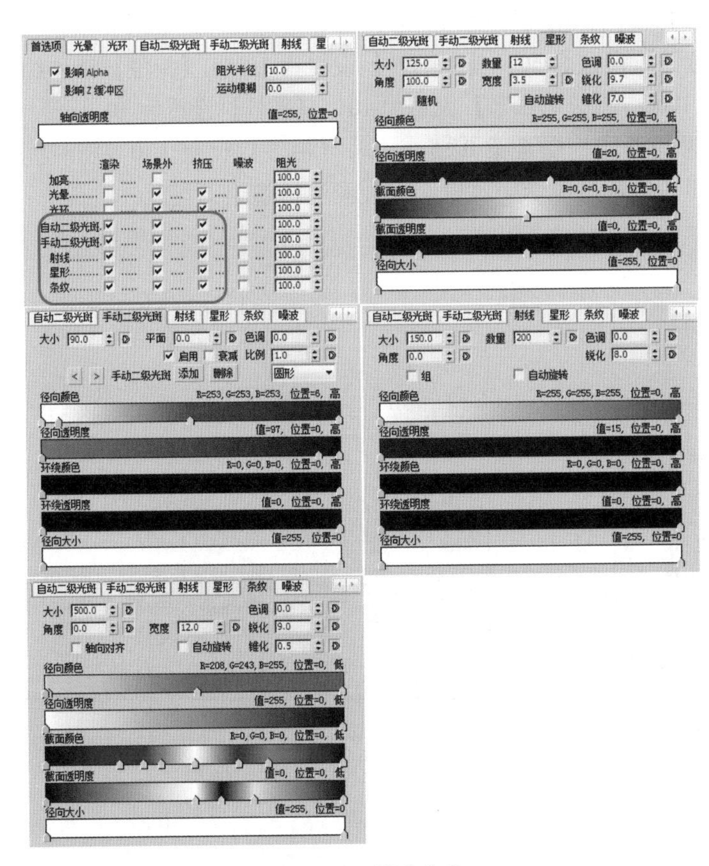

图 12-39 设置参数

图 12-40 完成后效果

案例精讲 137 使用火效果制作烛火效果

本例将介绍如何制作烛火效果，主要是利用大气装置中【球体 Gizmo】，然后打开【环境和效果】对话框，选择【火效果】，并将该效果指定给球体 Gizmo，设置火效果，最后对视图进行渲染即可。效果如图 12-41 所示。

图 12-41 烛火效果

案例文件：CDROM\Scenes\ Cha12 \使用火效果制作烛火 OK.max
视频文件：视频教学 \ Cha12 \使用火效果制作烛火效果 .avi

(1) 打开"使用火效果制作火焰动画 .max"素材文件，选择【创建】|【辅助对象】|【大气装置】|【球体 Gizmo】，在【顶】视图中创建该装置，在【球体 Gizmo 参数】卷展栏中勾选【半球】复选框，将【半径】设置为 3，将背景隐藏显示，然后调整【球体 Gizmo】的位置，以及使用【选择并均匀缩放】工具调整大气装置的形状，如图 12-42 所示。

(2) 进入【修改】命令面板，展开【大气和效果】卷展栏，单击【添加】按钮，在弹出的对话框中选择【火效果】，单击【确定】按钮，如图 12-43 所示。

提 示

在三维动画中，火焰效果是为了烘托气氛经常要用到的效果之一。可以利用系统提供的功能来设置各种与火焰有关的特效，如火焰、火炬、烟火、火球、星云和爆炸效果等。

(3) 选择添加的【火效果】，单击【设置】按钮，弹出【环境和效果】对话框，在【火效果参数】卷展栏中，将【火焰类型】设置为【火舌】、【拉伸】设置为 50、【规则性】设置为 1，在【特性】选项组中将【火焰大小】设置为 800、【密度】设置为 1000、【火焰细节】设置为 10、【采样】设置为 10。

(4) 按 N 键，打开【自动关键点】，将时间滑块拖曳至第 0 帧处，将【相位】设置为 0，将时间滑块拖曳至第 100 帧处，将【相位】设置为 100，将背景显示，对摄影机视图进行渲染即可。

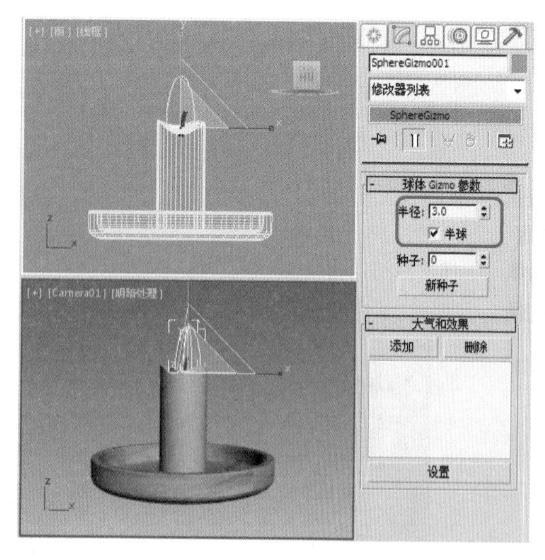

图 12-42 创建喷射粒子

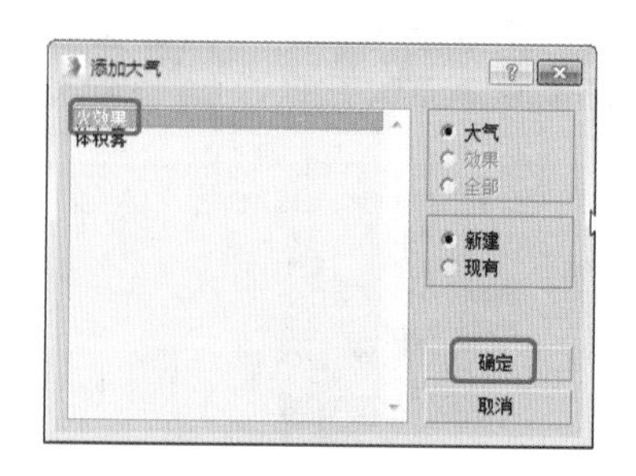

图 12-43 调整粒子的位置

知识链接

【特性】选项组：设置火焰的大小、密度等，它们与大气装置 Gizmo物体的尺寸息息相关，对其中一个参数进行调节也会影响其他 3 个参数的效果。

【火焰大小】：设置火苗的大小，装置大小会影响火焰大小。装置越大，需要的火焰也越大。使用 15～ 30范围内的值可以获得最佳效果。较大的值适合火球效果；较小的值适合火舌效果。

【密度】：设置火焰不透明度和光亮度，装置大小会影响密度。值越小，火焰越稀薄、透明，亮度也越低；值越大，火焰越浓密，中央更加不透明，亮度也增加。

【火焰细节】：控制火苗内部颜色和外部颜色之间的过渡程度。取值范围为 0～ 10。值越小，火苗越模糊，渲染也越快；值越大，火苗越清晰，渲染也越慢。对大火焰使用较高的细节值。如果细节值大于 4，可能需要增大"采样数" 才能捕获细节。

【采样】：设置用于计算的采样速率。值越大，结果越精确，但渲染速度也越慢，当火焰尺寸较小或细节较低时可以适当增大它的值。

案例精讲 138 使用体积雾制作云彩飘动效果

本例将介绍如何制作云彩飘动效果。首先设置环境贴图，然后为场景创建长方体 Gizmo，为环境添加体积雾，拾取创建的 Gizmo，然后对体积雾进行设置参数，最后对视图进行渲染输出即可。效果如图 12-44 所示。

图 12-44 云彩飘动效果

案例文件：CDROM\Scenes\ Cha12 \使用体积雾制作云彩飘动效果 OK.max

视频文件：视频教学 \ Cha12 \使用体积雾制作云彩飘动效果 .avi

(1) 重置一个场景文件，按 8 键，打开【环境和效果】对话框，在该对话框中单击【环境贴图】下的【无】按钮，在弹出的【材质 / 贴图浏览器】中选择【位图】按钮，在弹出的对话框中选择随书附带光盘中的"CDROM\Map\LPL17129.jpg"文件，单击【打开】按钮，如图 12-45 所示。

(2) 按 M 键，打开【材质编辑器】窗口，将环境贴图拖曳至一个空白的材质球上，在弹出的对话框中选中【实例】单选按钮，选中【环境】单选按钮，将【贴图】设置为【屏幕】，如图 12-46 所示。

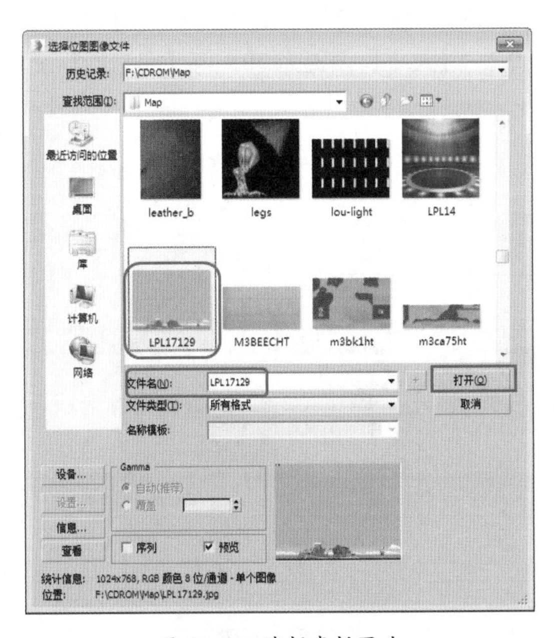

图 12-45 选择素材图片

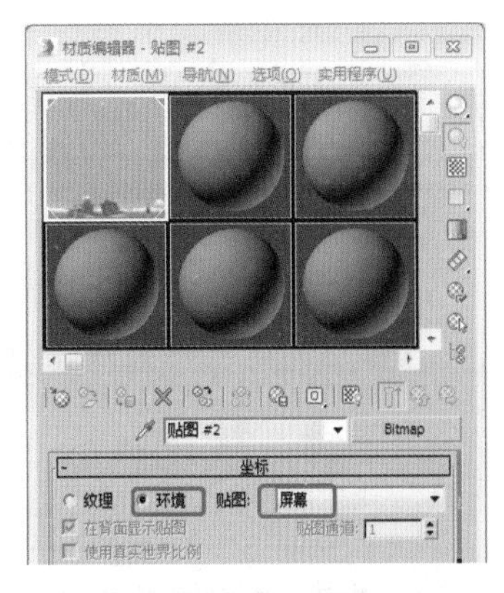

图 12-46 设置环境贴图

(3) 将对话框关闭，激活【透视】视图，在菜单栏中选择【视图】|【视口背景】|【环境背景】命令，此时【透视】视图会显示图 12-47 所示的背景。

(4) 选择【创建】|【辅助对象】|【大气装置】|【长方体 Gizmo】，在【顶】视图中绘制该装置，然后使用【选择并移动】工具和【选择并旋转】工具调整该装置的位置及旋转角度，如图 12-48 所示。

图 12-47 显示环境背景

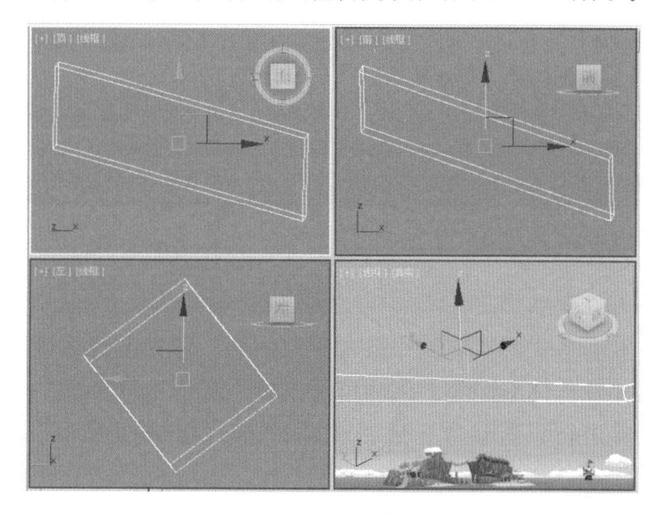

图 12-48 调整大气装置的位置

(5) 按 8 键，打开【环境和效果】对话框，在【大气】卷展栏中单击【添加】按钮，在弹出的对话框中选择【体积雾】，单击【确定】按钮，如图 12-49 所示。

知识链接

【体积雾】：体积雾有两种使用方法，一种是直接作用于整个场景，但要求场景内必须有物体存在；另一种是作用于大气装置 Gizmo 物体，在 Gizmo物体限制的区域内产生云团，这是一种更易控制的方法。

(6) 在【体积雾参数】卷展栏中单击【拾取 Gizmo】按钮，在场景中选择刚刚创建的【长方体 Gizmo】对象，将【密度】设置为 35，将【步长大小】设置为 45，在【噪波】选项组中将【类型】设置为【分形】，将【高】设置为 1、【级别】设置为 6，【低】设置为 0.2，【大小】设置为 30，将【均匀性】设置为 0.3，将【相位】设置为 –0.6，如图 12-50 所示。

图 12-49 选择【体积雾】对象

图 12-50 设置参数

(7) 按N键，打开【自动关键点】，将时间滑块拖曳至第100帧处，将【相位】设置为0.6，再次按N键关闭，将【风力来源】设置为左，然后将对话框关闭，对摄影机视图渲染输出即可。

知识链接

【体积】选项组：设置雾的颜色。单击【色样】，然后在颜色选择器中选择所需的颜色。

【颜色】：设置雾的颜色，可以通过动画设置产生变幻的雾效。

【指数】：随距离按指数增大密度。取消勾选该复选框时，密度随距离线性增大。只有当渲染体积雾中的透明对象时，才勾选此复选框。

【密度】：控制雾的密度。值越大，雾的透明度越低，取值范围为0～20(超过该值可能会看不到场景)。

【步长大小】：确定雾采样的粒度。值越低，颗粒越细，雾效果越优质；值越高，颗粒越粗，雾效果越差。

【最大步数】：限制采样量，以便雾的计算不会永远执行。如果雾的密度较小，此选项尤其有用。

案例精讲 139 使用镜头效果光斑制作文字过光动画

本例将介绍如何制作文字过光动画。首先输入文字并为文字添加【倒角】修改器，为文字指定材质后使用【视频后期处理】来制作【镜头效果光斑】。效果如图12-51所示。

案例文件：CDROM\Scenes\ Cha12 \使用镜头效果光斑制作文字过光动画OK.max

视频文件：视频教学 \ Cha12 \使用镜头效果光斑制作文字过光动画.avi

(1) 选择【创建】|【图形】|【样条线】|【文本】工具，在【参数】卷展栏中将字体设置为【汉仪综艺体简】，将【字间距】设置为5，在【文本】文本框中输入【经典之作】，然后在【前】视图中单击，即可创建文字，如图12-52所示。

图12-51　文字过光动画

(2) 选择输入的文字，切换到【修改】命令面板，在【修改器列表】中选择【倒角】修改器，将【级别1】下的【高度】和【轮廓】分别设置为15、2，选中【级别2】复选框，将【高度】设置为5，在【参数】卷展栏中选中【避免线相交】复选框，如图12-53所示。

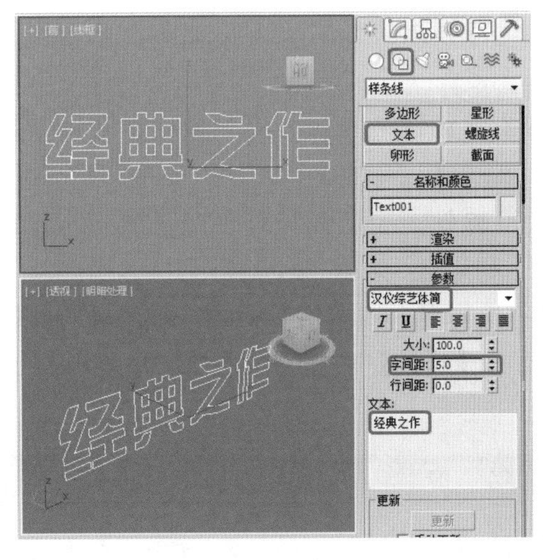

图12-52　输入文字

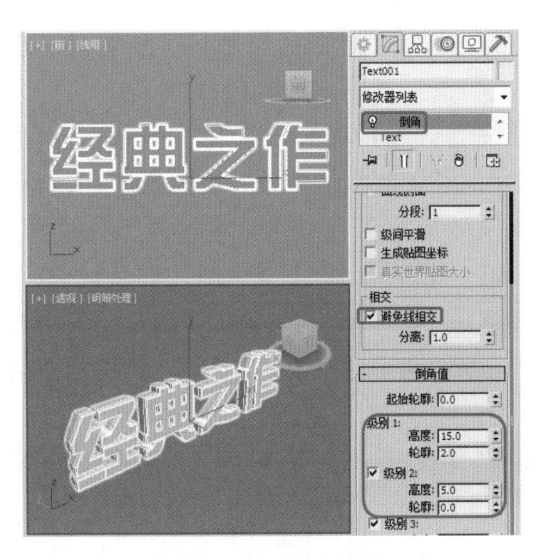

图12-53　设置倒角

(3) 按 M 键，打开【材质编辑器】窗口，选择一个新的材质样本球，将其命名为文字，在【Blinn 基本参数】卷展栏中将【环境光】和【漫反射】的 RGB 值均设置为 218、174、0，展开【贴图】卷展栏，将【反射】数量设置为 80，并单击其后面的【无】按钮，在弹出的【材质 / 贴图浏览器】中双击【位图】贴图，在弹出的对话框中选择贴图文件 Gold04.jpg，单击【确定】按钮，如图 12-54 所示。

(4) 单击【转到父对象】按钮和【将材质指定给选定对象】按钮，即可将材质指定给文字对象。将对话框关闭，选择【创建】|【几何体】|【标准基本体】|【平面】工具，在【前】视图中创建平面对象，按 M 键打开【材质编辑器】窗口，单击 Standard 按钮，在弹出的对话框中选择【无光 / 投影】材质，单击【确定】按钮，保持默认设置，单击【将材质指定给选定对象】按钮，如图 12-55 所示。

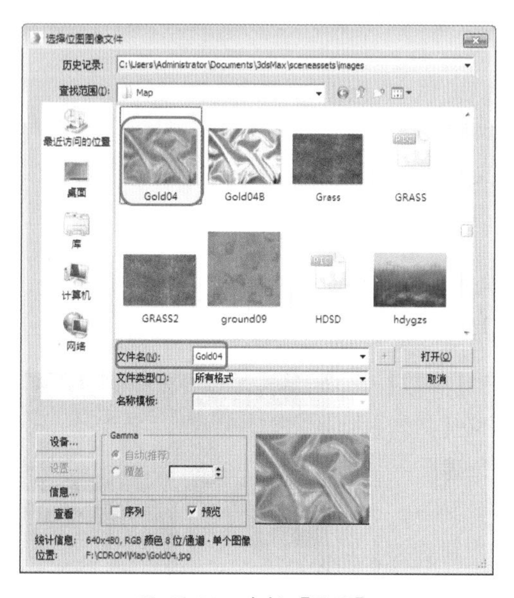

图 12-54　选择【位图】

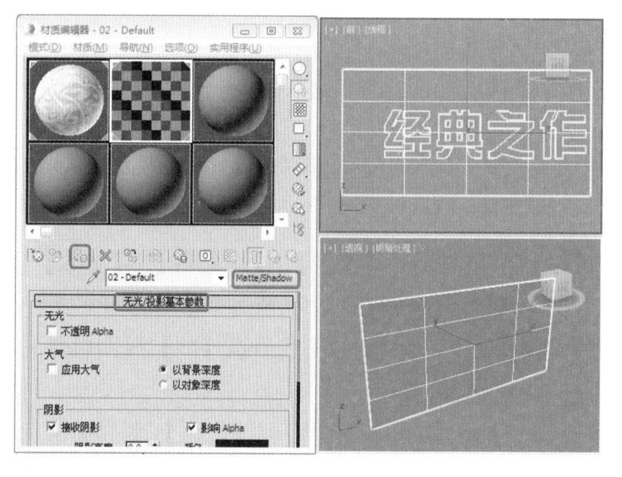

图 12-55　设置【无光 / 投影】材质

(5) 在【灯光】对象面板中，单击【目标聚光灯】按钮，在场景中创建一个目标聚光灯，在【常规参数】卷展栏的【阴影】选项组中选中【启用】复选框，调整目标聚光灯的位置，选择【创建】|【摄影机】|【目标】，在场景中创建目标摄影机，激活【透视】视图，按 C 键将其转换为摄影机视图，并在其他视图中调整其位置，如图 12-56 所示。

(6) 在【灯光】对象面板中，单击【泛光】按钮，在视图中创建一盏泛光灯对象，并在【前】视图中调整平面和泛光灯的位置，将摄影机和目标聚光灯隐藏，如图 12-57 所示。

(7) 按 N 键，开启动画记录模式，将时间滑块移至第 100 帧处，将泛光灯和平面对象同时向右移动一段距离，然后再次单击【自动关键点】按钮，关闭动画记录模式，如图 12-58 所示。

(8) 选择平面对象并单击鼠标右键，在弹出的快捷菜单中选择【对象属性】命令，弹出【对象属性】对话框，取消选中【接收阴影】和【投射阴影】复选框，单击【确定】按钮，如图 12-59 所示。

提 示

取消勾选【接收阴影】和【投射阴影】复选框，在场景中的对象将不会产生阴影，也不会投射阴影。

(9) 菜单栏中选择【渲染】|【视频后期处理】命令，打开【视频后期处理】对话框，单击【添加场景事件】按钮，在弹出的【添加场景事件】对话框中使用默认的摄影机视图，单击【确定】按钮，如图 12-60 所示。

(10) 返回到【视频后期处理】对话框，单击【添加图像过滤事件】按钮，在弹出的对话框中选择过滤器列表中的【镜头效果光斑】效果，单击【确定】按钮，如图 12-61 所示。

(11) 在【视频后期处理】对话框的左侧列表中双击【镜头效果光斑】，在弹出的对话框中单击【设置】按钮，弹出【镜头效果光斑】对话框，单击【VP 队列】和【预览】按钮，然后单击【节点源】按钮，在弹出的对话框中选择泛光灯对象，并单击【确定】按钮，如图 12-62 所示。

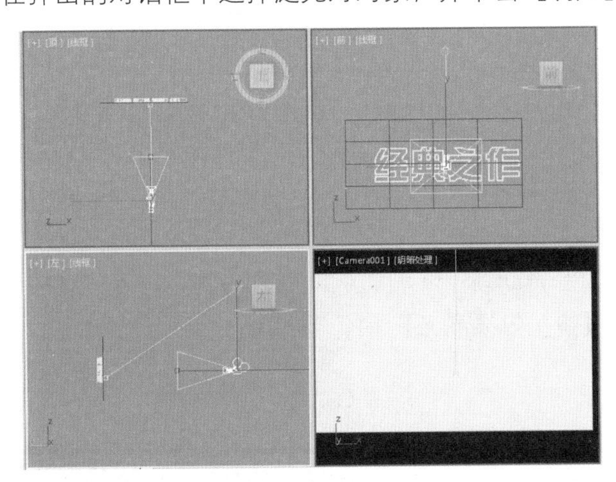

图 12-56　创建目标聚光灯后摄影机

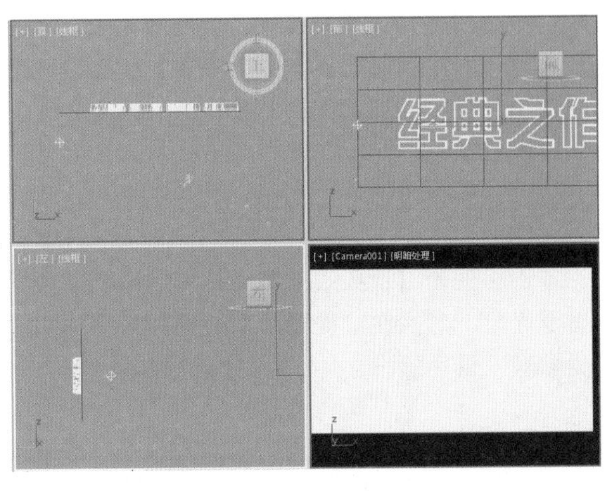

图 12-57　创建泛光灯

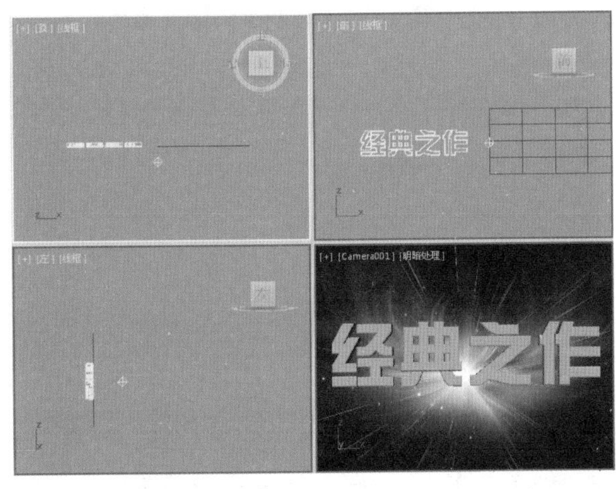

图 12-58　设置动画

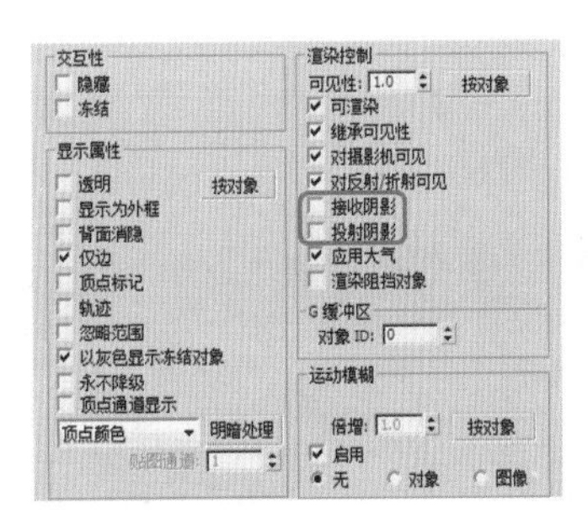

图 12-59　取消选中【接收阴影】和【投射阴影】复选框

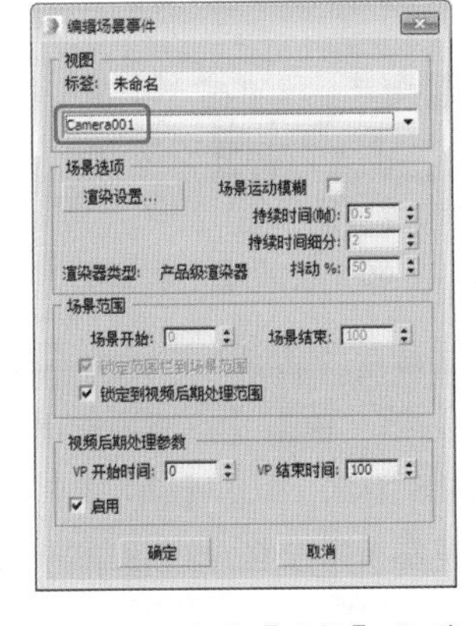

图 12-60　设置【透视】队列

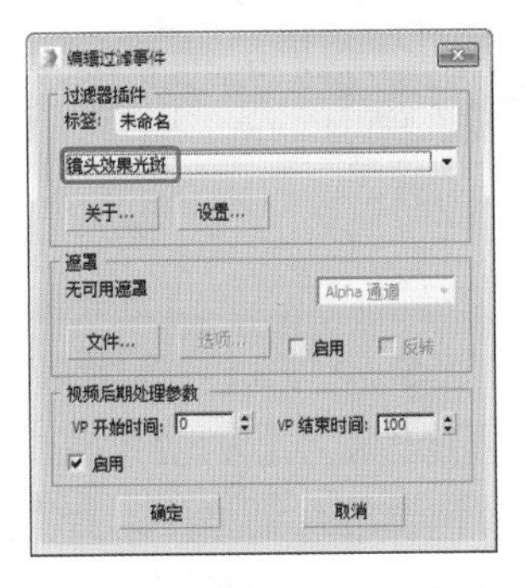

图 12-61　添加【镜头效果光斑】

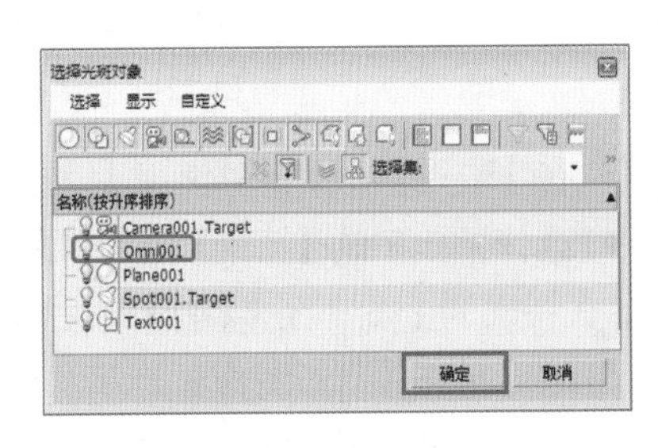

图 12-62　选择光斑对象

(12) 切换到【光晕】选项卡，设置光晕的【大小】为 100，切换到【条纹】选项卡，设置条纹的【大小】为 300，设置完成后，单击左下角的【确定】按钮，单击【添加图像输出事件】按钮，在弹出的对话框中单击【文件】按钮，设置存储路径及名称，单击【保存】按钮，然后单击【确定】按钮，单击【执行序列】按钮，在弹出的对话框中选中【范围】单选按钮，将【宽度】和【高度】设置为 320 × 240，单击【渲染】按钮，如图 12-63 所示。

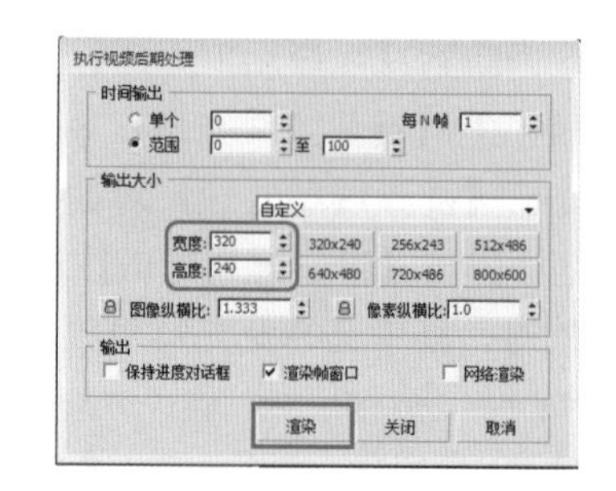

图 12-63 【执行视频后期处理】对话框

案例精讲 140 使用镜头效果高光制作戒指发光动画

本例将使用【镜头效果高光】来模拟制作戒指上的发光动画。添加一盏泛光灯，然后在【视频后期处理】对话框中设置【镜头效果高光】效果参数，最后输出文件，效果如图 12-64 所示。

图 12-64 戒指发光动画

案例文件：CDROM \ Scenes \ Cha12\ 戒指 OK.max

视频文件：视频教学 \ Cha12\ 戒指 .avi

(1) 打开随书附带光盘中的"CDROM \ Scenes \ Cha12 \ 戒指.max"文件，选择【创建】|【灯光】|【标准】|【泛光】工具，在其球体对象的中央创建一个泛光灯，如图 12-65 所示。

(2) 选择泛光灯对象并单击鼠标右键，在弹出的快捷菜单中选择【对象属性】命令，弹出【对象属性】对话框，设置【对象 ID】为 1，如图 12-66 所示。然后单击【确定】按钮。

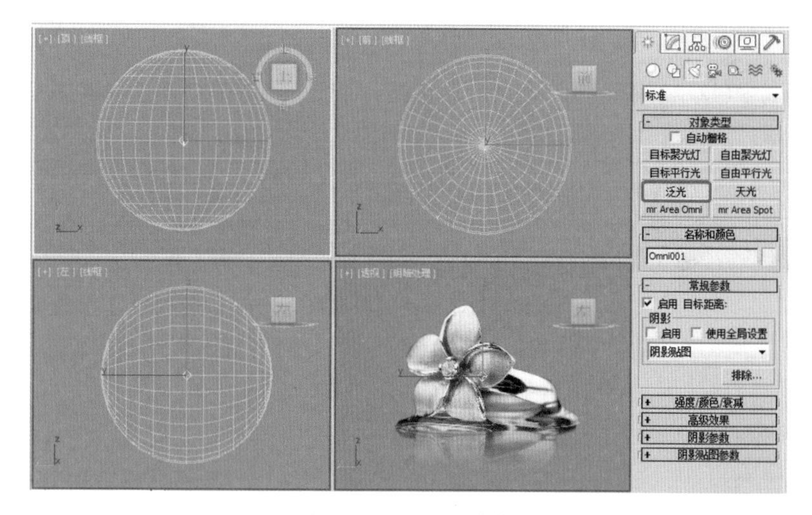

图 12-65 添加泛光灯

图 12-66 设置【对象 ID】

(3) 在【透视】视图中，使用【缩放】工具，将球体和泛光灯进行缩放，然后调整到图 12-67 所示位置。

(4) 选择菜单中的【渲染】|【视频后期处理】命令，打开【视频后期处理】对话框，单击【添加场景事件】按钮，在弹出的【添加场景事件】对话框中，将视图设置为【透视】视图，如图 12-68 所示。单击【确定】按钮。

(5) 然后单击【添加图像过滤事件】按钮，在弹出的对话框中选择【镜头效果高光】选项，然后单击【设置】按钮，如图 12-69 所示。

图 12-67　添加场景事件

图 12-68　添加【透视】

图 12-69　选择【镜头效果高光】选项

(6) 在弹出的【镜头效果高光】对话框中，设置【属性】参数，选中【效果 ID】复选项，然后切换到【首选项】选项卡中，设置【效果】中的【大小】为 9、【点数】为 4，单击【VP 队列】按钮和【预览】按钮，预览戒指的发光效果，如图 12-70 所示。

(7) 在第 0 帧处按 N 键开启动画记录模式，将时间滑块移至第 100 帧处，将【大小】更改为 15，然后切换至【几何体】选项卡，将【效果】中的【角度】设置为 100°，如图 12-71 所示。

(8) 单击【确定】按钮，再次按 N 键关闭动画记录模式，单击【添加图像输出事件】按钮，在弹出的【添加图像输出事件】对话框中，单击【文件】按钮，选择文件输出位置，然后单击【确定】按钮，如图 12-72 所示。

知识链接

在【效果】选项组中可以对镜头高光的角度和钳位参数进行设置。【变化】选项组中的选项可用于给高光效果增加随机性。【旋转】选项组中的两个按钮可用于使高光基于场景中它们的相对位置自动旋转。

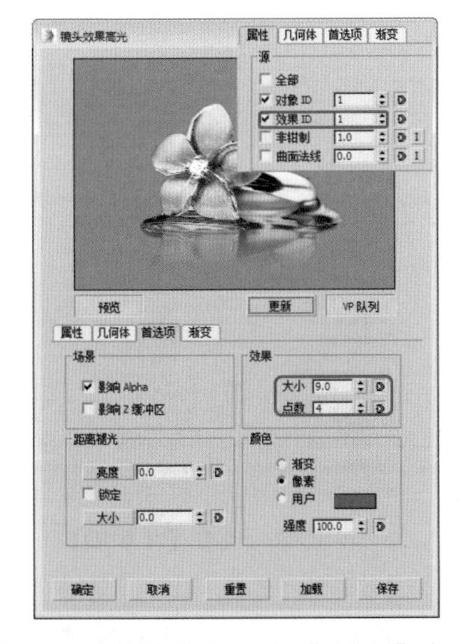

图 12-70　设置【属性】和【首选项】参数

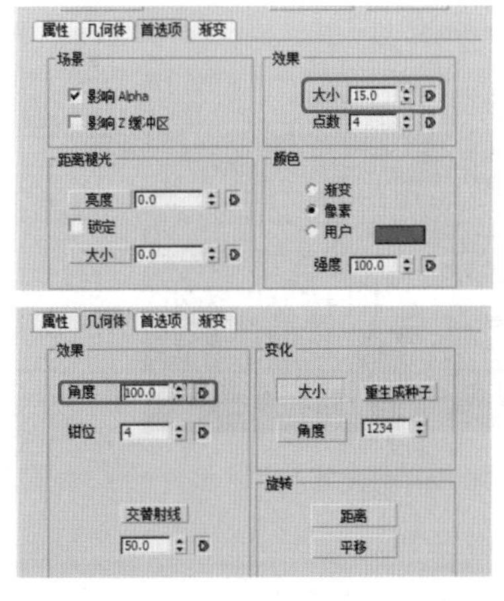

图 12-71　设置动画参数

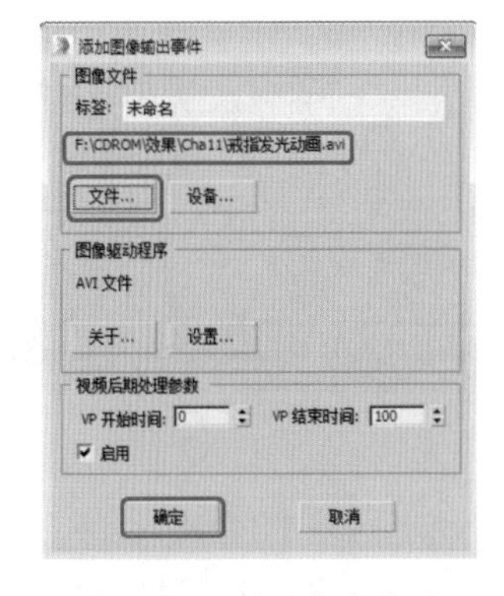

图 12-72　设置输出位置

(9) 单击【执行序列】按钮，在弹出的对话框中设置场景的渲染输出参数，然后单击【渲染】按钮，如图 12-73 所示。最后将场景文件进行保存。

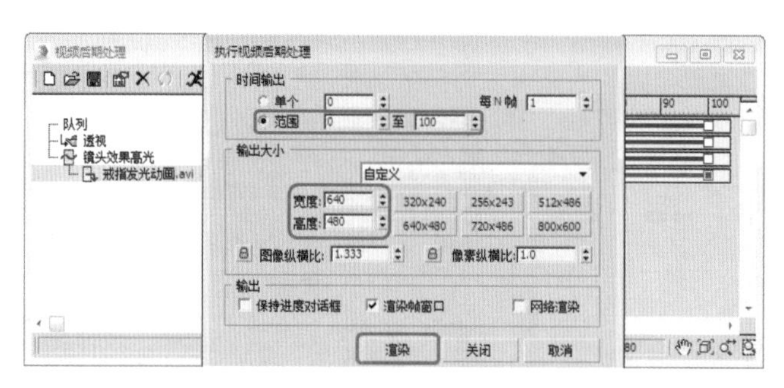

图 12-73　设置渲染输出参数

案例精讲 141　使用镜头效果光晕制作闪电效果

本例讲解使用【镜头效果光晕】来模拟制作闪电效果。首先设置闪电对象的【对象 ID】，然后在【视频后期处理】对话框中设置【镜头效果光晕】参数，最后渲染输出文件。完成后的效果如图 12-74 所示。

图 12-74　闪电效果

案例文件：CDROM \ Scenes \ Cha12\ 闪电效果 OK.max

视频文件：视频教学 \ Cha12\ 闪电效果 .avi

(1) 打开随书附带光盘中的"CDROM \ Scenes \ Cha12 \ 闪电效果 .max"文件，选择【组 001】对象，如图 12-75 所示。

(2) 鼠标右击，在弹出的快捷菜单中选择【对象属性】命令，弹出【对象属性】对话框，设置【对象 ID】为 1，然后选择【组 002】对象，将其【对象 ID】设置为 2，如图 12-76 所示。

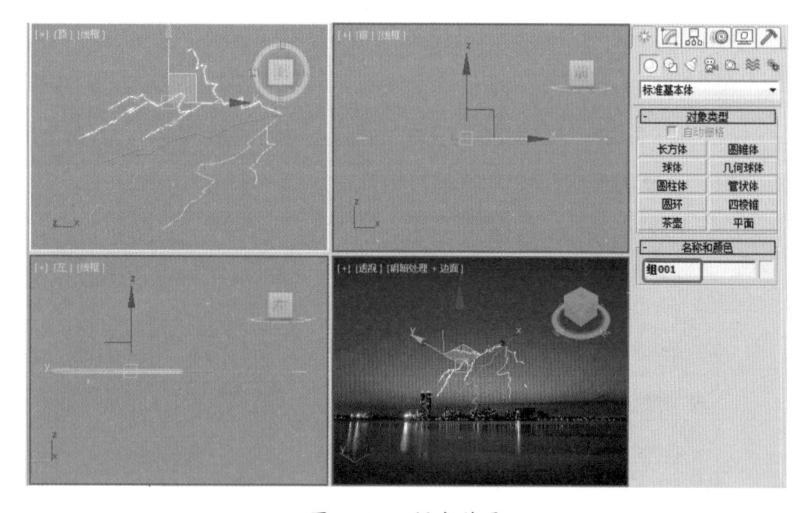

图 12-75　闪电效果

图 12-76　设置【对象 ID】

提 示

将【对象 ID】设置为非零值意味着对象将接收与【渲染效果】中编号为该值的通道相关的渲染效果，以及与【视频后期处理】对话框中编号为该值的通道相关的后期处理效果。

(3) 在【透视】视图中，将闪电对象移动到图 12-77 所示的位置。

(4) 选择菜单中的【渲染】|【视频后期处理】命令，打开【视频后期处理】对话框，单击【添加场景事件】

按钮，在弹出的【编辑场景事件】对话框中，将视图设置为【透视】视图，如图 12-78 所示，单击【确定】按钮。

图 12-77 移动对象

图 12-78 添加【透视】

知识链接

对二维样条线图形应用 Video Post特效，必须要使它在视口中渲染可见，Video Post只能对三维实体产生光效果。

(5) 然后单击【添加图像过滤事件】按钮，在弹出的对话框中选择【镜头效果光晕】选项，然后单击【设置】按钮。在弹出的【镜头效果光晕】对话框中，切换至【首选项】选项卡，设置【效果】选项组中的【大小】为 4.0、【柔化】为 0.0，设置【颜色】选项组为【渐变】，单击【VP 队列】按钮和【预览】按钮，预览效果如图 12-79 所示，单击【确定】按钮。

知识链接

在【视频后期处理】中有两种指定效果的类型，分别是使用【对象 ID】和使用【效果 ID】。选择【对象 ID】需要在对象的属性面板中设置相应的 ID号。如果选择的是【效果 ID】类型，需要在材质编辑器中对该物体的材质指定一个效果 ID号。

(6) 继续添加一个【镜头效果光晕】图像过滤事件。在该事件的【属性】选项卡中设置【对象 ID】为 2，如图 12-80 所示。

(7) 切换至【首选项】选项卡，设置【效果】选项组中的【大小】为 3.0、【柔化】为 10.0，设置【颜色】为【渐变】，单击【VP 队列】按钮和【预览】按钮，预览效果如图 12-81 所示，单击【确定】按钮。

图 12-79 选择【镜头效果光晕】

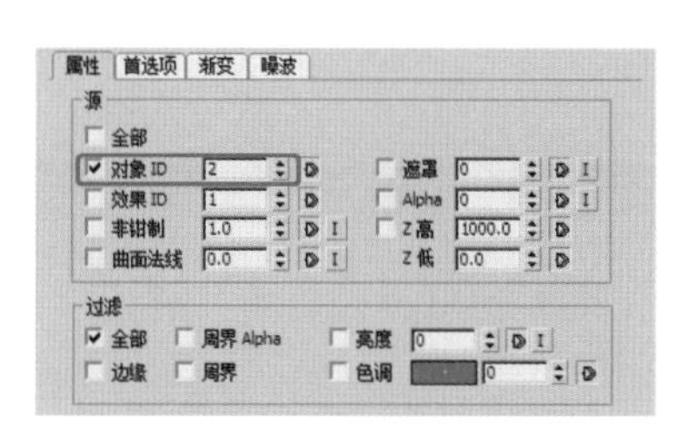

图 12-80 设置【对象 ID】

图 12-81 设置【首选项】参数

(8) 单击【添加图像输出事件】按钮，在弹出的【添加图像输出事件】对话框中，单击【文件】按钮，选择文件输出位置，然后单击【确定】按钮，如图 12-82 所示。

(9) 单击【执行序列】按钮，在弹出的对话框中设置场景的渲染输出参数，然后单击【渲染】按钮，如图 12-83 所示。最后将场景文件进行保存。

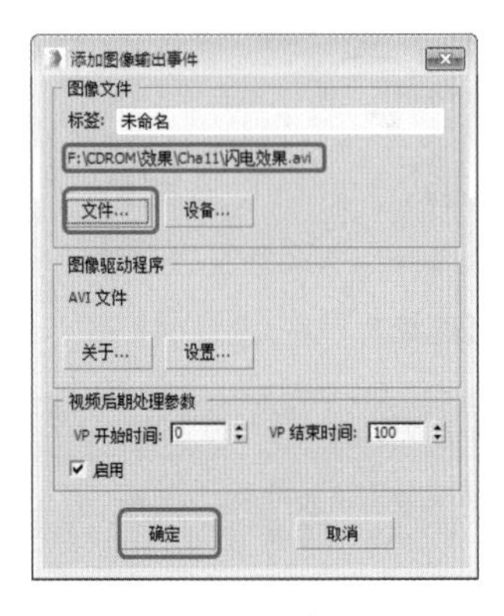

图 12-82　设置输出位置

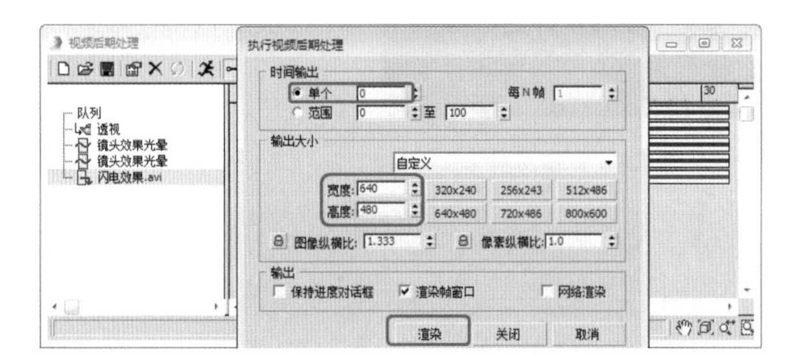

图 12-83　设置渲染输出参数

知识链接

在【视频后期处理】对话框中所添加的同一层级的各个事件在渲染时依次由上到下执行。虽然已经添加了多个过滤事件，如果选择最上层的进行设置，那么在预览效果中就只能看到该层事件的效果。

第13章 常用三维文字动画的制作

本章重点

- 使用镜头光晕制作火焰拖尾文字
- 使用弯曲修改器制作卷页子
- 使用目标聚光灯制作激光文字动画
- 利用关键帧制作文字标版动画
- 使用挤出修改器制作光影文字动画
- 使用路径变形修改器制作书写文字动画
- 使用粒子阵列制作火焰崩裂文字动画

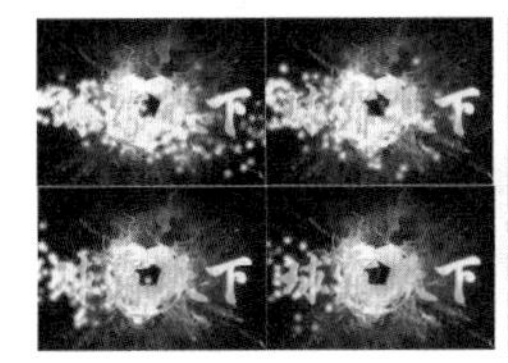

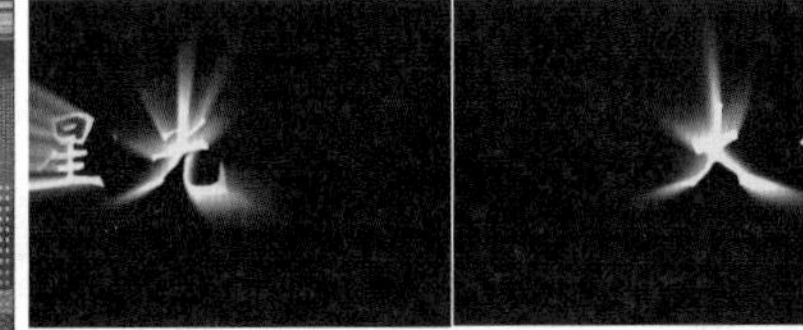

锋芒相对
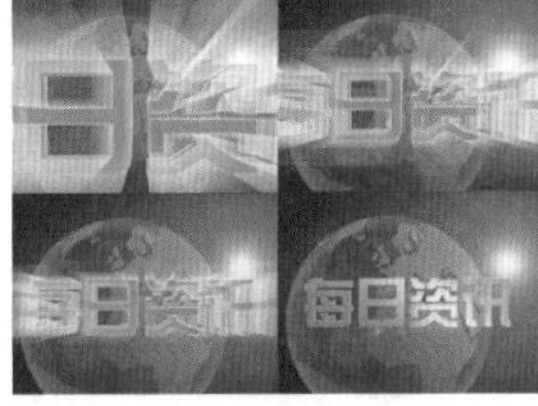

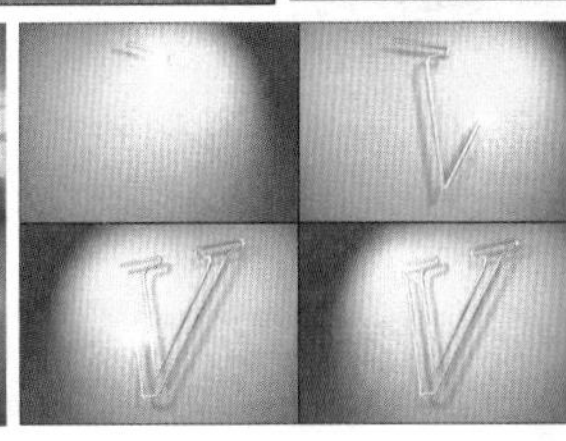
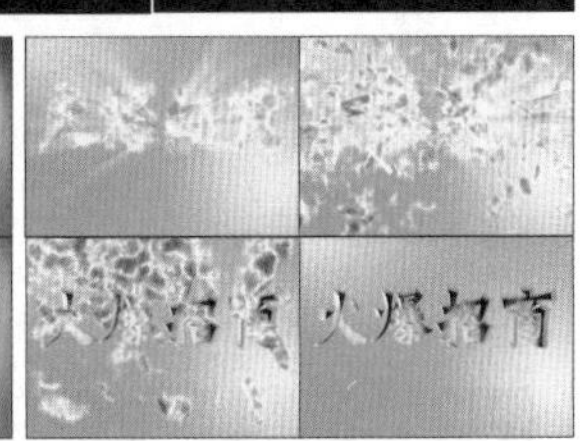

三维文字动画经常应用在一些影视片头中。通过对三维文字设置绚丽的动画效果，能够将文字很好地突显出来。在 3ds Max 中制作三维文字动画需要添加【倒角】或【挤出】修改器，使用灯光或粒子系统设置特殊效果，在【视频后期处理】中进行后期渲染处理，并配合关键帧设置文字动画。

案例精讲 142　使用镜头光晕制作火焰拖尾文字

本例将介绍如何制作火焰拖尾文字。首先制作出文字对象，并设置其移动关键帧，然后在【视频后期处理】对话框中通过添加【镜头效果光晕】和【镜头效果光斑】制作出火的效果。完成后的效果如图 13-1 所示。

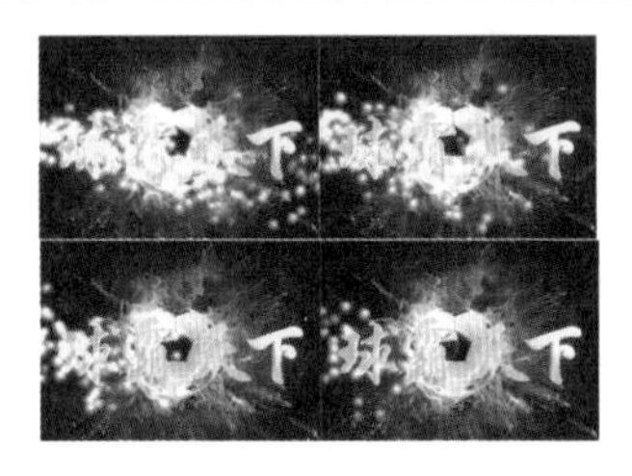

图 13-1　火焰拖尾文字

案例文件：CDROM \ Scenes \ Cha13 \ 火焰拖尾文字 OK.max

视频文件：视频教学 \ Cha13 \ 使用镜头光晕制作火焰拖尾文字 .avi

(1) 启动软件后，打开随书附带光盘中的"CDROM\Scenes\Cha13\ 火焰拖尾文字 .max"文件，选择【创建】|【图形】|【样条线】|【文本】工具，在【参数】卷展栏中将【字体】设置为【华文行楷】，将【大小】设置为 100，将【字间距】设置为 15，在【文本】文本框中输入【球霸天下】，在【前】视图中创建文字，如图 13-2 所示。

知识链接

【文本】工具：使用【文本】工具可以直接产生文字图形，在中文 Windows平台下可以直接产生各种字体的中文字形，字形的内容、大小、间距都可以调整，而且用户在完成动画制作后，仍可以修改文字的内容。

(2) 切换到【修改】命令面板，添加【倒角】修改器，在【参数】卷展栏中选中【避免线相交】复选框，在【倒角值】卷展栏中将【级别 1】的【高度】和【轮廓】都设置为 0，将【级别 2】的【高度】和【轮廓】分别设置为 9、0，将【级别 3】的【高度】和【轮廓】分别设置为 2、–1，如图 13-3 所示。

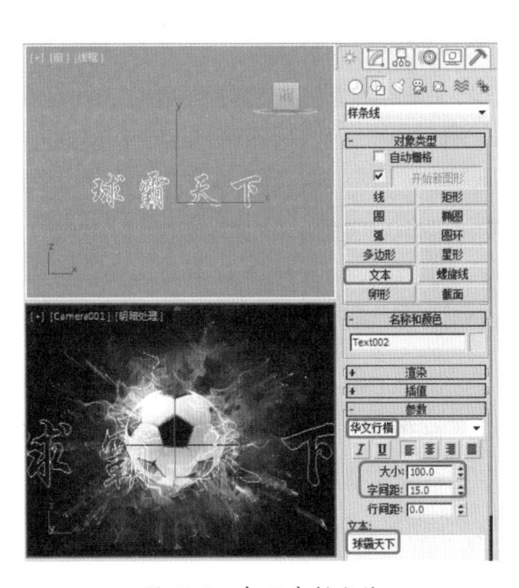

图 13-2　打开素材文件

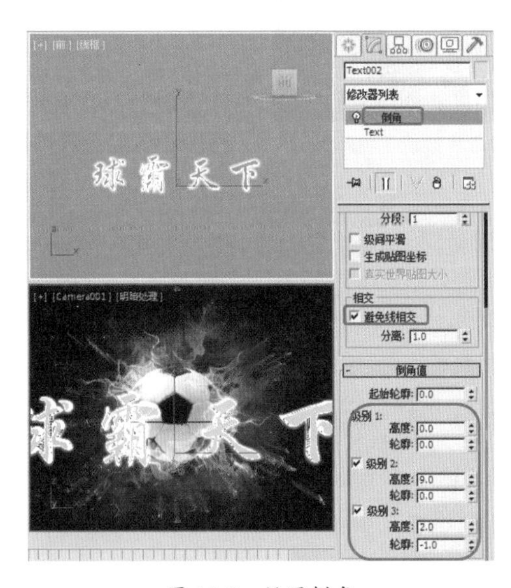

图 13-3　设置倒角

(3) 按 M 键，打开【材质编辑器】窗口，选择 01 - Default 材质球，并将其指定给上一步创建的文字，激活【摄影机】视图，进行渲染，查看效果，如图 13-4 所示。

(4) 选择【创建】|【图形】|【螺旋线】工具，在【左】视图中绘制【螺旋线】，在【参数】卷展栏中将【半径 1】和【半径 2】都设置为 50，将【高度】设置为 274.55，将【圈数】和【偏移】分别设置为 1、0，选中【顺时针】单选按钮，如图 13-5 所示。

图 13-4　添加材质后的效果

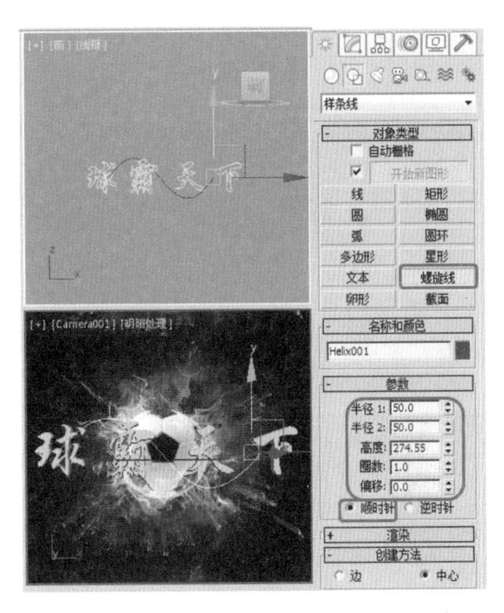

图 13-5　设置螺旋线

知识链接

【螺旋线】工具：用来制作平面或空间的螺旋线，常用于完成弹簧、线轴等造型，或用来制作运动路径。

(5) 使用【选择并均匀缩放】工具对上一步绘制的螺旋线进行缩放，完成后的效果如图 13-6 所示。

(6) 选择【创建】|【几何体】|【粒子系统】|【超级喷射】工具，在【顶】视图中创建一个超级喷射粒子系统，在【基本参数】卷展栏中将【轴偏离】和【平面偏离】下的【扩散】分别设置为 10 和 180，将【图标大小】设置为 50，在【视口显示】选项组中将【粒子数百分比】设置为 100，如图 13-7 所示。

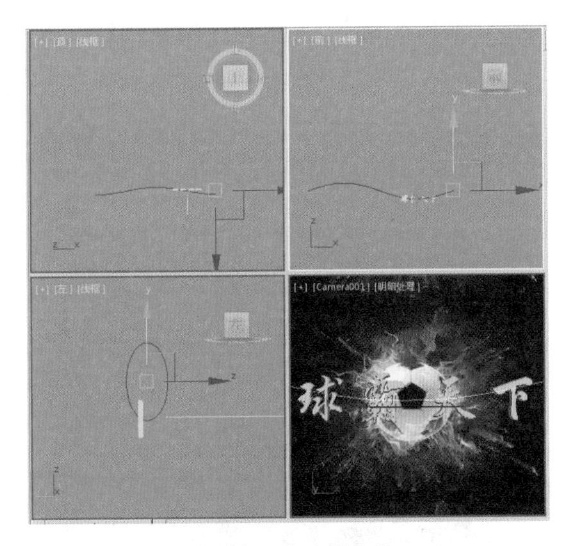

图 13-6　缩放螺旋线

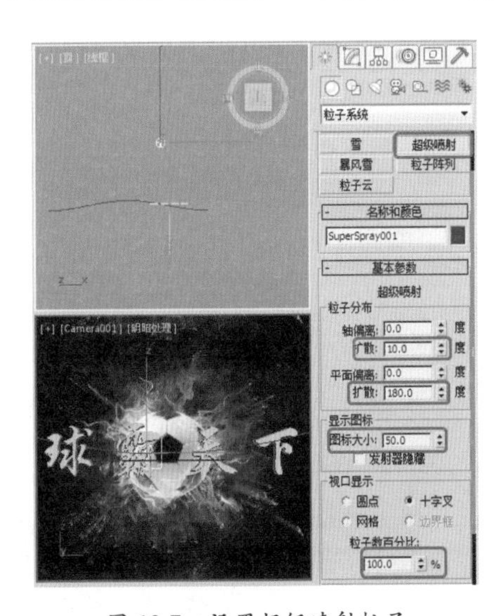

图 13-7　设置超级喷射粒子

(7) 切换到【粒子生成】卷展栏中，选中【粒子数量】选项组中的【使用总数】单选按钮，并将其下面的值设为 4000。在【粒子计时】选项组中将【发射开始】、【发射停止】、【显示时限】、【寿命】和【变化】分别设置为 −150、150、100、50、10，在【粒子大小】选项组中将【大小】、【变化】、【增长耗时】和【衰减耗时】分别设置为 3、30、5 和 11，如图 13-8 所示。

(8) 在【粒子类型】卷展栏中选中【标准粒子】选项组中的【六角形】单选按钮。在【旋转和碰撞】

卷展栏中将【自旋速度控制】选项组中的【自旋时间】设置为 45。在【气泡运动】卷展栏中将【周期】设置为 150533，如图 13-9 所示。

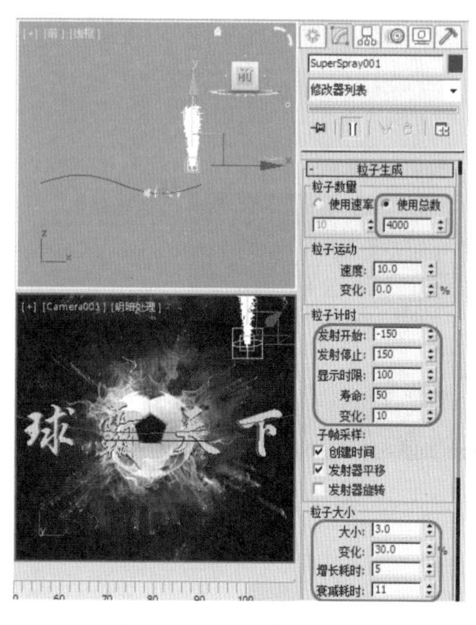

图 13-8　设置粒子生产

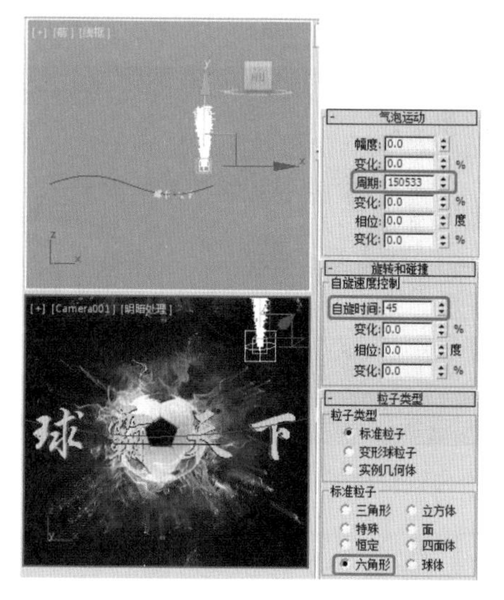

图 13-9　设置粒子参数

(9) 确认粒子系统处于选择状态，单击【运动】按钮，进入【运动】命令面板，在【指定控制器】卷展栏中选择【变换】下的【位置】选项，然后单击【指定控制器】按钮，在打开的对话框中选择【路径约束】控制器，单击【确定】按钮，添加一个路径约束控制器，如图 13-10 所示。

(10) 在【路径参数】卷展栏中单击【添加路径】按钮，然后在视图中选择【螺旋线】对象，在【路径选项】选项组中选中【跟随】复选框，在【轴】选项组中选中 Z 单选按钮和选中【翻转】复选框，这样粒子系统便被放置在路径上了，此时系统会自动添加关键帧，选择第 100 帧位置的关键帧，将其移动到第 90 帧位置，如图 13-11 所示。

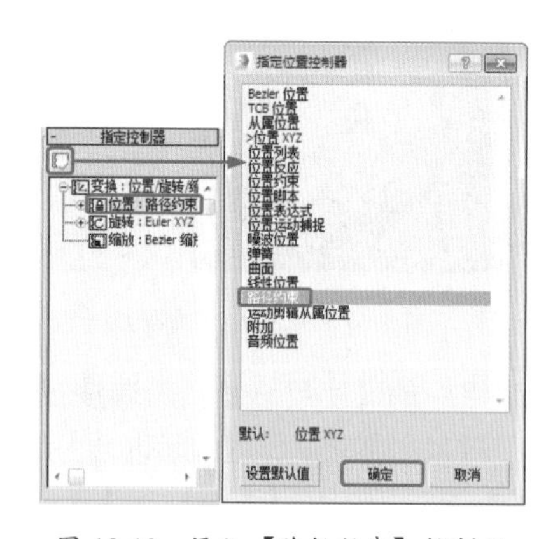

图 13-10　添加【路径约束】控制器

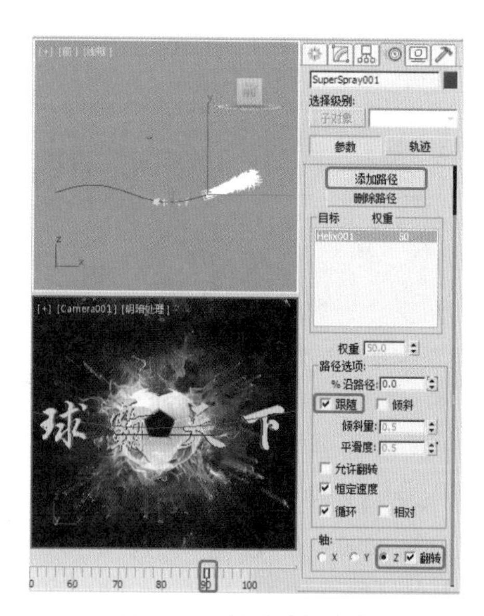

图 13-11　设置路径跟随

知识链接

【路径约束】：该控制器可以使物体沿一条样条曲线或沿多条样条曲线之间的平均距离运动，曲线可以是各种类的样条曲线，可以对其设置任何标准的位移、旋转、缩放动画等。

(11) 在视图中选择粒子系统，单击鼠标右键，在弹出的快捷菜单中选择【对象属性】命令，在打开的对话框中将粒子系统的【对象ID】设置为1，在【运动模糊】选项组中选中【图像】运动模糊方式，然后单击【确定】按钮，如图13-12所示。

(12) 使用同样的方法对文字对象设置ID为2，【运动模糊】方式为【图像】，打开【视频后期处理】对话框，单击【添加场景事件】按钮，弹出【添加场景事件】对话框，选择Camera001，单击【确定】按钮，如图13-13所示。

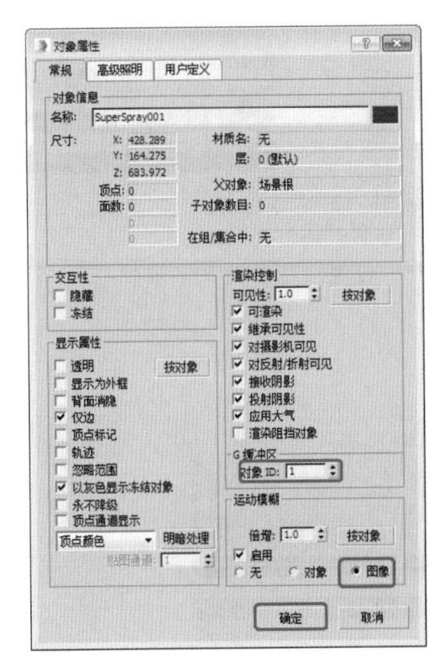

图13-12　设置对象属性

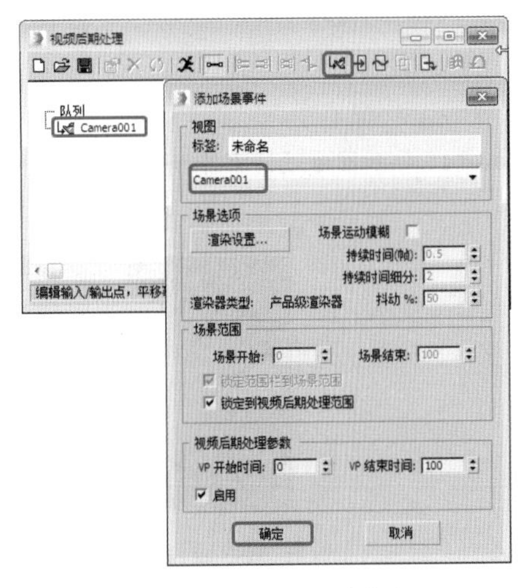

图13-13　添加场景事件

(13) 单击【添加图像过滤事件】按钮，添加3个【镜头效果光晕】和1个【镜头效果光斑】，如图13-14所示。

(14) 双击新添加的第一个【镜头效果光晕】事件，在打开的对话框中单击【设置】按钮，进入发光过滤器的控制面板，单击【VP队列】和【预览】按钮，选择【首选项】选项卡，进入【首选项】面板，在【效果】选项组中将【大小】设置为1.2，在【颜色】选项组中选中【用户】单选按钮，将颜色的RGB设置为255、79、0，将【强度】设置为32.0；在【渐变】选项面板中设置径向渐变颜色，将第一个色标颜色的RGB值设为255、50、34，将第二个色标设为白色，将第三个色标的RGB值设为248、36、0，如图13-15所示。

(15) 双击第二个【镜头效果光晕】事件，在打开的对话框中单击【设置】按钮，进入发光过滤器的控制面板，单击【VP队列】和【预览】按钮。选择【首选项】选项卡，进入【首选项】面板，在【效果】选项组中将【大小】设置为2，在【颜色】选项组中选中【渐变】单选按钮；在【渐变】选项面板中设置径向渐变颜色将第一个色标颜色的RGB值设为255、255、0，将第二个色标的RGB值设为255、0、0。在【噪波】选项面板中将【运动】参数设置为0，选中【红】、【绿】、【蓝】复选框，将【参数】选项组中的【大小】和【偏移】分别设置为17和60.0，如图13-16所示，设置完成后单击【确定】按钮，返回到视频合成器。

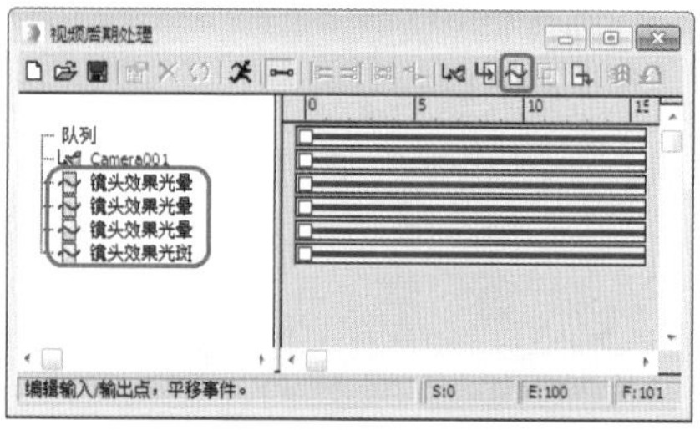

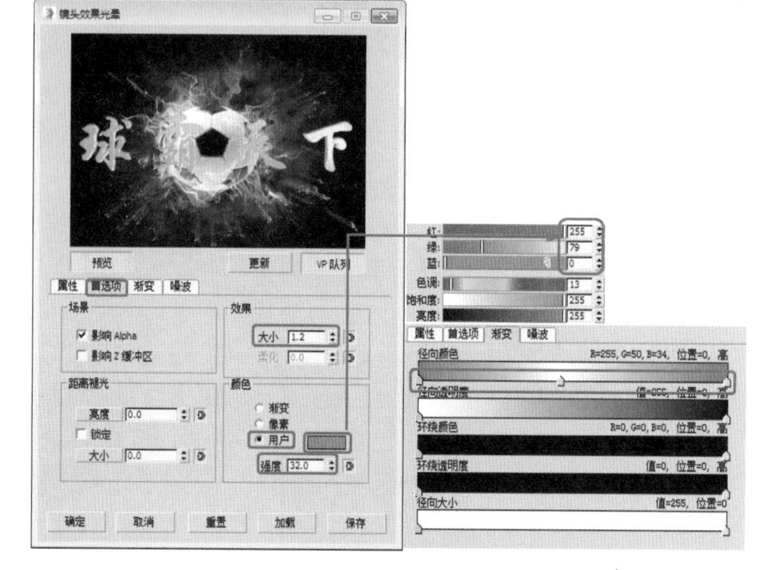

图 13-14　添加图像过滤事件

图 13-15　设置【镜头效果光晕】

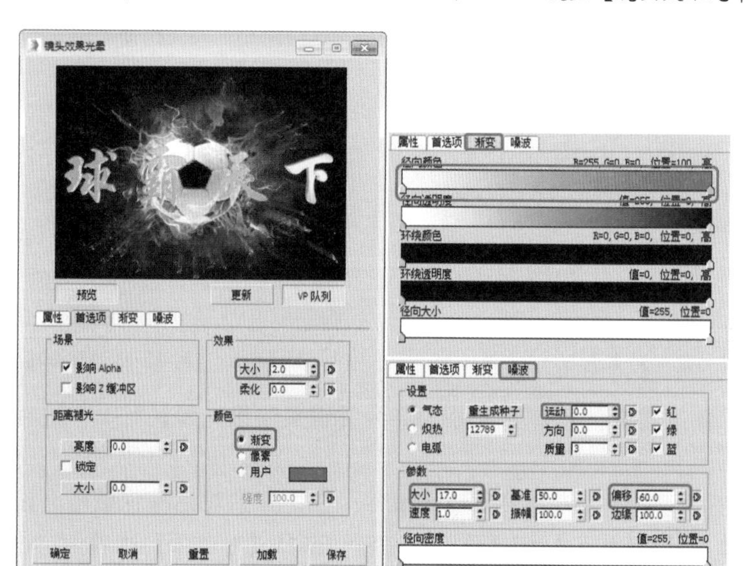

图 13-16　设置镜头效果光晕

(16) 双击第三个的光晕事件，在打开的对话框中单击【设置】按钮，进入发光过滤器的控制面板，单击【VP 队列】和【预览】按钮。选择【属性】选项卡，将【对象 ID】设置为 2，选中【过滤】选项组中的【边缘】复选框，选择【首选项】选项卡，进入【首选项】面板，在【效果】选项组中将【大小】设置为 3.0，在【颜色】选项组中选中【用户】单选按钮，将颜色的 RGB 设置为 253、185、0，将【强度】设置为 20.0；在【渐变】选项面板中设置径向渐变颜色，将第一个色标的 RGB 值设为 235、67、0。在【噪波】选项面板中将【运动】设置为 8.0，将【参数】选项组中的【速度】设置为 0.1，如图 13-17 所示。设置完成后单击【确定】按钮，返回到视频合成器。

(17) 双击新添加的光斑事件，在弹出的对话框中单击【设置】按钮，进入【镜头效果光斑】对话框，单击【VP 队列】和【预览】按钮，在【镜头光斑属性】选项组中将【大小】设置为 20，单击【节点源】

按钮，在打开的对话框中选择粒子系统，单击【确定】按钮，将粒子系统作为光芯来源，如图 13-18 所示。

(18) 切换到【首选项】选项卡，进入【首选项】选项卡，在【首选项】选项卡底部选中【光晕】、【手动二级光斑】、【射线】、【星形】和【条纹】复选框，将其他的复选框取消选择，如图 13-19 所示。

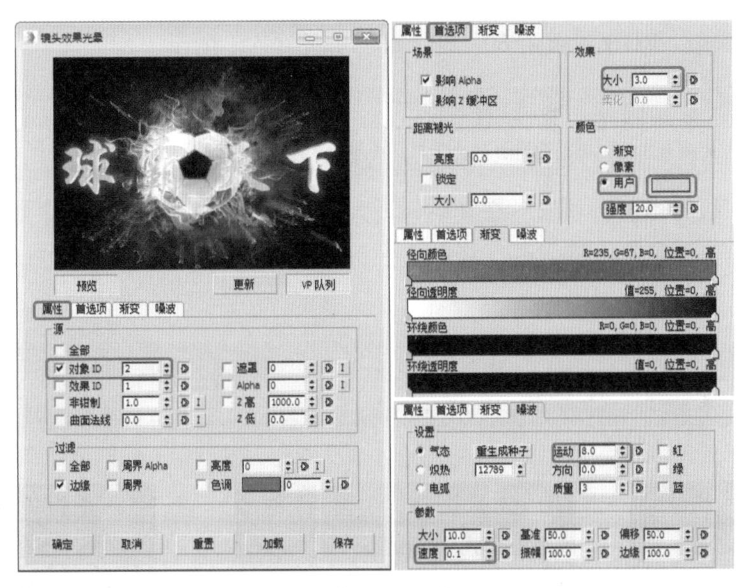

图 13-17　设置镜头效果光晕

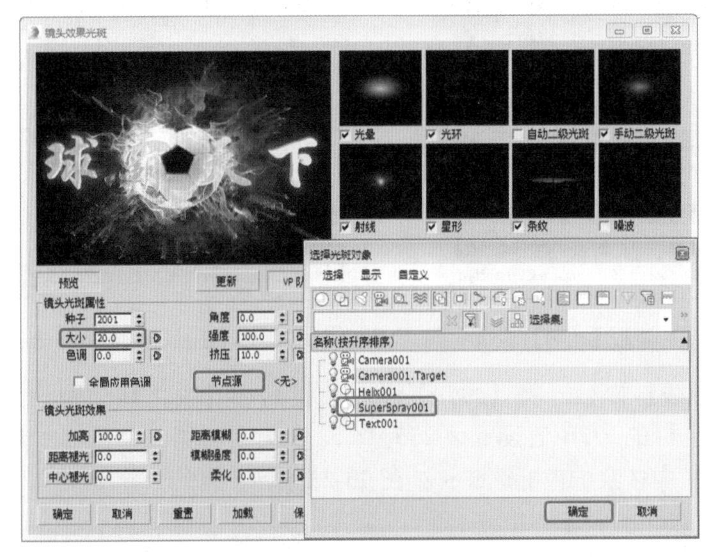

图 13-18　设置【镜头光斑属性】

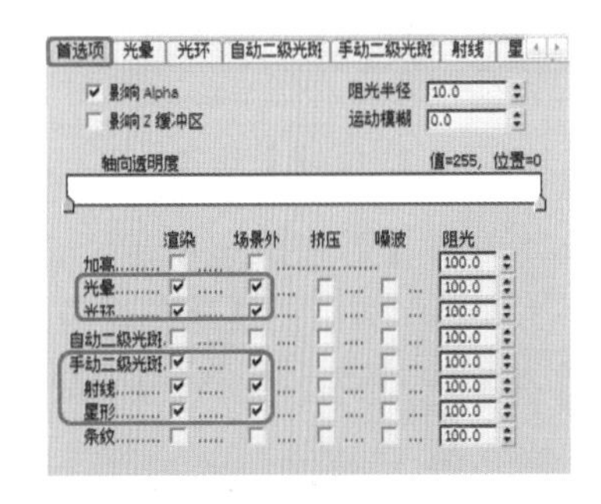

图 13-19　设置【首选项】参数

知识链接

【首选项】：此页面可以控制激活的镜头光斑部分，以及它们影响整个图像的方式。

(19) 单击【光晕】选项卡，进入镜头光斑的发光面板，将【大小】设置为 30.0，设置【径向颜色】，将第一个色标的颜色设置为白色，将第二个色标的颜色的 RGB 值设置为 255、242、207，将第三个色标的 RGB 值设置为 255、155、0。设置【径向透明度】，将第一个色标颜色设置为白色，将第二个色标的 RGB 值设置为 248、248、248，将第三个色标设置为黑色，如图 13-20 所示。

知识链接

【光晕】：以光斑的源对象为中心的常规光晕，可以控制光晕的颜色、大小、形状和其他方面。

(20) 单击【光环】选项卡，将【大小】和【厚度】分别设置为 31.0 和 3.5，并将【径向透明度】颜色条上 24 处和 78 处颜色的 RGB 设置为 80、80、80，如图 13-21 所示。

知识链接

【光环】：围绕源对象中心的彩色圆圈，可以控制光环的颜色、大小、形状等。

(21) 单击【手动二级光斑】选项卡，在其中将【大小】设置为 140、【平面】设置为 –135、【比例】设置为 3，然后设置径向颜色条上的颜色，将两个色标的颜色的 RGB 值均设置为 255、220、220，如图 13-22 所示。

知识链接

【手动二级光斑】：添加到镜头光斑效果中的附加二级光斑。

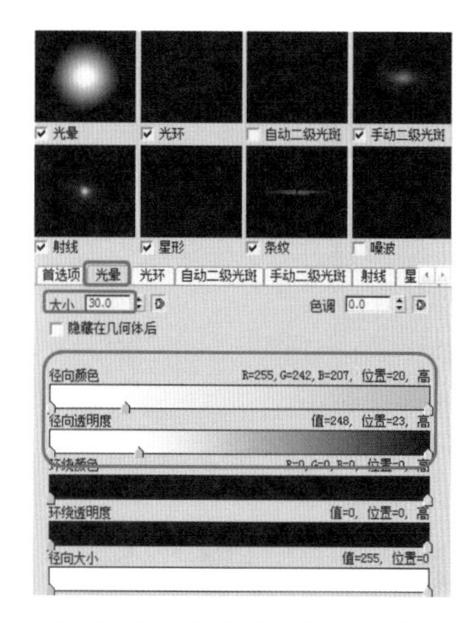

图 13-20　设置【光晕】选项卡

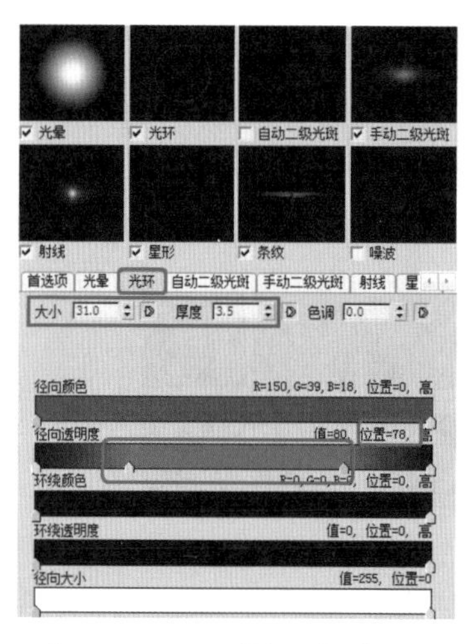

图 13-21　设置【光环】选项卡

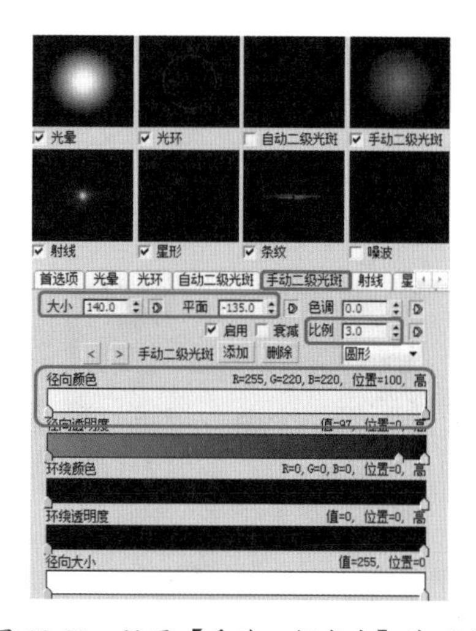

图 13-22　设置【手动二级光斑】选项卡

(22) 单击【射线】选项卡，进入【射线】面板，将【大小】、【数量】和【锐化】分别设置为 100.0、125 和 10.0。将【径向颜色】第一色标的 RGB 值设置为 255、255、167，将第二个色标的 RGB 值设置为 255、155、74。将【径向透明度】内多余的色标删除，如图 13-23 所示。

知识链接

【射线】：从源对象中心发出的明亮的直线，为对象提供很高的亮度。

(23) 单击【星形】选项卡，在【星形】面板中将【大小】、【数量】、【锐化】和【锥化】分别设置为 35.0、8、0 和 1.0，单击【条纹】选项卡，在该面板中将【大小】、【宽度】、【锐化】和【锥化】分别设置为 250、10、10 和 0，参照如图 13-24 所示的参数设置渐变条上的颜色。设置完成后单击【确定】按钮。

知识链接

【星形】：从源对象中心发出的明亮的直线，通常包括 6 条或多于 6 条辐射线（而不是像射线一样有数百条）。星形通常比较粗并且要比射线从源对象的中心向外延伸得更远。

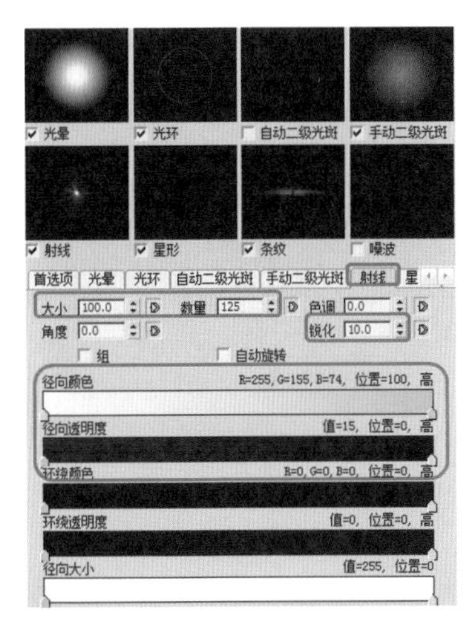

图 13-23 设置【射线】选项卡

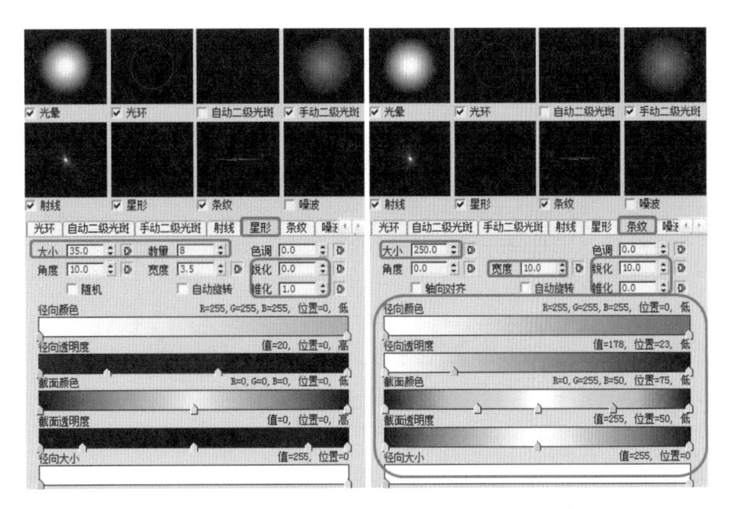

图 13-24 设置【星形】和【条纹】选项卡

(24) 单击【设置关键点】按钮，开启关键点设置模式，将时间光标移动到第 0 帧位置，选择文字调整位置，单击【设置关键点】按钮添加关键帧，如图 13-25 所示。

(25) 将时间滑块移动到第 80 帧位置，在【前】视图中使用【选择并移动】工具对文字沿着 X 轴方向进行移动，单击【设置关键点】按钮，添加关键帧，如图 13-26 所示。

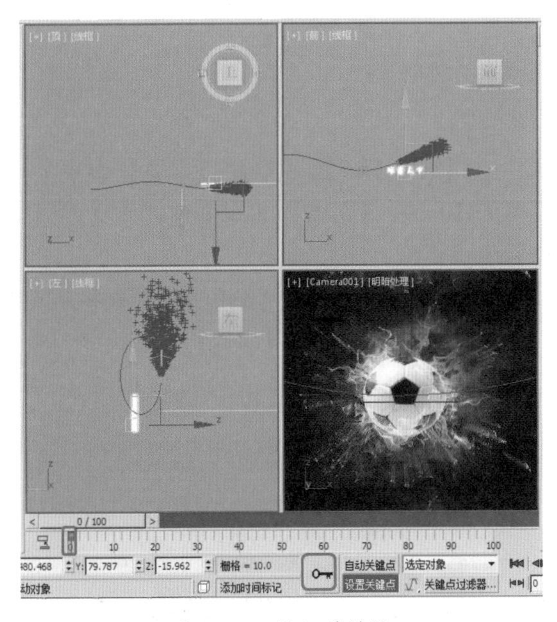

图 13-25 添加关键帧

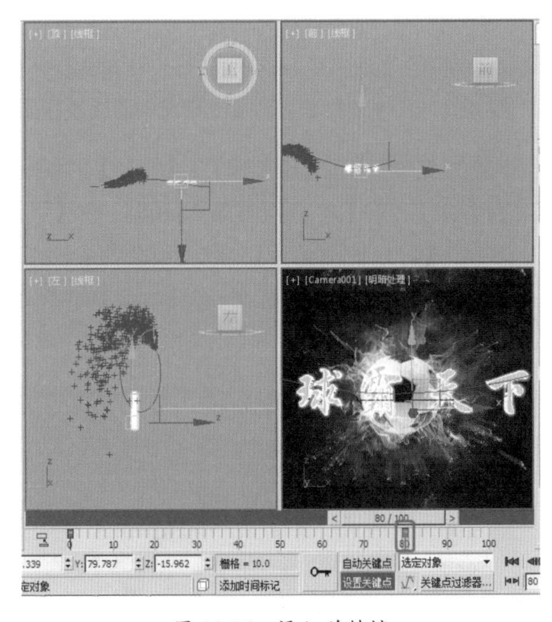

图 13-26 添加关键帧

(26) 取消关键帧记录，打开【视频后期处理】对话框，单击【添加图像输出事件】按钮，在弹出的对话框中单击【文件】按钮，再在弹出的对话框中选择相应的路径，并为文件命名，将【文件类型】定义为 avi，单击【保存】按钮，在弹出的对话框中选择相应的压缩设置，如图 13-27 所示。

(27) 单击【执行序列】按钮，在弹出的对话框中设置输出大小，设置完成后单击【渲染】按钮，如图 13-28 所示。

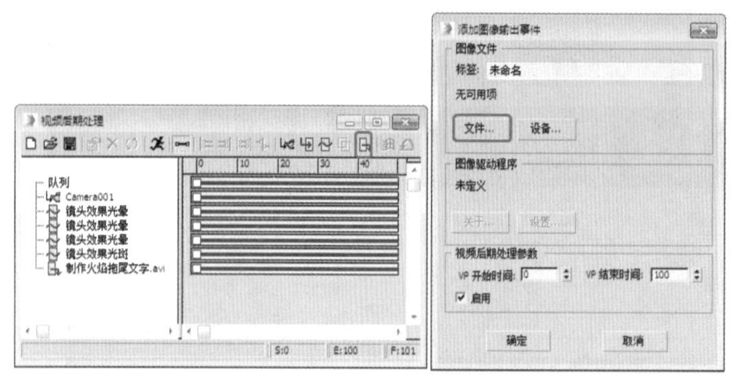

图 13-27 打开素材文件

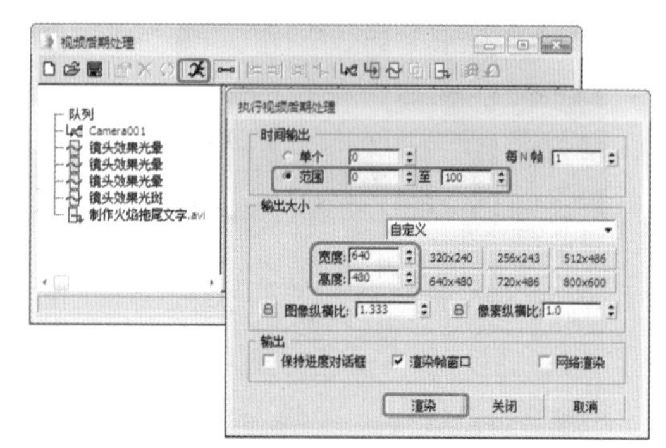

图 13-28 设置渲染大小

案例精讲 143 使用弯曲修改器制作卷页字动画

本例将介绍如何使用弯曲修改器制作卷页字动画。首先使用【文本】工具在场景中输入文字，其次为文字添加【倒角】和【弯曲】修改器，通过打开【自动关键点】和调整弯曲轴的位置来制作动画，最后将效果渲染输出。效果如图 13-29 所示。

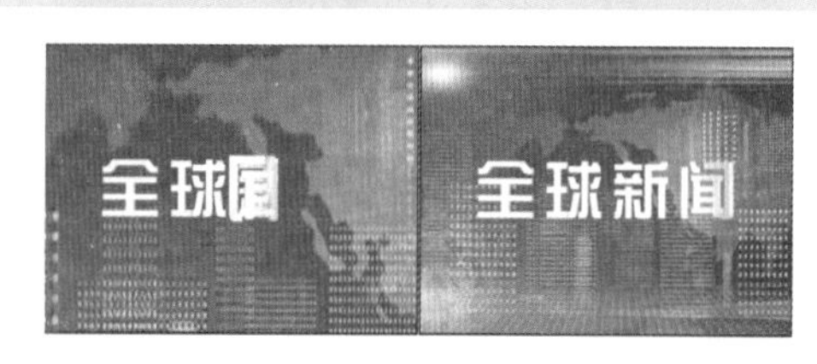

图 13-29 卷页字动画

案例文件：CDROM\Scenes\ Cha13 \ 使用弯曲修改器制作卷页字动画 OK. max

视频文件：视频教学 \ Cha13 使用弯曲修改器制作卷页字动画 . avi

(1) 重置文件，选择【创建】|【图形】|【文本】工具，在【参数】卷展栏中将【字体】设置为【汉仪综艺体简】，将【大小】设置为 100，将【字间距】设置为 10，在【文本】文本框中输入文本【全球新闻】，在【前】视图中单击鼠标创建文字，如图 13-30 所示。

(2) 确定文字处于选择状态，在【修改】命令面板中，选择【倒角】修改器，在【倒角值】卷展栏中将【级别 1】下的【高度】和【轮廓】分别设置为 7 和 0，选中【级别 3】复选框，将【高度】设置为 3，将【轮廓】设置为 –0.7，如图 13-31 所示。

图 13-30 输入文字

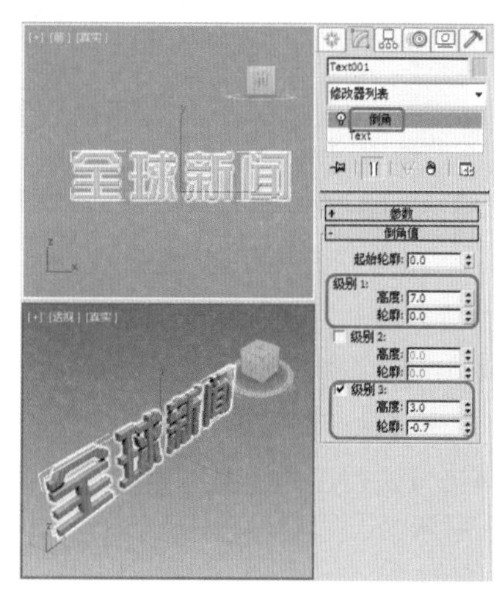

图 13-31 为文字设置倒角

(3) 按M键，打开【材质编辑器】窗口，选择一个空白的材质样本球，将【环境光】和【漫反射】均设置为白色，在【自发光】选项组中输入45，将【高光级别】设置为69，将【光泽度】设置为33，如图13-32所示。

(4) 单击【将材质指定给选定对象】按钮，将材质指定给文字对象，然后激活【透视】视图，对该视图进行一次渲染，效果如图13-33所示。

(5) 按8键，打开【环境和效果】对话框，在该对话框中单击【环境贴图】下的【无】按钮，在弹出的对话框中选择【位图】选项，单击【确定】按钮，如图13-34所示。

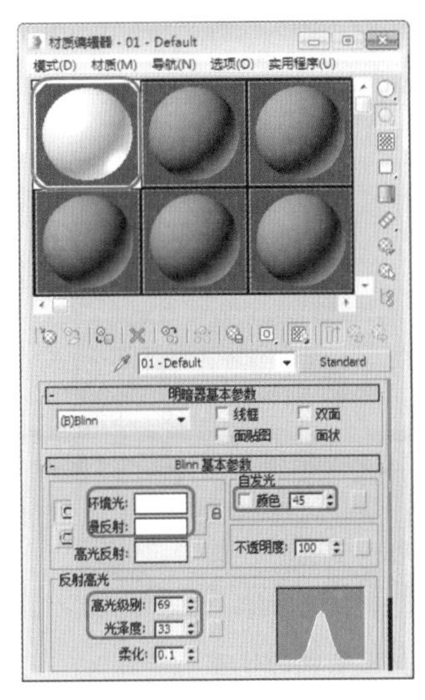

图13-32　设置材质

图13-33　指定材质后的文字效果

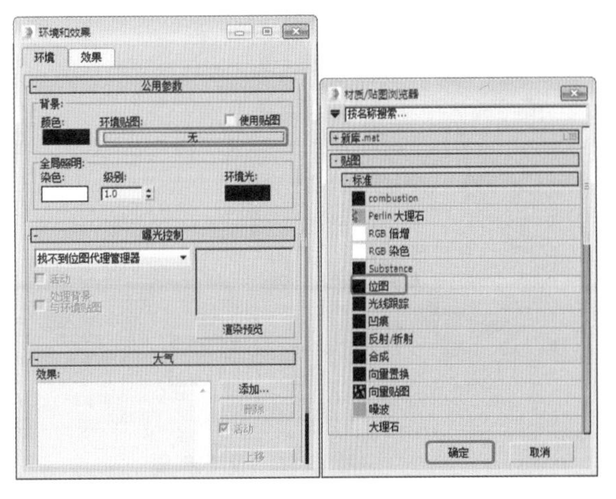

图13-34　选择【位图】选项

(6) 弹出【选择位图图像文件】对话框，在该对话框中选择LPL14.jpg素材文件，单击【打开】按钮，将该贴图拖曳至【材质编辑器】对话框中的一个空白材质样本球上，在弹出的对话框中选中【实例】单选按钮，如图13-35所示。

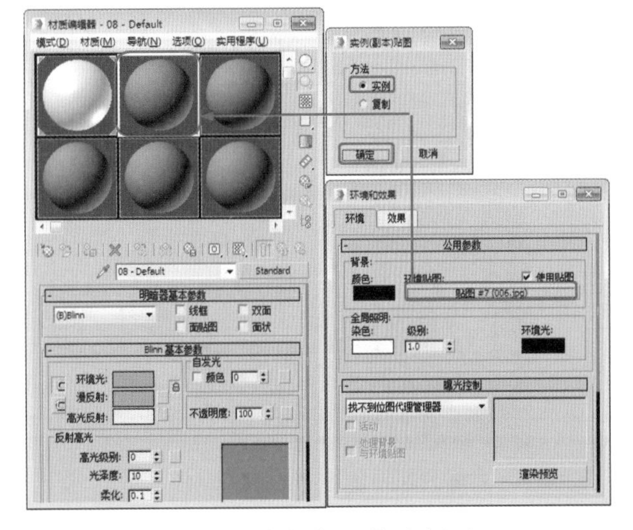

图13-35　选中【实例】单选按钮

(7) 在【坐标】卷展栏中将【贴图】设置为【屏幕】，在【位图参数】卷展栏中选中【应用】复选框，按N键打开【自动关键点】，确定时间滑块处于第0帧位置处，将U、V、W、H分别设置为0.462、0.311、0.297、0.204，将时间滑块拖曳至第100帧位置处，将U、V、W、H分别设置为0、0、1、1，如图13-36所示。

(8) 按N键关闭自动关键点，将对话框关闭。激活【透视】视图，选择【视图】|【视口背景】|【环境背景】命令。选择【创建】|【摄影机】|【标准】|【目标】，在【顶】视图中创建目标摄影机，然后将【透视】视图转换为摄影机视图，在其他视图调整摄影机的位置，效果如图13-37所示。

(9) 选择文字，切换至【修改】命令面板，在【修改器列表】中选择【弯曲】修改器，在【参数】卷展栏中将【角度】设置为–360，将【弯曲轴】设置为X，勾选【限制效果】复选框，将【上限】设置为 360，如图 13-38 所示。

(10) 展开 Bend 选择 Gizmo 选项，打开【自动关键点】，将时间滑块拖曳至第 80 帧处，使用【选择并移动】工具调整弯曲轴的位置，效果如图 13-39 所示。

(11) 关闭【自动关键点】，对摄影机视图渲染输出即可。

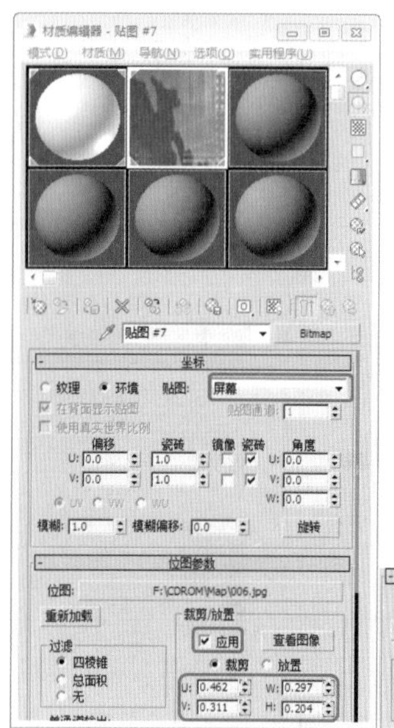

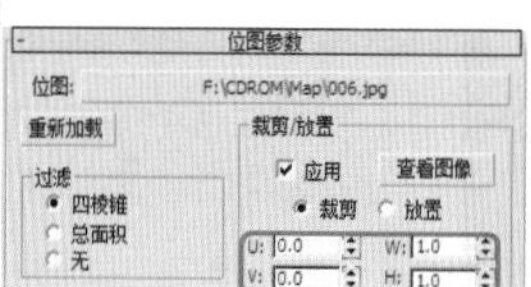

图 13-36　设置参数

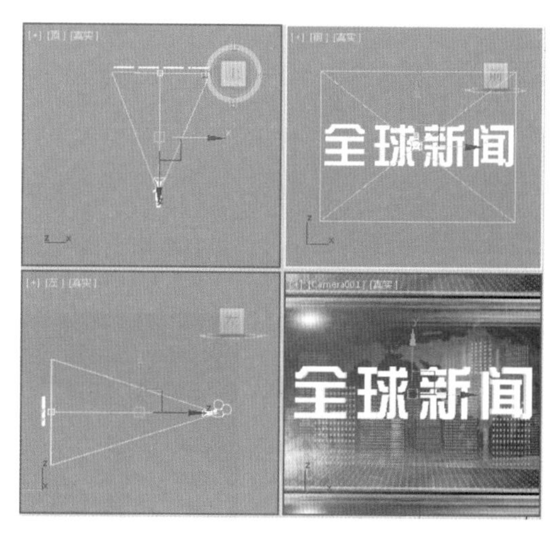

图 13-37　调整摄影机的位置

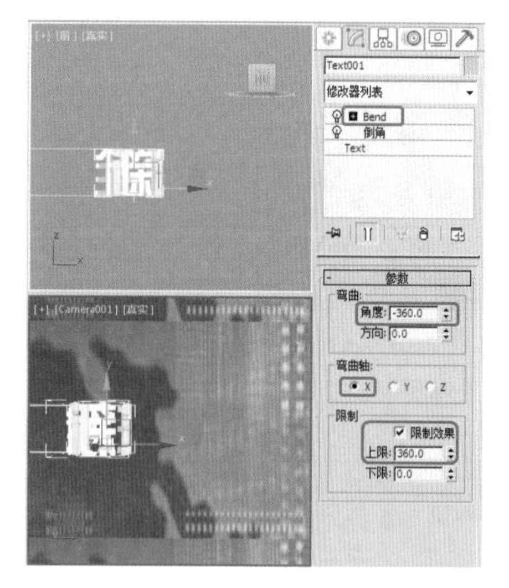

图 13-38　设置【弯曲】参数

图 13-39　设置关键帧

知识链接

【弯曲修改器】参数：

【弯曲】选项组

【角度】：设置弯曲的角度大小。

【方向】：用来调整弯曲方向的变化。

【弯曲轴】选项组

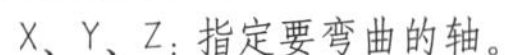

X、Y、Z：指定要弯曲的轴。

【限制】选项组

【限制效果】：对物体指定限制效果，影响区域将由下面的上限和下限值来确定。

【上限】：设置弯曲的上限，在此限度以上的区域将不会受到弯曲影响。

【下限】：设置弯曲的下限，在此限度与上限之间的区域将都受到弯曲影响。

案例精讲 144　使用目标聚光灯制作激光文字动画

本例将介绍如何制作激光文字动画。首先将创建的文字和矩形附加在一起，然后为其添加【挤出】修改器，为场景添加目标聚光灯、设置目标聚光灯的参数并设置聚光灯动画，最后将效果渲染输出。效果如图 13-40 所示。

案例文件：CDROM\Scenes\ Cha13 \制作激光文字动画 OK.max

视频文件：视频教学 \ Cha13\ 制作激光文字动画 .avi

(1) 重置场景文件，选择【创建】|【图形】|【样条线】|【文本】，在【参数】卷展栏中将【字体】设置为【华文新魏】，将【字间距】设置为 10，在【文本】文本框中输入文字【星光大赏】，在【前】视图中单击鼠标创建文字，效果如图 13-41 所示。

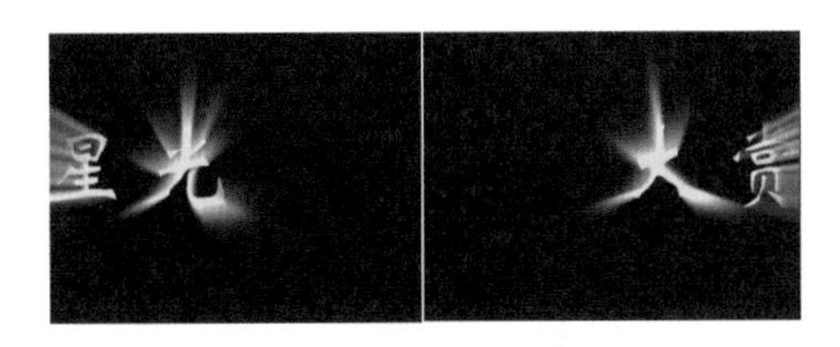

图 13-40　激光文字动画

(2) 选择【矩形】工具，在【前】视图中创建【矩形】，在【参数】卷展栏中将【长度】和【高度】分别设置为 300 和 675，如图 13-42 所示。

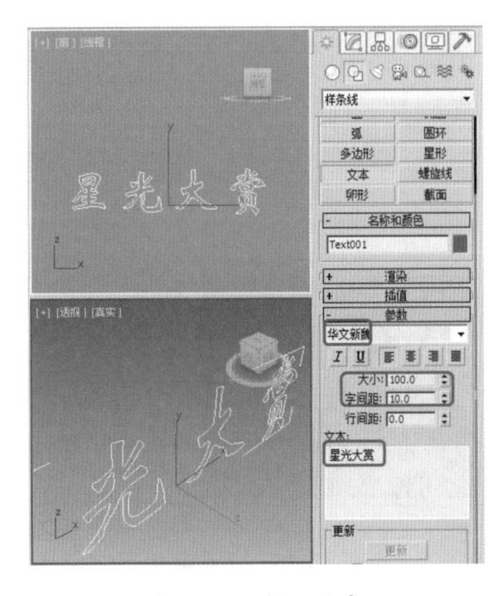

图 13-41　输入文字

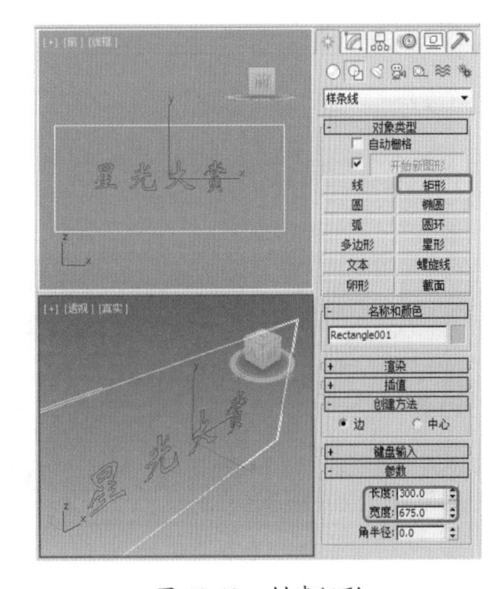

图 13-42　创建矩形

(3) 选择绘制的矩形，单击鼠标右键，在弹出的快捷菜单中选择【转换为】|【转换为可编辑样条线】命令。将当前选择集定义为【线段】，在【几何体】卷展栏中单击【附加】按钮，在场景中选择文字对象，将矩形和文字附加在一起，如图 13-43 所示。

(4) 再次单击【附加】按钮，在【修改器列表】中选择【挤出】修改器，在【参数】卷展栏中将【数量】设置为 11，如图 13-44 所示。

(5) 选择【创建】|【灯光】|【标准】|【目标聚光灯】，在【前】视图中创建目标聚光灯，选择【创建】|【摄影机】|【标准】|【目标】，在【顶】视图中创建目标摄影机。激活【透视】视图，按 C 键转换为摄影机视图，在其他视图中调整摄影机的位置，效果如图 13-45 所示。

(6) 选择【目标聚光灯】，切换至【修改】命令面板，展开【强度 / 颜色 / 衰减】卷展栏，单击【倍增】右侧的颜色块，在弹出的对话框中将 RGB 设置为 234、221、0，单击【确定】按钮，在【远距衰减】选项组中选中【使用】复选框，将【开始】和【结束】分别设置为 400 和 650，如图 13-46 所示。

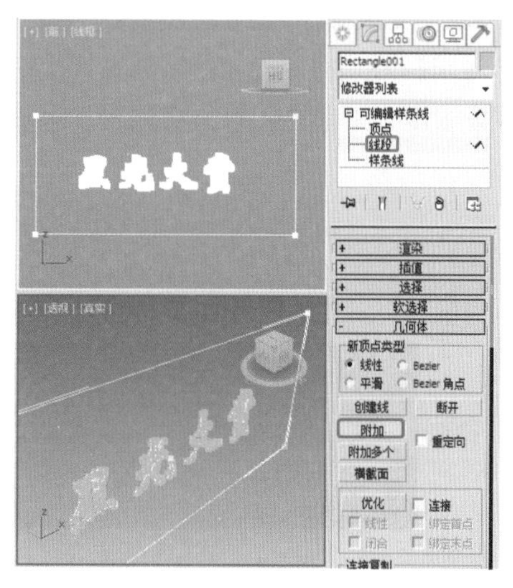

图 13-43 将矩形和文字附加在一起

图 13-44 设置挤出

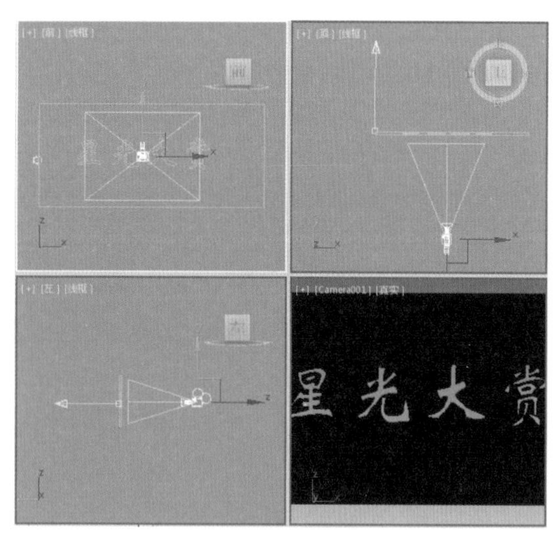

图 13-45 创建摄影机

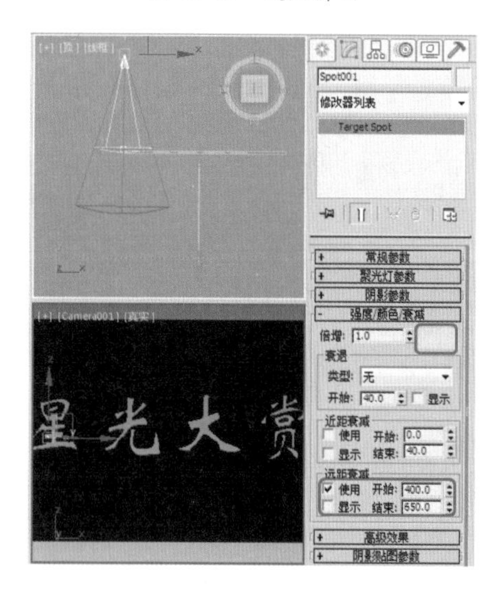

图 13-46 设置参数

(7) 展开【聚光灯参数】卷展栏，将【聚光区 / 光束】、【衰减区 / 区域】分别设置为 21、35，展开【大气和效果】卷展栏，单击【添加】按钮，在弹出的对话框中选择【体积光】，单击【确定】按钮，如图 13-47 所示。

(8) 在【常规参数】卷展栏中的【阴影】选项组中选中【启用】复选框，调整灯光的位置，并打开【自动关键点】，如图 13-48 所示。

(9) 将时间滑块拖曳至第 100 帧处，调整灯光的位置，关闭【自动关键点】，对摄影机视图进行渲染。

渲染第35帧位置的效果如图13-49所示，渲染第70帧位置的效果如图13-50所示。

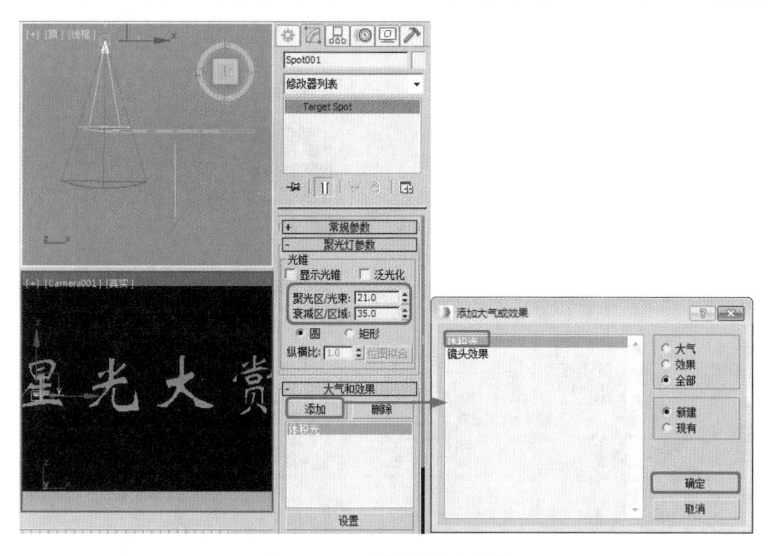

图13-47 选择【体积光】

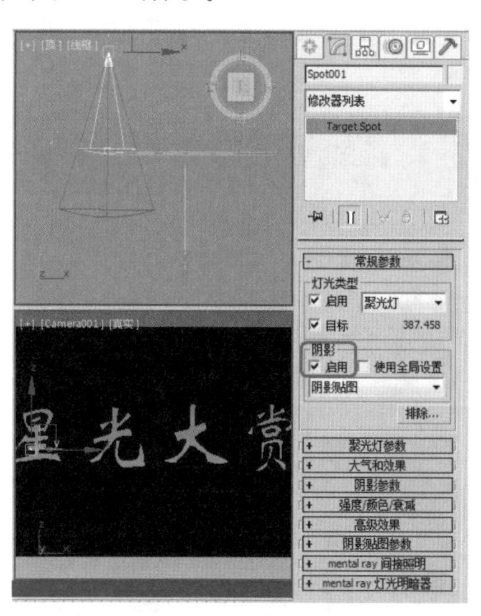

图13-48 调整灯光的位置并打开自动关键点

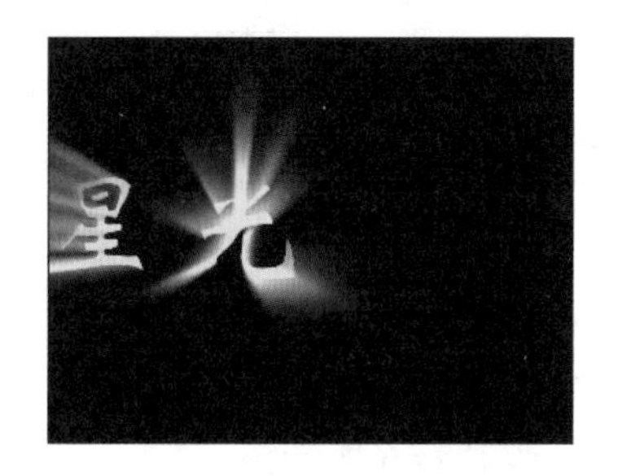

图13-49 渲染第35帧效果

图13-50 渲染第70帧效果

案例精讲145 使用关键帧制作文字标版动画

本例将介绍如何制作文字标版动画，为创建并指定材质的文字创建两架摄影机，然后通过视频后期处理，制作两架摄影机的视频动画的交互。效果如图13-51所示。

案例文件：CDROM\Scenes\ Cha13 \ 使用关键帧制作文字标版动画OK.max

视频文件：视频教学 \ Cha13\ 使用关键帧制作文字标版动画 .avi

图13-51 文字标版动画

(1) 重置场景文件，选择【创建】|【图形】|【文本】工具，在【参数】卷展栏中将【字体】设置为【方正综艺简体】，在文本框中输入【锋芒相对】，然后在【顶】视图中单击创建文本，如图13-52所示。

(2) 切换到【修改】命令面板，在【修改器列表】中选择【倒角】修改器，在【倒角值】卷展栏中将【级别1】下的【高度】设置为8，选中【级别2】复选框，将【高度】和【轮廓】分别设置为2、–1，如图13-53所示。

(3) 按M键，打开【材质编辑器】窗口，选择一个新的材质样本球，在【明暗器基本参数】卷展栏中将明暗器类型定义为【金属】；在【金属基本参数】卷展栏中将【环境光】的RGB值均设置为0、0、

0，将【漫反射】的 RGB 值设置为 255、182、55，将【反射高光】区域下的【高光级别】和【光泽度】分别设置为 120、75，如图 13-54 所示。

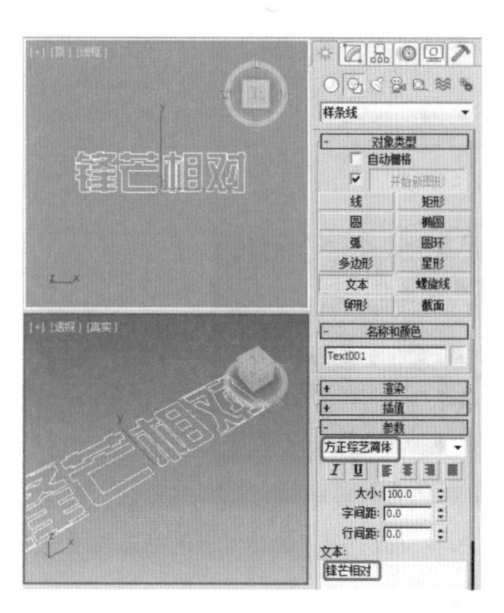

图 13-52　输入文字

图 13-53　设置倒角

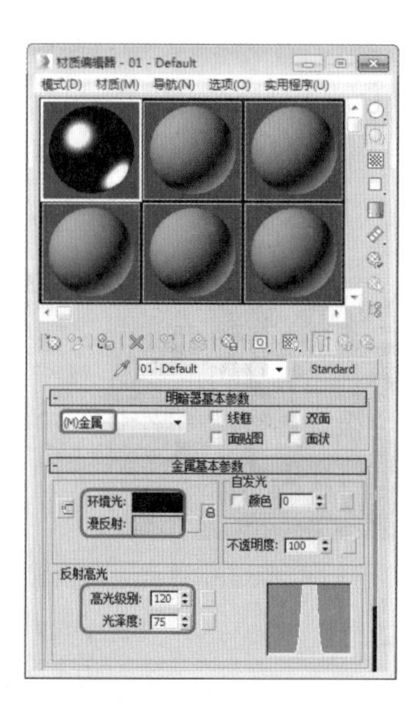

图 13-54　设置金属材质

(4) 在【贴图】卷展栏中单击【反射】通道后的【无】按钮，在打开的对话框中双击【位图】贴图，在打开的对话框中选择 Gold04.jpg 文件，单击【打开】按钮，在【输出】卷展栏中将【输出量】的值设置为 1.3，如图 13-55 所示。

(5) 单击【转到父对象】按钮和【将材质指定给选定对象】按钮，将材质指定给文本对象，单击【时间配置】按钮，在弹出的对话框中将【结束时间】设置为 250，如图 13-56 所示。

(6) 将时间滑块拖曳至第 250 帧位置处，单击【自动关键点】按钮，将【高光级别】和【光泽度】分别设置为 75、100，按 N 键关闭【自动关键点】，如图 13-57 所示。

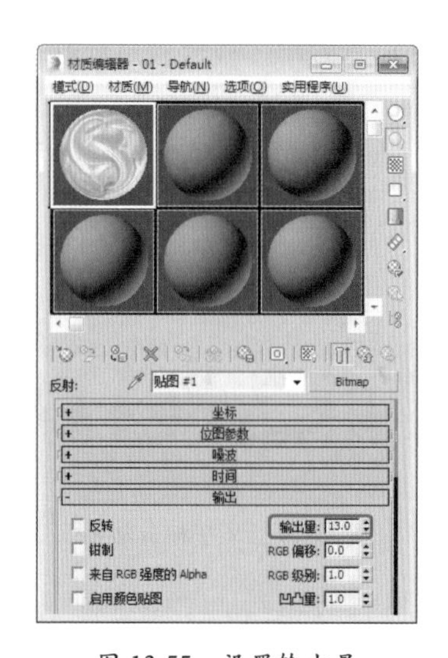

图 13-55　设置输出量

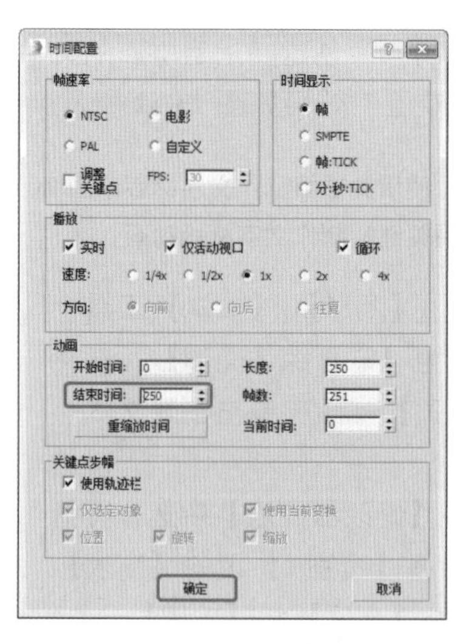

图 13-56　设置结束时间

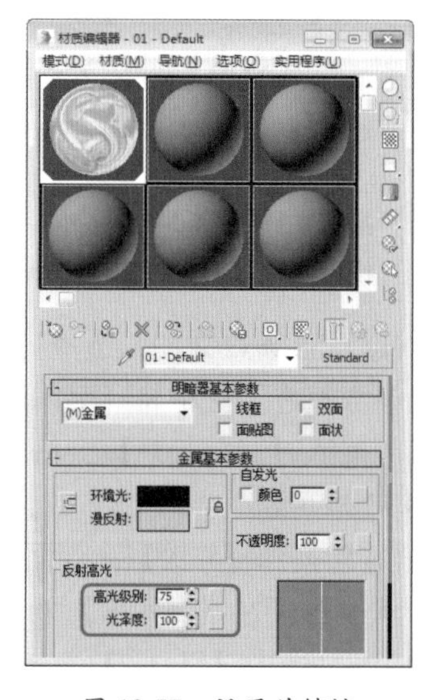

图 13-57　设置关键帧

(7) 选择【创建】|【摄影机】|【目标】工具，在【顶】视图中创建一架摄影机，激活【透视】视图，

按C键将其转换为摄影机视图，并在其他视图中调整其位置，如图13-58所示。

(8) 单击【自动关键点】按钮，按H键打开【从场景选择】对话框，选择Camera001、Camera.target，单击【确定】按钮，将时间滑块拖曳至第125帧位置处，然后在顶视图使用【选择并移动】工具调整摄影机的位置，将其调整至文字对象的中间位置处，效果如图13-59所示。

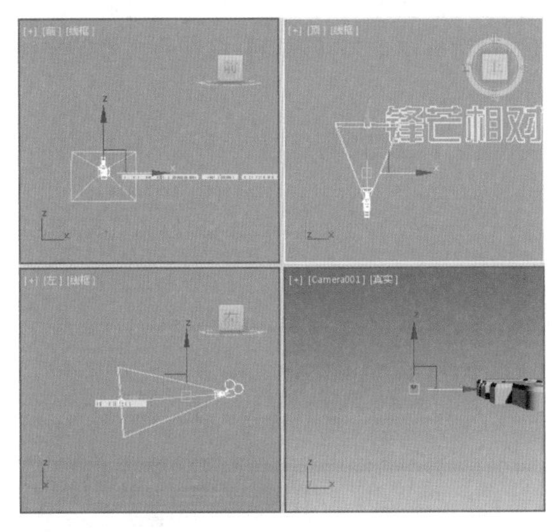

图 13-58　调整摄影机的位置

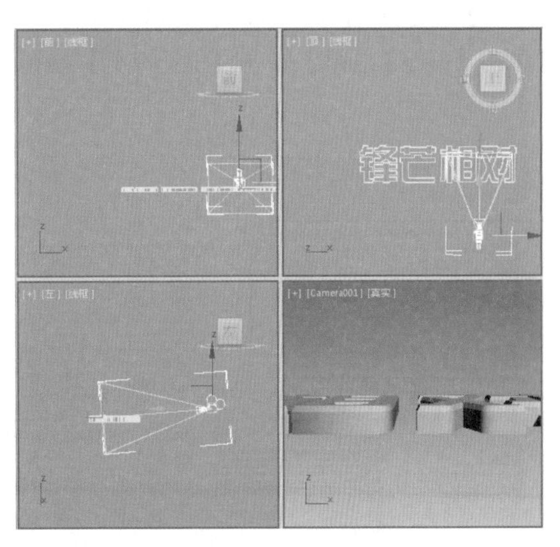

图 13-59　设置关键帧

(9) 将Camera001隐藏显示，再次创建一架摄影机，激活【顶】视图，按C键将其转换为摄影机视图，在其他视图中调整摄影机的位置，如图13-60所示。

(10) 单击【自动关键点】按钮，将时间滑块拖曳至第250帧位置处，调整摄影机的位置，将第0帧处的关键帧拖曳至第125帧位置处，如图13-61所示。

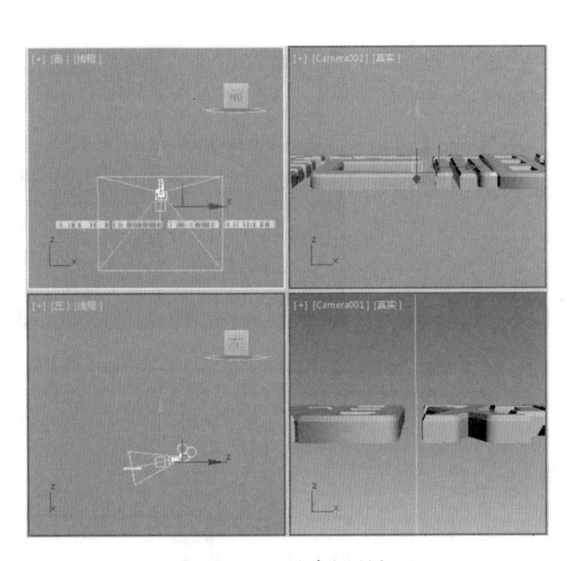

图 13-60　创建摄影机

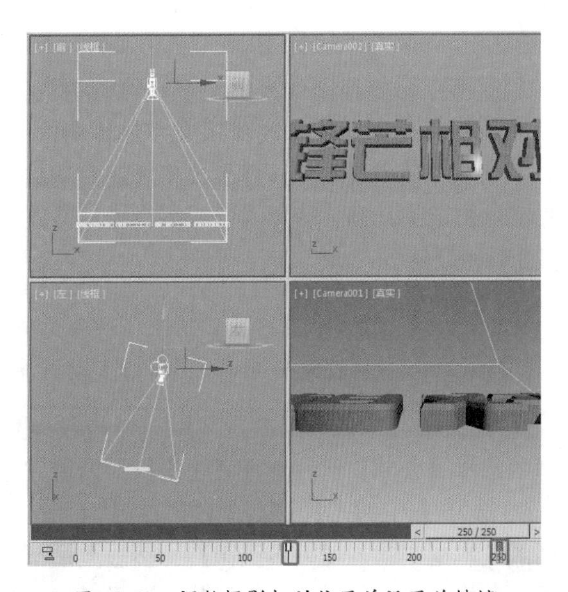

图 13-61　调整摄影机的位置并设置关键帧

(11) 按N键关闭【自动关键点】，激活Camera001视图，按8键，将【环境】设置为白色。选择菜单栏中的【渲染】|【视频后期处理】命令，弹出【视频后期处理】对话框，在该对话框中单击【添加场景事件】按钮，在弹出的对话框中选择Camera001，单击【确定】按钮，再次单击【添加场景事件】

按钮，在弹出的对话框中选择 Camera002，单击【确定】按钮，如图 13-62 所示。

(12) 选择 Camera001 摄影机第 250 帧处的关键点，并将其拖曳至第 125 帧位置处，选择 Camera002 摄影机第 0 帧处的关键点，将其拖曳至第 125 帧位置处，然后单击【添加图像输出事件】按钮，在弹出的对话框中单击【文件】按钮，在弹出的对话框中设置存储路径，将【文件名】设置为【文字标版动画】，将【格式】设置为 AVI，单击【确定】按钮，单击【保存】按钮，在弹出的对话框中单击【确定】按钮，再次单击【确定】按钮。单击【执行序列】按钮，在弹出的对话框中单击【渲染】按钮将文件渲染输出，如图 13-63 所示。

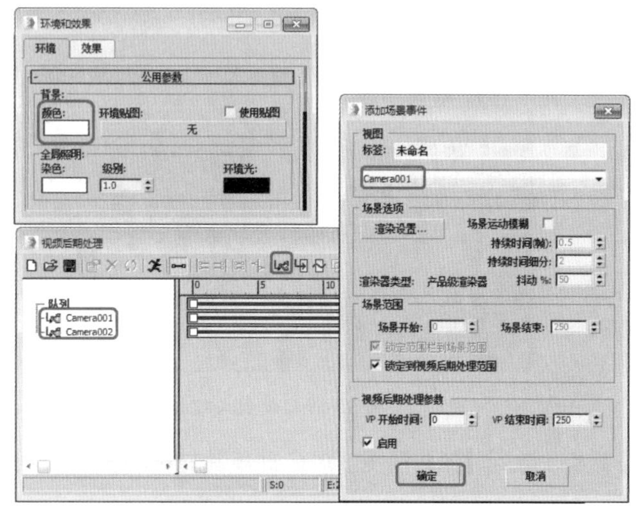

图 13-62 【视频后期处理】对话框

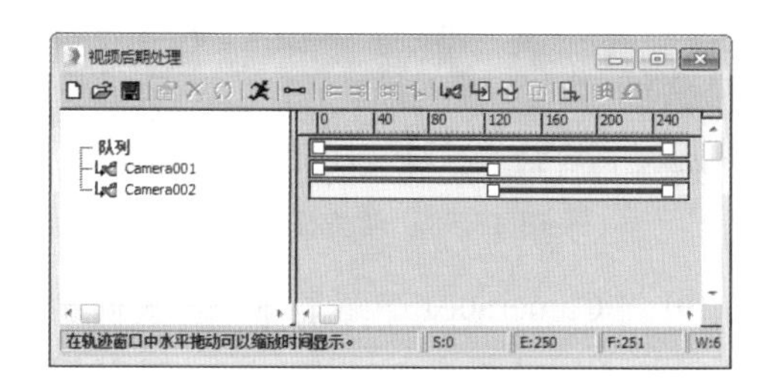

图 13-63 调整关键帧

案例精讲 146 使用挤出修改器制作光影文字动画

本例将介绍如何制作光影文字动画。首先在场景中绘制文本文字，然后使用【倒角】修改器将文字制作得有立体感，将制作完成的文字复制并使用【锥化】修改器将复制后的文字修改，再使用【自动关键点】记录动画，使用【曲线编辑器】修改位置，最后渲染效果如图 13-64 所示。

图 13-64 光影文字动画

案例文件：CDROM \ Scenes \ Cha13 \ 光影文字动画 OK.max

视频文件：视频教学 \ Cha13 \ 光影文字动画 .avi

(1) 在菜单栏中选择【自定义】|【单位设置】命令，在弹出的对话框中选择【公制】然后选择【厘米】，设置完成后单击【确定】按钮。

(2) 选择【创建】|【图形】|【样条线】工具，在【对象类型】卷展览中选择【文本】工具，在【文本】下面的文本框中输入【每日资讯】，然后激活【前】视图，在【前】视图中单击创建【每日资讯】文字标题，并将其命名为【每日资讯】，选择【修改】，在【参数】卷展栏中的字体列表中选择【汉仪综艺体简】字体，将【大小】设置为 200，如图 13-65 所示。

确定文本处于选择的状态下，进入【修改】命令面板，在【修改器列表】中选择【倒角】修改器，在【倒角值】卷展栏中将【起始轮廓】设置为 1.5，将【级别 1】下的【高度】设置为 13，选中【级别 2】

复选框，将它下面的【高度】和【轮廓】分别设置为1和–1.4，如图13-66所示。

知识链接

在捕捉类型浮动框中，可以选择所要捕捉的类型，还可以控制捕捉的灵敏度，这一点是比较重要的。如果捕捉到了对象，会以浅蓝色显示(你可以修改)一个15个像素的方格以及相应的线。

(3) 选择【创建】|【摄影机】|【标准】工具，在【对象类型】卷展栏中选择【目标】工具，在【顶】视图中创建一架摄像机，切换至【修改】命令面板，在【参数】卷展栏中将【镜头】参数设置为35，并在除【透视】视图外的其他视图中调整摄影机的位置，激活【透视】视图，按C键将当前视图转换成为【摄影机】视图。如图13-67所示。

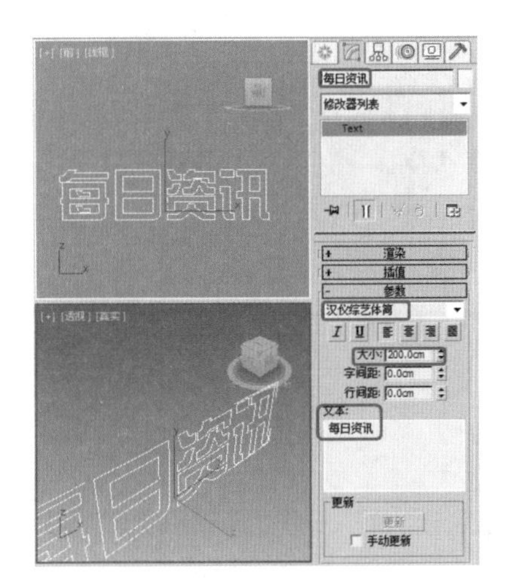

图13-65 输入文本文字

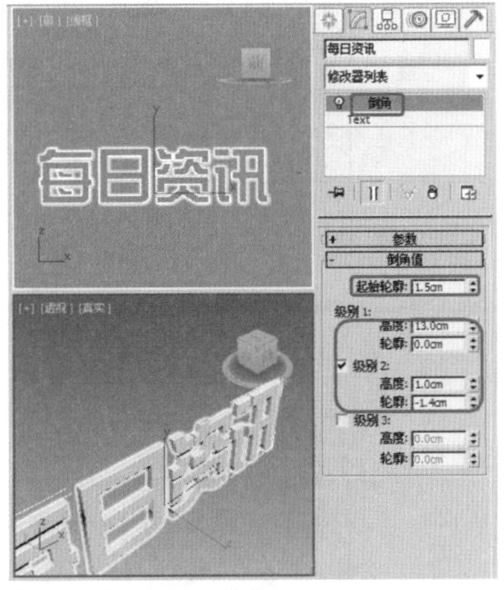

图13-66 添加倒角

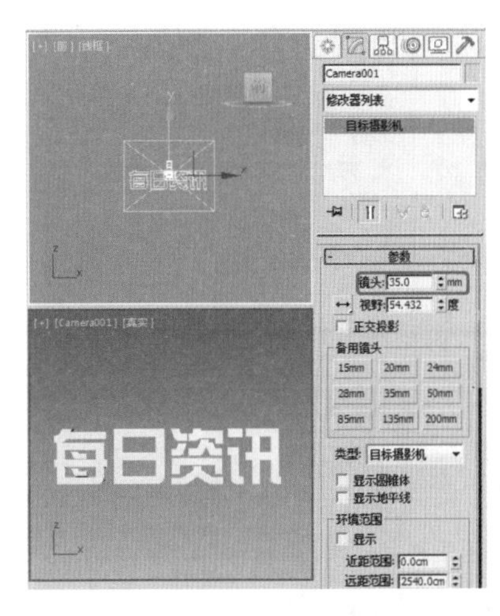

图13-67 添加摄影机

(4) 确定【每日资讯】对象处于选择状态。在工具栏中单击【材质编辑器】按钮，打开【材质编辑器】窗口。将第1个材质样本球命名为【每日资讯】。在【明暗器基本参数】卷展栏中，将明暗器类型定义为【金属】。在【金属基本参数】卷展栏中，单击按钮，解除【环境光】与【漫反射】的颜色锁定，将【环境光】的RGB值设置为0、0、0，将【漫反射】的RGB值设置为255、255、255，将【反射高光】选项组中的【高光级别】、【光泽度】都设置为100、100，如图13-68所示。

知识链接

要显示安全框，另一种方法就是在激活视图中的视图名称下单击鼠标右键，在弹出的快捷菜单中选择【显示安全框】命令，这时在视图的周围出现一个杏黄色的边框，这个边框就是安全框。

(5) 打开【贴图】卷展栏，单击【反射】通道右侧的【无】按钮，在打开的【材质/贴图浏览器】对话框中选择【位图】贴图，单击【确定】按钮，然后在打开的对话框中选择随书附带光盘中的"Map\Gold04.jpg"文件，打开位图文件，在【输出】卷展栏中，将【输出量】设置为1.2，按Enter键确认，然后在场景中选择【每日资讯】对象，单击【将材质指定给选定对象】按钮，将材质指定给【每日资讯】对象。如图13-69所示。

(6) 将时间滑块拖动至第100帧位置处，然后打开【自动关键点】按钮，开始记录动画。在【坐标】卷展栏中将【偏移】下的U、V值分别设置为0.2、0.1，按Enter键确认，如图13-70所示。

(7) 选中【位图参数】卷展栏中的【应用】复选框，并单击【查看图像】按钮，在打开的对话框中将当前贴图的有效区域进行设置，在设置完成后将其对话框关闭即可，并将【裁剪/放置】选项组中的W、

H 设置为 0.474、0.474, 如图 13-71 所示。设置完成后，关闭【自动关键点】按钮。

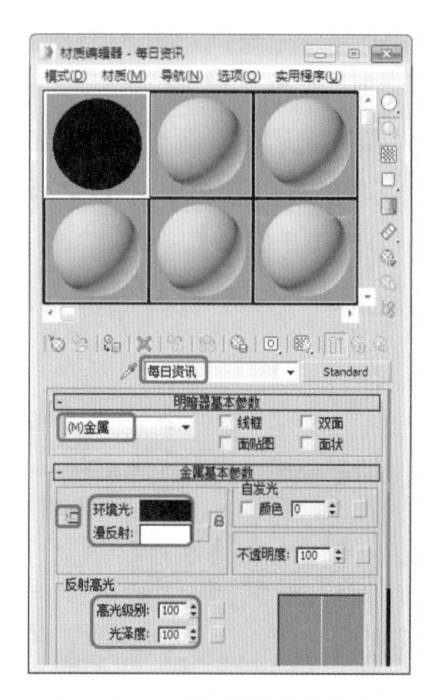

图 13-68　设置材质球颜色

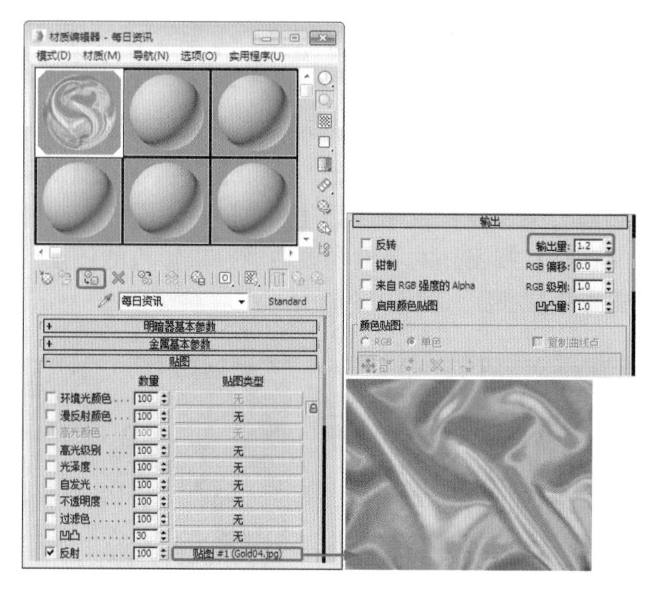

图 13-69　设置贴图

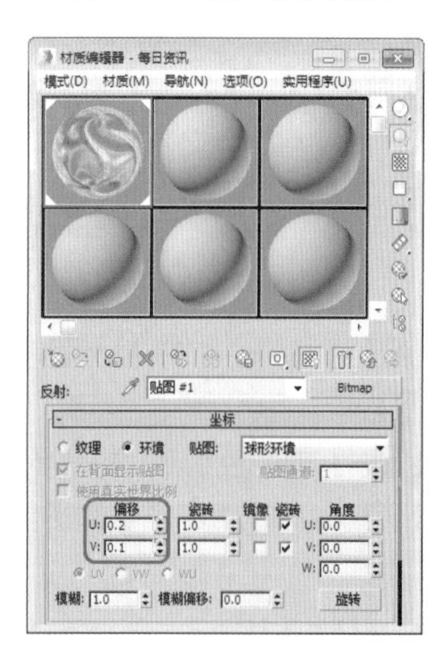

图 13-70　设置【自动关键点】

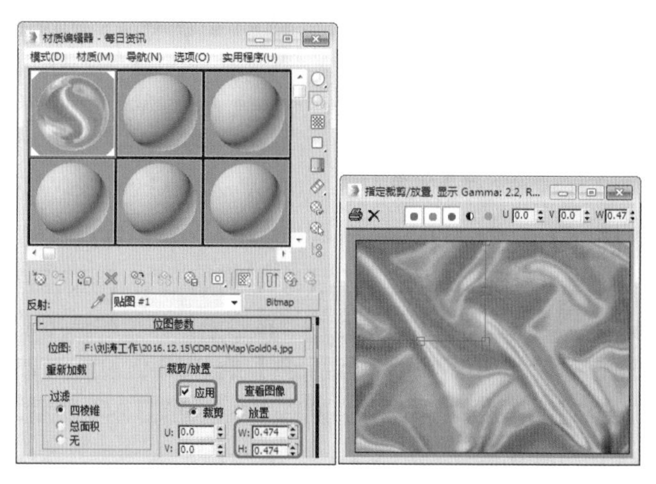

图 13-71　设置图像

(8) 在场景中选择【每日资讯】对象，按 Ctrl+V 组合键对它进行复制，在打开的【克隆选项】对话框中，选中【对象】选项组下的【复制】单选按钮，将新复制的对象重新命名为【每日资讯光影】，单击【确定】按钮，如图 13-72 所示。

(9) 单击【修改】按钮，进入【修改】命令面板，在堆栈中选择【倒角】修改器，然后单击堆栈下的【从堆栈中移除修改器】，将【倒角】删除。然后在【修改器列表】中选择【挤出】修改器，在【参数】卷展栏中将【数量】设置为 500，按 Enter 键确认，将【封口】选项组中的【封口始端】与【封口末端】复选框取消选中，如图 13-73 所示。

知识链接

大量的片头文字使用光芒四射的效果来表现，这种效果在 3ds Max 中可以通过多种方法实现，在这个实例中，将为大家介绍通过一种特殊的材质与模型结合完成的光影效果。这种方法制作出的光影效果的优点是渲染速度快，制作简便。

(10) 确定【每日资讯光影】对象处于选择状态。激活第二个材质样本球，将当前材质名称重新命名为【光影材质】。在【明暗器基本参数】卷展栏中选中【双面】复选框。在【Blinn 基本参数】卷展栏中，将【环境光】和【漫反射】的 RGB 值设置为 255、255、255，将【自发光】值设置为 100，将【反射高光】选项组中的【光泽度】的参数设置为 0，如图 13-74 所示。

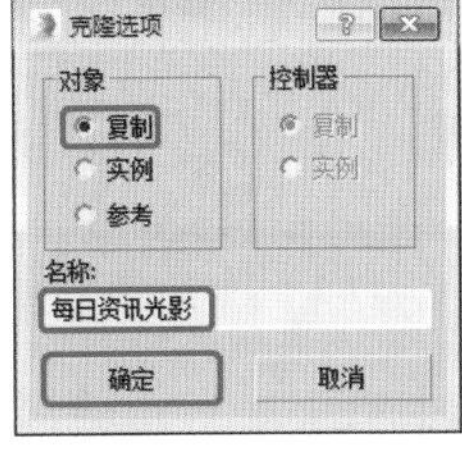

图 13-72 复制图形

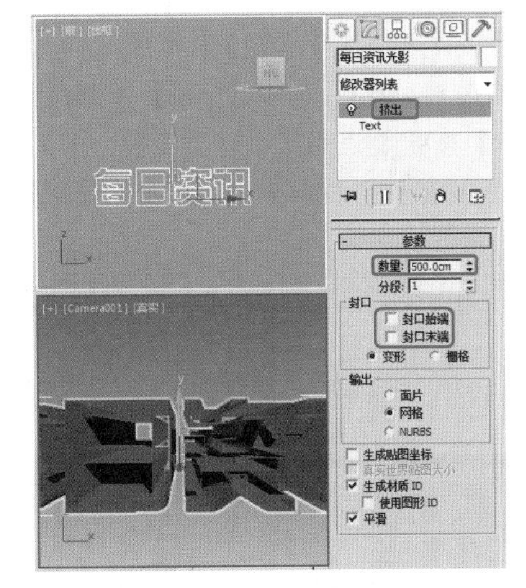

图 13-73 设置挤出

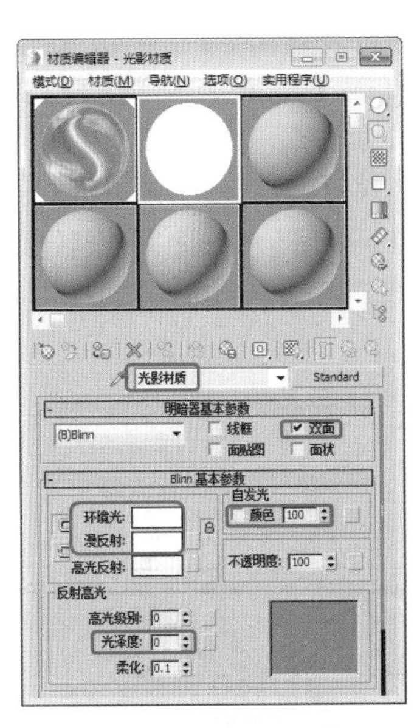

图 13-74 设置材质球

(11) 打开【贴图】卷展栏，单击【不透明度】通道右侧的【无】按钮，打开【材质/贴图浏览器】对话框，在该对话框中选择【遮罩】贴图，单击【确定】按钮。进入到【遮罩】二级材质设置面板中，首先单击【贴图】右侧的【无】按钮，在打开的【材质/贴图浏览器】对话框中选择【棋盘格】选项，单击【确定】按钮，在打开的【棋盘格】层级材质面板中，在【坐标】卷展栏中将【瓷砖】下的 U 和 V 分别设置为 250 和 –0.001，打开【噪波】卷展栏，选中【启用】复选框，将【数量】设置为 5，如图 13-75 所示。

(12) 打开【棋盘格参数】卷展栏，将【柔化】值设置为 0.01，将【颜色 #2】的 RGB 值设置为 156、156、156，如图 13-76 所示。

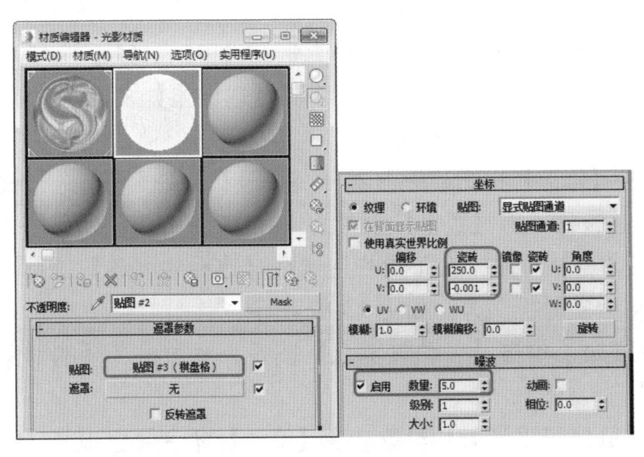

图 13-75 设置【贴图】

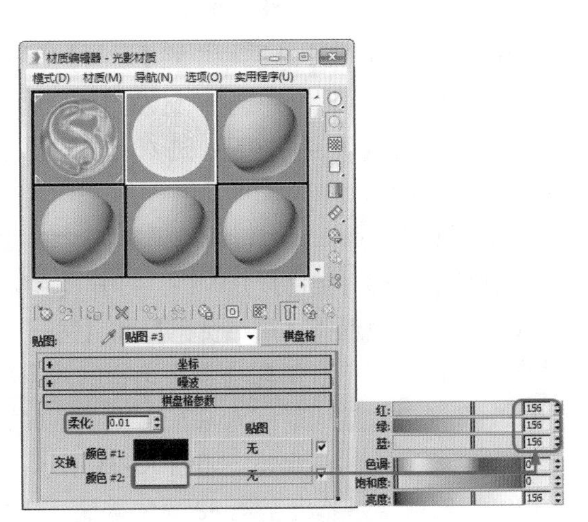

图 13-76 设置颜色

知识链接

【遮罩】是使用一张贴图作为罩框，透过它来观看上面的材质效果，罩框图本身的明暗强度将决定透明的程度。

【双面】：将物体法线相反的一面也进行渲染，通常计算机为了简化计算，只渲染物体法线为正方向的表面（可视的外表面），这对大多数物体都适用，但有些敞开面的物体，其内壁会看不到任何材质效果，这时就必须打开双面设置。

(13) 设置完毕后，单击【转到父对象】按钮，返回到遮罩层级。单击【遮罩】右侧的【无】按钮，在打开的【材质 / 贴图浏览器】对话框中选择【渐变】贴图，如图 13-77 所示，单击【确定】按钮。

(14) 在打开的【渐变】层级材质面板中，打开【渐变参数】卷展栏，将【颜色 #2】的 RGB 数值设置为 0、0、0。将【噪波】选项组中的【数量】值设置为 0.1，选中【分形】单选按钮，最后将【大小】设置为 5，如图 13-78 所示。单击两次【转到父对象】按钮返回父级材质面板。在【材质编辑器】窗口中单击【将材质指定给选定的对象】按钮，将当前材质赋予视图中【每日资讯光影】对象。

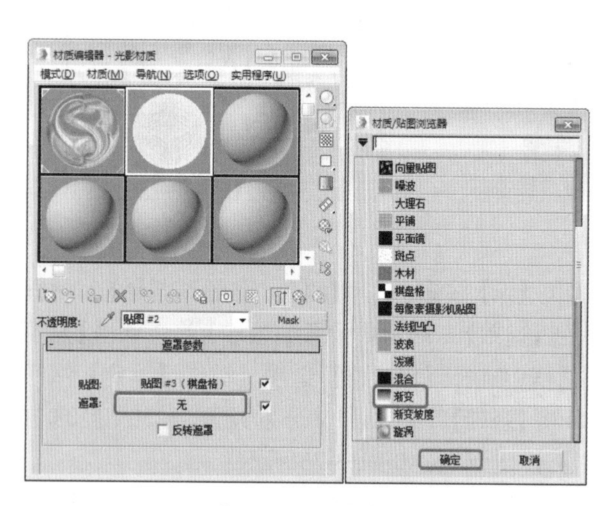

图 13-77　设置遮罩

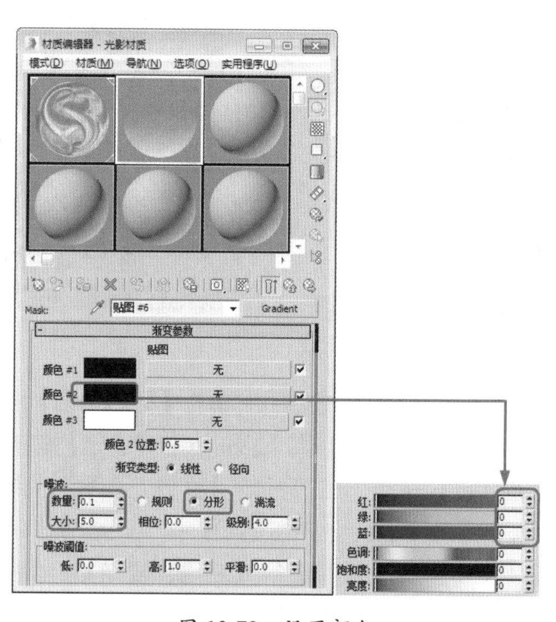

图 13-78　设置颜色

(15) 设置完材质后，将时间滑块拖曳至第 60 帧位置处，渲染该帧图像，效果如图 13-79 所示。

(16) 继续在【贴图】卷展栏中将【反射】的【数量】设置为 5，并单击其后面的【无】按钮，在打开的【材质 / 贴图浏览器】对话框中选择【位图】贴图，在打开的对话框中选择随书附带光盘中的"Map\Gold04.ipg"文件，单击【确定】按钮，进入【位图】层级面板，在【输出】卷展栏中将【输出量】设置为 1.35，如图 13-80 所示。

(17) 在场景中选择【每日资讯光影】对象，单击【修改】按钮，切换到【修改】命令面板，在【修改器列表】中选择【锥化】修改器，打开【参数】卷展栏，将【数量】设置为 1.0，如图 13-81 所示。

(18) 在场景中选择【每日资讯】和【每日资讯光影】对象，在工具栏中选择【选择并移动】工具，然后在【顶】视图中沿 Y 轴方向将选择的对象移动至摄影机下方，如图 13-82 所示。

(19) 将视口底端的时间滑块拖曳至第 60 帧位置处，单击【自动关键点】按钮，然后将选择的对象重新移动至移动前的位置处，如图 13-83 所示。

(20) 将时间滑块拖曳至第 80 帧位置处，选择【每日资讯光影】对象，在【修改】命令面板中将【锥化】修改器的【数量】值设置为 0，如图 13-84 所示。

图 13-79　第 60 帧处效果

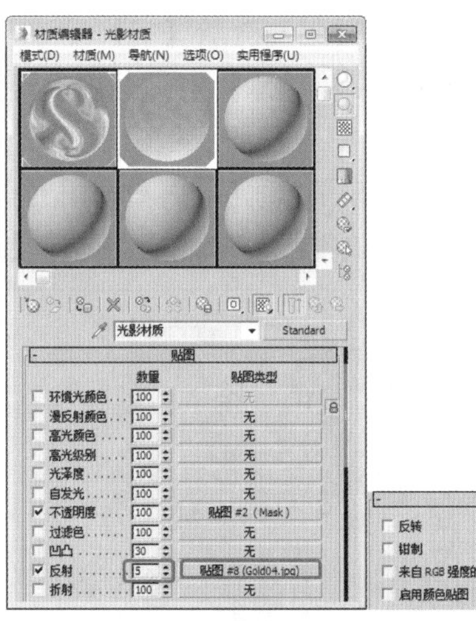

图 13-80　设置【反射】参数

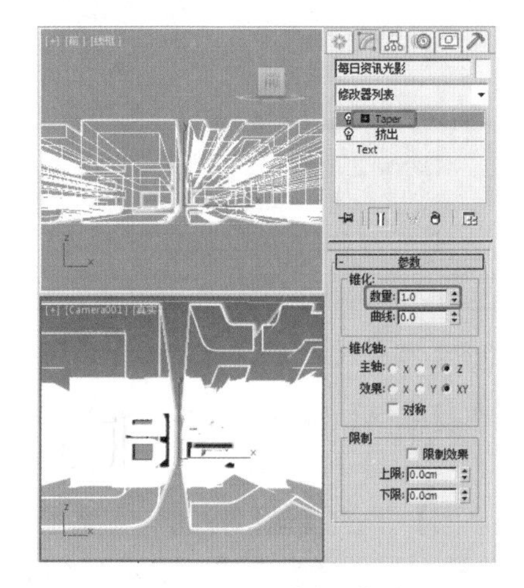

图 13-81　设置【锥化】参数

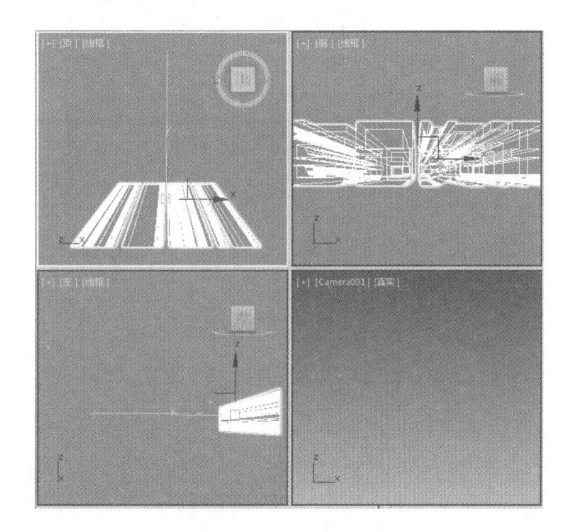

图 13-82　移动文本

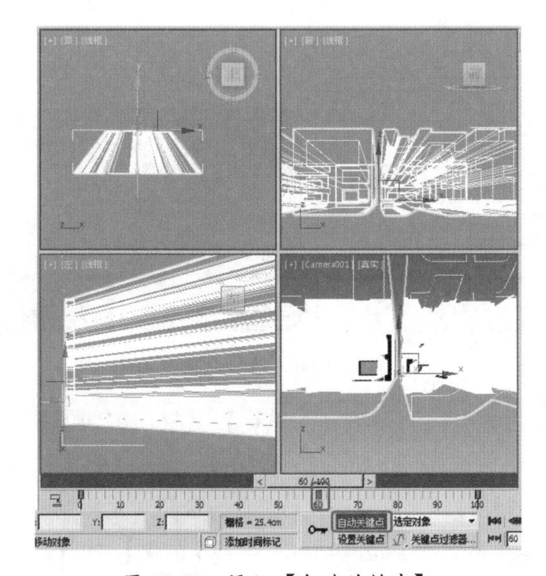

图 13-83　添加【自动关键点】

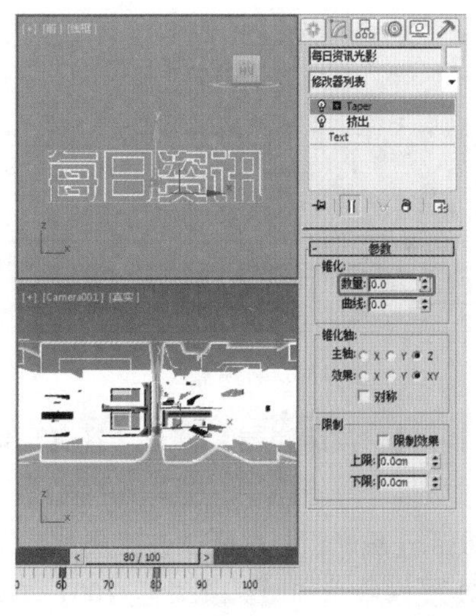

图 13-84　【自动关键点】状态下的【锥化】参数

(21) 确定当前帧仍然为第 80 帧。激活【顶】视图，在工具栏中选择【选择并非均匀缩放】工具并单击鼠标右键，在弹出的【缩放变换输入】对话框中设置【偏移：屏幕】选项组中的 Y 值为 1，如图 13-85 所示。

(22) 关闭【自动关键点】按钮。确定【每日资讯光影】对象仍然处于选择状态。在工具栏中单击【曲线编辑器】按钮，打开【轨迹视图】对话框。选择【编辑器】|【摄影表】菜单命令，如图 13-86 所示。

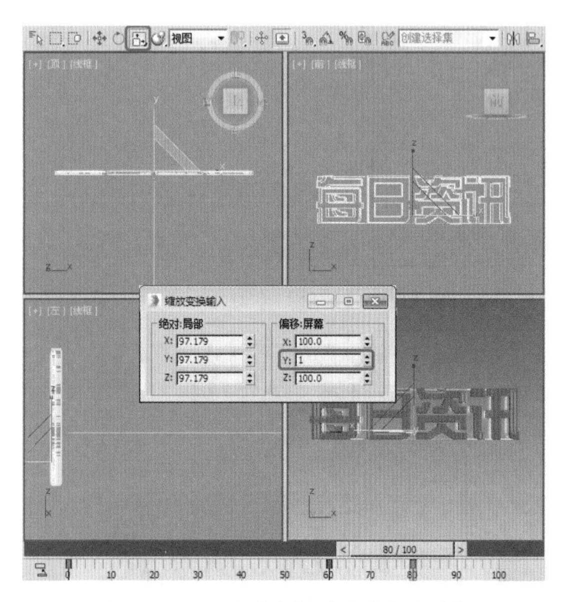

图 13-85　设置【选择并非均匀缩放】

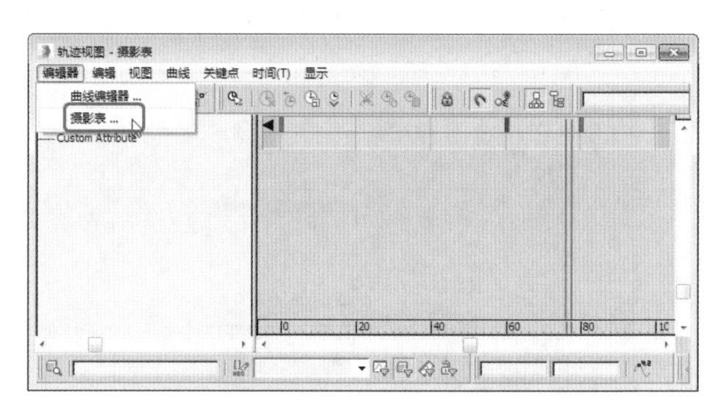

图 13-86　选择【摄影表】菜单命令

(23) 在打开的【每日资讯光影】序列下选择【变换】选项，在【变换】选项下选择【缩放】，将第 0 帧处的关键点移动至第 60 帧位置处，如图 13-87 所示。

(24) 按 8 键，在打开的【环境和效果】对话框中单击【环境贴图】下的【无】按钮，在弹出的【材质 / 贴图浏览器】对话框中双击【位图】，在打开的对话框中选择随书附带光盘中的"CDROM\Map\Z4.jpg"文件，如图 13-88 所示。

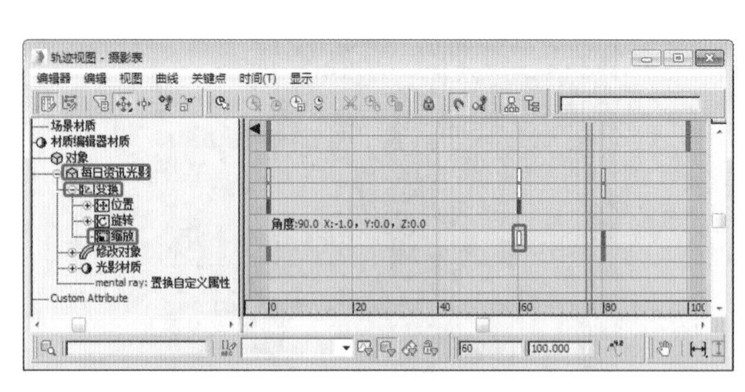

图 13-87　调整位置

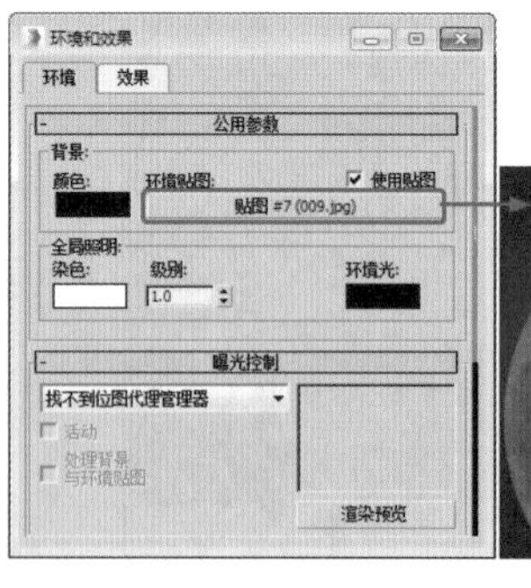

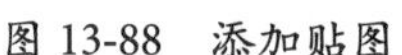

图 13-88　添加贴图

(25) 打开【材质编辑器】窗口，在【环境和效果】对话框中拖动环境贴图按钮到【材质编辑器】中的一个新的材质样本球窗口中。在弹出的对话框中选中【实例】单选按钮，如图 13-89 所示，单击【确定】按钮。

(26) 激活【摄影机】视图，在工具栏中单击【渲染设置】按钮，打开【渲染场景】对话框，在【公用参数】卷展栏中选中【范围 0 至 100】单选按钮，在【输出大小】选项组中设置【宽度】和【高度】值分别为 640 和 480，将渲染输出进行设置，如图 13-90 所示。

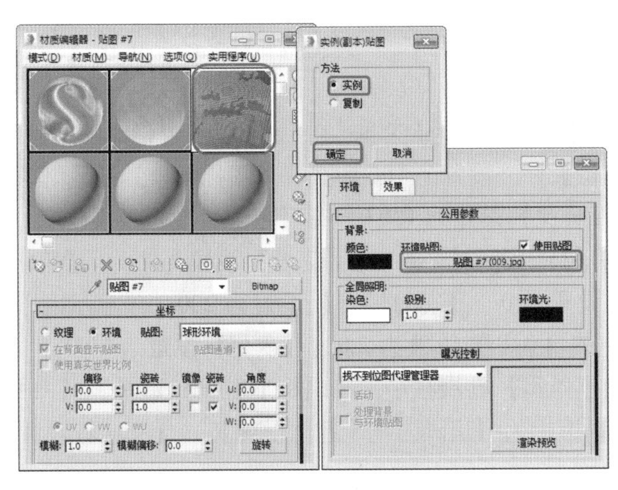

图 13-89 设置贴图

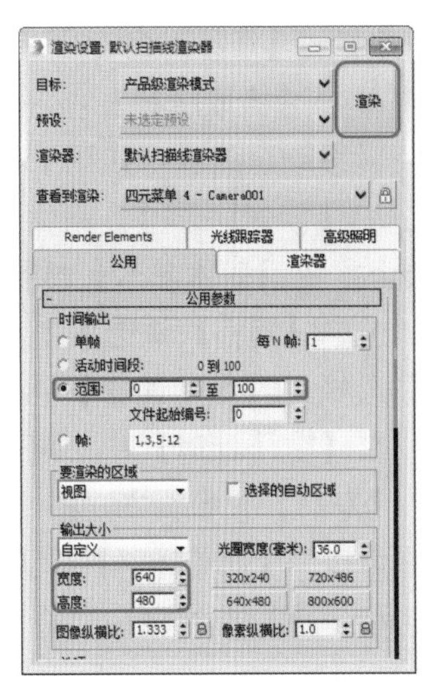

图 13-90 渲染设置

案例精讲 147 使用路径变形修改器制作书写文字动画

本例将通过字母 V 作为变形路径，使用【路径变形】修改器将一个对象链接到路径上，然后使该字母进行运动，最后在【视频后期处理】对话框中添加特效过滤器。完成后的效果如图 13-91 所示。

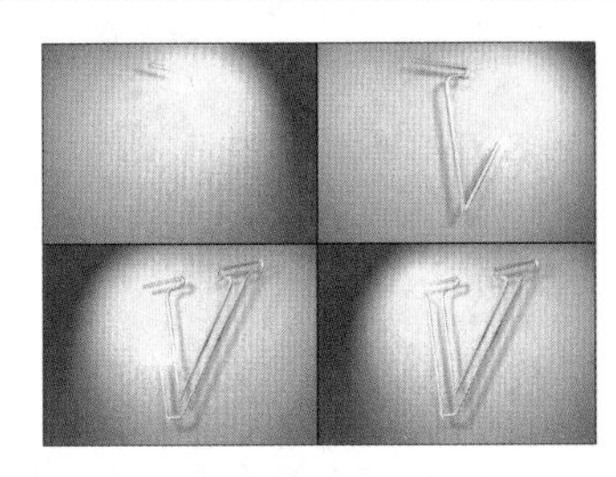

图 13-91 书写文字动画

案例文件：CDROM \ Scenes \ Cha13\ 书写文字动画 OK.max

视频文件：视频教学 \ Cha13\ 书写文字动画 .avi

(1) 打开随书附带光盘中的“CDROM \ Scenes \ Cha13\ 书写文字动画 .max”文件，如图 13-92 所示。

(2) 选择【创建】 | 【几何体】 | 【扩展基本体】 | 【胶囊】工具，在【前】视图中创建一个胶囊，在【参数】卷展栏中将【半径】和【高度】分别设置为 1.0 和 2.4，将【边数】设置为 30、【高度分段】设置为 200，如图 13-93 所示。

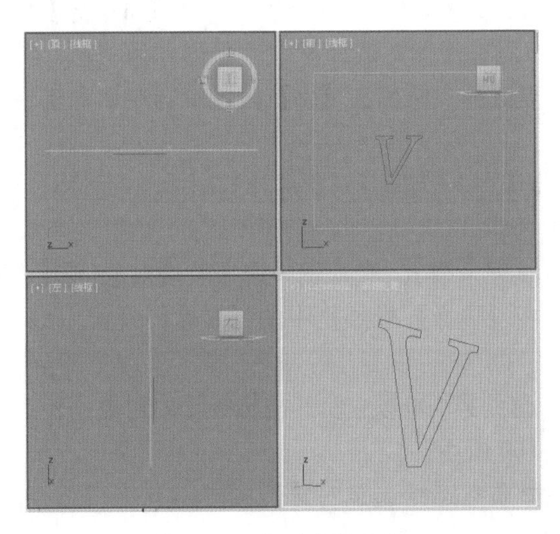

图 13-92 打开素材文件

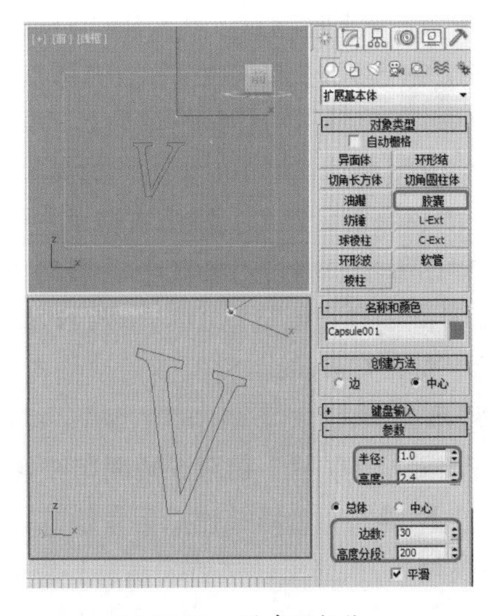

图 13-93 创建圆柱体

(3) 切换至【修改】命令面板，在【修改器列表】中选择【路径变形 (WSM)】修改器，在【参数】卷展栏中单击【拾取路径】按钮，然后在【前】视图中选择 V 文字图形作为路径，单击【转到路径】按钮将胶囊移动至路径，如图 13-94 所示。

(4) 选择【创建】|【几何体】|【粒子系统】|【超级喷射】工具，在【前】视图中创建一个超级喷射，设置其参数。在【基本参数】卷展栏中，将【扩散】分别设置为 180 和 90，【图标大小】设置为 3.0，【视口显示】选中【网格】单选按钮，将【粒子数百分比】设置为 100.0。在【粒子生成】卷展栏中，将【粒子数量】选择为【使用速率】并设置为 10；在【粒子运动】中，将【速度】设置为 2.0、【变化】设置为 50.0；在【粒子计时】中，将【发射开始】设置为 0、【发射停止】设置为 200、【显示时限】设置为 100、【寿命】设置为 5，将【粒子大小】中的【大小】设置为 2.0、【变化】设置为 20.0、【增长耗时】设置为 2、【衰减耗时】设置为 2；在【粒子类型】卷展栏中，将【标准粒子】选择为【四面体】；在【旋转和碰撞】卷展栏中，将【自旋转控制】选择为【运动方向 / 运动模糊】，【拉伸】设置为 12，如图 13-95 所示。

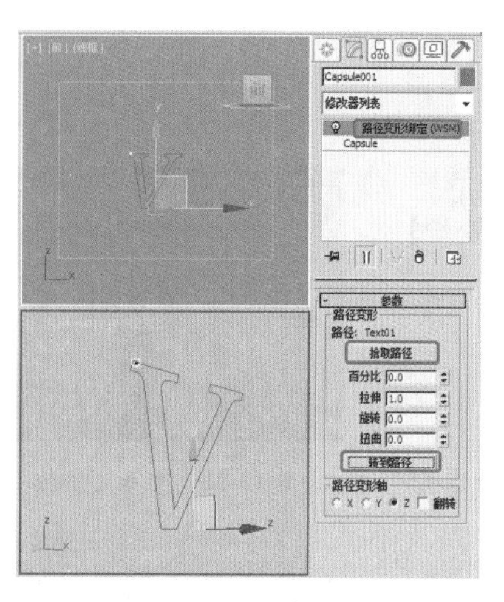

图 13-94　添加【路径变形 (WSM)】修改器

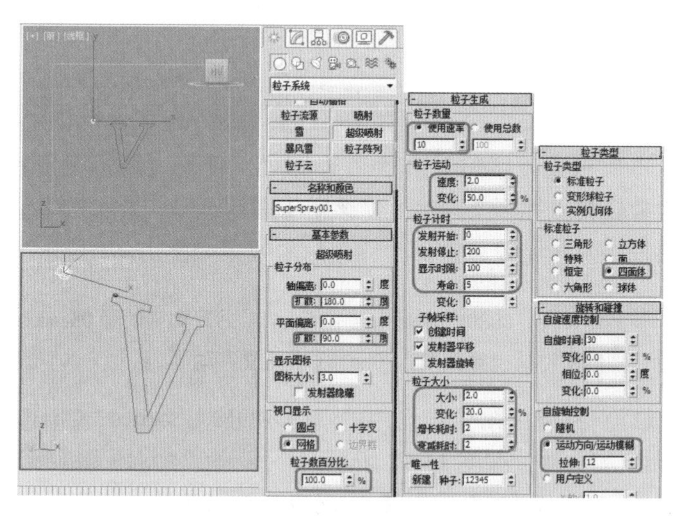

图 13-95　创建【超级喷射】并设置其参数

(5) 确认该对象处于选中状态，切换至【运动】命令面板，在【指定控制器】卷展栏中选择【位置】，单击【指定控制器】按钮，在弹出的对话框中选择【路径约束】，如图 13-96 所示，单击【确定】按钮。

(6) 在【路径参数】卷展栏中单击【添加路径】按钮，然后在视图中选择 V 文字图形作为路径，在【路径选项】区域下将【沿路径】设置为 0，并选中【跟随】复选框，然后在【轴】区域下选中 Z 单选按钮，将第 130 关键帧移动到第 100 帧处，效果如图 13-97 所示。

(7) 选中超级喷射对象，鼠标右键单击，在弹出的快捷菜单中选择【对象属性】命令，在弹出的【对象属性】对话框中，将【对象 ID】设置为 1，如图 13-98 所示。

(8) 将时间滑块拖曳至第 0 帧处，按 N 键打开自动关键点记录模式，在视图中选择胶囊对象，在【修改】命令面板中选择 Capsule，将时间滑块拖曳至第 5 帧处，将【参数】卷展栏中的【高度】设置为 16，如图 13-99 所示。

(9) 使用同样的方法，每隔 5 帧调整胶囊对象的高度，直到第 100 帧，使其与超级喷射对象同步运动，然后再次按 N 键关闭自动关键点记录模式，效果如图 13-100 所示。

(10) 按 M 键，打开【材质编辑器】窗口，单击【将材质指定给选定对象】按钮，将【路径】材质指定给胶囊和超级喷射，如图 13-101 所示。

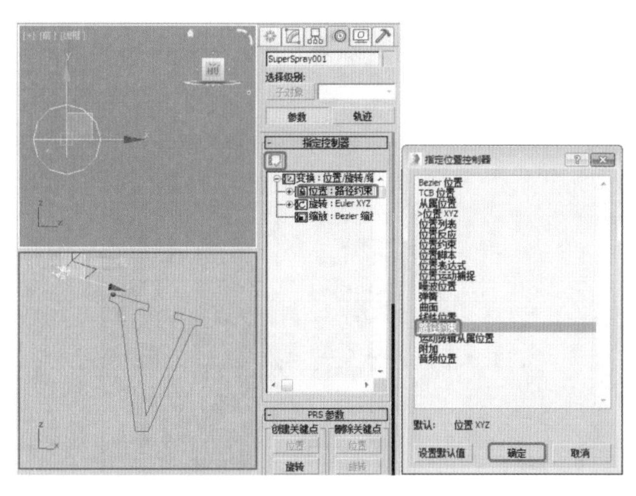

图 13-96　选择路径约束

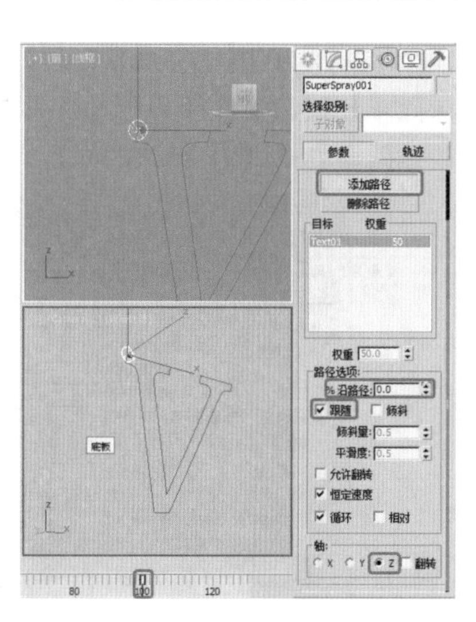

图 13-97　设置路径约束参数

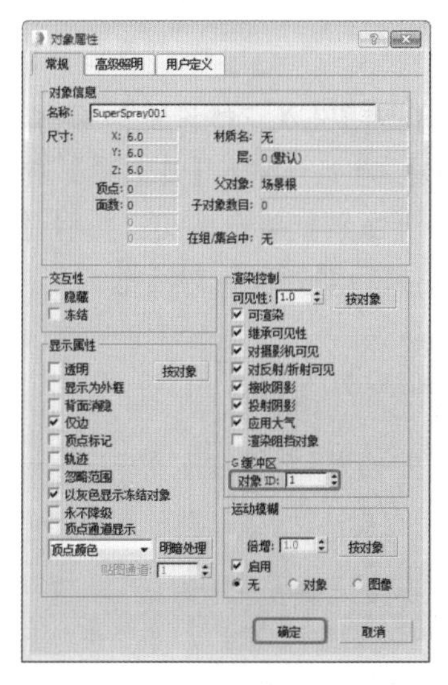

图 13-98　设置【对象 ID】

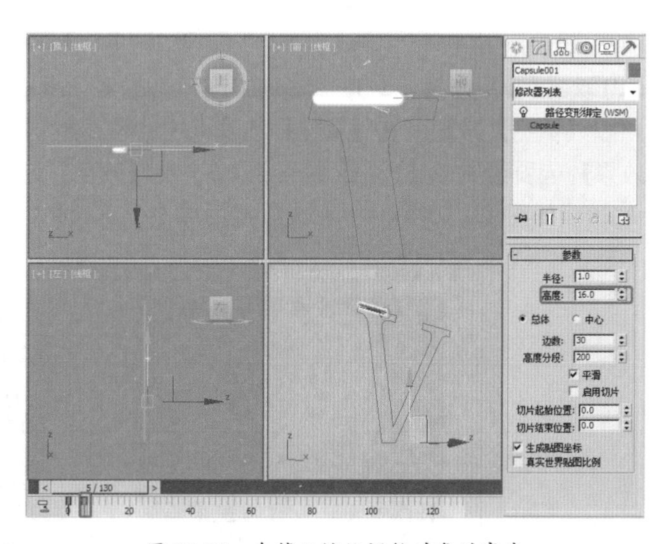

图 13-99　在第 5 帧处调整对象的高度

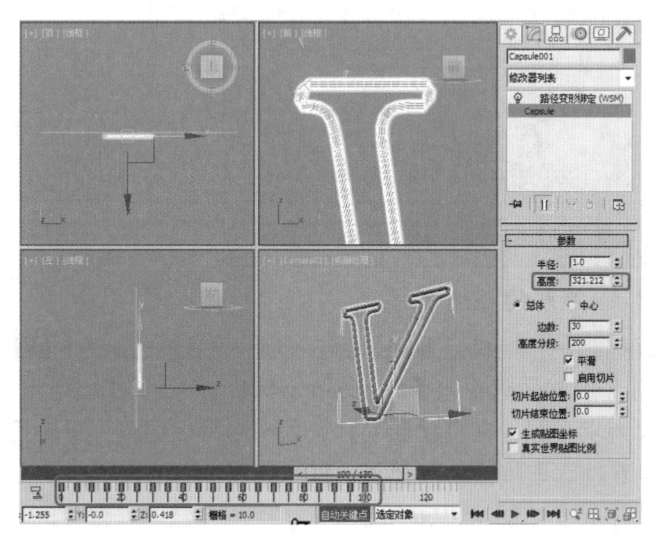

图 13-100　添加其他关键帧

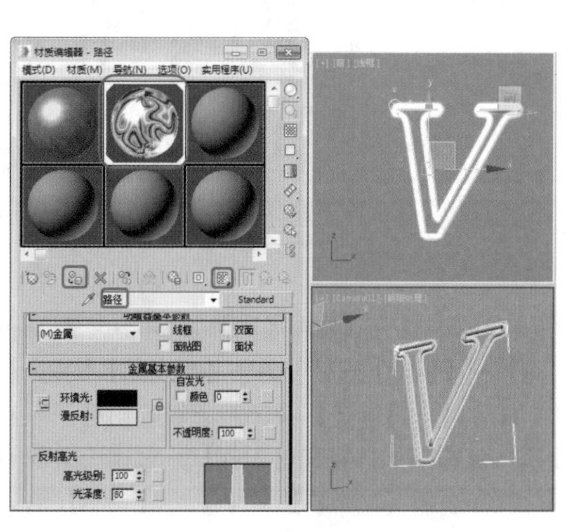

图 13-101　为胶囊指定材质

(11) 选择【渲染】|【视频后期处理】菜单命令，在弹出的对话框中添加一个Camera01场景事件、一个【镜头效果光晕】过滤事件和一个【镜头效果光斑】过滤事件，将【镜头效果光晕】过滤事件和【镜头效果光斑】过滤事件的【VP 结束时间】均设置为 100，如图 13-102 所示。

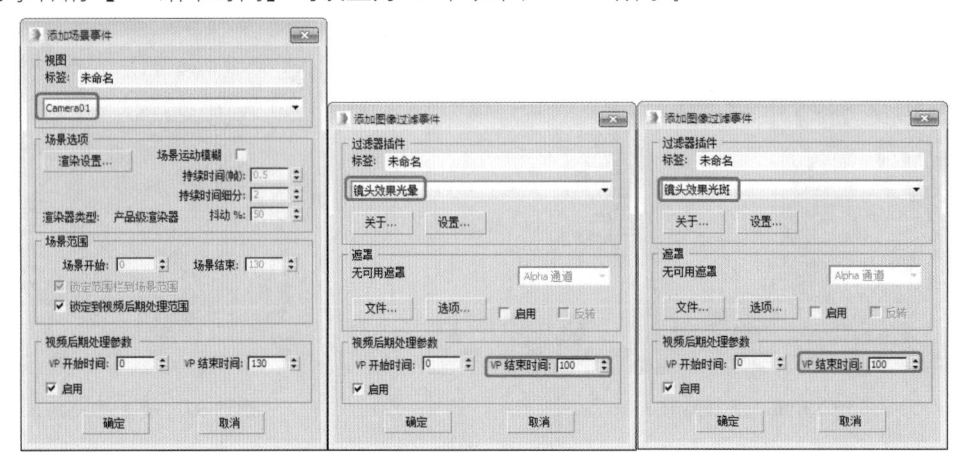

图 13-102　添加事件

(12) 双击【镜头效果光晕】过滤事件，在打开的对话框中单击【设置】按钮进入它的设置面板，单击【VP 队列】和【预览】按钮，在【属性】选项卡中，使用默认的【对象 ID】为 1；选择【首选项】选项卡，在【效果】选项组中将【大小】设置为 0.3；在【颜色】选项组中选中【像素】单选按钮，并将【强度】设置为 20，如图 13-103 所示，完成设置后单击【确定】按钮返回【视频后期处理】对话框。

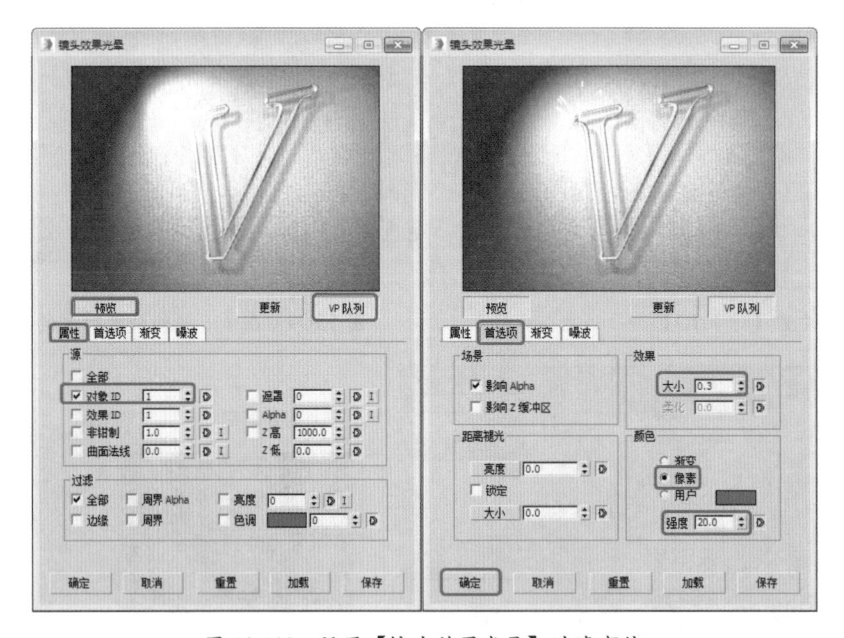

图 13-103　设置【镜头效果光晕】过滤事件

(13) 双击【镜头效果光斑】过滤事件，在打开的对话框中单击【设置】按钮进入它的设置面板，单击【VP 队列】和【预览】按钮，单击【节点源】按钮，在打开的对话框中选择 SuperSpray001，如图 13-104 所示。

(14) 单击【确定】按钮将超级喷射粒子系统作为发光源，在【首选项】选项卡中只保留【光晕】后面两个复选框的选择和【射线】后面两个复选框的选择，取消选中其他复选框，如图 13-105 所示。

(15) 选择【光晕】选项卡，将【大小】值设置为 40，如图 13-106 所示。

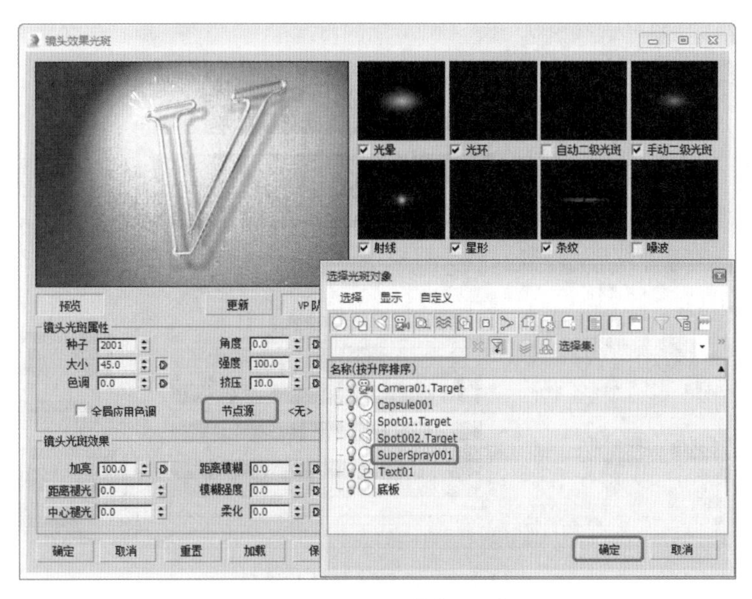

图 13-104　设置【节光源】

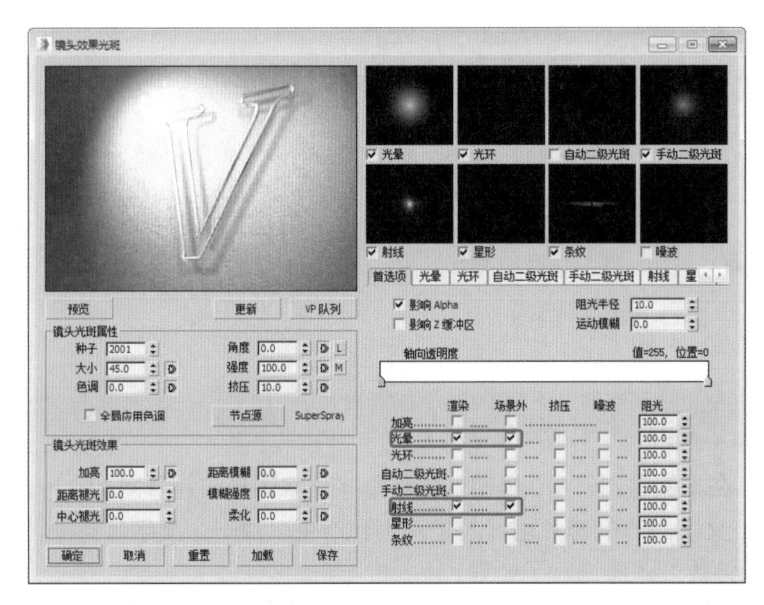

图 13-105　【首选项】选项卡

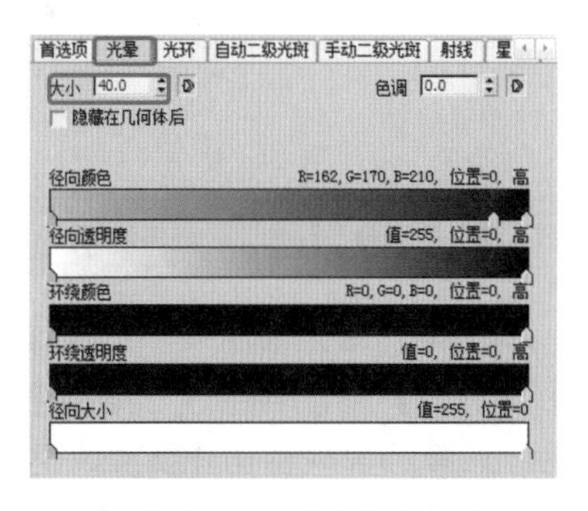

图 13-106　【光晕】选项卡

(16) 选择【射线】选项卡，将【大小】、【数量】和【锐化】分别设置为 100、136 和 10.0，然后将【径向透明度】根据图 13-107 所示设置它的颜色。

(17) 单击【添加图像输出事件】按钮，在弹出的【编辑场景输出事件】对话框中，单击【文件】按钮，选择文件输出位置，然后单击【确定】按钮。单击【执行序列】按钮，在弹出的对话框中设置场景的渲染输出参数，然后单击【渲染】按钮，如图 13-108 所示。最后将场景文件进行保存。

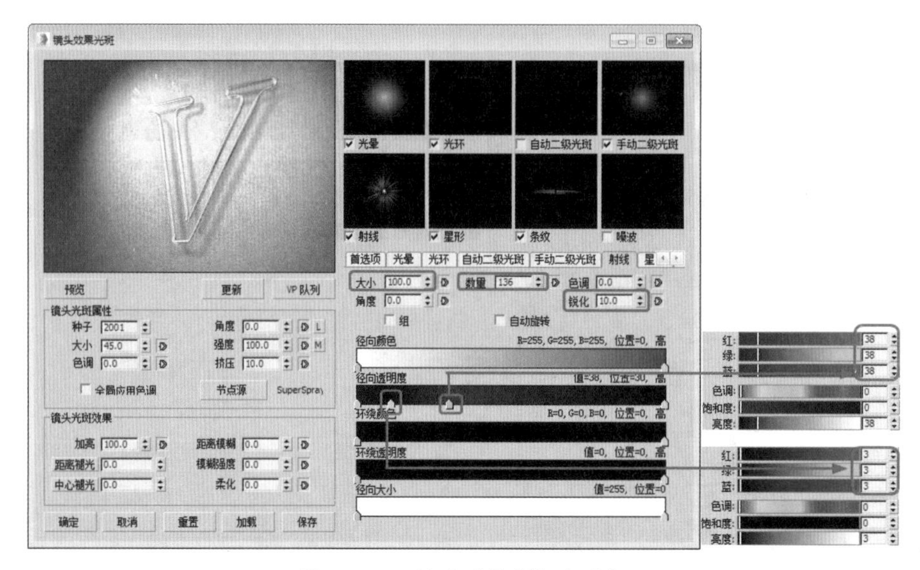

图 13-107　设置【射线】选项卡

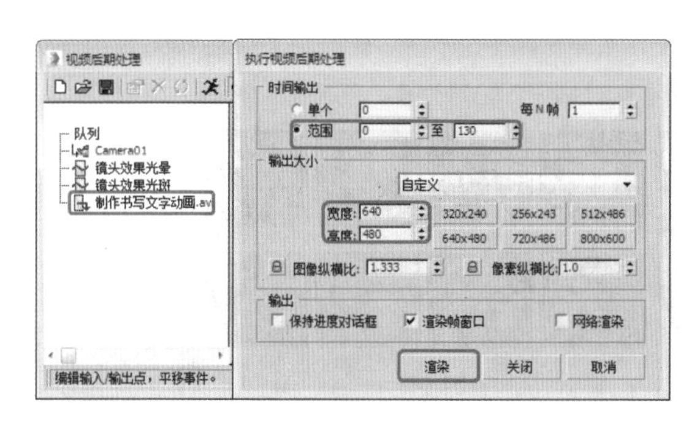

图 13-108　设置输出

案例精讲 148　使用粒子阵列制作火焰崩裂文字动画【视频案例】

本例将介绍火焰崩裂字的制作方法。在本例的制作中，镂空的文字是将文字图形与矩形附加在一起，再由【倒角】修改器生成三维镂空模型，文字爆炸的碎片由【粒子阵列】产生，对一个文字替身进行了爆炸，炸裂的碎块使用【镜头效果光晕】特效过滤器进行了处理，以产生燃烧效果。在场景中还创建了一盏【目标聚光灯】并为它设置了【体积光】效果，以表现在文字被炸裂的过程中所呈现的光芒。此外，还在场景中为镂空文字制作了燃烧的火焰背景，并且使用了 4 个变形的【球体 Gizmo】物体来限制火焰的范围。完成后的效果如图 13-109 所示。

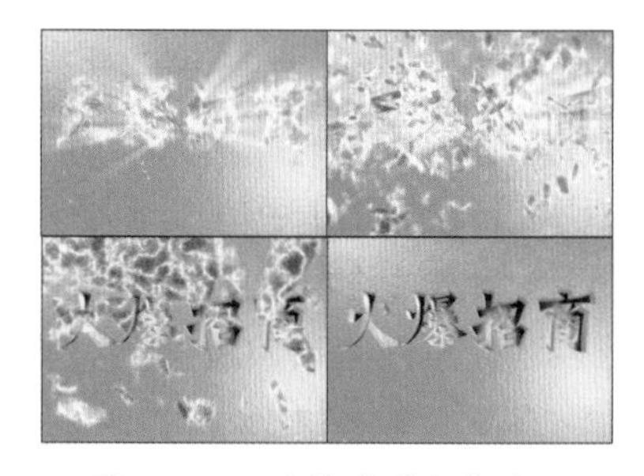

图 13-109　火焰崩裂文字动画

案例文件：CDROM \ Scenes \ Cha13\ 火焰崩裂文字动画 OK.max

视频文件：视频教学 \ Cha13\ 火焰崩裂文字动画 .avi

第14章

制作节目片头

本章重点

- 字体、标志创建
- 动画的设置
- 视频特效的设置

图 14-1　分镜头效果

本章通过对标版动画的制作，为大家提供一个制作思路和方法，其中涉及标志的制作、字体动画的设置、摄像机和灯光动画的设置以及背景和材质动画的设置。另外，还有发光特效的设置，通过本章的练习可以为读者奠定坚实的动画学习基础。

案例精讲 149　创建字体、材质

标志是产品或企业重要的象征，在本例中也制作了一个简单的标志，下面开始介绍标志的制作。

案例文件：CDROM \ Scenes \ Cha14\ 节目片头 OK.max

视频文件：视频教学 \ Cha14 \ 案例精讲 149　创建字体、材质 .avi

(1) 运行 3ds Max 软件，选择【文件】|【重置】菜单命令，重置一个新的场景。选择【创建】|【图形】|【文本】工具，在【参数】卷展栏中将字体定义为 Engravers MT，在【文本】文本框中输入字母 D，然后在【前】视图单击鼠标创建文本，并将它命名为“标志 01”，如图 14-2 所示。

(2) 在工具栏中右击【选择并均匀缩放】按钮，弹出【缩放变换输入】对话框，将【绝对：局部】选项组的 Y 轴设置为 65，将字母沿 Y 轴方向进行缩放，如图 14-3 所示。

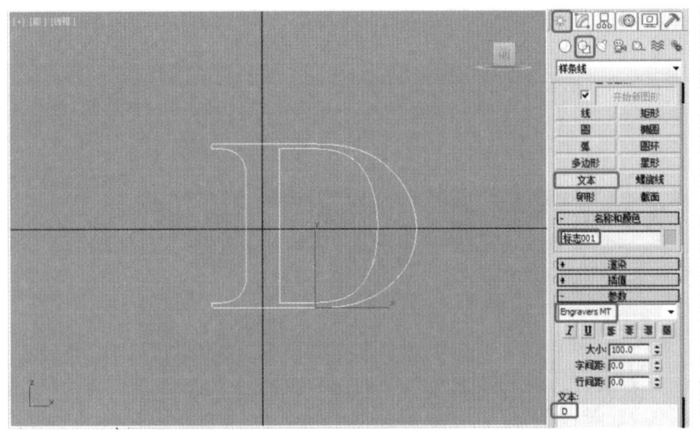

图 14-2　创建字母对象

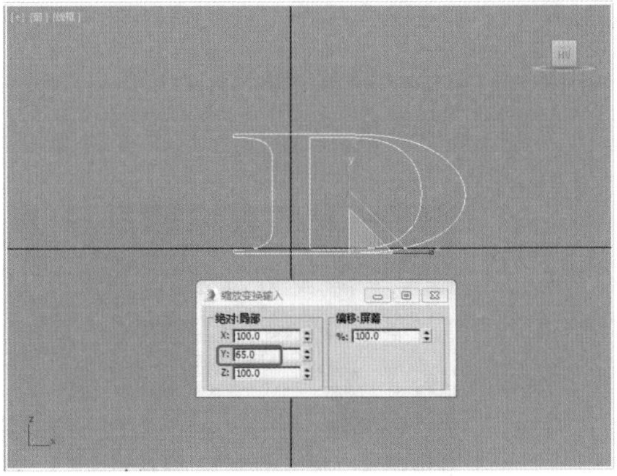

图 14-3　缩放对象

(3) 进入【修改】命令面板，在【修改器列表】中选择【编辑样条线】修改器，将当前选择集定义为【顶点】，在【前】视图选择字母上方的 3 个顶点，将它们向上移动，选择下方的 3 个顶点向下移动，如图 14-4 所示。

(4) 选择【创建】|【图形】|【矩形】工具，在【前】视图字母的位置创建一个矩形，在【参数】卷展栏中将【长度】和【宽度】分别设置为 50、85。进入【修改】面板，在【修改器列表】中选择【编辑样条线】修改器，将当前选择集定义为【顶点】，在【几何体】卷展栏中单击【优化】按钮，在矩形的 4 个角上分别添加两个顶点并调整它们的位置，如图 14-5 所示。

(5) 调整完顶点后，再在【几何体】卷展栏中单击【附加】按钮，在视图中选择字母对象将它们附加在一起，如图 14-6 所示。

(6) 然后，再将当前选择集定义为【顶点】，在【几何体】卷展栏中单击【优化】按钮，在标志的左上方和左下方分别添加两个顶点，如图 14-7 所示。

(7) 添加完顶点后，将当前选择集定义为【分段】，然后将多余的线段删除，如图 14-8 所示。

(8) 返回【顶点】选择集，移动顶点的位置，分别将两个顶点焊接在一起，如图 14-9 所示。

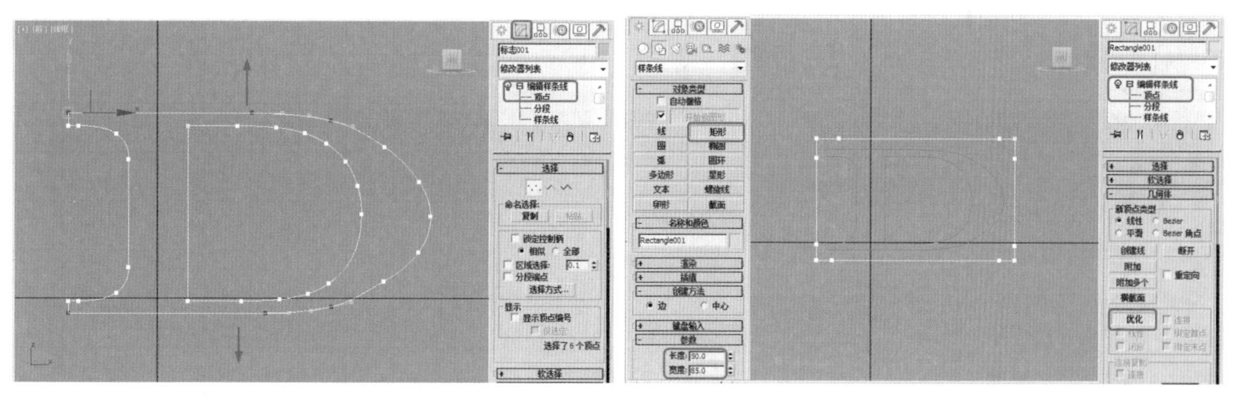

图 14-4 调节顶点 图 14-5 创建矩形

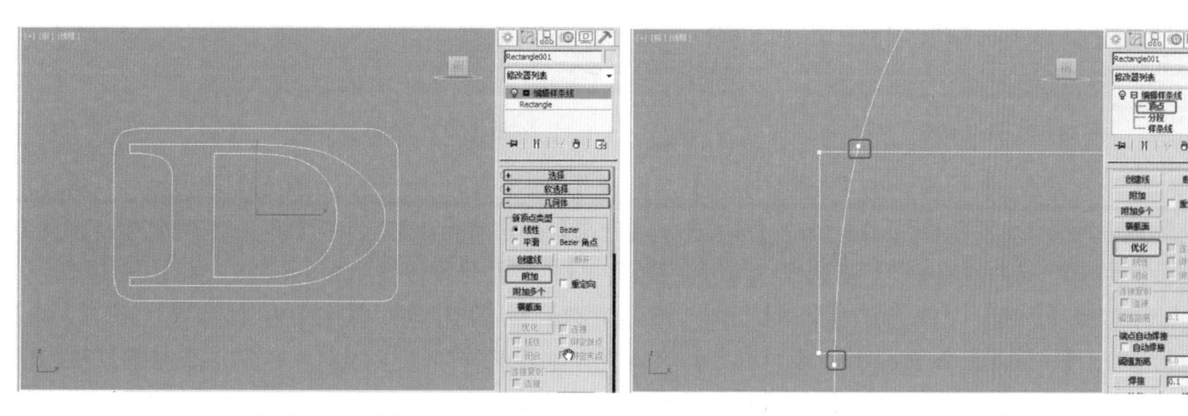

图 14-6 附加对象 图 14-7 添加顶点

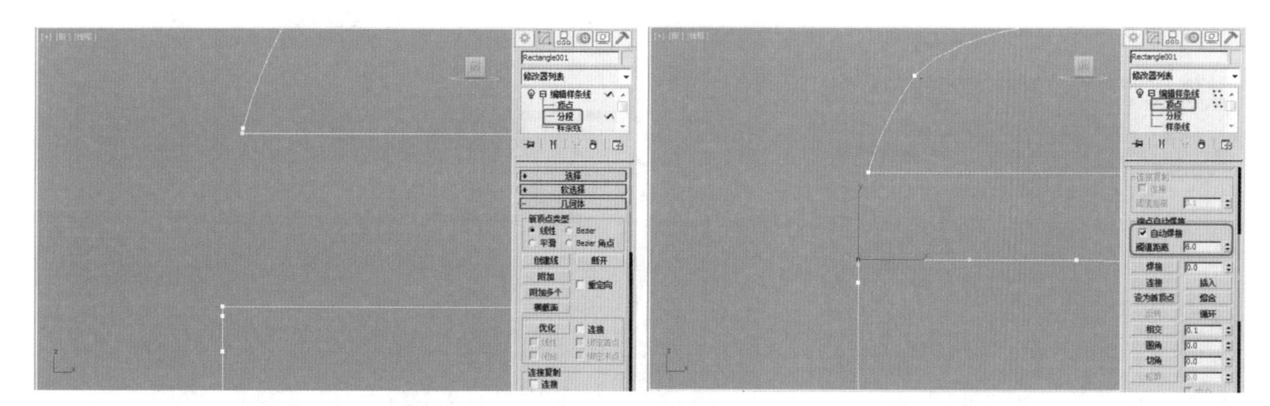

图 14-8 删除多余线段 图 14-9 焊接顶点

提 示

系统默认状态下，【自动焊接】命令处于激活状态，默认【阈值距离】为 6，当两个顶点的距离在焊接阈值范围之内时，它们将自动焊接在一起。

(9) 关闭当前选择集。在【修改器列表】中选择【倒角】修改器，在【倒角值】卷展栏中，将【起始轮廓】设置为 –0.5；将【级别 1】下的【高度】、【轮廓】都设置为 1；选中【级别 2】复选框，将【高度】设置为 5；选中【级别 3】复选框，将【高度】【轮廓】分别设置为 1、–1.5，如图 14-10 所示。

(10) 选择【创建】|【图形】|【文本】工具，在【参数】卷展栏中将字体定义为【黑体】，将【大小】

设置为 70、【字间距】设置为 15，在【文本】文本框中输入文字"大唐置业"，然后在【前】视图单击鼠标创建文本，并将它命名为【主标题】，如图 14-11 所示。

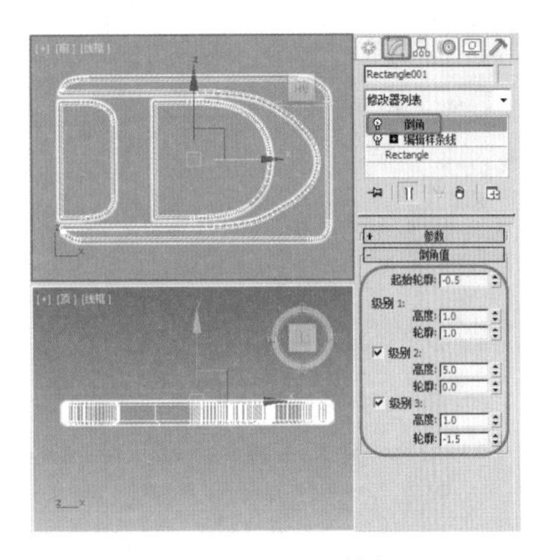

图 14-10　设置倒角

图 14-11　创建主标题

(11) 进入【修改】面板，在【修改器列表】中选择【倒角】修改器，在【倒角值】卷展栏中，将【起始轮廓】设置为 1.5；将【级别 1】下的【高度】、【轮廓】都设置为 1.5；选中【级别 2】复选框，将【高度】设置为 10；选中【级别 3】复选框，将【高度】、【轮廓】分别设置为 1.5、–2.5，如图 14-12 所示。

(12) 选择【创建】|【图形】|【文本】工具，在【参数】卷展栏中将字体定义为【黑体】，将【大小】设置为 30，【字间距】设置为 10，在【文本】文本框中输入文字"改变·世界"，然后在【前】视图单击鼠标创建文本，并将它命名为【副标题】，如图 14-13 所示。

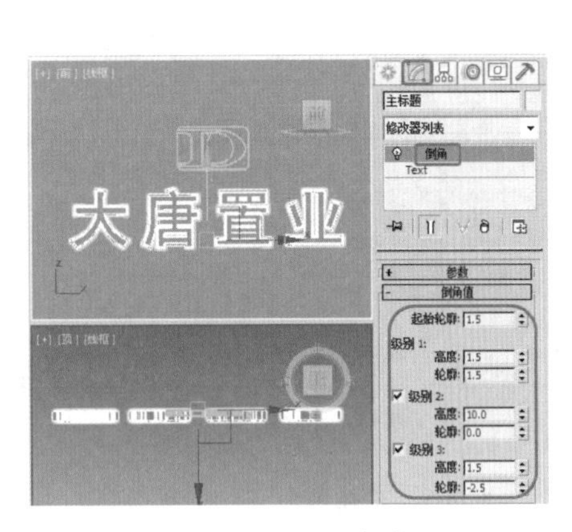

图 14-12　设置倒角

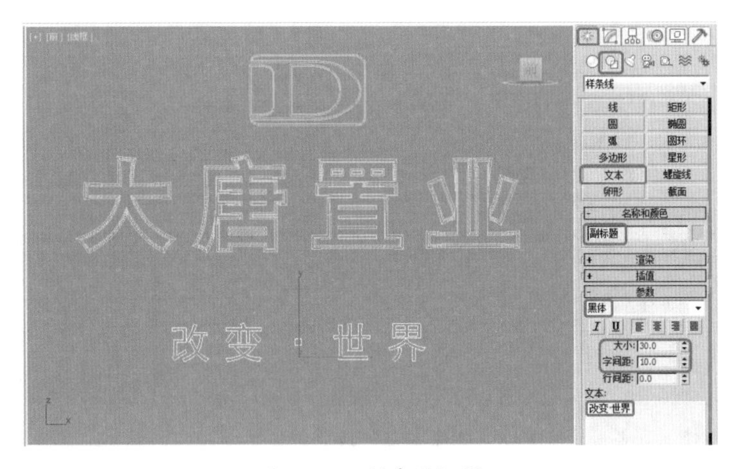

图 14-13　创建副标题

(13) 为了避免倒角时出现镂空现象，对文字【改】的部分顶点进行调整。进入【修改】面板，将当前选择集定义为【顶点】，通过调整顶点将文字笔画比较细的地方调粗一些，如图 14-14 所示。

(14) 在【修改器列表】中选择【倒角】修改器，在【倒角值】卷展栏中，将【起始轮廓】设置为 0；将【级别 1】下的【高度】、【轮廓】都设置为 1；选中【级别 2】复选框，将【高度】设置为 5；勾选【级别 3】复选框，将【高度】、【轮廓】分别设置为 1、–1，如图 14-15 所示。

(15) 材质选择直接决定着输出效果好坏，合理使用材质会制作出较好效果。

(16) 在工具栏中单击【材质编辑器】按钮，打开【材质编辑器】窗口，选择第一个材质样本球，在

【明暗器基本参数】卷展栏中将阴影模式定义为【金属】，在【金属基本参数】卷展栏中将【环境光】的 RGB 值设置为 0、0、0，将【漫反射】的 RGB 值设置为 255、255、255，将【反射高光】选项组中的【高光级别】、【光泽度】分别设置为 220、100。

(17) 打开【贴图】卷展栏，单击【反射】右侧的贴图按钮，打开【材质 / 贴图浏览器】选择【位图】贴图，单击【确定】按钮，选择随书附带光盘中的“CDROM \ Map \ Metals.jpg”文件，单击【打开】按钮，如图 14-16 所示。

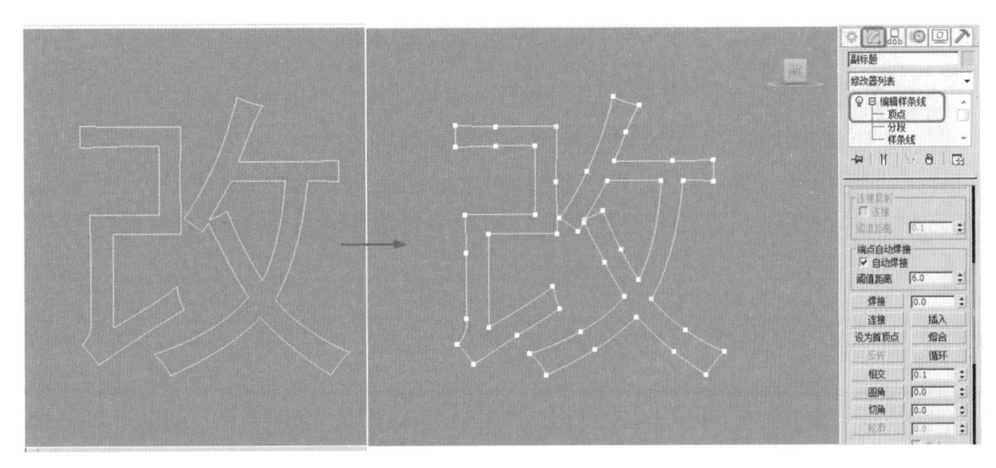

图 14-14　调整顶点

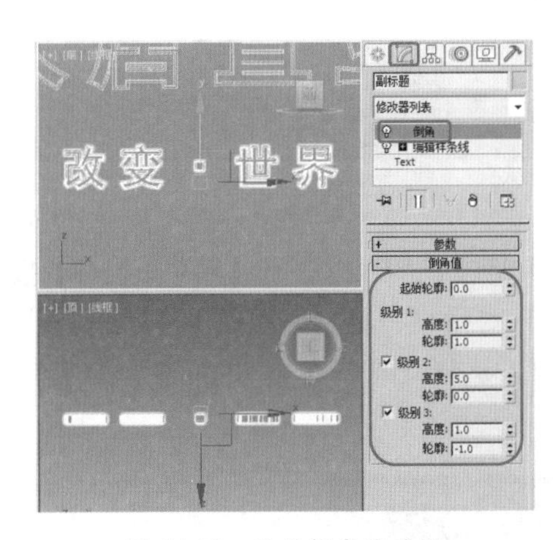

图 14-15　设置倒角修改器

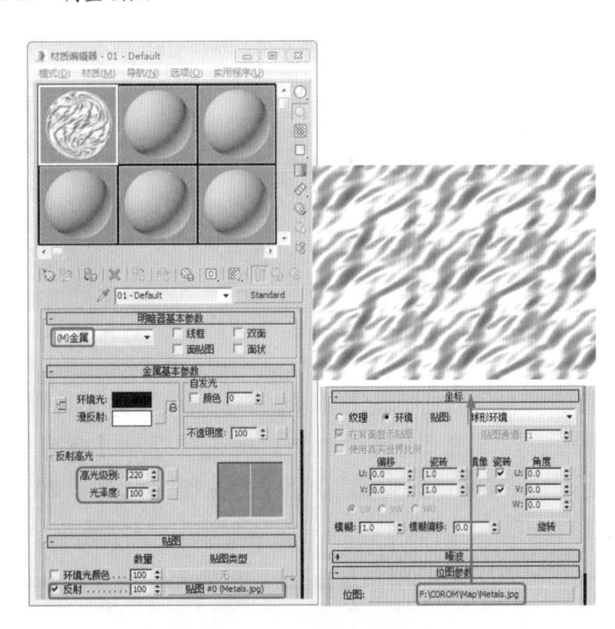

图 14-16　设置字体材质

(18) 单击【将材质指定给选定对象】按钮，将该材质指定给场景中的标题和标志对象，效果如图 14-17 所示。

图 14-17　渲染效果

案例精讲 150　设置字体、标志动画

本节介绍字体、标志的旋转动画，它不是由单个对象进行旋转而是由多个对象一起旋转，最后合成一个对象，在下面的操作中介绍动画的设置。

案例文件：CDROM \ Scenes \ Cha14\ 节目片头 OK.max

视频文件：视频教学 \ Cha14 \ 案例精讲 150　设置字体、标志动画 .avi

(1) 在窗口右下方的动画控制区单击【时间配置】按钮，打开【时间配置】对话框，将【动画】选项组的【结束时间】设置为 200，单击【确定】按钮，如图 14-18 所示。

(2) 在【左】视图中选择【标志】和【主标题】对象，按住 Shift 键沿 X 轴方向进行移动并复制，在弹出的【克隆选项】对话框中选中【实例】单选按钮，将【副本数】设置为 10，单击【确定】按钮，如图 14-19 所示。

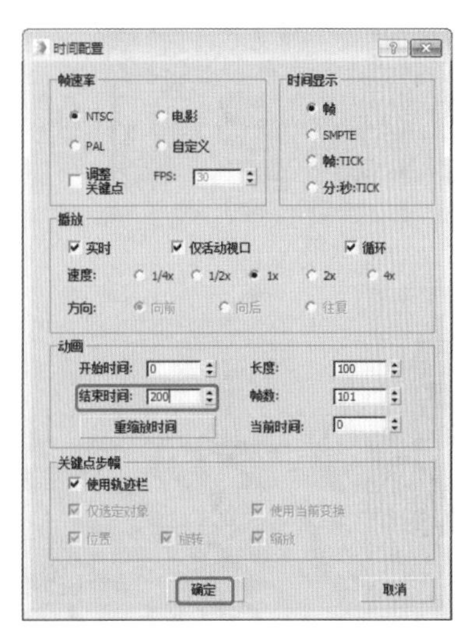

图 14-18　设置时间长度

图 14-19　复制对象

(3) 选择所有【主标题】和【标志】对象，将时间滑块调至第 95 帧的位置，打开【自动关键点】按钮，在工具栏中右单击【选择并旋转】按钮，打开【旋转变换输入】对话框，将【偏移 : 屏幕】选项组中的 X 轴设置为 –360，然后将第 0 帧处的关键点调至第 20 帧的位置，这样对象将在第 20 帧时开始旋转，如图 14-20 所示。

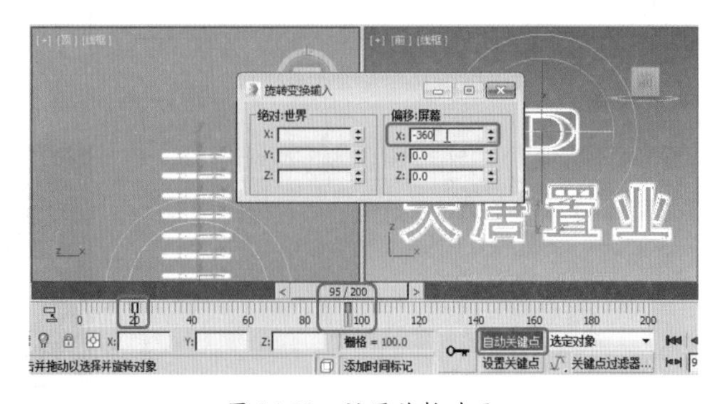

图 14-20　设置旋转动画

(4) 选择复制的 10 个主标题对象，将时间滑块调至第 110 帧的位置，在工具栏中选择【对齐】工具，然后在视图中选择第一个【主标题】对象，在弹出的【对齐当前选择】对话框中勾选【对齐位置】区域的【X 位置】、【Y 位置】和【Z 位置】3 个复选框，选中【当前对象】和【目标对象】区域的【中心】单选按钮，单击【确定】按钮，将复制的 10 个对象与第一个【主标题】对象对齐，然后关闭【自动关键点】按钮，将第 0 帧处的关键点调至第 95 帧的位置，如图 14-21 所示。

参照前面的方法为标志对象设置同样的动画。

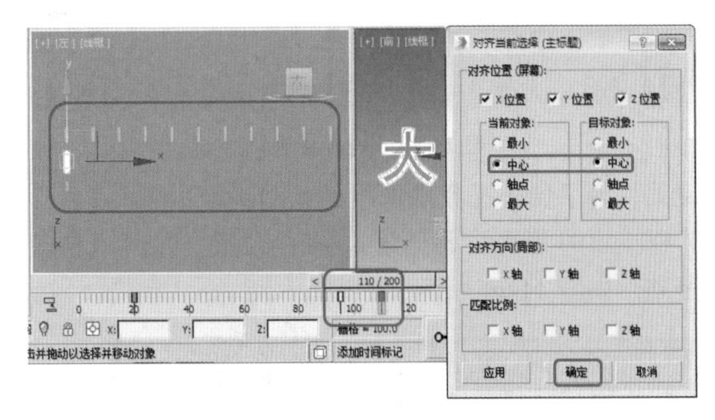

图 14-21 设置对齐动画

注 意

在每次设置完动画之后，一定要将【自动关键点】按钮关闭，以免产生动画错误。

案例精讲 151 创建摄像机并设置动画

在制作动画或效果图时有效地使用摄像机可以对整个动画或图像效果的影响非常大。摄像机角度、焦距、视图以及摄像机本身的移动对任何动画设计以及静态图像的制作都非常重要。

案例文件：CDROM \ Scenes \ Cha14\ 节目片头 OK.max

视频文件：视频教学 \ Cha14 \ 案例精讲 151 创建摄像机并设置动画 .avi

(1) 选择【创建】|【摄影机】|【目标】工具，在【顶】视图创建一架目标摄像机，在【参数】卷展栏中将【镜头】设置为 43.456，如图 14-22 所示。

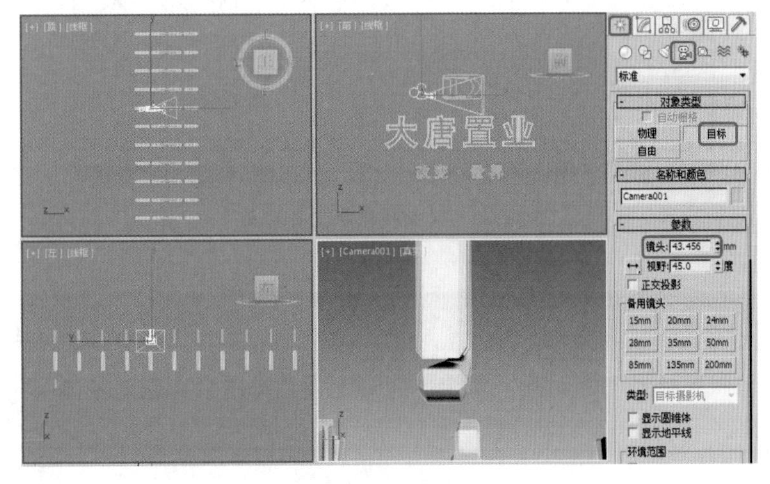

图 14-22 创建摄像机

(2) 在【顶】视图选择摄像机对象，在工具栏中右击【选择并旋转】按钮，打开【旋转变换输入】对话框，将【偏移：屏幕】选项组中的 X 轴设置为 –90，将摄像机沿 X 轴方向旋转 –90°，如图 14-23 所示。

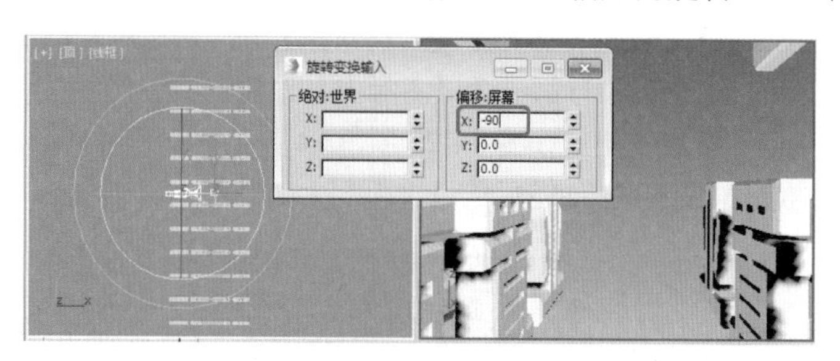

图 14-23　旋转摄像机

(3) 然后为摄像机设置动画，为了便于观察摄像机的运动路径，进入【显示】命令面板在【显示属性】卷展栏中选中【轨迹】复选框。将时间滑块调至第 50 帧的位置，打开【自动关键点】按钮，在【顶】视图将摄像机沿 X 轴向左移动，如图 14-24 所示。

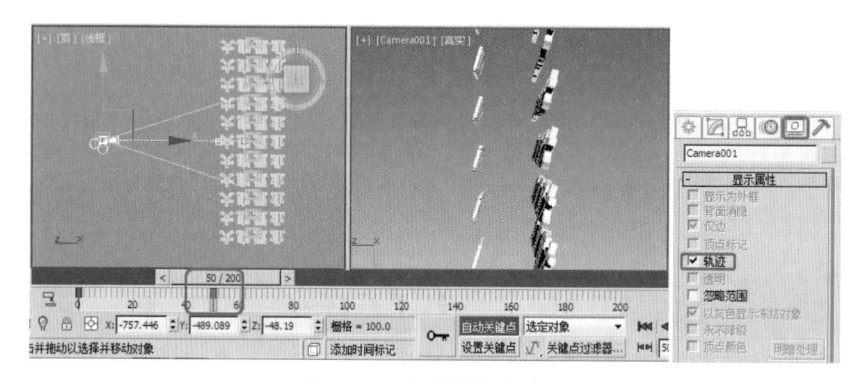

图 14-24　设置摄像机动画

(4) 再将时间滑块调至第 120 帧的位置，将摄像机向右下方移动，然后在工具栏中右击【选择并旋转】按钮，在打开的【旋转变换输入】对话框中将【偏移：屏幕】选项组中的 Y 轴设置为 90，然后关闭【自动关键点】按钮，如图 14-25 所示。

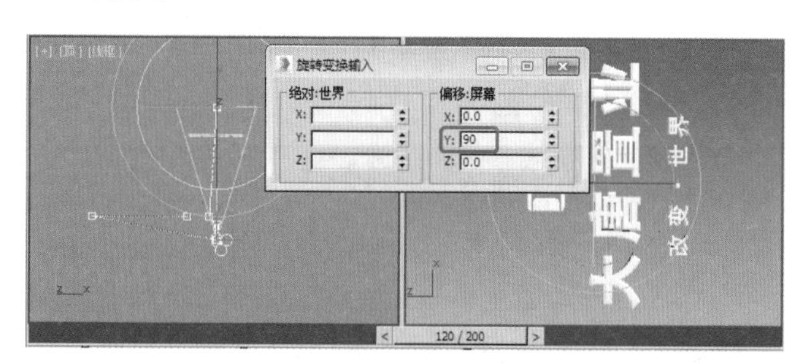

图 14-25　设置摄像机旋转动画

案例精讲 152　创建灯光并设置动画

灯光很显然是用来照亮场景中的对象，如果再为灯光设置动画会丰富对象本身的质感表现，也会增强动画本身的动感效果。

案例文件：CDROM \ Scenes \ Cha14\ 节目片头 OK.max

视频文件：视频教学 \ Cha14 \ 创建灯光并设置动画 .avi

(1) 选择【创建】|【灯光】|【泛光】工具，在【顶】视图中图 14-26 所示的位置创建一盏泛光灯，在【强度 / 颜色 / 衰减】卷展栏中将【倍增】值设置为 0.8，并在【前】视图中调整它的位置。

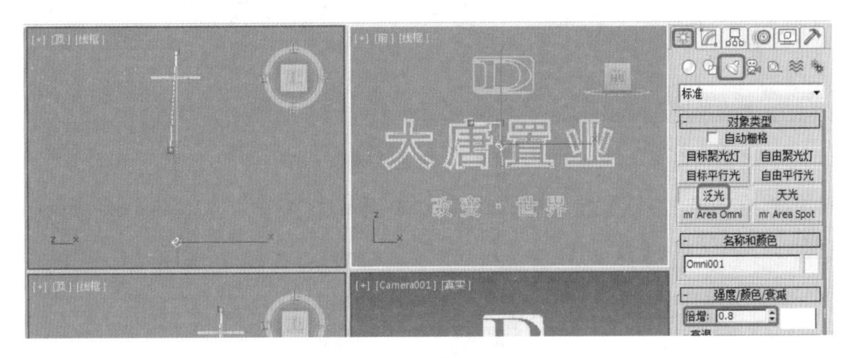

图 14-26　创建泛光灯

(2) 选择【泛光灯】工具，在【顶】视图中图 14-27 所示的位置创建第二盏泛光灯，在【强度 / 颜色 / 衰减】卷展栏中将【倍增】值设置为 0.5，在【前】视图中调整它的位置。

图 14-27　创建泛光灯

(3) 再选择【泛光灯】工具，在【顶】视图中图 14-28 所示的位置创建第三盏泛光灯，在【强度 / 颜色 / 衰减】卷展栏中将【倍增】值设置为 0.3，在【前】视图中调整它的位置。

图 14-28　创建泛光灯

(4) 在【顶】视图中图 14-29 所示的位置创建第四盏泛光灯，在【强度 / 颜色 / 衰减】卷展栏中将【倍增】值设置为 0.8。

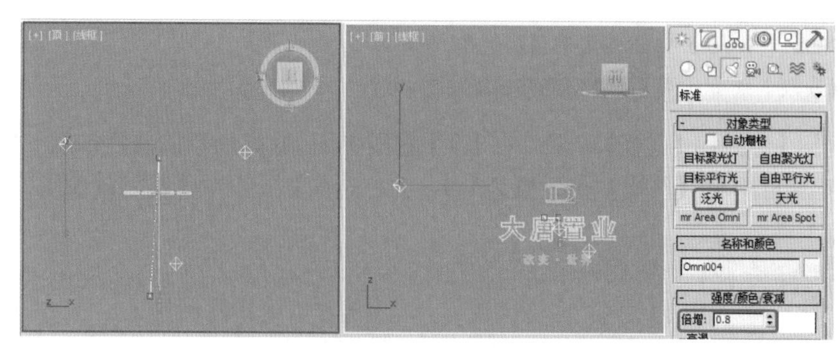

图 14-29　创建泛光灯

(5) 将时间滑块调至第 200 帧的位置，打开【自动关键点】按钮，如图 14-30 所示，沿着箭头的方向分别调整灯光的位置，然后关闭【自动关键点】按钮。

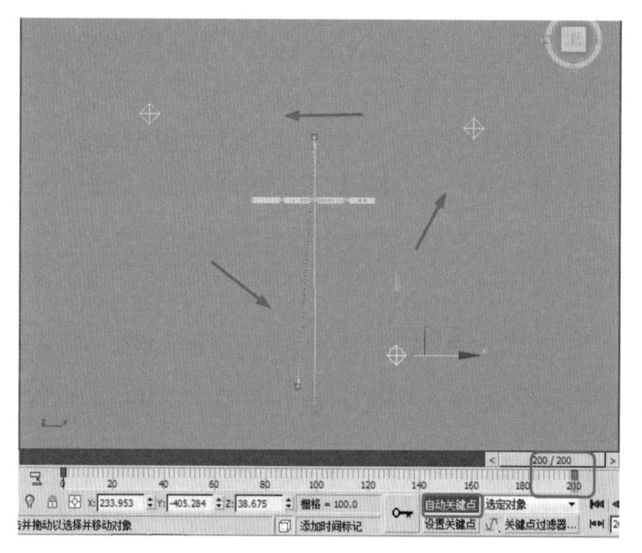

图 14-30　设置灯光动画

案例精讲 153　绘制直线并设置动画

本小节的制作对于前面的制作就简单多了，它只是为了丰富画面起着辅助的作用。

案例文件：CDROM \ Scenes \ Cha14\ 节目片头 OK.max

视频文件：视频教学 \ Cha14 \ 绘制直线并设置动画 .avi

(1) 选择【创建】|【图形】|【线】工具，在【顶】视图绘制一条直线，然后在【渲染】卷展栏中选中【在渲染中启用】和【在视口中启用】复选框，将【径向】下的【厚度】设置为 1，并将它命名为【线 01】，如图 14-31 所示。

(2) 选择【线 01】对象并单击鼠标右键，在打开的快捷菜单中选择【对象属性】命令，打开【对象属性】对话框，将【G- 缓冲区】选项组中的【对象 ID】设置为 1，单击【确定】按钮，如图 14-32 所示。

(3) 按住 Shift 键复制多条直线对象，并对它们进行不规则排列，然后选择所有直线对象，在菜单栏中选择【组】|【组】命令，打开【组】对话框，将【组名】命名为【线 01】，单击【确定】按钮，如图 14-33 所示。

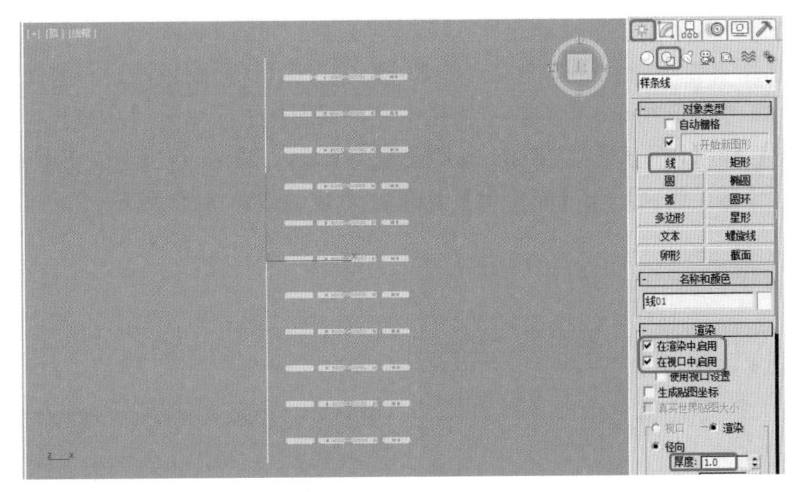

图 14-31　创建直线

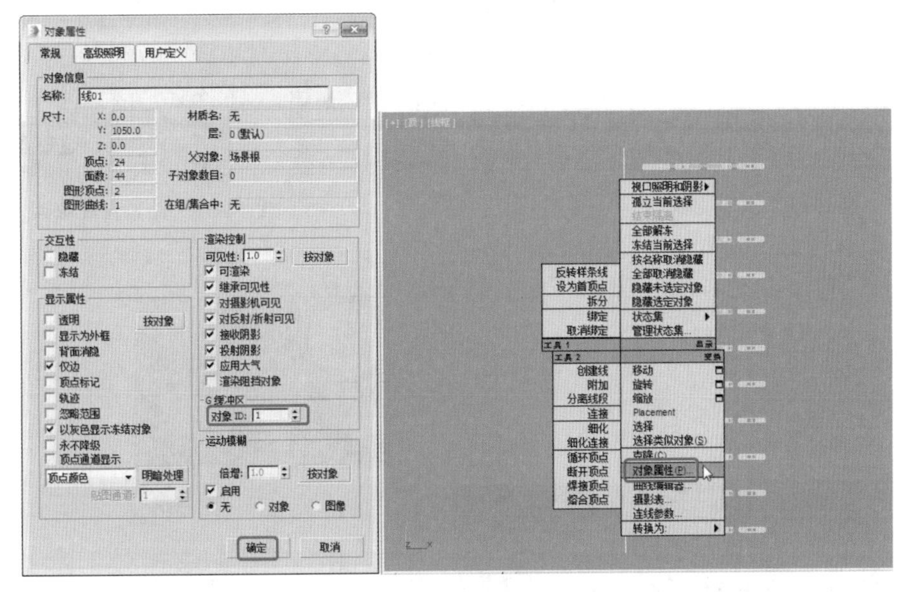

图 14-32　设置【对象 ID】

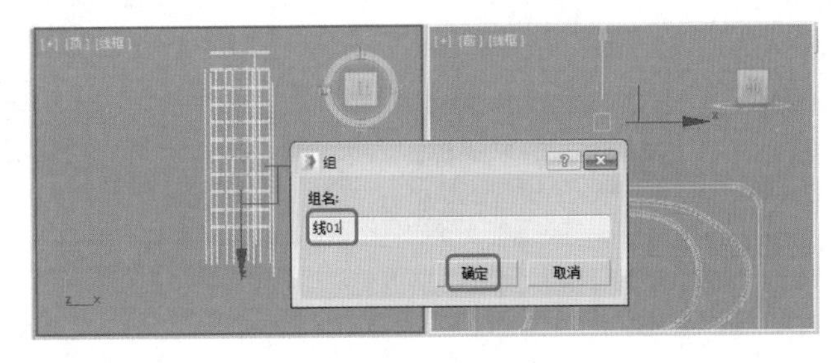

图 14-33　复制直线并成组

(4) 然后再对成组后的【线 01】对象进行复制，并调整它们的位置，如图 14-34 所示。

(5) 在【顶】视图选择直线对象，将时间滑块调至第 120 帧的位置，打开【自动关键点】按钮，将直线对象沿 Y 轴向下移动到摄像机镜头的外面，再将第 0 帧处的关键点调至第 100 帧的位置，如图 14-35 所示。

(6) 将时间滑块调至第 140 帧的位置，在【前】视图中选择上方的直线对象，将其沿 Y 轴向下移动，移到摄像机的镜头外面，再选择下方的直线将其沿 Y 轴向上移动，移到摄像机的外面，然后关闭【自动关键点】按钮，将第 0 帧处的关键点调至第 120 帧的位置，如图 14-36 所示。

(7) 在场景中选择所有直线对象，按键盘上的 M 键，打开【材质编辑器】，选择第二个材质样本球，将其命名为线材质，在【明暗器基本参数】卷展栏中，将阴影模式定义为【金属】，在【金属基本参数】卷展栏中将【环境光】和【漫反射】的 RGB 值均设置为 4、4、238，将【自发光】设置为 100，将【反射高光】选项组中的【高光级别】和【光泽度】都设置为 0，如图 14-37 所示。

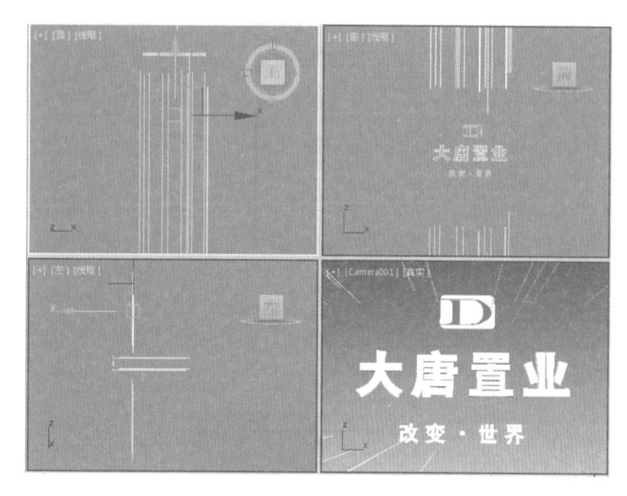

图 14-34　复制直线

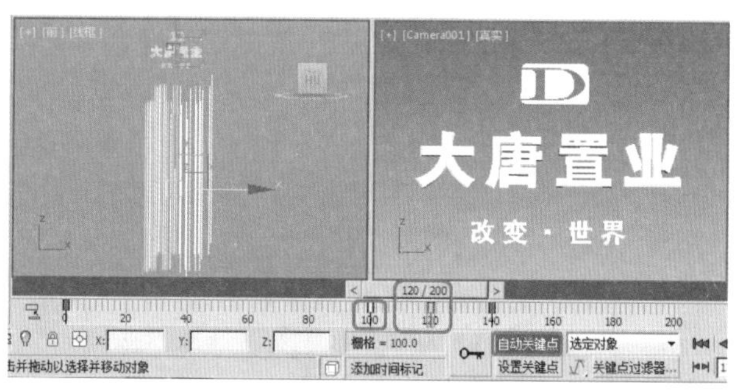

图 14-35　设置直线动画

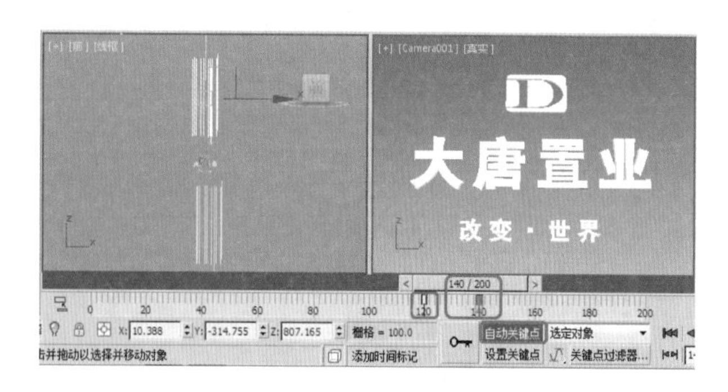

图 14-36　设置直线动画

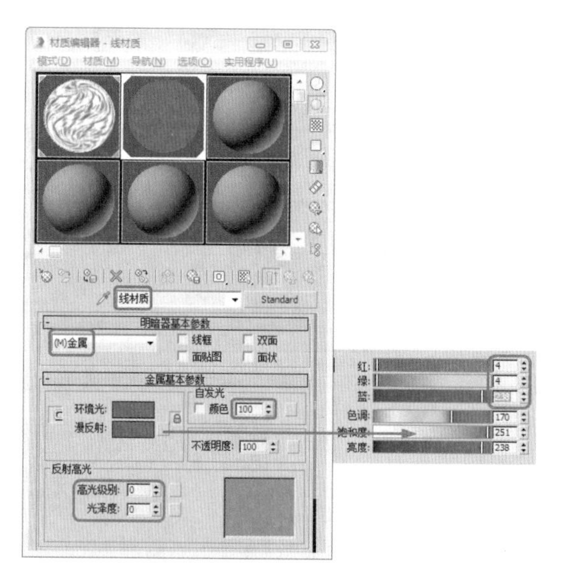

图 14-37　设置线材质

单击【将材质指定给选定对象】按钮，将该材质指定给场景中的选择对象。

案例精讲 154　设置背景、材质动画

作为动画来说，如果没有一个好的背景来衬托，那么它就会失去其本身带来的动感力，背景除了使用静态图片外，还可以为背景图片设置简单的动态效果，在下面的操作中将介绍背景动画的设置。

案例文件：CDROM \ Scenes \ Cha14\ 节目片头 OK.max

视频文件：案例精讲 154　设置背景、材质动画 .avi

(1) 在菜单栏中选择【渲染】|【环境】命令，打开【环境和效果】对话框，在【背景】选项组中单击【环境贴图】下的贴图按钮，在打开的【材质 / 贴图浏览器】中选择【位图】贴图，单击【确定】按钮，选择随书附带光盘中的“CDROM\Map\Space017.tif”文件，单击【打开】按钮，如图 14-38 所示。

(2) 在【环境和效果】对话框中，选择【环境贴图】按钮，将它拖曳至【材质编辑器】中的一个新的材质样本球上，在弹出的对话框中选中【实例】单选按钮，单击【确定】按钮，如图 14-39 所示。

图 14-38　添加背景

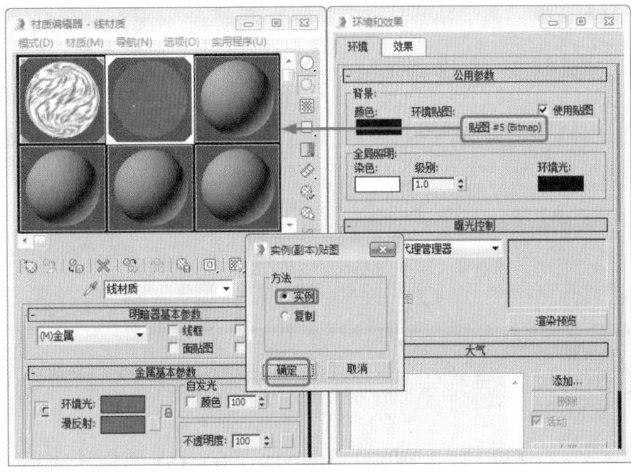

图 14-39　设置背景

(3) 关闭【环境和效果】对话框，激活【材质编辑器】，在【位图参数】卷展栏中选中【裁剪 / 放置】选项组中的【应用】复选框，单击【查看图像】按钮，在打开的【指定裁剪 / 放置】对话框中调整它的裁剪区域，如图 14-40 所示。

(4) 将时间滑块调至第 200 帧的位置，打开【自动关键点】按钮，调整裁剪区域的位置，如图 14-41 所示。

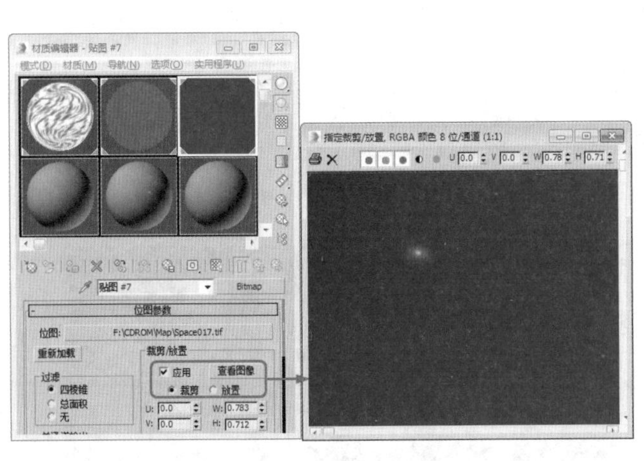

图 14-40　调整裁剪区域

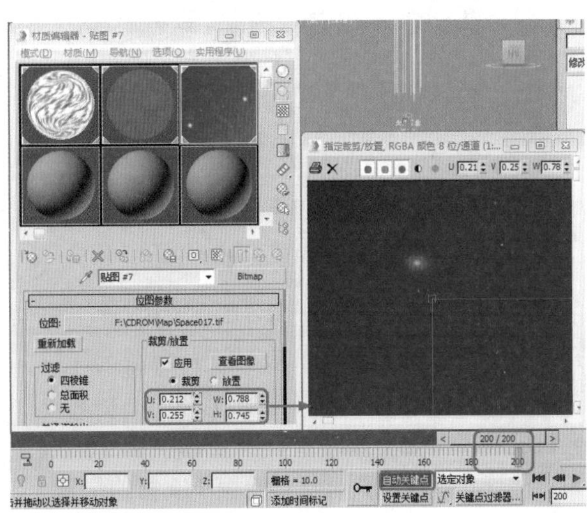

图 14-41　设置背景动画

(5) 选择第一个材质样本球，将时间滑块调至第 200 帧的位置，在【坐标】卷展栏中将【偏移】下的 U、V 都设置为 2，关闭【自动关键点】按钮，如图 14-42 所示。

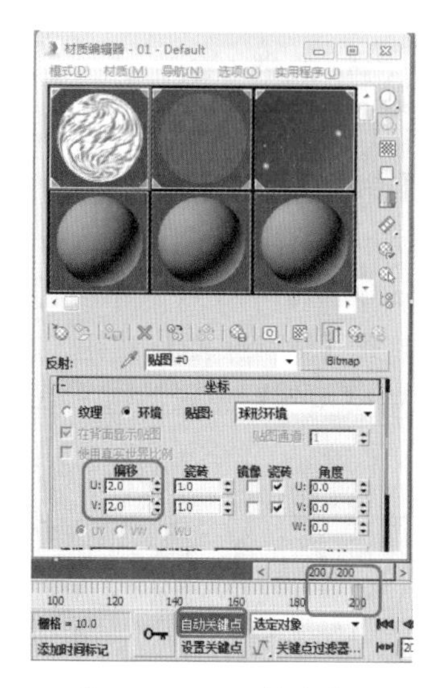

图 14-42　设置材质动画

案例精讲 155　创建点辅助对象并设置动画

辅助工具是一系列起到辅助制作功能的特殊物体，它们本身不能进行渲染，但是起着举足轻重的作用。

案例文件：CDROM \ Scenes \ Cha14\ 节目片头 OK.max

视频文件：视频教学 \ Cha14 \ 案例精讲 155　创建点辅助对象并设置动画 .avi

(1) 选择【创建】|【辅助对象】|【点】工具，在【前】视图中图 14-43 所示的位置创建一个点辅助对象。

(2) 按住 Shift 键对点对象进行移动复制，复制多个点辅助对象，如图 14-44 所示。

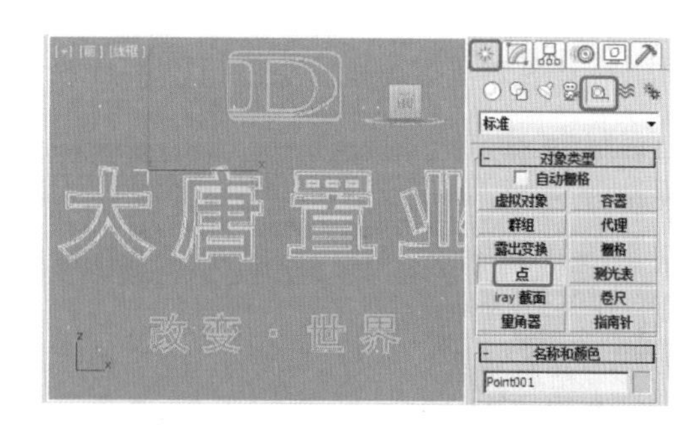

图 14-43　创建点对象

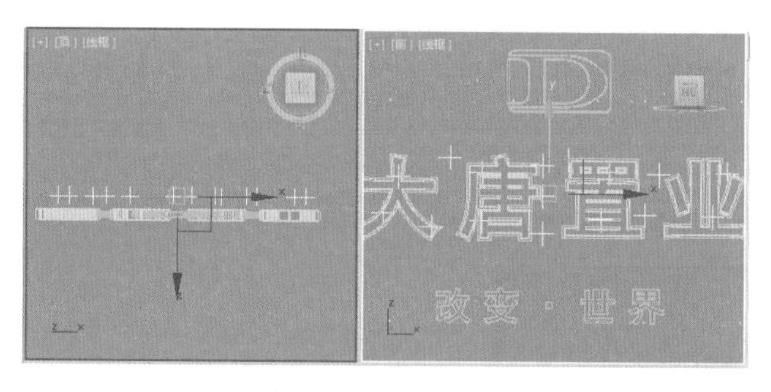

图 14-44　复制点对象

(3) 将时间滑块调至第 175 帧的位置，打开【自动关键点】按钮，在【顶】视图选择所有点辅助对象，将其沿 Y 轴向下移动，移到摄像机的镜头外面，然后关闭【自动关键点】按钮，将第 0 帧处的关键点调至第 140 帧的位置，如图 14-45 所示。

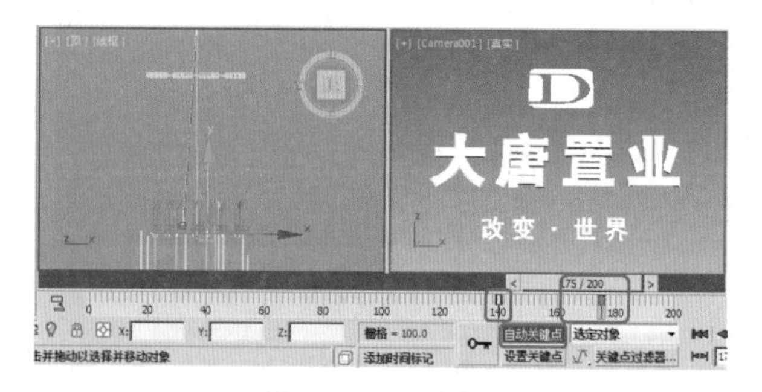

图 14-45　设置动画

案例精讲 156 设置光晕、光斑特效

光晕特效是一个很有用的镜头特效过滤器，它可以对物体表面进行灼烧处理，产生一层光晕效果，从而使物体更鲜艳。光斑特效则是一个很复杂的过滤器，使用它可以制作出丰富绚丽的光斑效果。

案例文件：CDROM \ Scenes \ Cha14\ 节目片头 OK.max

视频文件：视频教学 \ Cha14 \ 案例精讲 156 设置光晕、光斑特效 .avi

(1) 在菜单栏中选择【渲染】|【视频后期处理】命令，打开视频合成器，单击【添加场景事件】按钮，打开【添加场景事件】对话框，在【视图】选项组中选择默认的摄像机视图，单击【确定】按钮，如图 14-46 所示。

(2) 单击【编辑过滤事件】按钮，打开【编辑过滤事件】对话框，在【过滤器插件】选项组中选择【镜头效果光晕】事件，单击【确定】按钮，如图 14-47 所示。

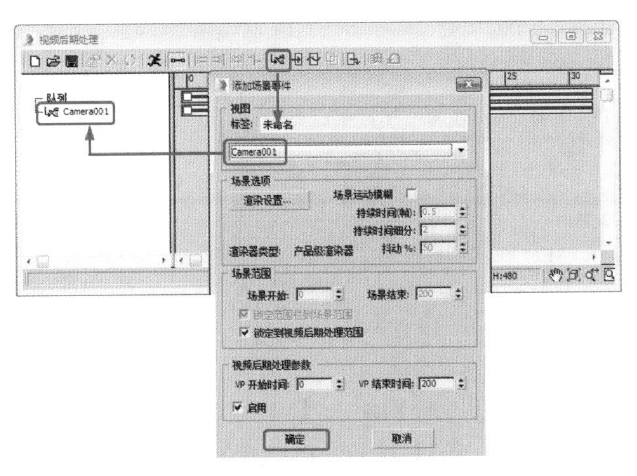

图 14-46 添加场景事件

图 14-47 添加光晕事件

(3) 使用同样的方法，再添加一个【镜头效果光斑】事件，如图 14-48 所示。

(4) 单击【添加图像输出事件】按钮，打开【添加图像输出事件】对话框，单击【文件】按钮，在打开的对话框中选择它的保存路径，并为它命名，将保存格式定义为 .avi 格式，单击【保存】按钮，单击【确定】按钮，返回【添加图像输出事件】对话框，再单击【确定】按钮，返回视频合成器，如图 14-49 所示。

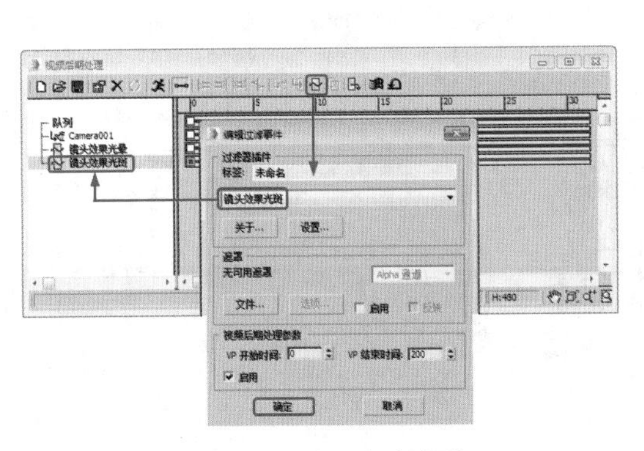

图 14-48 添加光斑事件

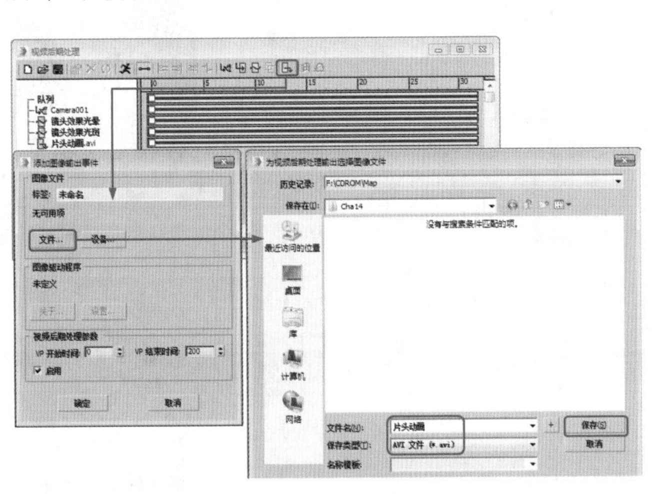

图 14-49 添加输出事件

(5) 在视频合成器中双击【镜头效果光晕】事件，在打开的对话框中单击【设置】按钮，进入【镜头效果光晕】控制面板，分别单击【VP 队列】和【预览】按钮，在【属性】选项卡中将【对象 ID】设置为 1；进入【首选项】选项卡，将【效果】选项组中的【大小】设置为 0.1，在【颜色】选项组中选中【渐变】单选按钮，单击【确定】按钮返回视频合成器，如图 14-50 所示。

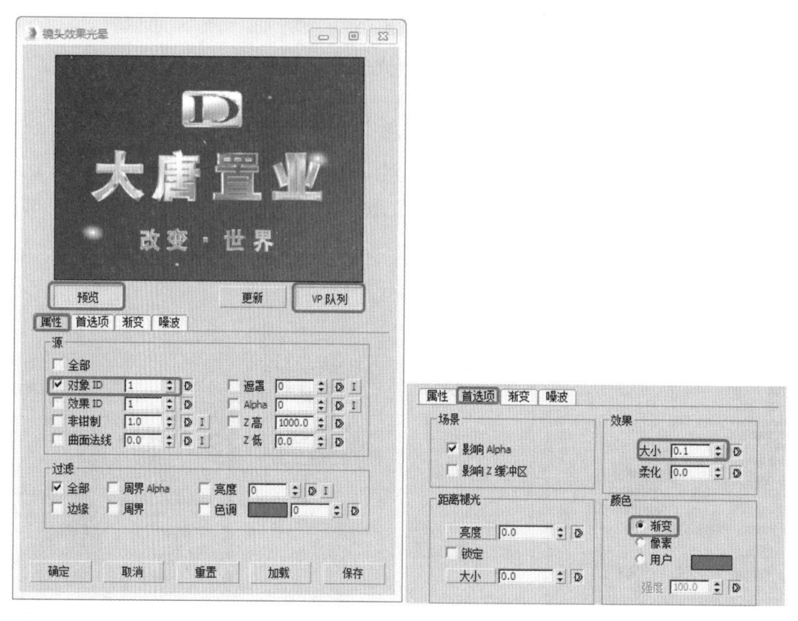

图 14-50　设置光晕事件

(6) 双击【镜头效果光斑】事件，进入镜头效果光斑控制面板，分别单击【VP 队列】和【预览】按钮，在【镜头光斑属性】选项组中将【挤压】设置为 0，单击【节点源】按钮，在打开的【选择光斑对象】对话框中选择所有的点辅助对象，单击【确定】按钮，在【首选项】面板中选中相应的特效复选框，如图 14-51 所示。

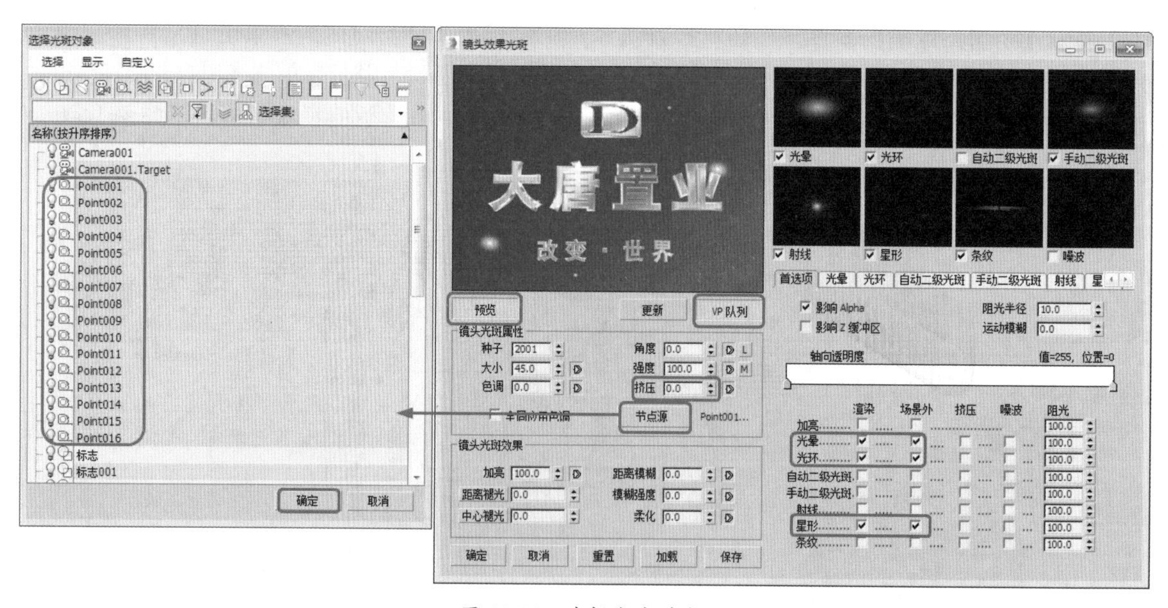

图 14-51　选择光斑对象

(7) 进入【光晕】面板，将【大小】设置为 15，将【径向颜色】轴上色标的 RGB 值都设置为 255、255、255，如图 14-52 所示。

(8) 进入【光环】命令面板，将【大小】设置为 10，【厚度】设置为 2，将【径向颜色】轴上色标的 RGB 值都设置为 255、255、255，如图 14-53 所示。

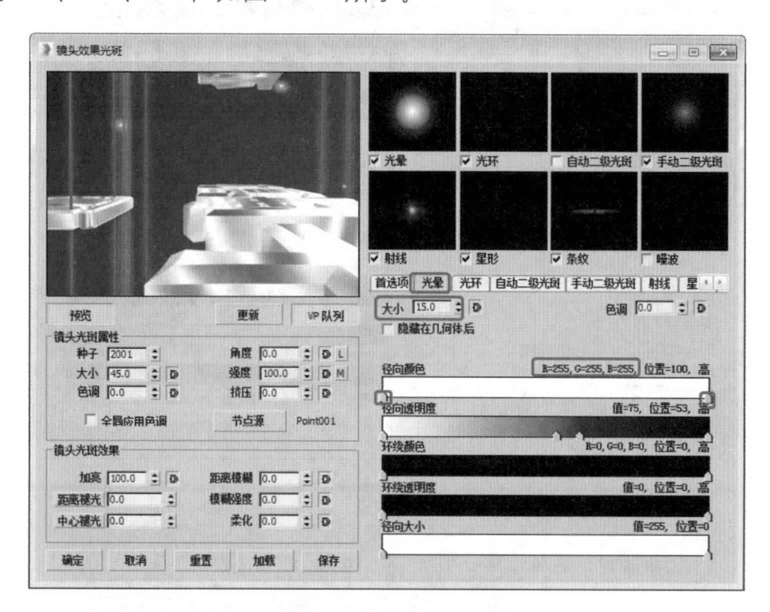

图 14-52 设置光晕参数

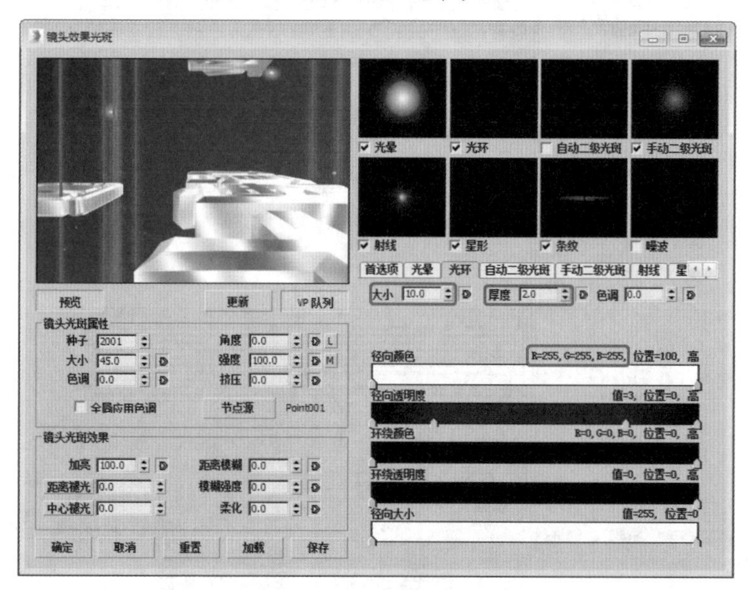

图 14-53 设置光环参数

(9) 进入【星形】命令面板，将【大小】、【角度】、【数量】和【宽度】分别设置为 35、10、8、10；将【锐化】、【锥化】分别设置为 9、2.5；将【径向颜色】轴上色标的 RGB 值均设置为 255、255、255，如图 14-54 所示。

(10) 设置完成后单击【确定】按钮返回视频合成器，选择【镜头效果光斑】事件，将该事件的开始位置调至第 140 帧的位置，如图 14-55 所示。

(11) 单击【执行序列】按钮，打开【执行视频后期处理】对话框，选中【时间输出】选项组中的【范围】单选按钮，将【输出大小】定义为 320×240，然后单击【渲染】按钮输出动画，如图 14-56 所示。

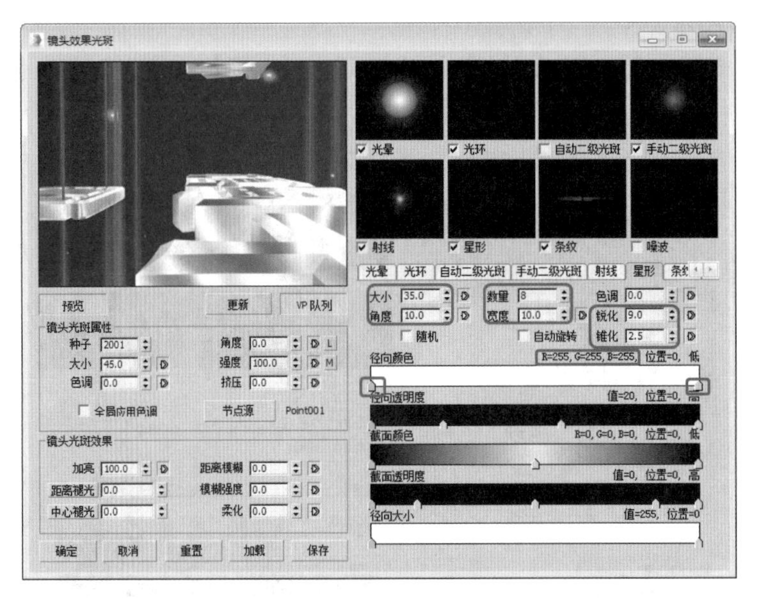

图 14-54　设置星形参数

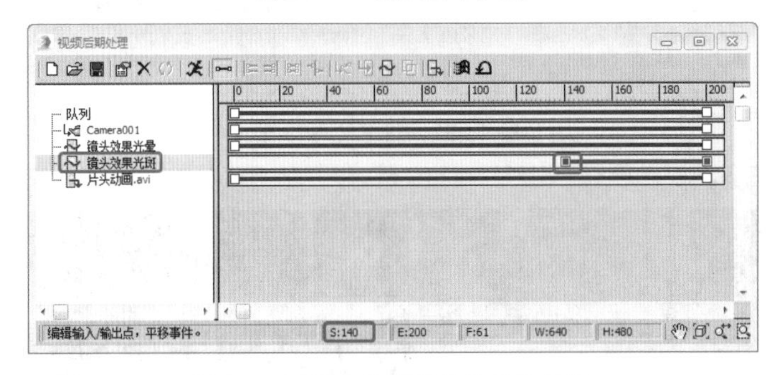

图 14-55　调整光斑事件的开始位置

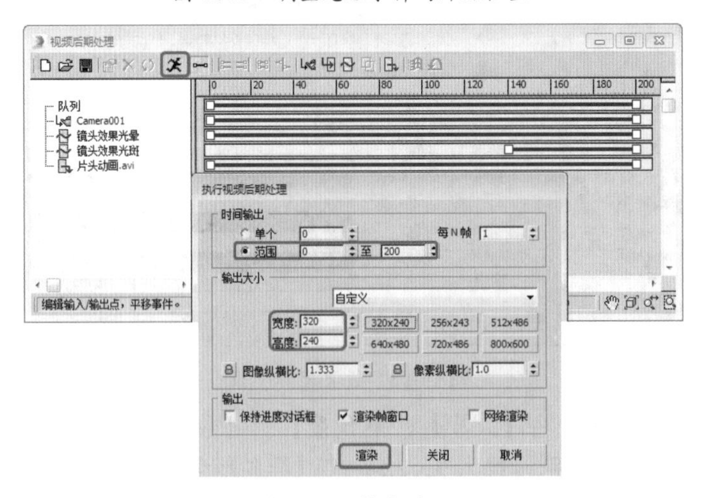

图 14-56　输出动画

第15章 海底美人鱼动画

本章重点

- 修改人物模型为人鱼模型
- 设置人鱼材质
- 合并人鱼
- 将人鱼绑定到运动路径
- 创建气泡
- 创建摄影机和灯光
- 渲染输出场景

关于人鱼的传说很多，有的神秘，有的浪漫。按传统说法，美人鱼以腰部为界，上半身是女人，下半身是披着鳞片的漂亮的鱼尾，整个躯体，既富有诱惑力，又便于迅速逃遁。本例的构思是在一片有阳光照射的海底，美人鱼在海水中畅游的场景。

案例精讲 157　修改人物模型为人鱼模型【视频案例】

本例将介绍如何将人物模型修改为人鱼模型。首先将人物模型的左半部和下身删除，然后通过使用【选择并移动】、【选择并均匀缩放】、【选择并旋转】工具对边和顶点的调整，调整出人鱼的下半身，最后为模型添加【对称】修改器，完成人鱼模型。

案例文件：CDROM\Scenes\Cha15\ 人鱼模型 OK.max
视频文件：视频教学 \ Cha15\ 修改人物模型为人鱼模型 .avi

案例精讲 158　设置人鱼材质【视频案例】

下面介绍人鱼材质的制作，通过上一实例为对象添加的 ID 将材质设置为【多维 / 子材质】，然后分别对各个 ID 材质进行设置，设置完成后将材质指定给人鱼对象。

案例文件：CDROM\Scenes\Cha15\ 设置人鱼模型 OK.max
视频文件：视频教学 \ Cha15\ 修改人物模型为人鱼模型 .avi

案例精讲 159　合并人鱼【视频案例】

下面将介绍如何通过【合并】命令将制作好的人鱼模型导入到新的场景中。

案例文件：CDROM\Scenes\Cha15\ 海底美人鱼 OK.max
视频文件：视频教学 \ Cha15\ 合并人鱼 .avi

案例精讲 160　将人鱼绑定到运动路径【视频案例】

将对象绑定到路径上，然后通过为对象添加关键帧，使对象沿着一定路径运动，这样可以提高工作效率。本例将介绍如何将人鱼绑定到运动路径。

案例文件：CDROM\Scenes\Cha15\ 海底美人鱼 OK.max
视频文件：视频教学 \ Cha15\ 将人鱼绑定到运动路径 .avi

案例精讲 161　创建气泡【视频案例】

本例将介绍如何制作出海底气泡。首先创建喷射粒子，然后设置粒子系统参数，最后为粒子系统指定材质。

案例文件：CDROM\Scenes\Cha15\ 海底美人鱼 OK.max
视频文件：视频教学 \ Cha15\ 创建气泡 .avi

案例精讲 162 创建摄影机和灯光【视频案例】

本例将介绍如何创建摄影机和灯光。摄影机好比人的眼睛，通过摄影机的调整可以看清楚海底美人鱼的运动及气泡。

案例文件：CDROM\Scenes\Cha15\海底美人鱼 OK.max

视频文件：视频教学 \ Cha15\ 创建摄影机及灯光 .avi

案例精讲 163 渲染输出场景【视频案例】

渲染是基于模型的材质和灯光位置,以摄影机的角度利用计算机计算每一个像素着色位置的全过程。在前面所制作的模型及材质、灯光的作用等效果，都是在经过渲染之后才能更好地表达出来。

案例文件：CDROM\Scenes\Cha15\海底美人鱼 OK.max

视频文件：视频教学 \ Cha15\ 渲染输出场景 .avi

第16章 动画片段制作技巧——小桥流水

本章重点

- 创建模型场景
- 设置材质
- 设置动画
- 创建灯光
- 创建摄影机
- 渲染动画

在 3ds Max 中不仅能够创建模型对象，还可以设置模型动画，使场景变得更加生动。3ds Max 中强大的动画特效功能对于动画爱好者来说是最引人注目的地方。本章将以一个动画片段为例，介绍动画制作方面的技巧。

案例精讲 164 创建模型场景【视频案例】

本例将通过使用【四边形面片】工具并配合【编辑面片】制作陆地模型，然后添加【置换】修改器，为其添加位图贴图。创建河流时，首先使用【四边形面片】工具制作河流面片，为其添加【置换】修改器，然后在【材质编辑器】中设置其【噪波】贴图，最后使用【线】工具绘制河流路径并使用【路径变形 (WSM)】修改器将河流面片添加到路径上。创建石头模型时，使用【球体】工具并添加 FFD 3×3×3 和【噪波】修改器创建石头模型。使用【球体】工具并进行适当缩放，然后添加【法线】修改器完成天空模型的创建。创建花瓣模型时，使用【长方体】工具并添加【编辑网格】修改器，调整花瓣模型顶点，然后为其添加【UVW 贴图】和【弯曲】修改器，最后复制花瓣并绘制花瓣流动路径。创建木桥模型时，使用【弧】工具绘制桥面路径，使用【长方体】工具制作木板并配合【路径约束】控制器和【快照】命令制作桥面，然后使用【长方体】工具继续创建木桥的支架，最后将木桥成组。

案例文件： CDROM \ Scenes \ Cha16\ 小桥流水 .max

视频文件： 视频教学 \ Cha16\ 创建模型场景 .avi

案例精讲 165 设置材质【视频案例】

本例将为场景中的模型设置材质，在材质编辑器中，主要使用了【合成】贴图、【遮罩】贴图、【噪波】贴图、【薄壁折射】贴图和【位图】贴图。

案例文件： CDROM \ Scenes \ Cha16\ 小桥流水 .max

视频文件： 视频教学 \ Cha16\ 设置材质 .avi

案例精讲 166 设置动画【视频案例】

本例将为场景中的模型设置动画关键帧。首先在【材质编辑器】中设置河流流动的关键帧动画，然后设置花瓣流动动画，并在曲线编辑器中设置花瓣旋转动画。

案例文件： CDROM \ Scenes \ Cha16\ 小桥流水 .max

视频文件： 视频教学 \ Cha16\ 设置动画 .avi

案例精讲 167 创建灯光【视频案例】

本例将在场景中创建四盏泛光灯。灯光创建完成后，设置其【倍增】参数，然后设置其中一盏灯光的排除对象。

案例文件： CDROM \ Scenes \ Cha16\ 小桥流水 .max

视频文件： 视频教学 \ Cha16\ 创建灯光 .avi

案例精讲 168 创建摄影机【视频案例】

本例将创建目标摄影机，并设置摄影机移动的动画关键帧。

案例文件：CDROM \ Scenes \ Cha16\ 小桥流水 . max
视频文件：视频教学 \ Cha16\ 创建摄影机 . avi

案例精讲 169 渲染动画【视频案例】

本例将介绍动画制作的最后步骤——渲染动画。通过在【渲染场景】对话框中设置相关的渲染参数，最后输出动画。

案例文件：CDROM \ Scenes \ Cha16\ 小桥流水 . max
视频文件：视频教学 \ Cha16\ 渲染动画 . avi

第17章 产品广告的制作——中草药牙膏

本章重点

- 制作牙膏
- 动画的设置
- 视频特效的设置

图 17-1　中草药牙膏效果

在本章将制作一个牙膏广告的动画，牙膏筒与牙膏盒在旋转的过滤中会有几个光圈围绕，并且为了突出动画的主题，还在动画中加入了晶莹剔透的水滴效果。

其中牙膏盒可以使用简单的长方体来创建，通过不同的 ID 号来为它设置多维次物体材质。而牙膏筒则可以使用放样来创建，通过放样的变形工具来调整它的最终形状。光圈的光效则需要使用 Video Post 视频合成器中的光晕过滤器来实现。

在这个动画中，从第 0 ~ 30 帧之间只能看到随着镜头的移动旋转的牙膏筒、移动的水滴以及旋转的光圈；在第 30 帧牙膏盒开始逐渐显示出来，到第 80 帧位置处，牙膏盒完全显示，并且牙膏筒与牙膏盒以及光圈等都停止旋转；在第 80 帧之后，光圈便呈不可见状态了。

案例精讲 170　基本对象的制作

通过上面的讲解，大家对模型以及材质之间的关系有了一个基本的了解。下面将通过实际的操作来学习产品广告中产品模型的表现技法。

案例文件：CDROM \ Scenes \ Cha17\ 中草药牙膏 . max

视频文件：视频教学 \ Cha17 \ 案例精讲 170　基本对象的制作 . avi

(1) 运行 3ds Max 2016 软件。

(2) 激活【顶】视图，选择【创建】 |【几何体】 |【长方体】工具，在视图中心创建一个立方体，将它命名为【牙膏盒】，在【参数】卷展栏中将它的【长度】、【宽度】、【高度】参数分别设置为 45、190、37，如图 17-2 所示。

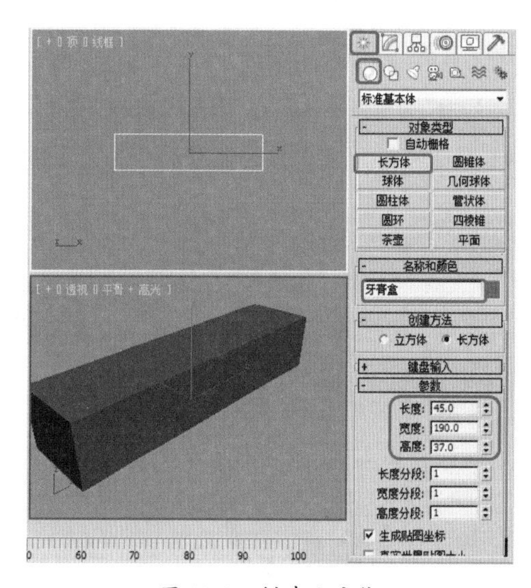

图 17-2　创建立方体

案例精讲 171　对象材质 ID 号的设置

为了获得逼真的表面效果，最重要的一点就是适当地将对象表面划分，如果在定义三维模型时不仔细处理这个问题，图像贴图将会不能达到你最终的输出要求。

关于对象材质 ID 号的设置是基于为对象指定了【编辑网格】修改器的基础上进行的。由于对象的多边形面选择集在【编辑网格】修改器中分为两种类型，即 和 ，为了便于操作，可以选择 选择集来对长方体对象不同的面进行选择。

案例文件：CDROM \ Scenes \ Cha17\ 中草药牙膏 . max

视频文件：视频教学 \ Cha17 \ 案例精讲 171　对象材质 ID 号的设置 . avi

(1) 切换到【修改】 命令面板，在【修改器列表】中选择【编辑网格】修改器，如图 17-3 所示。

(2) 将当前选择集定义为【多边形】，在【顶】视图中选择多边形面，在【曲面属性】卷展栏中将【材质】选项组中的【设置 ID】参数设置为 1，如图 17-4 所示。

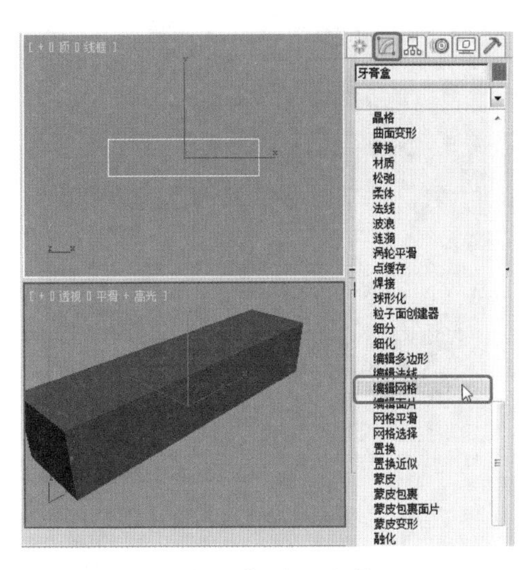

图 17-3　选择【编辑网格】修改器

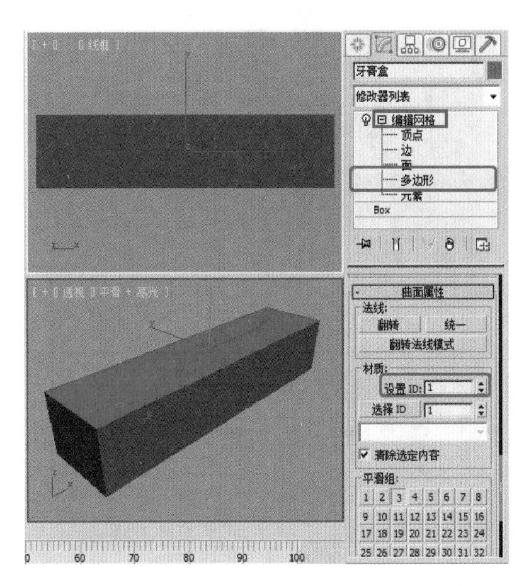

图 17-4　设置 ID1

(3) 在【前】视图中选择多边形面，在【曲面属性】卷展栏中将【材质】选项组中的【设置 ID】参数设置为 3，如图 17-5 所示。

(4) 在【前】视图左上角单击鼠标右键，在弹出的快捷菜单中选择【视图】|【后】命令，切换到【后】视图，在该视图中选择多边形面，在【曲面属性】卷展栏中将【材质】选项组中的【设置 ID】参数设置为 2，如图 17-6 所示。

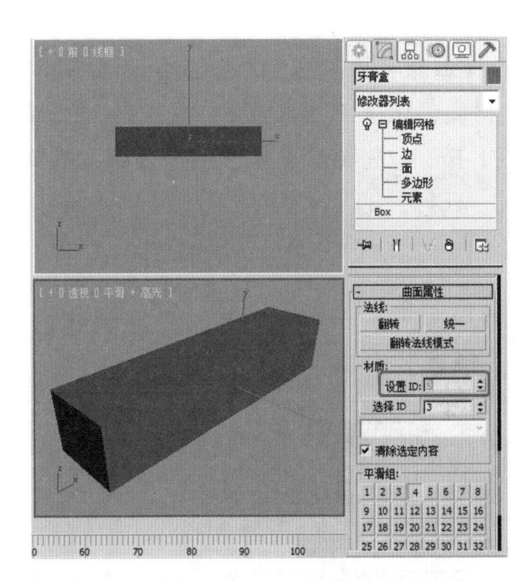

图 17-5　选择多边形面并【设置 ID】为 3

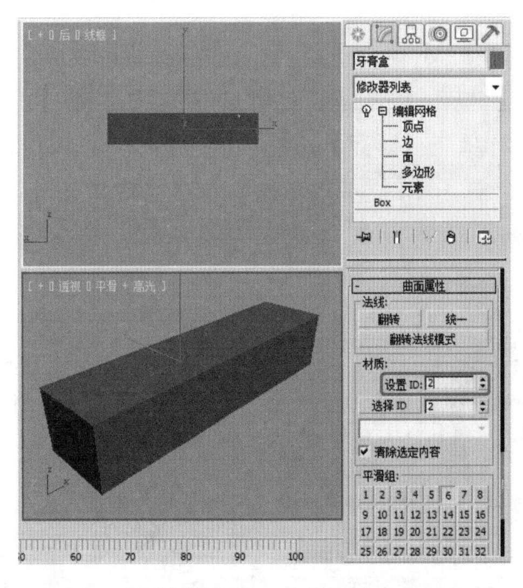

图 17-6　选择多边形面并【设置 ID】为 2

(5) 按 B 键，将当前视图转换为【底】视图，在该视图中选择多边形面，在【曲面属性】卷展栏中将【材质】选项组中的【设置 ID】参数设置为 4，如图 17-7 所示。

(6) 按 L 键，将当前视图转换为【左】视图。在【左】视图中框选立方体的两个侧面，将其 ID 号设置为 5，如图 17-8 所示，设置完成后关闭当前选择集。

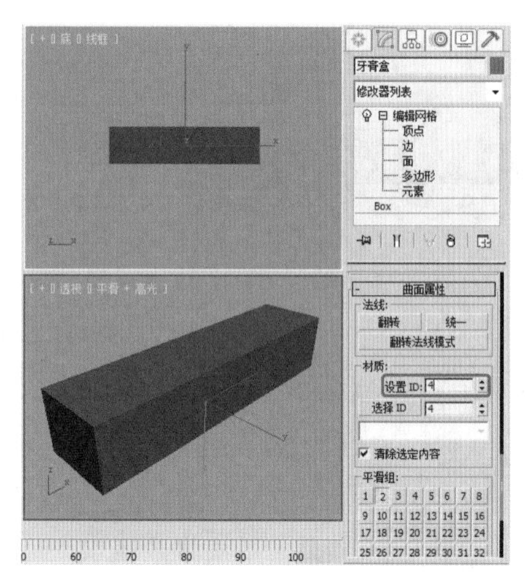

图 17-7　选择多边形面并【设置 ID】为 4

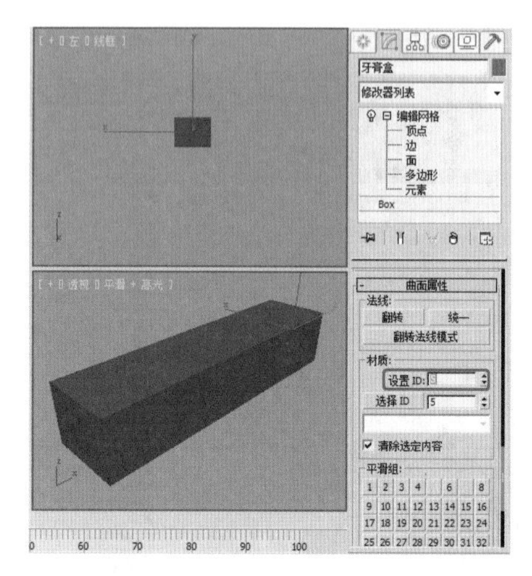

图 17-8　选择两侧的多边形面并设置 ID

案例精讲 172　设置多维次物体材质

【多维 / 子对象】材质可以将多个材质组合为一个复合式材质，分别指定给一个对象的次物体选择级别，根据编号相应地指定给不同面的集合，从而表现出多种材质位于同一个物体上的效果，在制作中经常使用。

案例文件：CDROM \ Scenes \ Cha17\ 中草药牙膏 .max

视频文件：视频教学 \ Cha17 \ 案例精讲 172　设置多维次物体材质 .avi

(1) 按 M 键，打开【材质编辑器】窗口，在第一个材质样本球名称的右侧单击 Standard 按钮，在打开的【材质 / 贴图浏览器】对话框中选择【多维 / 子对象】材质，如图 17-9 所示。

(2) 单击【确定】按钮，再在打开的对话框中单击【确定】按钮，将材质类型设置为多维次物体材质。在【多维 / 子对象基本参数】卷展栏中单击【设置数量】按钮，在打开的【设置材质数量】对话框中将【材质数量】设置为 5，如图 17-10 所示，单击【确定】按钮。

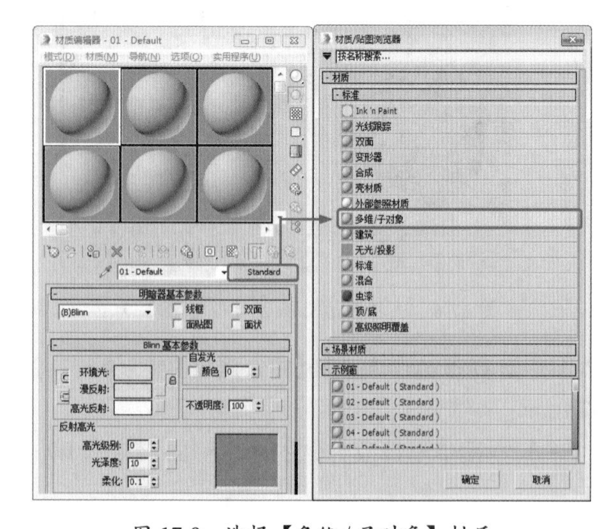

图 17-9　选择【多维 / 子对象】材质

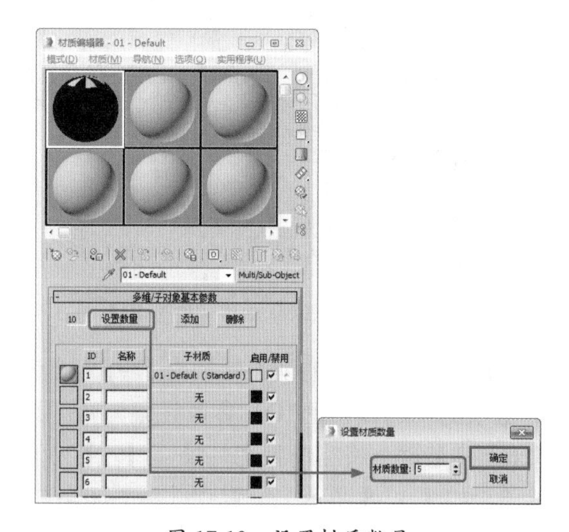

图 17-10　设置材质数量

(3) 将多维次物体材质命名为【牙膏盒】，单击【将材质指定给选定对象】按钮，将其指定给场景中的牙膏盒对象，然后单击 ID 下的 1 号材质后面的材质按钮，进入该子级材质面板中，在【明暗器基本参数】卷展栏中，将明暗器类型设置为 Phong，在【Phong 基本参数】卷展栏中将【自发光】值设置为 80，如图 17-11 所示。

(4) 在【贴图】卷展栏中单击【漫反射颜色】通道右侧的【无】按钮，在打开的【材质 / 贴图浏览器】对话框中选择【位图】贴图，单击【确定】按钮。再在打开的对话框中选择随书附带光盘中的“CDROM \ Map \ ID1.tif”文件，如图 17-12 所示，单击【打开】按钮。

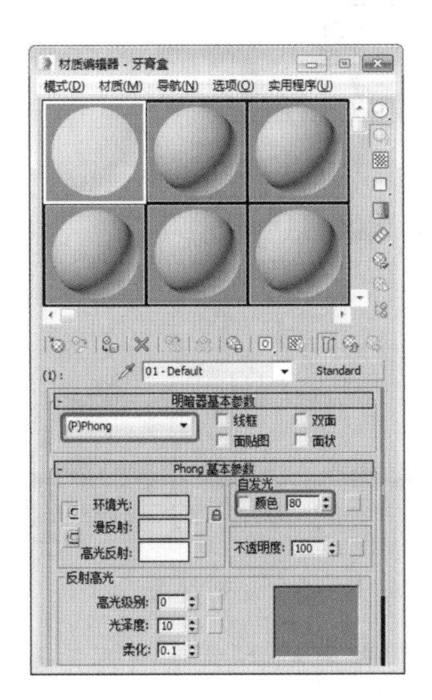

图 17-11　设置明暗器类型与自发光参数

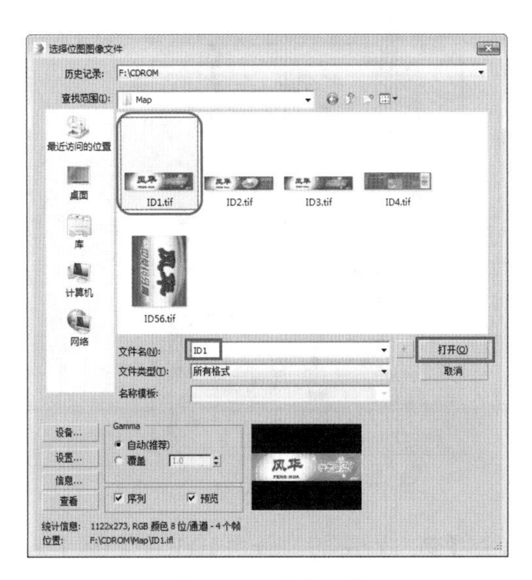

图 17-12　选择贴图

(5) 单击两次【转到父对象】按钮，选择 ID1 材质，按住鼠标将其拖曳至 ID2 右侧的【无】按钮上，在弹出的对话框中选中【复制】单选按钮，如图 17-13 所示。

(6) 单击【确定】按钮，单击 ID2 右侧的【无】按钮，在【贴图】卷展栏中单击【漫反射颜色】通道右侧的材质按钮，在打开的对话框中选择随书附带光盘中的“CDROM \ Map \ ID2.tif”文件，如图 17-14 所示，单击【打开】按钮。

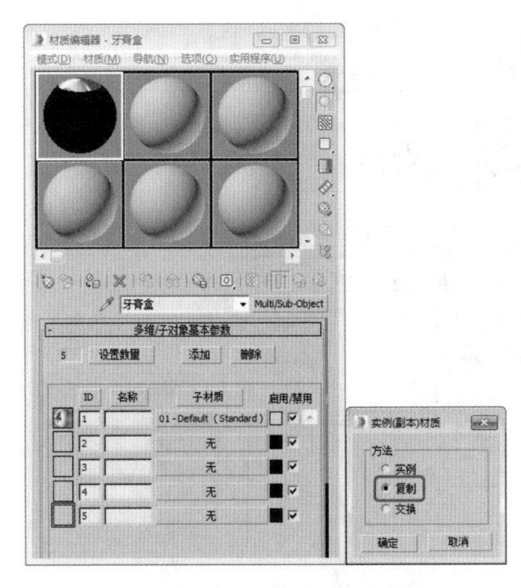

图 17-13　复制材质

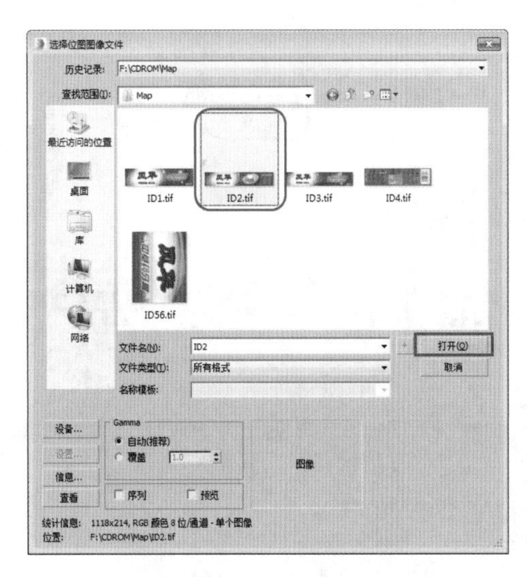

图 17-14　ID 2 材质的设置

(7) 在【坐标】卷展栏中将【角度】区域下的 W 值设置为 180，如图 17-15 所示。

(8) 单击两次【转到父对象】按钮，选择 ID1 材质，按住鼠标将其拖曳至 ID3 右侧的【无】按钮上，在弹出的对话框中选中【复制】单选按钮，如图 17-16 所示。

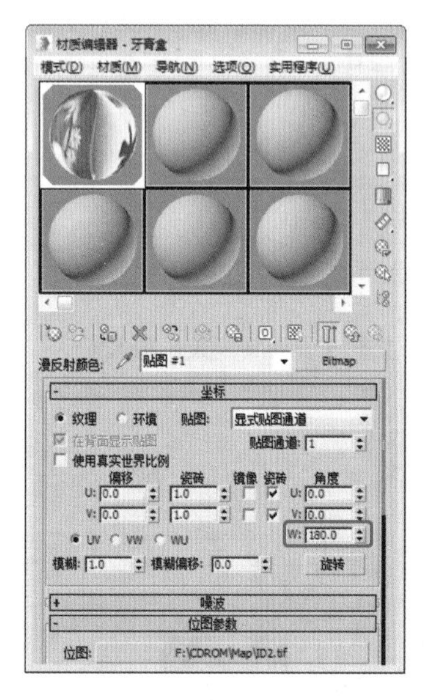

图 17-15　设置 W 值

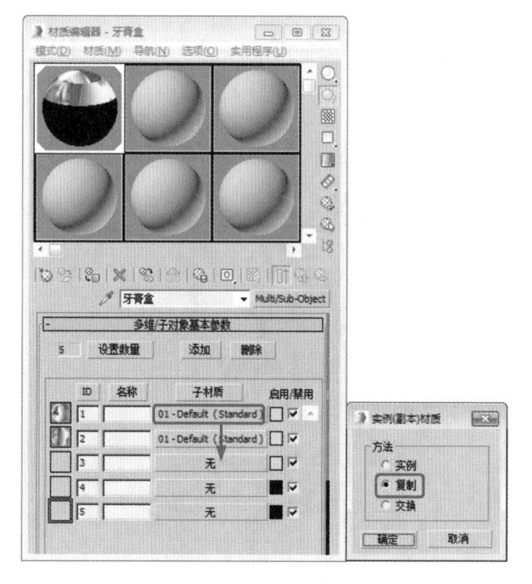

图 17-16　复制材质

(9) 单击【确定】按钮，单击 ID3 右侧的【无】按钮，在【贴图】卷展栏中单击【漫反射颜色】通道右侧的材质按钮，在打开的对话框中选择随书附带光盘中的“CDROM \ Map \ ID3.tif”文件，如图 17-17 所示，单击【打开】按钮。

(10) 单击两次【转到父对象】按钮，选择 ID2 材质，按住鼠标将其拖曳至 ID4 右侧的【无】按钮上，在弹出的对话框中选中【复制】单选按钮，如图 17-18 所示。

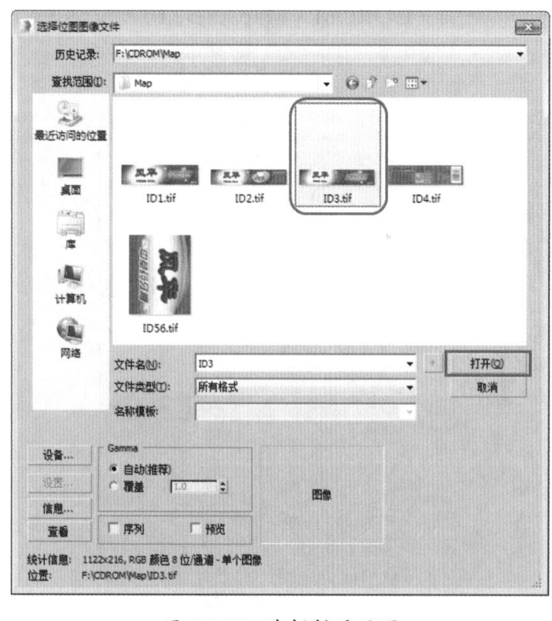

图 17-17　选择材质贴图

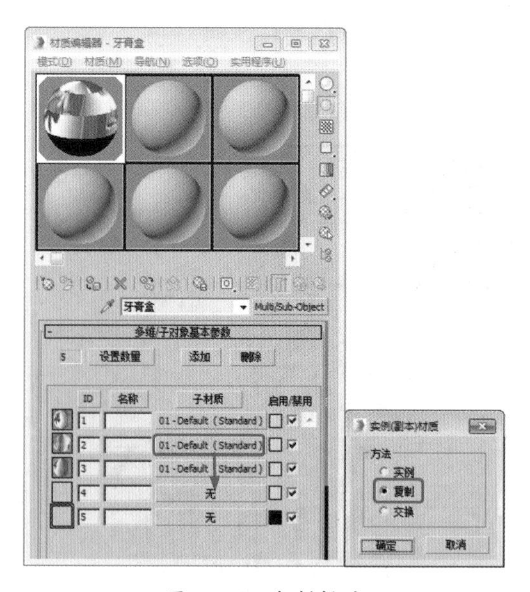

图 17-18　复制材质

(11) 单击【确定】按钮，单击 ID3 右侧的【无】按钮，在【贴图】卷展栏中单击【漫反射颜色】通道右侧的材质按钮，在打开的对话框中选择随书附带光盘中的 "CDROM \ Map \ ID4.tif" 文件，单击【打开】按钮，如图 17-19 所示。

(12) 单击两次【转到父对象】按钮，选择 ID1 材质，按住鼠标将其拖曳至 ID3 右侧的【无】按钮上，在弹出的对话框中选中【复制】单选按钮，单击【确定】按钮，并根据前面所介绍的方法替换贴图，如图 17-20 所示。

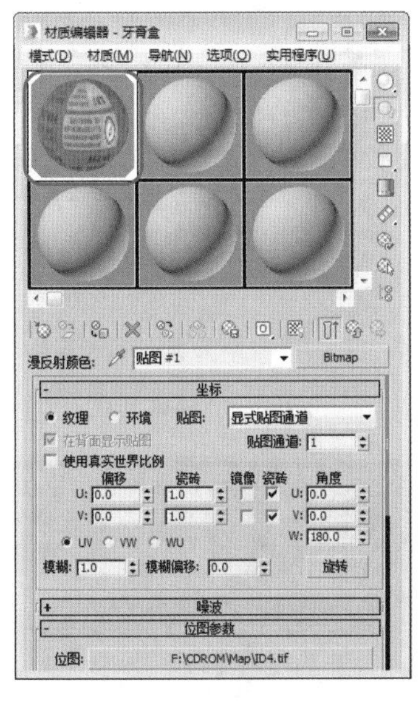

图 17-19 设置 ID4 材质

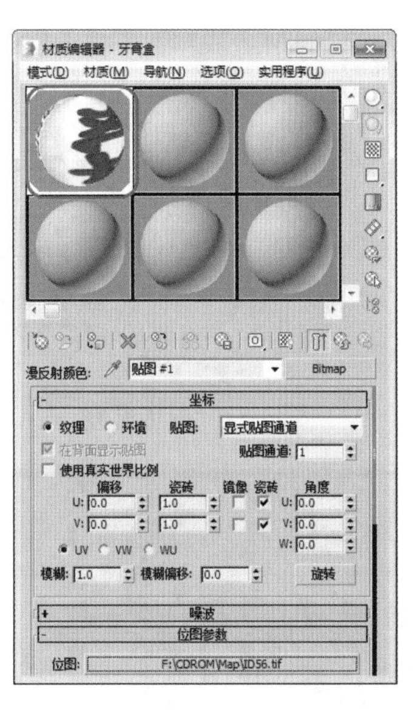

图 17-20 设置 ID5 材质

案例精讲 173 制作牙膏筒

【放样】有着非常强大的变形功能，使用放样来制作牙膏筒是最好的选择。

案例文件：CDROM \ Scenes \ Cha17\ 中草药牙膏 .max

视频文件：视频教学 \ Cha17 \ 案例精讲 173 制作牙膏筒 .avi

(1) 选择【创建】|【图形】|【圆】工具，在【左】视图中牙膏盒的中心创建一个【半径】为 15 的圆形，作为牙膏筒的放样截面，如图 17-21 所示。

(2) 选择【线】工具，在【前】视图中按照从左到右的顺序在牙膏盒的内侧创建一条直线段，作为牙膏筒的放样路径，如图 17-22 所示。

(3) 确认当前选择的为放样路径，选择【创建】|【几何体】|【复合对象】|【放样】工具，在【创建方法】卷展栏中单击【拾取图形】按钮，然后在【左】视图中选择作为放样截面的圆形图形，得到图 17-23 所示的筒状结构。

(4) 切换到【修改】命令面板，在【变形】卷展栏中单击【缩放】按钮，打开【缩放变形】窗口，单击【均衡】按钮取消 XY 轴的锁定。单击【插入角点】按钮，然后在变形曲线相应的位置添加一个控制点，并对其进行调整，如图 17-24 所示。

(5) 使用同样的方法添加其他角点，并对其进行调整，效果如图 17-25 所示。

(6) 关闭缩放变形窗口，在【修改器列表】中选择【UVW 贴图】修改器，在【参数】卷展栏中选择

【平面】贴图，然后在【对齐】选项组中选中 Y 单选按钮，并单击【适配】按钮，使线框与模型适配，如图 17-26 所示。

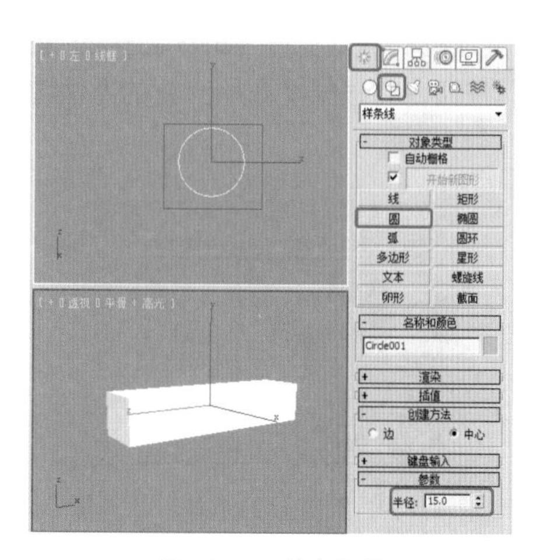

图 17-21　创建圆形

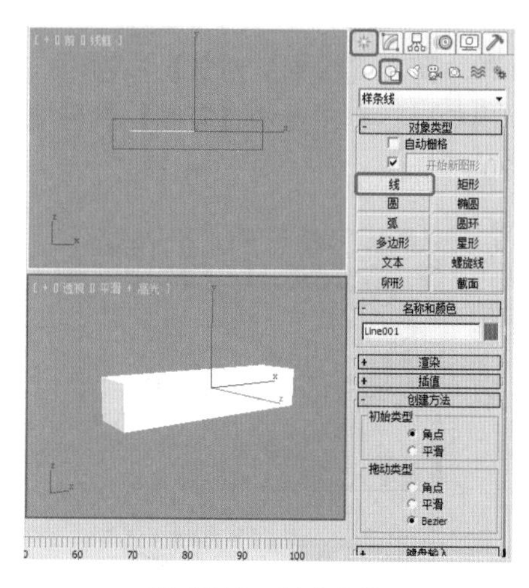

图 17-22　创建直线

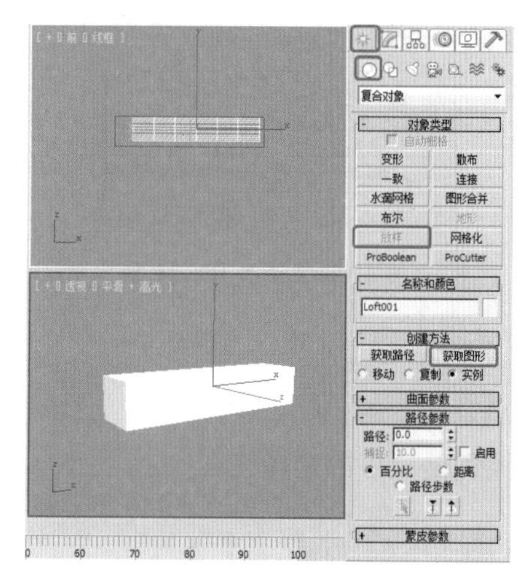

图 17-23　创建放样

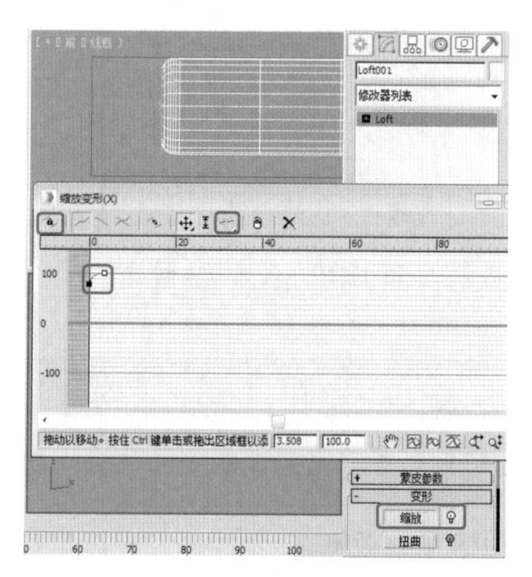

图 17-24　添加角点并调整

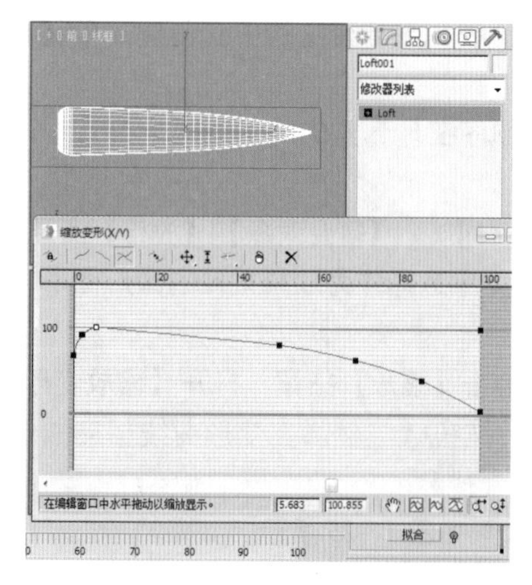

图 17-25　设置牙膏筒的形状

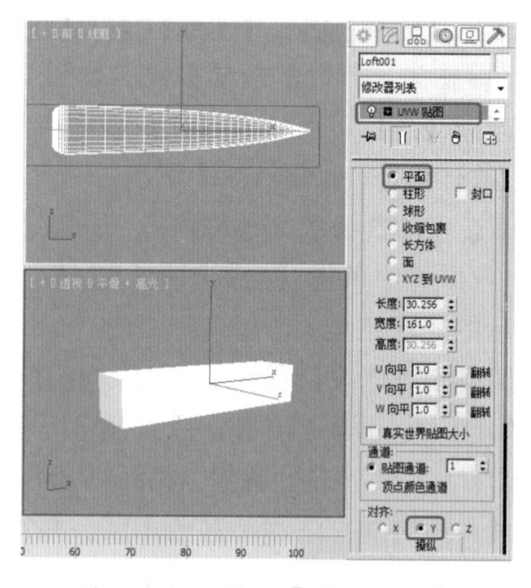

图 17-26　添加【UVW 贴图】

(7) 关闭当前选择集，在【修改器列表】中选择【锥化】修改器，在【参数】卷展栏中将【数量】值设置为 0.2，在【锥化轴】选项组中选中【主轴】区域下的【X】单选按钮，如图 17-27 所示。

(8) 确定该对象处于选中状态，按 M 键打开【材质编辑器】窗口，在该窗口中选择一个新的材质样本球，将其命名为【牙膏】，在【明暗器基本参数】卷展栏中，将明暗器类型设置为 Phong，在【Phong 基本参数】卷展栏中，将【高光级别】、【光泽度】分别设置为 5、25；将【自发光】值设置为 80，如图 17-28 所示。

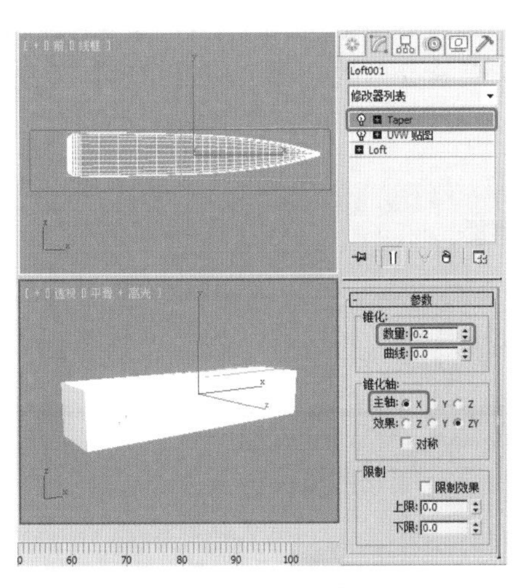

图 17-27 施加【锥化】修改器

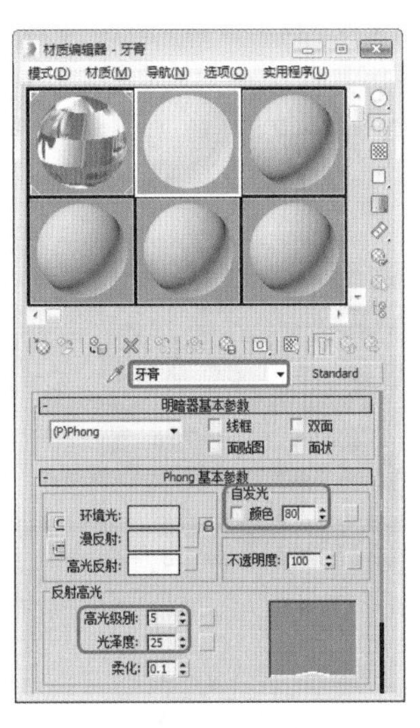

图 17-28 设置 Phong 参数

(9) 在【贴图】卷展栏中单击【漫反射颜色】通道右侧的【无】按钮，在打开的【材质/贴图浏览器】对话框中选择【位图】贴图，单击【确定】按钮。再在打开的对话框中选择随书附带光盘中的“CDROM \ Map \ facel.jpg”文件，单击【打开】按钮，如图 17-29 所示。

(10) 选择【创建】|【几何体】|【圆锥体】工具，在【左】视图中牙膏筒的中心创建一个圆锥体，将它命名为【牙膏盖】，然后在【参数】卷展栏中将它的【半径 1】、【半径 2】和【高度】分别设置为 8、6.5、15，并在视图中调整其位置。效果如图 17-30 所示。

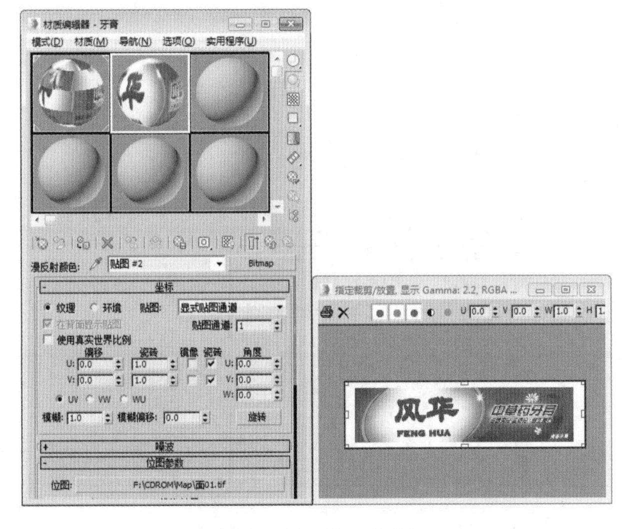

图 17-29 添加贴图

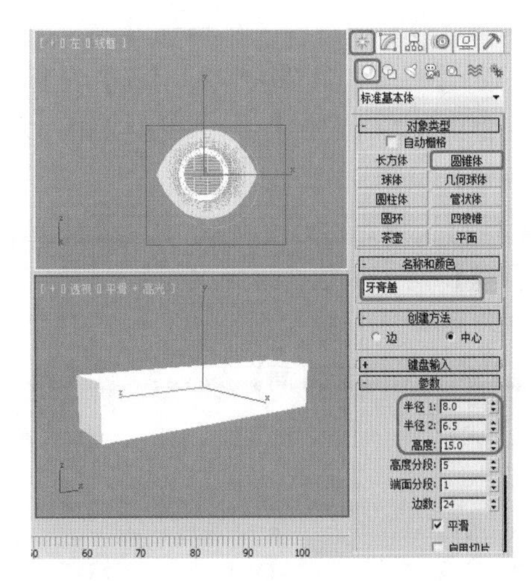

图 17-30 创建圆锥体

(11) 按 M 键，打开【材质编辑器】窗口，选择一个材质样本球，将其命名为【牙膏盖】，在【明暗器基本参数】卷展栏中，将明暗器类型设置为 Phong，在【Phong 基本参数】卷展栏中取消【环境光】与【漫反射】的锁定，将【环境光】的 RGB 值设置为 0、0、0，将【漫反射】、【高光反射】的 RGB 值均设置为 255、255、255；将【高光级别】、【光泽度】的参数分别设置为 90、25；将【自发光】值设置为 55，如图 17-31 所示。

(12) 打开【贴图】卷展栏，单击【漫反射颜色】通道右侧的【无】按钮，在打开的【材质 / 贴图浏览器】对话框中选择【位图】贴图，单击【确定】按钮。再在打开的对话框中选择随书附带光盘中的"CDORM \ Map \ Siding1.jpg"文件，单击【打开】按钮。进入漫反射颜色通道的位图层，在【坐标】卷展栏中将【瓷砖】下的 U、V 值分别设置为 1、5，取消【瓷砖】下面的 U 值复选框的选择；将【角度】下的 W 值设置为 90，如图 17-32 所示。

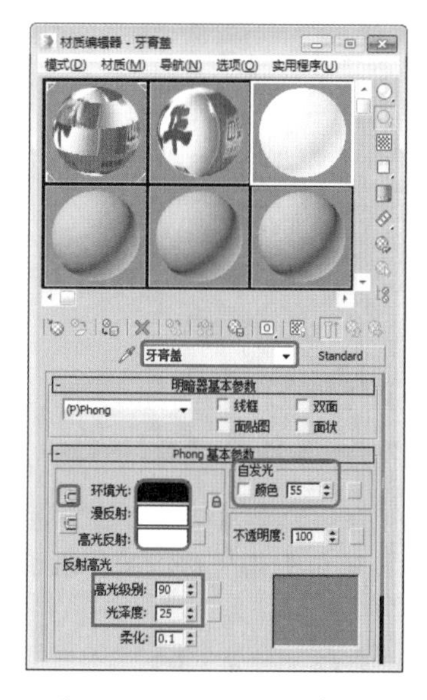

图 17-31　设置 Phong 参数

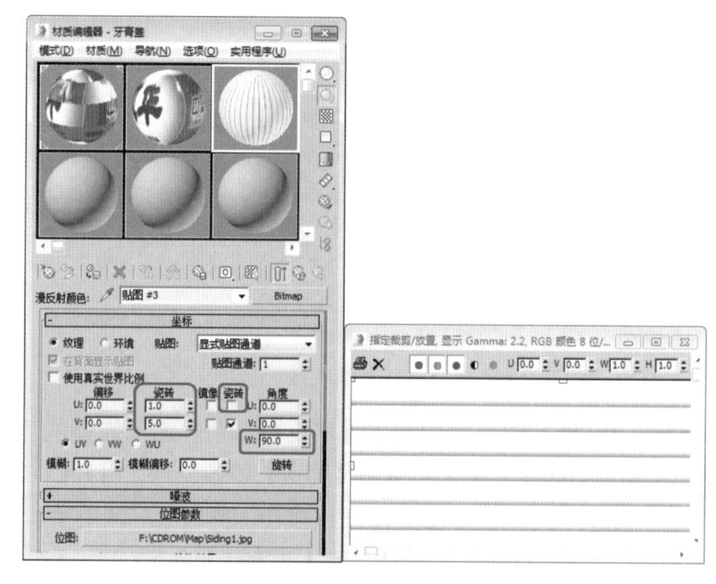

图 17-32　设置材质参数

(13) 单击【转到父对象】按钮，向上移动一个贴图层，在【贴图】卷展栏中将【凹凸】右侧的【数量】值设置为 150，按住鼠标拖动【漫反射颜色】右侧的贴图到【凹凸】通道右侧的【无】按钮上，在弹出的对话框中选中【实例】单选按钮，如图 17-33 所示，单击【确定】按钮。

(14) 将材质指定给选定对象，在场景中选择【牙膏】和【牙膏盖】两个对象，选择【组】|【成组】菜单命令，将选择的两个对象组成群组，在打开的对话框中将【组名】定义为【牙膏筒】，然后单击【确定】按钮，如图 17-34 所示。

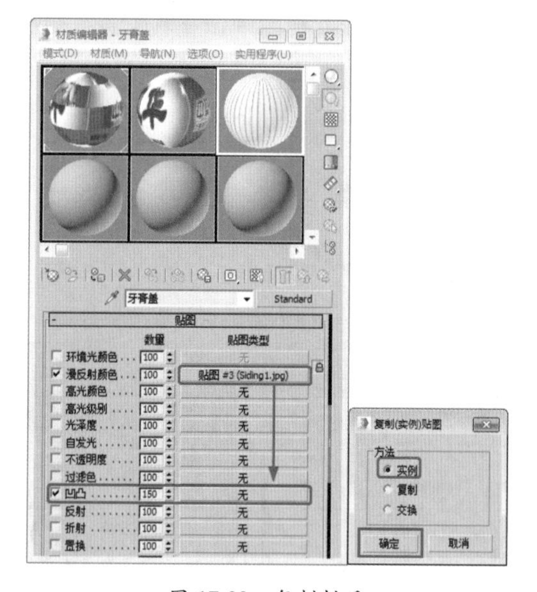

图 17-33　复制材质

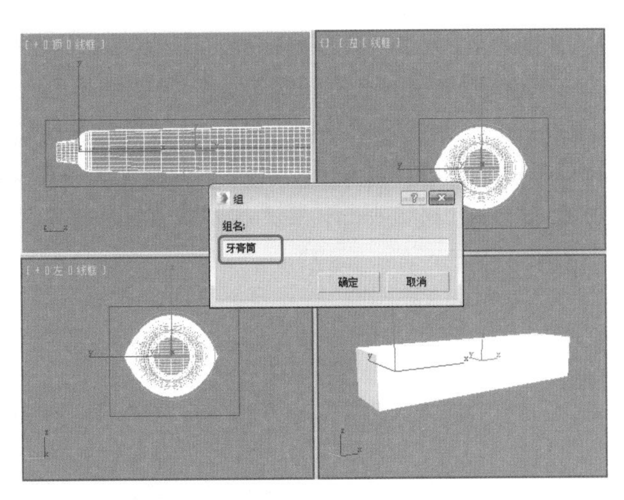

图 17-34 将选定对象进行成组

案例精讲 174 动画的设置与编辑

在制作动画时，使用单一的颜色背景会显得缺乏生动感，没有深度，而使用略有差异的同色系背景将会在增加生动感的同时让动画显得有深度。所以在这里将使用贴图来表现动画的背景，其中还包括如何设置并编辑动画效果。

案例文件：CDROM \ Scenes \ Cha17\ 中草药牙膏 . max

视频文件：视频教学 \ Cha17 \ 案例精讲 174 动画的设置与编辑 . avi

(1) 选择【创建】|【几何体】|【长方体】工具，在【前】视图中创建一个立方体，在【参数】卷展栏中将【长度】、【宽度】、【高度】的参数分别设置为 660、1000、1，将它命名为【背景】，如图 17-35 所示。

(2) 选中该对象，按 M 键，打开【材质编辑器】窗口，选择一个新的材质样本球，将它命名为【背景】，在【Blinn 基本参数】卷展栏中，将【自发光】值设置为 50，如图 17-36 所示。

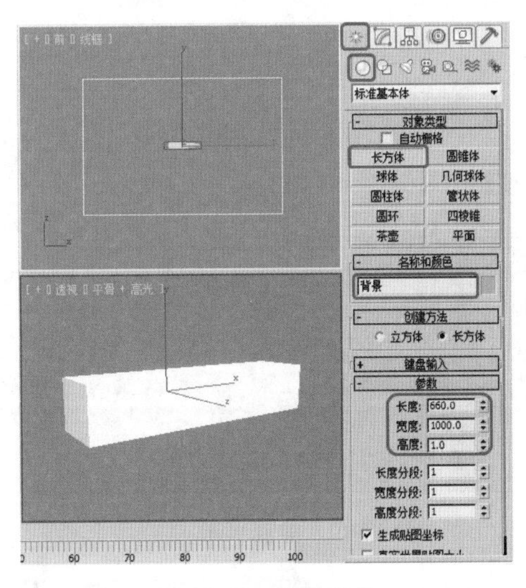

图 17-35 创建背景

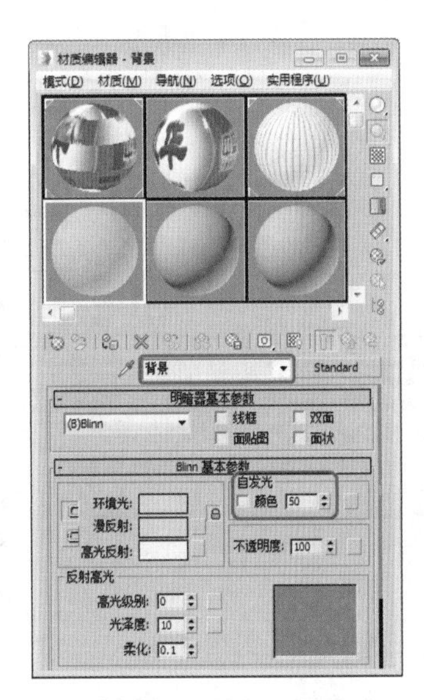

图 17-36 设置自发光参数

(3) 打开【贴图】卷展栏，单击【漫反射颜色】通道右侧的【无】按钮，在打开的【材质 / 贴图浏览器】对话框中选择【位图】贴图，单击【确定】按钮，在打开的对话框中选择 Background2.jpg 文件，单击【打开】按钮，如图 17-37 所示，单击【将材质指定给选定对象】按钮，将设置好的材质指定给场景中的背景对象。

(4) 选择【创建】|【摄影机】|【目标摄像机】工具，创建一架摄像机，在【参数】卷展栏中将【镜头】值设置为 53，激活【透视】视图，按 C 键，将该视图转换为摄像机视图，在其他视图中调整摄影机的位置，效果如图 17-38 所示。

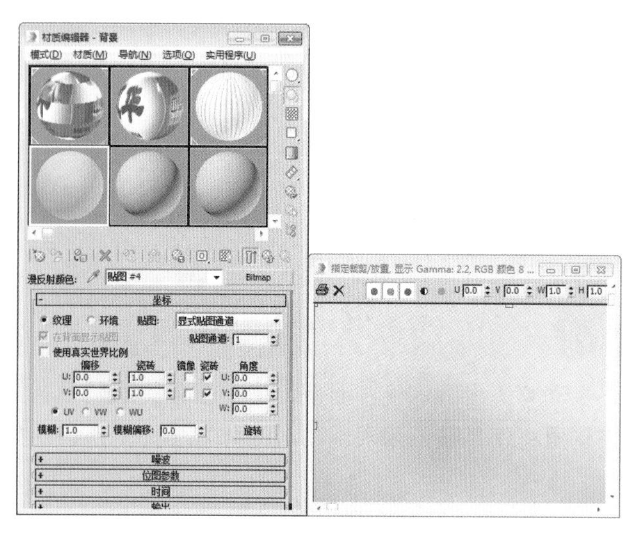

图 17-37　添加贴图

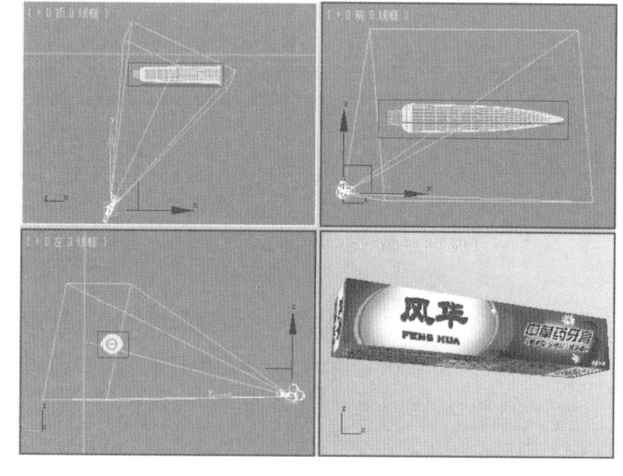

图 17-38　创建摄影机并进行调整

(5) 选择【创建】|【几何体】|【球体】工具，在【前】视图中牙膏盒的上面创建一个【半径】值为 3.5 的球体，将它命名为【水滴】，如图 17-39 所示。

(6) 在工具栏中右击【选择并均匀缩放】按钮，在打开的对话框中将【Y】轴设置为 130，如图 17-40 所示。

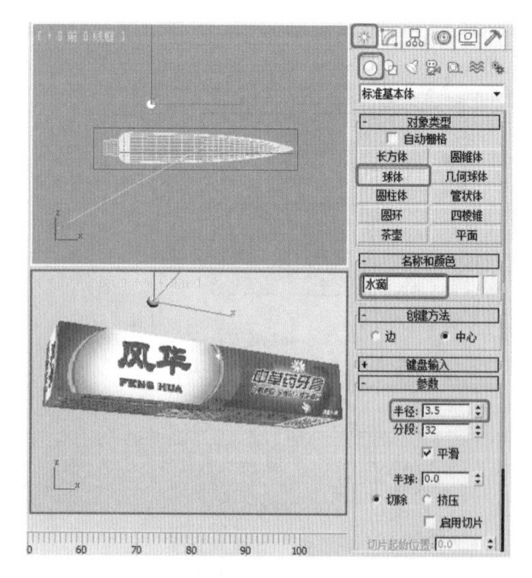

图 17-39　创建水滴

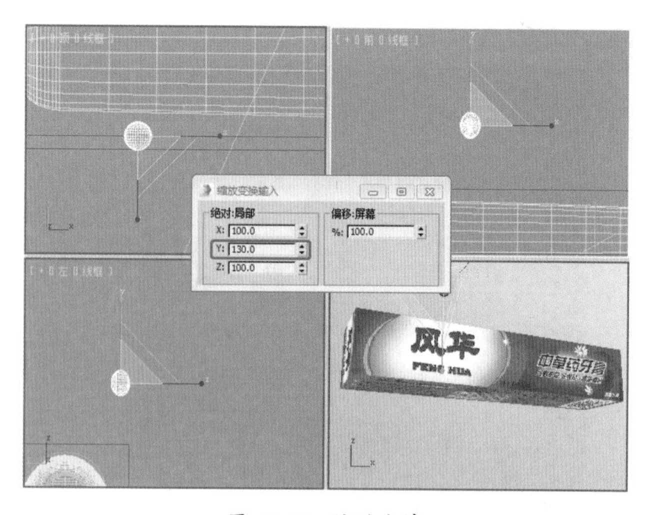

图 17-40　缩放水滴

(7) 选中该对象，按 M 键，打开【材质编辑器】窗口，选择一个新的材质样本球，将它命名为【水滴】，在【Blinn 基本参数】卷展栏中将【环境光】和【漫反射】的 RGB 值均设置为 255、255、255；将【高光级别】、【光泽度】、【柔光】分别设置为 100、50、0.5，如图 17-41 所示。

(8) 在【贴图】卷展栏中将【反射】通道的【数量】值设置为 10，然后单击其右侧的【无】按钮，在打开的【材质 / 贴图浏览器】对话框中选择【反射 / 折射】贴图，单击【确定】按钮。进入反射通道的贴图层，在【反射 / 折射参数】卷展栏中选择【自动】区域的【每 N 帧】选项，如图 17-42 所示。

(9) 单击【转到父对象】按钮，将【反射】后面的贴图拖曳至【折射】右侧的【无】按钮上，弹出【复制 (实例) 贴图】对话框，选中【复制】单选按钮，单击【确定】按钮，单击工具栏右侧的【背景】按钮，如图 17-43 所示。

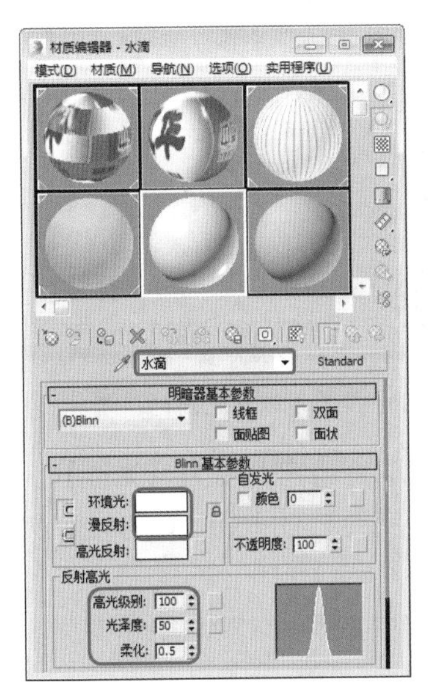

图 17-41　设置 Blinn 参数

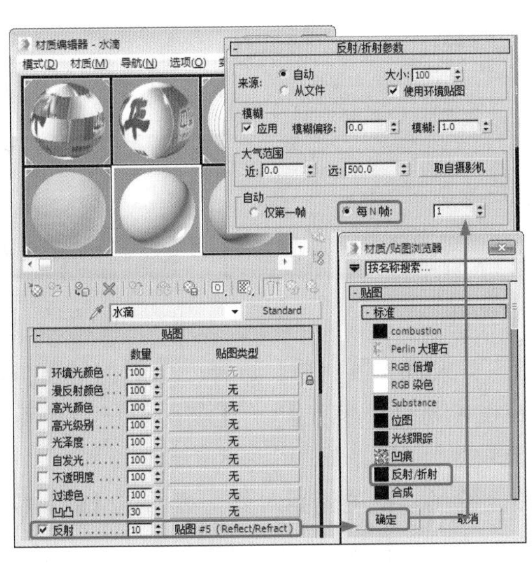

图 17-42　设置反射贴图

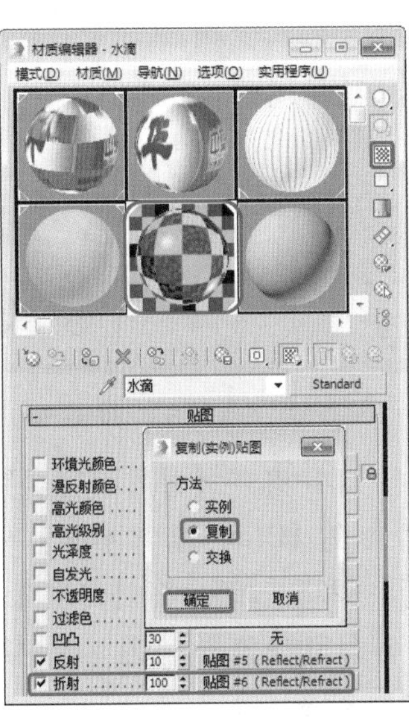

图 17-43　复制贴图

(10) 最后单击按钮，将水滴材质指定给场景中的【水滴 01】对象，如图 17-44 所示。

(11) 按照图 17-45 所示布局对水滴进行复制。注意在复制时保持一定的随机效果。

图 17-44　指定水滴材质

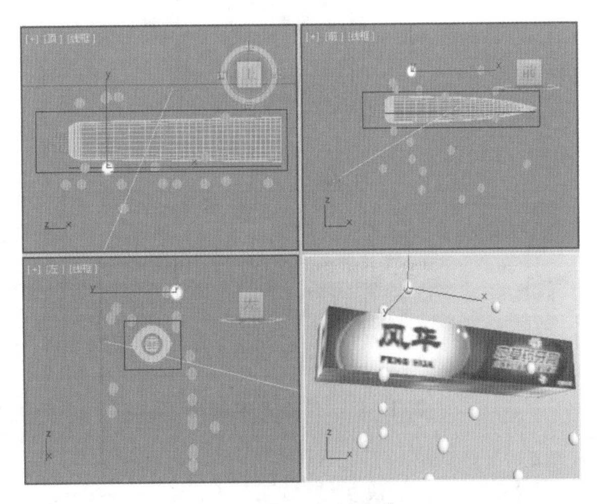

图 17-45　复制水滴

(12) 选择【创建】|【图形】|【弧】工具，在【左】视图中创建一个【半径】、【从】和【到】

分别为 32、250、198 的圆弧，将它命名为【光圈 01】，然后在【渲染】卷展栏中将【厚度】值设置为 0.4，并选中【在渲染中启用】和【在视口中启用】复选框，如图 17-46 所示。

(13) 在工具栏中选择【对齐】工具，在【左】视图中选择牙膏盒，在打开的对话框中选中【X 位置】复选框和【Y 位置】复选框，使用默认的【中心】对齐方式，然后单击【确定】按钮，将光圈的中心与牙膏盒的中心对齐，如图 17-47 所示。

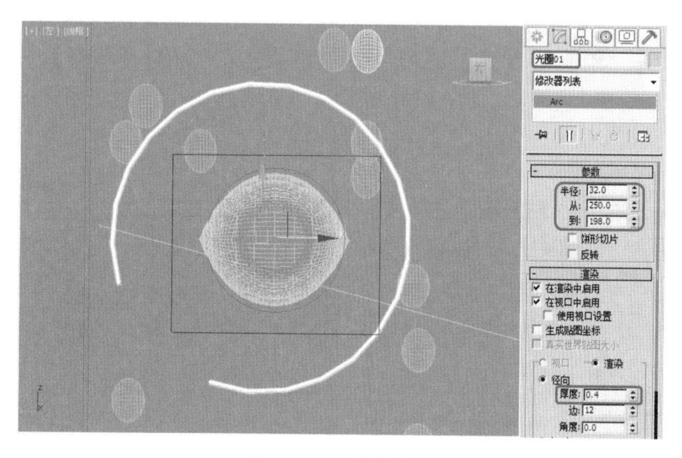

图 17-46　创建光圈

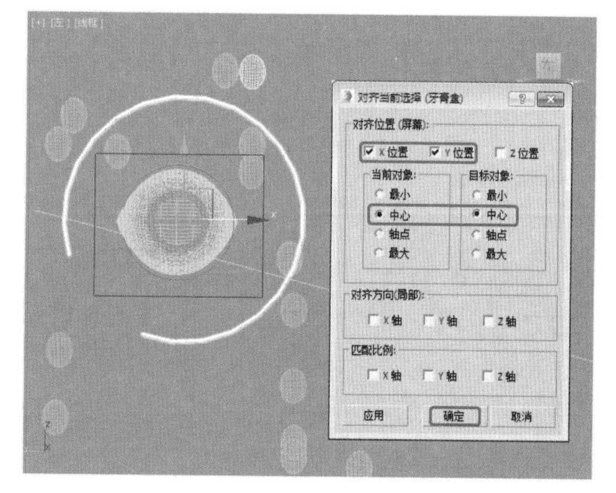

图 17-47　使用对齐工具调整光圈的位置

(14) 打开【材质编辑器】窗口，设置光圈材质。选择一个新的材质样本球，将它命名为【光圈】，然后在【Blinn 基本参数】卷展栏中将【环境光】、【漫反射】和【高光反射】的 RGB 值均设置为 255、255、255；将【自发光】值设置为 100，如图 17-48 所示。

(15) 单击按钮，将材质指定给场景中的光圈对象，然后在【前】视图中按照图 17-49 所示对光圈进行复制。

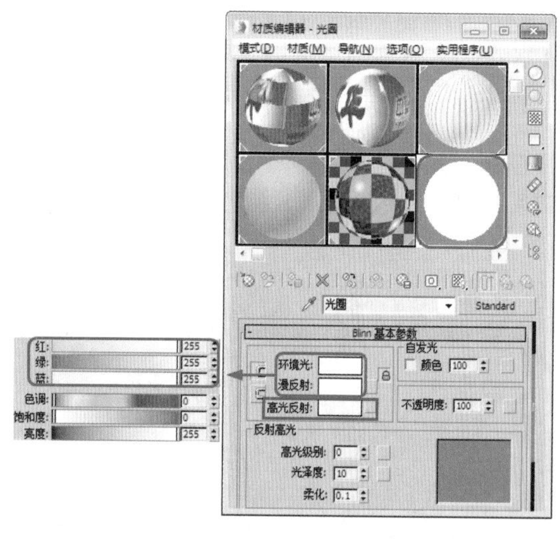

图 17-48　设置光圈材质

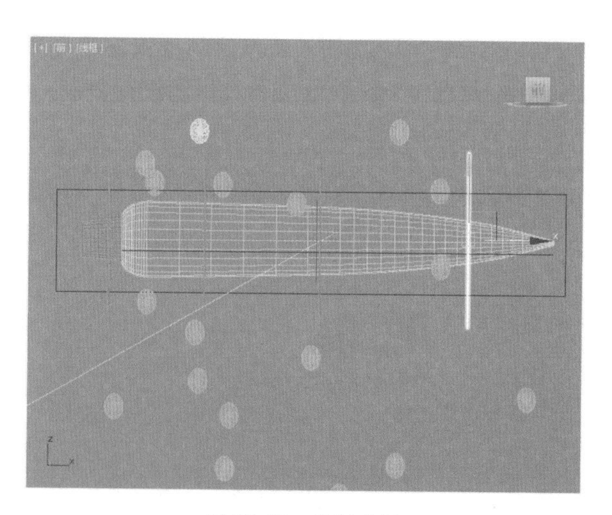

图 17-49　复制光圈

案例精讲 175　牙膏盒与牙膏筒的动画

一个物体从透明过渡到实体是动画中经常要表现的效果，在这里将为牙膏盒设置这种渐显效果。

案例文件：CDROM \ Scenes \ Cha17\ 中草药牙膏 .max

视频文件：视频教学 \ Cha17 \ 案例精讲 175　牙膏盒与牙膏筒的动画 .avi

(1) 在工具栏中单击按钮，在打开的【轨迹视图】窗口中选择【编辑器】|【摄影表】菜单命令，打开以关键点方式显示的轨迹视图，如图 17-50 所示。

(2) 在轨迹列表中选择【对象】序列下的牙膏盒，选择【编辑】|【可见性轨迹】|【添加】菜单命令，为牙膏盒添加一个可见性轨迹控制器，如图 17-51 所示。

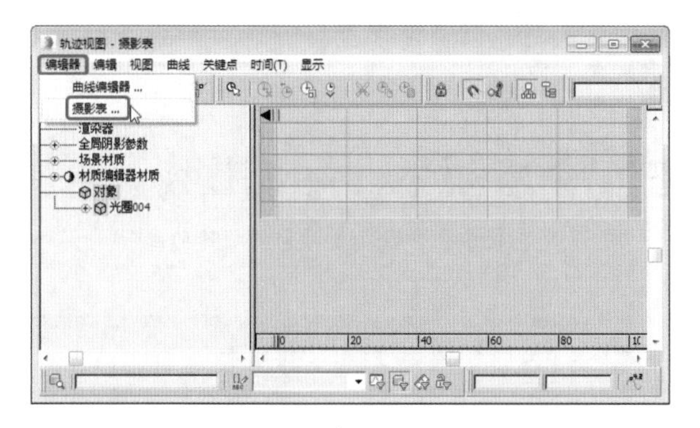

图 17-50　打开轨迹视图

图 17-51　为牙膏盒指定可见性轨迹控制器

(3) 在轨迹视图工具栏中单击按钮，在可见性轨迹的第 30 帧和第 60 帧位置处各添加一个关键点，如图 17-52 所示。

(4) 在第 30 帧位置处的关键点上单击鼠标右键，在打开的对话框中将【值】设置为 0，将切线模式转换为光滑切线模式。在第 60 帧位置处的关键点上单击鼠标右键，在打开的对话框中将【值】设置为 0，将切线模式转换为光滑切线模式，如图 17-53 所示。

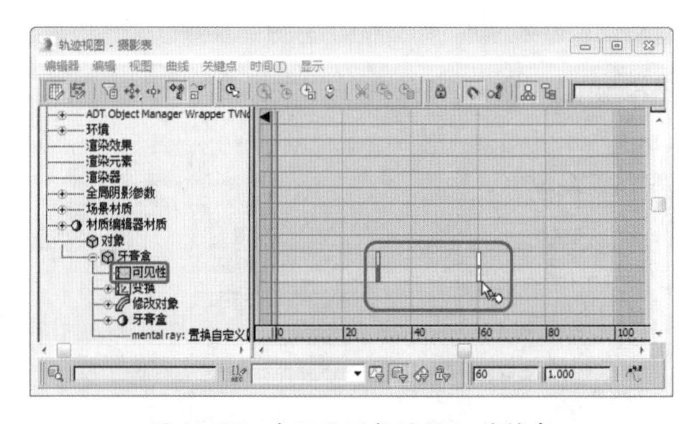

图 17-52　为可见性轨迹添加关键点

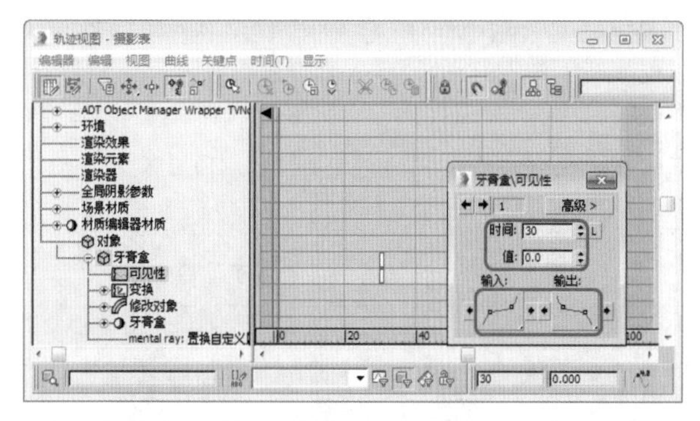

图 17-53　设置可见性轨迹的关键点值

(5) 在第 60 帧位置处的关键点上单击鼠标右键，在打开的对话框中将【输入】和【输出】下的切线模式转换为光滑切线模式和，如图 17-54 所示。

(6) 选择【牙膏盒】对象，切换至【层次】面板，单击【仅影响轴】按钮，在【对齐】选项组中单击【居中到对象】按钮，然后关闭【仅影响轴】按钮，在视图中选择【牙膏盒】和【牙膏筒】两个对象。将时间滑块移动至第 80 帧位置处，打开【自动关键点】按钮。在工具栏中选择工具，在【左】视图中沿 Z 轴将选择的对象旋转 990°，然后关闭当前【自动关键点】按钮，如图 17-55 所示。

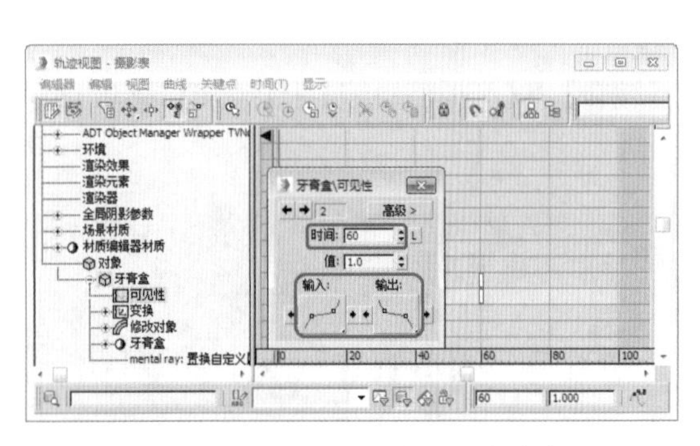

图 17-54　设置可见性轨迹的关键点值

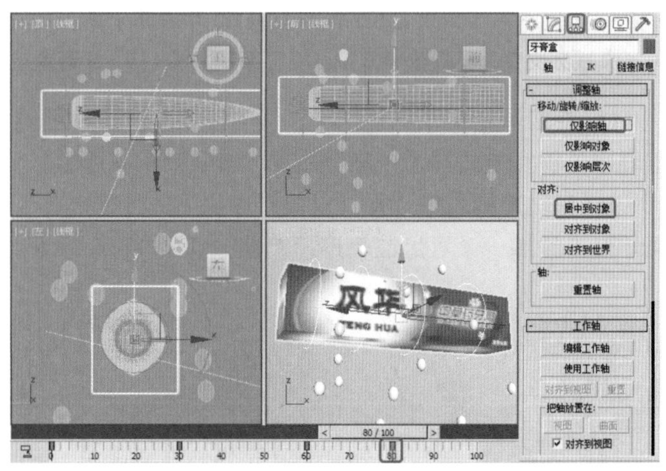

图 17-55　记录牙膏盒与牙膏筒的旋转动画

案例精讲 176　光圈及摄像机动画

案例文件：CDROM \ Scenes \ Cha17\ 中草药牙膏 .max

视频文件：视频教学 \ Cha17 \ 案例精讲 176　光圈及摄像机动画 .avi

(1) 选择光圈对象，在轨迹视图左侧的列表中选择光圈，为它也添加一个可视性轨迹控制器，在第 0 帧、第 79 帧和第 80 帧 3 个位置处各添加一个关键点，将它们的切线模式都转换为光滑切线模式，在第 80 帧位置处的关键点上单击鼠标右键，在打开的对话框中将【值】设置为 –1，并设置输入和输出，如图 17-56 所示。

(2) 使用相同的方法为光圈 02、03、04 也分别设置可见性轨迹控制器，如图 17-57 所示。

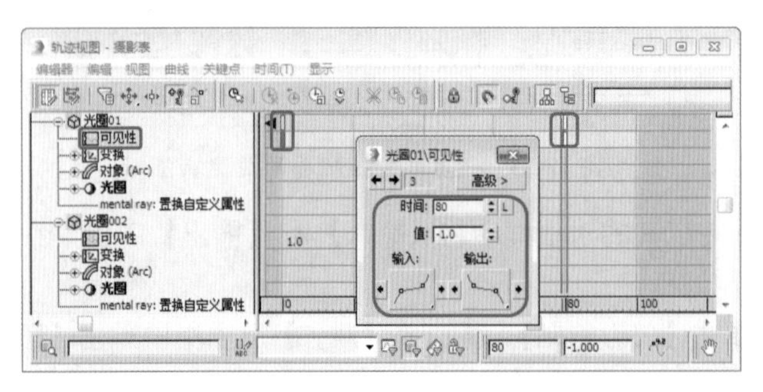

图 17-56　为光圈设置可见性轨迹控制器

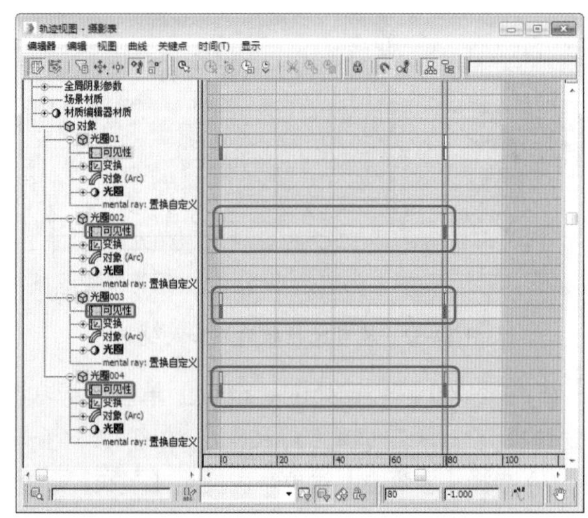

图 17-57　为另外几个光圈设置可见性轨迹后的轨迹视图

(3) 关闭轨迹视图，在【前】视图中选择最左侧的光圈和第三个光圈，将时间滑块移动至第 80 帧位置处，打开【自动关键点】按钮，记录光圈的旋转动画，在工具栏中选择工具，在【左】视图中沿 Z

轴旋转 525°，如图 17-58 所示。

(4) 在【前】视图中选择第二个光圈和右侧的光圈，在【左】视图中沿 Z 轴旋转 775°，然后关闭【自动关键点】按钮，如图 17-59 所示。

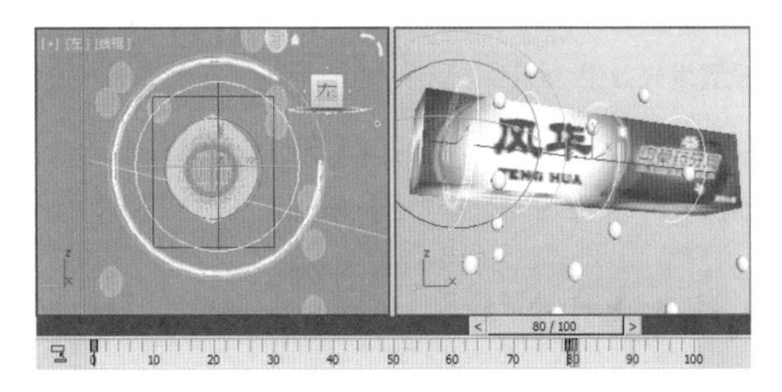

图 17-58　记录光圈旋转动画

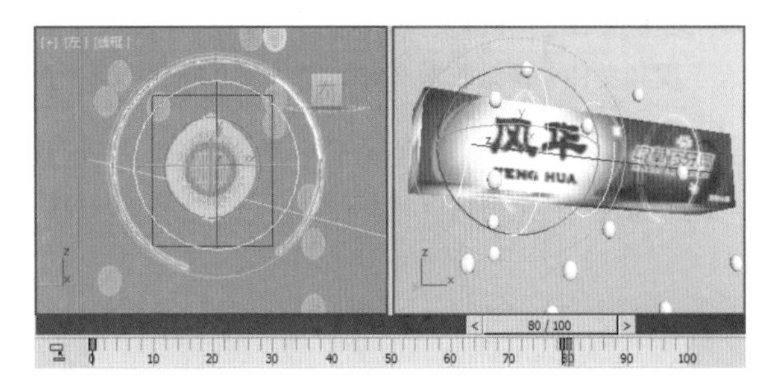

图 17-59　记录光圈旋转动画

(5) 将时间滑块移动至第 80 帧位置处，打开【自动关键点】按钮，在【顶】视图中将摄像机移动至图 17-60 所示的位置处。

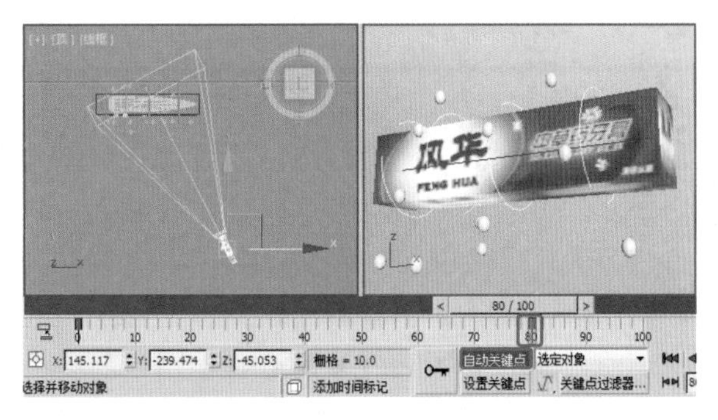

图 17-60　记录摄像机动画

案例精讲 177　水滴动画

案例文件：CDROM \ Scenes \ Cha17\ 中草药牙膏 .max

视频文件：视频教学 \ Cha17 \ 案例精讲 177　水滴动画 .avi

确认当前时间滑块在第 80 帧位置处，并且【自动关键点】按钮处于打开状态，将时间滑块拖曳至第 80 帧位置处，在视图中选择所有的水滴对象，在【前】视图中沿 Y 轴向上移动 20 个单位左右，如图 17-61 所示。

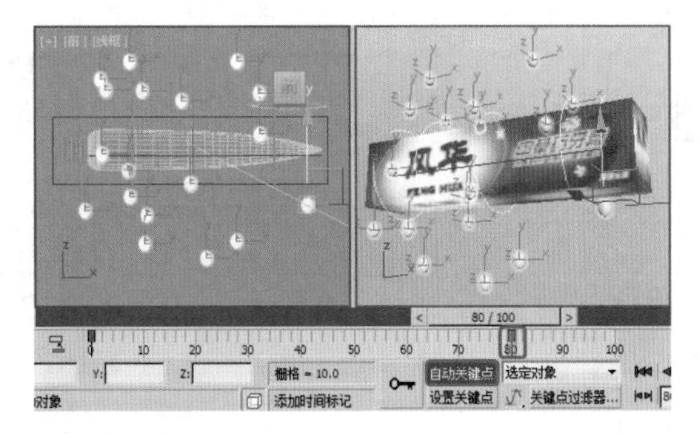

图 17-61　记录水滴动画

案例精讲 178　为光圈设置发光效果

光圈的发光效果需要在 Video Post 视频合成器中制作，在制作之前需要为光圈指定 ID 号。

案例文件：CDROM \ Scenes \ Cha17\ 中草药牙膏 .max

视频文件：视频教学 \ Cha17 \ 案例精讲 178　为光圈设置发光效果 .avi

(1) 在【前】视图中选择 4 个光圈对象，单击鼠标右键，在弹出的快捷菜单中选择【属性】命令，在打开的对话框中，将【G 缓冲区】下的【对象 ID】值设置为 1，然后单击【确定】按钮，如图 17-62 所示。

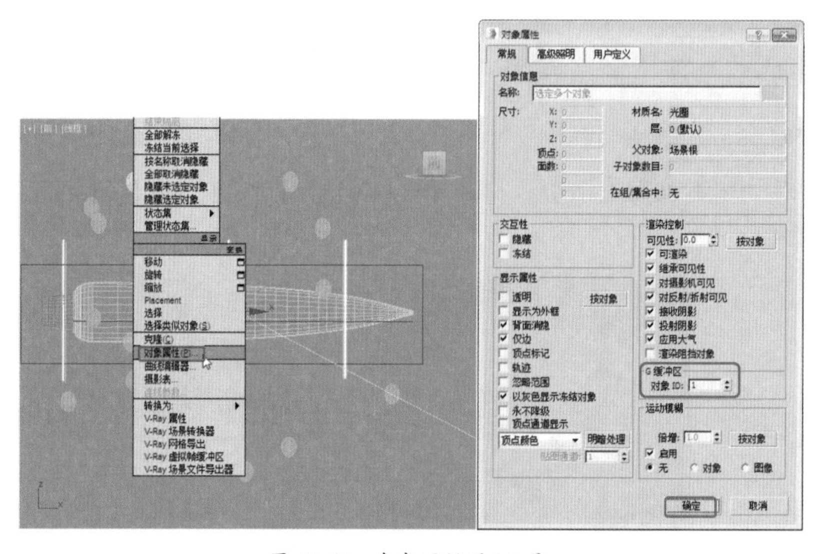

图 17-62　为光圈设置 ID 号

(2) 选择【渲染】|【视频后期处理】菜单命令，打开【视频后期处理】对话框。

(3) 在视频合成器工具栏中单击按钮，添加一个场景事件，在打开的对话框中单击【确定】按钮，将摄像机视图添加到序列窗口中，如图 17-63 所示。

(4) 单击按钮，添加过滤器事件，在打开的对话框中选择过滤器列表中的【镜头效果光晕】过滤器，单击【确定】按钮，将该过滤器添加到序列窗口中，如图 17-64 所示。

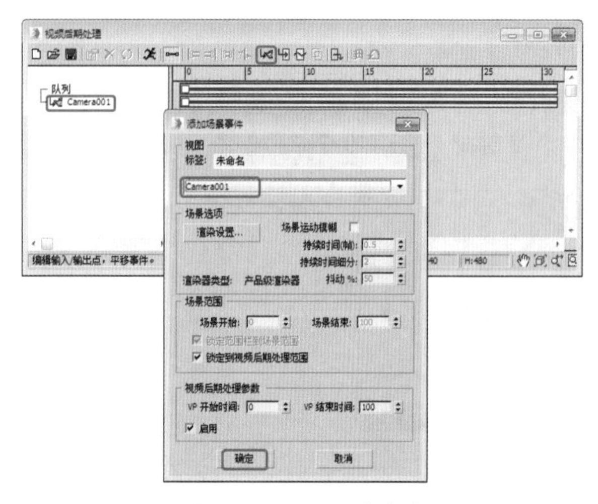

图 17-63　添加场景事件

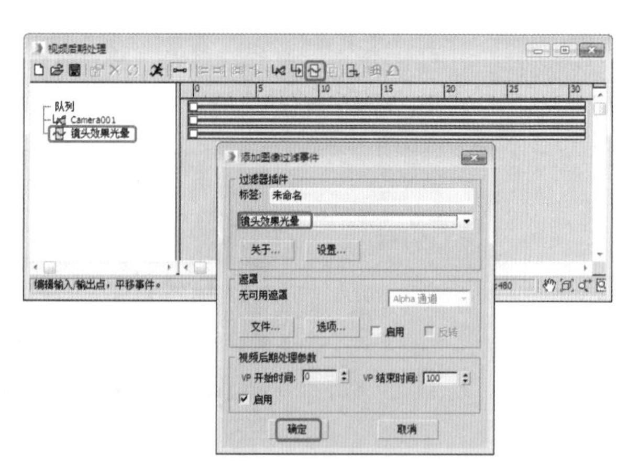

图 17-64　添加过滤器事件

(5) 单击按钮，添加一个输出事件，在打开的对话框中单击【文件】按钮，再在打开的对话框中设置文件保存的路径、名称，将保存类型设置为 AVI 文件 (*.avi)，单击【保存】按钮，在打开的 AVI 压缩控制面板中选择 MJPEG Compressor 压缩程序，将压缩质量设置为 100，将帧速率设置为 0，然后单击【确定】按钮，回到增加图像输出事件窗口中，再单击【确定】按钮，将输出事件添加到序列窗口中，如图 17-65 所示。

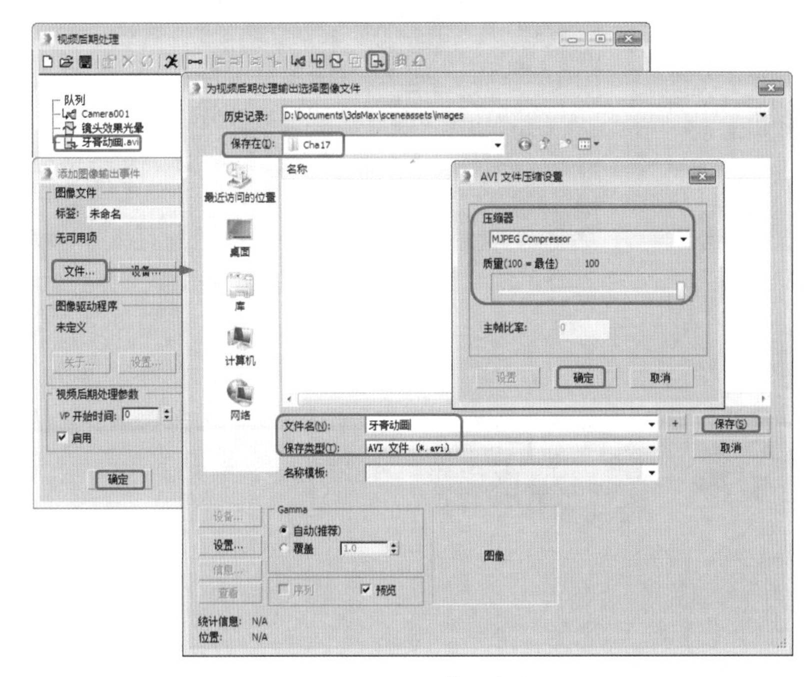

图 17-65 添加输出事件

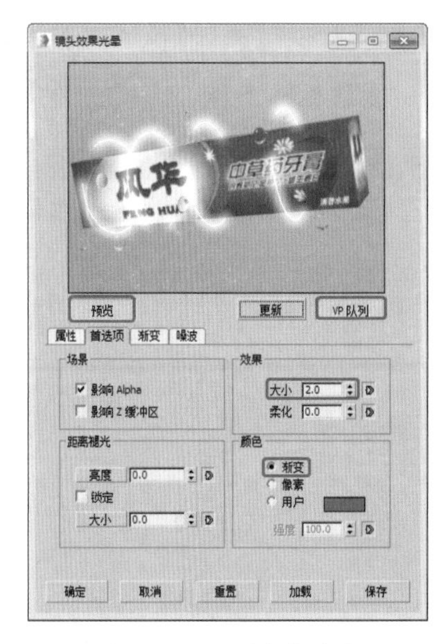

图 17-66 设置发光效果

(6) 在序列窗口中双击【镜头效果光晕】过滤器，在打开的对话框中单击【设置】按钮，进入发光设置面板，单击【VP 队列】和【预览】按钮，使用默认的发光来源【对象 ID 1】，进入【首选项】选项卡，将【效果】选项组中的【大小】值设置为 2，在【颜色】选项组中选中【渐变】单选按钮，最后单击【确定】按钮，如图 17-66 所示。

案例精讲 179 设置灯光

默认的灯光效果往往不能满足要求，接下来在场景中创建两盏灯光照明场景。

案例文件：CDROM \ Scenes \ Cha17\ 中草药牙膏 . max

视频文件：视频教学 \ Cha17 \ 案例精讲 179 设置灯光 . avi

(1) 选择【创建】|【灯光】|【标准】 |【目标聚光灯】工具，在图 17-67 所示位置处创建一盏目标聚光灯，在【聚光灯参数】卷展栏中将它的【聚光区 / 光束】、【衰减区 / 区域】分别设置为 0.5、107，如图 17-67 所示。

(2) 选择【创建】|【灯光】|【标准】 |【泛光灯】工具，在【前】视图中牙膏盖左侧的位置处创建一盏泛光灯，在【强度 / 颜色 / 衰减】卷展栏中将灯光颜色的 RGB 值设置为 150、150、150，然后在【顶】视图中将它调整到摄像机的位置处，如图 17-68 所示。

(3) 渲染摄像机视图，创建灯光后的效果如图 17-69 所示。

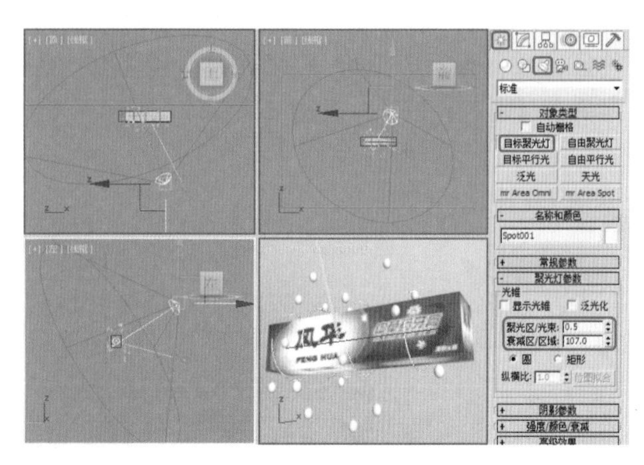

图 17-67　创建目标聚光灯

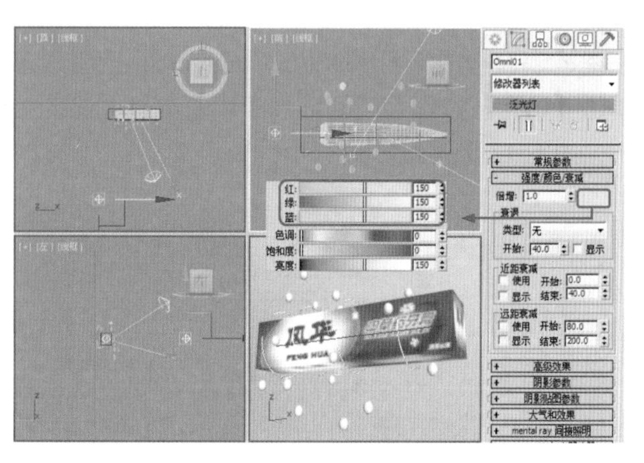

图 17-68　创建泛光灯

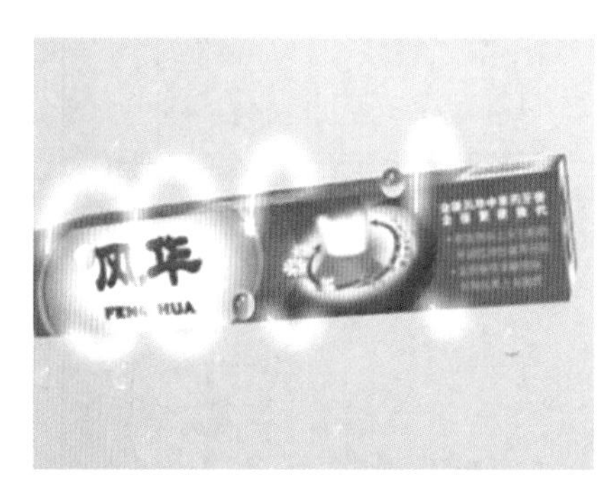

图 17-69　创建灯光后的效果

案例精讲 180　渲染输出

在 Video Post 视频合成器中设置了发光效果，就必须在 Video Post 视频合成器中渲染动画，在前面的步骤中已经在 Video Post 序列窗口中添加了一个输出事件，那么在接下来只需要设置渲染的尺寸等参数并且渲染就可以了。

案例文件：CDROM \ Scenes \ Cha17\ 中草药牙膏 .max

视频文件：视频教学 \ Cha17 \ 案例精讲 180　渲染输出 .avi

(1) 在 Video Post 视频合成器中单击按钮，在打开的对话框中将【输出大小】的【宽度】、【高度】值分别设置为 320、240，如图 17-70 所示。

(2) 设置好渲染尺寸后单击【渲染】按钮开始渲染，会出现虚拟帧缓存器和渲染进程面板。

(3) 接下来的过程就是等待了，当动画渲染完毕后，可以按照在添加输出事件时设置的路径、名称和格式找到动画文件，并对其进行播放欣赏。

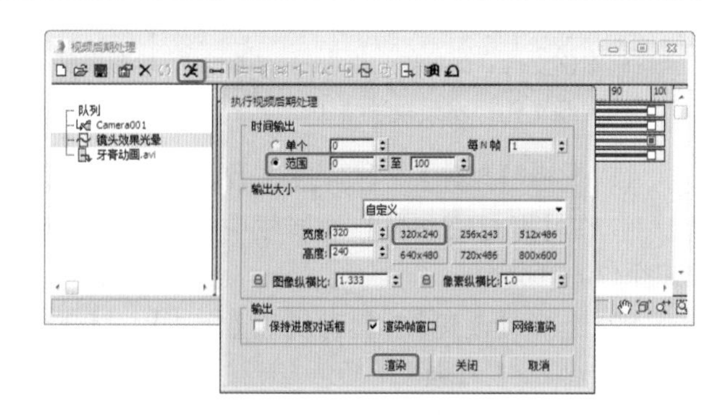

图 17-70　设置渲染尺寸